U0903298

江苏省“道德发展智库”成果
江苏省“公民道德与社会风尚协同创新中心”成果

国家社科基金重大招标项目
“现代伦理学诸理论形态研究”（10&ZD072) 成果

2018 年国家社会科学基金重大项目
“改革开放 40 年中国伦理道德数据库建设研究”
（18ZDA022）成果

中国伦理道德发展数据库

第三卷（中）

樊浩 王珏 等著

中国社会科学出版社

第三卷目录

（上）

（中）

（下）

中国伦理道德评价的收入差异

B1a by K6

过去一年，您对纸质报纸的使用情况是 ＊ 收入 Crosstabulation

	无收入	1—1999 元	2000—3999 元	4000 元及以上	总计
从不	71. 8%	77. 6%	63. 0%	51. 4%	66. 4%
很少	19. 9%	16. 4%	24. 6%	27. 6%	22. 0%
有时	6. 4%	4. 3%	9. 0%	14. 9%	8. 4%
经常	1. 7%	1. 5%	2. 9%	5. 3%	2. 8%
非常频繁	0. 2%	0. 3%	0. 5%	0. 7%	0. 4%
总计	100. 0%	100. 0%	100. 0%	100. 0%	100. 0%
列总计	1290	2353	2556	1650	7849

Chi-square test：df = 12，卡方值为 380. 283，sig = 0. 000 < 0. 05，所以不同收入的居民在“过去一年，您对纸质报纸的使用情况”的回答上有显著差异。

B1b by K6

过去一年，您对纸质杂志的使用情况是 ＊ 收入 Crosstabulation

	无收入	1—1999 元	2000—3999 元	4000 元及以上	总计
从不	71. 1%	81. 0%	67. 3%	57. 0%	69. 9%
很少	16. 7%	14. 0%	22. 8%	25. 8%	19. 8%
有时	9. 5%	3. 9%	7. 8%	12. 7%	7. 9%
经常	2. 6%	0. 9%	1. 9%	4. 2%	2. 2%
非常频繁	0. 2%	0. 2%	0. 2%	0. 3%	0. 2%
总计	100. 0%	100. 0%	100. 0%	100. 0%	100. 0%
列总计	1289	2351	2554	1646	7840

Chi-square test：df = 12，卡方值为 320. 748，sig = 0. 000 < 0. 05，所以不同收入的居民在“过去一年，您对纸质杂志的使用情况”的回答上有显著差异。

B1c by K6

过去一年，您对广播的使用情况是 * 收入 Crosstabulation

	无收入	1—1999 元	2000—3999 元	4000 元及以上	总计
从不	66.6%	71.2%	62.2%	50.5%	63.2%
很少	18.9%	17.3%	22.2%	26.2%	21.0%
有时	10.1%	8.3%	11.5%	16.8%	11.4%
经常	3.7%	2.9%	3.6%	6.0%	3.9%
非常频繁	0.6%	0.3%	0.5%	0.5%	0.4%
总计	100.0%	100.0%	100.0%	100.0%	100.0%
列总计	1283	2347	2550	1638	7818

Chi-square test：df = 12，卡方值为 201.07，sig = 0.000 < 0.05，所以不同收入的居民在“过去一年，您对广播的使用情况是”的回答上有显著差异。

B1d by K6

过去一年，您对电视的使用情况是 * 收入 Crosstabulation

	无收入	1—1999 元	2000—3999 元	4000 元及以上	总计
从不	4.3%	1.4%	2.4%	3.2%	2.6%
很少	12.8%	10.2%	11.2%	11.2%	11.2%
有时	26.8%	23.0%	25.0%	27.9%	25.3%
经常	37.2%	42.3%	42.4%	44.8%	42.0%
非常频繁	18.8%	23.1%	19.0%	13.0%	19.0%
总计	100.0%	100.0%	100.0%	100.0%	100.0%
列总计	1290	2352	2557	1640	7839

Chi-square test：df = 12，卡方值为 107.956，sig = 0.000 < 0.05，所以不同收入的居民在“过去一年，您对电视的使用情况是”的回答上有显著差异。

B1e by K6

过去一年，您对各种政府网站的使用情况是 * 收入 Crosstabulation

	无收入	1—1999 元	2000—3999 元	4000 元及以上	总计
从不	72.8%	86.6%	67.5%	47.1%	69.8%
很少	15.0%	8.0%	18.6%	26.4%	16.5%
有时	8.3%	3.2%	9.0%	15.2%	8.4%
经常	3.1%	1.9%	4.0%	9.3%	4.3%
非常频繁	0.9%	0.3%	0.9%	2.0%	1.0%

续表

	无收入	1—1999 元	2000—3999 元	4000 元及以上	总计
总计	100.0%	100.0%	100.0%	100.0%	100.0%
列总计	1290	2352	2557	1640	7839

Chi-square test：df = 12，卡方值为 750.751，sig = 0.000 < 0.05，所以不同收入的居民在“过去一年，您对各种政府网站的使用情况是”的回答上有显著差异。

B1f by K6

过去一年，您对社交媒体（微博、微信、博客、播客等）的使用情况是 * 收入 Crosstabulation

	无收入	1—1999 元	2000—3999 元	4000 元及以上	总计
从不	37.7%	54.3%	20.2%	8.9%	30.9%
很少	6.9%	8.9%	8.0%	7.8%	8.0%
有时	11.0%	12.2%	17.7%	16.5%	14.7%
经常	27.2%	17.6%	36.1%	40.2%	30.0%
非常频繁	17.2%	7.0%	18.0%	26.6%	16.4%
总计	100.0%	100.0%	100.0%	100.0%	100.0%
列总计	1272	2318	2513	1628	7731

Chi-square test：df = 12，卡方值为 1273.330，sig = 0.000 < 0.05，所以不同收入的居民在“过去一年，您对社交媒体（微博、微信、博客、播客等）的使用情况是”的回答上有显著差异。

B1g by K6

过去一年，您对新媒体（如数字报纸、移动电视等）的使用情况是 * 收入 Crosstabulation

	无收入	1—1999 元	2000—3999 元	4000 元及以上	总计
从不	59.6%	74.6%	50.0%	34.9%	55.8%
很少	13.4%	11.7%	20.4%	24.5%	17.5%
有时	11.9%	5.8%	14.3%	19.9%	12.5%
经常	10.3%	5.4%	10.5%	13.5%	9.6%
非常频繁	4.8%	2.5%	4.8%	7.3%	4.6%
总计	100.0%	100.0%	100.0%	100.0%	100.0%
列总计	1287	2324	2549	1640	7800

Chi-square test：df = 12，卡方值为 682.808，sig = 0.000 < 0.05，所以不同收入的居民在“过去一年，您对新媒体（如数字报纸、移动电视等）的使用情况是”的回答上有显著差异。

B2 by K6

跟五年前相比，您觉得自己的社会经济地位有什么变化 ＊ 收入 Crosstabulation

	无收入	1—1999 元	2000—3999 元	4000 元及以上	总计
上升了	43.7%	49.5%	49.8%	51.7%	49.2%
差不多	49.3%	42.4%	44.7%	42.9%	44.4%
下降了	7.0%	8.1%	5.5%	5.3%	6.5%
总计	100.0%	100.0%	100.0%	100.0%	100.0%
列总计	1171	2258	2469	1572	7470

Chi-square test：df = 6，卡方值为 35.746，sig = 0.000 < 0.05，所以不同收入的居民在“跟五年前相比，您觉得自己的社会经济地位有什么变化”的回答上有显著差异。

B3 by K6

您感觉在未来的五年中，您的生活水平将会有什么变化 ＊ 收入 Crosstabulation

	无收入	1—1999 元	2000—3999 元	4000 元及以上	总计
上升很多	19.0%	13.1%	17.9%	22.8%	17.8%
略有上升	61.8%	65.5%	66.3%	63.2%	64.6%
没有变化	16.0%	17.8%	12.7%	11.2%	14.4%
略有下降	2.20%	2.70%	2.50%	2.40%	2.50%
下降很多	1.00%	1.00%	0.60%	0.30%	0.70%
总计	100.0%	100.0%	100.0%	100.0%	100.0%
列总计	1125	1982	2287	1541	6935

Chi-square test：df = 12，卡方值为 91.129，sig = 0.000 < 0.05，所以不同收入的居民在“您感觉在未来的五年中，您的生活水平将会有什么变化”的回答上有显著差异。

B4 by K6

总的来说，您觉得目前的生活幸福吗 ＊ 收入 Crosstabulation

	无收入	1—1999 元	2000—3999 元	4000 元及以上	总计
非常不幸福	1.0%	1.1%	1.5%	1.4%	1.3%
不太幸福	4.5%	6.2%	4.2%	4.8%	5.0%
谈不上幸福不幸福	18.3%	26.1%	18.2%	17.0%	20.3%
比较幸福	61.5%	56.7%	63.6%	63.5%	61.2%
非常幸福	14.7%	9.9%	12.4%	13.2%	12.2%
总计	100.0%	100.0%	100.0%	100.0%	100.0%
列总计	1298	2361	2572	1654	7885

Chi-square test：df = 12，卡方值为 100.250，sig = 0.000 < 0.05，所以不同收入的居民在“总的来说，您觉得目前的生活幸福吗”的回答上有显著差异。

B5 by K6

您对自己目前的生活状态满意吗 ＊ 收入 Crosstabulation

	无收入	1—1999 元	2000—3999 元	4000 元及以上	总计
非常满意	13. 2%	11. 0%	12. 2%	13. 9%	12. 4%
比较满意	74. 3%	68. 1%	75. 6%	74. 0%	72. 8%
不太满意	11. 7%	19. 6%	11. 3%	11. 9%	14. 0%
非常不满意	0. 80%	1. 20%	0. 80%	0. 20%	0. 80%
总计	100. 0%	100. 0%	100. 0%	100. 0%	100. 0%
列总计	1298	2361	2572	1654	7885

Chi-square test：df = 9，卡方值为 107. 283，sig = 0. 000 < 0. 05，所以不同收入的居民在“您对自己目前的生活状态满意吗”的回答上有显著差异。

B6 by K6

社会上发生的一些事情，您一般是从什么渠道最先知道 ＊ 收入 Crosstabulation

	无收入	1—1999 元	2000—3999 元	4000 元及以上	总计
电视	58. 6%	82. 1%	61. 8%	49. 3%	64. 8%
报纸	2. 3%	1. 9%	3. 6%	4. 9%	3. 2%
电台广播	1. 2%	2. 4%	1. 7%	2. 7%	2. 0%
微博微信等网络社交媒介	35. 7%	22. 0%	43. 6%	49. 8%	37. 1%
网络	29. 0%	12. 6%	31. 0%	43. 1%	27. 7%
和朋友亲友同事交谈	25. 4%	32. 8%	24. 7%	19. 1%	26. 1%
单位传达	0. 2%	0. 3%	0. 9%	2. 7%	1. 0%
列总计	1281	2359	2569	1645	7854

由上表可知，不同收入的居民在“社会上发生的一些事情，您一般是从什么渠道最先知道”的回答上有显著差异。

B7 by K6

从网络中获得的信息对您的思想行为有多大程度的影响 ＊ 收入 Crosstabulation

	无收入	1—1999 元	2000—3999 元	4000 元及以上	总计
影响很大	27. 2%	16. 5%	23. 8%	22. 4%	22. 4%
有一些影响	52. 7%	54. 4%	53. 6%	55. 2%	54. 0%
影响很小	15. 2%	21. 6%	18. 1%	18. 1%	18. 4%

续表

	无收入	1—1999 元	2000—3999 元	4000 元及以上	总计
完全没有影响	4.9%	7.5%	4.5%	4.3%	5.2%
总计	100.0%	100.0%	100.0%	100.0%	100.0%
列总计	894	1269	2123	1536	5822

Chi-square test：df = 9，卡方值为 60.877，sig = 0.000 < 0.05，所以不同收入的居民在“从网络中获得的信息对您的思想行为有多大程度的影响”的回答上有显著差异。

B8 by K6

您认为中国梦和您个人、家庭追求美好生活有多大程度的关系 * 收入 Crosstabulation

	无收入	1—1999 元	2000—3999 元	4000 元及以上	总计
关系很大	37.4%	25.5%	39.0%	45.6%	36.1%
关系不大	32.0%	37.8%	38.3%	36.9%	36.8%
根本没有关系	7.2%	10.6%	9.2%	9.3%	9.3%
不清楚什么是中国梦	23.5%	26.2%	13.5%	8.2%	17.8%
总计	100.0%	100.0%	100.0%	100.0%	100.0%
列总计	1295	2372	2566	1654	7887

Chi-square test：df = 9，卡方值为 372.432，sig = 0.000 < 0.05，所以不同收入的居民在“您认为中国梦和您个人、家庭追求美好生活有多大程度的关系”的回答上有显著差异。

B9 by K6

您对当前我国社会道德状况的总体满意度是 * 收入 Crosstabulation

	无收入	1—1999 元	2000—3999 元	4000 元及以上	总计
非常满意	9.7%	5.3%	6.6%	7.6%	7.0%
比较满意	66.4%	67.8%	66.9%	64.2%	66.5%
不太满意	20.9%	24.3%	23.7%	25.8%	23.9%
非常不满意	3.0%	2.6%	2.7%	2.4%	2.7%
总计	100.0%	100.0%	100.0%	100.0%	100.0%
列总计	1228	2190	2481	1619	7518

Chi-square test：df = 9，卡方值为 33.633，sig = 0.000 < 0.05，所以不同收入的居民在“您对当前我国社会道德状况的总体满意度是”的回答上有显著差异。

B10 by K6

您对当前我国社会人与人之间的关系的总体满意度是 ＊ 收入 Crosstabulation

	无收入	1—1999 元	2000—3999 元	4000 元及以上	总计
非常满意	8.0%	5.4%	5.4%	6.1%	6.0%
比较满意	68.3%	68.7%	67.8%	66.0%	67.8%
不太满意	22.0%	24.2%	24.9%	25.9%	24.4%
非常不满意	1.7%	1.7%	1.8%	2.0%	1.8%
总计	100.0%	100.0%	100.0%	100.0%	100.0%
列总计	1243	2206	2488	1617	7554

Chi-square test：df = 9，卡方值为 16.986，sig = 0.049 < 0.05，所以不同收入的居民在“您对当前我国社会人与人之间的关系的总体满意度是”的回答上有显著差异。

B11 by K6

您对自己的道德状况的满意度是 ＊ 收入 Crosstabulation

	无收入	1—1999 元	2000—3999 元	4000 元及以上	总计
非常满意	15.3%	13.7%	15.5%	17.0%	15.3%
比较满意	76.7%	78.4%	77.8%	76.1%	77.4%
不太满意	7.2%	7.4%	6.0%	6.1%	6.6%
非常不满意	0.7%	0.4%	0.6%	0.7%	0.6%
总计	100.0%	100.0%	100.0%	100.0%	100.0%
列总计	1245	2227	2496	1618	7586

Chi-square test：df = 9，卡方值为 13.495，sig = 0.141 > 0.05，所以不同收入的居民在“您对自己的道德状况的满意度是”的回答上无显著差异。

B12 by K6

您觉得今后中国社会的道德状况会变成什么样 ＊ 收入 Crosstabulation

	无收入	1—1999 元	2000—3999 元	4000 元及以上	总计
越来越差	5.5%	4.4%	6.5%	5.9%	5.6%
不变	12.6%	11.9%	10.0%	9.9%	11.0%
越来越好	71.9%	68.1%	71.9%	74.5%	71.3%
不知道	10.0%	15.6%	11.6%	9.6%	12.1%
总计	100.0%	100.0%	100.0%	100.0%	100.0%
列总计	1297	2370	2573	1652	7892

Chi-square test：df = 9，卡方值为 62.513，sig = 0.000 < 0.05，所以不同收入的居民在“您觉得今后中国社会的道德状况会变成什么样”的回答上有显著差异。

B13 by K6

您认为我国目前人与人之间的关系受什么影响 * 收入 Crosstabulation

	无收入	1—1999 元	2000—3999 元	4000 元及以上	总计
利益	59.5%	65.5%	65.0%	62.9%	63.8%
情感	49.2%	51.6%	46.7%	41.0%	47.3%
国家倡导的主流价值观	19.5%	19.0%	24.2%	27.5%	22.6%
中国传统价值观	25.2%	25.6%	26.1%	27.9%	26.2%
西方价值观	3.4%	1.6%	3.6%	5.8%	3.5%
列总计	1199	2202	2455	1599	7455

据上表所示，不同收入的居民在“您认为我国目前人与人之间的关系受什么影响”的回答上有显著差异。

B14 by K6

对中国社会，您最担忧的问题是 * 收入 Crosstabulation

	无收入	1—1999 元	2000—3999 元	4000 元及以上	总计
腐败不能根治	37.4%	39.9%	40.4%	41.1%	39.9%
生态环境恶化	39.4%	37.5%	38.7%	40.1%	38.7%
分配不公，两极分化	15.8%	17.0%	18.8%	21.1%	18.3%
老无所养，未来没有把握	27.4%	31.2%	26.2%	23.2%	27.3%
生活水平下降	19.7%	27.7%	21.5%	17.7%	22.2%
道德滑坡，社会风气恶化	16.2%	11.8%	16.9%	19.7%	15.8%
人际关系紧张	11.7%	11.5%	16.4%	15.7%	14.0%
列总计	1235	2307	2526	1624	7692

据上表所示，不同收入的居民在“对中国社会，您最担忧的问题是”的回答上有显著差异。

B15 by K6

对伦理关系和道德生活，您最向往的是 * 收入 Crosstabulation

	无收入	1—1999 元	2000—3999 元	4000 元及以上	总计
传统社会的伦理和道德（如仁、义、礼、智、信）	58.2%	65.9%	58.1%	57.1%	60.2%
战争年代为理想而献身的革命精神（如革命烈士无私献身精神）	16.7%	14.2%	16.0%	17.3%	15.8%

续表

	无收入	1—1999 元	2000—3999 元	4000 元及以上	总计
新中国成立后到“文化大革命”前的大公无私的集体主义精神	11.1%	9.8%	9.6%	8.9%	9.8%
追求个人利益的市场经济下的道德	8.3%	7.3%	11.8%	10.8%	9.7%
西方道德（如个人主义、实用主义、功利主义）	4.3%	1.2%	2.7%	2.9%	2.5%
其他	1.5%	1.7%	1.8%	3.0%	2.0%
总计	100.0%	100.0%	100.0%	100.0%	100.0%
列总计	1236	2296	2509	1610	7651

Chi-square test：df = 15，卡方值为 102.359，sig = 0.000 < 0.05，所以不同收入的居民在“对伦理关系和道德生活，您最向往的是”的回答上有显著差异。

B16a by K6

您认为当前我国社会道德生活中最重要的内容是什么？最重要 * 收入 Crosstabulation

	无收入	1—1999 元	2000—3999 元	4000 元及以上	总计
意识形态中所提倡的社会主义道德	23.3%	23.8%	24.3%	24.1%	23.9%
中国传统道德	54.7%	57.3%	47.4%	44.0%	50.8%
西方文化影响而形成的道德	7.4%	5.4%	8.9%	11.7%	8.2%
市场经济中形成的道德	14.6%	13.4%	19.2%	20.3%	17.0%
其他	0.1%		0.2%		0.1%
总计	100.0%	100.0%	100.0%	100.0%	100.0%
列总计	1194	2244	2496	1621	7555

Chi-square test：df = 12，卡方值为 132.081，sig = 0.000 < 0.05，所以不同收入的居民在“您认为当前我国社会道德生活中最重要的内容是什么？最重要”的回答上有显著差异。

B16b by K6

您认为当前我国社会道德生活中最重要的内容是什么？第二重要 * 收入 Crosstabulation

	无收入	1—1999 元	2000—3999 元	4000 元及以上	总计
意识形态中所提倡的社会主义道德	44.5%	41.5%	39.7%	40.9%	41.3%

续表

	无收入	1—1999 元	2000—3999 元	4000 元及以上	总计
中国传统道德	27.9%	28.3%	30.5%	30.0%	29.3%
西方文化影响而形成的道德	8.0%	7.3%	9.9%	11.1%	9.1%
市场经济中形成的道德	19.4%	22.8%	19.9%	17.9%	20.2%
其他	0.1%		0.2%	0.1%	0.1%
总计	100.0%	100.0%	100.0%	100.0%	100.0%
列总计	1157	2053	2426	1588	7224

Chi-square test：df = 12，卡方值为 39.442，sig = 0.000 < 0.05，所以不同收入的居民在“您认为当前我国社会道德生活中最重要的内容是什么？第二重要”的回答上有显著差异。

B16c by K6

您认为当前我国社会道德生活中最重要的内容是什么？第三重要 ＊ 收入 Crosstabulation

	无收入	1—1999 元	2000—3999 元	4000 元及以上	总计
意识形态中所提倡的社会主义道德	25.1%	26.8%	28.4%	26.7%	27.0%
中国传统道德	13.3%	13.9%	16.5%	16.6%	15.3%
西方文化影响而形成的道德	18.4%	13.0%	13.6%	16.6%	14.9%
市场经济中形成的道德	43.2%	46.2%	41.6%	40.1%	42.8%
其他		0.1%			
总计	100.0%	100.0%	100.0%	100.0%	100.0%
列总计	1125	1993	2373	1563	7054

Chi-square test：df = 12，卡方值为 43.661，sig = 0.000 < 0.05，所以不同收入的居民在“您认为当前我国社会道德生活中最重要的内容是什么？第三重要”的回答上有显著差异。

B17 by K6

您认为目前我国社会中伦理道德对人际关系的调节能力如何 ＊ 收入 Crosstabulation

	无收入	1—1999 元	2000—3999 元	4000 元及以上	总计
良好	21.3%	19.6%	18.1%	17.4%	18.9%
一般	59.9%	58.7%	56.4%	56.7%	57.7%
很差	9.7%	9.7%	11.0%	12.7%	10.8%
几乎没有，一切都听从利益支配	9.0%	12.0%	14.6%	13.1%	12.6%

续表

	无收入	1—1999 元	2000—3999 元	4000 元及以上	总计
总计	100.0%	100.0%	100.0%	100.0%	100.0%
列总计	1141	1923	2383	1579	7026

Chi-square test：df = 9，卡方值为 37.342，sig = 0.000 < 0.05，所以不同收入的居民在“您认为目前我国社会中伦理道德对人际关系的调节能力如何”的回答上有显著差异。

B18 by K6

您认为目前我国社会中伦理道德对个人行为的约束能力如何 * 收入 Crosstabulation

	无收入	1—1999 元	2000—3999 元	4000 元及以上	总计
良好	20.3%	17.0%	17.9%	15.2%	17.4%
一般	59.0%	59.4%	56.3%	57.7%	57.9%
很差	11.8%	12.3%	13.4%	13.6%	12.9%
几乎没有，一切都听从利益支配	8.9%	11.3%	12.4%	13.6%	11.8%
总计	100.0%	100.0%	100.0%	100.0%	100.0%
列总计	1140	1940	2376	1577	7033

Chi-square test：df = 9，卡方值为 28.225，sig = 0.001 < 0.05，所以不同收入的居民在“您认为目前我国社会中伦理道德对个人行为的约束能力如何”的回答上有显著差异。

B19 by K6

您认为当今中国社会最基本的伦理冲突是 * 收入 Crosstabulation

	无收入	1—1999 元	2000—3999 元	4000 元及以上	总计
人与自然的冲突	24.5%	21.1%	22.9%	21.6%	22.3%
人与自身的冲突	29.1%	29.1%	34.0%	33.0%	31.5%
人与人之间的冲突	45.9%	46.6%	45.5%	48.0%	46.4%
个人与社会的冲突	29.0%	32.4%	29.3%	32.3%	30.9%
个人与政府的冲突	7.1%	6.9%	6.9%	8.4%	7.3%
列总计	1198	2289	2509	1637	7633

据上表所示，不同收入的居民在“您认为当今中国社会最基本的伦理冲突是”的认知上有无显著差异。

B20a by K6

在下列关系中，您认为哪些关系对您来说最重要？第一位 * 收入 Crosstabulation

	无收入	1—1999 元	2000—3999 元	4000 元及以上	总计
父母与子女	72.8%	72.4%	64.1%	61.6%	67.5%
夫妇	16.3%	20.7%	23.6%	22.3%	21.3%
兄弟姐妹	1.6%	0.8%	1.4%	1.9%	1.4%
同事或同学	2.2%	1.5%	2.1%	3.8%	2.3%
上级或下级	0.7%	0.4%	1.0%	1.6%	0.9%
师生	0.4%	0.1%	0.2%	0.1%	0.2%
人与自然的关系	0.8%	0.6%	1.1%	1.4%	1.0%
个人与社会	1.2%	0.8%	0.9%	1.2%	1.0%
个人与国家	2.2%	1.5%	2.4%	1.6%	1.9%
个人与工作单位	0.4%	0.5%	1.2%	2.1%	1.0%
通过网络建立的各种“群”的关系	0.2%	0.1%	0.1%		
朋友	0.4%	0.1%	0.5%	0.8%	0.4%
个人与自身的关系（身心和谐）	0.9%	0.6%	1.5%	1.2%	1.1%
其他	0.1%			0.1%	
总计	100.0%	100.0%	100.0%	100.0%	100.0%
列总计	1300	2373	2578	1665	7916

Chi-square test：df = 39，卡方值为 183.927，sig = 0.000 < 0.05，所以不同收入的居民在“在下列关系中，您认为哪些关系对您来说最重要？第一位”的回答上有显著差异。

B20b by K6

在下列关系中，您认为哪些关系对您来说最重要？第二位 * 收入 Crosstabulation

	无收入	1—1999 元	2000—3999 元	4000 元及以上	总计
父母与子女	19.0%	21.0%	26.0%	27.2%	23.6%
夫妇	45.0%	60.5%	48.7%	46.0%	51.1%
兄弟姐妹	19.6%	9.4%	10.5%	11.0%	11.8%
同事或同学	5.1%	2.7%	4.4%	5.4%	4.2%
上级或下级	1.2%	0.7%	1.7%	1.7%	1.3%
师生	1.6%	0.3%	0.9%	0.7%	0.8%

续表

	无收入	1—1999 元	2000—3999 元	4000 元及以上	总计
人与自然的关系	1.9%	1.3%	2.0%	1.5%	1.7%
个人与社会	1.6%	0.9%	1.6%	0.9%	1.3%
个人与国家	1.4%	1.1%	1.3%	1.0%	1.2%
个人与工作单位	0.9%	0.8%	1.5%	2.2%	1.3%
通过网络建立的各种“群”的关系		0.2%	0.1%	0.1%	
朋友	1.8%	0.8%	0.8%	1.7%	1.1%
个人与自身的关系（身心和谐）	0.9%	0.3%	0.4%	0.7%	0.5%
其他	0.1%	0.1%			0.1%
总计	100.0%	100.0%	100.0%	100.0%	100.0%
列总计	1288	2359	2562	1652	7861

Chi-square test：df = 39，卡方值为 291.836，sig = 0.000 < 0.05，所以不同收入的居民在“在下列关系中，您认为哪些关系对您来说最重要？第二位”的回答上有显著差异。

B20c by K6

在下列关系中，您认为哪些关系对您来说最重要？第三位 * 收入 Crosstabulation

	无收入	1—1999 元	2000—3999 元	4000 元及以上	总计
父母与子女	3.4%	2.5%	3.7%	3.6%	3.3%
夫妇	10.0%	6.9%	8.7%	9.4%	8.5%
兄弟姐妹	50.2%	63.0%	51.2%	47.3%	53.8%
同事或同学	9.8%	5.5%	8.3%	10.5%	8.2%
上级或下级	3.0%	2.7%	4.8%	5.5%	4.0%
师生	4.1%	2.0%	2.1%	2.4%	2.5%
人与自然的关系	3.4%	3.0%	3.4%	4.1%	3.4%
个人与社会	4.2%	4.3%	5.0%	4.5%	4.6%
个人与国家	3.1%	4.0%	3.9%	2.3%	3.5%
个人与工作单位	1.2%	1.1%	2.8%	3.3%	2.2%
通过网络建立的各种“群”的关系	0.2%	0.2%	0.3%	0.6%	0.3%
朋友	5.8%	3.5%	4.1%	4.5%	4.3%
个人与自身的关系（身心和谐）	1.5%	1.4%	1.6%	1.9%	1.6%
其他		0.1%			

续表

	无收入	1—1999 元	2000—3999 元	4000 元及以上	总计
总计	100.0%	100.0%	100.0%	100.0%	100.0%
列总计	1281	2348	2559	1650	7838

Chi-square test：df = 39，卡方值为 228.633，sig = 0.000 < 0.05，所以不同收入的居民在“在下列关系中，您认为哪些关系对您来说最重要？第三位”的回答上有显著差异。

B20d by K6

在下列关系中，您认为哪些关系对您来说最重要？第四位 * 收入 Crosstabulation

	无收入	1—1999 元	2000—3999 元	4000 元及以上	总计
父母与子女	2.1%	1.2%	1.3%	1.2%	1.4%
夫妇	5.3%	2.5%	4.1%	3.9%	3.8%
兄弟姐妹	5.7%	4.7%	5.7%	5.8%	5.4%
同事或同学	18.1%	18.4%	19.1%	18.1%	18.5%
上级或下级	3.6%	5.3%	5.9%	5.8%	5.3%
师生	6.6%	5.0%	4.3%	5.3%	5.1%
人与自然的关系	5.9%	9.0%	7.0%	7.4%	7.5%
个人与社会	11.3%	14.4%	10.2%	10.8%	11.8%
个人与国家	5.6%	6.7%	6.1%	4.5%	5.9%
个人与工作单位	4.8%	6.8%	10.2%	12.1%	8.7%
通过网络建立的各种“群”的关系	1.0%	0.3%	1.0%	1.1%	0.8%
朋友	27.0%	23.4%	22.1%	20.2%	22.9%
个人与自身的关系（身心和谐）	3.2%	2.1%	3.0%	3.6%	2.9%
其他				0.1%	
总计	100.0%	100.0%	100.0%	100.0%	100.0%
列总计	1256	2322	2532	1633	7743

Chi-square test：df = 39，卡方值为 180.080，sig = 0.000 < 0.05，所以不同收入的居民在“在下列关系中，您认为哪些关系对您来说最重要？第四位”的回答上有显著差异。

B20e by K6

在下列关系中，您认为哪些关系对您来说最重要？第五位 * 收入 Crosstabulation

	无收入	1—1999 元	2000—3999 元	4000 元及以上	总计
父母与子女	0.4%	0.4%	1.0%	0.9%	0.7%

续表

	无收入	1—1999元	2000—3999元	4000元及以上	总计
夫妇	1.2%	1.2%	1.7%	2.5%	1.6%
兄弟姐妹	3.1%	3.0%	3.3%	3.6%	3.2%
同事或同学	12.1%	10.9%	11.2%	11.4%	11.3%
上级或下级	5.1%	5.3%	6.8%	7.1%	6.1%
师生	7.7%	6.0%	6.3%	6.2%	6.4%
人与自然的关系	6.9%	4.9%	5.0%	5.2%	5.3%
个人与社会	17.5%	15.7%	12.9%	12.2%	14.3%
个人与国家	12.2%	12.8%	9.9%	9.4%	11.1%
个人与工作单位	6.4%	7.1%	10.8%	12.4%	9.3%
通过网络建立的各种“群”的关系	2.8%	1.2%	3.6%	3.0%	2.6%
朋友	18.1%	26.1%	21.4%	20.0%	22.0%
个人与自身的关系（身心和谐）	6.3%	4.9%	6.1%	5.9%	5.7%
其他	0.2%	0.4%		0.1%	0.2%
总计	100.0%	100.0%	100.0%	100.0%	100.0%
列总计	1218	2292	2515	1620	7645

Chi-square test：df = 39，卡方值为195.618，sig = 0.000 < 0.05，所以不同收入的居民在“在下列关系中，您认为哪些关系对您来说最重要？第五位”的回答上有显著差异。

B21 by K6

您认为哪一种关系对社会秩序最具根本性意义 * 收入 Crosstabulation

	无收入	1—1999元	2000—3999元	4000元及以上	总计
家庭关系或血缘关系	39.7%	34.8%	30.2%	27.3%	32.5%
个人与社会的关系	39.4%	46.1%	48.9%	50.2%	46.8%
职业关系	4.2%	3.4%	5.3%	6.0%	4.7%
个人与国家民族的关系	10.1%	10.7%	9.9%	10.6%	10.3%
人与自然的关系	1.9%	2.5%	1.8%	1.7%	2.0%
个人与自身的关系	4.8%	2.5%	3.9%	4.1%	3.7%
总计	100.0%	100.0%	100.0%	100.0%	100.0%
列总计	1283	2356	2567	1642	7848

Chi-square test：df = 15，卡方值为99.019，sig = 0.000 < 0.05，所以不同收入的居民在“您认为哪一种关系对社会秩序最具根本性意义”的回答上有显著差异。

B22 by K6

您认为哪一种关系对个人生活最具根本性意义 * 收入 Crosstabulation

	无收入	1—1999 元	2000—3999 元	4000 元及以上	总计
家庭关系或血缘关系	58.5%	52.1%	51.5%	56.6%	53.9%
个人与社会的关系	17.4%	21.6%	19.7%	19.8%	19.9%
职业关系	9.1%	13.4%	14.3%	11.8%	12.7%
个人与国家民族的关系	4.7%	5.2%	5.1%	5.1%	5.0%
人与自然的关系	2.6%	2.3%	1.8%	1.2%	2.0%
个人与自身的关系	7.8%	5.4%	7.6%	5.5%	6.5%
总计	100.0%	100.0%	100.0%	100.0%	100.0%
列总计	1288	2364	2567	1642	7861

Chi-square test：df = 15，卡方值为 63.091，sig = 0.000 < 0.05，所以不同收入的居民在"您认为哪一种关系对个人生活最具根本性意义"的回答上有显著差异。

B23a by K6

对于个人而言，您认为家庭、社会和国家三者的重要性程度如何？第一位 * 收入 Crosstabulation

	无收入	1—1999 元	2000—3999 元	4000 元及以上	总计
国家	44.9%	45.8%	45.9%	51.4%	46.9%
社会	3.1%	8.7%	5.7%	4.8%	6.0%
家庭	52.0%	45.5%	48.4%	43.8%	47.2%
总计	100.0%	100.0%	100.0%	100.0%	100.0%
列总计	1296	2370	2566	1652	7884

Chi-square test：df = 6，卡方值为 73.248，sig = 0.000 < 0.05，所以不同收入的居民在"对于个人而言，您认为家庭、社会和国家三者的重要性程度如何？第一位"的回答上有显著差异。

B23b by K6

对于个人而言，您认为家庭、社会和国家三者的重要性程度如何？第二位 * 收入 Crosstabulation

	无收入	1—1999 元	2000—3999 元	4000 元及以上	总计
国家	38.2%	32.1%	31.9%	30.3%	32.7%
社会	25.9%	22.2%	27.2%	24.5%	24.9%
家庭	35.9%	45.6%	40.9%	45.2%	42.4%
总计	100.0%	100.0%	100.0%	100.0%	100.0%

续表

	无收入	1—1999 元	2000—3999 元	4000 元及以上	总计
列总计	1292	2366	2561	1649	7868

Chi-square test：df = 6，卡方值为 51.584，sig = 0.000 < 0.05，所以不同收入的居民在“对于个人而言，您认为家庭、社会和国家三者的重要性程度如何？第二位”的回答上有显著差异。

B24a by K6

请根据您的理解选择对下列陈述的评价：信息技术、网络技术的发展对伦理道德的影响 ＊ 收入 Crosstabulation

	无收入	1—1999 元	2000—3999 元	4000 元及以上	总计
消极影响	14.1%	13.1%	15.1%	16.7%	14.8%
没有影响	31.3%	34.8%	27.5%	27.2%	29.9%
积极影响	54.6%	52.1%	57.4%	56.1%	55.3%
总计	100.0%	100.0%	100.0%	100.0%	100.0%
列总计	817	1358	1879	1248	5302

Chi-square test：df = 6，卡方值为 28.713，sig = 0.000 < 0.05，所以不同收入的居民在“信息技术、网络技术的发展对伦理道德的影响”的回答上有显著差异。

B24b by K6

请根据您的理解选择对下列陈述的评价：市场经济对我国伦理道德的影响 ＊ 收入 Crosstabulation

	无收入	1—1999 元	2000—3999 元	4000 元及以上	总计
消极影响	13.8%	11.8%	15.0%	18.0%	14.7%
没有影响	29.0%	25.6%	23.5%	25.2%	25.3%
积极影响	57.3%	62.6%	61.5%	56.8%	60.0%
总计	100.0%	100.0%	100.0%	100.0%	100.0%
列总计	800	1352	1840	1244	5236

Chi-square test：df = 6，卡方值为 29.366，sig = 0.000 < 0.05，所以不同收入的居民在“市场经济对我国伦理道德的影响”的回答上有显著差异。

B24c by K6

请根据您的理解选择对下列陈述的评价：西方文化对我国伦理道德的影响 ＊ 收入 Crosstabulation

	无收入	1—1999 元	2000—3999 元	4000 元及以上	总计
消极影响	19.7%	20.8%	22.1%	21.7%	21.3%

续表

	无收入	1—1999 元	2000—3999 元	4000 元及以上	总计
没有影响	37.2%	37.8%	33.0%	28.8%	33.9%
积极影响	43.0%	41.4%	44.9%	49.4%	44.8%
总计	100.0%	100.0%	100.0%	100.0%	100.0%
列总计	755	1250	1723	1159	4887

Chi-square test：df=6，卡方值为28.066，sig =0.000<0.05，所以不同收入的居民在“西方文化对我国伦理道德的影响”的回答上有显著差异。

B25 by K6

如果国外报道与国家主流媒体的宣传内容不一致，您倾向于相信 * 收入 Crosstabulation

	无收入	1—1999 元	2000—3999 元	4000 元及以上	总计
主流媒体	71.6%	73.9%	68.7%	59.6%	68.7%
国外报道	4.7%	2.5%	3.8%	6.4%	4.1%
谁都不相信，自己判断	23.7%	23.6%	27.5%	34.0%	27.2%
总计	100.0%	100.0%	100.0%	100.0%	100.0%
列总计	1185	2114	2399	1561	7259

Chi-square test：df=6，卡方值为106.277，sig =0.000<0.05，所以不同收入的居民在“如果国外报道与国家主流媒体的宣传内容不一致，您倾向于相信”的回答上有显著差异。

B26 by K6

如果朋友圈的消息与国家主流媒体的报道不一致，您倾向于相信 * 收入 Crosstabulation

	无收入	1—1999 元	2000—3999 元	4000 元及以上	总计
主流媒体	61.6%	64.2%	58.3%	53.6%	59.6%
朋友圈/亲朋圈子	7.5%	7.1%	10.6%	11.8%	9.3%
都不相信，自己比较判断	29.2%	27.5%	30.8%	34.2%	30.3%
其他	1.6%	1.2%	0.3%	0.4%	0.8%
总计	100.0%	100.0%	100.0%	100.0%	100.0%
列总计	1273	2324	2558	1641	7796

Chi-square test：df=9，卡方值为93.302，sig =0.000<0.05，所以不同收入的居民在“如果朋友圈的消息与国家主流媒体的宣传内容不一致，您倾向于相信”的回答上有显著差异。

C1 by K6

您认为当前中国社会个人道德素质的主要问题是 * 收入 Crosstabulation

	无收入	1—1999 元	2000—3999 元	4000 元及以上	总计
道德上无知	14.7%	17.1%	11.7%	9.9%	13.5%
有道德知识，但不见诸行动	69.5%	64.0%	71.2%	73.1%	69.2%
道德上既无知，也不见道德行动	14.8%	18.4%	16.5%	15.8%	16.7%
其他	1.0%	0.5%	0.5%	1.2%	0.7%
总计	100.0%	100.0%	100.0%	100.0%	100.0%
列总计	1262	2323	2532	1632	7749

Chi-square test：df = 9，卡方值为 75.502，sig = 0.000 < 0.05，所以不同收入的居民在“您认为当前中国社会个人道德素质的主要问题是”的回答上有显著差异。

C2 by K6

您根据什么来判断某种行为是否符合伦理或道德 * 收入 Crosstabulation

	无收入	1—1999 元	2000—3999 元	4000 元及以上	总计
传统道德观念	51.3%	50.4%	51.3%	51.6%	51.1%
风俗习惯	45.3%	51.9%	47.6%	44.3%	47.8%
大多数人认同的道德规范	30.3%	35.8%	36.5%	39.0%	35.8%
当事人共同利益和意志	14.2%	14.9%	20.9%	21.5%	18.1%
自己的良心	57.8%	60.8%	55.9%	53.3%	57.2%
意识形态的要求	8.2%	4.7%	9.1%	13.8%	8.6%
列总计	1266	2336	2538	1629	7769

据上表所示，不同收入的居民在“您根据什么来判断某种行为是否符合伦理或道德”的回答上有显著差异。

C3a by K6

我会经常关心比我不幸的人 * 收入 Crosstabulation

	无收入	1—1999 元	2000—3999 元	4000 元及以上	总计
完全不符合	3.0%	2.1%	2.8%	4.2%	2.9%
有点符合	27.2%	29.0%	30.4%	33.8%	30.2%
一般	32.0%	36.0%	33.6%	29.9%	33.3%
比较符合	31.5%	29.0%	28.6%	27.8%	29.0%
完全符合	6.2%	3.9%	4.6%	4.3%	4.6%

续表

	无收入	1—1999 元	2000—3999 元	4000 元及以上	总计
总计	100.0%	100.0%	100.0%	100.0%	100.0%
列总计	1281	2341	2560	1648	7830

Chi-square test：df = 12，卡方值为 53.073，sig = 0.000 < 0.05，所以不同收入的居民在“我会经常关心比我不幸的人”的回答上有显著差异。

C3b by K6

我时常会同情他人的难处 * 收入 Crosstabulation

	无收入	1—1999 元	2000—3999 元	4000 元及以上	总计
完全不符合	2.7%	1.7%	2.0%	2.2%	2.0%
有点符合	28.2%	29.1%	28.4%	29.1%	28.7%
一般	32.2%	35.9%	35.5%	31.5%	34.2%
比较符合	28.3%	26.0%	26.0%	28.8%	27.0%
完全符合	8.6%	7.3%	8.0%	8.4%	8.0%
总计	100.0%	100.0%	100.0%	100.0%	100.0%
列总计	1279	2343	2553	1648	7823

Chi-square test：df = 12，卡方值为 19.274，sig = 0.075 > 0.05，所以不同收入的居民在“我时常会同情他人的难处”的回答上无显著差异。

C3c by K6

在做决定前，我会试着从每个人的立场去考虑问题 * 收入 Crosstabulation

	无收入	1—1999 元	2000—3999 元	4000 元及以上	总计
完全不符合	3.6%	2.5%	3.3%	2.8%	3.0%
有点符合	22.0%	27.6%	24.5%	22.7%	24.6%
一般	38.8%	38.8%	38.4%	37.7%	38.4%
比较符合	29.1%	25.3%	27.0%	27.8%	27.0%
完全符合	6.6%	5.8%	6.9%	9.0%	6.9%
总计	100.0%	100.0%	100.0%	100.0%	100.0%
列总计	1282	2328	2560	1644	7814

Chi-square test：df = 12，卡方值为 39.021，sig = 0.000 < 0.05，所以不同收入的居民在“在做决定前，我会试着从每个人的立场去考虑问题”的回答上有显著差异。

C3d by K6

当我看到有人被利用时，时常想要保护他们 ＊ 收入 Crosstabulation

	无收入	1—1999 元	2000—3999 元	4000 元及以上	总计
完全不符合	6.0%	4.4%	5.3%	5.1%	5.1%
有点符合	22.5%	27.4%	26.3%	21.8%	25.1%
一般	41.5%	38.9%	36.1%	37.2%	38.0%
比较符合	23.3%	24.4%	25.3%	28.3%	25.3%
完全符合	6.7%	4.9%	7.0%	7.6%	6.4%
总计	100.0%	100.0%	100.0%	100.0%	100.0%
列总计	1272	2323	2556	1641	7792

Chi-square test：df = 12，卡方值为 50.579，sig = 0.000 < 0.05，所以不同收入的居民在“当我看到有人被利用时，时常想要保护他们”的回答上有显著差异。

C3e by K6

我有时会试图站在他人的角度，以更好地理解我的朋友 ＊ 收入 Crosstabulation

	无收入	1—1999 元	2000—3999 元	4000 元及以上	总计
完全不符合	4.1%	3.3%	3.8%	3.7%	3.7%
有点符合	23.2%	25.4%	22.3%	21.8%	23.3%
一般	34.6%	38.6%	35.7%	31.6%	35.5%
比较符合	30.0%	27.6%	30.4%	32.5%	30.0%
完全符合	8.1%	5.1%	7.8%	10.4%	7.6%
总计	100.0%	100.0%	100.0%	100.0%	100.0%
列总计	1267	2313	2555	1641	7776

Chi-square test：df = 12，卡方值为 65.521，sig = 0.000 < 0.05，所以不同收入的居民在“我有时会试图站在他人的角度，以更好地理解我的朋友”的回答上有显著差异。

C3f by K6

他人的不幸通常不会给我带来很大的不安 ＊ 收入 Crosstabulation

	无收入	1—1999 元	2000—3999 元	4000 元及以上	总计
完全不符合	12.8%	12.2%	16.2%	14.3%	14.1%
有点符合	27.5%	31.4%	25.4%	25.3%	27.5%

续表

	无收入	1—1999 元	2000—3999 元	4000 元及以上	总计
一般	33.6%	33.7%	33.7%	34.2%	33.8%
比较符合	20.6%	19.3%	20.3%	20.7%	20.2%
完全符合	5.4%	3.4%	4.3%	5.5%	4.5%
总计	100.0%	100.0%	100.0%	100.0%	100.0%
列总计	1269	2297	2536	1641	7743

Chi-square test：df = 12，卡方值为 49.780，sig = 0.000 < 0.05，所以不同收入的居民在“他人的不幸通常不会给我带来很大的不安”的回答上有显著差异。

C3g by K6

在观看电视剧或电影之后，我会感觉到自己仿佛成了其中的一个角色 * 收入 Crosstabulation

	无收入	1—1999 元	2000—3999 元	4000 元及以上	总计
完全不符合	16.1%	16.4%	14.2%	15.2%	15.4%
有点符合	21.4%	23.8%	24.5%	23.1%	23.5%
一般	32.7%	36.4%	36.5%	32.0%	34.9%
比较符合	24.8%	20.0%	19.9%	24.2%	21.6%
完全符合	5.0%	3.3%	5.0%	5.6%	4.6%
总计	100.0%	100.0%	100.0%	100.0%	100.0%
列总计	1231	2225	2492	1618	7566

Chi-square test：df = 12，卡方值为 45.815，sig = 0.000 < 0.05，所以不同收入的居民在“在观看电视剧或电影之后，我会感觉到自己仿佛成了其中的一个角色”的回答上有显著差异。

C3h by K6

当我对某人很不耐烦的时候，我通常会暂时站在他/她的位置上 * 收入 Crosstabulation

	无收入	1—1999 元	2000—3999 元	4000 元及以上	总计
完全不符合	9.5%	10.8%	11.3%	9.6%	10.5%
有点符合	27.8%	31.0%	27.9%	25.8%	28.3%
一般	34.6%	33.5%	35.0%	34.0%	34.3%
比较符合	22.1%	20.5%	20.5%	22.9%	21.3%
完全符合	6.1%	4.2%	5.3%	7.6%	5.6%
总计	100.0%	100.0%	100.0%	100.0%	100.0%

续表

	无收入	1—1999 元	2000—3999 元	4000 元及以上	总计
列总计	1246	2248	2507	1621	7622

Chi-square test：df = 12，卡方值为 37. 915，sig = 0. 000 < 0. 05，所以不同收入的居民在“当我对某人很不耐烦的时候，我通常会暂时站在他/她的位置上”的回答上有显著差异。

C3i by K6

当我在读一个有趣的故事或者看一部电影的时候，会想象如果这些事情发生在自己身上，我会是怎样的感受 * 收入 Crosstabulation

	无收入	1—1999 元	2000—3999 元	4000 元及以上	总计
完全不符合	13. 5%	14. 0%	11. 6%	9. 7%	12. 2%
有点符合	23. 3%	25. 1%	25. 0%	22. 2%	24. 2%
一般	32. 0%	36. 3%	35. 3%	32. 4%	34. 4%
比较符合	25. 8%	20. 1%	21. 3%	27. 6%	23. 0%
完全符合	5. 4%	4. 5%	6. 8%	8. 1%	6. 2%
总计	100. 0%	100. 0%	100. 0%	100. 0%	100. 0%
列总计	1219	2197	2475	1599	7490

Chi-square test：df = 12，卡方值为 80. 444，sig = 0. 000 < 0. 05，所以不同收入的居民在“当我在读一个有趣的故事或者看一部电影的时候，会想象如果这些事情发生在自己身上，我会是怎样的感受”的回答上有显著差异。

C3j by K6

在批评他人之前，我会尝试想象一下如果我处于那个位置会是什么感受 * 收入 Crosstabulation

	无收入	1—1999 元	2000—3999 元	4000 元及以上	总计
完全不符合	7. 5%	7. 7%	7. 5%	6. 7%	7. 4%
有点符合	27. 4%	28. 2%	28. 2%	22. 5%	26. 8%
一般	33. 1%	36. 3%	33. 4%	34. 3%	34. 4%
比较符合	25. 5%	23. 1%	24. 6%	27. 5%	24. 9%
完全符合	6. 5%	4. 8%	6. 4%	9. 0%	6. 5%
总计	100. 0%	100. 0%	100. 0%	100. 0%	100. 0%
列总计	1246	2234	2500	1617	7597

Chi-square test：df = 12，卡方值为 53. 565，sig = 0. 000 < 0. 05，所以不同收入的居民在“在批评他人之前，我会尝试想象一下如果我处于那个位置会是什么感受”的回答上有显著差异。

C4a by K6

您认为当今中国社会最重要和最需要的德性是？第一位 ＊ 收入 Crosstabulation

	无收入	1—1999 元	2000—3999 元	4000 元及以上	总计
爱（仁爱、博爱、友爱）	27.5%	25.7%	30.7%	32.2%	29.0%
义（道义、义务）	2.4%	5.8%	3.5%	3.9%	4.1%
宽容	4.4%	3.5%	4.4%	5.1%	4.3%
责任	8.0%	7.9%	8.9%	9.6%	8.6%
公正	11.4%	12.8%	12.4%	12.4%	12.4%
诚信	10.6%	11.2%	11.2%	10.7%	11.0%
忠恕（将心比心）	2.3%	2.5%	1.9%	1.6%	2.1%
理智	0.9%	0.7%	0.8%	0.4%	0.7%
节制	1.3%	1.8%	1.6%	1.4%	1.6%
谦让	1.2%	1.9%	2.9%	2.5%	2.3%
勇敢	0.9%	0.7%	0.7%	0.5%	0.7%
正直	0.9%	1.1%	1.4%	1.4%	1.3%
善良	6.8%	7.0%	5.3%	5.1%	6.0%
孝敬	20.6%	16.9%	13.8%	12.8%	15.7%
敬业	0.2%	0.4%	0.4%	0.5%	0.4%
其他	0.4%	0.1%		0.1%	0.1%
总计	100.0%	100.0%	100.0%	100.0%	100.0%
列总计	1293	2371	2571	1651	7886

Chi-square test：df = 45，卡方值为 145.893，sig = 0.000 < 0.05，所以不同收入的居民在“您认为当今中国社会最重要和最需要的德性是？第一位”的回答上有显著差异。

C4b by K6

您认为当今中国社会最重要和最需要的德性是？第二位 ＊ 收入 Crosstabulation

	无收入	1—1999 元	2000—3999 元	4000 元及以上	总计
爱（仁爱、博爱、友爱）	12.3%	9.6%	10.4%	12.8%	11.0%
义（道义、义务）	10.6%	11.5%	11.9%	12.0%	11.6%
宽容	7.9%	8.3%	9.9%	11.8%	9.5%
责任	9.4%	12.0%	10.8%	11.5%	11.1%

续表

	无收入	1—1999 元	2000—3999 元	4000 元及以上	总计
公正	10.6%	11.1%	12.5%	11.8%	11.6%
诚信	15.0%	16.1%	15.1%	15.5%	15.5%
忠恕（将心比心）	4.7%	4.9%	4.2%	2.2%	4.1%
理智	1.5%	1.2%	1.2%	1.0%	1.2%
节制	1.9%	1.9%	2.6%	3.0%	2.4%
谦让	2.6%	2.6%	2.3%	1.6%	2.3%
勇敢	1.2%	1.6%	1.5%	1.0%	1.4%
正直	3.5%	2.3%	2.4%	1.4%	2.3%
善良	9.2%	6.5%	5.6%	5.2%	6.4%
孝敬	8.2%	9.3%	8.6%	7.6%	8.5%
敬业	1.5%	1.0%	1.0%	1.5%	1.2%
其他	0.1%				
总计	100.0%	100.0%	100.0%	100.0%	100.0%
列总计	1287	2364	2568	1647	7866

Chi-square test：df = 45，卡方值为 123.114，sig = 0.000 < 0.05，所以不同收入的居民在“您认为当今中国社会最重要和最需要的德性是？第二位”的回答上有显著差异。

C4c by K6

您认为当今中国社会最重要和最需要的德性是？第三位 ＊ 收入 Crosstabulation

	无收入	1—1999 元	2000—3999 元	4000 元及以上	总计
爱（仁爱、博爱、友爱）	7.0%	5.6%	5.8%	6.1%	6.0%
义（道义、义务）	4.9%	4.7%	4.6%	5.2%	4.8%
宽容	17.4%	15.9%	17.2%	14.0%	16.2%
责任	13.0%	16.0%	15.3%	17.9%	15.7%
公正	8.0%	9.3%	8.9%	9.4%	9.0%
诚信	13.7%	13.6%	12.7%	15.4%	13.7%
忠恕（将心比心）	5.2%	6.1%	5.3%	3.3%	5.1%
理智	4.0%	4.3%	4.2%	2.4%	3.8%
节制	2.5%	1.9%	2.3%	3.1%	2.4%
谦让	2.7%	2.9%	3.8%	4.1%	3.4%
勇敢	2.6%	2.0%	2.1%	0.7%	1.9%
正直	5.1%	5.8%	4.2%	4.4%	4.9%

续表

	无收入	1—1999 元	2000—3999 元	4000 元及以上	总计
善良	5.8%	5.2%	5.7%	6.1%	5.6%
孝敬	7.3%	5.5%	5.9%	5.9%	6.0%
敬业	0.8%	1.2%	2.0%	1.9%	1.6%
总计	100.0%	100.0%	100.0%	100.0%	100.0%
列总计	1280	2359	2565	1646	7850

Chi-square test：df = 42，卡方值为 109.572，sig = 0.000 < 0.05，所以不同收入的居民在“您认为当今中国社会最重要和最需要的德性是？第三位”的回答上有显著差异。

C4d by K6

您认为当今中国社会最重要和最需要的德性是？第四位 * 收入 Crosstabulation

	无收入	1—1999 元	2000—3999 元	4000 元及以上	总计
爱（仁爱、博爱、友爱）	3.8%	4.4%	5.2%	5.2%	4.7%
义（道义、义务）	5.4%	3.5%	4.3%	4.0%	4.2%
宽容	10.3%	7.0%	7.8%	7.8%	8.0%
责任	15.6%	15.0%	13.0%	15.8%	14.6%
公正	11.0%	10.9%	10.2%	8.8%	10.2%
诚信	10.4%	12.2%	12.2%	12.6%	12.0%
忠恕（将心比心）	3.6%	4.0%	3.4%	2.5%	3.4%
理智	4.0%	4.1%	4.0%	3.3%	3.9%
节制	3.2%	4.1%	3.8%	3.8%	3.8%
谦让	4.1%	4.8%	5.3%	7.0%	5.3%
勇敢	2.7%	3.1%	2.9%	3.2%	3.0%
正直	5.2%	5.4%	5.5%	5.2%	5.4%
善良	11.6%	11.0%	11.3%	10.3%	11.0%
孝敬	7.9%	9.0%	9.2%	8.2%	8.7%
敬业	1.3%	1.6%	1.9%	2.4%	1.8%
总计	100.0%	100.0%	100.0%	100.0%	100.0%
列总计	1274	2354	2560	1642	7830

Chi-square test：df = 42，卡方值为 74.896，sig = 0.001 < 0.05，所以不同收入的居民在“您认为当今中国社会最重要和最需要的德性是？第四位”的回答上有显著差异。

C4e by K6

您认为当今中国社会最重要和最需要的德性是？第五位 * 收入 Crosstabulation

	无收入	1—1999 元	2000—3999 元	4000 元及以上	总计
爱（仁爱、博爱、友爱）	5.3%	4.2%	5.6%	4.6%	4.9%
义（道义、义务）	5.0%	4.3%	4.5%	4.8%	4.6%
宽容	6.9%	5.7%	4.3%	4.2%	5.1%
责任	7.5%	8.8%	7.5%	6.5%	7.7%
公正	7.1%	7.4%	8.0%	9.0%	7.9%
诚信	12.2%	12.1%	10.2%	9.8%	11.0%
忠恕（将心比心）	5.3%	5.1%	4.2%	4.2%	4.7%
理智	4.7%	4.3%	4.6%	4.2%	4.4%
节制	3.5%	3.0%	4.1%	3.0%	3.5%
谦让	5.7%	5.4%	6.8%	7.6%	6.4%
勇敢	3.5%	3.6%	3.2%	3.6%	3.4%
正直	7.5%	9.9%	6.9%	7.3%	8.0%
善良	9.6%	8.4%	10.8%	11.0%	9.9%
孝敬	11.5%	13.7%	13.7%	13.9%	13.4%
敬业	4.7%	4.1%	5.7%	6.4%	5.2%
总计	100.0%	100.0%	100.0%	100.0%	100.0%
列总计	1268	2343	2552	1636	7799

Chi-square test：df = 42，卡方值为 102.524，sig = 0.000 < 0.05，所以不同收入的居民在“您认为当今中国社会最重要和最需要的德性是？第五位”的回答上有显著差异。

C5 by K6

一个制药厂做药品销售时，出资 50 万元请您向公众介绍自己服药后的良好效果，您过去服用这药时并没有效果，但也没有发现有很大的副作用，您将如何决定 * 收入 Crosstabulation

	无收入	1—1999 元	2000—3999 元	4000 元及以上	总计
接受邀请，心安理得	10.0%	9.2%	12.9%	13.4%	11.4%
接受邀请，心里不安，但这笔巨款很有吸引力	17.8%	17.3%	19.0%	24.9%	19.5%
拒绝，这是虚假广告欺骗大众	71.9%	73.2%	67.8%	61.4%	68.7%
其他	0.3%	0.3%	0.3%	0.3%	0.3%

续表

	无收入	1—1999 元	2000—3999 元	4000 元及以上	总计
总计	100.0%	100.0%	100.0%	100.0%	100.0%
列总计	1284	2340	2561	1640	7825

Chi-square test：df = 9，卡方值为 76.818，sig = 0.000 < 0.05，所以不同收入的居民在“一个制药厂做药品销售时，出资 50 万元请您向公众介绍自己服药后的良好效果，您过去服用这药时并没有效果，但也没有发现有很大的副作用，您将如何决定”的回答上有显著差异。

C6 by K6

您正在申请一个重要的职位，如果具有两次以上在敬老院做义工的经历（不需要出具证据），将可能优先获得这个职位，您将如何决定 ＊ 收入 Crosstabulation

	无收入	1—1999 元	2000—3999 元	4000 元及以上	总计
如实填报，没做过义工，今后多参加这类活动	76.4%	73.5%	72.7%	68.9%	72.7%
填报参加过两次义工，这机会太重要了，反正不需要出具证据	12.8%	12.4%	16.2%	19.4%	15.2%
先填报，交表之后去做两次义工	10.2%	13.8%	10.7%	11.4%	11.7%
其他	0.6%	0.3%	0.4%	0.3%	0.4%
总计	100.0%	100.0%	100.0%	100.0%	100.0%
列总计	1238	2316	2554	1640	7748

Chi-square test：df = 9，卡方值为 58.392，sig = 0.000 < 0.05，所以不同收入的居民在“您正在申请一个重要的职位，如果具有两次以上在敬老院做义工的经历（不需要出具证据），将可能优先获得这个职位，您将如何决定”的回答上有显著差异。

C7 by K6

如果您全权代表本单位与另一单位进行项目谈判，对方要求您给予一千万元的优惠，事成之后将您正在寻找工作的女儿安排到这一单位并且获得较好职位，您将如何决定 ＊ 收入 Crosstabulation

	无收入	1—1999 元	2000—3999 元	4000 元及以上	总计
拒绝，不能以公谋私	81.1%	79.2%	78.1%	72.4%	77.7%
接受，女儿前途重要，并且我有权决定	18.2%	20.0%	21.2%	26.0%	21.3%
其他	0.8%	0.8%	0.8%	1.6%	1.0%
总计	100.0%	100.0%	100.0%	100.0%	100.0%
列总计	1272	2319	2538	1622	7751

Chi-square test：df = 6，卡方值为 41.631，sig = 0.000 < 0.05，所以不同收入的居民在“如果您全权代表本单位与另一单位进行项目谈判，对方要求您给予一千万元的优惠，事成之后将您正在寻找工作的女儿安排到这一单位并且获得较好职位，您将如何决定”的回答上有显著差异。

C8 by K6

现在社会上有些人不守道德反而占了便宜，您会不会效仿 ＊ 收入 Crosstabulation

	无收入	1—1999 元	2000—3999 元	4000 元及以上	总计
从来不这么做	55.1%	50.4%	52.7%	48.5%	51.5%
通常不这么做，关键时刻会这么做	23.0%	22.6%	24.3%	30.9%	24.9%
经常这么做	1.2%	0.8%	1.0%	1.0%	1.0%
相信善有善报，恶有恶报，终将会善恶报应	20.7%	26.0%	21.9%	19.2%	22.4%
其他		0.2%	0.2%	0.4%	0.2%
总计	100.0%	100.0%	100.0%	100.0%	100.0%
列总计	1289	2363	2563	1634	7849

Chi-square test：df = 12，卡方值为 67.941，sig = 0.000 < 0.05，所以不同收入的居民在“现在社会上有些人不守道德反而占了便宜，您会不会效仿”的回答上有显著差异。

C9a by K6

下列说法您是否认同：目前大多数人将职业当作谋生的手段，缺乏责任感和奉献精神 ＊ 收入 Crosstabulation

	无收入	1—1999 元	2000—3999 元	4000 元及以上	总计
完全不同意	4.9%	3.8%	4.2%	7.6%	4.9%
不太同意	26.4%	29.4%	28.7%	26.6%	28.1%
比较同意	56.7%	58.8%	54.7%	52.3%	55.7%
完全同意	12.0%	8.1%	12.4%	13.5%	11.3%
总计	100.0%	100.0%	100.0%	100.0%	100.0%
列总计	1152	2156	2502	1604	7414

Chi-square test：df = 9，卡方值为 73.035，sig = 0.000 < 0.05，所以不同收入的居民在“目前大多数人将职业当作谋生的手段，缺乏责任感和奉献精神”的回答上有显著差异。

C9b by K6

下列说法您是否认同：企业老板剥削员工，利益关系不公正 ＊ 收入 Crosstabulation

	无收入	1—1999 元	2000—3999 元	4000 元及以上	总计
完全不同意	6.2%	5.9%	6.4%	6.0%	6.1%

续表

	无收入	1—1999 元	2000—3999 元	4000 元及以上	总计
不太同意	31.1%	35.0%	33.0%	36.5%	34.0%
比较同意	52.0%	51.7%	50.2%	49.0%	50.7%
完全同意	10.6%	7.4%	10.4%	8.4%	9.1%
总计	100.0%	100.0%	100.0%	100.0%	100.0%
列总计	1080	2061	2452	1558	7151

Chi-square test：df = 9，卡方值为 24.234，sig = 0.004 < 0.05，所以不同收入的居民在“企业老板剥削员工，利益关系不公正”的回答上有显著差异。

C9c by K6

下列说法您是否认同：老板和员工、上级和下级相互勾结，共同对社会不负责任 ＊ 收入 Crosstabulation

	无收入	1—1999 元	2000—3999 元	4000 元及以上	总计
完全不同意	9.0%	9.7%	9.7%	10.8%	9.9%
不太同意	40.6%	45.2%	43.9%	45.0%	44.0%
比较同意	42.1%	39.1%	37.4%	35.4%	38.2%
完全同意	8.4%	5.9%	8.9%	8.8%	8.0%
总计	100.0%	100.0%	100.0%	100.0%	100.0%
列总计	1048	2012	2414	1541	7015

Chi-square test：df = 9，卡方值为 29.176，sig = 0.001 < 0.05，所以不同收入的居民在“老板和员工、上级和下级相互勾结，共同对社会不负责任”的回答上有显著差异。

C9d by K6

下列说法您是否认同：是否离婚主要考虑自己的感受和利益 ＊ 收入 Crosstabulation

	无收入	1—1999 元	2000—3999 元	4000 元及以上	总计
完全不同意	22.8%	21.2%	18.8%	22.3%	20.9%
不太同意	40.9%	48.6%	45.9%	41.9%	45.1%
比较同意	30.6%	25.7%	27.2%	27.2%	27.3%
完全同意	5.7%	4.5%	8.1%	8.6%	6.8%
总计	100.0%	100.0%	100.0%	100.0%	100.0%
列总计	1165	2212	2445	1584	7406

Chi-square test：df = 9，卡方值为 62.971，sig = 0.000 < 0.05，所以不同收入的居民在“是否离婚主要考虑自己的感受和利益”的回答上有显著差异。

C9e by K6

下列说法您是否认同：是否离婚应该从家庭整体（包括子女）考虑 ＊ 收入 Crosstabulation

	无收入	1—1999 元	2000—3999 元	4000 元及以上	总计
完全不同意	1. 9%	1. 2%	1. 6%	2. 6%	1. 7%
不太同意	11. 9%	13. 9%	13. 7%	11. 1%	12. 9%
比较同意	52. 6%	59. 4%	53. 6%	50. 5%	54. 5%
完全同意	33. 6%	25. 5%	31. 2%	35. 8%	30. 8%
总计	100. 0%	100. 0%	100. 0%	100. 0%	100. 0%
列总计	1187	2251	2489	1581	7508

Chi-square test：df = 9，卡方值为 70. 676，sig = 0. 000 < 0. 05，所以不同收入的居民在“是否离婚应该从家庭整体（包括子女）考虑”的回答上有显著差异。

C9f by K6

下列说法您是否认同：婚姻是社会的事，应当兼顾社会评价和社会后果 ＊ 收入 Crosstabulation

	无收入	1—1999 元	2000—3999 元	4000 元及以上	总计
完全不同意	5. 6%	3. 9%	4. 6%	8. 7%	5. 4%
不太同意	25. 6%	30. 4%	27. 1%	23. 6%	27. 1%
比较同意	52. 4%	53. 6%	52. 7%	50. 2%	52. 3%
完全同意	16. 4%	12. 2%	15. 7%	17. 6%	15. 2%
总计	100. 0%	100. 0%	100. 0%	100. 0%	100. 0%
列总计	1103	2134	2414	1545	7196

Chi-square test：df = 9，卡方值为 81. 674，sig = 0. 000 < 0. 05，所以不同收入的居民在“婚姻是社会的事，应当兼顾社会评价和社会后果”的回答上有显著差异。

C9g by K6

下列说法您是否认同：婚姻应当是自由的，如果有更满意或更合适的人就与现在的配偶离婚 ＊ 收入 Crosstabulation

	无收入	1—1999 元	2000—3999 元	4000 元及以上	总计
完全不同意	36. 7%	36. 7%	35. 7%	37. 2%	36. 5%
不太同意	38. 8%	47. 2%	41. 5%	36. 7%	41. 8%
比较同意	21. 6%	14. 0%	19. 4%	23. 0%	18. 9%

续表

	无收入	1—1999 元	2000—3999 元	4000 元及以上	总计
完全同意	3.0%	2.1%	3.3%	3.1%	2.9%
总计	100.0%	100.0%	100.0%	100.0%	100.0%
列总计	1211	2295	2500	1616	7622

Chi-square test：df = 9，卡方值为 84.496，sig = 0.000 < 0.05，所以不同收入的居民在“婚姻应当是自由的，如果有更满意或更合适的人就与现在的配偶离婚”的回答上有显著差异。

C9h by K6

婚姻意味着责任，要考虑给对方造成什么后果，不能轻率地选择离婚 * 收入 Crosstabulation

	无收入	1—1999 元	2000—3999 元	4000 元及以上	总计
完全不同意	2.2%	1.3%	1.1%	1.5%	1.4%
不太同意	10.8%	10.0%	10.9%	9.7%	10.3%
比较同意	50.4%	54.9%	53.5%	53.2%	53.4%
完全同意	36.6%	33.9%	34.5%	35.5%	34.9%
总计	100.0%	100.0%	100.0%	100.0%	100.0%
列总计	1226	2310	2511	1619	7666

Chi-square test：df = 9，卡方值为 14.943，sig = 0.093 > 0.05，所以不同收入的居民在“婚姻意味着责任，要考虑给对方造成什么后果，不能轻率地选择离婚”的回答上无显著差异。

C9i by K6

下列说法您是否认同：遇到困难的时候，兄弟姐妹通常都会给予力所能及的帮助 * 收入 Crosstabulation

	无收入	1—1999 元	2000—3999 元	4000 元及以上	总计
完全不同意	1.3%	1.0%	0.7%	1.3%	1.0%
不太同意	8.3%	7.4%	9.3%	11.0%	8.9%
比较同意	44.4%	53.5%	48.6%	45.9%	48.8%
完全同意	46.0%	38.2%	41.4%	41.9%	41.3%
总计	100.0%	100.0%	100.0%	100.0%	100.0%
列总计	1251	2332	2525	1631	7739

Chi-square test：df = 9，卡方值为 49.839，sig = 0.000 < 0.05，所以不同收入的居民在“遇到困难的时候，兄弟姐妹通常都会给予力所能及的帮助”的回答上有显著差异。

C9j by K6

下列说法您是否认同：无论父母对自己如何，都应当尽赡养义务 * 收入 Crosstabulation

	无收入	1—1999 元	2000—3999 元	4000 元及以上	总计
完全不同意	1.9%	0.9%	1.1%	1.4%	1.2%
不太同意	5.5%	6.5%	6.3%	8.6%	6.7%
比较同意	34.9%	40.0%	37.8%	35.5%	37.5%
完全同意	57.6%	52.6%	54.9%	54.6%	54.6%
总计	100.0%	100.0%	100.0%	100.0%	100.0%
列总计	1262	2333	2539	1626	7760

Chi-square test：df = 9，卡方值为 32.232，sig = 0.000 < 0.05，所以不同收入的居民在“无论父母对自己如何，都应当尽赡养义务”的回答上有显著差异。

C9k by K6

下列说法您是否认同：为了家庭利益可以一定程度上牺牲国家利益 * 收入 Crosstabulation

	无收入	1—1999 元	2000—3999 元	4000 元及以上	总计
完全不同意	19.0%	21.0%	18.2%	19.3%	19.4%
不太同意	51.5%	53.8%	52.9%	48.5%	52.0%
比较同意	25.0%	20.9%	23.1%	25.4%	23.2%
完全同意	4.6%	4.3%	5.8%	6.8%	5.4%
总计	100.0%	100.0%	100.0%	100.0%	100.0%
列总计	1137	2103	2367	1514	7121

Chi-square test：df = 9，卡方值为 32.347，sig = 0.000 < 0.05，所以不同收入的居民在“为了家庭利益可以一定程度上牺牲国家利益”的回答上有显著差异。

C9l by K6

下列说法您是否认同：为了国家利益可以一定程度上牺牲家庭利益 * 收入 Crosstabulation

	无收入	1—1999 元	2000—3999 元	4000 元及以上	总计
完全不同意	8.8%	10.6%	10.0%	8.9%	9.7%
不太同意	29.8%	30.2%	30.9%	27.0%	29.7%
比较同意	42.8%	45.5%	43.7%	46.0%	44.6%
完全同意	18.7%	13.7%	15.3%	18.2%	16.0%

续表

	无收入	1—1999 元	2000—3999 元	4000 元及以上	总计
总计	100.0%	100.0%	100.0%	100.0%	100.0%
列总计	1120	2051	2334	1499	7004

Chi-square test：df = 9，卡方值为 28.453，sig = 0.001 < 0.05，所以不同收入的居民在“为了国家利益可以一定程度上牺牲家庭利益”的回答上有显著差异。

C10 by K6

假设您的上司或老板是外国人，他侮辱了中国，但抗争会产生不利于自己的后果，您会选择 ＊ 收入 Crosstabulation

	无收入	1—1999 元	2000—3999 元	4000 元及以上	总计
当面抗议	61.0%	64.3%	64.0%	60.0%	62.7%
保持沉默	21.4%	17.6%	19.9%	21.7%	19.9%
暗地里报复	1.8%	2.3%	2.3%	2.8%	2.3%
以屈求伸，背后骂几句就行了	10.0%	8.8%	9.1%	11.6%	9.7%
无所谓	5.8%	7.0%	4.7%	3.9%	5.4%
总计	100.0%	100.0%	100.0%	100.0%	100.0%
列总计	1280	2354	2570	1651	7855

Chi-square test：df = 12，卡方值为 46.220，sig = 0.000 < 0.05，所以不同收入的居民在“假设您的上司或老板是外国人，他侮辱了中国，但抗争会产生不利于自己的后果，您会选择”的回答上有显著差异。

C11 by K6

如果条件允许的话，您希望您的孩子生活在国内，还是到国外定居 ＊ 收入 Crosstabulation

	无收入	1—1999 元	2000—3999 元	4000 元及以上	总计
还是在国内生活好	50.1%	46.0%	48.3%	44.3%	47.1%
到国外定居	12.8%	8.3%	13.5%	17.3%	12.6%
走一步看一步	15.0%	10.7%	12.9%	19.4%	14.0%
没考虑过	22.1%	34.9%	25.3%	18.9%	26.3%
总计	100.0%	100.0%	100.0%	100.0%	100.0%
列总计	1292	2345	2548	1637	7822

Chi-square test：df = 9，卡方值为 235.432，sig = 0.000 < 0.05，所以不同收入的居民在“如果条件允许的话，您希望您的孩子生活在国内，还是到国外定居”的回答上有显著差异。

C12a by K6

您常常体验到自己身上有一种“伦理感”的存在吗？人与人之间 ＊ 收入 Crosstabulation

	无收入	1—1999 元	2000—3999 元	4000 元及以上	总计
没有，只感受到自己实实在在的生活	24.3%	29.4%	21.3%	20.7%	24.1%
偶尔有，但主要是因为那种情况下我的利益与它高度一致	31.4%	32.6%	34.7%	37.2%	34.1%
偶尔有，是在受某种作品或生活情境的影响之后	21.7%	18.9%	23.1%	22.2%	21.4%
时常有，它是一种内在的信念	22.6%	19.1%	20.9%	20.0%	20.4%
总计	100.0%	100.0%	100.0%	100.0%	100.0%
列总计	1292	2345	2548	1637	7822

Chi-square test：df = 9，卡方值为 67.968，sig = 0.000 < 0.05，所以不同收入的居民在“您常常体验到自己身上有一种‘伦理感’的存在吗？人与人之间”的回答上有显著差异。

C12b by K6

您常常体验到自己身上有一种“伦理感”的存在吗？家庭 ＊ 收入 Crosstabulation

	无收入	1—1999 元	2000—3999 元	4000 元及以上	总计
没有，只感受到自己实实在在的生活	18.6%	24.4%	16.6%	16.7%	19.3%
偶尔有，但主要是因为那种情况下我的利益与它高度一致	20.8%	21.3%	23.6%	26.3%	23.0%
偶尔有，是在受某种作品或生活情境的影响之后	21.4%	18.5%	23.8%	24.9%	22.1%
时常有，它是一种内在的信念	39.2%	35.8%	36.0%	32.0%	35.6%
总计	100.0%	100.0%	100.0%	100.0%	100.0%
列总计	1228	2321	2523	1622	7694

Chi-square test：df = 9，卡方值为 93.336，sig = 0.000 < 0.05，所以不同收入的居民在“您常常体验到自己身上有一种‘伦理感’的存在吗？家庭”的回答上有显著差异。

C12c by K6

您常常体验到自己身上有一种“伦理感”的存在吗？单位 ＊ 收入 Crosstabulation

	无收入	1—1999 元	2000—3999 元	4000 元及以上	总计
没有，只感受到自己实实在在的生活	27.9%	32.7%	22.0%	22.8%	26.3%

续表

	无收入	1—1999 元	2000—3999 元	4000 元及以上	总计
偶尔有，但主要是因为那种情况下我的利益与它高度一致	32.7%	29.6%	35.9%	35.6%	33.5%
偶尔有，是在受某种作品或生活情境的影响之后	26.9%	25.3%	29.0%	29.2%	27.6%
时常有，它是一种内在的信念	12.4%	12.3%	13.2%	12.4%	12.6%
总计	100.0%	100.0%	100.0%	100.0%	100.0%
列总计	1228	2321	2519	1620	7688

Chi-square test：df = 9，卡方值为 88.332，sig = 0.000 < 0.05，所以不同收入的居民在“您常常体验到自己身上有一种‘伦理感’的存在吗？单位”的回答上有显著差异。

C12d by K6

您常常体验到自己身上有一种“伦理感”的存在吗？社区、城市 ＊ 收入 Crosstabulation

	无收入	1—1999 元	2000—3999 元	4000 元及以上	总计
没有，只感受到自己实实在在的生活	33.0%	36.7%	28.6%	29.2%	31.9%
偶尔有，但主要是因为那种情况下我的利益与它高度一致	27.0%	27.2%	28.9%	30.5%	28.4%
偶尔有，是在受某种作品或生活情境的影响之后	25.7%	21.8%	26.6%	26.1%	24.9%
时常有，它是一种内在的信念	14.3%	14.2%	15.9%	14.2%	14.8%
总计	100.0%	100.0%	100.0%	100.0%	100.0%
列总计	1292	2345	2548	1637	7822

Chi-square test：df = 9，卡方值为 50.695，sig = 0.000 < 0.05，所以不同收入的居民在“您常常体验到自己身上有一种‘伦理感’的存在吗？社区、城市”的回答上有显著差异。

C13 by K6

您常常体验到自己身上有一种“道德感”的存在和满足吗 ＊ 收入 Crosstabulation

	无收入	1—1999 元	2000—3999 元	4000 元及以上	总计
没有，只是凭自己的感觉和利益办事	24.4%	24.2%	28.8%	28.2%	26.6%
在有监督的环境中或有别人在场时有，其他环境中没有	11.7%	11.7%	14.7%	17.3%	13.8%

续表

	无收入	1—1999 元	2000—3999 元	4000 元及以上	总计
经常有，问心无愧、不做亏心事最重要	34.5%	37.4%	33.5%	31.2%	34.4%
没有特别的感觉，但从来不做不道德的事	29.2%	26.6%	22.9%	22.5%	25.0%
其他	0.2%	0.1%	0.2%	0.7%	0.3%
总计	100.0%	100.0%	100.0%	100.0%	100.0%
列总计	1278	2350	2553	1639	7820

Chi-square test：df = 12，卡方值为 90.712，sig = 0.000 < 0.05，所以不同收入的居民在“您常常体验到自己身上有一种‘道德感’的存在和满足吗”的回答上有显著差异。

C14 by K6

您认为国家对于个人存在的意义是 * 收入 Crosstabulation

	无收入	1—1999 元	2000—3999 元	4000 元及以上	总计
国家离我们很遥远，个人最重要	20.4%	23.0%	24.3%	25.8%	23.6%
国家最重要，是我们的安身之地，国家富强个人才能过得好	79.3%	76.8%	75.5%	73.8%	76.1%
其他	0.3%	0.2%	0.2%	0.4%	0.3%
总计	100.0%	100.0%	100.0%	100.0%	100.0%
列总计	1292	2357	2563	1650	7862

Chi-square test：df = 6，卡方值为 15.812，sig = 0.015 < 0.05，所以不同收入的居民在“您认为国家对于个人存在的意义”的回答上有显著差异。

C15 by K6

您认为对社会生活而言，个体德性和社会公正哪个更重要 * 收入 Crosstabulation

	无收入	1—1999 元	2000—3999 元	4000 元及以上	总计
个体德性最重要	19.8%	20.2%	16.2%	16.1%	18.0%
社会公正最重要	31.0%	33.6%	29.8%	30.6%	31.3%
二者应当统一，但二者矛盾时应先追求个体德性	27.6%	24.3%	30.1%	27.9%	27.5%
二者应当统一，但二者矛盾时应先追求社会公正	21.5%	21.8%	24.0%	25.5%	23.2%
总计	100.0%	100.0%	100.0%	100.0%	100.0%

续表

	无收入	1—1999 元	2000—3999 元	4000 元及以上	总计
列总计	1255	2341	2555	1644	7795

Chi-square test：df = 9，卡方值为 45. 397，sig = 0. 000 < 0. 05，所以不同收入的居民在“您认为对社会生活而言，个体德性和社会公正哪个更重要”的回答上有显著差异。

C16 by K6

在公共生活中，个人之所以要遵守道德，是因为 * 收入 Crosstabulation

	无收入	1—1999 元	2000—3999 元	4000 元及以上	总计
遵守道德有利于自身利益的实现	21. 9%	22. 1%	23. 8%	21. 4%	22. 5%
个人是社会的一分子，应当遵守道德	40. 7%	39. 4%	41. 5%	42. 8%	41. 0%
遵守道德社会才能有序和美好	27. 5%	25. 8%	27. 0%	30. 4%	27. 4%
不遵守道德会被别人议论或谴责	9. 9%	12. 7%	7. 6%	4. 8%	8. 9%
其他			0. 2%	0. 6%	0. 2%
总计	100. 0%	100. 0%	100. 0%	100. 0%	100. 0%
列总计	1292	2356	2557	1646	7851

Chi-square test：df = 12，卡方值为 110. 243，sig = 0. 000 < 0. 05，所以不同收入的居民在“在公共生活中，个人之所以要遵守道德，是因为”的回答上有显著差异。

C17 by K6

关于职业劳动的说法，您最认同的是 * 收入 Crosstabulation

	无收入	1—1999 元	2000—3999 元	4000 元及以上	总计
职业劳动是个人和家庭谋生的手段	56. 0%	56. 5%	56. 1%	49. 8%	54. 9%
职业劳动是为社会创造财富	24. 4%	26. 6%	24. 4%	25. 1%	25. 2%
职业劳动是个人兴趣和价值实现的方式	19. 3%	16. 7%	19. 2%	24. 4%	19. 6%
其他	0. 3%	0. 1%	0. 3%	0. 7%	0. 3%
总计	100. 0%	100. 0%	100. 0%	100. 0%	100. 0%
列总计	1285	2358	2560	1644	7847

Chi-square test：df = 9，卡方值为 53. 097，sig = 0. 000 < 0. 05，所以不同收入的居民在“关于职业劳动的说法，您最认同的是”的回答上有显著差异。

C18a by K6

您认为造成有些人忧郁、自杀的原因是？欲望过多过大，不能知足常乐 ＊ 收入 Crosstabulation

	无收入	1—1999元	2000—3999元	4000元及以上	总计
未选中	66.7%	66.5%	65.8%	64.6%	65.9%
选中	33.3%	33.5%	34.2%	35.4%	34.1%
总计	100.0%	100.0%	100.0%	100.0%	100.0%
列总计	1206	2186	2500	1635	7527

Chi-square test：df = 3，卡方值为1.974，sig = 0.578 > 0.05，所以不同收入的居民在“您认为造成有些人忧郁、自杀的原因是？欲望过多过大，不能知足常乐”的回答上无显著差异。

C18b by K6

您认为造成有些人忧郁、自杀的原因是？对自己和未来没有把握 ＊ 收入 Crosstabulation

	无收入	1—1999元	2000—3999元	4000元及以上	总计
未选中	69.7%	70.9%	69.8%	70.3%	70.2%
选中	30.3%	29.1%	30.2%	29.7%	29.8%
总计	100.0%	100.0%	100.0%	100.0%	100.0%
列总计	1206	2186	2500	1635	7527

Chi-square test：df = 3，卡方值为0.785，sig = 0.853 > 0.05，所以不同收入的居民在“您认为造成有些人忧郁、自杀的原因是？对自己和未来没有把握”的回答上无显著差异。

C18c by K6

您认为造成有些人忧郁、自杀的原因是？竞争激烈，工作压力过大，身心疲惫 ＊ 收入 Crosstabulation

	无收入	1—1999元	2000—3999元	4000元及以上	总计
未选中	58.0%	60.0%	54.8%	51.7%	56.1%
选中	42.0%	40.0%	45.2%	48.3%	43.9%
总计	100.0%	100.0%	100.0%	100.0%	100.0%
列总计	1206	2186	2500	1635	7527

Chi-square test：df = 3，卡方值为29.788，sig = 0.000 < 0.05，所以不同收入的居民在“您认为造成有些人忧郁、自杀的原因是？竞争激烈，工作压力过大，身心疲惫”的回答上有显著差异。

C18d by K6

您认为造成有些人忧郁、自杀的原因是？人与人之间缺乏信任，人际关系紧张 * 收入 Crosstabulation

	无收入	1—1999 元	2000—3999 元	4000 元及以上	总计
未选中	68.4%	67.0%	66.2%	64.0%	66.3%
选中	31.6%	33.0%	33.8%	36.0%	33.7%
总计	100.0%	100.0%	100.0%	100.0%	100.0%
列总计	1206	2186	2500	1635	7527

Chi-square test：df = 3，卡方值为 6.868，sig = 0.076 > 0.05，所以不同收入的居民在“您认为造成有些人忧郁、自杀的原因是？人与人之间缺乏信任，人际关系紧张”的回答上无显著差异。

C18e by K6

您认为造成有些人忧郁、自杀的原因是？有烦恼很难找到人倾诉和排解 * 收入 Crosstabulation

	无收入	1—1999 元	2000—3999 元	4000 元及以上	总计
未选中	74.5%	73.5%	70.2%	69.2%	71.6%
选中	25.5%	26.5%	29.8%	30.8%	28.4%
总计	100.0%	100.0%	100.0%	100.0%	100.0%
列总计	1206	2186	2500	1635	7527

Chi-square test：df = 3，卡方值为 15.940，sig = 0.001 < 0.05，所以不同收入的居民在“您认为造成有些人忧郁、自杀的原因是？有烦恼很难找到人倾诉和排解”的回答上有显著差异。

C18f by K6

您认为造成有些人忧郁、自杀的原因是？个人的文化底蕴和文化积累不够，缺乏自我理解能力和自我调节能力 * 收入 Crosstabulation

	无收入	1—1999 元	2000—3999 元	4000 元及以上	总计
未选中	78.9%	76.4%	73.7%	73.1%	75.2%
选中	21.1%	23.6%	26.3%	26.9%	24.8%
总计	100.0%	100.0%	100.0%	100.0%	100.0%
列总计	1206	2186	2500	1635	7527

Chi-square test：df = 3，卡方值为 17.443，sig = 0.001 < 0.05，所以不同收入的居民在“您认为造成有些人忧郁、自杀的原因是？个人的文化底蕴和文化积累不够，缺乏自我理解能力和自我调节能力”的回答上有显著差异。

C18g by K6

您认为造成有些人忧郁、自杀的原因是？现代人缺乏安顿自己、化解内心矛盾的能力 * 收入 Crosstabulation

	无收入	1—1999 元	2000—3999 元	4000 元及以上	总计
未选中	80. 2%	74. 9%	74. 7%	74. 9%	75. 7%
选中	19. 8%	25. 1%	25. 3%	25. 1%	24. 3%
总计	100. 0%	100. 0%	100. 0%	100. 0%	100. 0%
列总计	1206	2186	2500	1635	7527

Chi-square test：df = 3，卡方值为 15. 615，sig = 0. 001 < 0. 05，所以不同收入的居民在“您认为造成有些人忧郁、自杀的原因是？现代人缺乏安顿自己、化解内心矛盾的能力”的回答上有显著差异。

C18h by K6

您认为造成有些人忧郁、自杀的原因是？缺乏道德公正，没有道德的人总是占便宜 * 收入 Crosstabulation

	无收入	1—1999 元	2000—3999 元	4000 元及以上	总计
未选中	89. 1%	86. 2%	84. 4%	84. 6%	85. 7%
选中	10. 9%	13. 8%	15. 6%	15. 4%	14. 3%
总计	100. 0%	100. 0%	100. 0%	100. 0%	100. 0%
列总计	1206	2186	2500	1635	7527

Chi-square test：df = 3，卡方值为 17. 054，sig = 0. 001 < 0. 05，所以不同收入的居民在“您认为造成有些人忧郁、自杀的原因是？缺乏道德公正，没有道德的人总是占便宜”的回答上有显著差异。

C18i by K6

您认为造成有些人忧郁、自杀的原因是？缺乏理想和信念支持，精神没有寄托和归宿 * 收入 Crosstabulation

	无收入	1—1999 元	2000—3999 元	4000 元及以上	总计
未选中	82. 8%	82. 8%	81. 7%	78. 4%	81. 5%
选中	17. 2%	17. 2%	18. 3%	21. 6%	18. 5%
总计	100. 0%	100. 0%	100. 0%	100. 0%	100. 0%
列总计	1206	2186	2500	1635	7527

Chi-square test：df = 3，卡方值为 14. 311，sig = 0. 003 < 0. 05，所以不同收入的居民在“您认为造成有些人忧郁、自杀的原因是？缺乏理想和信念支持，精神没有寄托和归宿”的回答上有显著差异。

C18j by K6

您认为造成有些人忧郁、自杀的原因是？生活压力大 ＊ 收入 Crosstabulation

	无收入	1—1999 元	2000—3999 元	4000 元及以上	总计
未选中	62.2%	57.1%	61.0%	63.1%	60.5%
选中	37.8%	42.9%	39.0%	36.9%	39.5%
总计	100.0%	100.0%	100.0%	100.0%	100.0%
列总计	1206	2186	2500	1635	7527

Chi-square test：df = 3，卡方值为 16.769，sig = 0.001 < 0.05，所以不同收入的居民在“您认为造成有些人忧郁、自杀的原因是？生活压力大”的回答上有显著差异。

C18k by K6

您认为造成有些人忧郁、自杀的原因是？生活孤独无聊 ＊ 收入 Crosstabulation

	无收入	1—1999 元	2000—3999 元	4000 元及以上	总计
未选中	91.1%	91.2%	91.6%	91.7%	91.4%
选中	8.9%	8.8%	8.4%	8.3%	8.6%
总计	100.0%	100.0%	100.0%	100.0%	100.0%
列总计	1206	2186	2500	1635	7527

Chi-square test：df = 3，卡方值为 0.672，sig = 0.88 > 0.05，所以不同收入的居民在“您认为造成有些人忧郁、自杀的原因是？生活孤独无聊”的回答上无显著差异。

C19a by K6

如果您与家庭成员之间发生重大利益冲突，您会 ＊ 收入 Crosstabulation

	无收入	1—1999 元	2000—3999 元	4000 元及以上	总计
诉诸法律，打官司	1.8%	0.7%	1.0%	1.4%	1.1%
直接找对方沟通，但得理让人，适可而止	53.2%	47.3%	52.1%	57.6%	52.0%
通过第三方（如社会机构、朋友等）从中调解，尽量不伤和气	12.0%	13.3%	13.8%	15.8%	13.8%
能忍则忍	33.0%	38.8%	33.1%	25.3%	33.1%
总计	100.0%	100.0%	100.0%	100.0%	100.0%
列总计	1246	2245	2491	1622	7604

Chi-square test：df = 9，卡方值为 89.621，sig = 0.000 < 0.05，所以不同收入的居民在“如果您与家庭成员之间发生重大利益冲突，您会”的回答上有显著差异。

C19b by K6

如果您与朋友之间发生重大利益冲突，您会 ＊ 收入 Crosstabulation

	无收入	1—1999元	2000—3999元	4000元及以上	总计
诉诸法律，打官司	2.7%	1.0%	2.3%	2.0%	1.9%
直接找对方沟通，但得理让人，适可而止	51.0%	48.6%	47.3%	48.7%	48.6%
通过第三方（如社会机构、朋友等）从中调解，尽量不伤和气	25.4%	29.7%	27.8%	35.5%	29.6%
能忍则忍	21.0%	20.8%	22.6%	13.8%	20.0%
总计	100.0%	100.0%	100.0%	100.0%	100.0%
列总计	1254	2282	2533	1624	7693

Chi-square test：df = 9，卡方值为89.702，sig = 0.000 < 0.05，所以不同收入的居民在“如果您与朋友之间发生重大利益冲突，您会”的回答上有显著差异。

C19c by K6

如果您与同事之间发生重大利益冲突，您会 ＊ 收入 Crosstabulation

	无收入	1—1999元	2000—3999元	4000元及以上	总计
诉诸法律，打官司	5.1%	2.7%	3.4%	3.2%	3.4%
直接找对方沟通，但得理让人，适可而止	39.3%	41.9%	43.7%	47.5%	43.4%
通过第三方（如社会机构、朋友等）从中调解，尽量不伤和气	39.0%	43.2%	38.1%	39.2%	39.9%
能忍则忍	16.6%	12.2%	14.7%	10.1%	13.2%
总计	100.0%	100.0%	100.0%	100.0%	100.0%
列总计	977	1878	2357	1544	6756

Chi-square test：df = 9，卡方值为54.827，sig = 0.001 < 0.05，所以不同收入的居民在“如果您与同事之间发生重大利益冲突，您会”的回答上有显著差异。

C19d by K6

如果您与商业伙伴之间发生重大利益冲突，您会 ＊ 收入 Crosstabulation

	无收入	1—1999元	2000—3999元	4000元及以上	总计
诉诸法律，打官司	30.9%	29.2%	30.8%	34.9%	31.4%
直接找对方沟通，但得理让人，适可而止	25.7%	25.7%	29.0%	27.0%	27.2%

续表

	无收入	1—1999 元	2000—3999 元	4000 元及以上	总计
通过第三方（如社会机构、朋友等）从中调解，尽量不伤和气	29.4%	35.5%	30.6%	29.6%	31.5%
能忍则忍	14.0%	9.6%	9.6%	8.5%	10.0%
总计	100.0%	100.0%	100.0%	100.0%	100.0%
列总计	849	1547	2054	1455	5905

Chi-square test：df = 9，卡方值为 41.921，sig = 0.000 < 0.05，所以不同收入的居民在“如果您与商业伙伴之间发生重大利益冲突，您会”的回答上有显著差异。

C20 by K6

您认为在自己的成长中得到道德训练的最重要场所或机构是 ＊ 收入 Crosstabulation

	无收入	1—1999 元	2000—3999 元	4000 元及以上	总计
家庭	37.4%	35.3%	31.8%	31.5%	33.7%
学校	30.6%	24.1%	25.5%	28.6%	26.5%
社会（如工作单位、社区等）	26.0%	35.0%	35.9%	30.9%	33.0%
国家或政府	2.9%	2.3%	3.3%	4.2%	3.1%
媒体	1.1%	1.3%	0.9%	1.5%	1.2%
其他	2.0%	1.9%	2.6%	3.3%	2.4%
总计	100.0%	100.0%	100.0%	100.0%	100.0%
列总计	1294	2371	2573	1653	7891

Chi-square test：df = 15，卡方值为 83.740，sig = 0.000 < 0.05，所以不同收入的居民在“您认为在自己的成长中得到道德训练的最重要场所或机构是”的回答上有显著差异。

C21 by K6

您的思想行为受什么人影响最大 ＊ 收入 Crosstabulation

	无收入	1—1999 元	2000—3999 元	4000 元及以上	总计
政府官员	16.8%	17.2%	22.5%	23.1%	20.1%
企业家	14.6%	12.8%	18.3%	21.0%	16.7%
演艺明星	3.4%	2.2%	4.1%	5.1%	3.6%
教师	46.1%	51.1%	45.5%	40.9%	46.3%
知识精英	10.8%	7.9%	14.0%	14.5%	11.8%

续表

	无收入	1—1999 元	2000—3999 元	4000 元及以上	总计
公众人物	11.9%	12.6%	17.4%	16.5%	14.9%
农民	9.3%	14.1%	9.3%	9.0%	10.7%
工人	1.9%	2.5%	2.9%	2.9%	2.6%
先哲先贤	16.8%	11.2%	15.5%	18.5%	15.1%
父母	74.2%	78.0%	72.9%	67.4%	73.5%
网络大 V	2.2%	2.0%	2.9%	5.0%	3.0%
宗教人士	1.2%	0.9%	1.3%	2.5%	1.4%
列总计	1231	2257	2464	1617	7569

据上表所示，不同收入的居民在“您的思想行为受什么人影响最大”的回答上有显著差异。

C22 by K6

影响您道德判断和道德选择的最主要的因素是 ＊ 收入 Crosstabulation

	无收入	1—1999 元	2000—3999 元	4000 元及以上	总计
自己的良心	73.5%	72.3%	66.3%	64.0%	68.8%
大多数人持有的观点	31.7%	37.8%	37.4%	40.7%	37.3%
公众人士和权威人物的观点	8.2%	5.9%	8.5%	9.9%	8.0%
国外媒体的观点	4.0%	3.6%	4.9%	3.5%	4.0%
自己的利益	11.7%	13.5%	17.5%	14.8%	14.8%
他人的评价	6.6%	8.0%	7.0%	6.5%	7.1%
社会后果	12.7%	16.6%	17.2%	15.1%	15.8%
大多数人认可的道德规范	15.8%	14.7%	15.5%	16.2%	15.5%
先贤教导	5.0%	3.2%	4.3%	6.7%	4.6%
“朋友圈”的观点	0.5%	0.6%	1.0%	1.0%	0.8%
列总计	1251	2301	2509	1624	7685

据上表所示，不同收入的居民在“影响您道德判断和道德选择的最主要的因素是”的回答上有显著差异。

C23 by K6

现在经常有一些网民在网络上曝光别人的隐私，您怎么看待这种行为 ＊ 收入 Crosstabulation

	无收入	1—1999 元	2000—3999 元	4000 元及以上	总计
这是违法行为，应该制止	36.5%	34.0%	37.4%	36.7%	36.1%

续表

	无收入	1—1999 元	2000—3999 元	4000 元及以上	总计
这是不道德行为，应该进行谴责	45.6%	48.9%	40.9%	42.4%	44.3%
这是社会监督的重要途径，不必完全禁止，但需要规范和引导	15.6%	15.0%	19.2%	19.3%	17.4%
这是网民的自由，别人不应该干涉	2.3%	2.1%	2.4%	1.7%	2.2%
总计	100.0%	100.0%	100.0%	100.0%	100.0%
列总计	1163	2135	2452	1605	7355

Chi-square test：df = 9，卡方值为 42.162，sig = 0.000 < 0.05，所以不同收入的居民在“现在经常有一些网民在网络上曝光别人的隐私，您怎么看待这种行为”的回答上有显著差异。

C24a by K6

您最近两年是否参加过以下活动？志愿者活动 * 收入 Crosstabulation

	无收入	1—1999 元	2000—3999 元	4000 元及以上	总计
是	18.1%	6.8%	15.0%	27.3%	15.6%
否	81.9%	93.2%	85.0%	72.7%	84.4%
总计	100.0%	100.0%	100.0%	100.0%	100.0%
列总计	1292	2364	2567	1649	7872

Chi-square test：df = 3，卡方值为 316.018，sig = 0.000 < 0.05，所以不同收入的居民在“您最近两年是否参加过以下活动？志愿者活动”的回答上有显著差异。

C24b by K6

您参加的频率：志愿者活动 * 收入 Crosstabulation

	无收入	1—1999 元	2000—3999 元	4000 元及以上	总计
从来没有	81.9%	93.2%	85.0%	72.7%	84.4%
参加过一两次	9.2%	3.5%	7.2%	13.6%	7.7%
参加过一两次	6.0%	2.7%	6.0%	11.1%	6.1%
经常参加	2.9%	0.7%	1.8%	2.6%	1.8%
总计	100.0%	100.0%	100.0%	100.0%	100.0%
列总计	1292	2364	2567	1649	7872

Chi-square test：df = 9，卡方值为 327.701，sig = 0.000 < 0.05，所以不同收入的居民在“您参加的频率：志愿者活动”的回答上有显著差异。

C24c by K6

您最近两年是否参加过以下活动？无偿献血 * 收入 Crosstabulation

	无收入	1—1999 元	2000—3999 元	4000 元及以上	总计
是	12.5%	7.2%	13.8%	25.7%	14.1%
否	87.5%	92.8%	86.2%	74.3%	85.9%
总计	100.0%	100.0%	100.0%	100.0%	100.0%
列总计	1293	2366	2568	1651	7878

Chi-square test：df = 3，卡方值为 278.121，sig = 0.000 < 0.05，所以不同收入的居民在“您最近两年是否参加过以下活动？无偿献血”的回答上有显著差异。

C24d by K6

您参加的频率：无偿献血 * 收入 Crosstabulation

	无收入	1—1999 元	2000—3999 元	4000 元及以上	总计
从来没有	87.5%	92.8%	86.2%	74.3%	85.9%
参加过一两次	7.1%	3.5%	7.7%	13.4%	7.5%
参加过一两次	4.6%	3.1%	5.4%	10.8%	5.7%
经常参加	0.8%	0.6%	0.7%	1.5%	0.9%
总计	100.0%	100.0%	100.0%	100.0%	100.0%
列总计	1293	2366	2568	1651	7878

Chi-square test：df = 9，卡方值为 282.672，sig = 0.000 < 0.05，所以不同收入的居民在“您参加的频率：无偿献血”的回答上有显著差异。

C24e by K6

您最近两年是否参加过以下活动？捐款、捐物 * 收入 Crosstabulation

	无收入	1—1999 元	2000—3999 元	4000 元及以上	总计
是	36.7%	23.7%	35.3%	49.4%	35.0%
否	63.3%	76.3%	64.7%	50.6%	65.0%
总计	100.0%	100.0%	100.0%	100.0%	100.0%
列总计	1293	2366	2568	1651	7878

Chi-square test：df = 3，卡方值为 286.329，sig = 0.000 < 0.05，所以不同收入的居民在“您最近两年是否参加过以下活动？捐款、捐物”的回答上有显著差异。

C24f by K6

您参加的频率：捐款、捐物 ＊ 收入 Crosstabulation

	无收入	1—1999 元	2000—3999 元	4000 元及以上	总计
从来没有	63.3%	76.3%	64.7%	50.6%	65.0%
参加过一两次	15.3%	10.9%	14.0%	20.0%	14.5%
参加过一两次	16.8%	10.8%	16.4%	21.0%	15.7%
经常参加	4.6%	2.0%	4.9%	8.5%	4.7%
总计	100.0%	100.0%	100.0%	100.0%	100.0%
列总计	1293	2366	2568	1651	7878

Chi-square test：df = 9，卡方值为 309.842，sig = 0.000 < 0.05，所以不同收入的居民在“您参加的频率：捐款、捐物”的回答上有显著差异。

C25 by K6

目前中国社会的两性关系日益开放，它对社会风尚的影响是 ＊ 收入 Crosstabulation

	无收入	1—1999 元	2000—3999 元	4000 元及以上	总计
是社会进步的表现	14.6%	12.3%	13.8%	16.8%	14.1%
两性关系混乱必然导致道德沦丧、污染社会风气	50.7%	55.4%	49.9%	48.2%	51.3%
个人选择，无所谓好坏	34.0%	31.9%	36.2%	34.5%	34.2%
其他	0.7%	0.3%	0.1%	0.5%	0.3%
总计	100.0%	100.0%	100.0%	100.0%	100.0%
列总计	1256	2292	2541	1630	7719

Chi-square test：df = 9，卡方值为 43.370，sig = 0.000 < 0.05，所以不同收入的居民在“目前中国社会的两性关系日益开放，它对社会风尚的影响是”的回答上有显著差异。

C26 by K6

您对一些重要事情所持的观点和看法与其他人一致的时候有多少 ＊ 收入 Crosstabulation

	无收入	1—1999 元	2000—3999 元	4000 元及以上	总计
非常少	6.5%	5.0%	4.1%	4.5%	4.9%
比较少	15.1%	14.4%	12.6%	13.2%	13.7%
一般	39.1%	43.6%	44.8%	37.8%	42.0%
比较多	32.2%	32.3%	33.1%	38.3%	33.9%

续表

	无收入	1—1999元	2000—3999元	4000元及以上	总计
非常多	7.0%	4.6%	5.3%	6.2%	5.6%
总计	100.0%	100.0%	100.0%	100.0%	100.0%
列总计	1195	2099	2412	1587	7293

Chi-square test：df=12，卡方值为51.305，sig =0.000<0.05，所以不同收入的居民在“您对一些重要事情所持的观点和看法与其他人一致的时候有多少”的回答上有显著差异。

C27 by K6

您对待目前社会上一部分人的奢侈消费行为的态度是 ＊ 收入 Crosstabulation

	无收入	1—1999元	2000—3999元	4000元及以上	总计
钞票是他们自己的，他们愿意怎么花就怎么花	38.8%	39.2%	41.5%	40.5%	40.2%
他们应该遵守勤俭的传统美德，适度消费	46.2%	45.9%	42.8%	43.0%	44.3%
过度消费行为只要对别人无害，就不应干涉	14.9%	14.8%	15.5%	16.1%	15.3%
其他		0.1%	0.2%	0.4%	0.2%
总计	100.0%	100.0%	100.0%	100.0%	100.0%
列总计	1298	2360	2568	1649	7875

Chi-square test：df=9，卡方值为15.549，sig =0.077>0.05，所以不同收入的居民在“您对待目前社会上一部分人的奢侈消费行为的态度是”的回答上无显著差异。

C28 by K6

孝敬、礼让、仁爱、节俭等优良传统，您认为现在还需要这些吗 ＊ 收入 Crosstabulation

	无收入	1—1999元	2000—3999元	4000元及以上	总计
这些好传统什么时候都不能丢	79.5%	77.4%	78.5%	76.8%	78.0%
可有可无	9.4%	9.2%	8.5%	8.7%	8.9%
已经过时，没必要讲这些	3.9%	5.1%	5.8%	6.8%	5.5%
有些要，有些不要	7.2%	8.4%	7.3%	7.7%	7.7%
总计	100.0%	100.0%	100.0%	100.0%	100.0%
列总计	1299	2370	2573	1654	7896

Chi-square test：df=9，卡方值为16.460，sig =0.058>0.05，所以不同收入的居民在“孝敬、礼让、仁爱、节俭等优良传统，您认为现在还需要这些吗”的回答上无显著差异。

C29 by K6

民族英雄和新时期的先进人物的精神还值得在全社会大力倡导吗 * 收入 Crosstabulation

	无收入	1—1999 元	2000—3999 元	4000 元及以上	总计
我很佩服他们，现在社会就缺这种精神，要加大宣传	60.9%	57.1%	57.6%	62.8%	59.1%
以前知道一些，现在不太关注了	24.5%	23.7%	27.0%	27.0%	25.6%
时过境迁，这些典型的影响力越来越小了，没太多人关心了	10.0%	14.2%	11.8%	8.3%	11.5%
不知道，也不关心	4.7%	4.9%	3.6%	1.8%	3.8%
总计	100.0%	100.0%	100.0%	100.0%	100.0%
列总计	1296	2366	2566	1654	7882

Chi-square test：df = 9，卡方值为 75.497，sig = 0.000 < 0.05，所以不同收入的居民在“民族英雄和新时期的先进人物的精神还值得在全社会大力倡导吗”的回答上有显著差异。

C30 by K6

当在公交车上遇到小偷正在偷乘客钱包时，您会选择以下哪种做法 * 收入 Crosstabulation

	无收入	1—1999 元	2000—3999 元	4000 元及以上	总计
马上冲上去制止	17.6%	16.0%	19.4%	27.5%	19.8%
出于害怕，装作什么都没有看到	12.2%	10.5%	12.5%	13.6%	12.1%
不敢直接与小偷对抗，但以适当方式悄悄提醒当事人或报警	61.8%	64.2%	60.7%	53.3%	60.4%
只要偷的不是我，不用多管闲事，免得惹麻烦	7.6%	8.4%	6.7%	5.0%	7.0%
其他	0.8%	0.8%	0.7%	0.6%	0.7%
总计	100.0%	100.0%	100.0%	100.0%	100.0%
列总计	1291	2362	2568	1653	7874

Chi-square test：df = 12，卡方值为 116.076，sig = 0.000 < 0.05，所以不同收入的居民在“当在公交车上遇到小偷正在偷乘客钱包时，您会选择以下哪种做法”的回答上有显著差异。

C31 by K6

小王知道做某件事是道德的但没去行动，哪种因素是他采取行动的最大障碍 * 收入 Crosstabulation

	无收入	1—1999 元	2000—3999 元	4000 元及以上	总计
采取行动会损害自己利益	17.0%	14.9%	15.1%	17.9%	15.9%
采取行动也难以取得预期效果	21.7%	21.7%	25.4%	27.3%	24.1%
大家都不做，我何必管闲事	19.0%	16.8%	17.6%	15.6%	17.2%
自身能力有限，心有余而力不足	31.6%	31.9%	30.0%	27.0%	30.2%
即使我不做，相信还会有别人去做	5.5%	9.6%	7.4%	8.1%	7.9%
明白就行，让别人去做吧	4.8%	4.4%	3.9%	3.6%	4.1%
其他	0.5%	0.6%	0.7%	0.4%	0.6%
总计	100.0%	100.0%	100.0%	100.0%	100.0%
列总计	1262	2311	2554	1638	7765

Chi-square test：df = 18，卡方值为 63.018，sig = 0.000 < 0.05，所以不同收入的居民在“小王知道做某件事是道德的但没去行动，哪种因素是他采取行动的最大障碍”的回答上有显著差异。

C32 by K6

当与他人发生分歧时，能否体谅宽容他人 * 收入 Crosstabulation

	无收入	1—1999 元	2000—3999 元	4000 元及以上	总计
不宽容，必须弄清是非曲直	12.3%	9.3%	11.0%	10.2%	10.5%
偶尔	30.2%	35.6%	34.9%	32.8%	33.9%
有时	37.9%	40.7%	38.9%	41.2%	39.7%
经常	19.6%	14.5%	15.2%	15.9%	15.9%
总计	100.0%	100.0%	100.0%	100.0%	100.0%
列总计	1288	2346	2553	1644	7831

Chi-square test：df = 9，卡方值为 31.604，sig = 0.000 < 0.05，所以不同收入的居民在“当与他人发生分歧时，能否体谅宽容他人”的回答上有显著差异。

C33 by K6

您认为解决当前我国的公民道德和社会风尚问题，最关键的途径 * 收入 Crosstabulation

	无收入	1—1999 元	2000—3999 元	4000 元及以上	总计
加强法制	31.8%	33.3%	33.9%	35.9%	33.8%

续表

	无收入	1—1999 元	2000—3999 元	4000 元及以上	总计
弘扬优秀传统道德	47.4%	51.0%	49.8%	51.1%	50.0%
建设伦理道德的核心价值	15.8%	13.5%	19.5%	21.9%	17.6%
惩治官员腐败	25.5%	27.4%	22.6%	17.1%	23.4%
解决分配不公问题	9.4%	14.5%	13.7%	12.3%	13.0%
提高个人道德素质	31.8%	28.3%	29.8%	30.7%	29.9%
列总计	1275	2344	2560	1644	7823

据上表所示，不同收入的居民在“您认为解决当前我国的公民道德和社会风尚问题，最关键的途径”的回答上有显著差异。

C34 by K6

您知道社会主义核心价值观吗？请您把它们选出来 * 收入 Crosstabulation

	无收入	1—1999 元	2000—3999 元	4000 元及以上	总计
文明	71.7%	71.7%	72.6%	77.4%	73.2%
诚信	81.2%	83.1%	84.7%	83.4%	83.4%
勇敢	33.1%	38.7%	36.0%	29.6%	35.0%
爱国	76.3%	70.8%	76.9%	80.5%	75.8%
创新	31.1%	29.1%	34.4%	31.9%	31.8%
友善	53.2%	51.1%	50.6%	53.9%	51.8%
勤劳	23.4%	29.9%	23.5%	20.3%	24.7%
列总计	1189	2276	2517	1623	7605

据上表所示，不同收入的居民在“您知道的社会主义核心价值观吗”的回答上有显著差异。

C35 by K6

您认为社会主义核心价值观与您的工作、生活有关系吗 * 收入 Crosstabulation

	无收入	1—1999 元	2000—3999 元	4000 元及以上	总计
对改变社会风气有好处，每个人都应该这样做人做事	85.5%	83.4%	84.6%	86.6%	84.8%
与个人工作、生活没关系	14.5%	16.6%	15.4%	13.4%	15.2%
总计	100.0%	100.0%	100.0%	100.0%	100.0%
列总计	1041	1894	2273	1501	6709

Chi-square test：df = 3，卡方值为 7.288，sig = 0.063 > 0.05，所以不同收入的居民在“您认为社会主义核心价值观与您的工作、生活有关系吗”的回答上无显著差异。

C36 by K6

在全社会特别是青少年中开展革命传统教育，您认为有没有这个必要 ＊ 收入 Crosstabulation

	无收入	1—1999 元	2000—3999 元	4000 元及以上	总计
很有必要，什么时候都不能忘本	85.0%	81.6%	84.6%	84.5%	83.8%
可有可无	10.5%	10.8%	8.2%	9.3%	9.6%
没有必要，已经过时了	4.5%	7.6%	7.2%	6.3%	6.7%
总计	100.0%	100.0%	100.0%	100.0%	100.0%
列总计	1295	2370	2572	1653	7890

Chi-square test：df = 6，卡方值为 25.76，sig = 0.000 < 0.05，所以不同收入的居民在“在全社会特别是青少年中开展革命传统教育，您认为有没有这个必要”的回答上有显著差异。

C37 by K6

当您途经一场所，正遇到升国旗仪式，看到国旗在国歌声中升起的时候，您会怎么做 ＊ 收入 Crosstabulation

	无收入	1—1999 元	2000—3999 元	4000 元及以上	总计
原地站立，面向国旗行注目礼	41.1%	26.8%	32.5%	35.6%	32.8%
停下来看一看	48.2%	60.3%	55.5%	51.8%	55.0%
只当没看见，该干吗干吗	10.8%	12.9%	12.0%	12.5%	12.2%
总计	100.0%	100.0%	100.0%	100.0%	100.0%
列总计	1291	2363	2569	1655	7878

Chi-square test：df = 6，卡方值为 86.486，sig = 0.000 < 0.05，所以不同收入的居民在“当您途经一场所，正遇到升国旗仪式，看到国旗在国歌声中升起的时候，您会怎么做”的回答上有显著差异。

C38 by K6

今年您参加过纪念中国共产党成立 96 周年等主题教育活动吗 ＊ 收入 Crosstabulation

	无收入	1—1999 元	2000—3999 元	4000 元及以上	总计
参加过，很受教育	17.7%	8.1%	15.8%	19.6%	14.6%
听说过，但是没有参加过	54.4%	62.4%	56.5%	53.5%	57.3%
这种活动基本都是形式大于内容	6.0%	8.0%	10.6%	14.2%	9.8%
不关心这些	21.9%	21.5%	17.1%	12.8%	18.3%
总计	100.0%	100.0%	100.0%	100.0%	100.0%

续表

	无收入	1—1999 元	2000—3999 元	4000 元及以上	总计
列总计	1293	2367	2566	1646	7872

Chi-square test：df = 9，卡方值为 236. 408，sig = 0. 000 < 0. 05，所以不同收入的居民在“今年您参加过纪念中国共产党成立 96 周年等主题教育活动吗”的回答上有显著差异。

D1 by K6

您认为现代家庭关系中最令人担忧的问题 ＊ 收入 Crosstabulation

	无收入	1—1999 元	2000—3999 元	4000 元及以上	总计
只有一个孩子，对家庭的未来没把握	19. 5%	20. 5%	22. 0%	26. 8%	22. 2%
独生子女难以承担养老责任，老无所养	26. 3%	29. 7%	28. 0%	31. 8%	29. 0%
年轻人不愿结婚，或不愿生孩子，家族传承危机	14. 8%	16. 6%	15. 3%	14. 7%	15. 5%
婚姻不稳定，年轻人缺乏守护婚姻的意识和能力	21. 2%	25. 0%	25. 1%	24. 5%	24. 3%
子女尤其是独生子女缺乏责任感，孝道意识薄弱	16. 9%	20. 2%	18. 8%	17. 6%	18. 7%
代沟严重，父母与子女之间难以沟通	28. 9%	27. 7%	28. 4%	25. 7%	27. 7%
婆媳关系紧张	10. 3%	10. 8%	10. 3%	6. 4%	9. 6%
父母不民主，不能容忍差异	13. 1%	9. 8%	10. 7%	8. 3%	10. 3%
“啃老”现象严重	6. 6%	5. 9%	6. 7%	7. 6%	6. 6%
父母只培养孩子的知识和技能，忽视良好品德的养成	11. 6%	11. 1%	14. 2%	15. 9%	13. 2%
两性关系过度开放	2. 9%	2. 0%	3. 2%	3. 5%	2. 9%
列总计	1218	2286	2496	1605	7605

据上表所示，不同收入的居民在“您认为现代家庭关系中最令人担忧的问题”的回答上有显著差异。

D2 by K6

您对家庭的感觉是 ＊ 收入 Crosstabulation

	无收入	1—1999 元	2000—3999 元	4000 元及以上	总计
温馨幸福	24. 1%	13. 6%	20. 1%	23. 8%	19. 6%
比较幸福	64. 6%	70. 5%	70. 4%	66. 7%	68. 7%
不太幸福	4. 6%	5. 8%	4. 7%	3. 9%	4. 8%

续表

	无收入	1—1999 元	2000—3999 元	4000 元及以上	总计
一般，没感觉	6.2%	9.7%	4.0%	4.7%	6.2%
很不幸福，希望逃离	0.2%	0.3%	0.4%	0.7%	0.4%
其他	0.3%	0.1%	0.2%	0.2%	0.2%
总计	100.0%	100.0%	100.0%	100.0%	100.0%
列总计	1284	2331	2531	1629	7775

Chi-square test：df = 15，卡方值为 162.812，sig = 0.000 < 0.05，所以不同收入的居民在“您对家庭的感觉是”的回答上有显著差异。

D3a by K6

您对以下现象的态度是？不婚 * 收入 Crosstabulation

	无收入	1—1999 元	2000—3999 元	4000 元及以上	总计
完全赞同	1.4%	0.5%	0.6%	1.4%	0.9%
比较赞同	6.7%	4.9%	6.4%	8.0%	6.3%
中立	38.6%	31.7%	42.3%	44.6%	39.0%
比较反对	29.0%	42.6%	32.7%	30.3%	34.5%
强烈反对	24.4%	20.2%	18.1%	15.7%	19.2%
总计	100.0%	100.0%	100.0%	100.0%	100.0%
列总计	1257	2307	2542	1633	7739

Chi-square test：df = 12，卡方值为 176.666，sig = 0.000 < 0.05，所以不同收入的居民在“您对以下现象的态度是？不婚”的回答上有显著差异。

D3b by K6

您对以下现象的态度是？试婚 * 收入 Crosstabulation

	无收入	1—1999 元	2000—3999 元	4000 元及以上	总计
完全赞同	0.9%	0.4%	0.4%	1.2%	0.6%
比较赞同	7.9%	5.9%	8.9%	12.9%	8.7%
中立	35.2%	32.2%	39.9%	40.3%	36.9%
比较反对	29.3%	40.0%	31.9%	28.3%	33.1%
强烈反对	26.7%	21.5%	19.0%	17.3%	20.6%
总计	100.0%	100.0%	100.0%	100.0%	100.0%
列总计	1229	2260	2520	1621	7630

Chi-square test：df = 12，卡方值为 182.198，sig = 0.000 < 0.05，所以不同收入的居民在“您对以下现象的态度是？试婚”的回答上有显著差异。

D3c by K6

您对以下现象的态度是？同居 ＊ 收入 Crosstabulation

	无收入	1—1999 元	2000—3999 元	4000 元及以上	总计
完全赞同	1.2%	0.7%	0.6%	1.1%	0.8%
比较赞同	8.6%	5.9%	9.6%	13.7%	9.2%
中立	41.4%	36.3%	43.1%	46.1%	41.5%
比较反对	25.9%	37.1%	28.1%	24.6%	29.7%
强烈反对	22.8%	20.1%	18.6%	14.5%	18.9%
总计	100.0%	100.0%	100.0%	100.0%	100.0%
列总计	1250	2286	2544	1628	7708

Chi-square test：df = 2，卡方值为 187.410，sig = 0.000 < 0.05，所以不同收入的居民在“您对以下现象的态度是？同居”的回答上有显著差异。

D3d by K6

您对以下现象的态度是？同性恋 ＊ 收入 Crosstabulation

	无收入	1—1999 元	2000—3999 元	4000 元及以上	总计
完全赞同	1.1%	0.1%	0.2%	0.4%	0.4%
比较赞同	2.1%	1.3%	1.2%	2.5%	1.7%
中立	21.3%	9.2%	16.5%	23.6%	16.6%
比较反对	25.9%	41.0%	33.4%	32.1%	34.1%
强烈反对	49.6%	48.4%	48.7%	41.5%	47.2%
总计	100.0%	100.0%	100.0%	100.0%	100.0%
列总计	1218	2222	2465	1587	7492

Chi-square test：df = 12，卡方值为 243.675，sig = 0.000 < 0.05，所以不同收入的居民在“您对以下现象的态度是？同性恋”的回答上有显著差异。

D3e by K6

您对以下现象的态度是？婚外恋 ＊ 收入 Crosstabulation

	无收入	1—1999 元	2000—3999 元	4000 元及以上	总计
完全赞同	0.2%	0.1%	0.2%	0.2%	0.2%
比较赞同	0.7%	0.8%	0.5%	1.1%	0.7%
中立	11.4%	6.5%	8.9%	13.3%	9.5%
比较反对	25.6%	34.0%	29.7%	28.8%	30.1%
强烈反对	62.0%	58.6%	60.8%	56.6%	59.5%

续表

	无收入	1—1999 元	2000—3999 元	4000 元及以上	总计
总计	100.0%	100.0%	100.0%	100.0%	100.0%
列总计	1241	2278	2519	1606	7644

Chi-square test：df = 12，卡方值为 83.269，sig = 0.000 < 0.05，所以不同收入的居民在“您对以下现象的态度是？婚外恋”的回答上有显著差异。

D3f by K6

您对以下现象的态度是？丁克家庭 * 收入 Crosstabulation

	无收入	1—1999 元	2000—3999 元	4000 元及以上	总计
完全赞同	0.5%	0.2%	0.3%	0.7%	0.4%
比较赞同	2.2%	1.7%	1.6%	2.4%	1.9%
中立	31.5%	16.8%	28.1%	35.4%	27.0%
比较反对	26.1%	38.3%	31.6%	28.3%	31.9%
强烈反对	39.5%	43.1%	38.4%	33.2%	38.8%
总计	100.0%	100.0%	100.0%	100.0%	100.0%
列总计	1113	1986	2300	1484	6883

Chi-square test：df = 12，卡方值为 199.929，sig = 0.000 < 0.05，所以不同收入的居民在“您对以下现象的态度是？丁克家庭”的回答上有显著差异。

D3g by K6

您对以下现象的态度是？代孕 * 收入 Crosstabulation

	无收入	1—1999 元	2000—3999 元	4000 元及以上	总计
完全赞同	0.2%	0.3%	0.3%	0.3%	0.3%
比较赞同	1.7%	1.2%	1.1%	2.2%	1.5%
中立	20.8%	13.6%	20.7%	23.9%	19.4%
比较反对	30.4%	38.4%	31.8%	30.8%	33.3%
强烈反对	47.0%	46.5%	46.1%	42.7%	45.6%
总计	100.0%	100.0%	100.0%	100.0%	100.0%
列总计	1120	2021	2335	1519	6995

Chi-square test：df = 12，卡方值为 91.780，sig = 0.000 < 0.05，所以不同收入的居民在“您对以下现象的态度是？代孕”的回答上有显著差异。

D4 by K6

您如何看待为了应对拆迁、征地、买房等而出现的“假离婚”现象 * 收入 Crosstabulation

	无收入	1—1999 元	2000—3999 元	4000 元及以上	总计
完全赞同	1.4%	1.4%	2.2%	3.7%	2.2%
比较赞同	13.0%	10.2%	16.0%	20.9%	14.8%
不太赞同	40.8%	42.7%	37.0%	35.7%	39.0%
坚决反对	44.9%	45.7%	44.8%	39.7%	44.0%
总计	100.0%	100.0%	100.0%	100.0%	100.0%
列总计	1175	2157	2400	1570	7302

Chi-square test：df = 9，卡方值为 125.191，sig = 0.000 < 0.05，所以不同收入的居民在“您如何看待为了应对拆迁、征地、买房等而出现的‘假离婚’现象”的回答上有显著差异。

D5 by K6

如果夫妻中需要一方为对方或家庭做出牺牲，您的态度是 * 收入 Crosstabulation

	无收入	1—1999 元	2000—3999 元	4000 元及以上	总计
非常不愿意	3.9%	1.9%	3.7%	3.2%	3.1%
不太愿意	23.3%	17.1%	21.1%	22.4%	20.5%
比较愿意	47.5%	54.8%	52.8%	53.9%	52.8%
愿意，时常这么做	25.3%	26.2%	22.4%	20.5%	23.6%
总计	100.0%	100.0%	100.0%	100.0%	100.0%
列总计	1144	2238	2430	1587	7399

Chi-square test：df = 9，卡方值为 60.425，sig = 0.000 < 0.05，所以不同收入的居民在“如果夫妻中需要一方为对方或家庭做出牺牲，您的态度是”的回答上有显著差异。

D6 by K6

在恋爱或婚姻中，您有为对方而改变自己的意识吗 * 收入 Crosstabulation

	无收入	1—1999 元	2000—3999 元	4000 元及以上	总计
有，经常这样做	33.3%	34.3%	33.6%	32.3%	33.5%
有，但做起来有些困难	32.3%	35.4%	37.5%	41.6%	36.9%
没想过这个问题	28.9%	24.9%	23.0%	20.1%	23.9%
无须改变，只有找到愿为我改变的人才是真爱	5.0%	5.2%	5.7%	5.9%	5.5%

续表

	无收入	1—1999 元	2000—3999 元	4000 元及以上	总计
其他	0.6%	0.2%	0.2%	0.2%	0.3%
总计	100.0%	100.0%	100.0%	100.0%	100.0%
列总计	1271	2354	2559	1645	7829

Chi-square test：df = 12，卡方值为 54.368，sig = 0.000 < 0.05，所以不同收入的居民在“在恋爱或婚姻中，您有为对方而改变自己的意识吗”的回答上有显著差异。

D7 by K6

在恋爱或婚姻中，您与对方相处的原则是 ＊ 收入 Crosstabulation

	无收入	1—1999 元	2000—3999 元	4000 元及以上	总计
我首先对他/她好，然后希望他/她对我好	54.9%	58.7%	58.4%	59.1%	58.1%
他/她对我好，我才对他/她好	20.7%	19.9%	20.1%	19.2%	19.9%
他/她对我好就行了	15.5%	15.2%	15.4%	14.9%	15.2%
总是我对他/她好，他/她对我不那么好	2.4%	3.2%	2.7%	3.5%	3.0%
他/她对我不好，我没必要对他/她好	2.5%	1.6%	1.5%	1.3%	1.7%
其他	4.1%	1.4%	1.9%	2.1%	2.1%
总计	100.0%	100.0%	100.0%	100.0%	100.0%
列总计	1253	2359	2557	1649	7818

Chi-square test：df = 15，卡方值为 43.974，sig = 0.000 < 0.05，所以不同收入的居民在“在恋爱或婚姻中，您与对方相处的原则是”的回答上有显著差异。

D8 by K6

您认为生育孩子是否是一种人生义务 ＊ 收入 Crosstabulation

	无收入	1—1999 元	2000—3999 元	4000 元及以上	总计
是，如果大家都不生育，人种会灭绝	24.6%	27.4%	23.9%	22.9%	24.9%
是，不生孩子家族延续会中断	41.9%	44.9%	38.0%	35.9%	40.2%
不是，但没有孩子将老无所养也过于孤独	23.3%	23.5%	32.3%	31.9%	28.1%
不是，自己觉得快乐就行，有孩子负担过重	8.8%	3.7%	5.0%	8.2%	5.9%
其他	1.3%	0.5%	0.9%	1.1%	0.9%

续表

	无收入	1—1999 元	2000—3999 元	4000 元及以上	总计
总计	100.0%	100.0%	100.0%	100.0%	100.0%
列总计	1279	2365	2563	1645	7852

Chi-square test：df = 12，卡方值为 151.547，sig = 0.000 < 0.05，所以不同收入的居民在“您认为生育孩子是否是一种人生义务”的回答上有显著差异。

D9 by K6

孩子面临重大问题（婚姻、升学、就业等）时，您的态度是 * 收入 Crosstabulation

	无收入	1—1999 元	2000—3999 元	4000 元及以上	总计
全部包办，替他们做决定或搞定	5.6%	5.8%	6.2%	4.6%	5.6%
积极建议，努力说服他们采纳	19.5%	25.7%	25.1%	26.0%	24.6%
只提建议，让他们自己选择	37.3%	43.1%	38.5%	39.6%	39.9%
不表态，免得子女将来埋怨	8.6%	11.1%	5.3%	3.8%	7.2%
经常提出建议，但大多不起作用	3.5%	6.2%	3.5%	3.6%	4.3%
没孩子/孩子太小	25.3%	7.9%	20.9%	22.1%	17.9%
其他	0.3%	0.3%	0.5%	0.4%	0.4%
总计	100.0%	100.0%	100.0%	100.0%	100.0%
列总计	1297	2371	2569	1653	7890

Chi-square test：df = 18，卡方值为 352.372，sig = 0.000 < 0.05，所以不同收入的居民在“孩子面临重大问题（婚姻、升学、就业等）时，您的态度是”的回答上有显著差异。

D10 by K6

您对子女所提出的有关人生发展方面的建议，是否经常被采纳 * 收入 Crosstabulation

	无收入	1—1999 元	2000—3999 元	4000 元及以上	总计
经常被采纳	19.1%	18.8%	20.4%	20.2%	19.6%
较多被采纳	56.8%	61.8%	62.4%	65.1%	61.9%
基本不采纳	21.9%	18.1%	15.5%	12.7%	16.7%
从不被采纳并遭到嘲讽	2.2%	1.3%	1.7%	2.0%	1.7%
总计	100.0%	100.0%	100.0%	100.0%	100.0%
列总计	807	1951	1856	1127	5741

Chi-square test：df = 9，卡方值为 38.270，sig = 0.000 < 0.05，所以不同收入的居民在“您对子女所提出的有关人生发展方面的建议，是否经常被采纳”的回答上有显著差异。

D11 by K6

您认为现在孩子价值观的形成受何种因素影响最大 ＊ 收入 Crosstabulation

	无收入	1—1999 元	2000—3999 元	4000 元及以上	总计
父母	61.0%	57.7%	59.5%	59.7%	59.2%
老师	59.0%	65.6%	61.3%	54.7%	60.8%
同伴	25.9%	28.4%	28.0%	25.6%	27.3%
网络、朋友圈	16.8%	17.4%	18.3%	20.4%	18.3%
明星	1.9%	0.8%	1.8%	2.9%	1.7%
道德模范	5.5%	3.5%	5.4%	8.3%	5.4%
伟大人物	0.7%	2.1%	2.8%	4.3%	2.6%
列总计	1210	2266	2437	1611	7524

据上表所示，不同收入的居民在“您认为现在孩子价值观的形成受何种因素影响最大”的回答上有显著差异。

D12 by K6

您认为老人是否有义务帮子女带孩子 ＊ 收入 Crosstabulation

	无收入	1—1999 元	2000—3999 元	4000 元及以上	总计
有，天经地义的	27.9%	24.7%	19.5%	15.4%	21.6%
没有，老人帮助带孙辈，子女应感恩	39.6%	39.0%	42.2%	43.4%	41.1%
没有义务，不过带孙辈也是天伦之乐，应该帮助带	26.7%	32.2%	34.4%	37.6%	33.1%
没想过	5.8%	4.0%	3.8%	3.6%	4.2%
总计	100.0%	100.0%	100.0%	100.0%	100.0%
列总计	1292	2372	2576	1655	7895

Chi-square test：$df = 9$，卡方值为 113.655，$sig = 0.000 < 0.05$，所以不同收入的居民在“您认为老人是否有义务帮子女带孩子”的回答上有显著差异。

D13 by K6

您认为最理想的养老方式是哪种 ＊ 收入 Crosstabulation

	无收入	1—1999 元	2000—3999 元	4000 元及以上	总计
敬老院、护理院等专业养老机构	11.4%	9.0%	14.6%	18.8%	13.2%
与子女同住	49.0%	62.9%	52.1%	44.5%	53.2%

续表

	无收入	1—1999 元	2000—3999 元	4000 元及以上	总计
自己单住，生活难以自理时找护工	15.5%	12.0%	14.0%	16.8%	14.2%
与兄弟姐妹抱团养老	6.5%	5.5%	5.1%	5.0%	5.4%
与志趣相投的人一起养老	15.8%	9.7%	13.2%	13.6%	12.6%
其他	1.9%	1.0%	1.1%	1.3%	1.2%
总计	100.0%	100.0%	100.0%	100.0%	100.0%
列总计	1295	2367	2570	1651	7883

Chi-square test：df = 15，卡方值为 203.919，sig = 0.000 < 0.05，所以不同收入的居民在“您认为最理想的养老方式是哪种”的回答上有显著差异。

D14 by K6

当父母一方长期生活不能自理时，主要承担照顾工作的人应该是 * 收入 Crosstabulation

	无收入	1—1999 元	2000—3999 元	4000 元及以上	总计
子女照顾	56.3%	47.4%	46.4%	40.6%	47.1%
父母中还有能力的另一方（老伴儿）	26.8%	37.3%	35.2%	36.5%	34.7%
雇保姆，老伴儿协助	5.6%	4.9%	6.5%	7.5%	6.1%
雇保姆，子女协助	7.8%	7.7%	7.8%	10.1%	8.2%
送护理机构，家人经常探望	3.2%	2.1%	3.3%	4.6%	3.2%
其他	0.3%	0.6%	0.7%	0.7%	0.6%
总计	100.0%	100.0%	100.0%	100.0%	100.0%
列总计	1289	2366	2571	1646	7872

Chi-square test：df = 15，卡方值为 111.036，sig = 0.000 < 0.05，所以不同收入的居民在“当父母一方长期生活不能自理时，主要承担照顾工作的人应该是”的回答上有显著差异。

D15 by K6

在过去的十天里，您为父母做过以下哪些事情 * 收入 Crosstabulation

	无收入	1—1999 元	2000—3999 元	4000 元及以上	总计
看望	17.7%	20.6%	21.9%	24.8%	21.4%
打电话	30.0%	26.4%	39.3%	47.4%	35.6%
买东西	20.5%	18.0%	26.3%	31.1%	23.9%

续表

	无收入	1—1999 元	2000—3999 元	4000 元及以上	总计
陪看病	3.2%	3.5%	5.0%	5.7%	4.4%
生活照料	22.2%	20.4%	23.9%	24.3%	22.6%
做家务	28.6%	21.4%	27.9%	24.8%	25.4%
谈心聊天	22.1%	14.7%	23.7%	26.3%	21.3%
给钱	5.3%	8.2%	10.6%	13.0%	9.5%
外出游玩	2.7%	1.0%	2.0%	4.7%	2.4%
无	8.7%	9.7%	7.9%	7.3%	8.4%
父母已去世	23.2%	28.9%	14.2%	7.9%	18.8%
列总计	1295	2367	2570	1650	7882

据上表所示，不同收入的居民在“在过去的十天里，您为父母做过以下哪些事情”的回答上有显著差异。

D16 by K6

您是否觉得孤独 * 收入 Crosstabulation

	无收入	1—1999 元	2000—3999 元	4000 元及以上	总计
经常	6.2%	3.8%	4.3%	6.3%	4.9%
有时	24.8%	24.7%	22.0%	24.3%	23.7%
不太觉得	33.1%	32.3%	33.3%	36.3%	33.6%
不觉得	35.9%	39.1%	40.4%	33.1%	37.8%
总计	100.0%	100.0%	100.0%	100.0%	100.0%
列总计	1290	2194	2439	1600	7423

Chi-square test：df = 9，卡方值为 44.816，sig = 0.000 < 0.05，所以不同收入的居民在“您是否觉得孤独”的回答上有显著差异。

D17 by K6

现在开展的弘扬好家风好家训活动，您认为有意义吗 * 收入 Crosstabulation

	无收入	1—1999 元	2000—3999 元	4000 元及以上	总计
很有意义	73.2%	69.6%	70.0%	72.5%	71.0%
可有可无	16.9%	16.6%	16.9%	16.1%	16.6%
没有必要	10.0%	13.7%	13.1%	11.4%	12.4%
总计	100.0%	100.0%	100.0%	100.0%	100.0%
列总计	1290	2194	2439	1600	7423

Chi-square test：df = 6，卡方值为 13.672，sig = 0.034 < 0.05，所以不同收入的居民在“现在开展的弘扬好家风好家训活动，您认为有意义吗”的回答上有显著差异。

D18 by K6

您所在的地方发生过虐待儿童的事件吗 * 收入 Crosstabulation

	无收入	1—1999 元	2000—3999 元	4000 元及以上	总计
经常会发生	3.3%	2.7%	3.8%	6.8%	4.0%
偶尔发生	15.8%	13.3%	17.4%	22.8%	17.0%
没听说过	80.9%	84.0%	78.8%	70.5%	78.9%
总计	100.0%	100.0%	100.0%	100.0%	100.0%
列总计	1294	2361	2565	1642	7862

Chi-square test：df = 6，卡方值为 118.369，sig = 0.000 < 0.05，所以不同收入的居民在“您所在的地方发生过虐待儿童的事件吗”的回答上有显著差异。

D19 by K6

在大街或社区里，看到行走或生活困难的老人，您经常的反应是 * 收入 Crosstabulation

	无收入	1—1999 元	2000—3999 元	4000 元及以上	总计
想到自己的（祖）父母或自己的未来，情不自禁地想帮助他	47.0%	40.1%	43.8%	44.6%	43.4%
出于义务责任感，想帮助他	25.3%	27.3%	25.7%	27.8%	26.6%
有同情感，但没有想帮助的冲动	22.5%	26.4%	25.8%	24.3%	25.1%
没有感觉，习以为常	4.7%	5.9%	4.7%	3.1%	4.7%
其他	0.5%	0.2%	0.1%	0.1%	0.2%
总计	100.0%	100.0%	100.0%	100.0%	100.0%
列总计	1291	2367	2572	1652	7882

Chi-square test：df = 12，卡方值为 45.202，sig = 0.000 < 0.05，所以不同收入的居民在“在大街或社区里，看到行走或生活困难的老人，您经常的反应是”的回答上有显著差异。

D20 by K6

如果您的父母或兄妹偷了别人的东西，警察正在查找，您的行为反应可能是 * 收入 Crosstabulation

	无收入	1—1999 元	2000—3999 元	4000 元及以上	总计
批评他，但不会告发	26.6%	25.7%	26.6%	23.7%	25.7%
批评他，陪他送回原处或去承认错误	52.1%	54.5%	54.1%	56.8%	54.5%

续表

	无收入	1—1999 元	2000—3999 元	4000 元及以上	总计
默认，因为他得到的东西正是家庭所急需	5.3%	5.3%	7.3%	8.1%	6.5%
告发，因为出于正义感	6.2%	5.2%	4.4%	5.0%	5.1%
告发，因为可能会连累自己	2.0%	1.9%	2.5%	1.7%	2.1%
不管不问，由他自己决定	7.7%	7.0%	4.8%	4.3%	5.8%
其他	0.2%	0.4%	0.3%	0.4%	0.3%
总计	100.0%	100.0%	100.0%	100.0%	100.0%
列总计	1276	2359	2566	1644	7845

Chi-square test：df = 18，卡方值为 58.417，sig = 0.000 < 0.05，所以不同收入的居民在“如果您的父母或兄妹偷了别人的东西，警察正在查找，您的行为反应可能是”的回答上有显著差异。

D21 by K6

当独生子女单独组成家庭后，父母和子女哪一种居住方式更好 ＊ 收入 Crosstabulation

	无收入	1—1999 元	2000—3999 元	4000 元及以上	总计
单独居住	32.8%	27.6%	29.8%	29.7%	29.6%
和父母同住	34.2%	36.7%	32.3%	27.5%	32.9%
和父母及祖辈共同居住	8.0%	7.2%	9.2%	10.2%	8.6%
和父母靠近居住	23.7%	27.8%	28.4%	32.3%	28.3%
其他	1.3%	0.8%	0.3%	0.4%	0.6%
总计	100.0%	100.0%	100.0%	100.0%	100.0%
列总计	1293	2370	2575	1651	7889

Chi-square test：df = 12，卡方值为 80.921，sig = 0.000 < 0.05，所以不同收入的居民在“当独生子女单独组成家庭后，父母和子女哪一种居住方式更好”的回答上有显著差异。

D22 by K6

您是否认为把老人送到养老院是不孝行为 ＊ 收入 Crosstabulation

	无收入	1—1999 元	2000—3999 元	4000 元及以上	总计
是	22.5%	23.1%	16.4%	15.9%	19.3%
相对而言，部分是	47.3%	48.6%	54.6%	53.2%	51.3%
不是	29.6%	28.0%	28.8%	30.7%	29.1%
其他	0.6%	0.3%	0.2%	0.2%	0.3%

续表

	无收入	1—1999 元	2000—3999 元	4000 元及以上	总计
总计	100.0%	100.0%	100.0%	100.0%	100.0%
列总计	1299	2360	2565	1649	7873

Chi-square test：df = 9，卡方值为 66.824，sig = 0.000 < 0.05，所以不同收入的居民在“您是否认为把老人送到养老院是不孝行为”的回答上有显著差异。

E1 by K6

您认为企业最重要的社会责任是什么 ＊ 收入 Crosstabulation

	无收入	1—1999 元	2000—3999 元	4000 元及以上	总计
为企业和企业股东自身赚钱	13.6%	14.0%	15.2%	13.7%	14.3%
通过依法纳税为国家积累财富	22.3%	22.2%	21.3%	23.9%	22.3%
通过诚信经营提供质量可靠的产品，满足社会大众生活需求	55.7%	54.7%	58.5%	57.7%	56.8%
为员工谋福利	8.0%	9.0%	4.8%	4.4%	6.4%
其他	0.4%	0.2%	0.2%	0.4%	0.3%
总计	100.0%	100.0%	100.0%	100.0%	100.0%
列总计	1137	2086	2433	1601	7257

Chi-square test：df = 12，卡方值为 55.694，sig = 0.000 < 0.05，所以不同收入的居民在“您认为企业最重要的社会责任是什么”的回答上有显著差异。

E2a by K6

下列关于企业的说法，您的同意程度是：只要能为员工谋福利就是一个好单位 ＊收入 Crosstabulation

	无收入	1—1999 元	2000—3999 元	4000 元及以上	总计
完全同意	13.1%	14.3%	16.7%	14.2%	14.9%
比较同意	51.1%	56.7%	52.7%	54.7%	54.1%
不太同意	31.2%	26.4%	27.7%	28.2%	28.0%
完全不同意	4.7%	2.6%	2.9%	2.8%	3.1%
总计	100.0%	100.0%	100.0%	100.0%	100.0%
列总计	1171	2151	2487	1617	7426

Chi-square test：df = 9，卡方值为 33.390，sig = 0.000 < 0.05，所以不同收入的居民在“只要能为员工谋福利就是一个好单位”的同意程度的回答上有显著差异。

E2b by K6

下列关于企业的说法，您的同意程度是：经济效益好坏是衡量企业成败的唯一标准 * 收入 Crosstabulation

	无收入	1—1999 元	2000—3999 元	4000 元及以上	总计
完全同意	8.6%	10.8%	11.4%	8.0%	10.0%
比较同意	38.5%	46.1%	41.5%	40.7%	42.2%
不太同意	44.8%	38.8%	40.9%	44.8%	41.8%
完全不同意	8.1%	4.2%	6.2%	6.4%	6.0%
总计	100.0%	100.0%	100.0%	100.0%	100.0%
列总计	1144	2098	2464	1598	7304

Chi-square test：df = 9，卡方值为 57.972，sig = 0.000 < 0.05，所以不同收入的居民在“经济效益好坏是衡量企业成败的唯一标准”的同意程度的回答上有显著差异。

E2c by K6

下列关于企业的说法，您的同意程度是：企业做慈善都是做做样子，其实还是为自己做广告 * 收入 Crosstabulation

	无收入	1—1999 元	2000—3999 元	4000 元及以上	总计
完全同意	5.3%	5.9%	6.0%	6.1%	5.9%
比较同意	43.4%	42.3%	40.2%	38.2%	40.9%
不太同意	44.4%	46.5%	47.0%	49.6%	47.0%
完全不同意	6.9%	5.3%	6.8%	6.1%	6.2%
总计	100.0%	100.0%	100.0%	100.0%	100.0%
列总计	1129	2078	2445	1579	7231

Chi-square test：df = 9，卡方值为 15.647，sig = 0.075 > 0.05，所以不同收入的居民在“企业做慈善都是做做样子，其实还是为自己做广告”的同意程度的回答上无显著差异。

E2d by K6

下列关于企业的说法，您的同意程度是：企业和员工之间只是合同关系，效益好就好好干，效益不好就跳槽 * 收入 Crosstabulation

	无收入	1—1999 元	2000—3999 元	4000 元及以上	总计
完全同意	5.1%	6.6%	5.1%	6.7%	5.9%
比较同意	30.6%	33.0%	31.8%	25.4%	30.6%
不太同意	51.6%	49.7%	50.1%	55.0%	51.3%
完全不同意	12.8%	10.7%	13.0%	12.9%	12.3%

续表

	无收入	1—1999 元	2000—3999 元	4000 元及以上	总计
总计	100.0%	100.0%	100.0%	100.0%	100.0%
列总计	1158	2120	2476	1605	7359

Chi-square test：df = 9，卡方值为 38.971，sig = 0.000 < 0.05，所以不同收入的居民在“企业和员工之间只是合同关系，效益好就好好干，效益不好就跳槽”的同意程度的回答上有显著差异。

E2e by K6

下列关于企业的说法，您的同意程度是：企业不需要对员工讲什么伦理关怀，员工表现好就发奖金，不好就辞退 ＊ 收入 Crosstabulation

	无收入	1—1999 元	2000—3999 元	4000 元及以上	总计
完全同意	3.6%	4.2%	4.4%	5.4%	4.4%
比较同意	25.1%	22.6%	23.1%	25.4%	23.7%
不太同意	55.0%	60.4%	55.5%	49.9%	55.6%
完全不同意	16.4%	12.8%	17.0%	19.3%	16.2%
总计	100.0%	100.0%	100.0%	100.0%	100.0%
列总计	1161	2127	2465	1605	7358

Chi-square test：df = 9，卡方值为 53.555，sig = 0.000 < 0.05，所以不同收入的居民在“企业不需要对员工讲什么伦理关怀，员工表现好就发奖金，不好就辞退”的同意程度的回答上有显著差异。

E2f by K6

下列关于企业的说法，您的同意程度是：企业为了履行社会责任，应当放弃一些自身利益 ＊ 收入 Crosstabulation

	无收入	1—1999 元	2000—3999 元	4000 元及以上	总计
完全同意	18.0%	21.4%	22.8%	23.1%	21.7%
比较同意	55.5%	51.4%	49.6%	49.8%	51.1%
不太同意	22.5%	23.9%	23.7%	22.6%	23.3%
完全不同意	4.0%	3.3%	4.0%	4.5%	3.9%
总计	100.0%	100.0%	100.0%	100.0%	100.0%
列总计	1173	2119	2455	1605	7352

Chi-square test：df = 9，卡方值为 21.372，sig = 0.011 < 0.05，所以不同收入的居民在“企业为了履行社会责任，应当放弃一些自身利益”的同意程度的回答上有显著差异。

E2g by K6

下列关于企业的说法，您的同意程度是：讲信用、遵循道德规范的企业能够获得更好的利益 * 收入 Crosstabulation

	无收入	1—1999 元	2000—3999 元	4000 元及以上	总计
完全同意	24.5%	25.4%	26.5%	26.5%	25.8%
比较同意	54.0%	56.9%	52.4%	48.9%	53.2%
不太同意	18.0%	15.5%	17.4%	21.3%	17.8%
完全不同意	3.5%	2.2%	3.7%	3.2%	3.1%
总计	100.0%	100.0%	100.0%	100.0%	100.0%
列总计	1177	2133	2478	1605	7393

Chi-square test：df = 9，卡方值为 39.520，sig = 0.000 < 0.05，所以不同收入的居民在“讲信用、遵循道德规范的企业能够获得更好的利益”的同意程度的回答上有显著差异。

E2h by K6

下列关于企业的说法，您的同意程度是：企业只是一台赚钱的机器，能赚钱就行，无所谓社会责任，声誉也不重要 * 收入 Crosstabulation

	无收入	1—1999 元	2000—3999 元	4000 元及以上	总计
完全同意	2.6%	1.9%	1.9%	2.9%	2.2%
比较同意	16.0%	15.7%	17.2%	18.6%	16.9%
不太同意	53.5%	60.3%	53.3%	47.6%	54.1%
完全不同意	27.9%	22.1%	27.6%	30.8%	26.8%
总计	100.0%	100.0%	100.0%	100.0%	100.0%
列总计	1159	2087	2450	1594	7290

Chi-square test：df = 9，卡方值为 66.929，sig = 0.000 < 0.05，所以不同收入的居民在“企业只是一台赚钱的机器，能赚钱就行，无所谓社会责任，声誉也不重要”的同意程度的回答上有显著差异。

E2i by K6

下列关于企业的说法，您的同意程度是：同样的产品，国企生产的比私企的更有保障 * 收入 Crosstabulation

	无收入	1—1999 元	2000—3999 元	4000 元及以上	总计
完全同意	8.2%	7.8%	7.2%	8.1%	7.7%
比较同意	45.6%	45.7%	40.9%	40.6%	42.9%
不太同意	39.5%	36.5%	41.7%	42.1%	40.0%
完全不同意	6.6%	10.0%	10.2%	9.2%	9.3%

续表

	无收入	1—1999 元	2000—3999 元	4000 元及以上	总计
总计	100.0%	100.0%	100.0%	100.0%	100.0%
列总计	1080	1955	2327	1521	6883

Chi-square test：df = 9，卡方值为 32.300，sig = 0.000 < 0.05，所以不同收入的居民在“同样的产品，国企生产的比私企的更有保障”的同意程度的回答上有显著差异。

E3 by K6

下面哪种说法更符合或接近您的个人想法 ＊ 收入 Crosstabulation

	无收入	1—1999 元	2000—3999 元	4000 元及以上	总计
个人和工作单位之间是聘用或雇用关系，通过工资和付出劳动满足彼此需求	42.9%	49.6%	46.4%	46.0%	46.7%
不只是利益关系，应当还有很多情感的联系，应当共命运	36.2%	33.1%	35.9%	36.3%	35.2%
个人是单位的一分子，单位如同个人的另一个家	20.2%	17.1%	17.3%	17.5%	17.8%
其他	0.6%	0.2%	0.3%	0.2%	0.3%
总计	100.0%	100.0%	100.0%	100.0%	100.0%
列总计	1231	2277	2549	1621	7678

Chi-square test：df = 9，卡方值为 24.447，sig = 0.004 < 0.05，所以不同收入的居民在“下面哪种说法更符合或接近您的个人想法”的回答上有显著差异。

E4a by K6

您对自己所在企业履行下列责任的满意情况如何？劳动安全保障 ＊ 收入 Crosstabulation

	无收入	1—1999 元	2000—3999 元	4000 元及以上	总计
非常不满意	4.9%	2.9%	2.5%	3.8%	3.2%
不太满意	24.1%	22.2%	20.7%	20.7%	21.5%
比较满意	64.6%	70.9%	70.4%	67.4%	69.1%
非常满意	6.4%	3.9%	6.4%	8.1%	6.2%
总计	100.0%	100.0%	100.0%	100.0%	100.0%
列总计	776	1521	2196	1492	5985

Chi-square test：df = 9，卡方值为 42.126，sig = 0.000 < 0.05，所以不同收入的居民在“您对自己所在企业履行下列责任的满意情况如何？劳动安全保障”的回答上有显著差异。

E4b by K6

您对自己所在企业履行下列责任的满意情况如何？员工薪酬合理 * 收入 Crosstabulation

	无收入	1—1999 元	2000—3999 元	4000 元及以上	总计
非常不满意	3. 6%	1. 8%	2. 3%	3. 0%	2. 5%
不太满意	24. 7%	28. 9%	25. 1%	21. 9%	25. 2%
比较满意	61. 7%	63. 7%	62. 7%	64. 9%	63. 4%
非常满意	10. 1%	5. 7%	9. 9%	10. 2%	8. 9%
总计	100. 0%	100. 0%	100. 0%	100. 0%	100. 0%
列总计	786	1528	2203	1495	6012

Chi-square test：df = 9，卡方值为 48. 478，sig = 0. 000 < 0. 05，所以不同收入的居民在“您对自己所在企业履行下列责任的满意情况如何？员工薪酬合理”的回答上有显著差异。

E4c by K6

您对自己所在企业履行下列责任的满意情况如何？关心员工生活 * 收入 Crosstabulation

	无收入	1—1999 元	2000—3999 元	4000 元及以上	总计
非常不满意	4. 7%	2. 2%	2. 4%	2. 8%	2. 8%
不太满意	25. 7%	28. 1%	25. 2%	23. 0%	25. 4%
比较满意	59. 3%	64. 1%	61. 5%	61. 2%	61. 8%
非常满意	10. 3%	5. 7%	10. 9%	12. 9%	10. 0%
总计	100. 0%	100. 0%	100. 0%	100. 0%	100. 0%
列总计	760	1503	2181	1478	5922

Chi-square test：df = 9，卡方值为 66. 166，sig = 0. 000 < 0. 05，所以不同收入的居民在“您对自己所在企业履行下列责任的满意情况如何？关心员工生活”的回答上有显著差异。

E4d by K6

您对自己所在企业履行下列责任的满意情况如何？诚实守法经营 * 收入 Crosstabulation

	无收入	1—1999 元	2000—3999 元	4000 元及以上	总计
非常不满意	2. 8%	1. 4%	1. 0%	2. 3%	1. 7%
不太满意	16. 7%	16. 3%	15. 3%	15. 0%	15. 7%
比较满意	74. 0%	75. 4%	73. 2%	71. 3%	73. 4%
非常满意	6. 4%	6. 9%	10. 5%	11. 5%	9. 2%

续表

	无收入	1—1999 元	2000—3999 元	4000 元及以上	总计
总计	100.0%	100.0%	100.0%	100.0%	100.0%
列总计	878	1671	2205	1475	6229

Chi-square test：df = 9，卡方值为 49.267，sig = 0.000 < 0.05，所以不同收入的居民在“您对自己所在企业履行下列责任的满意情况如何？诚实守法经营”的回答上有显著差异。

E4e by K6

您对自己所在企业履行下列责任的满意情况如何？产品质量可靠 * 收入 Crosstabulation

	无收入	1—1999 元	2000—3999 元	4000 元及以上	总计
非常不满意	2.2%	0.7%	0.9%	1.4%	1.1%
不太满意	14.4%	16.8%	12.6%	13.4%	14.2%
比较满意	73.5%	74.2%	73.9%	69.9%	73.0%
非常满意	10.0%	8.2%	12.6%	15.3%	11.7%
总计	100.0%	100.0%	100.0%	100.0%	100.0%
列总计	871	1693	2214	1478	6256

Chi-square test：df = 9，卡方值为 66.920，sig = 0.000 < 0.05，所以不同收入的居民在“您对自己所在企业履行下列责任的满意情况如何？产品质量可靠”的回答上有显著差异。

E4f by K6

您对自己所在企业履行下列责任的满意情况如何？环境保护措施 * 收入 Crosstabulation

	无收入	1—1999 元	2000—3999 元	4000 元及以上	总计
非常不满意	6.7%	3.7%	2.8%	3.7%	3.8%
不太满意	25.0%	25.8%	24.9%	21.8%	24.4%
比较满意	58.0%	63.1%	59.0%	58.9%	60.0%
非常满意	10.3%	7.4%	13.2%	15.6%	11.8%
总计	100.0%	100.0%	100.0%	100.0%	100.0%
列总计	839	1587	2079	1434	5939

Chi-square test：df = 9，卡方值为 82.272，sig = 0.000 < 0.05，所以不同收入的居民在“您对自己所在企业履行下列责任的满意情况如何？环境保护措施”的回答上有显著差异。

E4g by K6

您对自己所在企业履行下列责任的满意情况如何？慈善公益事业 * 收入 Crosstabulation

	无收入	1—1999 元	2000—3999 元	4000 元及以上	总计
非常不满意	4.9%	3.0%	2.5%	4.0%	3.3%
不太满意	25.6%	26.8%	23.9%	20.6%	24.0%
比较满意	60.0%	62.8%	62.0%	61.4%	61.8%
非常满意	9.6%	7.5%	11.6%	13.9%	10.9%
总计	100.0%	100.0%	100.0%	100.0%	100.0%
列总计	700	1284	1755	1299	5038

Chi-square test：df = 9，卡方值为 49.193，sig = 0.000 < 0.05，所以不同收入的居民在“您对自己所在企业履行下列责任的满意情况如何？慈善公益事业”的回答上有显著差异。

E5 by K6

您对本地的或自己熟悉的企业家的道德状况怎么评价 * 收入 Crosstabulation

	无收入	1—1999 元	2000—3999 元	4000 元及以上	总计
总体还不错	44.5%	42.2%	43.8%	44.7%	43.6%
普遍比较差	19.3%	18.0%	18.7%	23.3%	19.6%
和普通群众没有太大差别	36.2%	39.9%	37.6%	32.0%	36.7%
总计	100.0%	100.0%	100.0%	100.0%	100.0%
列总计	928	1749	2134	1440	6251

Chi-square test：df = 6，卡方值为 28.857，sig = 0.000 < 0.05，所以不同收入的居民在“您对本地的或自己熟悉的企业家的道德状况怎么评价”的回答上有显著差异。

E6a by K6

对公务员道德状况的满意度 * 收入 Crosstabulation

	无收入	1—1999 元	2000—3999 元	4000 元及以上	总计
非常满意	5.0%	3.0%	4.3%	6.4%	4.5%
比较满意	65.5%	67.6%	67.8%	65.1%	66.8%
不太满意	26.2%	27.0%	25.0%	25.1%	25.8%
非常不满意	3.3%	2.4%	2.9%	3.4%	2.9%
总计	100.0%	100.0%	100.0%	100.0%	100.0%
列总计	1090	2006	2340	1551	6987

Chi-square test：df = 9，卡方值为 30.990，sig = 0.000 < 0.05，所以不同收入的居民在“对公务员道德状况的满意度”的回答上有显著差异。

E6b by K6

对医生道德状况的满意度 * 收入 Crosstabulation

	无收入	1—1999 元	2000—3999 元	4000 元及以上	总计
非常满意	8.7%	3.6%	6.9%	7.9%	6.4%
比较满意	63.0%	64.0%	62.2%	62.2%	62.9%
不太满意	25.5%	29.3%	27.1%	25.3%	27.1%
非常不满意	2.7%	3.1%	3.9%	4.6%	3.6%
总计	100.0%	100.0%	100.0%	100.0%	100.0%
列总计	1207	2196	2462	1604	7469

Chi-square test：df = 9，卡方值为 59.758，sig = 0.000 < 0.05，所以不同收入的居民在“对医生道德状况的满意度”的回答上有显著差异。

E6c by K6

对教师道德状况的满意度 * 收入 Crosstabulation

	无收入	1—1999 元	2000—3999 元	4000 元及以上	总计
非常满意	12.3%	6.9%	9.9%	11.0%	9.6%
比较满意	65.3%	68.0%	65.8%	60.4%	65.2%
不太满意	19.6%	22.3%	20.8%	23.0%	21.5%
非常不满意	2.8%	2.8%	3.5%	5.6%	3.6%
总计	100.0%	100.0%	100.0%	100.0%	100.0%
列总计	1218	2218	2463	1604	7503

Chi-square test：df = 9，卡方值为 66.573，sig = 0.000 < 0.05，所以不同收入的居民在“对教师道德状况的满意度”的回答上有显著差异。

E6d by K6

对个体商户道德状况的满意度 * 收入 Crosstabulation

	无收入	1—1999 元	2000—3999 元	4000 元及以上	总计
非常满意	4.6%	3.3%	5.0%	6.6%	4.8%
比较满意	60.3%	64.5%	63.4%	57.3%	61.9%
不太满意	30.4%	29.8%	27.9%	30.0%	29.3%
非常不满意	4.7%	2.4%	3.7%	6.2%	4.0%
总计	100.0%	100.0%	100.0%	100.0%	100.0%
列总计	1180	2178	2435	1593	7386

Chi-square test：df = 9，卡方值为 66.280，sig = 0.000 < 0.05，所以不同收入的居民在“对个体商户道德状况的满意度”的回答上有显著差异。

E7a by K6

怎么称呼周围那些经营企业或做生意发了财的人？企业家 ＊ 收入 Crosstabulation

	无收入	1—1999 元	2000—3999 元	4000 元及以上	总计
未选中	90.2%	93.2%	89.4%	86.6%	90.1%
选中	9.8%	6.8%	10.6%	13.4%	9.9%
总计	100.0%	100.0%	100.0%	100.0%	100.0%
列总计	1299	2376	2577	1653	7905

Chi-square test：df = 3，卡方值为 50.477，sig = 0.000 < 0.05，所以不同收入的居民在“怎么称呼周围那些经营企业或做生意发了财的人？企业家”的回答上有显著差异。

E7b by K6

怎么称呼周围那些经营企业或做生意发了财的人？老板 ＊ 收入 Crosstabulation

	无收入	1—1999 元	2000—3999 元	4000 元及以上	总计
未选中	23.7%	16.8%	14.4%	20.6%	17.9%
选中	76.3%	83.2%	85.6%	79.4%	82.1%
总计	100.0%	100.0%	100.0%	100.0%	100.0%
列总计	1299	2376	2577	1653	7905

Chi-square test：df = 3，卡方值为 60.929，sig = 0.000 < 0.05，所以不同收入的居民在“怎么称呼周围那些经营企业或做生意发了财的人？老板”的回答上有显著差异。

E7c by K6

怎么称呼周围那些经营企业或做生意发了财的人？商人 ＊ 收入 Crosstabulation

	无收入	1—1999 元	2000—3999 元	4000 元及以上	总计
未选中	80.5%	79.8%	79.6%	77.2%	79.3%
选中	19.5%	20.2%	20.4%	22.8%	20.7%
总计	100.0%	100.0%	100.0%	100.0%	100.0%
列总计	1299	2376	2577	1653	7905

Chi-square test：df = 3，卡方值为 6.185，sig = 0.103 > 0.05，所以不同收入的居民在“怎么称呼周围那些经营企业或做生意发了财的人？商人”的回答上无显著差异。

E7d by K6

怎么称呼周围那些经营企业或做生意发了财的人？生意人 ＊ 收入 Crosstabulation

	无收入	1—1999 元	2000—3999 元	4000 元及以上	总计
未选中	76.6%	77.4%	77.0%	75.9%	76.8%
选中	23.4%	22.6%	23.0%	24.1%	23.2%
总计	100.0%	100.0%	100.0%	100.0%	100.0%
列总计	1299	2376	2577	1653	7905

Chi-square test：df = 3，卡方值为 1.464，sig = 0.691 > 0.05，所以不同收入的居民在“怎么称呼周围那些经营企业或做生意发了财的人？生意人”的回答上无显著差异。

E7e by K6

怎么称呼周围那些经营企业或做生意发了财的人？土豪 ＊ 收入 Crosstabulation

	无收入	1—1999 元	2000—3999 元	4000 元及以上	总计
未选中	92.4%	94.9%	93.4%	91.9%	93.4%
选中	7.6%	5.1%	6.6%	8.1%	6.6%
总计	100.0%	100.0%	100.0%	100.0%	100.0%
列总计	1299	2376	2577	1653	7905

Chi-square test：df = 3，卡方值为 17.495，sig = 0.001 < 0.05，所以不同收入的居民在“怎么称呼周围那些经营企业或做生意发了财的人？土豪”的回答上有显著差异。

E7f by K6

怎么称呼周围那些经营企业或做生意发了财的人？暴发户 ＊ 收入 Crosstabulation

	无收入	1—1999 元	2000—3999 元	4000 元及以上	总计
未选中	92.3%	94.9%	93.2%	93.5%	93.6%
选中	7.7%	5.1%	6.8%	6.5%	6.4%
总计	100.0%	100.0%	100.0%	100.0%	100.0%
列总计	1299	2376	2577	1653	7905

Chi-square test：df = 3，卡方值为 10.592，sig = 0.014 < 0.05，所以不同收入的居民在“怎么称呼周围那些经营企业或做生意发了财的人？暴发户”的回答上有显著差异。

E8 by K6

如果您有一个不错的家庭企业，但儿子或女儿缺乏经营能力或经营兴趣，难以交班，您可能选择 * 收入 Crosstabulation

	无收入	1—1999 元	2000—3999 元	4000 元及以上	总计
培养儿媳或女婿，交给她/他经营	35.7%	34.3%	30.6%	32.6%	32.9%
交给儿媳和女婿有风险，离婚了怎么办，还是自己撑到有第三代接管	15.7%	15.9%	18.9%	20.5%	17.9%
找一个懂经营的职业经理人，我们家庭成员做董事长	32.4%	29.4%	36.9%	37.4%	34.1%
做一天是一天，最后将钞票留给子孙，但外人不可靠，不能交给外人	12.2%	18.6%	12.0%	8.2%	13.2%
其他	4.1%	1.7%	1.6%	1.3%	2.0%
总计	100.0%	100.0%	100.0%	100.0%	100.0%
列总计	1208	2251	2505	1628	7592

Chi-square test：df = 12，卡方值为 167.929，sig = 0.000 < 0.05，所以不同收入的居民在“如果您有一个不错的家庭企业，但儿子或女儿缺乏经营能力或经营兴趣，难以交班，您可能选择”的回答上有显著差异。

E9 by K6

在市场上购买食品、衣物、家用电器等商品时，您觉得有安全感吗 * 收入 Crosstabulation

	无收入	1—1999 元	2000—3999 元	4000 元及以上	总计
有安全感，相信产品质量	26.3%	23.8%	23.2%	27.0%	24.7%
没安全感，不相信他们的标签，常担心质量问题影响自己的健康	20.3%	19.4%	23.7%	25.6%	22.3%
没安全感，担心在价格上被欺骗，要货比三家	23.7%	23.5%	21.8%	17.6%	21.7%
一般还可以，相信大商店的产品，不相信小商店和地摊货	29.1%	33.1%	31.1%	29.7%	31.1%
其他	0.6%	0.2%	0.2%	0.1%	0.2%
总计	100.0%	100.0%	100.0%	100.0%	100.0%
列总计	1295	2362	2573	1654	7885

Chi-square test：df = 12，卡方值为 65.504，sig = 0.001 < 0.05，所以不同收入的居民在“在市场上购买食品、衣物、家用电器等商品时，您觉得有安全感吗”的回答上有显著差异。

E10 by K6

您怎么看待电视、报纸和其他主流媒体上的广告 * 收入 Crosstabulation

	无收入	1—1999 元	2000—3999 元	4000 元及以上	总计
相信，因为是明星们推荐的	14.9%	15.3%	15.2%	15.2%	15.2%
将信将疑，眼见为真	49.3%	44.7%	48.7%	48.1%	47.5%
不相信，是企业和那些明星联合起来忽悠大众	25.4%	28.8%	24.6%	26.4%	26.4%
讨厌，既欺骗大众，又占用公共媒体资源	9.3%	10.1%	11.0%	10.1%	10.2%
其他	1.1%	1.0%	0.5%	0.2%	0.7%
总计	100.0%	100.0%	100.0%	100.0%	100.0%
列总计	1282	2340	2567	1648	7837

Chi-square test：df = 12，卡方值为 28.989，sig = 0.004 < 0.05，所以不同收入的居民在“您怎么看待电视、报纸和其他主流媒体上的广告”的回答上有显著差异。

E11 by K6

您怎么看待现在一些企业做公益和慈善 * 收入 Crosstabulation

	无收入	1—1999 元	2000—3999 元	4000 元及以上	总计
是做善事，把赚的公众的钱还给社会	30.1%	24.0%	25.9%	28.7%	26.6%
是在作秀，为自己树牌坊	15.6%	16.4%	18.3%	20.3%	17.7%
是做广告，把弱势群体当作宣传自己的工具	21.2%	23.6%	25.3%	24.1%	23.9%
做总比不做好，随他去吧	31.9%	35.8%	30.1%	26.0%	31.2%
其他	1.3%	0.2%	0.4%	0.9%	0.6%
总计	100.0%	100.0%	100.0%	100.0%	100.0%
列总计	1262	2328	2540	1642	7772

Chi-square test：df = 12，卡方值为 85.421，sig = 0.000 < 0.05，所以不同收入的居民在“您怎么看待现在一些企业做公益和慈善”的回答上有显著差异。

E12 by K6

一些政府机关、企事业单位和大中小学，利用权力为本单位的职工子女在入学、招工中提供特殊政策，您认为这种行为道德吗 * 收入 Crosstabulation

	无收入	1—1999 元	2000—3999 元	4000 元及以上	总计
为本单位人员谋福利，符合道德	16.0%	13.1%	17.4%	19.2%	16.3%

续表

	无收入	1—1999元	2000—3999元	4000元及以上	总计
以权谋私，不道德	38.3%	38.5%	32.4%	32.2%	35.2%
是对社会公众的不公平，严重不道德	28.9%	30.7%	33.8%	29.7%	31.2%
符合本单位员工利益，但严重侵蚀社会道德	9.8%	9.5%	10.3%	14.3%	10.8%
无所谓道德不道德	7.1%	8.1%	6.0%	4.6%	6.5%
总计	100.0%	100.0%	100.0%	100.0%	100.0%
列总计	1291	2358	2562	1648	7859

Chi-square test：df = 12，卡方值为98.970，sig = 0.000 < 0.05，所以不同收入的居民在“一些政府机关、企事业单位和大中小学，利用权力为本单位的职工子女在入学、招工中提供特殊政策，您认为这种行为道德吗”的回答上有显著差异。

E13 by K6

如果您所在的单位有一项举措可以提高集体福利并使您个人得到利益，但会造成环境污染或社会公害，您会举报吗 * 收入 Crosstabulation

	无收入	1—1999元	2000—3999元	4000元及以上	总计
会	65.4%	66.1%	64.6%	66.9%	65.7%
不会	34.6%	33.9%	35.4%	33.1%	34.3%
总计	100.0%	100.0%	100.0%	100.0%	100.0%
列总计	1284	2343	2554	1640	7821

Chi-square test：df = 3，卡方值为2.569，sig = 0.465 > 0.05，所以不同收入的居民在“如果您所在的单位有一项举措可以提高集体福利并使您个人得到利益，但会造成环境污染或社会公害，您会举报吗”的回答上无显著差异。

E14 by K6

您认为您所工作的单位同事之间是何种关系 * 收入 Crosstabulation

	无收入	1—1999元	2000—3999元	4000元及以上	总计
平等合作关系	56.4%	60.8%	58.0%	56.7%	58.3%
利益竞争关系	24.1%	18.6%	27.6%	30.2%	24.9%
彼此没有关系	13.2%	18.2%	12.4%	12.0%	14.2%
其他	6.3%	2.5%	2.0%	1.0%	2.6%
总计	100.0%	100.0%	100.0%	100.0%	100.0%
列总计	1216	2305	2543	1627	7691

Chi-square test：df = 9，卡方值为188.870，sig = 0.000 < 0.05，所以不同收入的居民在“您认为您所工作的单位同事之间是何种关系”的回答上有显著差异。

E15 by K6

为了单位组织的利益，你的单位是否会默认员工做违背道德的事情 ＊ 收入 Crosstabulation

	无收入	1—1999 元	2000—3999 元	4000 元及以上	总计
常常	5.6%	4.5%	5.1%	6.2%	5.2%
较多	15.4%	10.8%	15.2%	16.9%	14.4%
一般	24.9%	22.7%	25.0%	25.9%	24.5%
较少	25.3%	27.5%	25.5%	27.8%	26.6%
从来没有	28.8%	34.5%	29.3%	23.2%	29.3%
总计	100.0%	100.0%	100.0%	100.0%	100.0%
列总计	869	1776	2164	1442	6251

Chi-square test：df = 12，卡方值为 0.602，sig = 0.000 < 0.05，所以不同收入的居民在“为了单位组织的利益，你的单位是否会默认员工做违背道德的事情”的回答上有显著差异。

E16a by K6

您所工作的单位是否存在以下现象：给领导干部送礼讨好 ＊ 收入 Crosstabulation

	无收入	1—1999 元	2000—3999 元	4000 元及以上	总计
未选中	73.2%	68.7%	67.5%	69.6%	69.2%
选中	26.8%	31.3%	32.5%	30.4%	30.8%
总计	100.0%	100.0%	100.0%	100.0%	100.0%
列总计	1237	2299	2538	1631	7705

Chi-square test：df = 3，卡方值为 13.309，sig = 0.004 < 0.05，所以不同收入的居民在“您所工作的单位是否存在以下现象：给领导干部送礼讨好”的回答上有显著差异。

E16b by K6

您所工作的单位是否存在以下现象：背后相互告恶状 ＊ 收入 Crosstabulation

	无收入	1—1999 元	2000—3999 元	4000 元及以上	总计
未选中	81.3%	81.3%	75.4%	73.3%	77.7%
选中	18.7%	18.7%	24.6%	26.7%	22.3%
总计	100.0%	100.0%	100.0%	100.0%	100.0%
列总计	1237	2299	2538	1631	7705

Chi-square test：df = 3，卡方值为 51.705，sig = 0.000 < 0.05，所以不同收入的居民在“您所工作的单位是否存在以下现象：背后互相告恶状”的回答上有显著差异。

E16c by K6

您所工作的单位是否存在以下现象：拉帮结派 ＊ 收入 Crosstabulation

	无收入	1—1999 元	2000—3999 元	4000 元及以上	总计
未选中	84.6%	81.8%	79.8%	80.0%	81.2%
选中	15.4%	18.2%	20.2%	20.0%	18.8%
总计	100.0%	100.0%	100.0%	100.0%	100.0%
列总计	1237	2299	2538	1631	7705

Chi-square test：df = 3，卡方值为 14.441，sig = 0.002 < 0.05，所以不同收入的居民在“您所工作的单位是否存在以下现象：拉帮结派”的回答上有显著差异。

E16d by K6

您所工作的单位是否存在以下现象：为谋私利找关系走后门 ＊ 收入 Crosstabulation

	无收入	1—1999 元	2000—3999 元	4000 元及以上	总计
未选中	82.1%	75.2%	79.2%	81.0%	78.8%
选中	17.9%	24.8%	20.8%	19.0%	21.2%
总计	100.0%	100.0%	100.0%	100.0%	100.0%
列总计	1237	2299	2538	1631	7705

Chi-square test：df = 7，卡方值为 15.033，sig = 0.036 < 0.05，所以不同收入的居民在“您所工作的单位是否存在以下现象：为谋私利找关系走后门”的回答上有显著差异。

E16e by K6

您所工作的单位是否存在以下现象：奖惩制度不公平 ＊ 收入 Crosstabulation

	无收入	1—1999 元	2000—3999 元	4000 元及以上	总计
未选中	73.1%	73.0%	69.9%	70.9%	71.6%
选中	26.9%	27.0%	30.1%	29.1%	28.4%
总计	100.0%	100.0%	100.0%	100.0%	100.0%
列总计	1237	2299	2538	1631	7705

Chi-square test：df = 3，卡方值为 7.464，sig = 0.059 > 0.05，所以不同收入的居民在“您所工作的单位是否存在以下现象：奖惩制度不公平”的回答上无显著差异。

E16f by K6

您所工作的单位是否存在以下现象：领导干部滥用职权 ＊ 收入 Crosstabulation

	无收入	1—1999 元	2000—3999 元	4000 元及以上	总计
未选中	82.1%	75.2%	79.2%	81.0%	78.8%
选中	17.9%	24.8%	20.8%	19.0%	21.2%
总计	100.0%	100.0%	100.0%	100.0%	100.0%
列总计	1237	2299	2538	1631	7705

Chi-square test：df = 3，卡方值为 30.949，sig = 0.000 < 0.05，所以不同收入的居民在“您所工作的单位是否存在以下现象：领导干部滥用职权”的回答上有显著差异。

E16g by K6

您所工作的单位是否存在以下现象：都不存在 ＊ 收入 Crosstabulation

	无收入	1—1999 元	2000—3999 元	4000 元及以上	总计
未选中	59.4%	63.3%	70.3%	70.9%	66.6%
选中	40.6%	36.7%	29.7%	29.1%	33.4%
总计	100.0%	100.0%	100.0%	100.0%	100.0%
列总计	1237	2299	2538	1631	7705

Chi-square test：df = 3，卡方值为 69.422，sig = 0.000 < 0.05，所以不同收入的居民在“您所工作的单位是否存在以下现象：都不存在”的回答上有显著差异。

E17a by K6

下列关于企业履行社会责任（如捐款捐物、做公益慈善）的说法，您的同意程度是？只有国企才应该履行社会责任 ＊ 收入 Crosstabulation

	无收入	1—1999 元	2000—3999 元	4000 元及以上	总计
完全同意	2.9%	3.9%	3.1%	3.1%	3.3%
比较同意	25.4%	32.4%	29.9%	27.9%	29.5%
不太同意	54.7%	52.2%	52.7%	51.4%	52.6%
完全不同意	17.0%	11.5%	14.2%	17.6%	14.6%
总计	100.0%	100.0%	100.0%	100.0%	100.0%
列总计	1112	2076	2406	1585	7179

Chi-square test：df = 9，卡方值为 45.898，sig = 0.000 < 0.05，所以不同收入的居民在“您的同意程度是？只有国企才应该履行社会责任”的回答上有显著差异。

E17b by K6

下列关于企业履行社会责任（如捐款捐物、做公益慈善）的说法，您的同意程度是？只有大企业才应该履行社会责任 ＊ 收入 Crosstabulation

	无收入	1—1999 元	2000—3999 元	4000 元及以上	总计
完全同意	2.6%	3.9%	3.2%	2.3%	3.1%
比较同意	25.6%	31.8%	28.5%	25.2%	28.3%
不太同意	53.1%	49.9%	49.7%	52.2%	50.8%
完全不同意	18.7%	14.4%	18.5%	20.3%	17.7%
总计	100.0%	100.0%	100.0%	100.0%	100.0%
列总计	1118	2078	2406	1585	7187

Chi-square test：df = 9，卡方值为 48.633，sig = 0.000 < 0.05，所以不同收入的居民在“您的同意程度是？只有大企业才应该履行社会责任”的回答上有显著差异。

E17c by K6

下列关于企业履行社会责任（如捐款捐物、做公益慈善）的说法，您的同意程度是？只有盈利多的企业才应该履行社会责任 ＊ 收入 Crosstabulation

	无收入	1—1999 元	2000—3999 元	4000 元及以上	总计
完全同意	3.3%	4.9%	3.7%	3.4%	3.9%
比较同意	28.2%	32.1%	26.3%	21.8%	27.3%
不太同意	50.8%	50.9%	53.1%	55.1%	52.5%
完全不同意	17.6%	12.2%	17.0%	19.6%	16.3%
总计	100.0%	100.0%	100.0%	100.0%	100.0%
列总计	1119	2080	2392	1574	7165

Chi-square test：df = 9，卡方值为 81.088，sig = 0.000 < 0.05，所以不同收入的居民在“您的同意程度是？只有盈利多的企业才应该履行社会责任”的回答上有显著差异。

E17d by K6

下列关于企业履行社会责任（如捐款捐物、做公益慈善）的说法，您的同意程度是？污染类企业才应该履行社会责任 ＊ 收入 Crosstabulation

	无收入	1—1999 元	2000—3999 元	4000 元及以上	总计
完全同意	25.9%	25.7%	27.6%	24.7%	26.1%
比较同意	45.0%	43.5%	39.4%	40.0%	41.6%
不太同意	22.8%	22.5%	22.9%	26.1%	23.5%
完全不同意	6.3%	8.3%	10.1%	9.1%	8.8%

续表

	无收入	1—1999 元	2000—3999 元	4000 元及以上	总计
总计	100.0%	100.0%	100.0%	100.0%	100.0%
列总计	1141	2120	2424	1589	7274

Chi-square test：df = 9，卡方值为 32.431，sig = 0.000 < 0.05，所以不同收入的居民在“您的同意程度是？污染类企业才应该履行社会责任”的回答上有显著差异。

E17e by K6

下列关于企业履行社会责任（如捐款捐物、做公益慈善）的说法，您的同意程度是？小企业只要管好自己就行了，不要履行社会责任 * 收入 Crosstabulation

	无收入	1—1999 元	2000—3999 元	4000 元及以上	总计
完全同意	1.8%	2.4%	3.1%	2.8%	2.6%
比较同意	18.5%	24.2%	18.4%	16.0%	19.6%
不太同意	56.1%	54.6%	54.5%	56.3%	55.1%
完全不同意	23.6%	18.9%	24.0%	24.9%	22.7%
总计	100.0%	100.0%	100.0%	100.0%	100.0%
列总计	1109	2097	2391	1570	7167

Chi-square test：df = 9，卡方值为 60.961，sig = 0.000 < 0.05，所以不同收入的居民在“您的同意程度是？小企业只要管好自己就行了，不要履行社会责任”的回答上有显著差异。

E18a by K6

您觉得下列哪类单位最讲道德 * 收入 Crosstabulation

	无收入	1—1999 元	2000—3999 元	4000 元及以上	总计
国有（控股）企业	19.4%	21.0%	17.6%	15.1%	18.3%
民营企业	5.8%	4.0%	4.9%	4.7%	4.7%
私营企业	2.3%	1.8%	2.6%	3.0%	2.4%
外资企业	4.8%	4.2%	7.1%	9.7%	6.5%
学校	45.6%	47.0%	43.5%	38.8%	43.7%
医院	3.7%	4.4%	5.0%	6.2%	4.9%
政府机关	14.6%	12.6%	14.2%	17.1%	14.5%
民间组织	3.8%	4.9%	5.0%	5.5%	4.9%
总计	100.0%	100.0%	100.0%	100.0%	100.0%
列总计	918	1580	1904	1283	5685

Chi-square test：df = 21，卡方值为 92.346，sig = 0.000 < 0.05，所以不同收入的居民在“您觉得下列哪类单位最讲道德”的回答上有显著差异。

E18b by K6

您觉得下列哪类单位道德水平最差 ＊ 收入 Crosstabulation

	无收入	1—1999 元	2000—3999 元	4000 元及以上	总计
国有（控股）企业	5.4%	4.0%	5.9%	7.6%	5.7%
民营企业	10.5%	10.5%	10.3%	15.9%	11.6%
私营企业	29.5%	29.2%	30.9%	31.0%	30.2%
外资企业	3.8%	3.7%	3.7%	3.9%	3.8%
学校	3.2%	3.2%	3.3%	3.5%	3.3%
医院	17.5%	20.7%	18.8%	13.2%	17.9%
政府机关	16.0%	16.5%	14.9%	13.3%	15.1%
民间组织	14.1%	12.2%	12.2%	11.7%	12.4%
总计	100.0%	100.0%	100.0%	100.0%	100.0%
列总计	811	1420	1715	1162	5108

Chi-square test：df = 21，卡方值为 68.574，sig = 0.000 < 0.05，所以不同收入的居民在“您觉得下列哪类单位道德水平最差”的回答上有显著差异。

E19a by K6

以下关于学校的说法，您的同意程度是？学校越来越以营利为目的 ＊ 收入 Crosstabulation

	无收入	1—1999 元	2000—3999 元	4000 元及以上	总计
完全同意	7.3%	5.4%	7.6%	8.7%	7.1%
比较同意	39.3%	42.5%	43.7%	44.2%	42.8%
不太同意	41.5%	43.8%	40.2%	37.8%	41.0%
完全不同意	11.9%	8.3%	8.5%	9.3%	9.2%
总计	100.0%	100.0%	100.0%	100.0%	100.0%
列总计	1198	2154	2422	1568	7342

Chi-square test：df = 9，卡方值为 40.746，sig = 0.000 < 0.05，所以不同收入的居民在“学校越来越以营利为目的”的回答上有显著差异。

E19b by K6

以下关于学校的说法，您的同意程度是？学校主要传授知识和技能，培养道德不重要 ＊ 收入 Crosstabulation

	无收入	1—1999 元	2000—3999 元	4000 元及以上	总计
完全同意	1.5%	1.2%	0.9%	1.6%	1.2%

续表

	无收入	1—1999 元	2000—3999 元	4000 元及以上	总计
比较同意	11.8%	11.3%	12.4%	15.7%	12.7%
不太同意	57.0%	65.4%	59.5%	51.7%	59.2%
完全不同意	29.7%	22.0%	27.2%	31.0%	26.9%
总计	100.0%	100.0%	100.0%	100.0%	100.0%
列总计	1229	2230	2476	1592	7527

Chi-square test：df = 9，卡方值为 84.560，sig = 0.000 < 0.05，所以不同收入的居民在“学校主要传授知识和技能，培养道德不重要”的回答上有显著差异。

E19c by K6

以下关于学校的说法，您的同意程度是？学校升学率高比素质教育更重要 ＊ 收入 Crosstabulation

	无收入	1—1999 元	2000—3999 元	4000 元及以上	总计
完全同意	2.8%	1.6%	2.2%	3.0%	2.3%
比较同意	13.7%	15.6%	10.4%	12.5%	12.9%
不太同意	56.3%	60.6%	58.5%	55.5%	58.1%
完全不同意	27.2%	22.2%	29.0%	29.1%	26.7%
总计	100.0%	100.0%	100.0%	100.0%	100.0%
列总计	1217	2218	2464	1579	7478

Chi-square test：df = 9，卡方值为 65.032，sig = 0.000 < 0.05，所以不同收入的居民在“学校升学率高比素质教育更重要”的回答上有显著差异。

E19d by K6

以下关于学校的说法，您的同意程度是？青少年儿童行为不端，主要是学校没教好 ＊ 收入 Crosstabulation

	无收入	1—1999 元	2000—3999 元	4000 元及以上	总计
完全同意	1.7%	1.5%	1.7%	1.8%	1.7%
比较同意	15.3%	16.8%	12.2%	14.8%	14.6%
不太同意	58.4%	60.6%	58.9%	57.3%	59.0%
完全不同意	24.5%	21.1%	27.3%	26.1%	24.8%
总计	100.0%	100.0%	100.0%	100.0%	100.0%
列总计	1212	2218	2460	1592	7482

Chi-square test：df = 9，卡方值为 39.934，sig = 0.000 < 0.05，所以不同收入的居民在“青少年儿童行为不端，主要是学校没教好”的回答上有显著差异。

E19e by K6

以下关于学校的说法，您的同意程度是？要想孩子培养得好，就要多给老师送礼 * 收入 Crosstabulation

	无收入	1—1999 元	2000—3999 元	4000 元及以上	总计
完全同意	1.5%	1.7%	2.3%	2.7%	2.0%
比较同意	10.9%	13.9%	12.6%	12.3%	12.7%
不太同意	49.1%	51.5%	45.0%	43.4%	47.3%
完全不同意	38.5%	32.8%	40.1%	41.6%	38.0%
总计	100.0%	100.0%	100.0%	100.0%	100.0%
列总计	1208	2202	2443	1573	7426

Chi-square test：df = 9，卡方值为 53.456，sig = 0.000 < 0.05，所以不同收入的居民在“要想孩子培养得好，就要多给老师送礼”的回答上有显著差异。

E20 by K6

您所在单位当员工或村民受到不应该的对待时，员工或村民有没有申诉的机会 * 收入 Crosstabulation

	无收入	1—1999 元	2000—3999 元	4000 元及以上	总计
有	57.9%	64.2%	67.4%	67.4%	65.1%
没有	42.1%	35.8%	32.6%	32.6%	34.9%
总计	100.0%	100.0%	100.0%	100.0%	100.0%
列总计	668	1336	1508	1075	4587

Chi-square test：df = 3，卡方值为 21.786，sig = 0.001 < 0.05，所以不同收入的居民在“您所在单位当员工或村民受到不应该的对待时，员工或村民有没有申诉的机会”的回答上有显著差异。

E21 by K6

您所在单位当员工或村民受到不应该的对待时，员工或村民有没有申诉的地方或渠道 * 收入 Crosstabulation

	无收入	1—1999 元	2000—3999 元	4000 元及以上	总计
有	59.8%	68.0%	69.2%	69.9%	67.6%
没有	40.2%	32.0%	30.8%	30.1%	32.4%
总计	100.0%	100.0%	100.0%	100.0%	100.0%
列总计	672	1330	1466	1045	4513

Chi-square test：df = 3，卡方值为 22.715，sig = 0.000 < 0.05，所以不同收入的居民在“您所在单位当员工或村民受到不应该的对待时，员工或村民有没有申诉的地方或渠道”的回答上有显著差异。

E22 by K6

您所在单位当员工或村民受到不应该的对待时，有没有人进行过申诉 ＊ 收入 Crosstabulation

	无收入	1—1999 元	2000—3999 元	4000 元及以上	总计
全部会申诉	3.9%	3.0%	4.2%	5.1%	4.0%
大部分会申诉	18.9%	20.4%	20.2%	20.0%	20.0%
小部分会申诉	54.8%	52.3%	57.6%	57.8%	55.7%
无人申诉	22.5%	24.2%	18.1%	17.0%	20.2%
总计	100.0%	100.0%	100.0%	100.0%	100.0%
列总计	641	1259	1440	1053	4393

Chi-square test：df = 9，卡方值为 1.729，sig = 0.000 < 0.05，所以不同收入的居民在“您所在单位当员工或村民受到不应该的对待时，有没有人进行过申诉”的回答上有显著差异。

E23 by K6

您所的单位在多大程度上认真对待员工或村民的申诉 ＊ 收入 Crosstabulation

	无收入	1—1999 元	2000—3999 元	4000 元及以上	总计
完全不认真	10.1%	11.3%	11.1%	8.6%	10.4%
不太认真	21.8%	23.7%	19.9%	19.7%	21.2%
一般	35.5%	36.1%	33.2%	32.2%	34.1%
比较认真	27.2%	24.5%	31.8%	35.5%	30.0%
非常认真	5.4%	4.3%	4.0%	3.9%	4.3%
总计	100.0%	100.0%	100.0%	100.0%	100.0%
列总计	555	1104	1285	983	3927

Chi-square test：df = 12，卡方值为 38.728，sig = 0.000 < 0.05，所以不同收入的居民在“您所的单位在多大程度上认真对待员工或村民的申诉”的回答上有显著差异。

E24 by K6

您所在单位是否有道德方面的教育或活动 ＊ 收入 Crosstabulation

	无收入	1—1999 元	2000—3999 元	4000 元及以上	总计
有	3.6%	2.5%	4.1%	6.6%	4.1%
没有	39.8%	47.1%	41.7%	41.0%	42.9%
不知道	56.6%	50.4%	54.2%	52.4%	53.1%
总计	100.0%	100.0%	100.0%	100.0%	100.0%

续表

	无收入	1—1999 元	2000—3999 元	4000 元及以上	总计
列总计	1262	2304	2478	1566	7610

Chi-square test：df = 6，卡方值为 60. 946，sig = 0. 000 < 0. 05，所以不同收入的居民在“您所在单位是否有道德方面的教育或活动”的回答上有显著差异。

E25a by K6

对当地企业道德状况的满意度是 ＊ 收入 Crosstabulation

	无收入	1—1999 元	2000—3999 元	4000 元及以上	总计
非常不满意	2. 1%	2. 0%	1. 6%	3. 0%	2. 1%
不太满意	26. 5%	21. 8%	22. 0%	21. 2%	22. 4%
比较满意	68. 5%	74. 1%	74. 6%	73. 0%	73. 2%
非常满意	2. 9%	2. 1%	1. 8%	2. 8%	2. 3%
总计	100. 0%	100. 0%	100. 0%	100. 0%	100. 0%
列总计	1011	1836	2205	1494	6546

Chi-square test：df = 9，卡方值为 27. 381，sig = 0. 001 < 0. 05，所以不同收入的居民在“对当地企业道德状况的满意度是”的回答上有显著差异。

E25b by K6

对当地医院道德状况的满意度是 ＊ 收入 Crosstabulation

	无收入	1—1999 元	2000—3999 元	4000 元及以上	总计
非常不满意	2. 4%	3. 7%	3. 2%	3. 8%	3. 4%
不太满意	26. 1%	28. 9%	24. 8%	21. 8%	25. 6%
比较满意	64. 5%	63. 6%	66. 4%	67. 6%	65. 5%
非常满意	7. 1%	3. 9%	5. 6%	6. 8%	5. 6%
总计	100. 0%	100. 0%	100. 0%	100. 0%	100. 0%
列总计	1176	2127	2376	1566	7245

Chi-square test：df = 9，卡方值为 46. 976，sig = 0. 000 < 0. 05，所以不同收入的居民在“对当地医院道德状况的满意度是”的回答上有显著差异。

E25c by K6

对当地政府道德状况的满意度是 ＊ 收入 Crosstabulation

	无收入	1—1999 元	2000—3999 元	4000 元及以上	总计
非常不满意	3. 7%	4. 1%	3. 5%	3. 4%	3. 7%

续表

	无收入	1—1999 元	2000—3999 元	4000 元及以上	总计
不太满意	24.4%	26.3%	24.6%	24.4%	25.0%
比较满意	65.3%	64.9%	64.0%	62.1%	64.1%
非常满意	6.5%	4.7%	8.0%	10.0%	7.2%
总计	100.0%	100.0%	100.0%	100.0%	100.0%
列总计	1133	2010	2276	1527	6946

Chi-square test：df = 9，卡方值为 40.938，sig = 0.000 < 0.05，所以不同收入的居民在“对当地政府道德状况的满意度是”的回答上有显著差异。

E25d by K6

对当地学校道德状况的满意度是 ＊ 收入 Crosstabulation

	无收入	1—1999 元	2000—3999 元	4000 元及以上	总计
非常不满意	1.5%	1.3%	1.4%	1.6%	1.4%
不太满意	15.0%	18.9%	15.9%	15.9%	16.6%
比较满意	73.1%	71.8%	71.2%	68.1%	71.0%
非常满意	10.4%	8.0%	11.5%	14.3%	10.9%
总计	100.0%	100.0%	100.0%	100.0%	100.0%
列总计	1175	2085	2316	1518	7094

Chi-square test：df = 9，卡方值为 46.537，sig = 0.000 < 0.05，所以不同收入的居民在“对当地学校道德状况的满意度是”的回答上有显著差异。

E25e by K6

对当地 NGO 组织道德状况的满意度是 ＊ 收入 Crosstabulation

	无收入	1—1999 元	2000—3999 元	4000 元及以上	总计
非常不满意	1.3%	1.6%	2.1%	3.4%	2.2%
不太满意	18.5%	18.1%	16.7%	16.9%	17.4%
比较满意	68.7%	69.8%	67.8%	65.2%	67.8%
非常满意	11.5%	10.4%	13.5%	14.6%	12.6%
总计	100.0%	100.0%	100.0%	100.0%	100.0%
列总计	670	1031	1344	1036	4081

Chi-square test：df = 9，卡方值为 22.165，sig = 0.008 < 0.05，所以不同收入的居民在“对当地 NGO 组织道德状况的满意度是”的回答上有显著差异。

F1a by K6

您认为以下行为是否关乎道德？随地吐痰 ＊ 收入 Crosstabulation

	无收入	1—1999 元	2000—3999 元	4000 元及以上	总计
有关	93.5%	86.6%	92.5%	93.7%	91.1%
无关	6.5%	13.4%	7.5%	6.3%	8.9%
总计	100.0%	100.0%	100.0%	100.0%	100.0%
列总计	1299	2373	2571	1651	7894

Chi-square test：df = 3，卡方值为 90.562，sig = 0.000 < 0.05，所以不同收入的居民在“您认为以下行为是否关乎道德？随地吐痰”的回答上有显著差异。

F1b by K6

您认为以下行为是否关乎道德？插队 ＊ 收入 Crosstabulation

	无收入	1—1999 元	2000—3999 元	4000 元及以上	总计
有关	94.1%	86.4%	92.0%	93.8%	91.0%
无关	5.9%	13.6%	8.0%	6.3%	9.0%
总计	100.0%	100.0%	100.0%	100.0%	100.0%
列总计	1295	2368	2569	1648	7880

Chi-square test：df = 3，卡方值为 94.254，sig = 0.000 < 0.05，所以不同收入的居民在“您认为以下行为是否关乎道德？插队”的回答上有显著差异。

F1c by K6

您认为以下行为是否关乎道德？公交或地铁上大声打电话 ＊ 收入 Crosstabulation

	无收入	1—1999 元	2000—3999 元	4000 元及以上	总计
有关	88.8%	81.7%	88.5%	90.1%	86.9%
无关	11.2%	18.3%	11.5%	9.9%	13.1%
总计	100.0%	100.0%	100.0%	100.0%	100.0%
列总计	1109	2097	2391	1570	7167

Chi-square test：df = 3，卡方值为 80.340，sig = 0.000 < 0.05，所以不同收入的居民在“您认为以下行为是否关乎道德？公交或地铁上大声打电话”的回答上有显著差异。

F1d by K6

您认为以下行为是否关乎道德？餐馆里说话声音很大 ＊ 收入 Crosstabulation

	无收入	1—1999 元	2000—3999 元	4000 元及以上	总计
有关	87.0%	80.6%	87.1%	88.9%	85.5%

续表

	无收入	1—1999 元	2000—3999 元	4000 元及以上	总计
无关	13.0%	19.4%	12.9%	11.1%	14.5%
总计	100.0%	100.0%	100.0%	100.0%	100.0%
列总计	1296	2364	2564	1645	7869

Chi-square test：df = 3，卡方值为 68.906，sig = 0.000 < 0.05，所以不同收入的居民在“您认为以下行为是否关乎道德？餐馆里说话声音很大”的回答上有显著差异。

F1e by K6

您认为以下行为是否关乎道德？在公共场所的椅子或沙发上躺着睡觉 ＊ 收入 Crosstabulation

	无收入	1—1999 元	2000—3999 元	4000 元及以上	总计
有关	89.6%	83.4%	89.4%	91.1%	88.0%
无关	10.4%	16.6%	10.6%	8.9%	12.0%
总计	100.0%	100.0%	100.0%	100.0%	100.0%
列总计	1295	2366	2566	1648	7875

Chi-square test：df = 3，卡方值为 70.756，sig = 0.000 < 0.05，所以不同收入的居民在“您认为以下行为是否关乎道德？在公共场所的椅子或沙发上躺着睡觉”的回答上有显著差异。

F1f by K6

您本人是否做出过这些行为？随地吐痰 ＊ 收入 Crosstabulation

	无收入	1—1999 元	2000—3999 元	4000 元及以上	总计
经常做	3.4%	3.0%	2.6%	2.3%	2.8%
偶尔做	28.5%	41.7%	36.8%	40.8%	37.7%
从来不做	68.2%	55.3%	60.6%	56.9%	59.5%
总计	100.0%	100.0%	100.0%	100.0%	100.0%
列总计	1272	2205	2506	1619	7602

Chi-square test：df = 6，卡方值为 71.643，sig = 0.000 < 0.05，所以不同收入的居民在“您本人是否做出过这些行为？随地吐痰”的回答上有显著差异。

F1g by K6

您本人是否做出过这些行为？插队 ＊ 收入 Crosstabulation

	无收入	1—1999 元	2000—3999 元	4000 元及以上	总计
经常做	2.8%	1.7%	2.3%	2.3%	2.2%

续表

	无收入	1—1999 元	2000—3999 元	4000 元及以上	总计
偶尔做	25.1%	29.5%	28.7%	30.7%	28.8%
从来不做	72.1%	68.8%	69.0%	66.9%	69.0%
总计	100.0%	100.0%	100.0%	100.0%	100.0%
列总计	1274	2203	2504	1620	7601

Chi-square test：df = 6，卡方值为 15.903，sig = 0.014 < 0.05，所以不同收入的居民在“您本人是否做出过这些行为？插队”的回答上有显著差异。

F1h by K6

您本人是否做出过这些行为？公交或地铁上大声打电话 * 收入 Crosstabulation

	无收入	1—1999 元	2000—3999 元	4000 元及以上	总计
经常做	3.5%	2.3%	2.5%	3.2%	2.8%
偶尔做	23.1%	28.4%	27.8%	32.2%	28.1%
从来不做	73.4%	69.2%	69.7%	64.6%	69.1%
总计	100.0%	100.0%	100.0%	100.0%	100.0%
列总计	1269	2183	2484	1611	7547

Chi-square test：df = 6，卡方值为 34.780，sig = 0.000 < 0.05，所以不同收入的居民在“您本人是否做出过这些行为？公交或地铁上大声打电话”的回答上有显著差异。

F1i by K6

您本人是否做出过这些行为？餐馆里说话声音很大 * 收入 Crosstabulation

	无收入	1—1999 元	2000—3999 元	4000 元及以上	总计
经常做	3.2%	3.1%	2.9%	2.7%	2.9%
偶尔做	22.1%	25.4%	26.6%	30.2%	26.3%
从来不做	74.8%	71.5%	70.6%	67.1%	70.8%
总计	100.0%	100.0%	100.0%	100.0%	100.0%
列总计	1268	2183	2485	1614	7550

Chi-square test：df = 6，卡方值为 25.249，sig = 0.000 < 0.05，所以不同收入的居民在“您本人是否做出过这些行为？餐馆里说话声音很大”的回答上有显著差异。

F1j by K6

您本人是否做出过这些行为？在公共场所的椅子或沙发上躺着睡觉 ＊ 收入 Crosstabulation

	无收入	1—1999 元	2000—3999 元	4000 元及以上	总计
经常做	3.8%	2.2%	2.4%	2.4%	2.6%
偶尔做	12.9%	12.1%	13.4%	15.3%	13.3%
从来不做	83.3%	85.7%	84.2%	82.3%	84.1%
总计	100.0%	100.0%	100.0%	100.0%	100.0%
列总计	1274	2195	2496	1615	7580

Chi-square test：df = 6，卡方值为 18.218，sig = 0.006 < 0.05，所以不同收入的居民在“您本人是否做出过这些行为？在公共场所的椅子或沙发上躺着睡觉”的回答上有显著差异。

F2 by K6

入夜后，很多中老年朋友在广场上伴着录音机的音乐跳舞，产生噪声，有人向政府或物管投诉，要求阻止。对这件事您怎么看 ＊ 收入 Crosstabulation

	无收入	1—1999 元	2000—3999 元	4000 元及以上	总计
在广场上跳舞是居民的自由，不应干预	22.4%	26.9%	21.6%	16.8%	22.3%
跳舞如果破坏了别人的清静，就应该停止	17.4%	21.0%	22.4%	28.7%	22.5%
中老年人没地方活动，即便跳舞构成干扰，也应尽量容忍和理解	21.8%	21.3%	22.9%	19.4%	21.5%
请跳舞者降低音量，大家相互妥协	37.1%	29.0%	31.8%	34.0%	32.3%
其他（请说明）	1.2%	1.8%	1.3%	1.0%	1.4%
总计	100.0%	100.0%	100.0%	100.0%	100.0%
列总计	1282	2338	2554	1647	7821

Chi-square test：df = 12，卡方值为 119.947，sig = 0.000 < 0.05，所以不同收入的居民在“入夜后，很多中老年朋友在广场上伴着录音机的音乐跳舞，产生噪声，有人向政府或物管投诉，要求阻止。对这件事您怎么看”的回答上有显著差异。

F3a by K6

社会上经常发生一些因个人认为自身受到不公正待遇而导致的社会泄愤事件，比如厦门公交爆炸案、徐州幼儿园爆炸案。对下列说法，您的同意程度如何？这

是暴徒行为，无论何种情况下，都不应该采取暴力手段 * 收入 Crosstabulation

	无收入	1—1999 元	2000—3999 元	4000 元及以上	总计
完全同意	46.2%	36.1%	39.9%	43.9%	40.7%
比较同意	45.1%	54.5%	52.0%	46.0%	50.3%
不太同意	7.0%	8.1%	6.7%	8.7%	7.6%
完全不同意	1.7%	1.4%	1.5%	1.4%	1.5%
总计	100.0%	100.0%	100.0%	100.0%	100.0%
列总计	1213	2198	2472	1610	7493

Chi-square test：df = 9，卡方值为 53.581，sig = 0.000 < 0.05，所以不同收入的居民在“这是暴徒行为，无论何种情况下，都不应该采取暴力手段”的回答上有显著差异。

F3b by K6

社会上经常发生一些因个人认为自身受到不公正待遇而导致的社会泄愤事件，比如厦门公交爆炸案、徐州幼儿园爆炸案。对下列说法，您的同意程度如何？其他社会成员在需要的时候没有及时给予帮助，因此我们每个人都有责任 * 收入 Crosstabulation

	无收入	1—1999 元	2000—3999 元	4000 元及以上	总计
完全同意	17.5%	16.0%	14.9%	16.2%	15.9%
比较同意	48.3%	51.6%	48.8%	46.7%	49.1%
不太同意	29.0%	27.6%	30.3%	31.3%	29.5%
完全不同意	5.2%	4.8%	5.9%	5.8%	5.5%
总计	100.0%	100.0%	100.0%	100.0%	100.0%
列总计	1211	2192	2476	1602	7481

Chi-square test：df = 9，卡方值为 16.507，sig = 0.057 > 0.05，所以不同收入的居民在“其他社会成员在需要的时候没有及时给予帮助，因此我们每个人都有责任”的回答上无显著差异。

F3c by K6

社会上经常发生一些因个人认为自身受到不公正待遇而导致的社会泄愤事件，比如厦门公交爆炸案、徐州幼儿园爆炸案。对下列说法，您的同意程度如何？他们的遭遇值得同情，但应该去报复那些给予他们不公待遇的人，而不是伤及无辜 * 收入 Crosstabulation

	无收入	1—1999 元	2000—3999 元	4000 元及以上	总计
完全同意	15.0%	12.2%	10.4%	11.9%	12.0%

续表

	无收入	1—1999 元	2000—3999 元	4000 元及以上	总计
比较同意	35.8%	35.5%	34.2%	30.3%	34.0%
不太同意	31.1%	37.0%	35.5%	36.9%	35.5%
完全不同意	18.1%	15.3%	19.8%	20.8%	18.4%
总计	100.0%	100.0%	100.0%	100.0%	100.0%
列总计	1214	2199	2474	1608	7495

Chi-square test：df = 9，卡方值为 52.272，sig = 0.001 < 0.05，所以不同收入的居民在“他们的遭遇值得同情，但应该去报复那些给予他们不公待遇的人，而不是伤及无辜”的回答上有显著差异。

F3d by K6

社会上经常发生一些因个人认为自身受到不公正待遇而导致的社会泄愤事件，比如厦门公交爆炸案、徐州幼儿园爆炸案。对下列说法，您的同意程度如何？受到不公平待遇，应该充分相信政府，积极寻求相关部门的帮助 * 收入 Crosstabulation

	无收入	1—1999 元	2000—3999 元	4000 元及以上	总计
完全同意	25.1%	25.8%	26.1%	26.0%	25.8%
比较同意	55.2%	59.6%	53.1%	52.0%	55.1%
不太同意	16.1%	12.5%	17.3%	17.2%	15.7%
完全不同意	3.7%	2.1%	3.6%	4.8%	3.4%
总计	100.0%	100.0%	100.0%	100.0%	100.0%
列总计	1213	2204	2466	1595	7478

Chi-square test：df = 9，卡方值为 53.733，sig = 0.000 < 0.05，所以不同收入的居民在“受到不公平待遇，应该充分相信政府，积极寻求相关部门的帮助”的回答上有显著差异。

F4 by K6

总的来说，您认为当今的社会公不公平 * 收入 Crosstabulation

	无收入	1—1999 元	2000—3999 元	4000 元及以上	总计
完全不公平	6.0%	5.6%	5.8%	6.1%	5.8%
比较不公平	29.2%	30.0%	28.9%	30.4%	29.6%
说不上公平但也不能说不公平	34.2%	40.1%	39.0%	35.8%	37.9%
比较公平	27.9%	22.2%	24.5%	25.5%	24.6%
非常公平	2.7%	2.1%	1.8%	2.1%	2.1%
总计	100.0%	100.0%	100.0%	100.0%	100.0%

续表

	无收入	1—1999 元	2000—3999 元	4000 元及以上	总计
列总计	1192	2197	2452	1616	7457

Chi-square test：df = 12，卡方值为 24.679，sig = 0.016 < 0.05，所以不同收入的居民在“总的来说，您认为当今的社会公不公平”的回答上有显著差异。

F5 by K6

和前几年相比，您认为目前我国社会的分配不公、两极分化现象 ＊ 收入 Crosstabulation

	无收入	1—1999 元	2000—3999 元	4000 元及以上	总计
有较大改善	35.8%	30.0%	32.7%	39.5%	33.9%
没什么变化	48.8%	58.4%	53.0%	47.1%	52.6%
更加恶化	15.4%	11.6%	14.3%	13.4%	13.5%
总计	100.0%	100.0%	100.0%	100.0%	100.0%
列总计	1076	2035	2324	1551	6986

Chi-square test：df = 6，卡方值为 60.067，sig = 0.000 < 0.05，所以不同收入的居民在“和前几年相比，您认为目前我国社会的分配不公、两极分化现象”的回答上有显著差异。

F6 by K6

您认为目前我国社会成员之间的收入差距 ＊ 收入 Crosstabulation

	无收入	1—1999 元	2000—3999 元	4000 元及以上	总计
合理，可以接受	19.1%	15.5%	16.5%	19.9%	17.4%
不合理，但可以接受	55.0%	63.0%	60.5%	60.0%	60.2%
不合理，不能接受	26.0%	21.5%	23.0%	20.2%	22.4%
总计	100.0%	100.0%	100.0%	100.0%	100.0%
列总计	1048	1935	2327	1541	6851

Chi-square test：df = 6，卡方值为 29.850，sig = 0.000 < 0.05，所以不同收入的居民在“您认为目前我国社会成员之间的收入差距”的回答上有显著差异。

F7a by K6

请问您是否同意当前的社会是人人为自己 ＊ 收入 Crosstabulation

	无收入	1—1999 元	2000—3999 元	4000 元及以上	总计
完全同意	11.3%	10.7%	10.9%	11.4%	11.0%

续表

	无收入	1—1999 元	2000—3999 元	4000 元及以上	总计
比较同意	55.3%	57.7%	58.9%	58.4%	57.8%
不太同意	31.5%	30.3%	28.6%	28.5%	29.6%
完全不同意	1.9%	1.2%	1.7%	1.7%	1.6%
总计	100.0%	100.0%	100.0%	100.0%	100.0%
列总计	1257	2323	2539	1636	7755

Chi-square test：df=9，卡方值为8.762，sig =0.460 >0.05，所以不同收入的居民在“请问您是否同意当前的社会是人人为自己”的回答上无显著差异。

F7b by K6

请问您是否同意现在社会的大多数人是见利忘义的 ＊ 收入 Crosstabulation

	无收入	1—1999 元	2000—3999 元	4000 元及以上	总计
完全同意	7.8%	7.2%	7.2%	8.1%	7.5%
比较同意	45.0%	52.1%	50.2%	50.7%	50.0%
不太同意	42.2%	38.2%	38.5%	37.3%	38.7%
完全不同意	5.0%	2.5%	4.2%	4.0%	3.8%
总计	100.0%	100.0%	100.0%	100.0%	100.0%
列总计	1254	2314	2529	1637	7734

Chi-square test：df=9，卡方值为31.220，sig =0.000 <0.05，所以不同收入的居民在“请问您是否同意现在社会的大多数人是见利忘义的”的回答上有显著差异。

F7c by K6

请问您是否同意现在社会是一个物欲横流的社会 ＊ 收入 Crosstabulation

	无收入	1—1999 元	2000—3999 元	4000 元及以上	总计
完全同意	7.2%	6.3%	7.4%	9.0%	7.4%
比较同意	47.0%	47.1%	45.5%	48.1%	46.8%
不太同意	39.8%	41.2%	41.3%	37.8%	40.3%
完全不同意	6.0%	5.4%	5.8%	5.1%	5.5%
总计	100.0%	100.0%	100.0%	100.0%	100.0%
列总计	1205	2141	2469	1610	7425

Chi-square test：df=9，卡方值为15.673，sig =0.074 >0.05，所以不同收入的居民在“请问您是否同意现在社会是一个物欲横流的社会”的回答上无显著差异。

F7d by K6

请问您是否同意当前大多数人都是以集体利益为重 * 收入 Crosstabulation

	无收入	1—1999 元	2000—3999 元	4000 元及以上	总计
完全同意	5.0%	4.4%	5.8%	7.6%	5.7%
比较同意	39.0%	37.3%	38.0%	36.4%	37.6%
不太同意	49.9%	53.8%	50.9%	50.3%	51.4%
完全不同意	6.1%	4.5%	5.4%	5.7%	5.3%
总计	100.0%	100.0%	100.0%	100.0%	100.0%
列总计	1213	2206	2501	1612	7532

Chi-square test：df = 9，卡方值为 27.352，sig = 0.001 < 0.05，所以不同收入的居民在“请问您是否同意当前大多数人都是以集体利益为重”的回答上有显著差异。

F7e by K6

请问您是否同意当前大多数人都是家庭利益至上 * 收入 Crosstabulation

	无收入	1—1999 元	2000—3999 元	4000 元及以上	总计
完全同意	15.9%	15.6%	18.4%	17.5%	17.0%
比较同意	57.3%	59.6%	54.8%	50.0%	55.6%
不太同意	23.3%	22.2%	23.8%	28.1%	24.2%
完全不同意	3.5%	2.6%	3.0%	4.4%	3.3%
总计	100.0%	100.0%	100.0%	100.0%	100.0%
列总计	1240	2285	2517	1627	7669

Chi-square test：df = 9，卡方值为 48.750，sig = 0.000 < 0.05，所以不同收入的居民在“请问您是否同意当前大多数人都是家庭利益至上”的回答上有显著差异。

F7f by K6

请问您是否同意当前的社会是个金钱至上的社会 * 收入 Crosstabulation

	无收入	1—1999 元	2000—3999 元	4000 元及以上	总计
完全同意	11.6%	12.4%	14.5%	17.7%	14.1%
比较同意	50.9%	53.4%	50.6%	43.0%	49.8%
不太同意	32.3%	30.9%	30.9%	32.9%	31.5%
完全不同意	5.2%	3.4%	4.0%	6.3%	4.5%
总计	100.0%	100.0%	100.0%	100.0%	100.0%
列总计	1238	2265	2509	1625	7637

Chi-square test：df = 9，卡方值为 70.265，sig = 0.000 < 0.05，所以不同收入的居民在“请问您是否同意当前的社会是个金钱至上的社会”的回答上有显著差异。

F7g by K6

请问您是否同意现在社会守道德的人大都吃亏，不守道德的人占便宜 * 收入 Crosstabulation

	无收入	1—1999 元	2000—3999 元	4000 元及以上	总计
完全同意	6. 5%	6. 5%	8. 0%	10. 9%	7. 9%
比较同意	44. 3%	45. 3%	41. 7%	38. 7%	42. 6%
不太同意	42. 9%	44. 0%	45. 4%	44. 1%	44. 3%
完全不同意	6. 2%	4. 1%	4. 8%	6. 3%	5. 2%
总计	100. 0%	100. 0%	100. 0%	100. 0%	100. 0%
列总计	1076	2035	2324	1551	6986

Chi-square test：df = 9，卡方值为 50. 107，sig = 0. 000 < 0. 05，所以不同收入的居民在“请问您是否同意现在社会守道德的人大都吃亏，不守道德的人占便宜”的回答上有显著差异。

F7h by K6

请问您是否同意现在社会中好人有好报，恶人终归会受到惩罚 * 收入 Crosstabulation

	无收入	1—1999 元	2000—3999 元	4000 元及以上	总计
完全同意	13. 8%	13. 0%	15. 8%	16. 8%	14. 8%
比较同意	55. 2%	54. 5%	48. 4%	46. 7%	51. 0%
不太同意	26. 7%	29. 9%	32. 6%	31. 8%	30. 7%
完全不同意	4. 3%	2. 6%	3. 2%	4. 7%	3. 5%
总计	100. 0%	100. 0%	100. 0%	100. 0%	100. 0%
列总计	1247	2268	2482	1606	7603

Chi-square test：df = 9，卡方值为 56. 084，sig = 0. 000 < 0. 05，所以不同收入的居民在“请问您是否同意现在社会中好人有好报，恶人终归会受到惩罚”的回答上有显著差异。

F7i by K6

请问您是否同意人们的生活水平越高，就越幸福 * 收入 Crosstabulation

	无收入	1—1999 元	2000—3999 元	4000 元及以上	总计
完全同意	17. 1%	13. 6%	19. 0%	18. 2%	16. 9%
比较同意	46. 0%	48. 0%	42. 9%	41. 2%	44. 6%
不太同意	33. 3%	34. 9%	34. 1%	35. 4%	34. 5%
完全不同意	3. 6%	3. 5%	4. 1%	5. 1%	4. 0%

续表

	无收入	1—1999 元	2000—3999 元	4000 元及以上	总计
总计	100.0%	100.0%	100.0%	100.0%	100.0%
列总计	1248	2258	2516	1614	7636

Chi-square test：df = 9，卡方值为 43.527，sig = 0.000 < 0.05，所以不同收入的居民在“请问您是否同意人们的生活水平越高，就越幸福”的回答上有显著差异。

F7j by K6

请问您是否同意我们的社会中道德能够很好地约束人们的行为 ＊ 收入 Crosstabulation

	无收入	1—1999 元	2000—3999 元	4000 元及以上	总计
完全同意	7.3%	5.6%	5.6%	7.9%	6.4%
比较同意	52.4%	49.7%	47.4%	48.1%	49.0%
不太同意	34.3%	41.4%	41.8%	38.1%	39.7%
完全不同意	5.9%	3.3%	5.2%	5.9%	4.9%
总计	100.0%	100.0%	100.0%	100.0%	100.0%
列总计	1150	2159	2421	1575	7305

Chi-square test：df = 9，卡方值为 47.713，sig = 0.000 < 0.05，所以不同收入的居民在“请问您是否同意我们的社会中道德能够很好地约束人们的行为”的回答上有显著差异。

F7k by K6

请问您是否同意现有的规范和习俗能够很好地调节人与人的关系 ＊ 收入 Crosstabulation

	无收入	1—1999 元	2000—3999 元	4000 元及以上	总计
完全同意	6.9%	4.9%	5.5%	7.4%	5.9%
比较同意	53.1%	54.6%	48.9%	47.5%	50.9%
不太同意	34.8%	37.1%	39.9%	38.5%	38.0%
完全不同意	5.2%	3.5%	5.7%	6.7%	5.2%
总计	100.0%	100.0%	100.0%	100.0%	100.0%
列总计	1076	2035	2324	1551	6986

Chi-square test：df = 9，卡方值为 49.748，sig = 0.001 < 0.05，所以不同收入的居民在“请问您是否同意现有的规范和习俗能够很好地调节人与人的关系”的回答上有显著差异。

F71 by K6

请问您是否同意现在社会大多数人都有荣辱感 * 收入 Crosstabulation

	无收入	1—1999 元	2000—3999 元	4000 元及以上	总计
完全同意	6.5%	8.1%	8.6%	8.3%	8.0%
比较同意	57.2%	58.5%	52.4%	48.0%	54.0%
不太同意	31.4%	30.2%	33.6%	36.9%	32.9%
完全不同意	5.0%	3.2%	5.4%	6.8%	5.0%
总计	100.0%	100.0%	100.0%	100.0%	100.0%
列总计	1167	2182	2416	1569	7334

Chi-square test：df = 9，卡方值为 64.588，sig = 0.000 < 0.05，所以不同收入的居民在“请问您是否同意现在社会大多数人都有荣辱感”的回答上有显著差异。

F8 by K6

您听说过或参加过道德讲堂吗 * 收入 Crosstabulation

	无收入	1—1999 元	2000—3999 元	4000 元及以上	总计
参加过	12.2%	5.0%	9.2%	15.9%	9.8%
听说过，但没参加过	33.5%	31.7%	35.9%	38.0%	34.7%
没听说过	54.3%	63.4%	54.9%	46.0%	55.5%
总计	100.0%	100.0%	100.0%	100.0%	100.0%
列总计	1300	2372	2573	1656	7901

Chi-square test：df = 6，卡方值为 194.869，sig = 0.000 < 0.05，所以不同收入的居民在“您听说过或参加过道德讲堂吗”的回答上有显著差异。

F9 by K6

如果您参加过道德讲堂，您觉得开展这样的活动有意义吗 * 收入 Crosstabulation

	无收入	1—1999 元	2000—3999 元	4000 元及以上	总计
很有意义	79.7%	67.3%	78.5%	79.5%	77.4%
可有可无	16.3%	24.8%	15.4%	15.1%	16.9%
没有必要	3.9%	8.0%	6.1%	5.4%	5.7%
总计	100.0%	100.0%	100.0%	100.0%	100.0%
列总计	153	113	228	259	753

Chi-square test：df = 6，卡方值为 8.810，sig = 0.185 > 0.05，所以不同收入的居民在“如果您参加过道德讲堂，您觉得开展这样的活动有意义吗”的回答上无显著差异。

F10 by K6

您对您生活的地方（您所在的社区）社会公德状况满意吗 ＊ 收入 Crosstabulation

	无收入	1—1999 元	2000—3999 元	4000 元及以上	总计
非常满意	5.8%	3.1%	4.1%	7.8%	4.9%
比较满意	65.9%	59.2%	64.1%	63.1%	62.7%
不太满意	24.4%	32.8%	26.8%	24.8%	27.8%
非常不满意	4.0%	4.9%	5.1%	4.2%	4.6%
总计	100.0%	100.0%	100.0%	100.0%	100.0%
列总计	1163	2177	2394	1557	7291

Chi-square test：df = 9，卡方值为 87.116，sig = 0.000 < 0.05，所以不同收入的居民在“您对您生活的地方（您所在的社区）社会公德状况满意吗”的回答上有显著差异。

F11a by K6

当前社会坑蒙拐骗现象的严重程度如何 ＊ 收入 Crosstabulation

	无收入	1—1999 元	2000—3999 元	4000 元及以上	总计
非常不严重	7.4%	4.7%	7.5%	12.2%	7.6%
比较不严重	43.9%	43.8%	45.3%	41.2%	43.8%
比较严重	40.6%	43.7%	40.7%	37.6%	40.9%
非常严重	8.1%	7.8%	6.5%	9.0%	7.7%
总计	100.0%	100.0%	100.0%	100.0%	100.0%
列总计	1167	2182	2416	1569	7334

Chi-square test：df = 9，卡方值为 91.771，sig = 0.000 < 0.05，所以不同收入的居民在“当前社会坑蒙拐骗现象的严重程度如何”的回答上有显著差异。

F11b by K6

当前社会人际关系冷漠，见危不救的严重程度如何 ＊收入 Crosstabulation

	无收入	1—1999 元	2000—3999 元	4000 元及以上	总计
非常不严重	9.1%	6.2%	9.3%	12.4%	9.0%
比较不严重	46.7%	44.7%	44.7%	39.0%	43.8%
比较严重	38.1%	44.1%	41.4%	41.5%	41.7%
非常严重	6.1%	5.1%	4.6%	7.1%	5.5%
总计	100.0%	100.0%	100.0%	100.0%	100.0%
列总计	1238	2297	2516	1626	7677

Chi-square test：df = 9，卡方值为 73.098，sig = 0.000 < 0.05，所以不同收入的居民在“当前社会人际关系冷漠，见危不救的严重程度如何”的回答上有显著差异。

F11c by K6

当前社会诚信缺乏，不讲信用的严重程度如何 * 收入 Crosstabulation

	无收入	1—1999 元	2000—3999 元	4000 元及以上	总计
非常不严重	8.9%	5.7%	9.6%	11.6%	8.8%
比较不严重	42.9%	44.3%	43.1%	39.0%	42.6%
比较严重	41.9%	44.2%	41.7%	39.2%	41.9%
非常严重	6.4%	5.8%	5.6%	10.1%	6.8%
总计	100.0%	100.0%	100.0%	100.0%	100.0%
列总计	1253	2298	2522	1627	7700

Chi-square test：df = 9，卡方值为 89.109，sig = 0.000 < 0.05，所以不同收入的居民在“当前社会诚信缺乏，不讲信用的严重程度如何”的回答上有显著差异。

F11d by K6

当前社会人与人之间缺乏信任，社会安全度低的严重程度如何 * 收入 Crosstabulation

	无收入	1—1999 元	2000—3999 元	4000 元及以上	总计
非常不严重	7.6%	4.9%	8.8%	11.1%	7.9%
比较不严重	38.6%	40.1%	37.7%	36.4%	38.3%
比较严重	44.8%	48.2%	45.1%	41.4%	45.2%
非常严重	9.0%	6.8%	8.5%	11.2%	8.6%
总计	100.0%	100.0%	100.0%	100.0%	100.0%
列总计	1251	2285	2520	1623	7679

Chi-square test：df = 9，卡方值为 84.611，sig = 0.000 < 0.05，所以不同收入的居民在“当前社会人与人之间缺乏信任，社会安全度低的严重程度如何”的回答上有显著差异。

F11e by K6

当前社会缺乏公德，如公共场所大声喧哗、随地吐痰等的严重程度如何 * 收入 Crosstabulation

	无收入	1—1999 元	2000—3999 元	4000 元及以上	总计
非常不严重	8.0%	7.5%	11.1%	13.1%	10.0%
比较不严重	45.0%	44.7%	46.3%	38.5%	44.0%
比较严重	39.5%	38.3%	34.9%	37.2%	37.2%
非常严重	7.5%	9.5%	7.6%	11.2%	8.9%

续表

	无收入	1—1999 元	2000—3999 元	4000 元及以上	总计
总计	100.0%	100.0%	100.0%	100.0%	100.0%
列总计	1245	2265	2508	1612	7630

Chi-square test：df = 9，卡方值为 76.174，sig = 0.000 < 0.05，所以不同收入的居民在“当前社会缺乏公德，如公共场所大声喧哗、随地吐痰等的严重程度如何”的回答上有显著差异。

F11f by K6

当前社会自私自利，损人利己的严重程度如何 * 收入 Crosstabulation

	无收入	1—1999 元	2000—3999 元	4000 元及以上	总计
非常不严重	8.0%	7.5%	11.1%	13.1%	10.0%
比较不严重	45.0%	44.7%	46.3%	38.5%	44.0%
比较严重	39.5%	38.3%	34.9%	37.2%	37.2%
非常严重	7.5%	9.5%	7.6%	11.2%	8.9%
总计	100.0%	100.0%	100.0%	100.0%	100.0%
列总计	1244	2265	2508	1612	7629

Chi-square test：df = 9，卡方值为 89.474，sig = 0.000 < 0.05，所以不同收入的居民在“当前社会自私自利，损人利己的严重程度如何”的回答上有显著差异。

F11g by K6

当前社会缺乏公正心和正义感的严重程度如何 * 收入 Crosstabulation

	无收入	1—1999 元	2000—3999 元	4000 元及以上	总计
非常不严重	9.6%	6.4%	10.6%	12.3%	9.6%
比较不严重	44.1%	44.1%	42.1%	41.8%	43.0%
比较严重	39.8%	44.1%	41.6%	37.6%	41.2%
非常严重	6.4%	5.3%	5.6%	8.2%	6.2%
总计	100.0%	100.0%	100.0%	100.0%	100.0%
列总计	1228	2238	2489	1606	7561

Chi-square test：df = 9，卡方值为 65.793，sig = 0.000 < 0.05，所以不同收入的居民在“当前社会缺乏公正心和正义感的严重程度如何”的回答上有显著差异。

F11h by K6

当前社会私欲膨胀，物欲横流的严重程度如何 * 收入 Crosstabulation

	无收入	1—1999 元	2000—3999 元	4000 元及以上	总计
非常不严重	8.0%	7.1%	10.1%	12.7%	9.4%

续表

	无收入	1—1999 元	2000—3999 元	4000 元及以上	总计
比较不严重	44.0%	43.0%	43.8%	39.3%	42.6%
比较严重	41.3%	43.8%	39.4%	38.6%	40.8%
非常严重	6.7%	6.1%	6.7%	9.5%	7.1%
总计	100.0%	100.0%	100.0%	100.0%	100.0%
列总计	1186	2083	2425	1569	7263

Chi-square test：df = 9，卡方值为 63.131，sig = 0.000 < 0.05，所以不同收入的居民在“当前社会私欲膨胀，物欲横流的严重程度如何”的回答上有显著差异。

F11i by K6

当前社会缺乏羞耻感的严重程度如何 * 收入 Crosstabulation

	无收入	1—1999 元	2000—3999 元	4000 元及以上	总计
非常不严重	8.9%	8.3%	12.0%	14.9%	11.0%
比较不严重	49.9%	51.6%	50.0%	44.7%	49.3%
比较严重	35.4%	34.9%	32.5%	31.3%	33.4%
非常严重	5.9%	5.2%	5.6%	9.1%	6.3%
总计	100.0%	100.0%	100.0%	100.0%	100.0%
列总计	1195	2170	2442	1577	7384

Chi-square test：df = 9，卡方值为 84.108，sig = 0.000 < 0.05，所以不同收入的居民在“当前社会缺乏羞耻感的严重程度如何”的回答上有显著差异。

F11j by K6

当前社会干部贪污受贿，以权谋利的严重程度如何 * 收入 Crosstabulation

	无收入	1—1999 元	2000—3999 元	4000 元及以上	总计
非常不严重	6.9%	5.3%	7.3%	11.1%	7.4%
比较不严重	36.6%	34.7%	37.7%	35.1%	36.1%
比较严重	36.2%	43.0%	37.5%	36.2%	38.6%
非常严重	20.3%	17.0%	17.6%	17.6%	17.8%
总计	100.0%	100.0%	100.0%	100.0%	100.0%
列总计	1133	2091	2339	1509	7072

Chi-square test：df = 9，卡方值为 64.877，sig = 0.000 < 0.05，所以不同收入的居民在“当前社会干部贪污受贿，以权谋利的严重程度如何”的回答上有显著差异。

F11k by K6

当前社会生活奢侈，铺张浪费的严重程度如何 ＊ 收入 Crosstabulation

	无收入	1—1999 元	2000—3999 元	4000 元及以上	总计
非常不严重	6. 4%	4. 0%	7. 4%	11. 0%	7. 0%
比较不严重	39. 6%	38. 4%	37. 3%	38. 0%	38. 1%
比较严重	38. 2%	43. 3%	40. 8%	37. 3%	40. 4%
非常严重	15. 8%	14. 3%	14. 5%	13. 7%	14. 5%
总计	100. 0%	100. 0%	100. 0%	100. 0%	100. 0%
列总计	1198	2168	2408	1551	7325

Chi-square test：df = 9，卡方值为 78. 378，sig = 0. 000 < 0. 05，所以不同收入的居民在“当前社会生活奢侈，铺张浪费的严重程度如何”的回答上有显著差异。

F11l by K6

当前社会干部不作为，扯皮推诿的严重程度如何 ＊ 收入 Crosstabulation

	无收入	1—1999 元	2000—3999 元	4000 元及以上	总计
非常不严重	5. 9%	4. 2%	6. 2%	10. 4%	6. 5%
比较不严重	36. 9%	35. 8%	36. 6%	33. 2%	35. 7%
比较严重	36. 5%	43. 3%	39. 2%	36. 6%	39. 4%
非常严重	20. 7%	16. 8%	18. 0%	19. 8%	18. 5%
总计	100. 0%	100. 0%	100. 0%	100. 0%	100. 0%
列总计	1118	2022	2306	1496	6942

Chi-square test：df = 9，卡方值为 78. 469，sig = 0. 000 < 0. 05，所以不同收入的居民在“当前社会干部不作为，扯皮推诿的严重程度如何”的回答上有显著差异。

F12a by K6

您怎么看待周围那些经营企业或做生意发了财的人：他们自己有本事，应该发财 ＊ 收入 Crosstabulation

	无收入	1—1999 元	2000—3999 元	4000 元及以上	总计
未选中	40. 8%	42. 3%	41. 1%	43. 8%	42. 0%
选中	59. 2%	57. 7%	58. 9%	56. 2%	58. 0%
总计	100. 0%	100. 0%	100. 0%	100. 0%	100. 0%
列总计	1287	2350	2550	1643	7830

Chi-square test：df = 3，卡方值为 3. 870，sig = 0. 276 > 0. 05，所以不同收入的居民在“您怎么看待周围那些经营企业或做生意发了财的人：他们自己有本事，应该发财”的回答上无显著差异。

F12b by K6

您怎么看待周围那些经营企业或做生意发了财的人：尊重他们，他们为社会做了贡献 * 收入 Crosstabulation

	无收入	1—1999 元	2000—3999 元	4000 元及以上	总计
未选中	62.1%	58.4%	54.1%	48.6%	55.5%
选中	37.9%	41.6%	45.9%	51.4%	44.5%
总计	100.0%	100.0%	100.0%	100.0%	100.0%
列总计	1287	2350	2550	1643	7830

Chi-square test：df = 3，卡方值为 64.418，sig = 0.000 < 0.05，所以不同收入的居民在“您怎么看待周围那些经营企业或做生意发了财的人：尊重他们，他们为社会做了贡献”的回答上有显著差异。

F12c by K6

您怎么看待周围那些经营企业或做生意发了财的人：没什么了不起，他们常用不正当手段发财 * 收入 Crosstabulation

	无收入	1—1999 元	2000—3999 元	4000 元及以上	总计
未选中	89.0%	88.4%	86.5%	87.8%	87.8%
选中	11.0%	11.6%	13.5%	12.2%	12.2%
总计	100.0%	100.0%	100.0%	100.0%	100.0%
列总计	1287	2350	2550	1643	7830

Chi-square test：df = 3，卡方值为 6.668，sig = 0.083 > 0.05，所以不同收入的居民在“您怎么看待周围那些经营企业或做生意发了财的人：没什么了不起，他们常用不正当手段发财”的回答上无显著差异。

F12d by K6

您怎么看待周围那些经营企业或做生意发了财的人：是土豪，没文化，没教养 * 收入 Crosstabulation

	无收入	1—1999 元	2000—3999 元	4000 元及以上	总计
未选中	92.3%	92.8%	91.4%	92.3%	92.1%
选中	7.7%	7.2%	8.6%	7.7%	7.9%
总计	100.0%	100.0%	100.0%	100.0%	100.0%
列总计	1287	2350	2550	1643	7830

Chi-square test：df = 3，卡方值为 3.430，sig = 0.330 > 0.05，所以不同收入的居民在“您怎么看待周围那些经营企业或做生意发了财的人：是土豪，没文化，没教养”的回答上无显著差异。

F12e by K6

您怎么看待周围那些经营企业或做生意发了财的人：是他们运气好 ＊ 收入 Crosstabulation

	无收入	1—1999 元	2000—3999 元	4000 元及以上	总计
未选中	87.5%	78.2%	81.3%	85.1%	82.2%
选中	12.5%	21.8%	18.7%	14.9%	17.8%
总计	100.0%	100.0%	100.0%	100.0%	100.0%
列总计	1287	2350	2550	1643	7830

Chi-square test：df = 3，卡方值为 60.905，sig = 0.000 < 0.05，所以不同收入的居民在“您怎么看待周围那些经营企业或做生意发了财的人：是他们运气好”的回答上有显著差异。

F12f by K6

您怎么看待周围那些经营企业或做生意发了财的人：有钱没钱，这都是命 ＊ 收入 Crosstabulation

	无收入	1—1999 元	2000—3999 元	4000 元及以上	总计
未选中	83.9%	78.0%	84.4%	88.8%	83.3%
选中	16.1%	22.0%	15.6%	11.2%	16.7%
总计	100.0%	100.0%	100.0%	100.0%	100.0%
列总计	1287	2350	2550	1643	7830

Chi-square test：df = 3，卡方值为 85.307，sig = 0.000 < 0.05，所以不同收入的居民在“您怎么看待周围那些经营企业或做生意发了财的人：有钱没钱，这都是命”的回答上有显著差异。

F12g by K6

您怎么看待周围那些经营企业或做生意发了财的人：天道不公，希望他们明天就破产 ＊ 收入 Crosstabulation

	无收入	1—1999 元	2000—3999 元	4000 元及以上	总计
未选中	99.0%	99.1%	98.9%	99.0%	99.0%
选中	1.0%	0.9%	1.1%	1.0%	1.0%
总计	100.0%	100.0%	100.0%	100.0%	100.0%
列总计	1287	2350	2550	1643	7830

Chi-square test：df = 3，卡方值为 0.57，sig = 0.902 > 0.05，所以不同收入的居民在“您怎么看待周围那些经营企业或做生意发了财的人：天道不公，希望他们明天就破产”的回答上无显著差异。

F13a by K6

企业损害社会利益，如污染环境、以虚假广告误导公众等严重程度如何 ＊ 收入 Crosstabulation

	无收入	1—1999 元	2000—3999 元	4000 元及以上	总计
非常不严重	5.0%	3.5%	4.2%	7.4%	4.8%
比较不严重	37.6%	34.6%	40.2%	40.4%	38.2%
比较严重	47.6%	50.0%	47.3%	44.6%	47.5%
非常严重	9.8%	12.0%	8.3%	7.5%	9.4%
总计	100.0%	100.0%	100.0%	100.0%	100.0%
列总计	1104	1965	2295	1550	6914

Chi-square test：df = 9，卡方值为 70.029，sig = 0.000 < 0.05，所以不同收入的居民在“企业损害社会利益，如污染环境、以虚假广告误导公众等严重程度如何”的回答上有显著差异。

F13b by K6

娱乐界以丑闻、绯闻炒作，污染社会风气严重程度如何 ＊ 收入 Crosstabulation

	无收入	1—1999 元	2000—3999 元	4000 元及以上	总计
非常不严重	6.8%	3.1%	6.1%	7.5%	5.7%
比较不严重	29.2%	27.3%	26.2%	28.0%	27.4%
比较严重	51.7%	56.4%	53.4%	49.7%	53.1%
非常严重	12.3%	13.2%	14.3%	14.8%	13.8%
总计	100.0%	100.0%	100.0%	100.0%	100.0%
列总计	1002	1783	2154	1502	6441

Chi-square test：df = 9，卡方值为 45.046，sig = 0.000 < 0.05，所以不同收入的居民在“娱乐界以丑闻、绯闻炒作，污染社会风气严重程度如何”的回答上有显著差异。

F13c by K6

媒体缺乏社会责任，炒作新闻严重程度如何 ＊ 收入 Crosstabulation

	无收入	1—1999 元	2000—3999 元	4000 元及以上	总计
非常不严重	6.2%	3.7%	6.6%	9.3%	6.4%
比较不严重	30.8%	28.2%	32.0%	33.6%	31.1%
比较严重	50.8%	55.9%	49.0%	43.5%	49.9%
非常严重	12.3%	12.2%	12.4%	13.6%	12.6%
总计	100.0%	100.0%	100.0%	100.0%	100.0%
列总计	1008	1786	2174	1511	6479

Chi-square test：df = 9，卡方值为 76.671，sig = 0.000 < 0.05，所以不同收入的居民在“媒体缺乏社会责任，炒作新闻严重程度如何”的回答上有显著差异。

F13d by K6

社会财富分配不公，贫富悬殊过大严重程度如何 ＊ 收入 Crosstabulation

	无收入	1—1999 元	2000—3999 元	4000 元及以上	总计
非常不严重	5.0%	3.2%	6.2%	9.0%	5.7%
比较不严重	30.2%	25.0%	24.5%	29.2%	26.6%
比较严重	48.1%	50.7%	47.9%	45.2%	48.1%
非常严重	16.7%	21.1%	21.5%	16.6%	19.6%
总计	100.0%	100.0%	100.0%	100.0%	100.0%
列总计	1165	2111	2421	1570	7267

Chi-square test：df = 9，卡方值为 95.838，sig = 0.000 < 0.05，所以不同收入的居民在“社会财富分配不公，贫富悬殊过大严重程度如何”的回答上有显著差异。

F13e by K6

教师不尽职严重程度如何 ＊ 收入 Crosstabulation

	无收入	1—1999 元	2000—3999 元	4000 元及以上	总计
非常不严重	15.2%	10.4%	15.6%	19.8%	14.9%
比较不严重	59.2%	59.4%	55.9%	52.3%	56.7%
比较严重	22.6%	26.9%	23.9%	22.9%	24.4%
非常严重	3.0%	3.3%	4.6%	5.0%	4.0%
总计	100.0%	100.0%	100.0%	100.0%	100.0%
列总计	1224	2186	2469	1591	7470

Chi-square test：df = 9，卡方值为 86.866，sig = 0.000 < 0.05，所以不同收入的居民在“教师不尽职严重程度如何”的回答上有显著差异。

F13f by K6

医生不守职业道德严重程度如何 ＊ 收入 Crosstabulation

	无收入	1—1999 元	2000—3999 元	4000 元及以上	总计
非常不严重	14.3%	9.0%	13.8%	17.8%	13.3%
比较不严重	53.8%	52.7%	51.5%	49.4%	51.8%
比较严重	28.4%	33.3%	29.3%	26.1%	29.7%
非常严重	3.4%	4.9%	5.4%	6.7%	5.2%
总计	100.0%	100.0%	100.0%	100.0%	100.0%
列总计	1220	2186	2473	1594	7473

Chi-square test：df = 9，卡方值为 91.307，sig = 0.000 < 0.05，所以不同收入的居民在“医生不守职业道德严重程度如何”的回答上有显著差异。

F13g by K6

公众人物用知名度攫取财富严重程度如何 ＊ 收入 Crosstabulation

	无收入	1—1999 元	2000—3999 元	4000 元及以上	总计
非常不严重	8.1%	4.4%	9.2%	13.6%	8.7%
比较不严重	38.7%	34.5%	33.9%	34.2%	34.9%
比较严重	42.7%	48.8%	44.9%	41.3%	44.8%
非常严重	10.6%	12.4%	12.0%	10.9%	11.6%
总计	100.0%	100.0%	100.0%	100.0%	100.0%
列总计	965	1727	2081	1436	6209

Chi-square test：df = 9，卡方值为 96.388，sig = 0.000 < 0.05，所以不同收入的居民在“公众人物用知名度攫取财富严重程度如何”的回答上有显著差异。

F13h by K6

两性关系过度开放导致婚姻不稳定严重程度如何 ＊ 收入 Crosstabulation

	无收入	1—1999 元	2000—3999 元	4000 元及以上	总计
非常不严重	8.4%	5.2%	8.5%	11.0%	8.1%
比较不严重	45.4%	43.8%	44.1%	40.8%	43.5%
比较严重	38.3%	40.4%	35.8%	37.2%	37.9%
非常严重	7.9%	10.6%	11.5%	11.1%	10.6%
总计	100.0%	100.0%	100.0%	100.0%	100.0%
列总计	965	1727	2081	1436	6209

Chi-square test：df = 9，卡方值为 57.504，sig = 0.000 < 0.05，所以不同收入的居民在“两性关系过度开放导致婚姻不稳定严重程度如何”的回答上有显著差异。

F13i by K6

年轻人缺乏责任感，不孝敬父母严重程度如何 ＊ 收入 Crosstabulation

	无收入	1—1999 元	2000—3999 元	4000 元及以上	总计
非常不严重	13.9%	10.5%	14.2%	13.4%	12.9%
比较不严重	51.7%	58.2%	52.8%	49.1%	53.5%
比较严重	27.1%	27.6%	27.6%	30.8%	28.2%
非常严重	7.3%	3.6%	5.3%	6.7%	5.4%
总计	100.0%	100.0%	100.0%	100.0%	100.0%
列总计	1186	2179	2406	1559	7330

Chi-square test：df = 9，卡方值为 60.582，sig = 0.000 < 0.05，所以不同收入的居民在“年轻人缺乏责任感，不孝敬父母严重程度如何”的回答上有显著差异。

F14 by K6

您是否知道您生活的社区（村）有社区公约、村规民约 ＊ 收入 Crosstabulation

	无收入	1—1999 元	2000—3999 元	4000 元及以上	总计
知道有	32.1%	31.6%	42.3%	43.1%	37.6%
知道没有	17.1%	16.6%	15.3%	18.4%	16.6%
不知道有没有	50.9%	51.8%	42.3%	38.5%	45.7%
总计	100.0%	100.0%	100.0%	100.0%	100.0%
列总计	1272	2290	2515	1623	7700

Chi-square test：df = 6，卡方值为 116.916，sig = 0.000 < 0.05，所以不同收入的居民在“您是否知道您生活的社区（村）有社区公约、村规民约”的回答上有显著差异。

F15a by K6

您周围的人在日常生活中遵守步行、骑车不闯红灯的情况 ＊ 收入 Crosstabulation

	无收入	1—1999 元	2000—3999 元	4000 元及以上	总计
不遵守	8.3%	7.9%	7.6%	6.6%	7.6%
基本遵守	63.5%	70.8%	67.2%	66.2%	67.4%
自觉遵守	28.2%	21.3%	25.3%	27.1%	25.0%
总计	100.0%	100.0%	100.0%	100.0%	100.0%
列总计	1295	2375	2576	1655	7901

Chi-square test：df = 6，卡方值为 31.528，sig = 0.000 < 0.05，所以不同收入的居民在“您周围的人在日常生活中遵守步行、骑车不闯红灯的情况”的回答上有显著差异。

F15b by K6

您周围的人在日常生活中遵守乘车、购物自觉排队的情况 ＊ 收入 Crosstabulation

	无收入	1—1999 元	2000—3999 元	4000 元及以上	总计
不遵守	6.0%	4.7%	4.7%	4.9%	5.0%
基本遵守	64.5%	72.5%	69.0%	65.0%	68.5%
自觉遵守	29.5%	22.8%	26.2%	30.1%	26.6%
总计	100.0%	100.0%	100.0%	100.0%	100.0%
列总计	1295	2373	2576	1656	7900

Chi-square test：df = 6，卡方值为 40.295，sig = 0.000 < 0.05，所以不同收入的居民在“您周围的人在日常生活中遵守乘车、购物自觉排队的情况”的回答上有显著差异。

F15c by K6

您周围的人在日常生活中遵守文明游览的情况 ＊ 收入 Crosstabulation

	无收入	1—1999 元	2000—3999 元	4000 元及以上	总计
不遵守	6.9%	7.2%	6.4%	6.4%	6.7%
基本遵守	64.7%	69.5%	67.8%	64.0%	67.0%
自觉遵守	28.4%	23.3%	25.7%	29.7%	26.3%
总计	100.0%	100.0%	100.0%	100.0%	100.0%
列总计	1284	2364	2571	1651	7870

Chi-square test：df = 6，卡方值为 25.271，sig = 0.000 < 0.05，所以不同收入的居民在“您周围的人在日常生活中遵守文明游览的情况”的回答上有显著差异。

F15d by K6

您周围的人在日常生活中遵守社区公约、村规民约的情况 ＊ 收入 Crosstabulation

	无收入	1—1999 元	2000—3999 元	4000 元及以上	总计
不遵守	6.0%	5.9%	4.9%	5.6%	5.5%
基本遵守	65.1%	69.6%	68.3%	66.3%	67.8%
自觉遵守	28.9%	24.5%	26.8%	28.1%	26.7%
总计	100.0%	100.0%	100.0%	100.0%	100.0%
列总计	1180	2254	2417	1567	7418

Chi-square test：df = 6，卡方值为 13.382，sig = 0.037 < 0.05，所以不同收入的居民在“您周围的人在日常生活中遵守社区公约、村规民约的情况”的回答上有显著差异。

F16a by K6

您对下列关于网络的说法是否赞同？网络是个虚拟空间，不受现实生活中的道德规范约束 ＊ 收入 Crosstabulation

	无收入	1—1999 元	2000—3999 元	4000 元及以上	总计
非常不赞同	32.4%	24.9%	27.4%	32.7%	28.7%
不太赞同	45.5%	54.6%	49.8%	44.6%	49.3%
比较赞同	16.9%	16.9%	18.2%	19.2%	17.9%
非常赞同	5.2%	3.6%	4.6%	3.4%	4.1%
总计	100.0%	100.0%	100.0%	100.0%	100.0%
列总计	1179	2023	2463	1613	7278

Chi-square test：df = 9，卡方值为 60.142，sig = 0.000 < 0.05，所以不同收入的居民在“网络是个虚拟空间，不受现实生活中的道德规范约束”的回答上有显著差异。

F16b by K6

您对下列关于网络的说法是否赞同？人肉搜索侵犯个人隐私，应该杜绝 * 收入 Crosstabulation

	无收入	1—1999 元	2000—3999 元	4000 元及以上	总计
非常不赞同	3.0%	3.3%	3.2%	4.1%	3.4%
不太赞同	24.2%	26.0%	23.0%	22.3%	23.9%
比较赞同	48.6%	54.3%	51.9%	52.2%	52.1%
非常赞同	24.3%	16.4%	21.9%	21.4%	20.7%
总计	100.0%	100.0%	100.0%	100.0%	100.0%
列总计	1180	2033	2458	1611	7282

Chi-square test：df = 9，卡方值为 41.792，sig = 0.000 < 0.05，所以不同收入的居民在“人肉搜索侵犯个人隐私，应该杜绝”的回答上有显著差异。

F16c by K6

您对下列关于网络的说法是否赞同？明知网络谣言仍转发的，应该受到惩罚 * 收入 Crosstabulation

	无收入	1—1999 元	2000—3999 元	4000 元及以上	总计
非常不赞同	3.2%	3.7%	3.6%	5.0%	3.9%
不太赞同	16.7%	19.5%	17.2%	16.4%	17.6%
比较赞同	50.4%	53.5%	49.0%	45.7%	49.8%
非常赞同	29.8%	23.4%	30.1%	32.9%	28.8%
总计	100.0%	100.0%	100.0%	100.0%	100.0%
列总计	1183	2043	2465	1617	7308

Chi-square test：df = 9，卡方值为 57.142，sig = 0.000 < 0.05，所以不同收入的居民在“明知网络谣言仍转发的，应该受到惩罚”的回答上有显著差异。

F17 by K6

假如您走在街上被陌生人不小心踩到并发出“哎哟”一声后，您认为对方会做何种反应 * 收入 Crosstabulation

	无收入	1—1999 元	2000—3999 元	4000 元及以上	总计
用言语或手势表达歉意	76.8%	75.3%	75.5%	75.6%	75.7%
不会有任何表示	17.5%	19.7%	19.2%	18.8%	19.0%
反而说你大惊小怪	5.7%	5.0%	5.3%	5.6%	5.3%

续表

	无收入	1—1999 元	2000—3999 元	4000 元及以上	总计
总计	100.0%	100.0%	100.0%	100.0%	100.0%
列总计	1234	2242	2468	1596	7540

Chi-square test：df=6，卡方值为3.266，sig =0.775 >0.05，所以不同收入的居民在“假如您走在街上被陌生人不小心踩到并发出‘哎哟’一声后，您认为对方会做何种反应”的回答上无显著差异。

F18 by K6

您觉得您周围大多数人工作生活的精神状态怎么样 ＊ 收入 Crosstabulation

	无收入	1—1999 元	2000—3999 元	4000 元及以上	总计
精神饱满、积极向上	41.7%	39.2%	42.9%	47.9%	42.6%
安于现状、按部就班	54.8%	56.9%	54.3%	49.0%	54.1%
精神萎靡、无所事事	3.5%	3.9%	2.7%	3.1%	3.3%
总计	100.0%	100.0%	100.0%	100.0%	100.0%
列总计	1276	2340	2547	1634	7797

Chi-square test：df=6，卡方值为34.272，sig =0.000 <0.05，所以不同收入的居民在“您觉得您周围大多数人工作生活的精神状态怎么样”的回答上有显著差异。

F19a by K6

这些现象在您身边常见吗？占卜算命 ＊ 收入 Crosstabulation

	无收入	1—1999 元	2000—3999 元	4000 元及以上	总计
经常见到	12.5%	11.3%	11.1%	12.9%	11.8%
偶尔见到	50.6%	46.9%	48.7%	51.9%	49.1%
没见到	36.9%	41.8%	40.2%	35.1%	39.1%
总计	100.0%	100.0%	100.0%	100.0%	100.0%
列总计	1298	2372	2577	1656	7903

Chi-square test：df=6，卡方值为23.015，sig =0.001 <0.05，所以不同收入的居民在“这些现象在您身边常见吗？占卜算命”的回答上有显著差异。

F19b by K6

这些现象在您身边常见吗？操办喜事比富斗阔 ＊ 收入 Crosstabulation

	无收入	1—1999 元	2000—3999 元	4000 元及以上	总计
经常见到	10.7%	9.1%	9.6%	12.3%	10.2%
偶尔见到	43.6%	45.7%	43.4%	42.3%	43.9%

续表

	无收入	1—1999 元	2000—3999 元	4000 元及以上	总计
没见到	45.6%	45.2%	47.0%	45.4%	45.9%
总计	100.0%	100.0%	100.0%	100.0%	100.0%
列总计	1295	2372	2572	1655	7894

Chi-square test：df = 6，卡方值为 15.198，sig = 0.019 < 0.05，所以不同收入的居民在“这些现象在您身边常见吗？操办喜事比富斗阔”的回答上有显著差异。

F19c by K6

这些现象在您身边常见吗？在父母生前不尽孝却对父母的丧事大操大办 * 收入 Crosstabulation

	无收入	1—1999 元	2000—3999 元	4000 元及以上	总计
经常见到	9.0%	7.8%	8.5%	10.0%	8.7%
偶尔见到	40.8%	43.2%	40.1%	38.0%	40.7%
没见到	50.1%	49.1%	51.3%	51.9%	50.6%
总计	100.0%	100.0%	100.0%	100.0%	100.0%
列总计	1295	2372	2573	1656	7896

Chi-square test：df = 6，卡方值为 14.676，sig = 0.023 < 0.05，所以不同收入的居民在“这些现象在您身边常见吗？在父母生前不尽孝却对父母的丧事大操大办”的回答上有显著差异。

F19d by K6

这些现象在您身边常见吗？赌博或变相赌博 * 收入 Crosstabulation

	无收入	1—1999 元	2000—3999 元	4000 元及以上	总计
经常见到	13.1%	11.0%	12.9%	16.7%	13.2%
偶尔见到	44.0%	45.3%	43.5%	43.7%	44.1%
没见到	42.9%	43.7%	43.7%	39.6%	42.7%
总计	100.0%	100.0%	100.0%	100.0%	100.0%
列总计	1294	2371	2572	1653	7890

Chi-square test：df = 6，卡方值为 30.436，sig = 0.000 < 0.05，所以不同收入的居民在“这些现象在您身边常见吗？赌博或变相赌博”的回答上有显著差异。

F19e by K6

这些现象在您身边常见吗？封建迷信活动 * 收入 Crosstabulation

	无收入	1—1999 元	2000—3999 元	4000 元及以上	总计
经常见到	4.4%	4.8%	5.2%	6.5%	5.2%

续表

	无收入	1—1999 元	2000—3999 元	4000 元及以上	总计
偶尔见到	32.3%	27.5%	27.4%	26.1%	28.0%
没见到	63.3%	67.7%	67.3%	67.4%	66.8%
总计	100.0%	100.0%	100.0%	100.0%	100.0%
列总计	1183	2043	2465	1617	7308

Chi-square test：df = 6，卡方值为 21.264，sig = 0.002 < 0.05，所以不同收入的居民在“这些现象在您身边常见吗？封建迷信活动”的回答上有显著差异。

F19f by K6

这些现象在您身边常见吗？非法宗教活动 * 收入 Crosstabulation

	无收入	1—1999 元	2000—3999 元	4000 元及以上	总计
经常见到	1.7%	2.0%	1.9%	3.4%	2.2%
偶尔见到	16.1%	14.8%	13.1%	15.2%	14.5%
没见到	82.2%	83.3%	85.1%	81.4%	83.3%
总计	100.0%	100.0%	100.0%	100.0%	100.0%
列总计	1294	2366	2570	1653	7883

Chi-square test：df = 6，卡方值为 22.95，sig = 0.001 < 0.05，所以不同收入的居民在“这些现象在您身边常见吗？非法宗教活动”的回答上有显著差异。

F20 by K6

您认为目前我国社会中道德和幸福的现实关系是 * 收入 Crosstabulation

	无收入	1—1999 元	2000—3999 元	4000 元及以上	总计
总体上道德和幸福能够一致，能惩恶扬善	73.5%	65.7%	66.6%	66.6%	67.5%
有道德讲伦理的人大都吃亏，不守道德的人更能占便宜	20.4%	23.5%	25.2%	25.6%	24.1%
道德与幸福没有关系，能挣钱有发展无论怎样行动都行	6.1%	10.8%	8.2%	7.8%	8.5%
总计	100.0%	100.0%	100.0%	100.0%	100.0%
列总计	1071	1832	2171	1474	6548

Chi-square test：df = 6，卡方值为 35.798，sig = 0.0000 < 0.05，所以不同收入的居民在“您认为目前我国社会中道德和幸福的现实关系是”的回答上有显著差异。

F21a by K6

您在所在单位，有没有一种亲切和踏实的感觉 * 收入 Crosstabulation

	无收入	1—1999 元	2000—3999 元	4000 元及以上	总计
有	20.9%	15.8%	20.5%	25.2%	20.1%
还可以	62.4%	65.9%	70.1%	68.2%	67.2%
没有	16.8%	18.3%	9.4%	6.6%	12.6%
总计	100.0%	100.0%	100.0%	100.0%	100.0%
列总计	1164	2269	2512	1612	7557

Chi-square test：df = 6，卡方值为 190.452，sig = 0.000 < 0.05，所以不同收入的居民在“您在所在单位，有没有一种亲切和踏实的感觉”的回答上有显著差异。

F21b by K6

您在所在社区/村，有没有一种亲切和踏实的感觉 * 收入 Crosstabulation

	无收入	1—1999 元	2000—3999 元	4000 元及以上	总计
有	27.6%	23.3%	25.5%	29.2%	26.0%
还可以	64.8%	70.8%	69.2%	65.1%	68.1%
没有	7.5%	5.9%	5.2%	5.7%	5.9%
总计	100.0%	100.0%	100.0%	100.0%	100.0%
列总计	1285	2353	2560	1640	7838

Chi-square test：df = 6，卡方值为 29.698，sig = 0.000 < 0.05，所以不同收入的居民在“您在所在社区/村，有没有一种亲切和踏实的感觉”的回答上有显著差异。

F21c by K6

您在所在城市，有没有一种亲切和踏实的感觉 * 收入 Crosstabulation

	无收入	1—1999 元	2000—3999 元	4000 元及以上	总计
有	27.3%	21.9%	27.7%	31.7%	26.7%
还可以	61.6%	68.2%	65.3%	59.7%	64.4%
没有	11.2%	9.9%	7.0%	8.6%	8.9%
总计	100.0%	100.0%	100.0%	100.0%	100.0%
列总计	1280	2339	2553	1644	7816

Chi-square test：df = 6，卡方值为 69.936，sig = 0.000 < 0.05，所以不同收入的居民在“您在所在城市，有没有一种亲切和踏实的感觉”的回答上有显著差异。

F22 by K6

您认为您目前的状况是 * 收入 Crosstabulation

	无收入	1—1999 元	2000—3999 元	4000 元及以上	总计
生活富裕，但不感到幸福和快乐	6.4%	4.6%	7.4%	10.3%	7.0%
生活富裕，幸福也快乐	10.8%	7.7%	11.1%	14.2%	10.7%
生活小康，幸福且快乐	44.1%	40.9%	51.5%	52.7%	47.4%
生活小康，但不感到幸福和快乐	5.4%	5.9%	6.1%	6.2%	6.0%
生活清贫，幸福且快乐	28.4%	31.7%	20.1%	14.3%	23.7%
生活贫困，既不幸福也不快乐	4.9%	9.1%	3.7%	2.3%	5.2%
总计	100.0%	100.0%	100.0%	100.0%	100.0%
列总计	1298	2362	2563	1652	7875

Chi-square test：df = 15，卡方值为 386.535，sig = 0.000 < 0.05，所以不同收入的居民在“您认为您目前的状况是”的回答上有显著差异。

F23 by K6

最近这些年，您的生活水平对幸福感的影响是怎样的 * 收入 Crosstabulation

	无收入	1—1999 元	2000—3999 元	4000 元及以上	总计
生活水平提高了，但幸福感和快乐感降低了	12.9%	9.0%	11.2%	14.1%	11.4%
生活水平提高了，幸福感和快乐感提高了	52.1%	46.8%	50.9%	55.9%	50.9%
生活水平没变，幸福感和快乐感提高了	26.7%	28.9%	29.7%	23.0%	27.6%
生活水平没变，幸福感和快乐感降低了	4.3%	8.4%	5.0%	5.1%	5.9%
生活水平下降，但幸福感和快乐感提高了	1.5%	3.5%	1.4%	0.7%	1.9%
生活水平下降，幸福感和快乐感也降低了	2.6%	3.3%	1.7%	1.3%	2.3%
总计	100.0%	100.0%	100.0%	100.0%	100.0%
列总计	1294	2370	2573	1655	7892

Chi-square test：df = 15，卡方值为 166.164，sig = 0.000 < 0.05，所以不同收入的居民在“最近这些年，您的生活水平对幸福感的影响是怎样的”的回答上有显著差异。

F24a by K6

近十年以来，您认为下列哪一类人获得的利益最多 * 收入 Crosstabulation

	无收入	1—1999 元	2000—3999 元	4000 元及以上	总计
工人	1.1%	1.5%	1.1%	1.4%	1.3%
农民	3.0%	3.4%	2.1%	3.4%	2.9%
公务员	8.1%	10.9%	10.9%	10.3%	10.3%
国有企业的经营管理者	9.0%	9.3%	9.7%	10.4%	9.7%
集体企业的经营管理者	3.7%	3.3%	4.5%	4.1%	3.9%
私营企业家	12.2%	9.3%	9.5%	11.6%	10.4%
外商、境外来大陆的投资者	9.6%	9.3%	10.0%	10.6%	9.9%
个体户	5.7%	4.7%	5.5%	6.1%	5.4%
私营、外资企业中的管理人员	11.2%	9.6%	10.5%	9.7%	10.2%
专家学者、专业技术人员	4.9%	3.8%	5.4%	4.8%	4.7%
政府官员	31.2%	34.5%	30.4%	26.9%	30.9%
其他	0.3%	0.2%	0.3%	0.7%	0.3%
总计	100.0%	100.0%	100.0%	100.0%	100.0%
列总计	1106	1982	2270	1533	6891

Chi-square test：df = 33，卡方值为 66.215，sig = 0.001 < 0.05，所以不同收入的居民在“近十年以来，您认为下列哪一类人获得的利益最多”的回答上有显著差异。

F24b by K6

近十年以来，您认为下列哪一类人获得的利益最少 * 收入 Crosstabulation

	无收入	1—1999 元	2000—3999 元	4000 元及以上	总计
工人	17.7%	14.4%	25.1%	28.0%	21.3%
农民	73.9%	79.3%	64.5%	58.3%	69.1%
公务员	1.0%	1.4%	1.2%	1.7%	1.4%
国有企业的经营管理者	0.8%	0.5%	0.6%	1.0%	0.7%
集体企业的经营管理者	0.7%	0.6%	0.6%	0.9%	0.7%
私营企业家	0.4%	0.3%	1.2%	1.4%	0.8%
外商、境外来大陆的投资者	0.3%	0.2%	0.5%	0.5%	0.4%
个体户	2.4%	1.5%	3.6%	4.7%	3.0%
私营、外资企业中的管理人员	0.8%	0.4%	1.0%	0.7%	0.7%
专家学者、专业技术人员	1.4%	0.4%	0.6%	1.2%	0.8%
政府官员	0.3%	0.4%	0.5%	1.2%	0.6%

续表

	无收入	1—1999 元	2000—3999 元	4000 元及以上	总计
其他	0.4%	0.6%	0.7%	0.3%	0.5%
总计	100.0%	100.0%	100.0%	100.0%	100.0%
列总计	1155	2142	2341	1545	7183

Chi-square test：df = 33，卡方值为 275.043，sig = 0.000 < 0.05，所以不同收入的居民在“近十年以来，您认为下列哪一类人获得的利益最少”的回答上有显著差异。

F25 by K6

您认为弱势群体产生的最主要原因是 * 收入 Crosstabulation

	无收入	1—1999 元	2000—3999 元	4000 元及以上	总计
制度不合理，社会关怀不够	43.3%	39.9%	41.8%	41.0%	41.3%
收入分配不公	37.4%	38.7%	42.3%	43.2%	40.6%
机会不平等	34.5%	38.6%	36.3%	30.2%	35.4%
弱势群体自己不努力	18.0%	19.1%	20.3%	18.3%	19.2%
缺乏生存技能	26.8%	26.4%	26.8%	28.0%	26.9%
其他	0.3%	0.1%	0.1%	0.1%	0.1%
列总计	1196	2253	2502	1610	7561

据上表所示，不同收入的居民在“您认为弱势群体产生的最主要原因是”的回答上有显著差异。

F26 by K6

您认为我们是否应该改造城市的垃圾筒，以为一些老人或流浪者在垃圾筒中找东西时提供方便 * 收入 Crosstabulation

	无收入	1—1999 元	2000—3999 元	4000 元及以上	总计
应该，社会有义务为他们提供一种有尊严的生活	82.3%	81.0%	73.9%	73.8%	77.4%
不应该，这些人本来就与城市不和谐	14.7%	13.3%	19.9%	19.5%	17.0%
做这样的事不值得，应该将钱花到更重要的地方	3.0%	5.5%	5.9%	6.2%	5.3%
其他	0.1%	0.3%	0.4%	0.5%	0.3%
总计	100.0%	100.0%	100.0%	100.0%	100.0%
列总计	1286	2348	2559	1639	7832

Chi-square test：df = 9，卡方值为 77.094，sig = 0.000 < 0.05，所以不同收入的居民在“您认为我们是否应该改造城市的垃圾筒，以为一些老人或流浪者在垃圾筒中找东西时提供方便”的回答上有显著差异。

F27 by K6

对当今中国社会，您更担忧哪种问题 ＊ 收入 Crosstabulation

	无收入	1—1999 元	2000—3999 元	4000 元及以上	总计
坑蒙拐骗，不守信用	30.3%	29.8%	25.2%	22.1%	26.8%
人与人之间互不信任，相互提防，没有安全感	45.5%	44.8%	46.7%	55.1%	47.7%
可信任的人很少，遇到问题难以找到人倾诉和帮助	22.2%	24.3%	27.1%	22.1%	24.4%
其他	2.0%	1.0%	1.0%	0.7%	1.1%
总计	100.0%	100.0%	100.0%	100.0%	100.0%
列总计	1291	2359	2563	1648	7861

Chi-square test：df = 9，卡方值为 81.516，sig = 0.000 < 0.05，所以不同收入的居民在“对当今中国社会，您更担忧哪种问题”的回答上有显著差异。

F28 by K6

您觉得大多数人都是可以相信的吗？如果 1 分代表“大多数人都可以相信”，5 分代表“对其他人都应该小心防备”，您会选几分 ＊ 收入 Crosstabulation

	无收入	1—1999 元	2000—3999 元	4000 元及以上	总计
大多数人都可以相信	11.9%	10.2%	7.8%	5.9%	8.8%
2	34.5%	40.6%	37.1%	36.5%	37.6%
3	43.1%	40.2%	45.4%	43.7%	43.1%
4	8.6%	6.9%	8.3%	11.4%	8.6%
对其他人都应小心防备	1.9%	2.1%	1.5%	2.5%	1.9%
总计	100.0%	100.0%	100.0%	100.0%	100.0%
列总计	1289	2364	2567	1642	7862

Chi-square test：df = 12，卡方值为 85.125，sig = 0.000 < 0.05，所以不同收入的居民在“您觉得大多数人都是可以相信的吗”的回答上有显著差异。

F29a by K6

您对下面这些人的信任程度如何？您的家人 ＊ 收入 Crosstabulation

	无收入	1—1999 元	2000—3999 元	4000 元及以上	总计
完全信任	80.6%	85.8%	83.6%	81.5%	83.3%
比较信任	17.7%	12.5%	15.5%	16.8%	15.2%

续表

	无收入	1—1999 元	2000—3999 元	4000 元及以上	总计
不太信任	1.6%	1.4%	0.9%	1.6%	1.3%
根本不信任	0.1%	0.3%	0.1%	0.1%	0.2%
总计	100.0%	100.0%	100.0%	100.0%	100.0%
列总计	1289	2363	2563	1647	7862

Chi-square test：df = 9，卡方值为 35.601，sig = 0.000 < 0.05，所以不同收入的居民在“您对下面这些人的信任程度如何？您的家人”的回答上有显著差异。

F29b by K6

您对下面这些人的信任程度如何？您的邻居 ＊ 收入 Crosstabulation

	无收入	1—1999 元	2000—3999 元	4000 元及以上	总计
完全信任	21.2%	27.7%	25.6%	22.4%	24.8%
比较信任	67.5%	64.3%	65.7%	65.2%	65.5%
不太信任	10.5%	7.4%	8.1%	11.5%	9.0%
根本不信任	0.8%	0.6%	0.6%	0.9%	0.7%
总计	100.0%	100.0%	100.0%	100.0%	100.0%
列总计	1272	2338	2539	1639	7788

Chi-square test：df = 9，卡方值为 46.058，sig = 0.000 < 0.05，所以不同收入的居民在“您对下面这些人的信任程度如何？您的邻居”的回答上有显著差异。

F29c by K6

您对下面这些人的信任程度如何？外地人 ＊ 收入 Crosstabulation

	无收入	1—1999 元	2000—3999 元	4000 元及以上	总计
完全信任	1.8%	3.5%	3.2%	2.8%	3.0%
比较信任	26.1%	27.9%	30.8%	31.8%	29.4%
不太信任	58.6%	54.1%	52.0%	50.4%	53.4%
根本不信任	13.6%	14.5%	14.0%	14.9%	14.3%
总计	100.0%	100.0%	100.0%	100.0%	100.0%
列总计	1238	2298	2494	1586	7616

Chi-square test：df = 9，卡方值为 30.431，sig = 0.000 < 0.05，所以不同收入的居民在“您对下面这些人的信任程度如何？外地人”的回答上有显著差异。

F29d by K6

您对下面这些人的信任程度如何？陌生人 ＊ 收入 Crosstabulation

	无收入	1—1999 元	2000—3999 元	4000 元及以上	总计
完全信任	1.3%	1.0%	1.2%	1.5%	1.2%
比较信任	16.0%	20.1%	21.0%	19.3%	19.5%
不太信任	57.6%	53.6%	51.6%	53.1%	53.5%
根本不信任	25.1%	25.4%	26.3%	26.2%	25.8%
总计	100.0%	100.0%	100.0%	100.0%	100.0%
列总计	1228	2279	2472	1578	7557

Chi-square test：df = 9，卡方值为 18.992，sig = 0.025 < 0.05，所以不同收入的居民在“您对下面这些人的信任程度如何？陌生人”的回答上有显著差异。

F29e by K6

您对下面这些人的信任程度如何？外国人 ＊ 收入 Crosstabulation

	无收入	1—1999 元	2000—3999 元	4000 元及以上	总计
完全信任	1.6%	0.9%	1.1%	2.6%	1.4%
比较信任	17.1%	11.7%	17.5%	18.5%	15.9%
不太信任	55.5%	55.8%	53.3%	53.7%	54.5%
根本不信任	25.8%	31.7%	28.2%	25.1%	28.2%
总计	100.0%	100.0%	100.0%	100.0%	100.0%
列总计	1094	2075	2223	1424	6816

Chi-square test：df = 9，卡方值为 71.663，sig = 0.000 < 0.05，所以不同收入的居民在“您对下面这些人的信任程度如何？外国人”的回答上有显著差异。

F29f by K6

您对下面这些人的信任程度如何？同事或同学 ＊ 收入 Crosstabulation

	无收入	1—1999 元	2000—3999 元	4000 元及以上	总计
完全信任	9.0%	6.1%	8.3%	7.6%	7.6%
比较信任	74.6%	73.1%	75.5%	74.7%	74.5%
不太信任	13.9%	18.6%	14.8%	15.3%	15.9%
根本不信任	2.6%	2.2%	1.3%	2.4%	2.0%
总计	100.0%	100.0%	100.0%	100.0%	100.0%
列总计	1169	2140	2448	1609	7366

Chi-square test：df = 9，卡方值为 37.057，sig = 0.000 < 0.05，所以不同收入的居民在“您对下面这些人的信任程度如何？同事或同学”的回答上有显著差异。

F29g by K6

您对下面这些人的信任程度如何？您的上司或领导 ＊ 收入 Crosstabulation

	无收入	1—1999 元	2000—3999 元	4000 元及以上	总计
完全信任	7.1%	5.3%	5.5%	7.4%	6.1%
比较信任	61.2%	64.5%	66.9%	66.4%	65.3%
不太信任	27.4%	26.5%	24.8%	22.8%	25.2%
根本不信任	4.3%	3.6%	2.8%	3.4%	3.4%
总计	100.0%	100.0%	100.0%	100.0%	100.0%
列总计	997	1988	2347	1545	6877

Chi-square test：df = 9，卡方值为 25.446，sig = 0.003 < 0.05，所以不同收入的居民在“您对下面这些人的信任程度如何？您的上司或领导”的回答上有显著差异。

F29h by K6

您对下面这些人的信任程度如何？您的朋友 ＊ 收入 Crosstabulation

	无收入	1—1999 元	2000—3999 元	4000 元及以上	总计
完全信任	17.7%	13.2%	17.9%	18.1%	16.5%
比较信任	74.3%	79.0%	75.0%	73.1%	75.7%
不太信任	6.9%	6.4%	6.2%	7.4%	6.6%
根本不信任	1.1%	1.4%	0.9%	1.4%	1.2%
总计	100.0%	100.0%	100.0%	100.0%	100.0%
列总计	1269	2316	2537	1628	7750

Chi-square test：df = 9，卡方值为 33.996，sig = 0.000 < 0.05，所以不同收入的居民在“您对下面这些人的信任程度如何？您的朋友”的回答上有显著差异。

F30 by K6

您是否同意“在这个社会上，您一不小心别人就会想办法占您的便宜” ＊ 收入 Crosstabulation

	无收入	1—1999 元	2000—3999 元	4000 元及以上	总计
非常不同意	6.2%	4.4%	5.9%	8.2%	6.0%
比较不同意	37.8%	34.1%	34.2%	35.6%	35.1%
说不上同意不同意	29.1%	36.0%	31.5%	29.0%	31.9%
比较同意	23.8%	22.4%	24.5%	23.5%	23.5%
非常同意	3.0%	3.1%	3.9%	3.7%	3.5%

续表

	无收入	1—1999 元	2000—3999 元	4000 元及以上	总计
总计	100.0%	100.0%	100.0%	100.0%	100.0%
列总计	1216	2236	2462	1615	7529

Chi-square test：df = 12，卡方值为 51.722，sig = 0.000 < 0.05，所以不同收入的居民在“您是否同意‘在这个社会上，您一不小心别人就会想办法占您的便宜’”的回答上有显著差异。

F31 by K6

您对所生活的地方道德建设满意吗 * 收入 Crosstabulation

	无收入	1—1999 元	2000—3999 元	4000 元及以上	总计
满意	13.1%	11.1%	11.3%	13.3%	12.0%
基本满意	72.8%	74.8%	75.7%	74.9%	74.8%
不满意	14.2%	14.1%	12.9%	11.9%	13.2%
总计	100.0%	100.0%	100.0%	100.0%	100.0%
列总计	1171	2101	2379	1584	7235

Chi-square test：df = 6，卡方值为 10.729，sig = 0.097 > 0.05，所以不同收入的居民在“您对所生活的地方道德建设满意吗”的回答上无显著差异。

F32a by K6

您对下面群体的信任程度如何？商人 * 收入 Crosstabulation

	无收入	1—1999 元	2000—3999 元	4000 元及以上	总计
完全信任	3.0%	2.7%	3.3%	5.6%	3.6%
比较信任	50.0%	53.6%	55.1%	52.2%	53.2%
不太信任	43.6%	39.6%	38.7%	38.5%	39.7%
根本不信任	3.4%	4.1%	2.9%	3.7%	3.5%
总计	100.0%	100.0%	100.0%	100.0%	100.0%
列总计	1185	2187	2452	1600	7424

Chi-square test：df = 9，卡方值为 40.475，sig = 0.000 < 0.05，所以不同收入的居民在“您对下面群体的信任程度如何？商人”的回答上有显著差异。

F32b by K6

您对下面群体的信任程度如何？单位领导/社区（村）干部 * 收入 Crosstabulation

	无收入	1—1999 元	2000—3999 元	4000 元及以上	总计
完全信任	6.1%	3.9%	4.8%	6.8%	5.2%

续表

	无收入	1—1999 元	2000—3999 元	4000 元及以上	总计
比较信任	51.8%	55.9%	58.7%	61.0%	57.3%
不太信任	34.0%	34.7%	30.6%	27.3%	31.7%
根本不信任	8.0%	5.5%	5.9%	4.9%	5.9%
总计	100.0%	100.0%	100.0%	100.0%	100.0%
列总计	1196	2262	2462	1593	7513

Chi-square test：df = 9，卡方值为 61.564，sig = 0.000 < 0.05，所以不同收入的居民在“您对下面群体的信任程度如何？单位领导/社区（村）干部”的回答上有显著差异。

F32c by K6

您对下面群体的信任程度如何？公务员 ＊ 收入 Crosstabulation

	无收入	1—1999 元	2000—3999 元	4000 元及以上	总计
完全信任	8.1%	4.9%	7.2%	8.3%	6.9%
比较信任	62.8%	61.4%	65.5%	62.7%	63.3%
不太信任	26.0%	30.9%	24.8%	25.9%	27.0%
根本不信任	3.1%	2.8%	2.4%	3.0%	2.8%
总计	100.0%	100.0%	100.0%	100.0%	100.0%
列总计	1143	2148	2416	1565	7272

Chi-square test：df = 9，卡方值为 41.675，sig = 0.000 < 0.05，所以不同收入的居民在“您对下面群体的信任程度如何？公务员”的回答上有显著差异。

F32d by K6

您对下面群体的信任程度如何？教师 ＊ 收入 Crosstabulation

	无收入	1—1999 元	2000—3999 元	4000 元及以上	总计
完全信任	17.6%	12.0%	14.9%	16.1%	14.7%
比较信任	68.9%	70.1%	69.7%	67.6%	69.3%
不太信任	11.8%	16.1%	13.7%	14.2%	14.2%
根本不信任	1.7%	1.7%	1.7%	2.1%	1.8%
总计	100.0%	100.0%	100.0%	100.0%	100.0%
列总计	1266	2298	2517	1620	7701

Chi-square test：df = 9，卡方值为 34.259，sig = 0.000 < 0.05，所以不同收入的居民在“您对下面群体的信任程度如何？教师”的回答上有显著差异。

F32e by K6

您对下面群体的信任程度如何？警察 ＊ 收入 Crosstabulation

	无收入	1—1999 元	2000—3999 元	4000 元及以上	总计
完全信任	20.4%	14.2%	17.0%	19.8%	17.3%
比较信任	65.8%	66.8%	67.7%	62.4%	66.0%
不太信任	11.7%	16.8%	13.9%	15.7%	14.8%
根本不信任	2.1%	2.2%	1.4%	2.0%	1.9%
总计	100.0%	100.0%	100.0%	100.0%	100.0%
列总计	1253	2251	2503	1613	7620

Chi-square test：df＝9，卡方值为 50.594，sig ＝0.000＜0.05，所以不同收入的居民在“您对下面群体的信任程度如何？警察”的回答上有显著差异。

F32f by K6

您对下面群体的信任程度如何？医生 ＊ 收入 Crosstabulation

	无收入	1—1999 元	2000—3999 元	4000 元及以上	总计
完全信任	16.2%	10.6%	13.2%	15.7%	13.5%
比较信任	62.4%	63.8%	64.7%	61.2%	63.3%
不太信任	18.8%	22.5%	20.0%	20.4%	20.6%
根本不信任	2.5%	3.2%	2.1%	2.6%	2.6%
总计	100.0%	100.0%	100.0%	100.0%	100.0%
列总计	1259	2285	2521	1620	7685

Chi-square test：df＝9，卡方值为 41.426，sig ＝0.000＜0.05，所以不同收入的居民在“您对下面群体的信任程度如何？医生”的回答上有显著差异。

F32g by K6

您对下面群体的信任程度如何？法官 ＊ 收入 Crosstabulation

	无收入	1—1999 元	2000—3999 元	4000 元及以上	总计
完全信任	17.2%	13.7%	16.4%	17.5%	16.0%
比较信任	65.8%	65.7%	66.1%	62.6%	65.2%
不太信任	14.6%	18.1%	15.5%	17.0%	16.4%
根本不信任	2.3%	2.5%	2.0%	2.8%	2.4%
总计	100.0%	100.0%	100.0%	100.0%	100.0%
列总计	1114	1941	2249	1510	6814

Chi-square test：df＝9，卡方值为 22.090，sig ＝0.009＜0.05，所以不同收入的居民在“您对下面群体的信任程度如何？法官”的回答上有显著差异。

F32h by K6

您对下面群体的信任程度如何？农民 ＊ 收入 Crosstabulation

	无收入	1—1999 元	2000—3999 元	4000 元及以上	总计
完全信任	13.6%	11.7%	12.1%	12.7%	12.4%
比较信任	74.0%	76.6%	76.6%	71.2%	75.0%
不太信任	11.1%	10.3%	10.4%	14.3%	11.3%
根本不信任	1.3%	1.3%	0.9%	1.7%	1.3%
总计	100.0%	100.0%	100.0%	100.0%	100.0%
列总计	1250	2304	2508	1605	7667

Chi-square test：df = 9，卡方值为 29.614，sig = 0.001 < 0.05，所以不同收入的居民在“您对下面群体的信任程度如何？农民”的回答上有显著差异。

F32i by K6

您对下面群体的信任程度如何？工人 ＊ 收入 Crosstabulation

	无收入	1—1999 元	2000—3999 元	4000 元及以上	总计
完全信任	9.6%	8.9%	9.7%	11.3%	9.8%
比较信任	75.8%	76.1%	77.2%	72.1%	75.5%
不太信任	12.8%	13.4%	12.0%	14.8%	13.1%
根本不信任	1.8%	1.7%	1.1%	1.9%	1.5%
总计	100.0%	100.0%	100.0%	100.0%	100.0%
列总计	1241	2236	2473	1604	7554

Chi-square test：df = 9，卡方值为 19.541，sig = 0.021 < 0.05，所以不同收入的居民在“您对下面群体的信任程度如何？工人”的回答上有显著差异。

F32j by K6

您对下面群体的信任程度如何？专家学者 ＊ 收入 Crosstabulation

	无收入	1—1999 元	2000—3999 元	4000 元及以上	总计
完全信任	12.3%	9.6%	11.5%	12.2%	11.3%
比较信任	60.3%	57.8%	60.1%	59.4%	59.3%
不太信任	22.4%	26.2%	22.9%	22.6%	23.7%
根本不信任	5.0%	6.4%	5.5%	5.8%	5.7%
总计	100.0%	100.0%	100.0%	100.0%	100.0%
列总计	1099	1877	2192	1479	6647

Chi-square test：df = 9，卡方值为 17.863，sig = 0.037 < 0.05，所以不同收入的居民在“您对下面群体的信任程度如何？专家学者”的回答上有显著差异。

F32k by K6

您对下面群体的信任程度如何？演艺娱乐圈 ＊ 收入 Crosstabulation

	无收入	1—1999 元	2000—3999 元	4000 元及以上	总计
完全信任	4.0%	2.0%	3.6%	4.9%	3.5%
比较信任	34.2%	32.6%	31.6%	30.0%	32.0%
不太信任	47.5%	45.3%	46.0%	45.7%	46.0%
根本不信任	14.3%	20.1%	18.7%	19.4%	18.5%
总计	100.0%	100.0%	100.0%	100.0%	100.0%
列总计	974	1634	1959	1368	5935

Chi-square test：df = 9，卡方值为 35.887，sig = 0.000 < 0.05，所以不同收入的居民在“您对下面群体的信任程度如何？演艺娱乐圈”的回答上有显著差异。

F32l by K6

您对下面群体的信任程度如何？公众人物 ＊ 收入 Crosstabulation

	无收入	1—1999 元	2000—3999 元	4000 元及以上	总计
完全信任	5.6%	2.5%	5.0%	6.2%	4.7%
比较信任	47.3%	42.9%	44.1%	43.0%	44.0%
不太信任	36.4%	37.7%	37.9%	37.9%	37.6%
根本不信任	10.6%	16.8%	13.0%	12.9%	13.7%
总计	100.0%	100.0%	100.0%	100.0%	100.0%
列总计	977	1662	1979	1357	5975

Chi-square test：df = 9，卡方值为 49.054，sig = 0.001 < 0.05，所以不同收入的居民在“您对下面群体的信任程度如何？公众人物”的回答上有显著差异。

F33 by K6

您在生活中经常买到假冒伪劣商品吗 ＊ 收入 Crosstabulation

	无收入	1—1999 元	2000—3999 元	4000 元及以上	总计
经常	6.1%	4.9%	8.0%	10.7%	7.4%
偶尔	63.7%	66.1%	65.7%	63.7%	65.0%
没有	30.1%	29.0%	26.3%	25.6%	27.6%
总计	100.0%	100.0%	100.0%	100.0%	100.0%
列总计	1122	1898	2174	1473	6667

Chi-square test：df = 6，卡方值为 50.187，sig = 0.010 < 0.05，所以不同收入的居民在“您在生活中经常买到假冒伪劣商品吗”的回答上有显著差异。

F34 by K6

您在购物、就医、理财等方面经常遇到虚假广告吗 * 收入 Crosstabulation

	无收入	1—1999 元	2000—3999 元	4000 元及以上	总计
经常	11.0%	8.5%	11.1%	13.2%	10.8%
偶尔	54.4%	53.6%	57.0%	55.7%	55.3%
没有	34.6%	37.9%	32.0%	31.1%	33.9%
总计	100.0%	100.0%	100.0%	100.0%	100.0%
列总计	1065	1853	2131	1459	6508

Chi-square test：df = 6，卡方值为 34.485，sig = 0.000 < 0.05，所以不同收入的居民在“您在购物、就医、理财等方面经常遇到虚假广告吗”的回答上有显著差异。

F35 by K6

如果在路边看到一个老人摔倒，您的反应是 * 收入 Crosstabulation

	无收入	1—1999 元	2000—3999 元	4000 元及以上	总计
立即扶起	47.4%	46.3%	42.0%	41.0%	43.9%
等有证人时再扶	22.9%	26.0%	28.3%	28.3%	26.7%
先拍照，再扶起	8.4%	4.7%	7.3%	9.1%	7.1%
不扶，避免惹是生非	9.8%	10.3%	10.0%	9.4%	9.9%
报警	10.7%	11.7%	11.3%	11.6%	11.4%
其他	0.9%	1.1%	1.1%	0.6%	1.0%
总计	100.0%	100.0%	100.0%	100.0%	100.0%
列总计	1290	2357	2558	1653	7858

Chi-square test：df = 15，卡方值为 60.120，sig = 0.000 < 0.05，所以不同收入的居民在“如果在路边看到一个老人摔倒，您的反应是”的回答上有显著差异。

F36 by K6

我们都听说过或见证过好心人救助老人却反被诬陷的事情。假如您是这位好心人，您会 * 收入 Crosstabulation

	无收入	1—1999 元	2000—3999 元	4000 元及以上	总计
我是多管闲事，下次再也不会帮助别人了	22.9%	22.6%	23.2%	25.2%	23.4%
我正直善良真心待人，对得起良知和良心	37.8%	41.7%	39.3%	37.8%	39.5%

续表

	无收入	1—1999 元	2000—3999 元	4000 元及以上	总计
下次还是会伸出援手，但是会提高警惕，注意保护自己	38.7%	35.1%	36.9%	36.6%	36.6%
其他	0.5%	0.5%	0.5%	0.4%	0.5%
总计	100.0%	100.0%	100.0%	100.0%	100.0%
列总计	1288	2351	2555	1645	7839

Chi-square test：df = 9，卡方值为 11.418，sig = 0.248 > 0.05，所以不同收入的居民在“好心人救助老人却反被诬陷的事情。假如您是这位好心人，您会”的回答上无显著差异。

F37a by K6

您对下列群体的伦理道德整体状况的满意度？政府官员 ＊ 收入 Crosstabulation

	无收入	1—1999 元	2000—3999 元	4000 元及以上	总计
非常不满意	6.8%	6.3%	5.6%	6.8%	6.3%
比较不满意	30.6%	34.6%	30.4%	29.5%	31.5%
比较满意	59.1%	57.9%	62.2%	61.0%	60.2%
非常满意	3.4%	1.2%	1.8%	2.6%	2.1%
总计	100.0%	100.0%	100.0%	100.0%	100.0%
列总计	1133	2024	2315	1533	7005

Chi-square test：df = 9，卡方值为 35.875，sig = 0.000 < 0.05，所以不同收入的居民在“您对下列群体的伦理道德整体状况的满意度？政府官员”的回答上有显著差异。

F37b by K6

您对下列群体的伦理道德整体状况的满意度？一般公务员 ＊ 收入 Crosstabulation

	无收入	1—1999 元	2000—3999 元	4000 元及以上	总计
非常不满意	3.3%	2.2%	2.2%	1.8%	2.3%
比较不满意	25.7%	29.2%	24.5%	27.1%	26.6%
比较满意	65.4%	65.0%	68.4%	66.7%	66.6%
非常满意	5.6%	3.6%	4.9%	4.4%	4.5%
总计	100.0%	100.0%	100.0%	100.0%	100.0%
列总计	1117	2050	2336	1536	7039

Chi-square test：df = 9，卡方值为 25.673，sig = 0.002 < 0.05，所以不同收入的居民在“您对下列群体的伦理道德整体状况的满意度？一般公务员”的回答上有显著差异。

F37c by K6

您对下列群体的伦理道德整体状况的满意度？企业家 ＊ 收入 Crosstabulation

	无收入	1—1999 元	2000—3999 元	4000 元及以上	总计
非常不满意	1.8%	1.7%	1.4%	1.4%	1.5%
比较不满意	23.1%	25.5%	24.0%	21.8%	23.8%
比较满意	68.4%	67.8%	68.5%	69.6%	68.5%
非常满意	6.7%	5.1%	6.1%	7.2%	6.2%
总计	100.0%	100.0%	100.0%	100.0%	100.0%
列总计	1053	1868	2192	1470	6583

Chi-square test：df = 9，卡方值为 13.174，sig = 0.155 > 0.05，所以不同收入的居民在“您对下列群体的伦理道德整体状况的满意度？企业家”的回答上无显著差异。

F37d by K6

您对下列群体的伦理道德整体状况的满意度？演艺娱乐界 ＊ 收入 Crosstabulation

	无收入	1—1999 元	2000—3999 元	4000 元及以上	总计
非常不满意	6.1%	6.5%	8.4%	10.0%	7.9%
比较不满意	39.0%	45.9%	43.9%	43.4%	43.5%
比较满意	50.6%	43.0%	41.3%	38.8%	42.6%
非常满意	4.4%	4.7%	6.4%	7.8%	5.9%
总计	100.0%	100.0%	100.0%	100.0%	100.0%
列总计	1065	1853	2131	1459	6508

Chi-square test：df = 9，卡方值为 59.075，sig = 0.000 < 0.05，所以不同收入的居民在“您对下列群体的伦理道德整体状况的满意度？演艺娱乐界”的回答上有显著差异。

F37e by K6

您对下列群体的伦理道德整体状况的满意度？教师 ＊ 收入 Crosstabulation

	无收入	1—1999 元	2000—3999 元	4000 元及以上	总计
非常不满意	2.0%	1.1%	1.9%	1.8%	1.6%
比较不满意	11.8%	16.4%	15.0%	16.6%	15.2%
比较满意	71.9%	70.8%	68.4%	66.8%	69.4%
非常满意	14.4%	11.6%	14.7%	14.9%	13.8%

续表

	无收入	1—1999 元	2000—3999 元	4000 元及以上	总计
总计	100. 0%	100. 0%	100. 0%	100. 0%	100. 0%
列总计	1230	2216	2459	1583	7488

Chi-square test：df = 9，卡方值为 33. 019，sig = 0. 000 < 0. 05，所以不同收入的居民在“您对下列群体的伦理道德整体状况的满意度？教师”的回答上有显著差异。

F37f by K6

您对下列群体的伦理道德整体状况的满意度？青少年 ＊ 收入 Crosstabulation

	无收入	1—1999 元	2000—3999 元	4000 元及以上	总计
非常不满意	1. 4%	0. 9%	1. 1%	1. 1%	1. 1%
比较不满意	16. 9%	16. 6%	17. 3%	18. 8%	17. 3%
比较满意	69. 8%	73. 7%	68. 1%	67. 8%	70. 0%
非常满意	11. 9%	8. 8%	13. 5%	12. 3%	11. 6%
总计	100. 0%	100. 0%	100. 0%	100. 0%	100. 0%
列总计	1212	2216	2441	1571	7440

Chi-square test：df = 9，卡方值为 34. 507，sig = 0. 000 < 0. 05，所以不同收入的居民在“您对下列群体的伦理道德整体状况的满意度？青少年”的回答上有显著差异。

F37g by K6

您对下列群体的伦理道德整体状况的满意度？弱势群体 ＊ 收入 Crosstabulation

	无收入	1—1999 元	2000—3999 元	4000 元及以上	总计
非常不满意	1. 8%	1. 3%	2. 1%	3. 4%	2. 1%
比较不满意	24. 1%	24. 2%	26. 3%	28. 4%	25. 8%
比较满意	71. 1%	72. 4%	69. 4%	65. 2%	69. 7%
非常满意	3. 0%	2. 2%	2. 1%	3. 0%	2. 5%
总计	100. 0%	100. 0%	100. 0%	100. 0%	100. 0%
列总计	1110	2070	2290	1423	6893

Chi-square test：df = 9，卡方值为 37. 156，sig = 0. 000 < 0. 05，所以不同收入的居民在“您对下列群体的伦理道德整体状况的满意度？弱势群体”的回答上有显著差异。

F37h by K6

您对下列群体的伦理道德整体状况的满意度？自由职业者 ＊ 收入 Crosstabulation

	无收入	1—1999 元	2000—3999 元	4000 元及以上	总计
非常不满意	1.5%	1.1%	1.1%	1.3%	1.2%
比较不满意	20.7%	19.6%	21.1%	23.4%	21.0%
比较满意	72.5%	74.3%	71.7%	70.0%	72.3%
非常满意	5.4%	5.0%	6.1%	5.3%	5.5%
总计	100.0%	100.0%	100.0%	100.0%	100.0%
列总计	1099	2065	2280	1434	6878

Chi-square test：df = 9，卡方值为 12.377，sig = 0.193 > 0.05，所以不同收入的居民在“您对下列群体的伦理道德整体状况的满意度？自由职业者”的回答上无显著差异。

F37i by K6

您对下列群体的伦理道德整体状况的满意度？农民 ＊ 收入 Crosstabulation

	无收入	1—1999 元	2000—3999 元	4000 元及以上	总计
非常不满意	1.0%	0.9%	0.5%	1.0%	0.8%
比较不满意	12.4%	11.4%	14.1%	19.1%	14.0%
比较满意	75.5%	77.1%	75.3%	70.2%	74.8%
非常满意	11.1%	10.6%	10.1%	9.8%	10.3%
总计	100.0%	100.0%	100.0%	100.0%	100.0%
列总计	1243	2280	2462	1573	7558

Chi-square test：df = 9，卡方值为 53.651，sig = 0.000 < 0.05，所以不同收入的居民在“您对下列群体的伦理道德整体状况的满意度？农民”的回答上有显著差异。

F37j by K6

您对下列群体的伦理道德整体状况的满意度？商人 ＊ 收入 Crosstabulation

	无收入	1—1999 元	2000—3999 元	4000 元及以上	总计
非常不满意	2.5%	1.6%	2.5%	2.8%	2.3%
比较不满意	27.4%	27.6%	29.0%	30.7%	28.7%
比较满意	63.1%	65.3%	61.6%	57.7%	62.1%
非常满意	6.9%	5.4%	6.9%	8.7%	6.8%
总计	100.0%	100.0%	100.0%	100.0%	100.0%
列总计	1196	2163	2429	1571	7359

Chi-square test：df = 9，卡方值为 33.985，sig = 0.000 < 0.05，所以不同收入的居民在“您对下列群体的伦理道德整体状况的满意度？商人”的回答上有显著差异。

F37k by K6

您对下列群体的伦理道德整体状况的满意度？工人 ＊ 收入 Crosstabulation

	无收入	1—1999 元	2000—3999 元	4000 元及以上	总计
非常不满意	0.7%	0.6%	0.5%	0.5%	0.6%
比较不满意	12.9%	12.9%	15.6%	17.5%	14.7%
比较满意	76.9%	78.6%	75.4%	73.9%	76.3%
非常满意	9.5%	7.9%	8.6%	8.1%	8.4%
总计	100.0%	100.0%	100.0%	100.0%	100.0%
列总计	1225	2199	2437	1578	7439

Chi-square test：df = 9，卡方值为 24.358，sig = 0.004 < 0.05，所以不同收入的居民在“您对下列群体的伦理道德整体状况的满意度？工人”的回答上有显著差异。

F37l by K6

您对下列群体的伦理道德整体状况的满意度？专家学者 ＊ 收入 Crosstabulation

	无收入	1—1999 元	2000—3999 元	4000 元及以上	总计
非常不满意	1.4%	1.5%	1.3%	2.2%	1.6%
比较不满意	14.1%	21.3%	18.4%	18.3%	18.5%
比较满意	72.6%	67.9%	68.9%	67.9%	69.0%
非常满意	12.0%	9.4%	11.4%	11.6%	11.0%
总计	100.0%	100.0%	100.0%	100.0%	100.0%
列总计	1096	1929	2229	1498	6752

Chi-square test：df = 9，卡方值为 34.417，sig = 0.000 < 0.05，所以不同收入的居民在“您对下列群体的伦理道德整体状况的满意度？专家学者”的回答上有显著差异。

F37m by K6

您对下列群体的伦理道德整体状况的满意度？医生 ＊ 收入 Crosstabulation

	无收入	1—1999 元	2000—3999 元	4000 元及以上	总计
非常不满意	2.2%	2.9%	3.1%	3.0%	2.9%
比较不满意	18.5%	26.5%	21.2%	18.7%	21.8%
比较满意	68.9%	62.8%	66.8%	66.3%	65.9%
非常满意	10.4%	7.8%	8.9%	11.9%	9.5%
总计	100.0%	100.0%	100.0%	100.0%	100.0%

续表

	无收入	1—1999 元	2000—3999 元	4000 元及以上	总计
列总计	1228	2194	2444	1582	7448

Chi-square test：df=9，卡方值为62.539，sig =0.000<0.05，所以不同收入的居民在“您对下列群体的伦理道德整体状况的满意度？医生”的回答上有显著差异。

F38 by K6

下列哪些因素可能影响人际关系紧张 ＊ 收入 Crosstabulation

	无收入	1—1999 元	2000—3999 元	4000 元及以上	总计
社会资源缺乏，引发恶性竞争	26.9%	31.1%	29.5%	29.0%	29.5%
过度宣扬竞争意识	21.9%	20.8%	27.9%	29.0%	25.1%
社会财富分配不公，贫富差距过大	26.5%	32.7%	35.8%	35.3%	33.3%
个人主义盛行	19.6%	14.6%	19.0%	21.6%	18.3%
缺乏爱心	23.8%	22.3%	22.8%	20.5%	22.3%
缺乏相互理解和沟通的意识和能力	18.4%	16.4%	19.2%	21.5%	18.8%
制度安排不公正，机会不平等	23.0%	23.2%	22.3%	23.1%	22.9%
以权谋私，官员腐败	21.4%	24.3%	21.1%	17.9%	21.4%
缺乏道德信用	21.2%	19.4%	17.7%	18.6%	19.0%
人与人、人与社会之间缺乏信任	28.3%	27.7%	27.3%	29.4%	28.0%
传统伦理瓦解，社会缺乏统一的价值观	8.3%	8.7%	9.1%	10.0%	9.0%
一切诉诸利益或法律，人际关系缺乏伦理调节的机制和能力	3.7%	3.2%	4.6%	4.8%	4.1%
列总计	1217	2231	2505	1638	7591

据上表所示，不同收入的居民在“下列哪些因素可能影响人际关系紧张”的回答上有显著差异。

F39 by K6

您认为在现代中国社会实际奉行的道德价值是 ＊ 收入 Crosstabulation

	无收入	1—1999 元	2000—3999 元	4000 元及以上	总计
义利合一，用符合道德的方式谋利	57.2%	51.1%	51.4%	49.9%	51.9%
见利忘义，唯利是图	31.9%	38.3%	36.5%	39.2%	36.9%
不计较利害得失，道德至上	10.7%	10.4%	11.9%	10.8%	11.0%

续表

	无收入	1—1999 元	2000—3999 元	4000 元及以上	总计
其他	0.3%	0.2%	0.2%	0.1%	0.2%
总计	100.0%	100.0%	100.0%	100.0%	100.0%
列总计	1116	2033	2349	1560	7058

Chi-square test：df = 9，卡方值为 21.837，sig = 0.009 < 0.05，所以不同收入的居民在“您认为在现代中国社会实际奉行的道德价值是”的回答上有显著差异。

F40 by K6

对形成我国当前各种新型伦理关系和道德观念，哪些因素影响最大 * 收入 Crosstabulation

	无收入	1—1999 元	2000—3999 元	4000 元及以上	总计
网络和媒体	46.3%	39.0%	48.8%	54.7%	46.9%
政府	56.7%	62.1%	59.8%	55.7%	59.0%
大学及其文化	22.8%	20.0%	23.1%	25.2%	22.7%
市场	28.9%	29.1%	35.8%	36.8%	33.0%
企业	20.8%	23.4%	22.8%	17.0%	21.4%
社会团体	16.2%	18.4%	18.2%	18.6%	18.0%
知识精英	11.7%	9.2%	12.8%	10.7%	11.1%
国外的思潮与生活方式	11.0%	9.7%	13.8%	15.0%	12.4%
列总计	1095	1982	2339	1569	6985

据上表所示，不同收入的居民在“对形成我国当前各种新型伦理关系和道德观念，哪些因素影响最大”的回答上有显著差异。

F41 by K6

对当前我国伦理关系和道德风尚造成最大负面影响的因素 * 收入 Crosstabulation

	无收入	1—1999 元	2000—3999 元	4000 元及以上	总计
传统文化的崩坏	39.7%	41.7%	41.8%	41.0%	41.3%
外来文化的冲击	34.9%	35.2%	39.6%	40.7%	37.9%
市场经济导致的个人主义	26.5%	20.9%	26.1%	32.0%	26.0%
网络技术的发展	22.6%	22.4%	21.9%	20.2%	21.8%
分配不公，两极分化	23.3%	27.5%	26.5%	26.1%	26.2%
以权谋私，官员腐败	23.3%	27.9%	23.7%	18.3%	23.6%

续表

	无收入	1—1999 元	2000—3999 元	4000 元及以上	总计
列总计	1117	1985	2361	1586	7049

据上表所示，不同收入的居民在“对当前我国伦理关系和道德风尚造成最大负面影响的因素”的回答上有显著差异。

F42 by K6

造成当今不良道德风尚的最主要原因是 * 收入 Crosstabulation

	无收入	1—1999 元	2000—3999 元	4000 元及以上	总计
以权谋私，官员腐败	51.9%	56.6%	55.7%	54.0%	55.0%
企业不讲诚信和损害社会利益	36.5%	40.2%	41.8%	44.3%	41.1%
学校道德教育功能弱化	21.6%	22.1%	26.1%	27.5%	24.5%
家庭伦理功能弱化	16.8%	16.3%	17.4%	16.4%	16.8%
个人缺乏道德自觉	39.9%	38.2%	41.4%	41.2%	40.2%
分配不公，两极分化	23.5%	23.8%	26.3%	25.5%	25.0%
社会的不良影响	35.9%	35.0%	36.3%	35.8%	35.7%
列总计	1155	2135	2411	1591	7292

据上表所示，不同收入的居民在“造成当今不良道德风尚的最主要原因是”的回答上无显著差异。

F43a by K6

导致当前医患关系紧张的主要原因是 * 收入 Crosstabulation

	无收入	1—1999 元	2000—3999 元	4000 元及以上	总计
医生缺乏职业道德，对病人不负责任	35.3%	38.6%	30.7%	31.1%	33.9%
医疗制度不合理，看病难看病贵	45.3%	41.2%	46.5%	46.3%	44.7%
医生腐败，不送红包不认真看病	11.4%	13.5%	14.3%	12.7%	13.3%
“医闹”，病人蓄意闹事	7.7%	6.2%	8.1%	9.7%	7.8%
其他	0.3%	0.4%	0.3%	0.1%	0.3%
总计	100.0%	100.0%	100.0%	100.0%	100.0%
列总计	1127	2133	2290	1461	7011

Chi-square test：df = 12，卡方值为 54.424，sig = 0.000 < 0.05，所以不同收入的居民在“导致当前医患关系紧张的主要原因是”的回答上有显著差异。

F43b by K6

导致当前医患关系紧张的次要原因是 ＊ 收入 Crosstabulation

	无收入	1—1999 元	2000—3999 元	4000 元及以上	总计
医生缺乏职业道德，对病人不负责任	33.7%	32.9%	37.1%	39.6%	35.8%
医疗制度不合理，看病难看病贵	30.7%	36.9%	29.5%	28.7%	31.8%
医生腐败，不送红包不认真看病	21.0%	17.7%	17.9%	16.4%	18.0%
“医闹”，病人蓄意闹事	14.5%	12.3%	15.4%	15.0%	14.2%
其他	0.1%	0.2%	0.1%	0.2%	0.2%
总计	100.0%	100.0%	100.0%	100.0%	100.0%
列总计	1087	2056	2207	1399	6749

Chi-square test：df = 12，卡方值为 53.988，sig = 0.000 < 0.05，所以不同收入的居民在“导致当前医患关系紧张的次要原因是”的回答上有显著差异。

F44 by K6

您是否曾经与医生（医院）发生过矛盾或纠纷 ＊ 收入 Crosstabulation

	无收入	1—1999 元	2000—3999 元	4000 元及以上	总计
是	4.6%	3.0%	3.8%	7.0%	4.4%
否	95.4%	97.0%	96.2%	93.0%	95.6%
总计	100.0%	100.0%	100.0%	100.0%	100.0%
列总计	1288	2357	2558	1646	7849

Chi-square test：df = 3，卡方值为 41.205，sig = 0.000 < 0.05，所以不同收入的居民在“您是否曾经与医生（医院）发生过矛盾或纠纷”的回答上有显著差异。

F45a by K6

您采取了哪些方式来解决医患纠纷？与医院协商 ＊ 收入 Crosstabulation

	无收入	1—1999 元	2000—3999 元	4000 元及以上	总计
未选中	55.7%	61.1%	48.0%	58.6%	55.6%
选中	44.3%	38.9%	52.0%	41.4%	44.4%
总计	100.0%	100.0%	100.0%	100.0%	100.0%
列总计	61	72	100	116	349

Chi-square test：df = 3，卡方值为 3.655，sig = 0.301 > 0.05，所以不同收入的居民在“您采取了哪些方式来解决医患纠纷？与医院协商”的回答上无显著差异。

F45b by K6

您采取了哪些方式来解决医患纠纷？寻求卫生局的调节和介入 ＊ 收入 Crosstabulation

	无收入	1—1999 元	2000—3999 元	4000 元及以上	总计
未选中	85.2%	77.8%	81.0%	69.0%	77.1%
选中	14.8%	22.2%	19.0%	31.0%	22.9%
总计	100.0%	100.0%	100.0%	100.0%	100.0%
列总计	61	72	100	116	349

Chi-square test：df = 3，卡方值为 7.515，sig = 0.057 > 0.05，所以不同收入的居民在“您采取了哪些方式来解决医患纠纷？寻求卫生局的调节和介入”的回答上无显著差异。

F45c by K6

您采取了哪些方式来解决医患纠纷？医学鉴定 ＊ 收入 Crosstabulation

	无收入	1—1999 元	2000—3999 元	4000 元及以上	总计
未选中	91.8%	81.9%	89.0%	87.9%	87.7%
选中	8.2%	18.1%	11.0%	12.1%	12.3%
总计	100.0%	100.0%	100.0%	100.0%	100.0%
列总计	61	72	100	116	349

Chi-square test：df = 3，卡方值为 3.321，sig = 0.345 > 0.05，所以不同收入的居民在“您采取了哪些方式来解决医患纠纷？医学鉴定”的回答上无显著差异。

F45d by K6

您采取了哪些方式来解决医患纠纷？司法诉讼 ＊ 收入 Crosstabulation

	无收入	1—1999 元	2000—3999 元	4000 元及以上	总计
未选中	90.2%	86.1%	78.0%	77.6%	81.7%
选中	9.8%	13.9%	22.0%	22.4%	18.3%
总计	100.0%	100.0%	100.0%	100.0%	100.0%
列总计	61	72	100	116	349

Chi-square test：df = 3，卡方值为 6.078，sig = 0.108 > 0.05，所以不同收入的居民在“您采取了哪些方式来解决医患纠纷？司法诉讼”的回答上无显著差异。

F45e by K6

您采取了哪些方式来解决医患纠纷？寻求媒体曝光 ＊ 收入 Crosstabulation

	无收入	1—1999 元	2000—3999 元	4000 元及以上	总计
未选中	88.5%	83.3%	91.0%	91.4%	89.1%
选中	11.5%	16.7%	9.0%	8.6%	10.9%
总计	100.0%	100.0%	100.0%	100.0%	100.0%
列总计	61	72	100	116	349

Chi-square test：df = 3，卡方值为 3.482，sig = 0.323 > 0.05，所以不同收入的居民在“您采取了哪些方式来解决医患纠纷？寻求媒体曝光”的回答上无显著差异。

F45f by K6

您采取了哪些方式来解决医患纠纷？信访 ＊ 收入 Crosstabulation

	无收入	1—1999 元	2000—3999 元	4000 元及以上	总计
未选中	91.8%	98.6%	98.0%	94.0%	95.7%
选中	8.2%	1.4%	2.0%	6.0%	4.3%
总计	100.0%	100.0%	100.0%	100.0%	100.0%
列总计	61	72	100	116	349

Chi-square test：df = 3，卡方值为 5.870，sig = 0.118 > 0.05，所以不同收入的居民在“您采取了哪些方式来解决医患纠纷？信访”的回答上无显著差异。

F45g by K6

您采取了哪些方式来解决医患纠纷？寻求第三方医疗纠纷调解委员会调解 ＊ 收入 Crosstabulation

	无收入	1—1999 元	2000—3999 元	4000 元及以上	总计
未选中	83.6%	88.9%	91.0%	85.3%	87.4%
选中	16.4%	11.1%	9.0%	14.7%	12.6%
总计	100.0%	100.0%	100.0%	100.0%	100.0%
列总计	61	72	100	116	349

Chi-square test：df = 3，卡方值为 2.562，sig = 0.464 > 0.05，所以不同收入的居民在“您采取了哪些方式来解决医患纠纷？寻求第三方医疗纠纷调解委员会调解”的回答上无显著差异。

F45h by K6

您采取了哪些方式来解决医患纠纷？直接找医生或医院算账 * 收入 Crosstabulation

	无收入	1—1999 元	2000—3999 元	4000 元及以上	总计
未选中	73.8%	83.3%	78.0%	87.9%	81.7%
选中	26.2%	16.7%	22.0%	12.1%	18.3%
总计	100.0%	100.0%	100.0%	100.0%	100.0%
列总计	61	72	100	116	349

Chi-square test: df = 3，卡方值为 6.61，sig = 0.085 > 0.05，所以不同收入的居民在“您采取了哪些方式来解决医患纠纷？直接找医生或医院算账”的回答上无显著差异。

F46 by K6

某些患者会在手术前给医生红包，您认为送红包的主要理由是 * 收入 Crosstabulation

	无收入	1—1999 元	2000—3999 元	4000 元及以上	总计
不相信医生能平等地对待每个病人，送红包能提高关注度，必须送	23.5%	21.9%	23.1%	27.3%	23.7%
医生很辛苦，送红包是表示尊敬和感谢	13.8%	9.9%	13.7%	18.2%	13.6%
大家都送，我不送会吃亏，不送心里不踏实	15.7%	16.2%	18.2%	19.5%	17.4%
送红包能让医生对我更用心，但我不会这么做	19.1%	19.9%	17.5%	14.7%	17.9%
大家都送红包，事实上无助于提高治疗效果，我不会这么做	17.0%	19.0%	21.0%	17.1%	18.9%
想送，但我没有能力送	10.8%	13.1%	6.5%	3.2%	8.5%
总计	100.0%	100.0%	100.0%	100.0%	100.0%
列总计	1015	1828	2022	1336	6201

Chi-square test: df = 15，卡方值为 183.065，sig = 0.000 < 0.05，所以不同收入的居民在“某些患者会在手术前给医生红包，您认为送红包的主要理由是”的回答上有显著差异。

G1 by K6

和前几年相比，您认为目前我国官员腐败现象有什么变化 * 收入 Crosstabulation

	无收入	1—1999 元	2000—3999 元	4000 元及以上	总计
有很大改善	14.1%	10.9%	12.9%	13.3%	12.6%

续表

	无收入	1—1999 元	2000—3999 元	4000 元及以上	总计
有较大改善	63.5%	65.2%	66.0%	66.9%	65.6%
没什么变化	20.1%	21.7%	18.5%	17.3%	19.4%
更加恶化	1.8%	2.0%	2.5%	2.0%	2.2%
其他	0.4%	0.2%	0.1%	0.6%	0.3%
总计	100.0%	100.0%	100.0%	100.0%	100.0%
列总计	1160	2170	2401	1567	7298

Chi-square test：df = 12，卡方值为 30.242，sig = 0.003 < 0.05，所以不同收入的居民在“和前几年相比，您认为目前我国官员腐败现象有什么变化”的回答上有显著差异。

G2a by K6

您认为干部当官的目的是？为国家与社会做贡献 ＊ 收入 Crosstabulation

	无收入	1—1999 元	2000—3999 元	4000 元及以上	总计
未选中	75.8%	77.3%	72.2%	69.2%	73.6%
选中	24.2%	22.7%	27.8%	30.8%	26.4%
总计	100.0%	100.0%	100.0%	100.0%	100.0%
列总计	1192	2137	2429	1584	7342

Chi-square test：df = 3，卡方值为 35.821，sig = 0.000 < 0.05，所以不同收入的居民在“您认为干部当官的目的是？为国家与社会做贡献”的回答上有显著差异。

G2b by K6

您认为干部当官的目的是？为人民服务，为百姓做好事做实事 ＊ 收入 Crosstabulation

	无收入	1—1999 元	2000—3999 元	4000 元及以上	总计
未选中	52.3%	62.7%	54.6%	48.8%	55.3%
选中	47.7%	37.3%	45.4%	51.2%	44.7%
总计	100.0%	100.0%	100.0%	100.0%	100.0%
列总计	1192	2137	2429	1584	7342

Chi-square test：df = 3，卡方值为 78.521，sig = 0.000 < 0.05，所以不同收入的居民在“您认为干部当官的目的是？为人民服务，为百姓做好事做实事”的回答上有显著差异。

G2c by K6

您认为干部当官的目的是？为家庭增光，光宗耀祖 * 收入 Crosstabulation

	无收入	1—1999 元	2000—3999 元	4000 元及以上	总计
未选中	75.4%	71.9%	74.3%	74.0%	73.7%
选中	24.6%	28.1%	25.7%	26.0%	26.3%
总计	100.0%	100.0%	100.0%	100.0%	100.0%
列总计	1192	2137	2429	1584	7342

Chi-square test：df = 3，卡方值为 5.775，sig = 0.123 > 0.05，所以不同收入的居民在“您认为干部当官的目的是？为家庭增光，光宗耀祖”的回答上无显著差异。

G2d by K6

您认为干部当官的目的是？为自己升官发财 * 收入 Crosstabulation

	无收入	1—1999 元	2000—3999 元	4000 元及以上	总计
未选中	68.0%	59.7%	65.0%	72.0%	65.5%
选中	32.0%	40.3%	35.0%	28.0%	34.5%
总计	100.0%	100.0%	100.0%	100.0%	100.0%
列总计	1192	2137	2429	1584	7342

Chi-square test：df = 3，卡方值为 64.397，sig = 0.000 < 0.05，所以不同收入的居民在“您认为干部当官的目的是？为自己升官发财”的回答上有显著差异。

G2e by K6

您认为干部当官的目的是？没特殊目的，一个稳定而待遇高的职业而已 * 收入 Crosstabulation

	无收入	1—1999 元	2000—3999 元	4000 元及以上	总计
未选中	81.5%	75.3%	78.3%	80.9%	78.5%
选中	18.5%	24.7%	21.7%	19.1%	21.5%
总计	100.0%	100.0%	100.0%	100.0%	100.0%
列总计	1192	2137	2429	1584	7342

Chi-square test：df = 3，卡方值为 24.527，sig = 0.006 < 0.05，所以不同收入的居民在“您认为干部当官的目的是？没特殊目的，一个稳定而待遇高的职业而已”的回答上有显著差异。

G3 by K6

与前几年相比，您对政府官员的信任度有什么变化 * 收入 Crosstabulation

	无收入	1—1999 元	2000—3999 元	4000 元及以上	总计
信任度提高了	41.4%	34.1%	38.5%	43.8%	38.8%

续表

	无收入	1—1999 元	2000—3999 元	4000 元及以上	总计
更加不信任	10.9%	15.0%	13.6%	13.6%	13.6%
没什么变化	47.4%	50.8%	47.7%	42.2%	47.4%
其他	0.4%	0.1%	0.2%	0.4%	0.2%
总计	100.0%	100.0%	100.0%	100.0%	100.0%
列总计	1281	2337	2545	1646	7809

Chi-square test：df = 9，卡方值为 56.298，sig = 0.000 < 0.05，所以不同收入的居民在“与前几年相比，您对政府官员的信任度有什么变化”的回答上有显著差异。

G4 by K6

在生活中或媒体上看到政府官员时，您首先想到的是 * 收入 Crosstabulation

	无收入	1—1999 元	2000—3999 元	4000 元及以上	总计
公仆，为老百姓谋福利	19.7%	13.8%	19.4%	24.3%	18.8%
官僚，根本不了解我们的情况	21.2%	22.6%	21.3%	23.7%	22.2%
有权有势的人	18.7%	23.3%	20.7%	17.5%	20.5%
有本事的人	16.9%	14.5%	14.7%	12.1%	14.5%
领导，决定我们命运的人	9.0%	11.0%	9.5%	8.3%	9.6%
贪官	6.0%	6.6%	6.1%	4.0%	5.8%
惹不起但躲得起的人	3.5%	3.0%	3.0%	2.6%	3.0%
遇到大事可以信任的人	2.0%	2.8%	2.9%	3.6%	2.9%
其他	2.9%	2.5%	2.3%	3.8%	2.8%
总计	100.0%	100.0%	100.0%	100.0%	100.0%
列总计	1276	2350	2551	1641	7818

Chi-square test：df = 24，卡方值为 130.425，sig = 0.000 < 0.05，所以不同收入的居民在“在生活中或媒体上看到政府官员时，您首先想到的是”的回答上有显著差异。

G5 by K6

您觉得当前我国政府官员道德问题最严重的是 * 收入 Crosstabulation

	无收入	1—1999 元	2000—3999 元	4000 元及以上	总计
贪污受贿	53.0%	54.1%	47.6%	44.5%	49.6%
以权谋私	58.7%	55.9%	54.8%	57.8%	56.4%
生活作风腐败	27.9%	28.1%	33.1%	34.5%	31.1%
官僚主义	14.3%	9.8%	17.0%	19.2%	15.0%
平庸，不作为，只保护自己不解决实际问题	33.8%	37.6%	36.7%	35.3%	36.2%
乱作为，搞政绩工程，折腾百姓	19.8%	21.7%	22.2%	22.3%	21.7%
铺张浪费	13.7%	13.1%	13.6%	11.8%	13.1%

续表

	无收入	1—1999 元	2000—3999 元	4000 元及以上	总计
拉帮结派	9.7%	11.5%	15.5%	14.3%	13.1%
骄横跋扈，欺压百姓	7.2%	7.6%	6.6%	7.6%	7.2%
列总计	1129	1973	2303	1523	6928

据上表所示，不同收入的居民在“您觉得当前我国政府官员道德问题最严重的是”的回答上有显著差异。

G6 by K6

政府在制定政策和决策时充分考虑到伦理道德方面的要求了吗 * 收入 Crosstabulation

	无收入	1—1999 元	2000—3999 元	4000 元及以上	总计
有考虑，能够从日常生活中感受到	38.0%	33.0%	39.0%	39.2%	37.1%
有考虑，能够从政策文件中体会到	24.5%	22.6%	22.7%	25.5%	23.6%
只是口头上说说，没有实质性行动	25.8%	32.0%	27.4%	26.2%	28.3%
没有考虑，政策制度都是从自己的政绩和富人的利益着想	10.5%	12.0%	10.4%	8.2%	10.4%
其他	1.1%	0.3%	0.5%	0.9%	0.7%
总计	100.0%	100.0%	100.0%	100.0%	100.0%
列总计	1235	2296	2517	1619	7667

Chi-square test：df = 12，卡方值为 59.802，sig = 0.000 < 0.05，所以不同收入的居民在“政府在制定政策和决策时充分考虑到伦理道德方面的要求了吗”的回答上有显著差异。

G7a by K6

残疾人、留守儿童、孤寡老人等弱势群体需要来自全社会的关爱与帮助，您认为本地区做得怎么样？社区提供的服务 * 收入 Crosstabulation

	无收入	1—1999 元	2000—3999 元	4000 元及以上	总计
很好	8.1%	4.4%	8.5%	12.0%	8.0%
比较好	65.0%	63.0%	69.8%	68.7%	66.8%
不太好	23.5%	30.6%	20.1%	18.0%	23.2%
很差	3.4%	2.1%	1.7%	1.3%	2.0%
总计	100.0%	100.0%	100.0%	100.0%	100.0%
列总计	1057	1898	2187	1465	6607

Chi-square test：df = 9，卡方值为 156.474，sig = 0.000 < 0.05，所以不同收入的居民在“残疾人、留守儿童、孤寡老人等弱势群体需要来自全社会的关爱与帮助，您认为本地区做得怎么样？社区提供的服务”的回答上有显著差异。

G7b by K6

残疾人、留守儿童、孤寡老人等弱势群体需要来自全社会的关爱与帮助，您认为本地区做得怎么样？周围人的尊重和关爱 ＊ 收入 Crosstabulation

	无收入	1—1999 元	2000—3999 元	4000 元及以上	总计
很好	11.3%	6.0%	9.9%	13.5%	9.7%
比较好	67.7%	67.8%	70.8%	68.7%	68.9%
不太好	18.6%	24.7%	18.1%	16.8%	19.9%
很差	2.3%	1.5%	1.2%	1.1%	1.4%
总计	100.0%	100.0%	100.0%	100.0%	100.0%
列总计	1156	2106	2306	1516	7084

Chi-square test：df = 9，卡方值为 101.105，sig = 0.000 < 0.05，所以不同收入的居民在“残疾人、留守儿童、孤寡老人等弱势群体需要来自全社会的关爱与帮助，您认为本地区做得怎么样？周围人的尊重和关爱”的回答上有显著差异。

G7c by K6

残疾人、留守儿童、孤寡老人等弱势群体需要来自全社会的关爱与帮助，您认为本地区做得怎么样？社会机构提供专业化的服务 ＊ 收入 Crosstabulation

	无收入	1—1999 元	2000—3999 元	4000 元及以上	总计
很好	9.6%	5.2%	11.6%	14.1%	10.0%
比较好	54.7%	50.7%	55.7%	55.0%	54.0%
不太好	30.6%	41.1%	29.9%	28.6%	32.9%
很差	5.1%	3.0%	2.8%	2.2%	3.1%
总计	100.0%	100.0%	100.0%	100.0%	100.0%
列总计	985	1792	2055	1388	6220

Chi-square test：df = 9，卡方值为 143.726，sig = 0.000 < 0.05，所以不同收入的居民在“残疾人、留守儿童、孤寡老人等弱势群体需要来自全社会的关爱与帮助，您认为本地区做得怎么样？社会机构提供专业化的服务”的回答上有显著差异。

G7d by K6

残疾人、留守儿童、孤寡老人等弱势群体需要来自全社会的关爱与帮助，您认为本地区做得怎么样？政府实施的社会援助 ＊ 收入 Crosstabulation

	无收入	1—1999 元	2000—3999 元	4000 元及以上	总计
很好	9.6%	6.3%	12.4%	14.7%	10.7%
比较好	53.7%	48.9%	53.0%	53.7%	52.1%
不太好	30.1%	39.5%	30.6%	27.4%	32.4%
很差	6.6%	5.3%	4.0%	4.2%	4.8%
总计	100.0%	100.0%	100.0%	100.0%	100.0%

续表

	无收入	1—1999 元	2000—3999 元	4000 元及以上	总计
列总计	987	1806	2022	1380	6195

Chi-square test：df = 9，卡方值为 119.272，sig = 0.000 < 0.05，所以不同收入的居民在“残疾人、留守儿童、孤寡老人等弱势群体需要来自全社会的关爱与帮助，您认为本地区做得怎么样？政府实施的社会援助”的回答上有显著差异。

G7e by K6

残疾人、留守儿童、孤寡老人等弱势群体需要来自全社会的关爱与帮助，您认为本地区做得怎么样？公益与慈善事业 * 收入 Crosstabulation

	无收入	1—1999 元	2000—3999 元	4000 元及以上	总计
很好	8.9%	5.0%	9.4%	13.0%	8.9%
比较好	48.8%	48.1%	54.4%	54.5%	51.8%
不太好	34.2%	41.0%	28.8%	27.9%	32.9%
很差	8.1%	5.9%	7.3%	4.6%	6.4%
总计	100.0%	100.0%	100.0%	100.0%	100.0%
列总计	828	1577	1789	1274	5468

Chi-square test：df = 9，卡方值为 124.657，sig = 0.000 < 0.05，所以不同收入的居民在“残疾人、留守儿童、孤寡老人等弱势群体需要来自全社会的关爱与帮助，您认为本地区做得怎么样？公益与慈善事业”的回答上有显著差异。

G7f by K6

残疾人、留守儿童、孤寡老人等弱势群体需要来自全社会的关爱与帮助，您认为本地区做得怎么样？志愿者帮助 * 收入 Crosstabulation

	无收入	1—1999 元	2000—3999 元	4000 元及以上	总计
很好	9.4%	5.6%	9.9%	13.5%	9.4%
比较好	51.0%	51.3%	58.2%	57.2%	54.9%
不太好	31.9%	38.0%	25.7%	24.8%	29.9%
很差	7.8%	5.1%	6.2%	4.5%	5.7%
总计	100.0%	100.0%	100.0%	100.0%	100.0%
列总计	834	1546	1795	1256	5431

Chi-square test：df = 9，卡方值为 124.793，sig = 0.000 < 0.05，所以不同收入的居民在“残疾人、留守儿童、孤寡老人等弱势群体需要来自全社会的关爱与帮助，您认为本地区做得怎么样？志愿者帮助”的回答上有显著差异。

G8 by K6

您认为有必要为好人树碑立传吗 * 收入 Crosstabulation

	无收入	1—1999 元	2000—3999 元	4000 元及以上	总计
很有必要，可以让更多的人知道他们、学习他们	69.8%	64.4%	67.2%	71.1%	67.7%
可有可无	14.6%	18.6%	15.1%	14.2%	15.8%
没有必要	15.6%	17.0%	17.7%	14.8%	16.5%
总计	100.0%	100.0%	100.0%	100.0%	100.0%
列总计	1152	2052	2334	1558	7096

Chi-square test：df = 6，卡方值为 26.490，sig = 0.000 < 0.05，所以不同收入的居民在“您认为有必要为好人树碑立传吗”的回答上有显著差异。

G9 by K6

党中央出台了一系列治国理政的新举措，给社会生活带来了什么变化 * 收入 Crosstabulation

	无收入	1—1999 元	2000—3999 元	4000 元及以上	总计
社会在向好的方面发展，对未来生活更有信心	53.7%	45.3%	51.0%	56.2%	50.8%
目前没看出有什么影响	20.9%	19.9%	21.7%	21.2%	20.9%
虽然出台了一些政策，感觉解决不了什么问题	14.0%	23.8%	19.7%	17.9%	19.6%
不关心这些、说不清楚	11.4%	11.0%	7.4%	4.7%	8.6%
其他	0.1%		0.2%	0.1%	0.1%
总计	100.0%	100.0%	100.0%	100.0%	100.0%
列总计	1284	2349	2562	1640	7835

Chi-square test：df = 12，卡方值为 133.153，sig = 0.000 < 0.05，所以不同收入的居民在“党中央出台了一系列治国理政的新举措，给社会生活带来了什么变化”的回答上有显著差异。

G10a by K6

您认为本地政府在以下方面的政策措施对促进社会公平有效果吗？就业政策 * 收入 Crosstabulation

	无收入	1—1999 元	2000—3999 元	4000 元及以上	总计
较大效果	8.1%	3.4%	5.7%	9.9%	6.4%
有点效果	55.7%	53.5%	57.2%	61.0%	56.8%
没有效果	30.5%	37.1%	32.1%	25.0%	31.6%
更不公平	4.1%	5.2%	4.5%	3.4%	4.4%
大大加剧了不公平	1.7%	0.8%	0.5%	0.7%	0.8%

续表

	无收入	1—1999 元	2000—3999 元	4000 元及以上	总计
总计	100.0%	100.0%	100.0%	100.0%	100.0%
列总计	968	1813	2253	1517	6551

Chi-square test：df = 12，卡方值为 126.007，sig = 0.000 < 0.05，所以不同收入的居民在“您认为本地政府在以下方面的政策措施对促进社会公平有效果吗？就业政策”的回答上有显著差异。

G10b by K6

您认为本地政府在以下方面的政策措施对促进社会公平有效果吗？教育政策 * 收入 Crosstabulation

	无收入	1—1999 元	2000—3999 元	4000 元及以上	总计
较大效果	12.4%	5.9%	8.1%	12.2%	9.1%
有点效果	58.3%	60.2%	61.7%	61.3%	60.6%
没有效果	24.5%	28.7%	25.5%	21.8%	25.4%
更不公平	4.0%	4.7%	4.4%	4.2%	4.4%
大大加剧了不公平	0.8%	0.4%	0.3%	0.4%	0.5%
总计	100.0%	100.0%	100.0%	100.0%	100.0%
列总计	1076	1941	2345	1560	6922

Chi-square test：df = 12，卡方值为 76.919，sig = 0.000 < 0.05，所以不同收入的居民在“您认为本地政府在以下方面的政策措施对促进社会公平有效果吗？教育政策”的回答上有显著差异。

G10c by K6

您认为本地政府在以下方面的政策措施对促进社会公平有效果吗？医疗卫生政策 * 收入 Crosstabulation

	无收入	1—1999 元	2000—3999 元	4000 元及以上	总计
较大效果	12.0%	5.8%	10.3%	14.1%	10.1%
有点效果	56.6%	59.0%	55.1%	57.0%	56.9%
没有效果	23.7%	26.6%	26.7%	23.7%	25.5%
更不公平	6.5%	7.6%	7.3%	4.6%	6.7%
大大加剧了不公平	1.1%	1.0%	0.6%	0.6%	0.8%
总计	100.0%	100.0%	100.0%	100.0%	100.0%
列总计	1133	2060	2386	1580	7159

Chi-square test：df = 12，卡方值为 94.087，sig = 0.000 < 0.05，所以不同收入的居民在“您认为本地政府在以下方面的政策措施对促进社会公平有效果吗？医疗卫生政策”的回答上有显著差异。

G10d by K6

您认为本地政府在以下方面的政策措施对促进社会公平有效果吗？低保政策 ＊ 收入 Crosstabulation

	无收入	1—1999 元	2000—3999 元	4000 元及以上	总计
较大效果	11.7%	4.8%	9.6%	15.8%	9.9%
有点效果	51.1%	50.0%	48.3%	49.4%	49.5%
没有效果	25.5%	27.4%	30.0%	26.0%	27.7%
更不公平	9.9%	15.6%	11.1%	7.3%	11.4%
大大加剧了不公平	1.8%	2.2%	1.0%	1.5%	1.6%
总计	100.0%	100.0%	100.0%	100.0%	100.0%
列总计	1044	1998	2269	1502	6813

Chi-square test：df = 12，卡方值为 184.076，sig = 0.000 < 0.05，所以不同收入的居民在“您认为本地政府在以下方面的政策措施对促进社会公平有效果吗？低保政策”的回答上有显著差异。

G10e by K6

您认为本地政府在以下方面的政策措施对促进社会公平有效果吗？房地产政策 ＊ 收入 Crosstabulation

	无收入	1—1999 元	2000—3999 元	4000 元及以上	总计
较大效果	7.2%	3.0%	5.6%	8.6%	5.9%
有点效果	35.4%	32.7%	33.7%	37.4%	34.6%
没有效果	39.6%	40.5%	39.1%	36.4%	38.9%
更不公平	13.6%	18.3%	16.2%	13.6%	15.8%
大大加剧了不公平	4.3%	5.5%	5.3%	4.1%	4.9%
总计	100.0%	100.0%	100.0%	100.0%	100.0%
列总计	811	1496	1976	1402	5685

Chi-square test：df = 12，卡方值为 66.625，sig = 0.000 < 0.05，所以不同收入的居民在“您认为本地政府在以下方面的政策措施对促进社会公平有效果吗？房地产政策”的回答上有显著差异。

G10f by K6

您认为本地政府在以下方面的政策措施对促进社会公平有效果吗？拆迁安置政策 ＊ 收入 Crosstabulation

	无收入	1—1999 元	2000—3999 元	4000 元及以上	总计
较大效果	7.6%	3.0%	5.5%	7.9%	5.8%
有点效果	33.5%	30.7%	32.6%	39.7%	34.0%
没有效果	38.8%	39.9%	39.8%	32.7%	37.9%
更不公平	14.9%	19.4%	15.7%	14.9%	16.4%
大大加剧了不公平	5.2%	7.0%	6.3%	4.7%	5.9%

续表

	无收入	1—1999 元	2000—3999 元	4000 元及以上	总计
总计	100.0%	100.0%	100.0%	100.0%	100.0%
列总计	805	1417	1867	1350	5439

Chi-square test：df = 12，卡方值为 84.915，sig = 0.000 < 0.05，所以不同收入的居民在“您认为本地政府在以下方面的政策措施对促进社会公平有效果吗？拆迁安置政策”的回答上有显著差异。

G11 by K6

如果遭遇重大公共事件，您相信政府公布的信息和采取的措施吗 * 收入 Crosstabulation

	无收入	1—1999 元	2000—3999 元	4000 元及以上	总计
相信，大都是可靠的，比网络流传的可靠	67.3%	63.7%	61.1%	60.1%	62.7%
不相信，都是安抚百姓的策略措施	15.0%	14.8%	17.0%	18.5%	16.3%
将信将疑，走一步看一步	17.6%	21.5%	21.8%	21.3%	20.9%
其他	0.2%		0.1%	0.2%	0.1%
总计	100.0%	100.0%	100.0%	100.0%	100.0%
列总计	1286	2349	2558	1647	7840

Chi-square test：df = 9，卡方值为 28.132，sig = 0.001 < 0.05，所以不同收入的居民在“如果遭遇重大公共事件，您相信政府公布的信息和采取的措施吗”的回答上有显著差异。

G12a by K6

政府推动或倡导的下列活动效果如何？文明城市创建 * 收入 Crosstabulation

	无收入	1—1999 元	2000—3999 元	4000 元及以上	总计
完全没效果	1.7%	1.9%	1.4%	3.5%	2.0%
效果较差	20.2%	25.6%	21.7%	22.1%	22.7%
效果较好	64.1%	64.7%	66.6%	62.8%	64.8%
效果很好	14.0%	7.9%	10.4%	11.6%	10.5%
总计	100.0%	100.0%	100.0%	100.0%	100.0%
列总计	1053	1995	2281	1512	6841

Chi-square test：df = 9，卡方值为 62.206，sig = 0.000 < 0.05，所以不同收入的居民在“政府推动或倡导的下列活动效果如何？文明城市创建”的回答上有显著差异。

G12b by K6

政府推动或倡导的下列活动效果如何？学雷锋活动 ＊ 收入 Crosstabulation

	无收入	1—1999 元	2000—3999 元	4000 元及以上	总计
完全没效果	3.6%	2.0%	2.1%	4.1%	2.8%
效果较差	23.5%	29.3%	22.6%	23.3%	24.8%
效果较好	59.7%	62.5%	65.1%	63.6%	63.2%
效果很好	13.1%	6.2%	10.2%	9.0%	9.2%
总计	100.0%	100.0%	100.0%	100.0%	100.0%
列总计	961	1796	2069	1406	6232

Chi-square test：df = 9，卡方值为 77.957，sig = 0.000 < 0.05，所以不同收入的居民在“政府推动或倡导的下列活动效果如何？学雷锋活动”的回答上有显著差异。

G12c by K6

政府推动或倡导的下列活动效果如何？典型人物的宣传 ＊ 收入 Crosstabulation

	无收入	1—1999 元	2000—3999 元	4000 元及以上	总计
完全没效果	3.1%	2.3%	1.7%	3.8%	2.5%
效果较差	21.2%	24.2%	22.1%	23.0%	22.7%
效果较好	62.9%	66.0%	65.1%	60.5%	63.9%
效果很好	12.8%	7.5%	11.1%	12.8%	10.8%
总计	100.0%	100.0%	100.0%	100.0%	100.0%
列总计	943	1675	2039	1407	6064

Chi-square test：df = 9，卡方值为 49.069，sig = 0.000 < 0.05，所以不同收入的居民在“政府推动或倡导的下列活动效果如何？典型人物的宣传”的回答上有显著差异。

G12d by K6

政府推动或倡导的下列活动效果如何？志愿活动的倡导和推广 ＊ 收入 Crosstabulation

	无收入	1—1999 元	2000—3999 元	4000 元及以上	总计
完全没效果	2.1%	1.8%	1.9%	3.1%	2.2%
效果较差	22.6%	27.6%	22.2%	25.1%	24.5%
效果较好	58.5%	61.3%	62.1%	55.4%	59.8%
效果很好	16.8%	9.2%	13.8%	16.3%	13.6%
总计	100.0%	100.0%	100.0%	100.0%	100.0%
列总计	845	1570	1866	1313	5594

Chi-square test：df = 9，卡方值为 61.145，sig = 0.000 < 0.05，所以不同收入的居民在“政府推动或倡导的下列活动效果如何？志愿活动的倡导和推广”的回答上有显著差异。

G12e by K6

政府推动或倡导的下列活动效果如何？反腐倡廉的举措 * 收入 Crosstabulation

	无收入	1—1999 元	2000—3999 元	4000 元及以上	总计
完全没效果	3.7%	5.4%	4.2%	5.3%	4.7%
效果较差	21.9%	26.0%	21.0%	23.6%	23.1%
效果较好	56.6%	53.7%	58.3%	53.3%	55.6%
效果很好	17.8%	14.9%	16.6%	17.7%	16.6%
总计	100.0%	100.0%	100.0%	100.0%	100.0%
列总计	887	1593	1924	1371	5775

Chi-square test：df = 9，卡方值为 25.397，sig = 0.003 < 0.05，所以不同收入的居民在“政府推动或倡导的下列活动效果如何？反腐倡廉的举措”的回答上有显著差异。

G12f by K6

政府推动或倡导的下列活动效果如何？《公民道德建设实施纲要》的推进 * 收入 Crosstabulation

	无收入	1—1999 元	2000—3999 元	4000 元及以上	总计
完全没效果	3.4%	5.3%	3.4%	5.1%	4.4%
效果较差	23.1%	30.1%	23.7%	22.3%	25.0%
效果较好	58.1%	58.0%	60.1%	56.7%	58.4%
效果很好	15.4%	6.5%	12.8%	15.8%	12.2%
总计	100.0%	100.0%	100.0%	100.0%	100.0%
列总计	649	1256	1550	1111	4566

Chi-square test：df = 9，卡方值为 79.520，sig = 0.000 < 0.05，所以不同收入的居民在“政府推动或倡导的下列活动效果如何？《公民道德建设实施纲要》的推进”的回答上有显著差异。

G13 by K6

您对于我们正在走的中国特色社会主义道路怎么看 * 收入 Crosstabulation

	无收入	1—1999 元	2000—3999 元	4000 元及以上	总计
充满信心，因为它可以给中国带来繁荣富强	49.4%	41.3%	47.8%	52.0%	47.0%
不太了解，但相信这条路能够让老百姓都过上好日子	37.4%	40.0%	35.8%	32.8%	36.7%

续表

	无收入	1—1999 元	2000—3999 元	4000 元及以上	总计
表示怀疑，走这条路究竟怎么样，现在还说不清楚	9.2%	11.4%	11.5%	12.1%	11.2%
走什么样的路，跟我没关系	3.7%	7.0%	4.8%	3.0%	4.9%
其他	0.3%	0.2%	0.1%	0.1%	0.2%
总计	100.0%	100.0%	100.0%	100.0%	100.0%
列总计	1285	2356	2566	1648	7855

Chi-square test：df = 12，卡方值为 89.093，sig = 0.000 < 0.05，所以不同收入的居民在“您对于我们正在走的中国特色社会主义道路怎么看”的回答上有显著差异。

G14 by K6

党的十八大提出，到 2020 年全面建成小康社会，到 21 世纪中叶建成社会主义现代化国家，您认为这样的目标能实现吗 * 收入 Crosstabulation

	无收入	1—1999 元	2000—3999 元	4000 元及以上	总计
相信一定能实现	36.0%	27.0%	31.5%	31.0%	30.8%
有困难，但只要努力还是能实现的	51.0%	55.5%	57.2%	60.4%	56.4%
不可能实现	4.0%	3.5%	3.6%	3.8%	3.7%
说不清楚，跟我没关系	8.9%	13.9%	7.7%	4.6%	9.1%
其他	0.2%	0.2%	0.1%	0.2%	0.2%
总计	100.0%	100.0%	100.0%	100.0%	100.0%
列总计	1239	2281	2510	1634	7664

Chi-square test：df = 12，卡方值为 136.325，sig = 0.000 < 0.05，所以不同收入的居民在“党的十八大提出，到 2020 年全面建成小康社会，到 21 世纪中叶建成社会主义现代化国家，您认为这样的目标能实现吗”的回答上有显著差异。

G15 by K6

您对您周围的党员干部道德状况怎么评价 * 收入 Crosstabulation

	无收入	1—1999 元	2000—3999 元	4000 元及以上	总计
总体还不错	44.1%	37.9%	42.2%	45.3%	41.9%
普遍比较差	22.0%	21.2%	21.0%	23.9%	21.8%
和普通群众没有太大差别	33.9%	40.9%	36.8%	30.7%	36.3%
总计	100.0%	100.0%	100.0%	100.0%	100.0%
列总计	1115	2087	2348	1533	7083

Chi-square test：df = 6，卡方值为 45.313，sig = 0.000 < 0.05，所以不同收入的居民在“您对您周围的党员干部道德状况怎么评价”的回答上有显著差异。

G16 by K6

您认为当前官员的勤政作为是怎样的 ＊ 收入 Crosstabulation

	无收入	1—1999 元	2000—3999 元	4000 元及以上	总计
努力作为，成绩显著	20.3%	20.0%	22.9%	25.6%	22.3%
努力作为，成绩一般	48.1%	48.4%	49.6%	48.9%	48.9%
行政不作为	21.4%	21.0%	19.1%	17.5%	19.6%
行政乱作为	10.2%	10.5%	8.4%	8.0%	9.2%
总计	100.0%	100.0%	100.0%	100.0%	100.0%
列总计	997	1782	2139	1423	6341

Chi-square test：df = 9，卡方值为 28.794，sig = 0.001 < 0.05，所以不同收入的居民在“您认为当前官员的勤政作为是怎样的”的回答上有显著差异。

G17 by K6

您到政府部门办事，首先选择的方法是 ＊ 收入 Crosstabulation

	无收入	1—1999 元	2000—3999 元	4000 元及以上	总计
找亲朋好友帮忙办理	18.4%	17.1%	19.6%	16.4%	18.0%
找政府中的熟人办理	22.1%	19.4%	19.8%	24.5%	21.1%
送红包	2.3%	2.3%	1.1%	1.1%	1.6%
直接找相关职能部门办理	56.6%	60.7%	59.2%	57.6%	58.9%
其他	0.6%	0.6%	0.3%	0.3%	0.4%
总计	100.0%	100.0%	100.0%	100.0%	100.0%
列总计	1094	2025	2363	1570	7052

Chi-square test：df = 12，卡方值为 40.860，sig = 0.000 < 0.05，所以不同收入的居民在“您到政府部门办事，首先选择的方法是”的回答上有显著差异。

H1 by K6

您认为近五年来，您所在地区政府的环境保护工作做得怎么样 ＊ 收入 Crosstabulation

	无收入	1—1999 元	2000—3999 元	4000 元及以上	总计
片面注重经济发展，忽视了环境保护工作	23.0%	21.5%	23.0%	22.6%	22.5%
重视不够，环保投入不足	27.2%	28.6%	30.8%	31.4%	29.7%
虽尽了努力，但效果不佳	17.3%	19.0%	19.1%	18.5%	18.7%

续表

	无收入	1—1999 元	2000—3999 元	4000 元及以上	总计
尽了很大努力，有一定成效	26.6%	25.8%	22.0%	21.7%	23.8%
取得了很大的成绩	5.9%	5.0%	5.0%	5.8%	5.3%
总计	100.0%	100.0%	100.0%	100.0%	100.0%
列总计	1064	1973	2265	1526	6828

Chi-square test：df = 12，卡方值为 22.733，sig = 0.030 < 0.05，所以不同收入的居民在“您认为近五年来，您所在地区政府的环境保护工作做得怎么样”的回答上有显著差异。

H2a by K6

在最近的一年里，您是否从事过？垃圾分类投放 * 收入 Crosstabulation

	无收入	1—1999 元	2000—3999 元	4000 元及以上	总计
从不	44.8%	46.5%	41.1%	30.0%	41.0%
偶尔	40.3%	42.8%	45.9%	49.1%	44.7%
经常	14.9%	10.7%	13.0%	21.0%	14.3%
总计	100.0%	100.0%	100.0%	100.0%	100.0%
列总计	1298	2374	2570	1655	7897

Chi-square test：df = 6，卡方值为 163.883，sig = 0.000 < 0.05，所以不同收入的居民在“在最近的一年里，您是否从事过？垃圾分类投放”的回答上有显著差异。

H2b by K6

在最近的一年里，您是否从事过？与亲戚朋友讨论环保问题 * 收入 Crosstabulation

	无收入	1—1999 元	2000—3999 元	4000 元及以上	总计
从不	42.6%	40.0%	37.9%	31.4%	38.0%
偶尔	46.3%	50.2%	52.0%	55.0%	51.1%
经常	11.1%	9.8%	10.1%	13.5%	10.9%
总计	100.0%	100.0%	100.0%	100.0%	100.0%
列总计	1297	2372	2570	1654	7893

Chi-square test：df = 6，卡方值为 54.936，sig = 0.000 < 0.05，所以不同收入的居民在“在最近的一年里，您是否从事过？与亲戚朋友讨论环保问题”的回答上有显著差异。

H2c by K6

在最近的一年里，您是否从事过？采购日常用品时自己带购物篮或购物袋 ＊ 收入 Crosstabulation

	无收入	1—1999 元	2000—3999 元	4000 元及以上	总计
从不	26.3%	20.5%	23.7%	18.8%	22.1%
偶尔	48.9%	54.1%	52.4%	52.7%	52.4%
经常	24.8%	25.4%	23.9%	28.5%	25.5%
总计	100.0%	100.0%	100.0%	100.0%	100.0%
列总计	1295	2374	2567	1652	7888

Chi-square test：df = 6，卡方值为 37.717，sig = 0.000 < 0.05，所以不同收入的居民在“在最近的一年里，您是否从事过？采购日常用品时自己带购物篮或购物袋”的回答上有显著差异。

H2d by K6

在最近的一年里，您是否从事过？优先选择公交、步行等绿色出行方式 ＊ 收入 Crosstabulation

	无收入	1—1999 元	2000—3999 元	4000 元及以上	总计
从不	11.4%	12.8%	13.2%	11.6%	12.5%
偶尔	38.9%	43.7%	41.9%	42.3%	42.0%
经常	49.7%	43.5%	44.9%	46.1%	45.5%
总计	100.0%	100.0%	100.0%	100.0%	100.0%
列总计	1298	2371	2568	1649	7886

Chi-square test：df = 6，卡方值为 15.458，sig = 0.017 < 0.05，所以不同收入的居民在“在最近的一年里，您是否从事过？优先选择公交、步行等绿色出行方式”的回答上有显著差异。

H2e by K6

在最近的一年里，您是否从事过？为环境保护捐款 ＊ 收入 Crosstabulation

	无收入	1—1999 元	2000—3999 元	4000 元及以上	总计
从不	67.2%	69.6%	69.4%	59.1%	67.0%
偶尔	27.8%	26.4%	26.0%	31.6%	27.6%
经常	5.0%	4.0%	4.6%	9.3%	5.5%
总计	100.0%	100.0%	100.0%	100.0%	100.0%
列总计	1293	2364	2558	1651	7866

Chi-square test：df = 6，卡方值为 90.867，sig = 0.000 < 0.05，所以不同收入的居民在“在最近的一年里，您是否从事过？为环境保护捐款”的回答上有显著差异。

H2f by K6

在最近的一年里，您是否从事过？主动关注环境方面的信息报道和宣传教育 * 收入 Crosstabulation

	无收入	1—1999 元	2000—3999 元	4000 元及以上	总计
从不	62.6%	66.3%	62.6%	52.7%	61.6%
偶尔	30.8%	29.4%	30.7%	36.7%	31.6%
经常	6.6%	4.3%	6.7%	10.6%	6.8%
总计	100.0%	100.0%	100.0%	100.0%	100.0%
列总计	1295	2364	2563	1649	7871

Chi-square test：df = 6，卡方值为 104.936，sig = 0.000 < 0.05，所以不同收入的居民在“在最近的一年里，您是否从事过？主动关注环境方面的信息报道和宣传教育”的回答上有显著差异。

H2g by K6

在最近的一年里，您是否从事过？积极参加民间环保团体举办的环保活动 * 收入 Crosstabulation

	无收入	1—1999 元	2000—3999 元	4000 元及以上	总计
从不	72.1%	76.2%	73.6%	66.5%	72.6%
偶尔	23.8%	20.9%	22.7%	27.4%	23.3%
经常	4.0%	2.9%	3.7%	6.1%	4.0%
总计	100.0%	100.0%	100.0%	100.0%	100.0%
列总计	1292	2364	2561	1650	7867

Chi-square test：df = 6，卡方值为 57.637，sig = 0.000 < 0.05，所以不同收入的居民在“在最近的一年里，您是否从事过？积极参加民间环保团体举办的环保活动”的回答上有显著差异。

H2h by K6

在最近的一年里，您是否从事过？积极参加要求解决环境问题的投诉、上诉 * 收入 Crosstabulation

	无收入	1—1999 元	2000—3999 元	4000 元及以上	总计
从不	80.4%	81.2%	81.1%	75.6%	79.8%
偶尔	16.3%	16.8%	16.3%	19.5%	17.1%
经常	3.3%	2.0%	2.6%	5.0%	3.0%
总计	100.0%	100.0%	100.0%	100.0%	100.0%
列总计	1291	2364	2559	1649	7863

Chi-square test：df = 6，卡方值为 41.976，sig = 0.000 < 0.05，所以不同收入的居民在“在最近的一年里，您是否从事过？积极参加要求解决环境问题的投诉、上诉”的回答上有显著差异。

H3 by K6

如果您的周围有一片森林，政府将成材的树林砍伐下来办木材厂，将极大提高您的收入，但将破坏环境，您会支持这一决定吗 * 收入 Crosstabulation

	无收入	1—1999 元	2000—3999 元	4000 元及以上	总计
支持，对大家有好处	10.2%	9.2%	13.4%	15.6%	12.1%
反对，这是发子孙财，破坏生态	73.8%	70.8%	69.2%	66.3%	69.8%
不支持也不反对，政府决定	16.1%	19.8%	17.3%	17.9%	18.0%
其他		0.2%	0.1%	0.2%	0.1%
总计	100.0%	100.0%	100.0%	100.0%	100.0%
列总计	1289	2363	2565	1645	7862

Chi-square test：df = 9，卡方值为 57.352，sig = 0.000 < 0.05，所以不同收入的居民在“如果您的周围有一片森林，政府将成材的树林砍伐下来办木材厂，将极大提高您的收入，但将破坏环境，您会支持这一决定吗”的回答上有显著差异。

H4 by K6

如果要办一个化工厂，您是这个厂的持股职工，但会给下游地区造成污染，您会支持这个决定吗 * 收入 Crosstabulation

	无收入	1—1999 元	2000—3999 元	4000 元及以上	总计
支持，我们不会受污染	10.6%	10.2%	13.5%	17.6%	12.9%
反对，这是嫁祸于人	75.0%	69.7%	68.2%	63.1%	68.7%
不支持也不反对，成了可分红，不成是领导的责任	14.0%	19.8%	18.1%	19.1%	18.2%
其他	0.4%	0.3%	0.2%	0.2%	0.2%
总计	100.0%	100.0%	100.0%	100.0%	100.0%
列总计	1279	2347	2557	1642	7825

Chi-square test：df = 9，卡方值为 81.587，sig = 0.000 < 0.05，所以不同收入的居民在“如果要办一个化工厂，您是这个厂的持股职工，但会给下游地区造成污染，您会支持这个决定吗”的回答上有显著差异。

H5 by K6

您认为造成生态环境问题的最主要原因是 * 收入 Crosstabulation

	无收入	1—1999 元	2000—3999 元	4000 元及以上	总计
企业唯利是图，造成环境污染	27.3%	24.9%	26.1%	27.5%	26.2%
政府缺乏生态意识，政策失当	34.8%	33.3%	34.1%	37.3%	34.6%

续表

	无收入	1—1999 元	2000—3999 元	4000 元及以上	总计
个人缺乏环保意识	20.0%	20.5%	22.4%	19.4%	20.8%
当代人自私自利，不顾未来和子孙利益	17.1%	20.2%	16.6%	14.9%	17.4%
其他	0.7%	1.0%	0.8%	1.0%	0.9%
总计	100.0%	100.0%	100.0%	100.0%	100.0%
列总计	1273	2341	2559	1640	7813

Chi-square test：df = 12，卡方值为 32.515，sig = 0.001 < 0.05，所以不同收入的居民在“您认为造成生态环境问题的最主要原因是”的回答上有显著差异。

H6 by K6

如果环境保护主管部门邀请您参加座谈会或听证会，您是否会出席 * 收入 Crosstabulation

	无收入	1—1999 元	2000—3999 元	4000 元及以上	总计
会	70.7%	71.1%	71.3%	73.0%	71.5%
不会	29.3%	28.9%	28.7%	27.0%	28.5%
总计	100.0%	100.0%	100.0%	100.0%	100.0%
列总计	1097	1821	2114	1434	6466

Chi-square test：df = 3，卡方值为 2.101，sig = 0.552 > 0.05，所以不同收入的居民在“如果环境保护主管部门邀请您参加座谈会或听证会，您是否会出席”的回答上无显著差异。

H7 by K6

若您所在社区参加“绿色社区”创建活动，您是否会积极参与 * 收入 Crosstabulation

	无收入	1—1999 元	2000—3999 元	4000 元及以上	总计
会	77.4%	77.2%	76.4%	76.8%	76.9%
不会	22.6%	22.8%	23.6%	23.2%	23.1%
总计	100.0%	100.0%	100.0%	100.0%	100.0%
列总计	1105	1836	2129	1432	6502

Chi-square test：df = 3，卡方值为 0.536，sig = 0.911 > 0.05，所以不同收入的居民在“若您所在社区参加‘绿色社区’创建活动，您是否会积极参与”的回答上无显著差异。

I1 by K6

如果您周围有很多外国人，您愿意和他们建立什么样的关系 ＊ 收入 Crosstabulation

	无收入	1—1999 元	2000—3999 元	4000 元及以上	总计
愿意做朋友	44.1%	28.9%	35.9%	40.9%	36.2%
愿意做兄弟姐妹	7.6%	8.5%	11.6%	15.0%	10.7%
不愿意来往，得提防他们	4.3%	5.2%	4.4%	3.9%	4.5%
偶尔交往，仅限于礼节性的	10.3%	11.6%	14.7%	17.6%	13.6%
无法和他们来往，存在语言、文化、习俗等障碍	33.1%	45.4%	33.2%	22.3%	34.5%
其他	0.7%	0.5%	0.3%	0.2%	0.4%
总计	100.0%	100.0%	100.0%	100.0%	100.0%
列总计	1294	2354	2562	1644	7854

Chi-square test：df = 15，卡方值为 321.451，sig = 0.000 < 0.05，所以不同收入的居民在“如果您周围有很多外国人，您愿意和他们建立什么样的关系”的回答上有显著差异。

I2 by K6

您更愿意过春节还是圣诞节 ＊ 收入 Crosstabulation

	无收入	1—1999 元	2000—3999 元	4000 元及以上	总计
圣诞节	0.8%	0.5%	0.7%	1.0%	0.7%
春节	75.4%	85.2%	77.8%	73.5%	78.7%
两个都愿意过	19.8%	10.5%	19.3%	23.1%	17.5%
两个都不想过	4.0%	3.7%	2.3%	2.4%	3.0%
总计	100.0%	100.0%	100.0%	100.0%	100.0%
列总计	1161	1964	2268	1513	6506

Chi-square test：df = 9，卡方值为 143.506，sig = 0.000 < 0.05，所以不同收入的居民在“您更愿意过春节还是圣诞节”的回答上有显著差异。

I3 by K6

您同意中国人与外国人通婚吗 ＊ 收入 Crosstabulation

	无收入	1—1999 元	2000—3999 元	4000 元及以上	总计
非常同意	8.3%	3.2%	5.8%	8.3%	6.0%
比较同意	58.7%	43.2%	61.5%	67.5%	57.1%
不太同意	25.8%	46.0%	28.4%	21.2%	31.4%

续表

	无收入	1—1999 元	2000—3999 元	4000 元及以上	总计
强烈反对	7.3%	7.6%	4.3%	2.9%	5.4%
总计	100.0%	100.0%	100.0%	100.0%	100.0%
列总计	1161	1964	2268	1513	6906

Chi-square test：df = 9，卡方值为 402.335，sig = 0.000 < 0.05，所以不同收入的居民在“您同意中国人与外国人通婚吗”的回答上有显著差异。

I4 by K6

对外来的城市农民工如建筑工人、家庭保姆等，您的态度是 * 收入 Crosstabulation

	无收入	1—1999 元	2000—3999 元	4000 元及以上	总计
看不起和排斥	2.3%	1.7%	2.4%	2.9%	2.3%
无视和冷漠以对	6.6%	6.6%	7.9%	9.6%	7.6%
尊重和体谅	73.6%	72.1%	74.0%	73.6%	73.3%
同情和友爱	17.2%	19.4%	15.5%	13.7%	16.5%
其他	0.2%	0.2%	0.3%	0.2%	0.2%
总计	100.0%	100.0%	100.0%	100.0%	100.0%
列总计	1289	2355	2550	1639	7833

Chi-square test：df = 12，卡方值为 43.137，sig = 0.000 < 0.05，所以不同收入的居民在“对外来的城市农民工如建筑工人、家庭保姆等，您的态度是”的回答上有显著差异。

I5 by K6

您在日常生活中与同乡人和外乡人的关系是 * 收入 Crosstabulation

	无收入	1—1999 元	2000—3999 元	4000 元及以上	总计
与同乡人交往多	47.3%	46.9%	39.4%	32.0%	41.4%
与外乡人交往多	11.1%	8.0%	11.8%	17.2%	11.7%
一样多	18.2%	13.7%	19.5%	24.4%	18.6%
偶尔与外乡人有交往，主要与同乡人交往	23.3%	31.2%	29.2%	26.5%	28.3%
其他	0.2%	0.2%	0.1%		0.1%
总计	100.0%	100.0%	100.0%	100.0%	100.0%
列总计	1290	2372	2567	1649	7878

Chi-square test：df = 12，卡方值为 221.750，sig = 0.000 < 0.05，所以不同收入的居民在“您在日常生活中与同乡人和外乡人的关系是”的回答上有显著差异。

I6 by K6

您所在地区的政府对待外来人员的政策取向是 * 收入 Crosstabulation

	无收入	1—1999 元	2000—3999 元	4000 元及以上	总计
不冷不热，顺其自然	51.0%	47.0%	40.0%	39.3%	43.6%
提高门槛，严加限制	13.2%	13.8%	16.3%	21.2%	16.2%
降低门槛，广泛吸收	23.8%	20.6%	28.3%	24.0%	24.4%
对有钱人、高级专家采取特殊政策吸引，对一般人严加限制	10.9%	18.2%	15.0%	14.8%	15.3%
其他	1.1%	0.4%	0.4%	0.6%	0.6%
总计	100.0%	100.0%	100.0%	100.0%	100.0%
列总计	1063	2065	2341	1553	7022

Chi-square test：df = 12，卡方值为 129.965，sig = 0.000 < 0.05，所以不同收入的居民在“您所在地区的政府对待外来人员的政策取向是”的回答上有显著差异。

I7 by K6

您认为在当前的中国，读书还能不能改变命运 * 收入 Crosstabulation

	无收入	1—1999 元	2000—3999 元	4000 元及以上	总计
读书只是改变命运的一个路径	36.0%	32.3%	36.0%	37.6%	35.2%
读书是改变命运的主要路径	43.1%	43.3%	41.3%	43.4%	42.6%
读书是改变命运的唯一路径	11.9%	13.1%	13.2%	11.0%	12.5%
不再是改变命运的路径，没权势的人读了书照样穷	8.6%	11.2%	9.3%	7.8%	9.5%
其他	0.4%	0.1%	0.2%	0.2%	0.2%
总计	100.0%	100.0%	100.0%	100.0%	100.0%
列总计	1291	2356	2570	1650	7867

Chi-square test：df = 12，卡方值为 33.678，sig = 0.001 < 0.05，所以不同收入的居民在“您认为在当前的中国，读书还能不能改变命运”的回答上有显著差异。

I8 by K6

您如何认识名牌大学里农村学生比例急剧减少的现象 * 收入 Crosstabulation

	无收入	1—1999 元	2000—3999 元	4000 元及以上	总计
是一种社会倒退	12.5%	10.7%	13.9%	13.0%	12.5%
农村教育的落后	39.3%	40.8%	38.1%	41.9%	39.9%

续表

	无收入	1—1999 元	2000—3999 元	4000 元及以上	总计
教育不公平	29.1%	28.5%	29.3%	24.9%	28.1%
有钱人和有权人特权的表现	12.5%	13.1%	11.5%	10.4%	11.9%
代际不公、社会不公的延续和加剧	5.8%	5.9%	6.5%	9.1%	6.8%
其他	0.9%	0.9%	0.7%	0.8%	0.8%
总计	100.0%	100.0%	100.0%	100.0%	100.0%
列总计	1261	2330	2549	1634	7774

Chi-square test：df = 15，卡方值为 47.010，sig = 0.000 < 0.05，所以不同收入的居民在“您如何认识名牌大学里农村学生比例急剧减少的现象”的回答上有显著差异。

I9 by K6

您同学指出您家乡的某一风俗习惯很落后保守，您会做出什么反应 * 收入 Crosstabulation

	无收入	1—1999 元	2000—3999 元	4000 元及以上	总计
坦然面对，承认这一风俗习惯确实落后	49.5%	51.1%	54.5%	54.0%	52.5%
虽然认为说得对，但是感觉他在批评自己的家乡，因此不自在	27.3%	28.3%	28.1%	30.4%	28.5%
虽然认为说得对，但是感到受到羞辱	8.8%	9.3%	8.7%	7.6%	8.7%
批评家乡就是批评自己，要为家乡的风俗习惯做辩护	14.0%	11.1%	8.6%	7.8%	10.1%
其他	0.4%	0.3%	0.2%	0.2%	0.2%
总计	100.0%	100.0%	100.0%	100.0%	100.0%
列总计	1273	2334	2553	1640	7800

Chi-square test：df = 12，卡方值为 49.957，sig = 0.000 < 0.05，所以不同收入的居民在“您同学指出您家乡的某一风俗习惯很落后保守，您会做出什么反应”的回答上有显著差异。

I10 by K6

如果您有机会出国，初到国外时，您会有意识地交中国朋友吗 * 收入 Crosstabulation

	无收入	1—1999 元	2000—3999 元	4000 元及以上	总计
会，认为在异国他乡找自己本国人有一种归属感	53.1%	52.0%	47.7%	49.1%	50.2%

续表

	无收入	1—1999 元	2000—3999 元	4000 元及以上	总计
不会，看缘分交朋友，不强调国籍	18.4%	18.0%	22.5%	25.2%	21.1%
不会，会有意识地多交外国朋友	3.8%	3.0%	4.3%	4.7%	3.9%
视情况而定	24.7%	27.0%	25.5%	21.0%	24.9%
总计	100.0%	100.0%	100.0%	100.0%	100.0%
列总计	1269	2331	2553	1640	7793

Chi-square test：df = 9，卡方值为 60.364，sig = 0.000 < 0.05，所以不同收入的居民在“如果您有机会出国，初到国外时，您会有意识地交中国朋友吗”的回答上有显著差异。

I11 by K6

您是否愿意与不同民族的人交往 ＊ 收入 Crosstabulation

	无收入	1—1999 元	2000—3999 元	4000 元及以上	总计
非常不愿意	4.1%	2.2%	2.7%	2.5%	2.7%
不太愿意	17.0%	16.9%	14.6%	16.3%	16.1%
比较愿意	64.7%	73.9%	74.2%	70.1%	71.7%
非常愿意	14.2%	7.0%	8.5%	11.1%	9.5%
总计	100.0%	100.0%	100.0%	100.0%	100.0%
列总计	1234	2281	2492	1619	7626

Chi-square test：df = 9，卡方值为 78.319，sig = 0.000 < 0.05，所以不同收入的居民在“您是否愿意与不同民族的人交往”的回答上有显著差异。

I12 by K6

您是否愿意与不同宗教信仰的人相处 ＊ 收入 Crosstabulation

	无收入	1—1999 元	2000—3999 元	4000 元及以上	总计
非常不愿意	6.1%	3.4%	4.5%	4.1%	4.3%
不太愿意	24.4%	22.9%	22.1%	21.7%	22.6%
比较愿意	60.1%	68.8%	66.2%	66.2%	66.0%
非常愿意	9.4%	5.0%	7.2%	8.0%	7.1%
总计	100.0%	100.0%	100.0%	100.0%	100.0%
列总计	1207	2247	2453	1581	7488

Chi-square test：df = 9，卡方值为 51.141，sig = 0.000 < 0.05，所以不同收入的居民在“您是否愿意与不同宗教信仰的人交往”的回答上有显著差异。

I13 by K6

您与您的邻居平时来往多吗 ＊ 收入 Crosstabulation

	无收入	1—1999 元	2000—3999 元	4000 元及以上	总计
非常多	22.2%	19.5%	16.3%	13.8%	17.7%
比较多	47.8%	53.6%	47.2%	41.9%	48.1%
偶尔	25.1%	24.6%	31.0%	36.5%	29.3%
几乎不来往	4.9%	2.3%	5.5%	7.9%	4.9%
总计	100.0%	100.0%	100.0%	100.0%	100.0%
列总计	1234	2281	2492	1619	7626

Chi-square test：df = 9，卡方值为 185.284，sig = 0.000 < 0.05，所以不同收入的居民在“您与您的邻居平时来往多吗”的回答上有显著差异。

I14a by K6

您在多大程度上愿意和下列群体成为邻居？农民工、进城务工人员 ＊ 收入 Crosstabulation

	无收入	1—1999 元	2000—3999 元	4000 元及以上	总计
非常愿意	15.6%	16.5%	11.9%	11.3%	13.7%
比较愿意	74.6%	76.5%	78.6%	75.4%	76.6%
不太愿意	9.6%	6.6%	9.1%	12.9%	9.2%
很不愿意	0.2%	0.4%	0.5%	0.4%	0.4%
总计	100.0%	100.0%	100.0%	100.0%	100.0%
列总计	1258	2302	2514	1617	7691

Chi-square test：df = 9，卡方值为 73.776，sig = 0.000 < 0.05，所以不同收入的居民在“您在多大程度上愿意和下列群体成为邻居？农民工、进城务工人员”的回答上有显著差异。

I14b by K6

您在多大程度上愿意和下列群体成为邻居？商人 ＊ 收入 Crosstabulation

	无收入	1—1999 元	2000—3999 元	4000 元及以上	总计
非常愿意	10.9%	10.7%	11.1%	11.3%	11.0%
比较愿意	69.5%	72.2%	70.4%	69.1%	70.5%
不太愿意	17.6%	16.3%	17.7%	18.1%	17.4%
很不愿意	1.9%	0.8%	0.8%	1.4%	1.1%
总计	100.0%	100.0%	100.0%	100.0%	100.0%
列总计	1247	2266	2504	1613	7630

Chi-square test：df = 9，卡方值为 17.156，sig = 0.046 < 0.05，所以不同收入的居民在“您在多大程度上愿意和下列群体成为邻居？商人”的回答上有显著差异。

I14c by K6

您在多大程度上愿意和下列群体成为邻居？企业家或高级管理人员 ＊ 收入 Crosstabulation

	无收入	1—1999 元	2000—3999 元	4000 元及以上	总计
非常愿意	15.7%	13.2%	16.2%	17.9%	15.6%
比较愿意	69.6%	72.4%	71.2%	68.0%	70.6%
不太愿意	13.3%	13.4%	11.8%	12.6%	12.7%
很不愿意	1.4%	0.9%	0.7%	1.5%	1.1%
总计	100.0%	100.0%	100.0%	100.0%	100.0%
列总计	1231	2234	2482	1606	7553

Chi-square test：df = 9，卡方值为 26.945，sig = 0.001 < 0.05，所以不同收入的居民在“您在多大程度上愿意和下列群体成为邻居？企业家或高级管理人员”的回答上有显著差异。

I14d by K6

您在多大程度上愿意和下列群体成为邻居？技术工人 ＊ 收入 Crosstabulation

	无收入	1—1999 元	2000—3999 元	4000 元及以上	总计
非常愿意	17.5%	18.0%	20.4%	20.1%	19.1%
比较愿意	74.4%	72.5%	72.8%	69.5%	72.3%
不太愿意	7.6%	8.9%	6.4%	9.1%	7.9%
很不愿意	0.5%	0.7%	0.4%	1.3%	0.7%
总计	100.0%	100.0%	100.0%	100.0%	100.0%
列总计	1234	2281	2492	1619	7626

Chi-square test：df = 9，卡方值为 33.384，sig = 0.000 < 0.05，所以不同收入的居民在“您在多大程度上愿意和下列群体成为邻居？技术工人”的回答上有显著差异。

I14e by K6

您在多大程度上愿意和下列群体成为邻居？教师 ＊ 收入 Crosstabulation

	无收入	1—1999 元	2000—3999 元	4000 元及以上	总计
非常愿意	30.1%	23.9%	28.6%	30.8%	27.9%
比较愿意	65.2%	68.9%	65.7%	62.7%	65.9%
不太愿意	4.1%	6.7%	5.2%	5.3%	5.5%
很不愿意	0.6%	0.5%	0.6%	1.2%	0.7%
总计	100.0%	100.0%	100.0%	100.0%	100.0%

续表

	无收入	1—1999 元	2000—3999 元	4000 元及以上	总计
列总计	1266	2293	2522	1629	7710

Chi-square test：df = 9，卡方值为 45. 047，sig = 0. 000 < 0. 05，所以不同收入的居民在“您在多大程度上愿意和下列群体成为邻居？教师”的回答上有显著差异。

I14f by K6

您在多大程度上愿意和下列群体成为邻居？医生 ＊ 收入 Crosstabulation

	无收入	1—1999 元	2000—3999 元	4000 元及以上	总计
非常愿意	27. 1%	21. 5%	26. 9%	29. 0%	25. 8%
比较愿意	65. 4%	68. 6%	65. 8%	62. 9%	66. 0%
不太愿意	6. 9%	9. 0%	6. 5%	7. 2%	7. 4%
很不愿意	0. 6%	0. 9%	0. 9%	0. 9%	0. 8%
总计	100. 0%	100. 0%	100. 0%	100. 0%	100. 0%
列总计	1264	2277	2521	1622	7684

Chi-square test：df = 9，卡方值为 42. 341，sig = 0. 000 < 0. 05，所以不同收入的居民在“您在多大程度上愿意和下列群体成为邻居？医生”的回答上有显著差异。

I14g by K6

您在多大程度上愿意和下列群体成为邻居？富人 ＊ 收入 Crosstabulation

	无收入	1—1999 元	2000—3999 元	4000 元及以上	总计
非常愿意	13. 9%	10. 8%	12. 9%	14. 3%	12. 7%
比较愿意	55. 2%	59. 3%	56. 6%	55. 4%	56. 9%
不太愿意	26. 5%	26. 0%	25. 3%	24. 6%	25. 6%
很不愿意	4. 3%	4. 0%	5. 2%	5. 7%	4. 8%
总计	100. 0%	100. 0%	100. 0%	100. 0%	100. 0%
列总计	1226	2202	2473	1593	7494

Chi-square test：df = 9，卡方值为 23. 179，sig = 0. 006 < 0. 05，所以不同收入的居民在“您在多大程度上愿意和下列群体成为邻居？富人”的回答上有显著差异。

I14h by K6

您在多大程度上愿意和下列群体成为邻居？土豪 ＊ 收入 Crosstabulation

	无收入	1—1999 元	2000—3999 元	4000 元及以上	总计
非常愿意	9. 9%	8. 5%	10. 1%	11. 2%	9. 8%

续表

	无收入	1—1999 元	2000—3999 元	4000 元及以上	总计
比较愿意	52.4%	52.0%	51.8%	48.8%	51.3%
不太愿意	30.6%	32.6%	30.0%	31.3%	31.1%
很不愿意	7.1%	6.9%	8.1%	8.7%	7.7%
总计	100.0%	100.0%	100.0%	100.0%	100.0%
列总计	1207	2152	2444	1589	7392

Chi-square test：df = 9，卡方值为 17.415，sig = 0.043 < 0.05，所以不同收入的居民在“您在多大程度上愿意和下列群体成为邻居？土豪”的回答上有显著差异。

I14i by K6

您在多大程度上愿意和下列群体成为邻居？专家学者 ＊ 收入 Crosstabulation

	无收入	1—1999 元	2000—3999 元	4000 元及以上	总计
非常愿意	19.4%	13.7%	18.1%	21.5%	17.8%
比较愿意	63.9%	60.8%	60.7%	58.0%	60.7%
不太愿意	13.4%	22.4%	17.4%	15.8%	17.8%
很不愿意	3.3%	3.1%	3.8%	4.7%	3.7%
总计	100.0%	100.0%	100.0%	100.0%	100.0%
列总计	1234	2451	2492	1666	7843

Chi-square test：df = 9，卡方值为 86.294，sig = 0.000 < 0.05，所以不同收入的居民在“您在多大程度上愿意和下列群体成为邻居？专家学者”的回答上有显著差异。

I14j by K6

您在多大程度上愿意和下列群体成为邻居？政府官员 ＊ 收入 Crosstabulation

	无收入	1—1999 元	2000—3999 元	4000 元及以上	总计
非常愿意	13.7%	9.8%	13.1%	14.2%	12.5%
比较愿意	56.2%	55.3%	54.6%	53.5%	54.9%
不太愿意	22.7%	28.1%	24.3%	24.2%	25.1%
很不愿意	7.4%	6.8%	8.0%	8.1%	7.6%
总计	100.0%	100.0%	100.0%	100.0%	100.0%
列总计	1177	2097	2399	1552	7225

Chi-square test：df = 9，卡方值为 32.959，sig = 0.000 < 0.05，所以不同收入的居民在“您在多大程度上愿意和下列群体成为邻居？政府官员”的回答上有显著差异。

I14k by K6

您在多大程度上愿意和下列群体成为邻居？公众人物、演艺人士 ＊ 收入 Crosstabulation

	无收入	1—1999 元	2000—3999 元	4000 元及以上	总计
非常愿意	11.8%	7.0%	9.0%	10.5%	9.2%
比较愿意	54.6%	51.3%	53.0%	47.1%	51.5%
不太愿意	24.8%	31.6%	26.7%	30.3%	28.5%
很不愿意	8.8%	10.2%	11.3%	12.1%	10.7%
总计	100.0%	100.0%	100.0%	100.0%	100.0%
列总计	1119	1968	2274	1480	6841

Chi-square test：df = 9，卡方值为 54.360，sig = 0.000 < 0.05，所以不同收入的居民在“您在多大程度上愿意和下列群体成为邻居？公众人物、演艺人士”的回答上有显著差异。

I15 by K6

您如何看待中国对其他落后国家的广泛援助计划 ＊ 收入 Crosstabulation

	无收入	1—1999 元	2000—3999 元	4000 元及以上	总计
完全支持，认为这有助于提升国家形象和国际地位	44.9%	42.6%	46.1%	49.5%	45.6%
支持，认为我们应该帮助比我们落后的国家	28.8%	25.9%	26.0%	26.7%	26.6%
支持，但国家应该征求纳税人的意见	8.8%	8.6%	10.0%	10.0%	9.4%
不支持，因为我们国家尚存在很多贫困人口	17.5%	23.0%	17.9%	13.8%	18.4%
总计	100.0%	100.0%	100.0%	100.0%	100.0%
列总计	1157	2091	2413	1575	7236

Chi-square test：df = 9，卡方值为 59.119，sig = 0.000 < 0.05，所以不同收入的居民在“您如何看待中国对其他落后国家的广泛援助计划”的回答上有显著差异。

I16 by K6

您听说过一些道德模范的故事吗？您愿意像他们那样做人做事吗 ＊ 收入 Crosstabulation

	无收入	1—1999 元	2000—3999 元	4000 元及以上	总计
知道一些，他们很了不起，应努力向他们学习	54.5%	46.8%	51.7%	54.9%	51.4%

续表

	无收入	1—1999 元	2000—3999 元	4000 元及以上	总计
知道一些，很敬佩他们，但自己学不来	25.6%	27.9%	28.0%	32.1%	28.4%
知道一些，我感到他们那样做有点不值得	3.6%	4.7%	4.9%	4.9%	4.6%
没听说过谁是道德模范和身边好人	16.0%	20.5%	15.4%	8.1%	15.5%
其他	0.3%	0.1%	0.1%		0.1%
总计	100.0%	100.0%	100.0%	100.0%	100.0%
列总计	1296	2368	2570	1651	7885

Chi-square test：df = 12，卡方值为 133.836，sig = 0.000 < 0.05，所以不同收入的居民在“您听说过一些道德模范的故事吗？您愿意像他们那样做人做事吗”的回答上有显著差异。

I17 by K6

当有陌生人走进您的单位或社区，或在车厢中与陌生人在一起时，您通常的态度是 * 收入 Crosstabulation

	无收入	1—1999 元	2000—3999 元	4000 元及以上	总计
对他/她微笑	34.9%	28.7%	32.6%	33.1%	31.9%
主动打招呼	14.4%	14.6%	15.0%	18.5%	15.5%
没有任何反应	31.0%	29.4%	28.9%	30.6%	29.8%
保持警惕，防止上当	19.6%	27.1%	23.3%	17.8%	22.6%
其他	0.1%	0.2%	0.2%	0.1%	0.2%
总计	100.0%	100.0%	100.0%	100.0%	100.0%
列总计	1253	2279	2511	1625	7668

Chi-square test：df = 12，卡方值为 70.023，sig = 0.000 < 0.05，所以不同收入的居民在“当有陌生人走进您的单位或社区，或在车厢中与陌生人在一起时，您通常的态度是”的回答上有显著差异。

I18 by K6

假设您双手抱着东西走进电梯，您觉得电梯里的陌生人可能会怎样 * 收入 Crosstabulation

	无收入	1—1999 元	2000—3999 元	4000 元及以上	总计
主动问您去几楼并帮您按楼层	39.6%	31.2%	36.5%	41.6%	36.6%
当作没看见	16.7%	15.1%	14.4%	13.6%	14.8%
会在您的请求下给予帮助	43.7%	53.7%	49.1%	44.8%	48.6%

续表

	无收入	1—1999 元	2000—3999 元	4000 元及以上	总计
总计	100.0%	100.0%	100.0%	100.0%	100.0%
列总计	1135	2020	2330	1547	7032

Chi-square test：df = 6，卡方值为 55.523，sig = 0.000 < 0.05，所以不同收入的居民在“假设您双手抱着东西走进电梯，您觉得电梯里的陌生人可能会怎样”的回答上有显著差异。

中国伦理道德评价的教育差异

B1a by A4

过去一年，您对纸质报纸的使用情况是 * 受教育程度 Crosstabulation

	初中及以下	高中、中专及职高	大专	本科及以上	总计
从不	73.7%	69.8%	44.5%	32.5%	66.3%
很少	19.3%	19.8%	32.7%	37.2%	22.1%
有时	5.1%	7.6%	15.7%	22.3%	8.5%
经常	1.7%	2.3%	6.2%	6.9%	2.8%
非常频繁	0.1%	0.5%	0.8%	1.0%	0.4%
总计	100.0%	100.0%	100.0%	100.0%	100.0%
列总计	3438	3835	611	763	8647

Chi-square test：df = 12，卡方值为 707.428，sig = 0.000 < 0.05，所以不同受教育程度的居民在“过去一年，您对纸质报纸的使用情况是”这一问题的回答上有显著差异。

B1b by A4

过去一年，您对纸质杂志的使用情况是 * 受教育程度 Crosstabulation

	初中及以下	高中、中专及职高	大专	本科及以上	总计
从不	77.5%	73.9%	48.2%	31.8%	69.8%
很少	16.9%	17.4%	30.7%	36.2%	19.8%
有时	4.5%	6.4%	16.2%	24.7%	8.0%
经常	1.0%	2.0%	4.8%	6.4%	2.2%
非常频繁	0.1%	0.3%	0.2%	0.8%	0.2%
总计	100.0%	100.0%	100.0%	100.0%	100.0%
列总计	3431	3831	610	760	8632

Chi-square test：df = 12，卡方值为 903.813，sig = 0.000 < 0.05，所以不同受教育程度的居民在“过去一年，您对纸质杂志的使用情况是”这一问题的回答上有显著差异。

B1c by A4

过去一年，您对广播的使用情况是 * 受教育程度 Crosstabulation

	初中及以下	高中、中专及职高	大专	本科及以上	总计
从不	67.8%	65.8%	51.7%	40.2%	63.3%

续表

	初中及以下	高中、中专及职高	大专	本科及以上	总计
很少	19.6%	19.7%	25.7%	30.0%	21.0%
有时	9.2%	10.0%	16.2%	21.4%	11.2%
经常	3.0%	4.0%	5.4%	7.3%	4.0%
非常频繁	0.4%	0.4%	1.0%	1.1%	0.5%
总计	100.0%	100.0%	100.0%	100.0%	100.0%
列总计	3421	3825	606	756	8608

Chi-square test：df = 12，卡方值为 274.653，sig = 0.000 < 0.05，所以不同受教育程度的居民在“过去一年，您对广播的使用情况是”这一问题的回答上有显著差异。

B1d by A4

过去一年，您对电视的使用情况是 * 受教育程度 Crosstabulation

	初中及以下	高中、中专及职高	大专	本科及以上	总计
从不	2.4%	2.2%	5.1%	4.0%	2.6%
很少	10.5%	11.5%	14.0%	18.7%	11.9%
有时	22.6%	25.5%	32.0%	33.2%	25.5%
经常	42.5%	42.7%	37.9%	34.0%	41.5%
非常频繁	22.0%	18.1%	11.0%	10.1%	18.4%
总计	100.0%	100.0%	100.0%	100.0%	100.0%
列总计	3438	3837	609	755	8639

Chi-square test：df = 12，卡方值为 183.951，sig = 0.000 < 0.05，所以不同受教育程度的居民在“过去一年，您对电视的使用情况是”这一问题的回答上有显著差异。

B1e by A4

过去一年，您对各种政府网站的使用情况是 * 受教育程度 Crosstabulation

	初中及以下	高中、中专及职高	大专	本科及以上	总计
从不	79.2%	74.1%	42.7%	26.1%	69.6%
很少	13.0%	15.0%	28.2%	31.7%	16.6%
有时	5.1%	7.2%	16.3%	23.7%	8.4%
经常	2.3%	3.0%	10.5%	14.7%	4.3%
非常频繁	0.4%	0.7%	2.3%	3.7%	1.0%

续表

	初中及以下	高中、中专及职高	大专	本科及以上	总计
总计	100.0%	100.0%	100.0%	100.0%	100.0%
列总计	3378	3776	602	754	8510

Chi-square test：df = 12，卡方值为 1180.456，sig = 0.000 < 0.05，所以不同受教育程度的居民在“过去一年，您对各种政府网站的使用情况是”这一问题的回答上有显著差异。

B1f by A4

过去一年，您对社交媒体（微博、微信、博客、播客等）的使用情况是 * 受教育程度 Crosstabulation

	初中及以下	高中、中专及职高	大专	本科及以上	总计
从不	37.9%	34.4%	2.5%	1.6%	30.7%
很少	9.8%	8.7%	3.3%	2.8%	8.2%
有时	16.3%	14.5%	15.7%	9.4%	14.8%
经常	25.3%	27.8%	52.1%	43.2%	29.9%
非常频繁	10.7%	14.6%	26.5%	43.0%	16.4%
总计	100.0%	100.0%	100.0%	100.0%	100.0%
列总计	3408	3823	607	755	8593

Chi-square test：df = 12，卡方值为 1133.524，sig = 0.000 < 0.05，所以不同受教育程度的居民在“过去一年，您对社交媒体（微博、微信、博客、播客等）的使用情况是”这一问题的回答上有显著差异。

B1g by A4

过去一年，您对新媒体（如数字报纸、移动电视等）的使用情况是 * 受教育程度 Crosstabulation

	初中及以下	高中、中专及职高	大专	本科及以上	总计
从不	65.3%	59.9%	27.9%	15.0%	55.8%
很少	16.3%	17.3%	23.1%	18.7%	17.5%
有时	9.8%	10.6%	22.0%	24.7%	12.4%
经常	6.0%	8.5%	18.3%	24.9%	9.7%
非常频繁	2.6%	3.7%	8.6%	16.7%	4.7%
总计	100.0%	100.0%	100.0%	100.0%	100.0%
列总计	3359	3768	605	754	8486

Chi-square test：df = 12，卡方值为 1124.153，sig = 0.000 < 0.05，所以不同受教育程度的居民在“过去一年，您对新媒体（如数字报纸、移动电视等）的使用情况是”这一问题的回答上有显著差异。

B2 by A4

跟五年前相比，您觉得自己的社会经济地位有什么变化 ＊ 受教育程度 Crosstabulation

	初中及以下	高中、中专及职高	大专	本科及以上	总计
上升了	46.8%	48.6%	56.5%	53.4%	48.8%
差不多	45.1%	45.5%	38.7%	40.2%	44.4%
下降了	8.1%	5.9%	4.8%	6.4%	6.8%
总计	100.0%	100.0%	100.0%	100.0%	100.0%
列总计	3309	3624	579	691	8203

Chi-square test：df = 6，卡方值为37.707，sig = 0.000 < 0.05，所以不同受教育程度的居民在“跟五年前相比，您觉得自己的社会经济地位有什么变化”这一问题的回答上有显著差异。

B3 by A4

您感觉在未来的五年中，您的生活水平将会有什么变化 ＊ 受教育程度 Crosstabulation

	初中及以下	高中、中专及职高	大专	本科及以上	总计
上升很多	16.3%	16.9%	24.9%	29.4%	18.4%
略有上升	63.7%	65.6%	63.3%	59.5%	64.1%
没有变化	16.1%	14.6%	9.5%	8.3%	14.3%
略有下降	3.0%	2.4%	1.4%	1.4%	2.5%
下降很多	0.9%	0.6%	0.9%	1.3%	0.8%
总计	100.0%	100.0%	100.0%	100.0%	100.0%
列总计	3023	3310	559	697	7589

Chi-square test：df = 12，卡方值为120.143，sig = 0.000 < 0.05，所以不同受教育程度的居民在“您感觉在未来的五年中，您的生活水平将会有什么变化”这一问题的回答上有显著差异。

B4 by A4

总的来说，您觉得目前的生活幸福吗 ＊ 受教育程度 Crosstabulation

	初中及以下	高中、中专及职高	大专	本科及以上	总计
非常不幸福	1.4%	1.2%	1.3%	1.2%	1.3%
不太幸福	5.9%	4.6%	2.9%	3.5%	4.9%
谈不上幸福不幸福	22.1%	19.9%	16.6%	16.7%	20.3%
比较幸福	58.4%	63.6%	62.2%	61.7%	61.3%
非常幸福	12.1%	10.6%	17.0%	16.8%	12.2%

续表

	初中及以下	高中、中专及职高	大专	本科及以上	总计
总计	100.0%	100.0%	100.0%	100.0%	100.0%
列总计	3459	3855	613	766	8693

Chi-square test：df = 12，卡方值为71.920，sig = 0.000 < 0.05，所以不同受教育程度的居民在“总的来说，您觉得目前的生活幸福吗”这一问题的回答上有显著差异。

B5 by A4

您对自己目前的生活状态满意吗 ＊ 受教育程度 Crosstabulation

	初中及以下	高中、中专及职高	大专	本科及以上	总计
非常满意	12.1%	11.8%	15.4%	15.4%	12.5%
比较满意	71.6%	74.3%	74.3%	69.3%	72.8%
不太满意	15.2%	13.2%	10.1%	14.4%	13.9%
非常不满意	1.1%	0.7%	0.2%	0.9%	0.9%
总计	100.0%	100.0%	100.0%	100.0%	100.0%
列总计	3406	3789	602	755	8552

Chi-square test：df = 9，卡方值为32.823，sig = 0.000 < 0.05，所以不同受教育程度的居民在“您对自己目前的生活状态满意吗”这一问题的回答上有显著差异。

B6 by A4

社会上发生的一些事情，您一般是从什么渠道最先知道 ＊ 受教育程度 Crosstabulation

	初中及以下	高中、中专及职高	大专	本科及以上	总计
电视	77.7%	53.4%	36.1%	28.8%	64.6%
报纸	2.4%	4.2%	4.9%	4.8%	3.2%
电台广播	2.2%	2.0%	1.3%	2.4%	2.1%
微博、微信等网络社交媒介	25.1%	51.2%	62.3%	62.5%	37.4%
网络	14.3%	40.1%	52.8%	60.8%	27.4%
和朋友亲友同事交谈	33.0%	17.4%	14.8%	9.9%	25.9%
单位传达	0.4%	0.9%	2.8%	3.4%	0.9%
列总计	5182	2100	610	765	8657

据上表所示，不同受教育程度的居民在“社会上发生的一些事情，您一般是从什么渠道最先知道”这一问题的回答上有显著差异。

B7 by A4

从网络中获得的信息对您的思想行为有多大程度的影响 * 受教育程度 Crosstabulation

	初中及以下	高中、中专及职高	大专	本科及以上	总计
影响很大	16.3%	23.3%	33.4%	27.3%	22.1%
有一些影响	53.9%	53.1%	49.2%	57.9%	53.6%
影响很小	23.0%	18.5%	14.5%	11.6%	19.0%
完全没有影响	6.9%	5.1%	2.8%	3.2%	5.3%
总计	100.0%	100.0%	100.0%	100.0%	100.0%
列总计	2357	2707	598	758	6420

Chi-square test：df=9，卡方值为169.513，sig =0.000<0.05，所以不同受教育程度的居民在“从网络中获得的信息对您的思想行为有多大程度的影响”这一问题的回答上有显著差异。

B8 by A4

您认为中国梦和您个人、家庭追求美好生活有多大程度的关系 * 受教育程度 Crosstabulation

	初中及以下	高中、中专及职高	大专	本科及以上	总计
关系很大	28.2%	33.9%	55.5%	60.8%	35.5%
关系不大	38.7%	37.2%	33.4%	29.9%	36.9%
根本没有关系	10.1%	9.4%	5.9%	6.3%	9.2%
不清楚什么是中国梦	23.0%	19.4%	5.2%	3.0%	18.4%
总计	100.0%	100.0%	100.0%	100.0%	100.0%
列总计	3459	3858	611	765	8693

Chi-square test：df=9，卡方值为492.024，sig =0.000<0.05，所以不同受教育程度的居民在“您认为中国梦和您个人、家庭追求美好生活有多大程度的关系”这一问题的回答上有显著差异。

B9 by A4

您对当前我国社会道德状况的总体满意度是 * 受教育程度 Crosstabulation

	初中及以下	高中、中专及职高	大专	本科及以上	总计
非常满意	5.7%	7.5%	9.2%	7.6%	6.9%
比较满意	67.7%	67.8%	66.4%	58.0%	66.8%
不太满意	24.1%	22.2%	21.9%	30.8%	23.7%
非常不满意	2.6%	2.4%	2.5%	3.6%	2.6%
总计	100.0%	100.0%	100.0%	100.0%	100.0%

续表

	初中及以下	高中、中专及职高	大专	本科及以上	总计
列总计	3280	3642	598	753	8273

Chi-square test：df = 9，卡方值为 47.471，sig = 0.014 < 0.05，所以不同受教育程度的居民在“您对当前我国社会道德状况的总体满意度是”这一问题的回答上有显著差异。

B10 by A4

您对当前我国社会人与人之间的关系的总体满意度是 * 受教育程度 Crosstabulation

	初中及以下	高中、中专及职高	大专	本科及以上	总计
非常满意	4.8%	6.3%	8.8%	7.3%	6.0%
比较满意	68.9%	69.0%	64.7%	60.3%	67.9%
不太满意	24.5%	23.0%	25.0%	29.7%	24.3%
非常不满意	1.8%	1.7%	1.5%	2.7%	1.8%
总计	100.0%	100.0%	100.0%	100.0%	100.0%
列总计	3289	3681	601	754	8325

Chi-square test：df = 9，卡方值为 42.422，sig = 0.000 < 0.05，所以不同受教育程度的居民在“您对当前我国社会人与人之间的关系的总体满意度是”这一问题的回答上有显著差异。

B11 by A4

您对自己的道德状况的满意度是 * 受教育程度 Crosstabulation

	初中及以下	高中、中专及职高	大专	本科及以上	总计
非常满意	14.1%	15.1%	20.4%	17.4%	15.3%
比较满意	78.4%	78.5%	73.7%	73.6%	77.7%
不太满意	6.7%	6.1%	5.5%	8.4%	6.5%
非常不满意	0.8%	0.4%	0.5%	0.5%	0.6%
总计	100.0%	100.0%	100.0%	100.0%	100.0%
列总计	3306	3693	604	758	8361

Chi-square test：df = 9，卡方值为 32.157，sig = 0.000 < 0.05，所以不同受教育程度的居民在“您对自己的道德状况的满意度是”这一问题的回答上有显著差异。

B12 by A4

您觉得今后中国社会的道德状况会变成什么样 * 受教育程度 Crosstabulation

	初中及以下	高中、中专及职高	大专	本科及以上	总计
越来越差	5.5%	5.3%	7.7%	5.9%	5.6%

续表

	初中及以下	高中、中专及职高	大专	本科及以上	总计
不变	11.5%	10.7%	7.7%	9.4%	10.7%
越来越好	70.3%	70.7%	76.8%	76.4%	71.5%
不知道	12.6%	13.3%	7.8%	8.4%	12.2%
总计	100.0%	100.0%	100.0%	100.0%	100.0%
列总计	3457	3863	613	766	8699

Chi-square test：df = 9，卡方值为 43.026，sig = 0.000 < 0.05，所以不同受教育程度的居民在“您觉得今后中国社会的道德状况会变成什么样”这一问题的回答上有显著差异。

B13 by A4

您认为我国目前人与人之间的关系受什么影响 * 受教育程度 Crosstabulation

	初中及以下	高中、中专及职高	大专	本科及以上	总计
利益	65.4%	63.9%	60.5%	61.9%	64.3%
情感	50.5%	43.8%	42.0%	41.8%	47.4%
国家倡导的主流价值观	19.0%	24.1%	26.5%	30.2%	21.9%
中国传统价值观	23.8%	28.3%	32.9%	27.3%	25.9%
西方价值观	2.4%	4.7%	4.7%	6.4%	3.5%
列总计	4812	2051	593	751	8207

据上表所示，不同受教育程度的居民在“您认为我国目前人与人之间的关系受什么影响”这一问题的回答上有显著差异。

B14 by A4

对中国社会，您最担忧的问题是 * 受教育程度 Crosstabulation

	初中及以下	高中、中专及职高	大专	本科及以上	总计
腐败不能根治	38.7%	44.0%	38.8%	33.0%	39.5%
生态环境恶化	36.5%	41.0%	42.4%	43.7%	38.6%
分配不公，两极分化	16.7%	17.2%	21.3%	29.8%	18.3%
老无所养，未来没有把握	31.3%	23.9%	19.0%	16.0%	27.2%
生活水平下降	25.4%	19.7%	17.7%	14.0%	22.4%
道德滑坡，社会风气恶化	12.4%	18.0%	22.6%	26.8%	15.8%
人际关系紧张	12.5%	16.2%	17.5%	18.2%	14.3%
列总计	5017	2085	606	758	8466

据上表所示，不同受教育程度的居民在“对中国社会，您最担忧的问题是”这一问题的回答上有显著差异。

B15 by A4

对伦理关系和道德生活，您最向往的是 * 受教育程度 Crosstabulation

	初中及以下	高中、中专及职高	大专	本科及以上	总计
传统社会的伦理和道德（如仁、义、礼、智、信）	62.3%	60.0%	53.2%	55.9%	60.1%
战争年代为理想而献身的革命精神（如革命烈士无私献身精神）	15.2%	16.0%	17.1%	13.0%	15.5%
新中国成立后到“文化大革命”前的大公无私的集体主义精神	9.9%	9.5%	9.8%	9.8%	9.7%
追求个人利益的市场经济下的道德	9.1%	10.3%	11.8%	11.7%	10.0%
西方道德（如个人主义、实用主义、功利主义）	1.6%	2.2%	5.2%	6.4%	2.6%
其他	1.9%	2.0%	2.8%	3.3%	2.1%
总计	100.0%	100.0%	100.0%	100.0%	100.0%
列总计	3318	3761	601	755	8435

Chi-square test：df = 15，卡方值为 101.395，sig = 0.000 < 0.05，所以不同受教育程度的居民在“对伦理关系和道德生活，您最向往的是”这一问题的回答上有显著差异。

B16a by A4

您认为当前我国社会道德生活中重要的内容是什么？最重要 * 受教育程度 Crosstabulation

	初中及以下	高中、中专及职高	大专	本科及以上	总计
意识形态中所提倡的社会主义道德	22.9%	23.0%	25.2%	29.1%	23.7%
中国传统道德	53.1%	50.0%	44.9%	44.7%	50.4%
西方文化影响而形成的道德	7.9%	8.3%	9.2%	9.1%	8.3%
市场经济中形成的道德	16.0%	18.6%	20.5%	17.0%	17.6%
其他	0.1%	0.1%	0.2%	0.1%	0.1%
总计	100.0%	100.0%	100.0%	100.0%	100.0%
列总计	3258	3704	606	759	8327

Chi-square test：df = 12，卡方值为 37.191，sig = 0.000 < 0.05，所以不同受教育程度的居民在“您认为当前我国社会道德生活中重要的内容是什么？最重要”这一问题的回答上有显著差异。

B16b by A4

您认为当前我国社会道德生活中重要的内容是什么？第二重要 * 受教育程度 Crosstabulation

	初中及以下	高中、中专及职高	大专	本科及以上	总计
意识形态中所提倡的社会主义道德	41.7%	41.1%	39.5%	40.2%	41.1%

续表

	初中及以下	高中、中专及职高	大专	本科及以上	总计
中国传统道德	29.2%	29.8%	29.1%	29.4%	29.5%
西方文化影响而形成的道德	8.1%	8.8%	12.4%	9.9%	8.9%
市场经济中形成的道德	20.9%	20.3%	18.8%	20.4%	20.4%
其他	0.1%	0.1%	0.2%		0.1%
总计	100.0%	100.0%	100.0%	100.0%	100.0%
列总计	3071	3554	597	744	7966

Chi-square test：df = 12，卡方值为 14.700，sig = 0.258 > 0.05，所以不同受教育程度的居民在“您认为当前我国社会道德生活中重要的内容是什么？第二重要”这一问题的回答上没有显著差异。

B16c by A4

您认为当前我国社会道德生活中重要的内容是什么？第三重要 * 受教育程度 Crosstabulation

	初中及以下	高中、中专及职高	大专	本科及以上	总计
意识形态中所提倡的社会主义道德	27.5%	28.5%	27.9%	22.8%	27.5%
中国传统道德	14.7%	15.9%	16.5%	15.7%	15.5%
西方文化影响而形成的道德	13.2%	13.8%	18.4%	20.7%	14.6%
市场经济中形成的道德	44.5%	41.8%	37.1%	40.8%	42.4%
其他					
总计	100.0%	100.0%	100.0%	100.0%	100.0%
列总计	2982	3463	587	731	7763

Chi-square test：df = 12，卡方值为 46.553，sig = 0.000 < 0.05，所以不同受教育程度的居民在“您认为当前我国社会道德生活中重要的内容是什么？第三重要”这一问题的回答上有显著差异。

B17 by A4

您认为目前我国社会中伦理道德对人际关系的调节能力如何 * 受教育程度 Crosstabulation

	初中及以下	高中、中专及职高	大专	本科及以上	总计
良好	17.7%	18.4%	22.0%	15.9%	18.2%
一般	57.3%	58.3%	56.4%	65.2%	58.4%
很差	11.9%	10.5%	9.7%	8.5%	10.8%
几乎没有，一切都听从利益支配	13.1%	12.8%	11.9%	10.4%	12.6%
总计	100.0%	100.0%	100.0%	100.0%	100.0%

续表

	初中及以下	高中、中专及职高	大专	本科及以上	总计
列总计	3011	3379	587	742	7719

Chi-square test：df = 9，卡方值为 25.917，sig = 0.002 < 0.05，所以不同受教育程度的居民在“您认为目前我国社会中伦理道德对人际关系的调节能力如何”这一问题的回答上有显著差异。

B18 by A4

您认为目前我国社会中伦理道德对个人行为的约束能力如何 * 受教育程度 Crosstabulation

	初中及以下	高中、中专及职高	大专	本科及以上	总计
良好	16.4%	17.0%	23.0%	14.7%	17.0%
一般	57.5%	57.8%	54.6%	62.8%	58.0%
很差	13.4%	13.6%	11.0%	12.6%	13.2%
几乎没有，一切都听从利益支配	12.7%	11.6%	11.3%	9.9%	11.9%
总计	100.0%	100.0%	100.0%	100.0%	100.0%
列总计	3027	3380	582	740	7729

Chi-square test：df = 9，卡方值为 26.924，sig = 0.001 < 0.05，所以不同受教育程度的居民在“您认为目前我国社会中伦理道德对个人行为的约束能力如何”这一问题的回答上有显著差异。

B19 by A4

您认为当今中国社会最基本的伦理冲突是 * 受教育程度 Crosstabulation

	初中及以下	高中、中专及职高	大专	本科及以上	总计
人与自然的冲突	21.4%	24.1%	25.1%	22.5%	22.4%
人与自身的冲突	30.3%	35.4%	31.4%	25.3%	31.2%
人与人之间的冲突	45.9%	45.9%	47.6%	49.6%	46.3%
个人与社会的冲突	29.8%	28.6%	32.7%	42.7%	30.9%
个人与政府的冲突	6.9%	7.9%	7.7%	9.6%	7.5%
列总计	4952	2073	609	764	8398

据上表所示，不同受教育程度的居民在“您认为当今中国社会最基本的伦理冲突是”这一问题的回答上有显著差异。

B20a by A4

在下列关系中，您认为哪些关系对您来说最重要？第一位 * 受教育程度 Crosstabulation

	初中及以下	高中、中专及职高	大专	本科及以上	总计
父母与子女	69.0%	66.2%	70.0%	65.4%	67.5%
夫妇	20.7%	22.7%	16.6%	19.2%	21.2%
兄弟姐妹	1.1%	1.5%	1.0%	1.6%	1.3%
同事或同学	2.2%	2.2%	2.4%	3.0%	2.3%
上级或下级	1.0%	1.1%	0.7%	1.0%	1.0%
师生	0.1%	0.2%	0.3%		0.1%
人与自然的关系	1.2%	0.9%	0.8%	0.9%	1.0%
个人与社会	0.8%	1.0%	1.5%	1.2%	1.0%
个人与国家	1.7%	1.6%	3.6%	2.1%	1.8%
个人与工作单位	1.2%	0.9%	1.0%	1.6%	1.1%
通过网络建立的各种“群”的关系	0.1%	0.1%			0.1%
朋友	0.3%	0.4%	0.7%	0.5%	0.4%
个人与自身的关系（身心和谐）	0.7%	1.1%	1.5%	3.4%	1.2%
其他	0.1%			0.1%	
总计	100.0%	100.0%	100.0%	100.0%	100.0%
列总计	3469	3868	614	766	8717

Chi-square test：df = 39，卡方值为 90.594，sig = 0.000 < 0.05，所以不同受教育程度的居民在“在下列关系中，您认为哪些关系对您来说最重要？第一位”这一问题的回答上有显著差异。

B20b by A4

在下列关系中，您认为哪些关系对您来说最重要？第二位 * 受教育程度 Crosstabulation

	初中及以下	高中、中专及职高	大专	本科及以上	总计
父母与子女	22.4%	24.8%	21.6%	25.3%	23.7%
夫妇	56.5%	49.6%	45.4%	38.4%	51.1%
兄弟姐妹	10.6%	11.4%	14.3%	17.9%	11.8%
同事或同学	3.2%	4.5%	6.1%	5.6%	4.2%
上级或下级	1.1%	1.4%	1.6%	1.6%	1.3%
师生	0.4%	1.0%	1.1%	1.2%	0.8%
人与自然的关系	1.3%	1.8%	2.5%	1.3%	1.6%

续表

	初中及以下	高中、中专及职高	大专	本科及以上	总计
个人与社会	1.1%	1.2%	2.3%	0.9%	1.2%
个人与国家	1.0%	1.1%	1.8%	2.0%	1.2%
个人与工作单位	1.0%	1.4%	2.1%	2.1%	1.3%
通过网络建立的各种“群”的关系	0.1%	0.1%			0.1%
朋友	0.8%	1.1%	0.8%	3.0%	1.1%
个人与自身的关系（身心和谐）	0.5%	0.5%	0.3%	0.8%	0.5%
其他		0.1%			
总计	100.0%	100.0%	100.0%	100.0%	100.0%
列总计	3440	3849	610	766	8665

Chi-square test：df = 39，卡方值为181.447，sig = 0.000 < 0.05，所以不同受教育程度的居民在“在下列关系中，您认为哪些关系对您来说最重要？第二位”这一问题的回答上有显著差异。

B20c by A4

在下列关系中，您认为哪些关系对您来说最重要？第三位 * 受教育程度 Crosstabulation

	初中及以下	高中、中专及职高	大专	本科及以上	总计
父母与子女	3.1%	3.4%	3.1%	3.9%	3.3%
夫妇	8.3%	8.0%	8.4%	12.7%	8.5%
兄弟姐妹	59.2%	53.1%	43.2%	39.4%	53.6%
同事或同学	6.5%	8.0%	13.0%	13.7%	8.2%
上级或下级	3.2%	4.5%	5.3%	4.6%	4.0%
师生	2.0%	2.6%	4.1%	2.3%	2.5%
人与自然的关系	3.1%	3.7%	4.1%	3.4%	3.5%
个人与社会	3.8%	4.9%	4.9%	5.0%	4.5%
个人与国家	3.7%	3.6%	3.8%	2.0%	3.5%
个人与工作单位	1.8%	2.0%	3.6%	4.0%	2.2%
通过网络建立的各种“群”的关系	0.2%	0.4%	0.2%	0.3%	0.3%
朋友	4.0%	4.1%	4.9%	6.8%	4.4%
个人与自身的关系（身心和谐）	1.1%	1.8%	1.5%	2.0%	1.5%
其他					
总计	100.0%	100.0%	100.0%	100.0%	100.0%
列总计	3426	3838	609	766	8639

Chi-square test：df = 39，卡方值为216.406，sig = 0.000 < 0.05，所以不同受教育程度的居民在“在下列关系中，您认为哪些关系对您来说最重要？第三位”这一问题的回答上有显著差异。

B20d by A4

在下列关系中，您认为哪些关系对您来说最重要？第四位 * 受教育程度 Crosstabulation

	初中及以下	高中、中专及职高	大专	本科及以上	总计
父母与子女	1.4%	1.4%	1.0%	1.2%	1.3%
夫妇	3.1%	4.5%	4.5%	3.5%	3.8%
兄弟姐妹	5.8%	4.9%	7.8%	6.0%	5.6%
同事或同学	18.2%	18.1%	21.1%	21.9%	18.7%
上级或下级	5.0%	5.2%	7.3%	6.4%	5.4%
师生	4.5%	5.0%	5.1%	8.3%	5.1%
人与自然的关系	6.8%	8.6%	6.1%	4.2%	7.3%
个人与社会	12.0%	11.4%	10.2%	10.6%	11.5%
个人与国家	6.6%	5.3%	4.3%	6.2%	5.8%
个人与工作单位	7.0%	9.0%	12.9%	10.6%	8.6%
通过网络建立的各种“群”的关系	0.8%	0.7%	1.0%	0.8%	0.8%
朋友	26.1%	23.0%	16.0%	16.5%	23.2%
个人与自身的关系（身心和谐）	2.6%	2.9%	2.8%	3.8%	2.9%
其他	0.1%				
总计	100.0%	100.0%	100.0%	100.0%	100.0%
列总计	3361	3798	606	763	8528

Chi-square test：df = 39，卡方值为 155.163，sig = 0.000 < 0.05，所以不同受教育程度的居民在“在下列关系中，您认为哪些关系对您来说最重要？第四位”这一问题的回答上有显著差异。

B20e by A4

在下列关系中，您认为哪些关系对您来说最重要？第五位 * 受教育程度 Crosstabulation

	初中及以下	高中、中专及职高	大专	本科及以上	总计
父母与子女	0.6%	0.7%	1.0%	0.7%	0.7%
夫妇	1.7%	1.5%	2.2%	1.7%	1.6%
兄弟姐妹	3.5%	3.0%	3.0%	3.2%	3.2%
同事或同学	11.4%	11.4%	10.8%	13.3%	11.5%
上级或下级	5.9%	5.4%	7.3%	9.8%	6.1%
师生	6.0%	7.1%	4.1%	7.8%	6.5%
人与自然的关系	5.4%	5.5%	5.3%	4.5%	5.3%

续表

	初中及以下	高中、中专及职高	大专	本科及以上	总计
个人与社会	15.3%	14.4%	13.7%	12.8%	14.6%
个人与国家	11.5%	10.6%	9.3%	10.4%	10.9%
个人与工作单位	8.1%	8.9%	12.9%	12.1%	9.2%
通过网络建立的各种“群”的关系	2.6%	2.9%	2.6%	2.8%	2.7%
朋友	22.8%	22.4%	22.7%	15.7%	22.0%
个人与自身的关系（身心和谐）	5.1%	6.0%	5.1%	5.3%	5.6%
其他	0.2%	0.2%			0.2%
总计	100.0%	100.0%	100.0%	100.0%	100.0%
列总计	3303	3745	604	758	8410

Chi-square test：df = 39，卡方值为 88.665，sig = 0.000 < 0.05，所以不同受教育程度的居民在“在下列关系中，您认为哪些关系对您来说最重要？第五位”这一问题的回答上有显著差异。

B21 by A4

您认为哪一种关系对社会秩序最具根本性意义 ＊ 受教育程度 Crosstabulation

	初中及以下	高中、中专及职高	大专	本科及以上	总计
家庭关系或血缘关系	36.1%	31.4%	27.1%	27.0%	32.6%
个人与社会的关系	44.3%	48.3%	49.0%	48.0%	46.7%
职业关系	4.3%	4.3%	6.4%	5.6%	4.6%
个人与国家民族的关系	10.0%	10.4%	10.5%	12.4%	10.5%
人与自然的关系	2.0%	2.0%	2.8%	1.7%	2.0%
个人与自身的关系	3.3%	3.6%	4.2%	5.2%	3.7%
总计	100.0%	100.0%	100.0%	100.0%	100.0%
列总计	3439	3834	612	764	8649

Chi-square test：df = 15，卡方值为 55.448，sig = 0.000 < 0.05，所以不同受教育程度的居民在“您认为哪一种关系对社会秩序最具根本性意义”这一问题的回答上有显著差异。

B22 by A4

您认为哪一种关系对个人生活最具根本性意义 ＊ 受教育程度 Crosstabulation

	初中及以下	高中、中专及职高	大专	本科及以上	总计
家庭关系或血缘关系	56.2%	53.3%	52.5%	52.2%	54.3%
个人与社会的关系	19.5%	19.6%	21.8%	20.8%	19.8%
职业关系	12.6%	13.3%	12.3%	9.2%	12.6%

续表

	初中及以下	高中、中专及职高	大专	本科及以上	总计
个人与国家民族的关系	4.6%	5.0%	5.2%	5.5%	4.9%
人与自然的关系	1.9%	2.1%	1.6%	1.2%	1.9%
个人与自身的关系	5.1%	6.9%	6.6%	11.1%	6.5%
总计	100.0%	100.0%	100.0%	100.0%	100.0%
列总计	3448	3838	610	764	8660

Chi-square test：df = 15，卡方值为 55.470，sig = 0.000 < 0.05，所以不同受教育程度的居民在“您认为哪一种关系对个人生活最具根本性意义”这一问题的回答上有显著差异。

B23a by A4

对于个人而言，您认为家庭、社会和国家三者的重要性程度如何？第一位 * 受教育程度 Crosstabulation

	初中及以下	高中、中专及职高	大专	本科及以上	总计
国家	46.9%	44.6%	51.3%	43.4%	45.9%
社会	5.6%	6.3%	4.3%	5.4%	5.8%
家庭	47.5%	49.1%	44.4%	51.2%	48.3%
总计	100.0%	100.0%	100.0%	100.0%	100.0%
列总计	3458	3857	610	765	8690

Chi-square test：df = 6，卡方值为 16.361，sig = 0.012 < 0.05，所以不同受教育程度的居民在“对于个人而言，您认为家庭、社会和国家三者的重要性程度如何？第一位”这一问题的回答上有显著差异。

B23b by A4

对于个人而言，您认为家庭、社会和国家三者的重要性程度如何？第二位 * 受教育程度 Crosstabulation

	初中及以下	高中、中专及职高	大专	本科及以上	总计
国家	33.8%	34.5%	28.6%	32.8%	33.6%
社会	22.4%	25.4%	30.1%	30.2%	25.0%
家庭	43.8%	40.2%	41.2%	37.0%	41.4%
总计	100.0%	100.0%	100.0%	100.0%	100.0%
列总计	3447	3852	611	762	8672

Chi-square test：df = 6，卡方值为 39.170，sig = 0.000 < 0.05，所以不同受教育程度的居民在“对于个人而言，您认为家庭、社会和国家三者的重要性程度如何？第二位”这一问题的回答上有显著差异。

B24a by A4

请根据您的理解选择对下列陈述的评价：信息技术、网络技术的发展对伦理道德的影响 * 受教育程度 Crosstabulation

	初中及以下	高中、中专及职高	大专	本科及以上	总计
消极影响	15.8%	15.4%	15.9%	16.3%	15.7%
没有影响	32.6%	30.6%	22.3%	18.2%	29.4%
积极影响	51.7%	53.9%	61.8%	65.5%	54.9%
总计	100.0%	100.0%	100.0%	100.0%	100.0%
列总计	2183	2505	503	576	5767

Chi-square test：df = 6，卡方值为 62.796，sig = 0.000 < 0.05，所以不同受教育程度的居民在“信息技术、网络技术的发展对伦理道德的影响”这一问题的回答上有显著差异。

B24b by A4

请根据您的理解选择对下列陈述的评价：市场经济对我国伦理道德的影响 * 受教育程度 Crosstabulation

	初中及以下	高中、中专及职高	大专	本科及以上	总计
消极影响	13.6%	15.0%	16.4%	20.9%	15.2%
没有影响	26.6%	26.4%	22.6%	18.4%	25.3%
积极影响	59.9%	58.6%	61.0%	60.7%	59.5%
总计	100.0%	100.0%	100.0%	100.0%	100.0%
列总计	2088	2519	500	583	5690

Chi-square test：df = 6，卡方值为 32.782，sig = 0.000 < 0.05，所以不同受教育程度的居民在“市场经济对我国伦理道德的影响”这一问题的回答上有显著差异。

B24c by A4

请根据您的理解选择对下列陈述的评价：西方文化对我国伦理道德的影响 * 受教育程度 Crosstabulation

	初中及以下	高中、中专及职高	大专	本科及以上	总计
消极影响	19.9%	22.2%	23.8%	26.2%	21.9%
没有影响	38.4%	33.6%	26.5%	20.5%	33.4%
积极影响	41.7%	44.1%	49.8%	53.2%	44.7%
总计	100.0%	100.0%	100.0%	100.0%	100.0%
列总计	1946	2329	480	541	5296

Chi-square test：df = 6，卡方值为 73.047，sig = 0.000 < 0.05，所以不同受教育程度的居民在“西方文化对我国伦理道德的影响”这一问题的回答上有显著差异。

B25 by A4

如果国外报道与国家主流媒体的宣传内容不一致，您倾向于相信 ＊ 受教育程度 Crosstabulation

	初中及以下	高中、中专及职高	大专	本科及以上	总计
主流媒体	72.9%	68.1%	65.6%	53.6%	68.5%
国外报道	3.2%	4.2%	5.5%	7.3%	4.1%
谁都不相信，自己判断	23.9%	27.7%	28.9%	39.1%	27.3%
总计	100.0%	100.0%	100.0%	100.0%	100.0%
列总计	3157	3500	584	714	7955

Chi-square test：df = 6，卡方值为 109.430，sig = 0.000 < 0.05，所以不同受教育程度的居民在“如果国外报道与国家主流媒体的宣传内容不一致，您倾向于相信”这一问题的回答上有显著差异。

B26 by A4

如果朋友圈的消息与国家主流媒体的报道不一致，您倾向于相信 ＊ 受教育程度 Crosstabulation

	初中及以下	高中、中专及职高	大专	本科及以上	总计
主流媒体	62.7%	59.5%	57.7%	47.8%	59.6%
朋友圈/亲朋圈子	8.7%	9.2%	10.5%	9.7%	9.1%
都不相信，自己比较判断	27.4%	30.6%	31.5%	42.2%	30.4%
其他	1.2%	0.7%	0.3%	0.3%	0.8%
总计	100.0%	100.0%	100.0%	100.0%	100.0%
列总计	3404	3810	610	761	8585

Chi-square test：df = 9，卡方值为 82.262，sig = 0.000 < 0.05，所以不同受教育程度的居民在“如果朋友圈的消息与国家主流媒体的宣传内容不一致，您倾向于相信”这一问题的回答上有显著差异。

C1 by A4

您认为当前中国社会个人道德素质的主要问题是 ＊ 受教育程度 Crosstabulation

	初中及以下	高中、中专及职高	大专	本科及以上	总计
道德上无知	14.3%	13.5%	9.7%	9.2%	13.2%
有道德知识，但不见诸行动	68.8%	68.0%	73.1%	75.7%	69.3%
道德上既无知，也不见道德行动	16.2%	17.8%	16.3%	13.9%	16.7%
其他	0.8%	0.7%	1.0%	1.2%	0.8%

续表

	初中及以下	高中、中专及职高	大专	本科及以上	总计
总计	100.0%	100.0%	100.0%	100.0%	100.0%
列总计	3372	3794	609	761	8536

Chi-square test：df = 9，卡方值为 34.637，sig = 0.000 < 0.05，所以不同受教育程度的居民在“您认为当前中国社会个人道德素质的主要问题是”这一问题的回答上有显著差异。

C2 by A4

您根据什么来判断某种行为是否符合伦理或道德 * 受教育程度 Crosstabulation

	初中及以下	高中、中专及职高	大专	本科及以上	总计
传统道德观念	50.3%	51.6%	53.3%	55.9%	51.3%
风俗习惯	49.4%	48.8%	45.0%	37.3%	47.9%
大多数人认同的道德规范	34.2%	35.9%	37.6%	40.2%	35.4%
当事人共同利益和意志	15.3%	22.1%	23.6%	24.3%	18.3%
自己的良心	59.3%	54.3%	52.5%	52.8%	57.0%
意识形态的要求	5.1%	11.0%	14.5%	20.1%	8.5%
列总计	5119	2084	606	758	8567

据上表所示，不同受教育程度的居民在“您根据什么来判断某种行为是否符合伦理或道德”这一问题的回答上有显著差异。

C3a by A4

我会经常关心比我不幸的人 * 受教育程度 Crosstabulation

	初中及以下	高中、中专及职高	大专	本科及以上	总计
完全不符合	2.9%	2.8%	2.9%	4.3%	3.0%
有点符合	29.9%	32.0%	30.4%	26.6%	30.6%
一般	33.2%	33.7%	31.6%	31.5%	33.2%
比较符合	28.9%	27.5%	30.0%	31.7%	28.6%
完全符合	5.0%	4.0%	5.1%	5.9%	4.7%
总计	100.0%	100.0%	100.0%	100.0%	100.0%
列总计	3429	3829	611	764	8633

Chi-square test：df = 12，卡方值为 25.319，sig = 0.013 < 0.05，所以不同受教育程度的居民在“我会经常关心比我不幸的人”这一问题的回答上有显著差异。

C3b by A4

我时常会同情他人的难处 ＊ 受教育程度 Crosstabulation

	初中及以下	高中、中专及职高	大专	本科及以上	总计
完全不符合	2.3%	1.8%	2.0%	2.1%	2.0%
有点符合	27.9%	31.1%	27.6%	23.7%	28.9%
一般	35.8%	34.2%	32.1%	29.7%	34.3%
比较符合	26.4%	25.1%	30.6%	35.1%	26.9%
完全符合	7.6%	7.8%	7.7%	9.5%	7.9%
总计	100.0%	100.0%	100.0%	100.0%	100.0%
列总计	3422	3833	608	761	8624

Chi-square test：df = 12，卡方值为 54.624，sig = 0.000 < 0.05，所以不同受教育程度的居民在“我时常会同情他人的难处”这一问题的回答上有显著差异。

C3c by A4

在做决定前，我会试着从每个人的立场去考虑问题 ＊ 受教育程度 Crosstabulation

	初中及以下	高中、中专及职高	大专	本科及以上	总计
完全不符合	3.0%	2.9%	2.8%	3.3%	3.0%
有点符合	25.2%	25.6%	24.6%	18.8%	24.8%
一般	39.1%	39.7%	34.4%	32.5%	38.4%
比较符合	26.4%	25.1%	31.0%	35.3%	26.9%
完全符合	6.3%	6.6%	7.2%	10.1%	6.9%
总计	100.0%	100.0%	100.0%	100.0%	100.0%
列总计	3415	3828	610	762	8615

Chi-square test：df = 12，卡方值为 66.228，sig = 0.000 < 0.05，所以不同受教育程度的居民在“在做决定前，我会试着从每个人的立场去考虑问题”这一问题的回答上有显著差异。

C3d by A4

当我看到有人被利用时，时常想要保护他们 ＊ 受教育程度 Crosstabulation

	初中及以下	高中、中专及职高	大专	本科及以上	总计
完全不符合	4.9%	5.3%	5.7%	5.4%	5.2%
有点符合	26.6%	25.9%	23.3%	19.3%	25.4%

续表

	初中及以下	高中、中专及职高	大专	本科及以上	总计
一般	37.8%	38.6%	36.1%	38.2%	38.1%
比较符合	24.7%	24.0%	28.4%	29.1%	25.1%
完全符合	6.0%	6.1%	6.4%	8.0%	6.3%
总计	100.0%	100.0%	100.0%	100.0%	100.0%
列总计	3401	3813	609	760	8583

Chi-square test：df = 12，卡方值为 30.010，sig = 0.003 < 0.05，所以不同受教育程度的居民在“当我看到有人被利用时，时常想要保护他们”这一问题的回答上有显著差异。

C3e by A4

我有时会试图站在他人的角度，以更好地理解我的朋友 * 受教育程度 Crosstabulation

	初中及以下	高中、中专及职高	大专	本科及以上	总计
完全不符合	3.7%	3.5%	4.6%	2.4%	3.5%
有点符合	24.5%	24.8%	22.1%	18.6%	23.9%
一般	36.9%	35.8%	30.0%	28.0%	35.1%
比较符合	28.5%	29.0%	33.6%	37.9%	29.9%
完全符合	6.4%	6.9%	9.8%	13.1%	7.5%
总计	100.0%	100.0%	100.0%	100.0%	100.0%
列总计	3388	3810	611	763	8572

Chi-square test：df = 12，卡方值为 101.325，sig = 0.000 < 0.05，所以不同受教育程度的居民在“我有时会试图站在他人的角度，以更好地理解我的朋友”这一问题的回答上有显著差异。

C3f by A4

他人的不幸通常不会给我带来很大的不安 * 受教育程度 Crosstabulation

	初中及以下	高中、中专及职高	大专	本科及以上	总计
完全不符合	13.0%	14.0%	17.0%	16.2%	14.0%
有点符合	28.9%	28.7%	23.9%	21.2%	27.7%
一般	33.6%	33.8%	34.1%	34.9%	33.8%
比较符合	19.6%	19.5%	20.3%	22.8%	19.9%
完全符合	4.9%	4.0%	4.8%	5.0%	4.5%
总计	100.0%	100.0%	100.0%	100.0%	100.0%

续表

	初中及以下	高中、中专及职高	大专	本科及以上	总计
列总计	3377	3789	607	760	8533

Chi-square test：df = 12，卡方值为 34.102，sig = 0.001 < 0.05，所以不同受教育程度的居民在“他人的不幸通常不会给我带来很大的不安”这一问题的回答上有显著差异。

C3g by A4

在观看电视剧或电影之后，我会感觉到自己仿佛成了其中的一个角色 * 受教育程度 Crosstabulation

	初中及以下	高中、中专及职高	大专	本科及以上	总计
完全不符合	15.3%	15.8%	16.5%	17.2%	15.8%
有点符合	24.3%	24.3%	22.6%	20.2%	23.8%
一般	34.5%	34.7%	34.3%	33.2%	34.5%
比较符合	21.4%	20.9%	21.5%	23.1%	21.4%
完全符合	4.4%	4.2%	5.1%	6.4%	4.6%
总计	100.0%	100.0%	100.0%	100.0%	100.0%
列总计	3264	3709	606	754	8333

Chi-square test：df = 12，卡方值 15.647，sig = 0.208 > 0.05，所以不同受教育程度的居民在“在观看电视剧或电影之后，我会感觉到自己仿佛成了其中的一个角色”这一问题的回答上没有显著差异。

C3h by A4

当我对某人很不耐烦的时候，我通常会暂时站在他/她的位置上 * 受教育程度 Crosstabulation

	初中及以下	高中、中专及职高	大专	本科及以上	总计
完全不符合	10.7%	10.2%	11.4%	12.3%	10.7%
有点符合	28.7%	29.9%	28.3%	23.7%	28.8%
一般	34.8%	33.7%	33.4%	34.0%	34.1%
比较符合	20.6%	20.4%	21.7%	24.3%	20.9%
完全符合	5.3%	5.8%	5.3%	5.7%	5.6%
总计	100.0%	100.0%	100.0%	100.0%	100.0%
列总计	3306	3731	605	754	8396

Chi-square test：df = 12，卡方值为 17.594，sig = 0.129 > 0.05，所以不同受教育程度的居民在“当我对某人很不耐烦的时候，我通常会暂时站在他/她的位置上”这一问题的回答上没有显著差异。

C3i by A4

当我在读一个有趣的故事或者看一部电影的时候，会想象如果这些事情发生在自己身上，我会是怎样的感受 ＊ 受教育程度 Crosstabulation

	初中及以下	高中、中专及职高	大专	本科及以上	总计
完全不符合	13.4%	13.0%	14.1%	9.0%	12.9%
有点符合	25.2%	25.3%	23.5%	20.7%	24.7%
一般	33.9%	34.4%	30.5%	31.3%	33.6%
比较符合	22.2%	21.2%	24.9%	30.1%	22.7%
完全符合	5.3%	6.1%	7.0%	9.0%	6.1%
总计	100.0%	100.0%	100.0%	100.0%	100.0%
列总计	3222	3672	603	755	8252

Chi-square test：df = 12，卡方值为 58.169，sig = 0.000 < 0.05，所以不同受教育程度的居民在“当我在读一个有趣的故事或者看一部电影的时候，会想象如果这些事情发生在自己身上，我会是怎样的感受”这一问题的回答上有显著差异。

C3j by A4

在批评他人之前，我会尝试想象一下如果我处于那个位置会是什么感受 ＊ 受教育程度 Crosstabulation

	初中及以下	高中、中专及职高	大专	本科及以上	总计
完全不符合	8.2%	7.9%	7.1%	4.4%	7.6%
有点符合	27.9%	27.1%	27.5%	23.9%	27.2%
一般	34.3%	34.9%	29.7%	34.2%	34.2%
比较符合	23.9%	23.3%	28.3%	29.8%	24.5%
完全符合	5.8%	6.8%	7.4%	7.8%	6.5%
总计	100.0%	100.0%	100.0%	100.0%	100.0%
列总计	3299	3706	607	758	8370

Chi-square test：df = 12，卡方值为 41.536，sig = 0.000 < 0.05，所以不同受教育程度的居民在“在批评他人之前，我会尝试想象一下如果我处于那个位置会是什么感受”这一问题的回答上有显著差异。

C4a by A4

您认为当今中国社会最重要和最需要的德性是？第一位 ＊ 受教育程度 Crosstabulation

	初中及以下	高中、中专及职高	大专	本科及以上	总计
爱（仁爱、博爱、友爱）	27.7%	28.2%	33.7%	33.2%	28.9%

续表

	初中及以下	高中、中专及职高	大专	本科及以上	总计
义（道义、义务）	3.7%	3.9%	3.6%	4.8%	3.9%
宽容	4.3%	4.5%	3.4%	4.4%	4.3%
责任	7.8%	9.4%	9.6%	9.4%	8.8%
公正	12.7%	12.6%	11.4%	12.8%	12.6%
诚信	11.8%	9.6%	10.8%	12.0%	10.8%
忠恕（将心比心）	2.3%	1.8%	1.8%	2.0%	2.0%
理智	0.8%	0.5%	1.1%	0.4%	0.7%
节制	1.6%	1.8%	1.3%	1.0%	1.6%
谦让	1.9%	2.7%	1.5%	2.1%	2.3%
勇敢	0.6%	0.7%	0.7%	0.4%	0.6%
正直	1.3%	1.1%	1.5%	0.8%	1.2%
善良	6.4%	5.6%	4.7%	4.2%	5.7%
孝敬	16.6%	16.8%	14.4%	11.5%	16.1%
敬业	0.3%	0.3%	0.3%	0.9%	0.4%
其他	0.1%	0.1%	0.2%		0.1%
总计	100.0%	100.0%	100.0%	100.0%	100.0%
列总计	3455	3861	612	765	8693

Chi-square test：df = 45，卡方值为 81.632，sig = 0.001 < 0.05，所以不同受教育程度的居民在“您认为当今中国社会最重要和最需要的德性是？第一位”这一问题的回答上有显著差异。

C4b by A4

您认为当今中国社会最重要和最需要的德性是？第二位 * 受教育程度 Crosstabulation

	初中及以下	高中、中专及职高	大专	本科及以上	总计
爱（仁爱、博爱、友爱）	10.4%	10.7%	11.8%	12.8%	10.8%
义（道义、义务）	10.4%	11.7%	14.3%	14.2%	11.6%
宽容	9.5%	8.9%	10.2%	10.5%	9.4%
责任	10.3%	12.5%	7.0%	12.4%	11.2%
公正	11.5%	12.6%	12.3%	10.5%	12.0%
诚信	15.6%	15.8%	16.4%	17.0%	15.8%
忠恕（将心比心）	4.2%	4.3%	3.6%	2.0%	4.0%
理智	1.4%	1.1%	1.1%	0.5%	1.2%
节制	2.2%	2.4%	2.8%	2.1%	2.3%

续表

	初中及以下	高中、中专及职高	大专	本科及以上	总计
谦让	2.5%	2.2%	2.8%	1.2%	2.3%
勇敢	1.4%	1.4%	1.1%	0.9%	1.3%
正直	2.8%	1.8%	2.0%	2.0%	2.2%
善良	7.2%	6.0%	5.7%	6.1%	6.4%
孝敬	9.6%	7.9%	7.2%	5.4%	8.3%
敬业	1.0%	1.0%	1.6%	2.5%	1.2%
其他					
总计	100.0%	100.0%	100.0%	100.0%	100.0%
列总计	3443	3854	610	765	8672

Chi-square test：df = 45，卡方值为 109.415，sig = 0.000 < 0.05，所以不同受教育程度的居民在“您认为当今中国社会最重要和最需要的德性是？第二位”这一问题的回答上有显著差异。

C4c by A4

您认为当今中国社会最重要和最需要的德性是？第三位 ＊ 受教育程度 Crosstabulation

	初中及以下	高中、中专及职高	大专	本科及以上	总计
爱（仁爱、博爱、友爱）	5.6%	6.3%	6.2%	7.1%	6.1%
义（道义、义务）	4.8%	4.2%	4.8%	6.4%	4.7%
宽容	16.4%	15.6%	16.6%	15.9%	16.0%
责任	15.3%	15.4%	16.2%	18.6%	15.7%
公正	8.2%	9.7%	10.5%	7.8%	9.0%
诚信	12.9%	14.9%	11.5%	14.2%	13.8%
忠恕（将心比心）	4.7%	5.7%	5.4%	3.9%	5.1%
理智	3.8%	4.0%	3.4%	3.1%	3.8%
节制	2.4%	2.1%	3.3%	2.4%	2.3%
谦让	3.6%	3.4%	3.4%	2.9%	3.4%
勇敢	1.9%	2.0%	1.8%	1.2%	1.9%
正直	5.4%	4.2%	3.9%	4.2%	4.7%
善良	6.7%	5.4%	5.4%	3.5%	5.7%
孝敬	6.6%	5.9%	5.9%	6.7%	6.2%
敬业	1.6%	1.2%	1.6%	2.1%	1.5%
总计	100.0%	100.0%	100.0%	100.0%	100.0%
列总计	3432	3848	610	765	8655

Chi-square test：df = 42，卡方值为 70.531，sig = 0.004 < 0.05，所以不同受教育程度的居民在“您认为当今中国社会最重要和最需要的德性是？第三位”这一问题的回答上有显著差异。

C4d by A4

您认为当今中国社会最重要和最需要的德性是？第四位 * 受教育程度 Crosstabulation

	初中及以下	高中、中专及职高	大专	本科及以上	总计
爱（仁爱、博爱、友爱）	4.8%	4.4%	7.1%	5.1%	4.8%
义（道义、义务）	3.6%	4.1%	5.3%	6.3%	4.2%
宽容	8.1%	7.5%	6.7%	8.5%	7.8%
责任	15.1%	13.6%	15.3%	16.5%	14.5%
公正	9.6%	11.1%	10.5%	10.6%	10.4%
诚信	11.3%	12.4%	12.2%	12.0%	11.9%
忠恕（将心比心）	3.8%	3.6%	2.5%	2.6%	3.5%
理智	4.2%	3.5%	4.6%	4.1%	3.9%
节制	3.7%	4.1%	3.3%	2.5%	3.7%
谦让	5.0%	5.7%	5.1%	4.7%	5.3%
勇敢	3.2%	2.6%	2.1%	3.1%	2.9%
正直	4.9%	5.5%	5.6%	5.5%	5.2%
善良	12.1%	11.5%	8.4%	7.2%	11.1%
孝敬	9.0%	8.7%	9.0%	8.4%	8.8%
敬业	1.7%	1.7%	2.5%	2.9%	1.9%
总计	100.0%	100.0%	100.0%	100.0%	100.0%
列总计	3421	3836	609	764	8630

Chi-square test：df = 42，卡方值为 79.553，sig = 0.000 < 0.05，所以不同受教育程度的居民在“您认为当今中国社会最重要和最需要的德性是？第四位”这一问题的回答上有显著差异。

C4e by A6

您认为当今中国社会最重要和最需要的德性是？第五位 * 受教育程度 Crosstabulation

	初中及以下	高中、中专及职高	大专	本科及以上	总计
爱（仁爱、博爱、友爱）	5.3%	4.4%	5.8%	5.5%	4.9%
义（道义、义务）	4.4%	4.3%	4.3%	5.9%	4.5%
宽容	4.9%	5.6%	4.0%	5.0%	5.2%
责任	8.3%	7.0%	7.9%	8.7%	7.8%
公正	8.1%	7.0%	11.0%	10.6%	8.0%

续表

	初中及以下	高中、中专及职高	大专	本科及以上	总计
诚信	11.2%	11.3%	9.2%	9.2%	10.9%
忠恕（将心比心）	4.1%	4.4%	7.4%	4.1%	4.5%
理智	4.0%	4.8%	5.3%	4.7%	4.5%
节制	3.4%	3.6%	2.0%	2.8%	3.3%
谦让	6.4%	6.6%	6.3%	6.6%	6.5%
勇敢	3.7%	3.1%	3.8%	3.3%	3.4%
正直	9.0%	7.6%	5.3%	6.2%	7.9%
善良	9.5%	10.3%	10.0%	10.1%	9.9%
孝敬	13.2%	14.8%	11.7%	10.9%	13.6%
敬业	4.3%	5.2%	6.1%	6.7%	5.1%
总计	100.0%	100.0%	100.0%	100.0%	100.0%
列总计	3404	3816	607	763	8590

Chi-square test：df = 42，卡方值为 98.958，sig = 0.000 < 0.05，所以不同受教育程度的居民在“您认为当今中国社会最重要和最需要的德性是？第五位”这一问题的回答上有显著差异。

C5 by A4

一个制药厂做药品销售时，出资 50 万元请您向公众介绍自己服药后的良好效果，您过去服用这药时并没有效果，但也没有发现有很大的副作用，您将如何决定 * 受教育程度 Crosstabulation

	初中及以下	高中、中专及职高	大专	本科及以上	总计
接受邀请，心安理得	11.7%	11.3%	11.7%	9.3%	11.3%
接受邀请，心里不安，但这笔巨款很有吸引力	18.9%	20.0%	15.8%	22.4%	19.5%
拒绝，这是虚假广告欺骗大众	69.1%	68.2%	71.9%	67.8%	68.8%
其他	0.3%	0.4%	0.7%	0.4%	0.4%
总计	100.0%	100.0%	100.0%	100.0%	100.0%
列总计	3431	3823	609	762	8625

Chi-square test：df = 9，卡方值为 15.833，sig = 0.070 > 0.05，所以不同受教育程度的居民在“一个制药厂做药品销售时，出资 50 万元请您向公众介绍自己服药后的良好效果，您过去服用这药时并没有效果，但也没有发现有很大的副作用，您将如何决定”这一问题的回答上没有显著差异。

C6 by A4

您正在申请一个重要的职位，如果具有两次以上在敬老院做义工的经历（不需要出具证据），将可能优先获得这个职位，您将如何决定 * 受教育程度 Crosstabulation

	初中及以下	高中、中专及职高	大专	本科及以上	总计
如实填报，没做过义工，今后多参加这类活动	73.9%	72.4%	75.1%	72.1%	73.2%
填报参加过两次义工，这机会太重要了，反正不需要出具证据	14.6%	15.9%	14.1%	12.3%	14.9%
先填报，交表之后去做两次义工	11.1%	11.3%	10.6%	15.1%	11.5%
其他	0.4%	0.4%	0.2%	0.5%	0.4%
总计	100.0%	100.0%	100.0%	100.0%	100.0%
列总计	3384	3778	611	763	8536

Chi-square test：df = 9，卡方值为 18.379，sig = 0.031 < 0.05，所以不同受教育程度的居民在“您正在申请一个重要的职位，如果具有两次以上在敬老院做义工的经历（不需要出具证据），将可能优先获得这个职位，您将如何决定”这一问题的回答上有显著差异。

C7 by A4

如果您全权代表本单位与另一单位进行项目谈判，对方要求您给予一千万元的优惠，事成之后将您正在寻找工作的女儿安排到这一单位并且获得较好职位，您将如何决定 * 受教育程度 Crosstabulation

	初中及以下	高中、中专及职高	大专	本科及以上	总计
拒绝，不能以公谋私	76.7%	78.0%	80.3%	80.0%	77.8%
接受，女儿前途重要，并且我有权决定	22.5%	21.0%	18.8%	17.5%	21.1%
其他	0.8%	1.0%	0.8%	2.5%	1.0%
总计	100.0%	100.0%	100.0%	100.0%	100.0%
列总计	3397	3780	605	750	8532

Chi-square test：df = 6，卡方值为 29.847，sig = 0.000 < 0.05，所以不同受教育程度的居民在“如果您全权代表本单位与另一单位进行项目谈判，对方要求您给予一千万元的优惠，事成之后将您正在寻找工作的女儿安排到这一单位并且获得较好职位，您将如何决定”这一问题的回答上有显著差异。

C8 by A4

现在社会上有些人不守道德反而占了便宜，您会不会为了得到好处而效仿 * 受教育程度 Crosstabulation

	初中及以下	高中、中专及职高	大专	本科及以上	总计
从来不这么做	51.2%	51.3%	55.8%	52.6%	51.7%

续表

	初中及以下	高中、中专及职高	大专	本科及以上	总计
通常不这么做，关键时刻会这么做	24.2%	25.9%	22.3%	24.4%	24.9%
经常这么做	1.1%	0.8%	1.0%	0.9%	1.0%
相信善有善报，恶有恶报，终将会善恶报应	23.2%	21.8%	20.9%	21.8%	22.3%
其他	0.3%	0.2%		0.3%	0.2%
总计	100.0%	100.0%	100.0%	100.0%	100.0%
列总计	3444	3833	609	761	8647

Chi-square test：df = 12，卡方值为 12.397，sig = 0.414 > 0.05，所以不同受教育程度的居民在“现在社会上有些人不守道德反而占了便宜，您会不会为了得到好处而效仿”这一问题的回答上没有显著差异。

C9a by A4

下列说法您是否认同：目前大多数人将职业当作谋生的手段，缺乏责任感和奉献精神 * 受教育程度 Crosstabulation

	初中及以下	高中、中专及职高	大专	本科及以上	总计
完全不同意	4.9%	4.6%	5.1%	7.5%	5.0%
不太同意	28.1%	28.5%	27.3%	25.6%	28.0%
比较同意	57.1%	55.2%	55.8%	49.9%	55.5%
完全同意	9.9%	11.8%	11.8%	17.0%	11.5%
总计	100.0%	100.0%	100.0%	100.0%	100.0%
列总计	3199	3617	593	742	8151

Chi-square test：df = 9，卡方值为 45.671，sig = 0.002 < 0.05，所以不同受教育程度的居民在“目前大多数人将职业当作谋生的手段，缺乏责任感和奉献精神”这一问题的回答上有显著差异。

C9b by A4

下列说法您是否认同：企业老板剥削员工，利益关系不公正 * 受教育程度 Crosstabulation

	初中及以下	高中、中专及职高	大专	本科及以上	总计
完全不同意	6.1%	6.0%	6.5%	7.7%	6.2%
不太同意	34.3%	34.5%	32.7%	35.8%	34.4%
比较同意	51.2%	50.3%	50.1%	44.8%	50.1%
完全同意	8.3%	9.3%	10.7%	11.6%	9.2%
总计	100.0%	100.0%	100.0%	100.0%	100.0%

续表

	初中及以下	高中、中专及职高	大专	本科及以上	总计
列总计	3070	3481	587	723	7861

Chi-square test：df = 9，卡方值为 17.418，sig = 0.043 < 0.05，所以不同受教育程度的居民在“企业老板剥削员工，利益关系不公正”这一问题的回答上有显著差异。

C9c by A4

下列说法您是否认同：老板和员工、上级和下级相互勾结，共同对社会不负责任 * 受教育程度 Crosstabulation

	初中及以下	高中、中专及职高	大专	本科及以上	总计
完全不同意	9.8%	9.4%	9.7%	11.8%	9.8%
不太同意	43.6%	43.6%	45.3%	42.9%	43.7%
比较同意	39.3%	39.2%	35.1%	34.8%	38.5%
完全同意	7.4%	7.8%	9.9%	10.4%	8.0%
总计	100.0%	100.0%	100.0%	100.0%	100.0%
列总计	3015	3415	576	709	7715

Chi-square test：df = 9，卡方值为 18.677，sig = 0.028 < 0.05，所以不同受教育程度的居民在“老板和员工、上级和下级相互勾结，共同对社会不负责任”这一问题的回答上有显著差异。

C9d by A4

下列说法您是否认同：是否离婚主要考虑自己的感受和利益 * 受教育程度 Crosstabulation

	初中及以下	高中、中专及职高	大专	本科及以上	总计
完全不同意	20.2%	21.0%	20.1%	25.8%	21.0%
不太同意	46.4%	45.4%	41.9%	35.4%	44.7%
比较同意	27.2%	27.0%	27.9%	30.7%	27.5%
完全同意	6.1%	6.6%	10.2%	8.1%	6.8%
总计	100.0%	100.0%	100.0%	100.0%	100.0%
列总计	3239	3613	578	720	8150

Chi-square test：df = 9，卡方值为 43.847，sig = 0.000 < 0.05，所以不同受教育程度的居民在“是否离婚主要考虑自己的感受和利益”这一问题的回答上有显著差异。

C9e by A4

下列说法您是否认同：是否离婚应该从家庭整体（包括子女）考虑 * 受教育程度 Crosstabulation

	初中及以下	高中、中专及职高	大专	本科及以上	总计
完全不同意	1.4%	1.7%	2.1%	4.7%	1.9%
不太同意	12.3%	13.4%	13.1%	11.8%	12.8%
比较同意	56.6%	54.0%	52.1%	48.6%	54.4%
完全同意	29.7%	30.9%	32.8%	34.9%	30.9%
总计	100.0%	100.0%	100.0%	100.0%	100.0%
列总计	3285	3662	580	722	8249

Chi-square test：df = 9，卡方值为 52.406，sig = 0.000 < 0.05，所以不同受教育程度的居民在“是否离婚应该从家庭整体（包括子女）考虑”这一问题的回答上有显著差异。

C9f by A4

下列说法您是否认同：婚姻是社会的事，应当兼顾社会评价和社会后果 * 受教育程度 Crosstabulation

	初中及以下	高中、中专及职高	大专	本科及以上	总计
完全不同意	5.0%	4.7%	9.3%	9.1%	5.5%
不太同意	27.0%	27.0%	27.6%	28.1%	27.1%
比较同意	51.9%	54.2%	47.3%	46.2%	52.1%
完全同意	16.1%	14.2%	15.8%	16.6%	15.3%
总计	100.0%	100.0%	100.0%	100.0%	100.0%
列总计	3132	3512	569	712	7925

Chi-square test：df = 9，卡方值为 53.406，sig = 0.000 < 0.05，所以不同受教育程度的居民在“婚姻是社会的事，应当兼顾社会评价和社会后果”这一问题的回答上有显著差异。

C9g by A4

下列说法您是否认同：婚姻应当是自由的，如果有更满意或更合适的人就与现在的配偶离婚 * 受教育程度 Crosstabulation

	初中及以下	高中、中专及职高	大专	本科及以上	总计
完全不同意	37.4%	35.7%	33.5%	39.9%	36.6%
不太同意	41.6%	42.2%	41.2%	37.6%	41.5%
比较同意	17.9%	19.8%	20.9%	19.3%	19.1%
完全同意	3.1%	2.3%	4.4%	3.3%	2.9%

续表

	初中及以下	高中、中专及职高	大专	本科及以上	总计
总计	100.0%	100.0%	100.0%	100.0%	100.0%
列总计	3350	3718	585	735	8388

Chi-square test：df = 9，卡方值为 22.355，sig = 0.008 < 0.05，所以不同受教育程度的居民在“婚姻应当是自由的，如果有更满意或更合适的人就与现在的配偶离婚”这一问题的回答上有显著差异。

C9h by A4

下列说法您是否认同：婚姻意味着责任，要考虑给对方造成什么后果，不能轻率地选择离婚 * 受教育程度 Crosstabulation

	初中及以下	高中、中专及职高	大专	本科及以上	总计
完全不同意	1.3%	1.3%	1.5%	2.4%	1.4%
不太同意	10.2%	10.7%	11.2%	10.5%	10.5%
比较同意	54.0%	53.8%	51.5%	47.3%	53.1%
完全同意	34.5%	34.2%	35.8%	39.7%	34.9%
总计	100.0%	100.0%	100.0%	100.0%	100.0%
列总计	3364	3743	590	740	8437

Chi-square test：df = 9，卡方值为 18.054，sig = 0.035 < 0.05，所以不同受教育程度的居民在“婚姻意味着责任，要考虑给对方造成什么后果，不能轻率地选择离婚”这一问题的回答上有显著差异。

C9i by A4

下列说法您是否认同：遇到困难的时候，兄弟姐妹通常都会给予力所能及的帮助 * 受教育程度 Crosstabulation

	初中及以下	高中、中专及职高	大专	本科及以上	总计
完全不同意	1.0%	1.0%	1.7%	1.6%	1.1%
不太同意	8.0%	9.2%	9.7%	9.4%	8.8%
比较同意	50.7%	50.4%	45.1%	40.5%	49.3%
完全同意	40.3%	39.4%	43.6%	48.4%	40.8%
总计	100.0%	100.0%	100.0%	100.0%	100.0%
列总计	3400	3776	601	735	8512

Chi-square test：df = 9，卡方值为 38.085，sig = 0.000 < 0.05，所以不同受教育程度的居民在“遇到困难的时候，兄弟姐妹通常都会给予力所能及的帮助”这一问题的回答上有显著差异。

C9j by A4

下列说法您是否认同：无论父母对自己如何，都应当尽赡养义务 ＊ 受教育程度 Crosstabulation

	初中及以下	高中、中专及职高	大专	本科及以上	总计
完全不同意	1.3%	0.8%	2.0%	1.9%	1.2%
不太同意	6.4%	6.6%	7.6%	8.6%	6.8%
比较同意	38.3%	38.3%	32.9%	32.9%	37.5%
完全同意	53.9%	54.3%	57.5%	56.6%	54.6%
总计	100.0%	100.0%	100.0%	100.0%	100.0%
列总计	3408	3776	605	747	8536

Chi-square test：df = 9，卡方值为 25.840，sig = 0.002 < 0.05，所以不同受教育程度的居民在“无论父母对自己如何，都应当尽赡养义务”这一问题的回答上有显著差异。

C9k by A4

下列说法您是否认同：为了家庭利益可以一定程度上牺牲国家利益 ＊ 受教育程度 Crosstabulation

	初中及以下	高中、中专及职高	大专	本科及以上	总计
完全不同意	19.6%	18.5%	21.6%	23.2%	19.6%
不太同意	51.7%	52.4%	49.1%	47.0%	51.4%
比较同意	23.6%	23.3%	23.2%	23.7%	23.4%
完全同意	5.1%	5.8%	6.1%	6.1%	5.5%
总计	100.0%	100.0%	100.0%	100.0%	100.0%
列总计	3081	3435	570	710	7796

Chi-square test：df = 9，卡方值为 14.343，sig = 0.111 > 0.05，所以不同受教育程度的居民在“为了家庭利益可以一定程度上牺牲国家利益”这一问题的回答上没有显著差异。

C9l by A4

下列说法您是否认同：为了国家利益可以一定程度上牺牲家庭利益 ＊ 受教育程度 Crosstabulation

	初中及以下	高中、中专及职高	大专	本科及以上	总计
完全不同意	9.3%	10.4%	12.8%	8.1%	10.0%
不太同意	30.0%	30.7%	30.1%	27.1%	30.0%
比较同意	44.4%	44.1%	39.0%	46.2%	44.0%
完全同意	16.3%	14.8%	18.1%	18.6%	16.0%

续表

	初中及以下	高中、中专及职高	大专	本科及以上	总计
总计	100.0%	100.0%	100.0%	100.0%	100.0%
列总计	3020	3389	562	704	7675

Chi-square test：df = 9，卡方值为 23.809，sig = 0.005 < 0.05，所以不同受教育程度的居民在“为了国家利益可以一定程度上牺牲家庭利益”这一问题的回答上有显著差异。

C10 by A4

假设您的上司或老板是外国人，他侮辱了中国，但抗争会产生不利于自己的后果，您会选择 * 受教育程度 Crosstabulation

	初中及以下	高中、中专及职高	大专	本科及以上	总计
当面抗议	62.2%	62.5%	65.6%	66.6%	62.9%
保持沉默	19.2%	20.7%	20.0%	18.2%	19.8%
暗地里报复	2.5%	2.2%	2.6%	2.2%	2.3%
以屈求伸，背后骂几句就行了	9.8%	9.2%	8.5%	9.6%	9.4%
无所谓	6.3%	5.5%	3.3%	3.4%	5.5%
总计	100.0%	100.0%	100.0%	100.0%	100.0%
列总计	3443	3843	610	763	8659

Chi-square test：df = 12，卡方值为 23.737，sig = 0.022 < 0.05，所以不同受教育程度的居民在“假设您的上司或老板是外国人，他侮辱了中国，但抗争会产生不利于自己的后果，您会选择”这一问题的回答上有显著差异。

C11 by A4

如果条件允许的话，您希望您的孩子生活在国内，还是到国外定居 * 受教育程度 Crosstabulation

	初中及以下	高中、中专及职高	大专	本科及以上	总计
还是在国内生活好	48.5%	47.6%	46.4%	43.3%	47.5%
到国外定居	11.5%	11.2%	14.6%	19.5%	12.3%
走一步看一步	12.3%	13.6%	18.9%	20.8%	14.1%
没考虑过	27.7%	27.6%	20.2%	16.4%	26.1%
总计	100.0%	100.0%	100.0%	100.0%	100.0%
列总计	3426	3828	610	764	8628

Chi-square test：df = 9，卡方值为 129.636，sig = 0.000 < 0.05，所以不同受教育程度的居民在“如果条件允许的话，您希望您的孩子生活在国内，还是到国外定居”这一问题的回答上有显著差异。

C12a by A4

您常常体验到自己身上有一种“伦理感”的存在吗？人与人之间 * 受教育程度 Crosstabulation

	初中及以下	高中、中专及职高	大专	本科及以上	总计
没有，只感受到自己实实在在的生活	27.5%	22.8%	18.9%	16.6%	23.8%
偶尔有，但主要是因为那种情况下我的利益与它高度一致	31.6%	36.4%	36.2%	34.3%	34.3%
偶尔有，是在受某种作品或生活情境的影响之后	20.7%	21.7%	23.5%	24.2%	21.6%
时常有，它是一种内在的信念	20.2%	19.1%	21.4%	24.9%	20.2%
总计	100.0%	100.0%	100.0%	100.0%	100.0%
列总计	3363	3764	603	759	8489

Chi-square test：df = 9，卡方值为71.678，sig = 0.000 < 0.05，所以不同受教育程度的居民在“您常常体验到自己身上有一种‘伦理感’的存在吗？人与人之间”这一问题的回答上有显著差异。

C12b by A4

您常常体验到自己身上有一种“伦理感”的存在吗？家庭 * 受教育程度 Crosstabulation

	初中及以下	高中、中专及职高	大专	本科及以上	总计
没有，只感受到自己实实在在的生活	21.1%	19.1%	14.6%	12.1%	19.0%
偶尔有，但主要是因为那种情况下我的利益与它高度一致	23.0%	22.4%	24.9%	22.3%	22.8%
偶尔有，是在受某种作品或生活情境的影响之后	19.9%	22.4%	25.9%	24.0%	21.8%
时常有，它是一种内在的信念	36.0%	36.1%	34.7%	41.6%	36.5%
总计	100.0%	100.0%	100.0%	100.0%	100.0%
列总计	3360	3762	603	759	8484

Chi-square test：df = 9，卡方值为53.700，sig = 0.000 < 0.05，所以不同受教育程度的居民在“您常常体验到自己身上有一种‘伦理感’的存在吗？家庭”这一问题的回答上有显著差异。

C12c by A4

您常常体验到自己身上有一种“伦理感”的存在吗？单位 * 受教育程度 Crosstabulation

	初中及以下	高中、中专及职高	大专	本科及以上	总计
没有，只感受到自己实实在在的生活	30.4%	25.9%	17.1%	18.5%	26.4%

续表

	初中及以下	高中、中专及职高	大专	本科及以上	总计
偶尔有，但主要是因为那种情况下我的利益与它高度一致	32.6%	35.4%	33.3%	32.0%	33.9%
偶尔有，是在受某种作品或生活情境的影响之后	24.9%	27.2%	34.3%	32.3%	27.2%
时常有，它是一种内在的信念	12.1%	11.5%	15.2%	17.2%	12.5%
总计	100.0%	100.0%	100.0%	100.0%	100.0%
列总计	3291	3693	597	752	8333

Chi-square test：df = 9，卡方值为 107.481，sig = 0.000 < 0.05，所以不同受教育程度的居民在“您常常体验到自己身上有一种‘伦理感’的存在吗？单位”这一问题的回答上有显著差异。

C12d by A4

您常常体验到自己身上有一种“伦理感”的存在吗？社区、城市 * 受教育程度 Crosstabulation

	初中及以下	高中、中专及职高	大专	本科及以上	总计
没有，只感受到自己实实在在的生活	34.8%	32.0%	23.6%	23.1%	31.7%
偶尔有，但主要是因为那种情况下我的利益与它高度一致	28.2%	29.6%	27.6%	30.7%	29.0%
偶尔有，是在受某种作品或生活情境的影响之后	21.5%	24.9%	33.1%	29.2%	24.5%
时常有，它是一种内在的信念	15.5%	13.5%	15.8%	17.0%	14.8%
总计	100.0%	100.0%	100.0%	100.0%	100.0%
列总计	3353	3748	602	759	8462

Chi-square test：df = 9，卡方值为 88.845，sig = 0.000 < 0.05，所以不同受教育程度的居民在“您常常体验到自己身上有一种‘伦理感’的存在吗？社区、城市”这一问题的回答上有显著差异。

C13 by A4

您常常体验到自己身上有一种“道德感”的存在和满足吗 * 受教育程度 Crosstabulation

	初中及以下	高中、中专及职高	大专	本科及以上	总计
没有，只是凭自己的感觉和利益办事	25.7%	28.9%	27.6%	23.0%	27.0%
在有监督的环境中或有别人在场时有，其他环境中没有	13.5%	14.3%	15.1%	12.9%	13.9%
经常有，问心无愧、不做亏心事最重要	33.8%	32.5%	33.1%	40.9%	33.8%

续表

	初中及以下	高中、中专及职高	大专	本科及以上	总计
没有特别的感觉，但从来不做不道德的事	26.7%	23.9%	23.8%	22.9%	24.9%
其他	0.2%	0.4%	0.3%	0.4%	0.3%
总计	100.0%	100.0%	100.0%	100.0%	100.0%
列总计	3432	3816	608	761	8617

Chi-square test：df=12，卡方值为36.803，sig =0.000<0.05，所以不同受教育程度的居民在“您常常体验到自己身上有一种‘道德感’的存在和满足吗”这一问题的回答上有显著差异。

C14 by A4

您认为国家对于个人存在的意义是 ＊ 受教育程度 Crosstabulation

	初中及以下	高中、中专及职高	大专	本科及以上	总计
国家离我们很遥远，个人最重要	24.4%	25.0%	21.9%	18.3%	24.0%
国家最重要，是我们的安身之地，国家富强个人才能过得好	75.3%	74.7%	78.1%	81.0%	75.7%
其他	0.3%	0.3%		0.7%	0.3%
总计	100.0%	100.0%	100.0%	100.0%	100.0%
列总计	3444	3845	611	763	8663

Chi-square test：df=6，卡方值为22.813，sig =0.001<0.05，所以不同受教育程度的居民在“您认为国家对于个人存在的意义是”这一问题的回答上有显著差异。

C15 by A4

您认为对社会生活而言，个体德性和社会公正哪个更重要 ＊ 受教育程度 Crosstabulation

	初中及以下	高中、中专及职高	大专	本科及以上	总计
个体德性最重要	20.3%	17.5%	14.3%	12.5%	17.9%
社会公正最重要	32.1%	32.6%	26.6%	21.2%	31.0%
二者应当统一，但二者矛盾时应先追求个体德性	26.3%	28.6%	33.2%	30.2%	28.1%
二者应当统一，但二者矛盾时应先追求社会公正	21.4%	21.3%	25.9%	36.1%	23.0%
总计	100.0%	100.0%	100.0%	100.0%	100.0%
列总计	3408	3816	609	765	8598

Chi-square test：df=9，卡方值为138.817，sig =0.000<0.05，所以不同受教育程度的居民在“您认为对社会生活而言，个体德性和社会公正哪个更重要”这一问题的回答上有显著差异。

C16 by A4

在公共生活中，个人之所以要遵守道德，是因为 * 受教育程度 Crosstabulation

	初中及以下	高中、中专及职高	大专	本科及以上	总计
遵守道德有利于自身利益的实现	21.6%	23.5%	25.9%	19.7%	22.6%
个人是社会的一分子，应当遵守道德	42.3%	41.2%	41.1%	39.1%	41.5%
遵守道德社会才能有序和美好	25.9%	26.1%	28.0%	37.4%	27.1%
不遵守道德会被别人议论或谴责	10.1%	8.9%	4.8%	3.4%	8.6%
其他	0.1%	0.3%	0.2%	0.4%	0.2%
总计	100.0%	100.0%	100.0%	100.0%	100.0%
列总计	3438	3841	610	762	8651

Chi-square test：df = 12，卡方值为 89.867，sig = 0.000 < 0.05，所以不同受教育程度的居民在“在公共生活中，个人之所以要遵守道德，是因为”这一问题的回答上有显著差异。

C17 by A4

关于职业劳动的说法，您最认同的是 * 受教育程度 Crosstabulation

	初中及以下	高中、中专及职高	大专	本科及以上	总计
职业劳动是个人和家庭谋生的手段	58.3%	55.5%	50.0%	41.3%	55.0%
职业劳动是为社会创造财富	25.7%	25.5%	23.0%	23.9%	25.2%
职业劳动是个人兴趣和价值实现的方式	15.5%	18.8%	26.8%	34.3%	19.5%
其他	0.5%	0.2%	0.2%	0.5%	0.3%
总计	100.0%	100.0%	100.0%	100.0%	100.0%
列总计	3437	3839	612	763	8651

Chi-square test：df = 9，卡方值为 175.272，sig = 0.000 < 0.05，所以不同受教育程度的居民在“关于职业劳动的说法，您最认同的是”这一问题的回答上有显著差异。

C18a by A4

您认为造成有些人忧郁、自杀的原因是？欲望过多过大，不能知足常乐 * 受教育程度 Crosstabulation

	初中及以下	高中、中专及职高	大专	本科及以上	总计
未选中	67.6%	65.0%	64.6%	63.6%	65.9%
选中	32.4%	35.0%	35.4%	36.4%	34.1%
总计	100.0%	100.0%	100.0%	100.0%	100.0%

续表

	初中及以下	高中、中专及职高	大专	本科及以上	总计
列总计	3258	3633	602	759	8252

Chi-square test：df = 3，卡方值为 7.715，sig = 0.052 > 0.05，所以不同受教育程度的居民在“您认为造成有些人忧郁、自杀的原因是？欲望过多过大，不能知足常乐”这一问题的回答上没有显著差异。

C18b by A4

您认为造成有些人忧郁、自杀的原因是？对自己和未来没有把握 * 受教育程度 Crosstabulation

	初中及以下	高中、中专及职高	大专	本科及以上	总计
未选中	71.8%	69.3%	68.6%	69.6%	70.2%
选中	28.2%	30.7%	31.4%	30.4%	29.8%
总计	100.0%	100.0%	100.0%	100.0%	100.0%
列总计	3258	3633	602	759	8252

Chi-square test：df = 3，卡方值为 6.533，sig = 0.088 > 0.05，所以不同受教育程度的居民在“您认为造成有些人忧郁、自杀的原因是？对自己和未来没有把握”这一问题的回答上没有显著差异。

C18c by A4

您认为造成有些人忧郁、自杀的原因是？竞争激烈，工作压力过大，身心疲惫 * 受教育程度 Crosstabulation

	初中及以下	高中、中专及职高	大专	本科及以上	总计
未选中	55.5%	58.0%	52.0%	48.2%	55.7%
选中	44.5%	42.0%	48.0%	51.8%	44.3%
总计	100.0%	100.0%	100.0%	100.0%	100.0%
列总计	3258	3633	602	759	8252

Chi-square test：df = 3，卡方值为 28.179，sig = 0.000 < 0.05，所以不同受教育程度的居民在“您认为造成有些人忧郁、自杀的原因是？竞争激烈，工作压力过大，身心疲惫”这一问题的回答上有显著差异。

C18d by A4

您认为造成有些人忧郁、自杀的原因是？人与人之间缺乏信任感，人际关系紧张 * 受教育程度 Crosstabulation

	初中及以下	高中、中专及职高	大专	本科及以上	总计
未选中	68.6%	65.8%	65.4%	59.9%	66.4%
选中	31.4%	34.2%	34.6%	40.1%	33.6%
总计	100.0%	100.0%	100.0%	100.0%	100.0%

续表

	初中及以下	高中、中专及职高	大专	本科及以上	总计
列总计	3258	3633	602	759	8252

Chi-square test：df = 3，卡方值为22.219，sig = 0.000 < 0.05，所以不同受教育程度的居民在“您认为造成有些人忧郁、自杀的原因是？人与人之间缺乏信任感，人际关系紧张”这一问题的回答上有显著差异。

C18e by A4

您认为造成有些人忧郁、自杀的原因是？有烦恼很难找到人倾诉和排解 * 受教育程度 Crosstabulation

	初中及以下	高中、中专及职高	大专	本科及以上	总计
未选中	72.0%	72.6%	70.3%	69.6%	71.9%
选中	28.0%	27.4%	29.7%	30.4%	28.1%
总计	100.0%	100.0%	100.0%	100.0%	100.0%
列总计	3258	3633	602	759	8252

Chi-square test：df = 3，卡方值为3.628，sig = 0.305 > 0.05，所以不同受教育程度的居民在“您认为造成有些人忧郁、自杀的原因是？有烦恼很难找到人倾诉和排解”这一问题的回答上没有显著差异。

C18f by A4

您认为造成有些人忧郁、自杀的原因是？个人的文化底蕴和文化积累不够，缺乏自我理解和自我调节能力 * 受教育程度 Crosstabulation

	初中及以下	高中、中专及职高	大专	本科及以上	总计
未选中	76.6%	75.1%	71.1%	74.6%	75.4%
选中	23.4%	24.9%	28.9%	25.4%	24.6%
总计	100.0%	100.0%	100.0%	100.0%	100.0%
列总计	3258	3633	602	759	8252

Chi-square test：df = 3，卡方值为8.875，sig = 0.031 < 0.05，所以不同受教育程度的居民在“您认为造成有些人忧郁、自杀的原因是？个人的文化底蕴和文化积累不够，缺乏自我理解和自我调节能力”这一问题的回答上有显著差异。

C18g by A4

您认为造成有些人忧郁、自杀的原因是？现代人缺乏安顿自己、化解内心矛盾的能力 * 受教育程度 Crosstabulation

	初中及以下	高中、中专及职高	大专	本科及以上	总计
未选中	76.6%	75.9%	76.4%	72.2%	75.8%
选中	23.4%	24.1%	23.6%	27.8%	24.2%

续表

	初中及以下	高中、中专及职高	大专	本科及以上	总计
总计	100.0%	100.0%	100.0%	100.0%	100.0%
列总计	3258	3633	602	759	8252

Chi-square test：df=3，卡方值为6.492，sig =0.090>0.05，所以不同受教育程度的居民在“您认为造成有些人忧郁、自杀的原因是？现代人缺乏安顿自己、化解内心矛盾的能力”这一问题的回答上没有显著差异。

C18h by A4

您认为造成有些人忧郁、自杀的原因是？缺乏道德公正，没有道德的人总是占便宜 ＊ 受教育程度 Crosstabulation

	初中及以下	高中、中专及职高	大专	本科及以上	总计
未选中	86.7%	85.9%	84.6%	85.6%	86.1%
选中	13.3%	14.1%	15.4%	14.4%	13.9%
总计	100.0%	100.0%	100.0%	100.0%	100.0%
列总计	3258	3633	602	759	8252

Chi-square test：df=3，卡方值为2.437，sig =0.487>0.05，所以不同受教育程度的居民在“您认为造成有些人忧郁、自杀的原因是？缺乏道德公正，没有道德的人总是占便宜”这一问题的回答上没有显著差异。

C18i by A4

您认为造成有些人忧郁、自杀的原因是？缺乏理想和信念支持，精神没有寄托和归宿 ＊ 受教育程度 Crosstabulation

	初中及以下	高中、中专及职高	大专	本科及以上	总计
未选中	83.7%	81.8%	80.1%	72.6%	81.6%
选中	16.3%	18.2%	19.9%	27.4%	18.4%
总计	100.0%	100.0%	100.0%	100.0%	100.0%
列总计	3258	3633	602	759	8252

Chi-square test：df=3，卡方值为51.265，sig =0.000<0.05，所以不同受教育程度的居民在“您认为造成有些人忧郁、自杀的原因是？缺乏理想和信念支持，精神没有寄托和归宿”这一问题的回答上有显著差异。

C18j by A4

您认为造成有些人忧郁、自杀的原因是？生活压力大 ＊ 受教育程度 Crosstabulation

	初中及以下	高中、中专及职高	大专	本科及以上	总计
未选中	59.0%	62.0%	61.1%	62.5%	60.8%

续表

	初中及以下	高中、中专及职高	大专	本科及以上	总计
选中	41.0%	38.0%	38.9%	37.5%	39.2%
总计	100.0%	100.0%	100.0%	100.0%	100.0%
列总计	3258	3633	602	759	8252

Chi-square test：df = 3，卡方值为 7.505，sig = 0.057 > 0.05，所以不同受教育程度的居民在“您认为造成有些人忧郁、自杀的原因是？生活压力大”这一问题的回答上没有显著差异。

C18k by A4

您认为造成有些人忧郁、自杀的原因是？生活孤独无聊 ＊ 受教育程度 Crosstabulation

	初中及以下	高中、中专及职高	大专	本科及以上	总计
未选中	91.6%	91.2%	91.2%	91.2%	91.4%
选中	8.4%	8.8%	8.8%	8.8%	8.6%
总计	100.0%	100.0%	100.0%	100.0%	100.0%
列总计	3258	3633	602	759	8252

Chi-square test：df = 3，卡方值为 0.330，sig = 0.954 > 0.05，所以不同受教育程度的居民在“您认为造成有些人忧郁、自杀的原因是？生活孤独无聊”这一问题的回答上没有显著差异。

C18l by A4

您认为造成有些人忧郁、自杀的原因是？其他 ＊ 受教育程度 Crosstabulation

	初中及以下	高中、中专及职高	大专	本科及以上	总计
未选中	99.5%	99.6%	99.8%	100.0%	99.6%
选中	0.5%	0.4%	0.2%		0.4%
总计	100.0%	100.0%	100.0%	100.0%	100.0%
列总计	3258	3633	602	759	8252

Chi-square test：df = 3，卡方值为 4.737，sig = 0.192 > 0.05，所以不同受教育程度的居民在“您认为造成有些人忧郁、自杀的原因是？其他”这一问题的回答上没有显著差异。

C19a by A4

如果您与家庭成员之间发生重大利益冲突，您会 ＊ 受教育程度 Crosstabulation

	初中及以下	高中、中专及职高	大专	本科及以上	总计
诉诸法律，打官司	1.2%	1.1%	1.3%	1.2%	1.2%
直接找对方沟通，但得理让人，适可而止	51.0%	50.5%	55.7%	57.3%	51.7%

续表

	初中及以下	高中、中专及职高	大专	本科及以上	总计
通过第三方（如社会机构、朋友等）从中调解，尽量不伤和气	13.7%	13.8%	13.7%	14.0%	13.8%
能忍则忍	34.0%	34.6%	29.3%	27.5%	33.3%
总计	100.0%	100.0%	100.0%	100.0%	100.0%
列总计	3317	3681	605	750	8353

Chi-square test：df=9，卡方值为21.004，sig =0.013 <0.05，所以不同受教育程度的居民在“如果您与家庭成员之间发生重大利益冲突，您会”这一问题的回答上有显著差异。

C19b by A4

如果您与朋友之间发生重大利益冲突，您会 * 受教育程度 Crosstabulation

	初中及以下	高中、中专及职高	大专	本科及以上	总计
诉诸法律，打官司	2.1%	1.8%	1.3%	2.1%	1.9%
直接找对方沟通，但得理让人，适可而止	47.5%	48.7%	50.6%	50.1%	48.5%
通过第三方（如社会机构、朋友等）从中调解，尽量不伤和气	29.9%	27.7%	28.7%	33.2%	29.1%
能忍则忍	20.5%	21.9%	19.4%	14.6%	20.5%
总计	100.0%	100.0%	100.0%	100.0%	100.0%
列总计	3364	3761	607	756	8488

Chi-square test：df=9，卡方值为29.094，sig =0.001 <0.05，所以不同受教育程度的居民在“如果您与朋友之间发生重大利益冲突，您会”这一问题的回答上有显著差异。

C19c by A4

如果您与同事之间发生重大利益冲突，您会 * 受教育程度 Crosstabulation

	初中及以下	高中、中专及职高	大专	本科及以上	总计
诉诸法律，打官司	3.8%	3.1%	3.2%	3.3%	3.4%
直接找对方沟通，但得理让人，适可而止	41.5%	43.5%	48.1%	47.3%	43.5%
通过第三方（如社会机构、朋友等）从中调解，尽量不伤和气	40.9%	38.6%	36.7%	39.4%	39.4%
能忍则忍	13.7%	14.8%	11.9%	10.0%	13.7%
总计	100.0%	100.0%	100.0%	100.0%	100.0%
列总计	2834	3305	588	728	7455

Chi-square test：df=9，卡方值为25.085，sig =0.003 <0.05，所以不同受教育程度的居民在“如果您与同事之间发生重大利益冲突，您会”这一问题的回答上有显著差异。

C19d by A4

如果您与商业伙伴之间发生重大利益冲突，您会 * 受教育程度 Crosstabulation

	初中及以下	高中、中专及职高	大专	本科及以上	总计
诉诸法律，打官司	29.6%	29.3%	34.3%	40.7%	31.0%
直接找对方沟通，但得理让人，适可而止	27.3%	27.4%	29.1%	25.3%	27.3%
通过第三方（如社会机构、朋友等）从中调解，尽量不伤和气	33.9%	31.8%	25.5%	27.3%	31.6%
能忍则忍	9.2%	11.4%	11.0%	6.7%	10.1%
总计	100.0%	100.0%	100.0%	100.0%	100.0%
列总计	2443	2906	525	675	6549

Chi-square test：df = 3，卡方值为 59.474，sig = 0.000 < 0.05，所以不同受教育程度的居民在“如果您与商业伙伴之间发生重大利益冲突，您会”这一问题的回答上有显著差异。

C20 by A4

您认为在自己的成长中得到道德训练的最重要场所或机构是 * 受教育程度 Crosstabulation

	初中及以下	高中、中专及职高	大专	本科及以上	总计
诉诸法律，打官司	29.6%	29.3%	34.3%	40.7%	31.0%
直接找对方沟通，但得理让人，适可而止	27.3%	27.4%	29.1%	25.3%	27.3%
通过第三方（如社会机构、朋友等）从中调解，尽量不伤和气	33.9%	31.8%	25.5%	27.3%	31.6%
能忍则忍	9.2%	11.4%	11.0%	6.7%	10.1%
总计	100.0%	100.0%	100.0%	100.0%	100.0%
列总计	2443	2906	525	675	6549

Chi-square test：df = 9，卡方值为 58.027，sig = 0.000 < 0.05，所以不同受教育程度的居民在“您认为在自己的成长中得到道德训练的最重要场所或机构是”这一问题的回答上有显著差异。

C21 by A4

您的思想行为受什么人影响最大 * 受教育程度 Crosstabulation

	初中及以下	高中、中专及职高	大专	本科及以上	总计
政府官员	20.5%	21.2%	20.6%	20.2%	20.7%
企业家	14.8%	19.9%	21.7%	15.0%	16.6%
演艺明星	3.0%	3.8%	5.6%	5.3%	3.6%
教师	45.0%	45.6%	48.6%	48.5%	45.7%

续表

	初中及以下	高中、中专及职高	大专	本科及以上	总计
知识精英	8.9%	15.9%	15.9%	17.7%	11.9%
公众人物	13.0%	16.3%	20.1%	17.4%	14.7%
农民	13.2%	7.4%	5.6%	5.4%	10.5%
工人	2.9%	2.6%	1.7%	1.2%	2.6%
先哲先贤	12.0%	18.4%	21.5%	26.1%	15.5%
父母	75.6%	70.6%	67.2%	70.7%	73.3%
网络大V	2.5%	3.8%	4.4%	4.2%	3.1%
宗教人士	1.4%	1.5%	1.7%	2.0%	1.5%
列总计	4917	2057	586	758	8318

据上表所示，不同受教育程度的居民在“您的思想行为受什么人影响最大”这一问题的回答上有显著差异。

C22 by A4

影响您道德判断和道德选择的最主要的因素是 * 受教育程度 Crosstabulation

	初中及以下	高中、中专及职高	大专	本科及以上	总计
自己的良心	69.6%	67.7%	65.8%	68.3%	68.7%
大多数人持有的观点	38.3%	37.5%	34.8%	30.3%	37.1%
公众人士和权威人物的观点	6.4%	10.5%	11.6%	8.6%	7.9%
国外媒体的观点	4.0%	4.0%	3.8%	4.8%	4.0%
自己的利益	14.9%	16.3%	16.4%	12.2%	15.1%
他人的评价	8.1%	6.5%	7.0%	6.1%	7.5%
社会后果	14.6%	16.0%	16.1%	20.1%	15.5%
大多数人认可的道德规范	14.6%	14.6%	17.1%	21.3%	15.4%
先贤教导	3.3%	5.3%	7.0%	10.7%	4.7%
“朋友圈”的观点	0.6%	1.3%	1.0%	0.3%	0.8%
列总计	5010	2072	603	756	8441

据上表所示，不同受教育程度的居民在“影响您道德判断和道德选择的最主要的因素是”这一问题的回答上有显著差异。

C23 by A4

现在经常有一些网民在网络上曝光别人的隐私，您怎么看待这种行为？＊受教育程度 Crosstabulation

	初中及以下	高中、中专及职高	大专	本科及以上	总计
这是违法行为，应该制止	35.3%	36.1%	39.8%	40.2%	36.4%
这是不道德行为，应该进行谴责	46.6%	45.3%	38.6%	34.1%	44.3%
这是社会监督的重要途径，不必完全禁止，但需要规范和引导	15.6%	16.4%	20.4%	24.7%	17.1%
这是网民的自由，别人不应该干涉	2.5%	2.2%	1.2%	0.9%	2.1%
总计	100.0%	100.0%	100.0%	100.0%	100.0%
列总计	3177	3572	598	748	8095

Chi-square test：df = 9，卡方值为 77.317，sig = 0.000 < 0.05，所以不同受教育程度的居民在“现在经常有一些网民在网络上曝光别人的隐私，您怎么看待这种行为？”这一问题的回答上有显著差异。

C24a by A4

您最近两年是否参加过以下活动？志愿者活动 ＊ 受教育程度 Crosstabulation

	初中及以下	高中、中专及职高	大专	本科及以上	总计
是	8.1%	13.3%	31.3%	49.5%	15.7%
否	91.9%	86.7%	68.7%	50.5%	84.3%
总计	100.0%	100.0%	100.0%	100.0%	100.0%
列总计	3449	3857	611	763	8680

Chi-square test：df = 3，卡方值为 938.999，sig = 0.000 < 0.05，所以不同受教育程度的居民在“您最近两年是否参加过以下活动？志愿者活动”这一问题的回答上有显著差异。

C24b by A4

您参加的频率：志愿者活动 ＊ 受教育程度 Crosstabulation

	初中及以下	高中、中专及职高	大专	本科及以上	总计
从来没有	91.9%	86.7%	68.7%	50.5%	84.3%
参加过一两次	4.2%	6.6%	16.2%	23.9%	7.8%
偶尔参加一次	3.1%	5.5%	11.9%	17.4%	6.0%
经常参加	0.8%	1.2%	3.1%	8.3%	1.8%
总计	100.0%	100.0%	100.0%	100.0%	100.0%
列总计	3449	3857	611	763	8680

Chi-square test：df = 9，卡方值为 976.241，sig = 0.000 < 0.05，所以不同受教育程度的居民在“您参加的频率：志愿者活动”这一问题的回答上有显著差异。

C24c by A4

您最近两年是否参加过以下活动？无偿献血 * 受教育程度 Crosstabulation

	初中及以下	高中、中专及职高	大专	本科及以上	总计
是	8.7%	12.5%	28.1%	35.0%	14.1%
否	91.3%	87.5%	71.9%	65.0%	85.9%
总计	100.0%	100.0%	100.0%	100.0%	100.0%
列总计	3452	3859	612	763	8686

Chi-square test：df=3，卡方值为465.145，sig =0.000<0.05，所以不同受教育程度的居民在“您最近两年是否参加过以下活动？无偿献血”这一问题的回答上有显著差异。

C24d by A4

您参加的频率：无偿献血 * 受教育程度 Crosstabulation

	初中及以下	高中、中专及职高	大专	本科及以上	总计
从来没有	91.3%	87.5%	71.9%	65.0%	85.9%
参加过一两次	4.4%	6.8%	15.8%	18.9%	7.6%
偶尔参加一次	3.6%	4.9%	11.1%	14.2%	5.6%
经常参加	0.7%	0.8%	1.1%	2.0%	0.9%
总计	100.0%	100.0%	100.0%	100.0%	100.0%
列总计	3452	3859	612	763	8686

Chi-square test：df=9，卡方值为470.023，sig =0.000<0.05，所以不同受教育程度的居民在“您参加的频率：无偿献血”这一问题的回答上有显著差异。

C24e by A4

您最近两年是否参加过以下活动？捐款、捐物 * 受教育程度 Crosstabulation

	初中及以下	高中、中专及职高	大专	本科及以上	总计
是	28.5%	31.3%	50.2%	70.1%	34.9%
否	71.5%	68.7%	49.8%	29.9%	65.1%
总计	100.0%	100.0%	100.0%	100.0%	100.0%
列总计	3452	3859	612	763	8686

Chi-square test：df=3，卡方值为564.625，sig =0.000<0.05，所以不同受教育程度的居民在“您最近两年是否参加过以下活动？捐款、捐物”这一问题的回答上有显著差异。

C24f by A4

您参加的频率：捐款、捐物 ＊ 受教育程度 Crosstabulation

	初中及以下	高中、中专及职高	大专	本科及以上	总计
从来没有	71.5%	68.7%	49.8%	29.9%	65.1%
参加过一两次	11.8%	13.0%	22.1%	29.2%	14.6%
偶尔参加一次	13.4%	14.2%	21.1%	27.0%	15.5%
经常参加	3.4%	4.1%	7.0%	13.9%	4.9%
总计	100.0%	100.0%	100.0%	100.0%	100.0%
列总计	3452	3859	612	763	8686

Chi-square test：df = 9，卡方值为 605.385，sig = 0.000 < 0.05，所以不同受教育程度的居民在“您参加的频率：捐款、捐物”这一问题的回答上有显著差异。

C25 by A4

目前中国社会的两性关系日益开放，它对社会风尚的影响是 ＊ 受教育程度 Crosstabulation

	初中及以下	高中、中专及职高	大专	本科及以上	总计
是社会进步的表现	11.6%	15.2%	16.8%	15.4%	13.9%
两性关系混乱必然导致道德沦丧、污染社会风气	55.3%	49.2%	44.7%	44.7%	50.9%
个人选择，无所谓好坏	32.7%	35.2%	38.4%	39.3%	34.8%
其他	0.3%	0.4%		0.5%	0.3%
总计	100.0%	100.0%	100.0%	100.0%	100.0%
列总计	3368	3771	606	760	8505

Chi-square test：df = 9，卡方值为 62.356，sig = 0.000 < 0.05，所以不同受教育程度的居民在“目前中国社会的两性关系日益开放，它对社会风尚的影响是”这一问题的回答上有显著差异。

C26 by A4

您对一些重要事情所持的观点和看法与其他人一致的时候有多少 ＊ 受教育程度 Crosstabulation

	初中及以下	高中、中专及职高	大专	本科及以上	总计
非常少	4.8%	6.0%	5.0%	2.7%	5.1%
比较少	14.0%	13.9%	12.5%	11.5%	13.6%
一般	42.1%	43.1%	39.0%	42.8%	42.4%
比较多	33.5%	32.0%	37.3%	37.5%	33.5%

续表

	初中及以下	高中、中专及职高	大专	本科及以上	总计
非常多	5.6%	5.0%	6.2%	5.5%	5.4%
总计	100.0%	100.0%	100.0%	100.0%	100.0%
列总计	3155	3556	582	739	8032

Chi-square test：df = 12，卡方值为 30.455，sig = 0.002 < 0.05，所以不同受教育程度的居民在“您对一些重要事情所持的观点和看法与其他人一致的时候有多少”这一问题的回答上有显著差异。

C27 by A4

您对待目前社会上一部分人的奢侈消费行为的态度是 * 受教育程度 Crosstabulation

	初中及以下	高中、中专及职高	大专	本科及以上	总计
钞票是他们自己的，他们愿意怎么花就怎么花	40.3%	41.4%	38.7%	34.9%	40.2%
他们应该遵守勤俭的传统美德，适度消费	45.0%	42.7%	44.1%	44.4%	43.9%
过度消费行为只要对别人无害，就不应干涉	14.6%	15.7%	17.2%	20.6%	15.8%
其他	0.1%	0.2%		0.1%	0.1%
总计	100.0%	100.0%	100.0%	100.0%	100.0%
列总计	3458	3843	612	763	8676

Chi-square test：df = 9，卡方值为 25.138，sig = 0.003 < 0.05，所以不同受教育程度的居民在“您对待目前社会上一部分人的奢侈消费行为的态度是”这一问题的回答上有显著差异。

C28 by A4

孝敬、礼让、仁爱、节俭等优良传统，您认为现在还需要这些吗 * 受教育程度 Crosstabulation

	初中及以下	高中、中专及职高	大专	本科及以上	总计
这些好传统什么时候都不能丢	77.7%	77.6%	80.2%	80.0%	78.0%
可有可无	8.9%	9.5%	6.7%	8.2%	8.9%
已经过时，没必要讲这些	5.6%	5.5%	6.4%	3.8%	5.4%
有些要，有些不要	7.8%	7.5%	6.7%	8.0%	7.6%
总计	100.0%	100.0%	100.0%	100.0%	100.0%
列总计	3467	3861	612	764	8704

Chi-square test：df = 9，卡方值为 11.955，sig = 0.216 > 0.05，所以不同受教育程度的居民在“孝敬、礼让、仁爱、节俭等优良传统，您认为现在还需要这些吗”这一问题的回答上没有显著差异。

C29 by A4

民族英雄和新时期的先进人物的精神还值得在全社会大力倡导吗 ＊ 受教育程度 Crosstabulation

	初中及以下	高中、中专及职高	大专	本科及以上	总计
我很佩服他们，现在社会就缺这种精神，要加大宣传	58.1%	58.5%	63.0%	69.5%	59.6%
以前知道一些，现在不太关注了	24.9%	26.2%	25.1%	20.4%	25.1%
时过境迁，这些典型的影响力越来越小了，没太多人关心了	12.0%	11.6%	10.3%	9.3%	11.5%
不知道，也不关心	5.1%	3.6%	1.6%	0.8%	3.8%
总计	100.0%	100.0%	100.0%	100.0%	100.0%
列总计	3458	3858	610	763	8689

Chi-square test：df = 9，卡方值为 69.399，sig = 0.000 < 0.05，所以不同受教育程度的居民在“民族英雄和新时期的先进人物的精神还值得在全社会大力倡导吗”这一问题的回答上有显著差异。

C30 by A4

当在公交车上遇到小偷正在偷乘客钱包时，您会选择以下哪种做法 ＊ 受教育程度 Crosstabulation

	初中及以下	高中、中专及职高	大专	本科及以上	总计
马上冲上去制止	17.5%	20.4%	21.0%	23.1%	19.5%
出于害怕，装作什么都没有看到	12.4%	12.5%	10.6%	9.6%	12.1%
不敢直接与小偷对抗，但以适当方式悄悄提醒当事人或报警	61.1%	60.0%	63.8%	61.7%	60.9%
只要偷的不是我，不用多管闲事，免得惹麻烦	8.1%	6.5%	4.2%	4.7%	6.8%
其他	0.9%	0.6%	0.3%	0.9%	0.7%
总计	100.0%	100.0%	100.0%	100.0%	100.0%
列总计	3447	3851	614	763	8675

Chi-square test：df = 12，卡方值为 44.932，sig = 0.000 < 0.05，所以不同受教育程度的居民在“当在公交车上遇到小偷正在偷乘客钱包时，您会选择以下哪种做法”这一问题的回答上有显著差异。

C31 by A4

小王知道做某件事是道德的但没去行动，哪种因素是他采取行动的最大障碍 * 受教育程度 Crosstabulation

	初中及以下	高中、中专及职高	大专	本科及以上	总计
采取行动会损害自己利益	15.7%	16.0%	18.2%	18.1%	16.2%
采取行动也难以取得预期效果	22.8%	25.7%	23.3%	23.1%	24.2%
大家都不做，我何必管闲事	17.7%	16.7%	17.7%	16.6%	17.2%
自身能力有限，心有余而力不足	30.7%	29.3%	29.4%	31.0%	30.0%
即使我不做，相信还会有别人去做	7.9%	7.6%	7.9%	7.9%	7.8%
明白就行，让别人去做吧	4.7%	3.9%	3.3%	3.0%	4.1%
其他	0.6%	0.7%	0.2%	0.1%	0.6%
总计	100.0%	100.0%	100.0%	100.0%	100.0%
列总计	3388	3810	609	757	8564

Chi-square test：df = 18，卡方值为 26.227，sig = 0.095 > 0.05，所以不同受教育程度的居民在“小王知道做某件事是道德的但没去行动，哪种因素是他采取行动的最大障碍”这一问题的回答上没有显著差异。

C32 by A4

当与他人发生分歧时，能否体谅宽容他人 * 受教育程度 Crosstabulation

	初中及以下	高中、中专及职高	大专	本科及以上	总计
不宽容，必须弄清是非曲直	10.3%	10.7%	11.7%	9.6%	10.5%
偶尔	33.9%	35.8%	33.2%	28.0%	34.2%
有时	38.2%	39.8%	40.1%	40.9%	39.3%
经常	17.6%	13.6%	15.1%	21.5%	16.0%
总计	100.0%	100.0%	100.0%	100.0%	100.0%
列总计	3438	3828	609	758	8633

Chi-square test：df = 9，卡方值为 49.088，sig = 0.000 < 0.05，所以不同受教育程度的居民在“当与他人发生分歧时，能否体谅宽容他人”这一问题的回答上有显著差异。

C33 by A4

您认为解决当前我国的公民道德和社会风尚问题，最关键的途径是 * 受教育程度 Crosstabulation

	初中及以下	高中、中专及职高	大专	本科及以上	总计
加强法制	32.1%	36.7%	36.6%	37.7%	34.0%
弘扬优秀传统道德	49.6%	51.0%	50.6%	47.7%	49.9%

续表

	初中及以下	高中、中专及职高	大专	本科及以上	总计
建设伦理道德的核心价值	14.3%	20.6%	26.6%	22.9%	17.5%
惩治官员腐败	26.5%	21.3%	13.6%	13.6%	23.2%
解决分配不公问题	13.9%	11.6%	11.3%	11.8%	13.0%
提高个人道德素质	28.9%	30.9%	30.5%	37.2%	30.3%
列总计	5150	2102	609	763	8624

据上表所示，不同受教育程度的居民在“您认为解决当前我国的公民道德和社会风尚问题，最关键的途径是”这一问题的回答上有显著差异。

C34 by A4

您知道社会主义核心价值观吗？请您把它们选出来 * 受教育程度 Crosstabulation

	初中及以下	高中、中专及职高	大专	本科及以上	总计
文明	70.3%	76.0%	75.2%	79.1%	72.9%
诚信	81.9%	85.2%	87.9%	87.9%	83.7%
勇敢	37.7%	34.0%	30.8%	23.1%	34.9%
爱国	72.4%	79.6%	79.5%	85.3%	75.9%
创新	31.4%	35.4%	32.5%	30.2%	32.3%
友善	48.7%	53.8%	56.7%	61.9%	51.8%
勤劳	29.3%	19.0%	19.7%	14.8%	24.7%
列总计	4937	2079	610	761	8387

据上表所示，不同受教育程度的居民在“您知道的社会主义核心价值观吗”这一问题的回答上有显著差异。

C35 by A4

您认为社会主义核心价值观与您的工作、生活有关系吗 * 受教育程度 Crosstabulation

	初中及以下	高中、中专及职高	大专	本科及以上	总计
对改变社会风气有好处，每个人都应该这样做人做事	83.2%	85.8%	86.4%	87.2%	85.0%
与个人工作、生活没关系	16.8%	14.2%	13.6%	12.8%	15.0%
总计	100.0%	100.0%	100.0%	100.0%	100.0%
列总计	2828	3228	567	710	7333

Chi-square test：df = 3，卡方值为 12.227，sig = 0.007 < 0.05，所以不同受教育程度的居民在“您认为社会主义核心价值观与您的工作、生活有关系吗”这一问题的回答上有显著差异。

C36 by A4

在全社会特别是青少年中开展革命传统教育，您认为有没有这个必要 * 受教育程度 Crosstabulation

	初中及以下	高中、中专及职高	大专	本科及以上	总计
很有必要，什么时候都不能忘本	83.3%	83.9%	85.1%	83.9%	83.8%
可有可无	10.1%	9.8%	7.7%	9.4%	9.7%
没有必要，已经过时了	6.6%	6.2%	7.2%	6.7%	6.5%
总计	100.0%	100.0%	100.0%	100.0%	100.0%
列总计	3461	3862	612	766	8701

Chi-square test：df = 6，卡方值为 4.432，sig = 0.618 > 0.05，所以不同受教育程度的居民在“在全社会特别是青少年中开展革命传统教育，您认为有没有这个必要”这一问题的回答上没有显著差异。

C37 by A4

当您途经一场所，正遇到升国旗仪式，看到国旗在国歌声中升起的时候，您会怎么做 * 受教育程度 Crosstabulation

	初中及以下	高中、中专及职高	大专	本科及以上	总计
原地站立，面向国旗行注目礼	28.8%	31.6%	43.1%	54.6%	33.3%
停下来看一看	57.7%	56.6%	46.8%	39.0%	54.8%
只当没看见，该干吗干吗	13.5%	11.8%	10.1%	6.4%	11.9%
总计	100.0%	100.0%	100.0%	100.0%	100.0%
列总计	3456	3852	613	766	8687

Chi-square test：df = 6，卡方值为 224.195，sig = 0.000 < 0.05，所以不同受教育程度的居民在“当您途经一场所，正遇到升国旗仪式，看到国旗在国歌声中升起的时候，您会怎么做”这一问题的回答上有显著差异。

C38 by A4

今年您参加过纪念中国共产党成立 96 周年等主题教育活动吗 * 受教育程度 Crosstabulation

	初中及以下	高中、中专及职高	大专	本科及以上	总计
参加过，很受教育	9.6%	13.7%	24.8%	34.9%	14.7%
听说过，但是没有参加过	59.8%	57.8%	52.3%	46.3%	57.2%
这种活动基本都是形式大于内容	8.3%	9.9%	10.6%	12.4%	9.5%
不关心这些	22.2%	18.6%	12.3%	6.4%	18.5%

续表

	初中及以下	高中、中专及职高	大专	本科及以上	总计
总计	100.0%	100.0%	100.0%	100.0%	100.0%
列总计	3452	3850	612	765	8679

Chi-square test：df = 9，卡方值为 452.061，sig = 0.000 < 0.05，所以不同受教育程度的居民在“今年您参加过纪念中国共产党成立 96 周年等主题教育活动吗”这一问题的回答上有显著差异。

D1 by A4

您认为现代家庭关系中最令人担忧的问题是 ＊ 受教育程度 Crosstabulation

	初中及以下	高中、中专及职高	大专	本科及以上	总计
只有一个孩子，对家庭的未来没把握	20.3%	25.3%	24.0%	22.8%	22.0%
独生子女难以承担养老责任，老无所养	29.4%	28.0%	27.3%	28.0%	28.8%
年轻人不愿结婚，或不愿生孩子，家族传承危机	16.9%	13.4%	16.9%	11.5%	15.6%
婚姻不稳定，年轻人缺乏守护婚姻的意识和能力	24.9%	23.4%	22.0%	24.8%	24.3%
子女尤其是独生子女缺乏责任感，孝道意识薄弱	19.3%	18.2%	16.8%	16.0%	18.6%
代沟严重，父母与子女之间难以沟通	27.4%	29.9%	29.5%	27.1%	28.1%
婆媳关系紧张	10.9%	8.2%	7.6%	8.0%	9.7%
父母不民主，不能容忍差异	9.1%	12.3%	12.6%	13.0%	10.5%
“啃老”现象严重	5.3%	7.3%	9.6%	9.3%	6.5%
父母只培养孩子的知识和技能，忽视良好品德的养成	11.4%	14.3%	14.4%	19.5%	13.1%
两性关系过度开放	2.8%	3.2%	2.9%	3.1%	2.9%
列总计	4976	2060	596	749	8381

据上表所示，不同受教育程度的居民在“您认为现代家庭关系中最令人担忧的问题是”这一问题的回答上有显著差异。

D2 by A4

您对家庭的感觉是 ＊ 受教育程度 Crosstabulation

	初中及以下	高中、中专及职高	大专	本科及以上	总计
温馨幸福	19.5%	16.2%	27.0%	33.8%	19.8%
比较幸福	67.1%	72.5%	65.8%	56.8%	68.5%
不太幸福	5.3%	4.8%	2.8%	3.8%	4.8%

续表

	初中及以下	高中、中专及职高	大专	本科及以上	总计
一般，没感觉	7.5%	5.9%	3.5%	4.1%	6.2%
很不幸福，希望逃离	0.3%	0.4%	0.7%	1.1%	0.4%
其他	0.2%	0.3%	0.2%	0.4%	0.3%
总计	100.0%	100.0%	100.0%	100.0%	100.0%
列总计	3407	3809	603	755	8574

Chi-square test：df = 15，卡方值为 182.530，sig = 0.000 < 0.05，所以不同受教育程度的居民在“您对家庭的感觉是”这一问题的回答上有显著差异。

D3a by A4

您对以下现象的态度是？不婚 * 受教育程度 Crosstabulation

	初中及以下	高中、中专及职高	大专	本科及以上	总计
完全赞同	0.7%	0.4%	1.3%	3.9%	0.9%
比较赞同	5.4%	6.7%	6.3%	8.9%	6.3%
中立	34.1%	38.2%	54.2%	54.1%	39.1%
比较反对	36.1%	35.0%	27.5%	22.8%	33.8%
强烈反对	23.8%	19.6%	10.7%	10.3%	19.8%
总计	100.0%	100.0%	100.0%	100.0%	100.0%
列总计	3383	3779	607	749	8518

Chi-square test：df = 12，卡方值为 330.077，sig = 0.000 < 0.05，所以不同受教育程度的居民在“您对以下现象的态度是？不婚”这一问题的回答上有显著差异。

D3b by A4

您对以下现象的态度是？试婚 * 受教育程度 Crosstabulation

	初中及以下	高中、中专及职高	大专	本科及以上	总计
完全赞同	0.6%	0.4%	0.7%	1.9%	0.6%
比较赞同	7.7%	8.5%	8.5%	13.5%	8.6%
中立	33.6%	37.4%	49.0%	44.1%	37.3%
比较反对	33.9%	33.2%	27.2%	26.8%	32.5%
强烈反对	24.2%	20.6%	14.6%	13.7%	21.0%
总计	100.0%	100.0%	100.0%	100.0%	100.0%
列总计	3318	3726	602	750	8396

Chi-square test：df = 12，卡方值为 150.402，sig = 0.000 < 0.05，所以不同受教育程度的居民在“您对以下现象的态度是？试婚”这一问题的回答上有显著差异。

D3c by A4

您对以下现象的态度是？同居 ＊ 受教育程度 Crosstabulation

	初中及以下	高中、中专及职高	大专	本科及以上	总计
完全赞同	0.7%	0.7%	1.5%	1.7%	0.8%
比较赞同	7.6%	9.3%	10.6%	13.9%	9.1%
中立	38.2%	41.2%	52.8%	52.8%	41.9%
比较反对	30.7%	29.7%	24.9%	21.8%	29.0%
强烈反对	22.8%	19.2%	10.2%	9.8%	19.2%
总计	100.0%	100.0%	100.0%	100.0%	100.0%
列总计	3358	3767	606	748	8479

Chi-square test：df = 12，卡方值为 194.744，sig = 0.000 < 0.05，所以不同受教育程度的居民在“您对以下现象的态度是？同居”这一问题的回答上有显著差异。

D3d by A4

您对以下现象的态度是？同性恋 ＊ 受教育程度 Crosstabulation

	初中及以下	高中、中专及职高	大专	本科及以上	总计
完全赞同	0.2%	0.3%	0.8%	2.1%	0.4%
比较赞同	1.2%	1.5%	2.5%	3.4%	1.6%
中立	11.7%	15.3%	27.2%	38.3%	16.9%
比较反对	35.1%	33.5%	33.1%	25.9%	33.4%
强烈反对	51.8%	49.4%	36.4%	30.3%	47.7%
总计	100.0%	100.0%	100.0%	100.0%	100.0%
列总计	3242	3660	602	746	8250

Chi-square test：df = 12，卡方值为 467.814，sig = 0.000 < 0.05，所以不同受教育程度的居民在“您对以下现象的态度是？同性恋”这一问题的回答上有显著差异。

D3e by A4

您对以下现象的态度是？婚外恋 ＊ 受教育程度 Crosstabulation

	初中及以下	高中、中专及职高	大专	本科及以上	总计
完全赞同	0.2%	0.1%	0.7%		0.2%
比较赞同	0.7%	0.6%	1.2%	1.1%	0.7%
中立	7.0%	9.7%	13.2%	16.8%	9.5%
比较反对	31.4%	29.2%	27.5%	28.4%	29.9%
强烈反对	60.6%	60.4%	57.5%	53.8%	59.7%

续表

	初中及以下	高中、中专及职高	大专	本科及以上	总计
总计	100.0%	100.0%	100.0%	100.0%	100.0%
列总计	3325	3731	607	746	8409

Chi-square test：df = 12，卡方值为95.159，sig = 0.000 < 0.05，所以不同受教育程度的居民在“您对以下现象的态度是？婚外恋”这一问题的回答上有显著差异。

D3f by A4

您对以下现象的态度是？丁克家庭 ＊ 受教育程度 Crosstabulation

	初中及以下	高中、中专及职高	大专	本科及以上	总计
完全赞同	0.2%	0.2%	0.3%	2.5%	0.4%
比较赞同	1.4%	1.8%	2.3%	3.8%	1.8%
中立	21.4%	25.3%	38.5%	48.6%	27.0%
比较反对	33.2%	31.5%	27.8%	26.1%	31.4%
强烈反对	43.8%	41.2%	31.1%	19.0%	39.4%
总计	100.0%	100.0%	100.0%	100.0%	100.0%
列总计	2960	3318	576	716	7570

Chi-square test：df = 12，卡方值为399.900，sig = 0.000 < 0.05，所以不同受教育程度的居民在“您对以下现象的态度是？丁克家庭”这一问题的回答上有显著差异。

D3g by A4

您对以下现象的态度是？代孕 ＊ 受教育程度 Crosstabulation

	初中及以下	高中、中专及职高	大专	本科及以上	总计
完全赞同	0.2%	0.1%	0.5%	0.8%	0.2%
比较赞同	1.5%	1.2%	1.2%	2.3%	1.4%
中立	15.6%	18.8%	28.0%	35.3%	19.8%
比较反对	33.6%	32.2%	29.0%	30.4%	32.3%
强烈反对	49.2%	47.6%	41.3%	31.2%	46.2%
总计	100.0%	100.0%	100.0%	100.0%	100.0%
列总计	3007	3378	579	734	7698

Chi-square test：df = 12，卡方值为206.036，sig = 0.000 < 0.05，所以不同受教育程度的居民在“您对以下现象的态度是？代孕”这一问题的回答上有显著差异。

D4 by A4

您如何看待为了应对拆迁、征地、买房等而出现的“假离婚”现象？＊受教育程度 Crosstabulation

	初中及以下	高中、中专及职高	大专	本科及以上	总计
完全赞同	1.4%	2.6%	2.5%	2.9%	2.2%
比较赞同	12.6%	15.8%	16.8%	16.2%	14.6%
不太赞同	40.0%	37.4%	38.2%	39.1%	38.6%
坚决反对	46.0%	44.2%	42.6%	41.8%	44.6%
总计	100.0%	100.0%	100.0%	100.0%	100.0%
列总计	3179	3570	571	716	8036

Chi-square test：df = 9，卡方值为 34.749，sig = 0.000 < 0.05，所以不同受教育程度的居民在“您如何看待为了应对拆迁、征地、买房等而出现的‘假离婚’现象？”这一问题的回答上有显著差异。

D5 by A4

如果夫妻中需要一方为对方或家庭做出牺牲，您的态度是＊受教育程度 Crosstabulation

	初中及以下	高中、中专及职高	大专	本科及以上	总计
非常不愿意	2.5%	3.2%	3.4%	4.1%	3.0%
不太愿意	18.7%	19.9%	26.8%	24.9%	20.3%
比较愿意	52.9%	53.5%	49.8%	51.1%	52.8%
愿意，时常这么做	26.0%	23.4%	20.0%	19.9%	23.9%
总计	100.0%	100.0%	100.0%	100.0%	100.0%
列总计	3279	3609	560	687	8135

Chi-square test：df = 9，卡方值为 45.579，sig = 0.000 < 0.05，所以不同受教育程度的居民在“如果夫妻中需要一方为对方或家庭做出牺牲，您的态度是”这一问题的回答上有显著差异。

D6 by A4

在恋爱或婚姻中，您有为对方而改变自己的意识吗＊受教育程度 Crosstabulation

	初中及以下	高中、中专及职高	大专	本科及以上	总计
有，经常这样做	35.7%	33.4%	31.0%	30.5%	33.9%
有，但做起来有些困难	35.5%	36.7%	38.6%	39.9%	36.6%
没想过这个问题	23.7%	24.0%	23.8%	24.1%	23.9%
无须改变，只有找到愿为我改变的人才是真爱	4.7%	5.7%	6.6%	5.3%	5.4%

续表

	初中及以下	高中、中专及职高	大专	本科及以上	总计
其他	0.3%	0.2%		0.3%	0.3%
总计	100.0%	100.0%	100.0%	100.0%	100.0%
列总计	3434	3826	604	755	8619

Chi-square test：df = 12，卡方值为 19.591，sig = 0.075 > 0.05，所以不同受教育程度的居民在“在恋爱或婚姻中，您有为对方而改变自己的意识吗”这一问题的回答上没有显著差异。

D7 by A4

在恋爱或婚姻中，你与对方相处的原则是 * 受教育程度 Crosstabulation

	初中及以下	高中、中专及职高	大专	本科及以上	总计
我首先对他/她好，然后希望他/她对我好	57.6%	58.1%	59.9%	61.9%	58.4%
他/她对我好，我才对他/她好	19.0%	20.3%	21.1%	19.3%	19.7%
他/她对我好就行了	16.1%	15.5%	14.0%	11.1%	15.3%
总是我对他/她好，他/她对我不那么好	3.2%	2.8%	2.0%	2.7%	2.9%
他/她对我不好，我没必要对他/她好	1.7%	1.6%	1.5%	1.3%	1.6%
其他	2.4%	1.7%	1.5%	3.7%	2.1%
总计	100.0%	100.0%	100.0%	100.0%	100.0%
列总计	3427	3825	606	751	8609

Chi-square test：df = 15，卡方值为 33.430，sig = 0.004 < 0.05，所以不同受教育程度的居民在“在恋爱或婚姻中，你与对方相处的原则是”这一问题的回答上有显著差异。

D8 by A4

您认为生育孩子是否是一种人生义务？ * 受教育程度 Crosstabulation

	初中及以下	高中、中专及职高	大专	本科及以上	总计
是，如果大家都不生育，人种会灭绝	25.2%	25.6%	22.5%	23.1%	25.0%
是，不生孩子家族延续会中断	44.8%	40.6%	32.9%	22.5%	40.1%
不是，但没有孩子将老无所养也过于孤独	25.5%	27.9%	33.8%	35.6%	28.0%
不是，自己觉得快乐就行，有孩子负担过重	4.0%	5.2%	9.3%	15.4%	5.9%
其他	0.6%	0.8%	1.5%	3.4%	1.0%
总计	100.0%	100.0%	100.0%	100.0%	100.0%
列总计	3444	3841	604	759	8648

Chi-square test：df = 12，卡方值为 330.198，sig = 0.000 < 0.05，所以不同受教育程度的居民在“您认为生育孩子是否是一种人生义务？”这一问题的回答上有显著差异。

D9 by A4

孩子面临重大问题（婚姻、升学、就业等）时，您的态度是 * 受教育程度 Crosstabulation

	初中及以下	高中、中专及职高	大专	本科及以上	总计
全部包办，替他们做决定或搞定	5.9%	6.2%	5.1%	3.5%	5.8%
积极建议，努力说服他们采纳	26.3%	25.1%	18.7%	18.0%	24.5%
只提建议，让他们自己选择	41.6%	40.0%	37.5%	37.1%	40.2%
不表态，免得子女将来埋怨	8.9%	7.4%	2.5%	2.2%	7.2%
经常提出建议，但大多不起作用	4.5%	4.9%	2.1%	1.8%	4.3%
没孩子/孩子太小	12.6%	16.1%	33.4%	36.7%	17.7%
其他	0.3%	0.3%	0.8%	0.7%	0.4%
总计	100.0%	100.0%	100.0%	100.0%	100.0%
列总计	3458	3862	611	761	8692

Chi-square test：df = 18，卡方值为422.006，sig = 0.000 < 0.05，所以不同受教育程度的居民在“孩子面临重大问题（婚姻、升学、就业等）时，您的态度是”这一问题的回答上有显著差异。

D10 by A4

您对子女所提出的有关人生发展方面的建议，是否经常被采纳 * 受教育程度 Crosstabulation

	初中及以下	高中、中专及职高	大专	本科及以上	总计
经常被采纳	19.9%	19.0%	20.6%	24.1%	19.8%
较多被采纳	61.1%	61.2%	68.4%	63.1%	61.7%
基本不采纳	17.6%	17.9%	8.8%	10.2%	16.8%
从不被采纳并遭到嘲讽	1.4%	1.9%	2.1%	2.6%	1.8%
总计	100.0%	100.0%	100.0%	100.0%	100.0%
列总计	2742	2907	339	344	6332

Chi-square test：df = 9，卡方值为35.692，sig = 0.000 < 0.05，所以不同受教育程度的居民在“您对子女所提出的有关人生发展方面的建议，是否经常被采纳”这一问题的回答上有显著差异。

D11 by A4

您认为现在孩子价值观的形成受何种因素影响最大 * 受教育程度 Crosstabulation

	初中及以下	高中、中专及职高	大专	本科及以上	总计
父母	59.7%	58.0%	60.8%	61.8%	59.5%

续表

	初中及以下	高中、中专及职高	大专	本科及以上	总计
老师	63.0%	57.6%	57.4%	52.2%	60.4%
同伴	26.9%	27.7%	27.1%	27.5%	27.2%
网络、朋友圈	17.1%	19.7%	19.6%	23.3%	18.4%
明星	1.3%	2.0%	3.1%	2.6%	1.7%
道德模范	4.6%	6.3%	5.8%	8.3%	5.4%
伟大人物	2.1%	3.1%	2.9%	2.9%	2.5%
列总计	4962	2014	582	720	8278

据上表所示，不同受教育程度的居民在“您认为现在孩子价值观的形成受何种因素影响最大”这一问题的回答上有显著差异。

D12 by A4

您认为老人是否有义务帮子女带孩子 * 受教育程度 Crosstabulation

	初中及以下	高中、中专及职高	大专	本科及以上	总计
有，天经地义的	26.5%	20.7%	9.5%	8.9%	21.2%
没有，老人帮助带孙辈，子女应感恩	37.7%	41.0%	48.0%	52.4%	41.2%
没有义务，不过带孙辈也是天伦之乐，应该帮助带	32.2%	33.7%	36.7%	33.1%	33.3%
没想过	3.5%	4.6%	5.9%	5.6%	4.3%
总计	100.0%	100.0%	100.0%	100.0%	100.0%
列总计	3458	3867	613	764	8702

Chi-square test：df = 9，卡方值为 197.119，sig = 0.000 < 0.05，所以不同受教育程度的居民在“您认为老人是否有义务帮子女带孩子”这一问题的回答上有显著差异。

D13 by A4

您认为最理想的养老方式是哪种 * 受教育程度 Crosstabulation

	初中及以下	高中、中专及职高	大专	本科及以上	总计
敬老院、护理院等专业养老机构	11.1%	13.7%	17.3%	19.2%	13.4%
与子女同住	57.7%	54.6%	42.3%	36.0%	53.3%
自己单住，生活难以自理时找护工	14.4%	13.7%	16.0%	14.9%	14.3%
与兄弟姐妹抱团养老	5.6%	5.1%	5.2%	4.6%	5.3%
与志趣相投的人一起养老	9.9%	11.7%	18.6%	23.7%	12.5%
其他	1.4%	1.2%	0.5%	1.6%	1.2%

续表

	初中及以下	高中、中专及职高	大专	本科及以上	总计
总计	100.0%	100.0%	100.0%	100.0%	100.0%
列总计	3455	3857	612	764	8688

Chi-square test：df = 15，卡方值为234.620，sig = 0.000 < 0.05，所以不同受教育程度的居民在“您认为最理想的养老方式是哪种”这一问题的回答上有显著差异。

D14 by A4

当父母一方长期生活不能自理时，主要承担照顾工作的人应该是 * 受教育程度 Crosstabulation

	初中及以下	高中、中专及职高	大专	本科及以上	总计
子女照顾	49.5%	46.3%	43.4%	44.0%	47.2%
父母中还有能力的另一方（老伴儿）	35.7%	37.1%	29.6%	27.7%	35.2%
雇保姆，老伴儿协助	5.4%	5.7%	7.7%	8.3%	5.9%
雇保姆，子女协助	6.6%	7.2%	11.6%	15.1%	7.9%
送护理机构，家人经常探望	2.1%	3.2%	7.2%	3.9%	3.1%
其他	0.7%	0.6%	0.5%	1.0%	0.6%
总计	100.0%	100.0%	100.0%	100.0%	100.0%
列总计	3450	3852	611	763	8676

Chi-square test：df = 15，卡方值为160.850，sig = 0.000 < 0.05，所以不同受教育程度的居民在“当父母一方长期生活不能自理时，主要承担照顾工作的人应该是”这一问题的回答上有显著差异。

D15 by A4

在过去的十天里，您为父母做过以下哪些事情 * 受教育程度 Crosstabulation

	初中及以下	高中、中专及职高	大专	本科及以上	总计
看望	19.1%	25.0%	22.6%	22.5%	21.1%
打电话	29.3%	41.4%	46.8%	54.0%	35.6%
买东西	19.7%	28.0%	29.5%	37.1%	23.9%
陪看病	4.1%	4.9%	3.6%	5.1%	4.4%
生活照料	20.9%	27.1%	27.0%	20.6%	22.8%
做家务	21.5%	32.0%	30.4%	31.7%	25.6%
谈心聊天	16.8%	26.2%	29.1%	36.0%	21.6%
给钱	9.4%	8.7%	10.3%	8.7%	9.3%
外出游玩	1.2%	3.7%	4.7%	5.7%	2.4%

续表

	初中及以下	高中、中专及职高	大专	本科及以上	总计
无	10.3%	6.5%	7.2%	5.9%	8.7%
父母已去世	26.2%	9.9%	4.6%	2.5%	18.6%
列总计	5208	2107	611	761	8687

据上表所示，不同受教育程度的居民在“在过去的十天里，您为父母做过以下哪些事情”这一问题的回答上有显著差异。

D16 by A4

您是否觉得孤独 * 受教育程度 Crosstabulation

	初中及以下	高中、中专及职高	大专	本科及以上	总计
经常	4.2%	5.4%	4.6%	6.7%	5.0%
有时	22.7%	23.4%	26.3%	30.2%	24.0%
不太觉得	34.7%	33.0%	32.4%	31.7%	33.5%
不觉得	38.4%	38.1%	36.7%	31.4%	37.5%
总计	100.0%	100.0%	100.0%	100.0%	100.0%
列总计	3457	3854	608	761	8680

Chi-square test：df = 9，卡方值为 38.254，sig = 0.000 < 0.05，所以不同受教育程度的居民在“您是否觉得孤独”这一问题的回答上有显著差异。

D17 by A4

现在开展的弘扬好家风好家训活动，您认为有意义吗 * 受教育程度 Crosstabulation

	初中及以下	高中、中专及职高	大专	本科及以上	总计
很有意义	70.6%	70.1%	72.1%	77.8%	71.1%
可有可无	16.6%	17.3%	16.9%	13.8%	16.7%
没有必要	12.7%	12.6%	11.0%	8.4%	12.2%
总计	100.0%	100.0%	100.0%	100.0%	100.0%
列总计	3236	3627	580	730	8173

Chi-square test：df = 6，卡方值为 20.375，sig = 0.002 < 0.05，所以不同受教育程度的居民在“现在开展的弘扬好家风好家训活动，您认为有意义吗”这一问题的回答上有显著差异。

D18 by A4

您所在的地方发生过虐待儿童的事件吗 ＊ 受教育程度 Crosstabulation

	初中及以下	高中、中专及职高	大专	本科及以上	总计
经常会发生	3.5%	4.4%	4.6%	5.1%	4.1%
偶尔发生	16.0%	16.7%	19.2%	20.9%	16.9%
没听说过	80.5%	79.0%	76.2%	74.0%	78.9%
总计	100.0%	100.0%	100.0%	100.0%	100.0%
列总计	3447	3848	609	761	8665

Chi-square test：df = 6，卡方值为 20.752，sig = 0.002 < 0.05，所以不同受教育程度的居民在“您所在的地方发生过虐待儿童的事件吗”这一问题的回答上有显著差异。

D19 by A4

在大街或社区里，看到行走或生活困难的老人，您经常的反应是 ＊ 受教育程度 Crosstabulation

	初中及以下	高中、中专及职高	大专	本科及以上	总计
想到自己的（祖）父母或自己的未来，情不自禁地想帮助他	43.5%	43.4%	43.9%	46.4%	43.8%
出于义务责任感，想帮助他	26.0%	25.5%	28.2%	29.3%	26.2%
有同情感，但没有想帮助的冲动	24.9%	26.1%	25.2%	21.8%	25.2%
没有感觉，习以为常	5.4%	4.7%	2.8%	2.4%	4.6%
其他	0.1%	0.3%		0.1%	0.2%
总计	100.0%	100.0%	100.0%	100.0%	100.0%
列总计	3455	3856	611	765	8687

Chi-square test：df = 12，卡方值为 31.707，sig = 0.002 < 0.05，所以不同受教育程度的居民在“在大街或社区里，看到行走或生活困难的老人，您经常的反应是”这一问题的回答上有显著差异。

D20 by A4

如果您的父母或兄妹偷了别人的东西，警察正在查找，您的行为反应可能是 ＊ 受教育程度 Crosstabulation

	初中及以下	高中、中专及职高	大专	本科及以上	总计
批评他，但不会告发	26.0%	28.1%	25.0%	21.3%	26.5%
批评他，陪他送回原处或去承认错误	53.8%	52.0%	58.2%	61.2%	54.0%
默认，因为他得到的东西正是家庭所急需	5.8%	7.2%	6.1%	5.4%	6.4%

续表

	初中及以下	高中、中专及职高	大专	本科及以上	总计
告发，因为出于正义感	5.4%	4.6%	5.1%	5.0%	5.0%
告发，因为可能会连累自己	2.2%	1.9%	0.8%	2.4%	2.0%
不管不问，由他自己决定	6.3%	5.8%	4.8%	4.3%	5.8%
其他	0.4%	0.3%		0.5%	0.3%
总计	100.0%	100.0%	100.0%	100.0%	100.0%
列总计	3446	3833	608	762	8649

Chi-square test：df = 18，卡方值为 48.203，sig = 0.000 < 0.05，所以不同受教育程度的居民在“如果您的父母或兄妹偷了别人的东西，警察正在查找，您的行为反应可能是”这一问题的回答上有显著差异。

D21 by A4

当独生子女单独组成家庭后，父母和子女哪一种居住方式更好 ＊ 受教育程度 Crosstabulation

	初中及以下	高中、中专及职高	大专	本科及以上	总计
单独居住	30.4%	28.5%	28.7%	29.4%	29.3%
和父母同住	35.3%	33.3%	29.2%	22.7%	32.9%
和父母及祖辈共同居住	8.8%	9.0%	7.3%	8.0%	8.7%
和父母靠近居住	24.6%	28.7%	34.6%	39.5%	28.4%
其他	0.9%	0.6%	0.2%	0.4%	0.7%
总计	100.0%	100.0%	100.0%	100.0%	100.0%
列总计	3462	3859	613	762	8696

Chi-square test：df = 12，卡方值为 103.113，sig = 0.000 < 0.05，所以不同受教育程度的居民在“当独生子女单独组成家庭后，父母和子女哪一种居住方式更好”这一问题的回答上有显著差异。

D22 by A4

您是否认为把老人送到养老院是不孝行为 ＊ 受教育程度 Crosstabulation

	初中及以下	高中、中专及职高	大专	本科及以上	总计
是	22.3%	18.8%	12.2%	10.4%	19.0%
相对而言，部分是	49.5%	53.3%	51.2%	54.1%	51.7%
不是	28.0%	27.5%	36.5%	35.1%	29.0%
其他	0.3%	0.4%		0.4%	0.3%
总计	100.0%	100.0%	100.0%	100.0%	100.0%
列总计	3452	3849	613	763	8677

Chi-square test：df = 9，卡方值为 100.359，sig = 0.000 < 0.05，所以不同受教育程度的居民在“您是否认为把老人送到养老院是不孝行为”这一问题的回答上有显著差异。

E1 by A4

您认为企业最重要的社会责任是什么 ＊ 受教育程度 Crosstabulation

	初中及以下	高中、中专及职高	大专	本科及以上	总计
为企业和企业股东自身赚钱	14.6%	14.6%	12.1%	12.0%	14.2%
通过依法纳税为国家积累财富	21.7%	22.5%	25.5%	23.0%	22.5%
通过诚信经营提供质量可靠的产品，满足社会大众生活需求	55.6%	56.4%	57.8%	61.2%	56.6%
为员工谋福利	7.9%	6.2%	4.2%	3.2%	6.4%
其他	0.2%	0.3%	0.5%	0.5%	0.3%
总计	100.0%	100.0%	100.0%	100.0%	100.0%
列总计	3124	3516	597	740	7977

Chi-square test：df = 12，卡方值为 43.493，sig = 0.000 < 0.05，所以不同受教育程度的居民在“您认为企业最重要的社会责任是什么”这一问题的回答上有显著差异。

E2a by A4

下列关于企业的说法，您的同意程度是？只要能为员工谋福利就是一个好单位 ＊ 受教育程度 Crosstabulation

	初中及以下	高中、中专及职高	大专	本科及以上	总计
完全同意	14.8%	15.0%	14.2%	15.0%	14.9%
比较同意	54.8%	56.1%	50.3%	47.4%	54.4%
不太同意	27.7%	26.0%	31.5%	32.5%	27.7%
完全不同意	2.7%	3.0%	4.0%	5.1%	3.1%
总计	100.0%	100.0%	100.0%	100.0%	100.0%
列总计	3214	3593	604	747	8158

Chi-square test：df = 9，卡方值为 37.173，sig = 0.000 < 0.05，所以不同受教育程度的居民在“只要能为员工谋福利就是一个好单位”这一问题的同意程度的回答上有显著差异。

E2b by A4

下列关于企业的说法，您的同意程度是？经济效益好坏是衡量企业成败的唯一标准 ＊ 受教育程度 Crosstabulation

	初中及以下	高中、中专及职高	大专	本科及以上	总计
完全同意	10.3%	10.1%	10.7%	8.3%	10.0%
比较同意	42.9%	44.6%	36.6%	34.3%	42.4%

续表

	初中及以下	高中、中专及职高	大专	本科及以上	总计
不太同意	41.5%	39.9%	45.5%	46.4%	41.6%
完全不同意	5.2%	5.5%	7.2%	11.0%	6.0%
总计	100.0%	100.0%	100.0%	100.0%	100.0%
列总计	3144	3538	596	746	8024

Chi-square test：df = 9，卡方值为 68.652，sig = 0.000 < 0.05，所以不同受教育程度的居民在“经济效益好坏是衡量企业成败的唯一标准”这一问题的同意程度的回答上有显著差异。

E2c by A4

下列关于企业的说法，您的同意程度是？企业做慈善都是做做样子，其实还是为自己做广告 * 受教育程度 Crosstabulation

	初中及以下	高中、中专及职高	大专	本科及以上	总计
完全同意	5.7%	6.2%	5.7%	6.3%	6.0%
比较同意	42.1%	42.1%	36.7%	35.1%	41.1%
不太同意	45.8%	46.4%	50.2%	50.5%	46.8%
完全不同意	6.4%	5.3%	7.4%	8.0%	6.1%
总计	100.0%	100.0%	100.0%	100.0%	100.0%
列总计	3102	3501	596	734	7933

Chi-square test：df = 9，卡方值为 26.342，sig = 0.002 < 0.05，所以不同受教育程度的居民在“企业做慈善都是做做样子，其实还是为自己做广告”这一问题的同意程度的回答上有显著差异。

E2d by A4

下列关于企业的说法，您的同意程度是？企业和员工之间只是合同关系，效益好就好好干，效益不好就跳槽 * 受教育程度 Crosstabulation

	初中及以下	高中、中专及职高	大专	本科及以上	总计
完全同意	5.7%	6.3%	5.1%	5.6%	5.9%
比较同意	31.9%	31.8%	24.6%	24.1%	30.6%
不太同意	51.3%	51.0%	53.8%	52.1%	51.4%
完全不同意	11.1%	11.0%	16.4%	18.1%	12.1%
总计	100.0%	100.0%	100.0%	100.0%	100.0%
列总计	3166	3577	602	746	8091

Chi-square test：df = 9，卡方值为 61.195，sig = 0.000 < 0.05，所以不同受教育程度的居民在“企业和员工之间只是合同关系，效益好就好好干，效益不好就跳槽”这一问题的同意程度的回答上有显著差异。

E2e by A4

下列关于企业的说法，您的同意程度是？企业不需要对员工讲什么伦理关怀，员工表现好就发奖金，不好就辞退 ＊ 受教育程度 Crosstabulation

	初中及以下	高中、中专及职高	大专	本科及以上	总计
完全同意	4.4%	4.7%	3.7%	4.3%	4.5%
比较同意	24.7%	23.9%	20.2%	22.2%	23.8%
不太同意	56.3%	56.6%	55.0%	49.1%	55.7%
完全不同意	14.6%	14.9%	21.1%	24.4%	16.1%
总计	100.0%	100.0%	100.0%	100.0%	100.0%
列总计	3169	3586	598	742	8095

Chi-square test：df = 9，卡方值为 61.363，sig = 0.000 < 0.05，所以不同受教育程度的居民在“企业不需要对员工讲什么伦理关怀，员工表现好就发奖金，不好就辞退”这一问题的同意程度的回答上有显著差异。

E2f by A4

下列关于企业的说法，您的同意程度是？企业为了履行社会责任，应当放弃一些自身利益 ＊ 受教育程度 Crosstabulation

	初中及以下	高中、中专及职高	大专	本科及以上	总计
完全同意	20.8%	22.2%	20.7%	23.0%	21.6%
比较同意	51.9%	50.9%	50.3%	47.0%	50.9%
不太同意	23.1%	23.0%	24.5%	25.4%	23.4%
完全不同意	4.2%	3.9%	4.6%	4.6%	4.1%
总计	100.0%	100.0%	100.0%	100.0%	100.0%
列总计	3180	3569	593	744	8086

Chi-square test：df = 9，卡方值为 8.083，sig = 0.526 > 0.05，所以不同受教育程度的居民在“企业为了履行社会责任，应当放弃一些自身利益”这一问题的同意程度的回答上没有显著差异。

E2g by A4

下列关于企业的说法，您的同意程度是？讲信用、遵循道德规范的企业能够获得更好的利益 ＊ 受教育程度 Crosstabulation

	初中及以下	高中、中专及职高	大专	本科及以上	总计
完全同意	24.4%	24.6%	28.8%	32.3%	25.5%
比较同意	54.8%	53.8%	49.9%	47.4%	53.3%
不太同意	17.4%	18.9%	18.4%	15.2%	18.0%
完全不同意	3.3%	2.7%	2.8%	5.0%	3.2%

续表

	初中及以下	高中、中专及职高	大专	本科及以上	总计
总计	100.0%	100.0%	100.0%	100.0%	100.0%
列总计	3199	3585	597	742	8123

Chi-square test：df = 9，卡方值为 42.816，sig = 0.000 < 0.05，所以不同受教育程度的居民在“讲信用、遵循道德规范的企业能够获得更好的利益”这一问题的同意程度的回答上有显著差异。

E2h by A4

下列关于企业的说法，您的同意程度是？企业只是一台赚钱的机器，能赚钱就行，无所谓社会责任，声誉也不重要 * 受教育程度 Crosstabulation

	初中及以下	高中、中专及职高	大专	本科及以上	总计
完全同意	2.4%	2.3%	2.0%	4.2%	2.5%
比较同意	16.4%	17.7%	16.8%	13.2%	16.7%
不太同意	57.7%	54.1%	47.6%	44.6%	54.1%
完全不同意	23.4%	25.9%	33.7%	38.0%	26.6%
总计	100.0%	100.0%	100.0%	100.0%	100.0%
列总计	3136	3540	597	740	8013

Chi-square test：df = 9，卡方值为 101.081，sig = 0.000 < 0.05，所以不同受教育程度的居民在“企业只是一台赚钱的机器，能赚钱就行，无所谓社会责任，声誉也不重要”这一问题的同意程度的回答上有显著差异。

E2i by A4

下列关于企业的说法，您的同意程度是？同样的产品，国企生产的比私企的更有保障 * 受教育程度 Crosstabulation

	初中及以下	高中、中专及职高	大专	本科及以上	总计
完全同意	8.6%	7.2%	6.9%	7.8%	7.8%
比较同意	46.0%	42.4%	38.9%	35.3%	42.9%
不太同意	37.1%	41.0%	43.5%	46.5%	40.2%
完全不同意	8.4%	9.4%	10.8%	10.4%	9.2%
总计	100.0%	100.0%	100.0%	100.0%	100.0%
列总计	2933	3362	566	709	7570

Chi-square test：df = 9，卡方值为 44.219，sig = 0.000 < 0.05，所以不同受教育程度的居民在“同样的产品，国企生产的比私企的更有保障”这一问题的同意程度的回答上有显著差异。

E3 by A4

下面哪种说法更符合或接近您的个人想法 * 受教育程度 Crosstabulation

	初中及以下	高中、中专及职高	大专	本科及以上	总计
个人和工作单位之间是聘用或雇用关系，通过工资和付出劳动满足彼此需求	48. 5%	47. 7%	42. 2%	38. 2%	46. 8%
不只是利益关系，应当还有很多情感的联系，应当共命运	33. 9%	35. 8%	38. 6%	37. 8%	35. 4%
个人是单位的一分子，单位如同个人的另一个家	17. 3%	16. 2%	19. 3%	23. 4%	17. 5%
其他	0. 3%	0. 3%		0. 5%	0. 3%
总计	100. 0%	100. 0%	100. 0%	100. 0%	100. 0%
列总计	3344	3765	607	753	8469

Chi-square test：df = 9，卡方值为 45. 847，sig = 0. 000 < 0. 05，所以不同受教育程度的居民在“下面哪种说法更符合或接近您的个人想法”这一问题的回答上有显著差异。

E4a by A4

您对自己所在企业履行下列责任的满意情况如何？劳动安全保障 * 受教育程度 Crosstabulation

	初中及以下	高中、中专及职高	大专	本科及以上	总计
非常不满意	3. 3%	2. 7%	3. 2%	5. 7%	3. 2%
不太满意	23. 7%	20. 7%	18. 8%	19. 9%	21. 6%
比较满意	67. 4%	71. 5%	67. 4%	64. 1%	68. 8%
非常满意	5. 7%	5. 2%	10. 6%	10. 3%	6. 3%
总计	100. 0%	100. 0%	100. 0%	100. 0%	100. 0%
列总计	2486	2854	559	672	6571

Chi-square test：df = 9，卡方值为 70. 195，sig = 0. 000 < 0. 05，所以不同受教育程度的居民在“您对自己所在企业履行下列责任的满意情况如何？劳动安全保障”这一问题的回答上有显著差异。

E4b by A4

您对自己所在企业履行下列责任的满意情况如何？员工薪酬合理 * 受教育程度 Crosstabulation

	初中及以下	高中、中专及职高	大专	本科及以上	总计
非常不满意	2. 6%	2. 2%	2. 3%	3. 9%	2. 5%
不太满意	27. 8%	23. 8%	22. 9%	23. 5%	25. 2%

续表

	初中及以下	高中、中专及职高	大专	本科及以上	总计
比较满意	61.0%	65.5%	63.7%	60.6%	63.1%
非常满意	8.6%	8.5%	11.1%	12.0%	9.1%
总计	100.0%	100.0%	100.0%	100.0%	100.0%
列总计	2495	2875	559	673	6602

Chi-square test：df = 9，卡方值为 32.799，sig = 0.000 < 0.05，所以不同受教育程度的居民在“您对自己所在企业履行下列责任的满意情况如何？员工薪酬合理”这一问题的回答上有显著差异。

E4c by A4

您对自己所在企业履行下列责任的满意情况如何？关心员工生活 * 受教育程度 Crosstabulation

	初中及以下	高中、中专及职高	大专	本科及以上	总计
非常不满意	2.8%	3.1%	1.8%	3.0%	2.8%
不太满意	27.3%	24.4%	20.6%	26.0%	25.3%
比较满意	60.8%	63.3%	63.5%	56.5%	61.7%
非常满意	9.1%	9.1%	14.1%	14.4%	10.1%
总计	100.0%	100.0%	100.0%	100.0%	100.0%
列总计	2449	2832	554	672	6507

Chi-square test：df = 9，卡方值为 43.004，sig = 0.000 < 0.05，所以不同受教育程度的居民在“您对自己所在企业履行下列责任的满意情况如何？关心员工生活”这一问题的回答上有显著差异。

E4d by A4

您对自己所在企业履行下列责任的满意情况如何？诚实守法经营 * 受教育程度 Crosstabulation

	初中及以下	高中、中专及职高	大专	本科及以上	总计
非常不满意	1.5%	1.5%	2.0%	3.2%	1.7%
不太满意	18.2%	14.2%	14.6%	14.3%	15.8%
比较满意	70.8%	76.5%	72.7%	67.9%	73.2%
非常满意	9.4%	7.8%	10.7%	14.6%	9.3%
总计	100.0%	100.0%	100.0%	100.0%	100.0%
列总计	2596	2996	549	664	6805

Chi-square test：df = 9，卡方值为 62.944，sig = 0.000 < 0.05，所以不同受教育程度的居民在“您对自己所在企业履行下列责任的满意情况如何？诚实守法经营”这一问题的回答上有显著差异。

E4e by A4

您对自己所在企业履行下列责任的满意情况如何？产品质量可靠 ＊ 受教育程度 Crosstabulation

	初中及以下	高中、中专及职高	大专	本科及以上	总计
非常不满意	1.2%	0.9%	1.1%	2.6%	1.2%
不太满意	15.6%	13.1%	12.4%	13.6%	14.0%
比较满意	72.2%	75.3%	71.5%	67.9%	73.1%
非常满意	11.1%	10.6%	15.0%	16.0%	11.7%
总计	100.0%	100.0%	100.0%	100.0%	100.0%
列总计	2607	3024	547	663	6841

Chi-square test：df = 9，卡方值为 44.132，sig = 0.000 < 0.05，所以不同受教育程度的居民在“您对自己所在企业履行下列责任的满意情况如何？产品质量可靠”这一问题的回答上有显著差异。

E4f by A4

您对自己所在企业履行下列责任的满意情况如何？环境保护措施 ＊ 受教育程度 Crosstabulation

	初中及以下	高中、中专及职高	大专	本科及以上	总计
非常不满意	4.1%	3.8%	3.0%	4.8%	3.9%
不太满意	26.5%	23.5%	21.7%	20.2%	24.2%
比较满意	58.8%	60.9%	61.5%	57.4%	59.8%
非常满意	10.6%	11.8%	13.7%	17.6%	12.1%
总计	100.0%	100.0%	100.0%	100.0%	100.0%
列总计	2471	2837	525	652	6485

Chi-square test：df = 9，卡方值为 38.970，sig = 0.000 < 0.05，所以不同受教育程度的居民在“您对自己所在企业履行下列责任的满意情况如何？环境保护措施”这一问题的回答上有显著差异。

E4g by A4

您对自己所在企业履行下列责任的满意情况如何？慈善公益事业 ＊ 受教育程度 Crosstabulation

	初中及以下	高中、中专及职高	大专	本科及以上	总计
非常不满意	3.7%	3.0%	3.2%	4.1%	3.4%
不太满意	26.2%	23.0%	22.5%	21.2%	23.9%
比较满意	59.2%	63.5%	63.4%	60.7%	61.6%
非常满意	10.8%	10.4%	10.9%	14.0%	11.0%

续表

	初中及以下	高中、中专及职高	大专	本科及以上	总计
总计	100.0%	100.0%	100.0%	100.0%	100.0%
列总计	2011	2362	476	614	5463

Chi-square test：df=9，卡方值19.462，sig =0.022<0.05，所以不同受教育程度的居民在“您对自己所在企业履行下列责任的满意情况如何？慈善公益事业”这一问题的回答上有显著差异。

E5 by A4

您对本地的或自己熟悉的企业家的道德状况怎么评价 ＊ 受教育程度 Crosstabulation

	初中及以下	高中、中专及职高	大专	本科及以上	总计
总体还不错	41.9%	42.6%	46.9%	51.7%	43.5%
普遍比较差	20.1%	19.9%	18.4%	18.4%	19.7%
和普通群众没有太大差别	38.0%	37.5%	34.8%	29.9%	36.8%
总计	100.0%	100.0%	100.0%	100.0%	100.0%
列总计	2651	3024	512	636	6823

Chi-square test：df=6，卡方值为25.085，sig =0.000<0.05，所以不同受教育程度的居民在“您对本地的或自己熟悉的企业家的道德状况怎么评价”这一问题的回答上有显著差异。

E6a by A4

对公务员道德状况的满意度 ＊ 受教育程度 Crosstabulation

	初中及以下	高中、中专及职高	大专	本科及以上	总计
非常满意	4.0%	4.2%	5.1%	8.3%	4.5%
比较满意	65.7%	68.1%	69.8%	63.6%	66.8%
不太满意	27.0%	25.1%	21.7%	25.3%	25.6%
非常不满意	3.4%	2.7%	3.4%	2.7%	3.0%
总计	100.0%	100.0%	100.0%	100.0%	100.0%
列总计	2976	3394	567	707	7644

Chi-square test：df=9，卡方值为38.552，sig =0.000<0.05，所以不同受教育程度的居民在“对公务员道德状况的满意度”这一问题的回答上有显著差异。

E6b by A4

对医生道德状况的满意度 ＊ 受教育程度 Crosstabulation

	初中及以下	高中、中专及职高	大专	本科及以上	总计
非常满意	5.7%	6.0%	7.5%	9.8%	6.3%

续表

	初中及以下	高中、中专及职高	大专	本科及以上	总计
比较满意	62.6%	63.7%	65.4%	59.2%	63.0%
不太满意	27.2%	27.3%	23.3%	27.4%	27.0%
非常不满意	4.5%	3.0%	3.8%	3.5%	3.7%
总计	100.0%	100.0%	100.0%	100.0%	100.0%
列总计	3249	3654	584	733	8220

Chi-square test：df = 9，卡方值为 35.537，sig = 0.000 < 0.05，所以不同受教育程度的居民在“对医生道德状况的满意度”这一问题的回答上有显著差异。

E6c by A4

对教师道德状况的满意度 * 受教育程度 Crosstabulation

	初中及以下	高中、中专及职高	大专	本科及以上	总计
非常满意	9.2%	8.9%	11.4%	13.8%	9.6%
比较满意	66.0%	66.6%	62.5%	60.7%	65.5%
不太满意	21.2%	21.0%	21.8%	20.9%	21.1%
非常不满意	3.6%	3.5%	4.3%	4.6%	3.7%
总计	100.0%	100.0%	100.0%	100.0%	100.0%
列总计	3259	3667	587	733	8246

Chi-square test：df = 9，卡方值为 24.596，sig = 0.003 < 0.05，所以不同受教育程度的居民在“对教师道德状况的满意度”这一问题的回答上有显著差异。

E6d by A4

对个体工商户道德状况的满意度 * 受教育程度 Crosstabulation

	初中及以下	高中、中专及职高	大专	本科及以上	总计
非常满意	4.7%	4.8%	4.8%	6.3%	4.9%
比较满意	62.5%	63.1%	63.7%	55.1%	62.2%
不太满意	29.1%	28.7%	25.4%	32.4%	29.0%
非常不满意	3.7%	3.4%	6.0%	6.2%	4.0%
总计	100.0%	100.0%	100.0%	100.0%	100.0%
列总计	3211	3613	582	715	8121

Chi-square test：df = 9，卡方值为 33.541，sig = 0.000 < 0.05，所以不同受教育程度的居民在“对个体工商户道德状况的满意度”这一问题的回答上有显著差异。

E7a by A4

怎么称呼周围那些经营企业或做生意发了财的人？企业家 ＊ 受教育程度 Crosstabulation

	初中及以下	高中、中专及职高	大专	本科及以上	总计
未选中	92.0%	91.4%	84.9%	83.0%	90.4%
选中	8.0%	8.6%	15.1%	17.0%	9.6%
总计	100.0%	100.0%	100.0%	100.0%	100.0%
列总计	3469	3863	614	765	8711

Chi-square test：df = 3，卡方值为 84.625，sig = 0.000 < 0.05，所以不同受教育程度的居民在“怎么称呼周围那些经营企业或做生意发了财的人？企业家”这一问题的回答上有显著差异。

E7b by A4

怎么称呼周围那些经营企业或做生意发了财的人？老板 ＊ 受教育程度 Crosstabulation

	初中及以下	高中、中专及职高	大专	本科及以上	总计
未选中	17.5%	16.6%	21.3%	26.1%	18.1%
选中	82.5%	83.4%	78.7%	73.9%	81.9%
总计	100.0%	100.0%	100.0%	100.0%	100.0%
列总计	3469	3863	614	765	8711

Chi-square test：df = 3，卡方值为 44.436，sig = 0.000 < 0.05，所以不同受教育程度的居民在“怎么称呼周围那些经营企业或做生意发了财的人？老板”这一问题的回答上有显著差异。

E7c by A4

怎么称呼周围那些经营企业或做生意发了财的人？商人 ＊ 受教育程度 Crosstabulation

	初中及以下	高中、中专及职高	大专	本科及以上	总计
未选中	81.0%	79.9%	77.9%	75.7%	79.8%
选中	19.0%	20.1%	22.1%	24.3%	20.2%
总计	100.0%	100.0%	100.0%	100.0%	100.0%
列总计	3469	3863	614	765	8711

Chi-square test：df = 3，卡方值为 12.606，sig = 0.006 < 0.05，所以不同受教育程度的居民在“怎么称呼周围那些经营企业或做生意发了财的人？商人”这一问题的回答上有显著差异。

E7d by A4

怎么称呼周围那些经营企业或做生意发了财的人？生意人 ＊ 受教育程度 Crosstabulation

	初中及以下	高中、中专及职高	大专	本科及以上	总计
未选中	77.3%	77.6%	73.8%	75.0%	76.9%
选中	22.7%	22.4%	26.2%	25.0%	23.1%
总计	100.0%	100.0%	100.0%	100.0%	100.0%
列总计	3469	3863	614	765	8711

Chi-square test：df = 3，卡方值为 6.051，sig = 0.109 > 0.05，所以不同受教育程度的居民在“怎么称呼周围那些经营企业或做生意发了财的人？生意人”这一问题的回答上没有显著差异。

E7e by A4

怎么称呼周围那些经营企业或做生意发了财的人？土豪 ＊ 受教育程度 Crosstabulation

	初中及以下	高中、中专及职高	大专	本科及以上	总计
未选中	94.5%	93.4%	91.5%	88.1%	93.2%
选中	5.5%	6.6%	8.5%	11.9%	6.8%
总计	100.0%	100.0%	100.0%	100.0%	100.0%
列总计	3469	3863	614	765	8711

Chi-square test：df = 3，卡方值为 43.538，sig = 0.000 < 0.05，所以不同受教育程度的居民在“怎么称呼周围那些经营企业或做生意发了财的人？土豪”这一问题的回答上有显著差异。

E7f by A4

怎么称呼周围那些经营企业或做生意发了财的人？暴发户 ＊ 受教育程度 Crosstabulation

	初中及以下	高中、中专及职高	大专	本科及以上	总计
未选中	94.0%	94.5%	92.8%	90.8%	93.9%
选中	6.0%	5.5%	7.2%	9.2%	6.1%
总计	100.0%	100.0%	100.0%	100.0%	100.0%
列总计	3469	3863	614	765	8711

Chi-square test：df = 3，卡方值为 15.981，sig = 0.001 < 0.05，所以不同受教育程度的居民在“怎么称呼周围那些经营企业或做生意发了财的人？暴发户”这一问题的回答上有显著差异。

E7g by A4

怎么称呼周围那些经营企业或做生意发了财的人？其他 * 受教育程度 Crosstabulation

	初中及以下	高中、中专及职高	大专	本科及以上	总计
未选中	99.0%	99.3%	99.7%	99.3%	99.2%
选中	1.0%	0.7%	0.3%	0.7%	0.8%
总计	100.0%	100.0%	100.0%	100.0%	100.0%
列总计	3466	3853	614	764	8697

Chi-square test：df = 3，卡方值为 4.697，sig = 0.195 > 0.05，所以不同受教育程度的居民在“怎么称呼周围那些经营企业或做生意发了财的人？其他”这一问题的回答上没有显著差异。

E8 by A4

如果您有一个不错的家庭企业，但儿子或女儿缺乏经营能力或经营兴趣，难以交班，您可能选择 * 受教育程度 Crosstabulation

	初中及以下	高中、中专及职高	大专	本科及以上	总计
培养儿媳或女婿，交给她/他经营	33.4%	33.1%	33.0%	25.4%	32.5%
交给儿媳和女婿有风险，离婚了怎么办，还是自己撑到有第三代接管	17.6%	18.6%	15.8%	15.6%	17.7%
找一个懂经营的职业经理人，我们家庭成员做董事长	30.3%	33.4%	43.0%	51.7%	34.5%
做一天是一天，最后将钞票留给子孙，但外人不可靠，不能交给外人	16.5%	13.2%	7.0%	5.3%	13.3%
其他	2.1%	1.8%	1.2%	2.1%	1.9%
总计	100.0%	100.0%	100.0%	100.0%	100.0%
列总计	3308	3697	600	757	8362

Chi-square test：df = 12，卡方值为 196.683，sig = 0.000 < 0.05，所以不同受教育程度的居民在“如果您有一个不错的家庭企业，但儿子或女儿缺乏经营能力或经营兴趣，难以交班，您可能选择”这一问题的回答上有显著差异。

E9 by A4

在市场上购买食品、衣物、家用电器等商品时，您觉得有安全感吗 * 受教育程度 Crosstabulation

	初中及以下	高中、中专及职高	大专	本科及以上	总计
有安全感，相信产品质量	24.9%	24.0%	28.3%	26.8%	24.9%

续表

	初中及以下	高中、中专及职高	大专	本科及以上	总计
没安全感，不相信他们的标签，常担心质量问题影响自己的健康	21.7%	23.6%	23.9%	21.3%	22.7%
没安全感，担心在价格上被欺骗，要货比三家	21.7%	22.2%	18.8%	18.2%	21.4%
一般还可以，相信大商店的产品，不相信小商店和地摊货	31.4%	29.9%	29.1%	33.1%	30.7%
其他	0.3%	0.2%		0.7%	0.3%
总计	100.0%	100.0%	100.0%	100.0%	100.0%
列总计	3458	3857	612	765	8692

Chi-square test：df = 12，卡方值为 25.921，sig = 0.011 < 0.05，所以不同受教育程度的居民在“在市场上购买食品、衣物、家用电器等商品时，您觉得有安全感吗”这一问题的回答上有显著差异。

E10 by A4

您怎么看待电视、报纸和其他主流媒体上的广告 ＊ 受教育程度 Crosstabulation

	初中及以下	高中、中专及职高	大专	本科及以上	总计
相信，因为是明星们推荐的	14.4%	15.9%	15.2%	12.6%	15.0%
将信将疑，眼见为真	45.7%	45.6%	51.1%	58.1%	47.1%
不相信，是企业和那些明星联合起来忽悠大众	28.4%	27.0%	24.7%	20.7%	26.8%
讨厌，既欺骗大众，又占用公共媒体资源	10.3%	11.2%	8.8%	8.1%	10.4%
其他	1.1%	0.4%	0.2%	0.5%	0.7%
总计	100.0%	100.0%	100.0%	100.0%	100.0%
列总计	3434	3828	612	764	8638

Chi-square test：df = 12，卡方值为 71.085，sig = 0.000 < 0.05，所以不同受教育程度的居民在“您怎么看待电视、报纸和其他主流媒体上的广告”这一问题的回答上有显著差异。

E11 by A4

您怎么看待现在一些企业做公益和慈善 ＊ 受教育程度 Crosstabulation

	初中及以下	高中、中专及职高	大专	本科及以上	总计
是做善事，把赚的公众的钱还给社会	24.8%	26.9%	28.1%	30.4%	26.5%
是在作秀，为自己树牌坊	17.2%	18.7%	16.2%	17.0%	17.8%

续表

	初中及以下	高中、中专及职高	大专	本科及以上	总计
是做广告，把弱势群体当作宣传自己的工具	24.3%	24.4%	26.6%	19.7%	24.1%
做总比不做好，随他去吧	33.1%	29.3%	28.5%	32.2%	31.0%
其他	0.5%	0.6%	0.7%	0.7%	0.6%
总计	100.0%	100.0%	100.0%	100.0%	100.0%
列总计	3385	3800	613	763	8561

Chi-square test：df = 12，卡方值为 30.800，sig = 0.002 < 0.05，所以不同受教育程度的居民在“您怎么看待现在一些企业做公益和慈善”这一问题的回答上有显著差异。

E12 by A4

一些政府机关、企事业单位和大中小学，利用权力为本单位的职工子女在入学、招工中提供特殊政策，您认为这种行为道德吗 ＊ 受教育程度 Crosstabulation

	初中及以下	高中、中专及职高	大专	本科及以上	总计
为本单位人员谋福利，符合道德	15.0%	17.2%	18.2%	18.3%	16.5%
以权谋私，不道德	37.8%	35.5%	29.0%	28.5%	35.3%
是对社会公众的不公平，严重不道德	31.3%	30.0%	35.2%	29.3%	30.9%
符合本单位员工利益，但严重侵蚀社会道德	8.8%	10.8%	11.8%	18.5%	10.7%
无所谓道德不道德	7.0%	6.5%	5.9%	5.4%	6.6%
总计	100.0%	100.0%	100.0%	100.0%	100.0%
列总计	3447	3839	611	764	8661

Chi-square test：df = 12，卡方值为 94.777，sig = 0.000 < 0.05，所以不同受教育程度的居民在“一些政府机关、企事业单位和大中小学，利用权力为本单位的职工子女在入学、招工中提供特殊政策，您认为这种行为道德吗”这一问题的回答上有显著差异。

E13 by A4

如果您所在的单位有一项举措可以提高集体福利并使您个人得到利益，但会造成环境污染或社会公害，您会举报吗 ＊ 受教育程度 Crosstabulation

	初中及以下	高中、中专及职高	大专	本科及以上	总计
会	66.0%	64.7%	66.3%	66.0%	65.5%
不会	34.0%	35.3%	33.7%	34.0%	34.5%
总计	100.0%	100.0%	100.0%	100.0%	100.0%

续表

	初中及以下	高中、中专及职高	大专	本科及以上	总计
列总计	3428	3821	611	759	8619

Chi-square test：df = 3，卡方值为 1.791，sig = 0.617 > 0.05，所以不同受教育程度的居民在“如果您所在的单位有一项举措可以提高集体福利并使您个人得到利益，但会造成环境污染或社会公害，您会举报吗”这一问题的回答上没有显著差异。

E14 by A4

您认为您所工作的单位同事之间是何种关系 * 受教育程度 Crosstabulation

	初中及以下	高中、中专及职高	大专	本科及以上	总计
平等合作关系	57.3%	58.0%	58.7%	62.3%	58.2%
利益竞争关系	24.0%	25.2%	29.4%	27.9%	25.3%
彼此没有关系	15.1%	14.9%	10.6%	8.2%	14.1%
其他	3.6%	1.9%	1.3%	1.6%	2.5%
总计	100.0%	100.0%	100.0%	100.0%	100.0%
列总计	3352	3768	606	754	8480

Chi-square test：df = 9，卡方值为 64.882，sig = 0.000 < 0.05，所以不同受教育程度的居民在“您认为您所工作的单位同事之间是何种关系”这一问题的回答上有显著差异。

E15 by A4

为了单位组织的利益，你的单位是否会默认员工做违背道德的事情 * 受教育程度 Crosstabulation

	初中及以下	高中、中专及职高	大专	本科及以上	总计
常常	5.1%	5.6%	5.1%	6.3%	5.4%
较多	14.9%	14.5%	16.8%	14.1%	14.8%
一般	23.9%	24.9%	25.7%	24.0%	24.5%
较少	26.6%	26.9%	25.3%	27.0%	26.6%
从来没有	29.5%	28.1%	27.2%	28.6%	28.6%
总计	100.0%	100.0%	100.0%	100.0%	100.0%
列总计	2652	3019	530	633	6834

Chi-square test：df = 12，卡方值为 6.469，sig = 0.891 > 0.05，所以不同受教育程度的居民在“为了单位组织的利益，你的单位是否会默认员工做违背道德的事情”这一问题的回答上没有显著差异。

E16a by A4

您所工作的单位是否存在以下现象：给领导干部送礼讨好 ＊ 受教育程度 Crosstabulation

	初中及以下	高中、中专及职高	大专	本科及以上	总计
未选中	68.2%	68.7%	72.1%	73.8%	69.2%
选中	31.8%	31.3%	27.9%	26.2%	30.8%
总计	100.0%	100.0%	100.0%	100.0%	100.0%
列总计	3376	3748	606	752	8482

Chi-square test：df = 3，卡方值为 12.037，sig = 0.007 < 0.05，所以不同受教育程度的居民在“您所工作的单位是否存在以下现象：给领导干部送礼讨好”这一问题的回答上有显著差异。

E16b by A4

您所工作的单位是否存在以下现象：背后互相告恶状 ＊ 受教育程度 Crosstabulation

	初中及以下	高中、中专及职高	大专	本科及以上	总计
未选中	78.7%	77.1%	75.1%	77.1%	77.6%
选中	21.3%	22.9%	24.9%	22.9%	22.4%
总计	100.0%	100.0%	100.0%	100.0%	100.0%
列总计	3376	3748	606	752	8482

Chi-square test：df = 3，卡方值为 5.062，sig = 0.167 > 0.05，所以不同受教育程度的居民在“您所工作的单位是否存在以下现象：背后互相告恶状”这一问题的回答上没有显著差异。

E16c by A4

您所工作的单位是否存在以下现象：拉帮结派 ＊ 受教育程度 Crosstabulation

	初中及以下	高中、中专及职高	大专	本科及以上	总计
未选中	81.3%	82.2%	80.9%	79.4%	81.5%
选中	18.7%	17.8%	19.1%	20.6%	18.5%
总计	100.0%	100.0%	100.0%	100.0%	100.0%
列总计	3376	3748	606	752	8482

Chi-square test：df = 3，卡方值为 3.799，sig = 0.284 > 0.05，所以不同受教育程度的居民在“您所工作的单位是否存在以下现象：拉帮结派”这一问题的回答上没有显著差异。

E16d by A4

您所工作的单位是否存在以下现象：为谋私利找关系走后门 ＊ 受教育程度 Crosstabulation

	初中及以下	高中、中专及职高	大专	本科及以上	总计
未选中	70.4%	72.6%	77.1%	75.1%	72.3%
选中	29.6%	27.4%	22.9%	24.9%	27.7%
总计	100.0%	100.0%	100.0%	100.0%	100.0%
列总计	3376	3748	606	752	8482

Chi-square test：df = 3，卡方值为 15.879，sig = 0.001 < 0.05，所以不同受教育程度的居民在“您所工作的单位是否存在以下现象：为谋私利找关系走后门”这一问题的回答上有显著差异。

E16e by A4

您所工作的单位是否存在以下现象：奖惩制度不公平 ＊ 受教育程度 Crosstabulation

	初中及以下	高中、中专及职高	大专	本科及以上	总计
未选中	80.4%	82.3%	80.7%	79.1%	81.1%
选中	19.6%	17.7%	19.3%	20.9%	18.9%
总计	100.0%	100.0%	100.0%	100.0%	100.0%
列总计	3376	3748	606	752	8482

Chi-square test：df = 3，卡方值为 6.277，sig = 0.099 > 0.05，所以不同受教育程度的居民在“您所工作的单位是否存在以下现象：奖惩制度不公平”这一问题的回答上没有显著差异。

E16f by A4

您所工作的单位是否存在以下现象：领导干部滥用职权 ＊ 受教育程度 Crosstabulation

	初中及以下	高中、中专及职高	大专	本科及以上	总计
未选中	76.5%	79.6%	85.5%	84.6%	79.2%
选中	23.5%	20.4%	14.5%	15.4%	20.8%
总计	100.0%	100.0%	100.0%	100.0%	100.0%
列总计	3376	3748	606	752	8482

Chi-square test：df = 3，卡方值为 43.203，sig = 0.000 < 0.05，所以不同受教育程度的居民在“您所工作的单位是否存在以下现象：领导干部滥用职权”这一问题的回答上有显著差异。

E16g by A4

您所工作的单位是否存在以下现象：都不存在 ＊ 受教育程度 Crosstabulation

	初中及以下	高中、中专及职高	大专	本科及以上	总计
未选中	67.2%	66.1%	63.5%	66.0%	66.3%
选中	32.8%	33.9%	36.5%	34.0%	33.7%
总计	100.0%	100.0%	100.0%	100.0%	100.0%
列总计	3376	3748	606	752	8482

Chi-square test：df = 3，卡方值为 3.342，sig = 0.342 > 0.05，所以不同受教育程度的居民在“您所工作的单位是否存在以下现象：都不存在”这一问题的回答上没有显著差异。

E17a by A4

下列关于企业履行社会责任（如捐款捐物、做公益慈善）的说法，您的同意程度是？只有国企才应该履行社会责任 ＊ 受教育程度 Crosstabulation

	初中及以下	高中、中专及职高	大专	本科及以上	总计
完全同意	3.6%	3.0%	3.4%	3.4%	3.3%
比较同意	30.3%	32.9%	24.3%	21.1%	30.1%
不太同意	53.2%	51.0%	51.5%	52.4%	52.0%
完全不同意	13.0%	13.0%	20.8%	23.1%	14.5%
总计	100.0%	100.0%	100.0%	100.0%	100.0%
列总计	3067	3491	592	736	7886

Chi-square test：df = 9，卡方值为 102.359，sig = 0.000 < 0.05，所以不同受教育程度的居民在“您的同意程度是？只有国企才应该履行社会责任”这一问题的回答上有显著差异。

E17b by A4

下列关于企业履行社会责任（如捐款捐物、做公益慈善）的说法，您的同意程度是？只有大企业才应该履行社会责任 ＊ 受教育程度 Crosstabulation

	初中及以下	高中、中专及职高	大专	本科及以上	总计
完全同意	3.4%	3.2%	3.2%	1.6%	3.1%
比较同意	28.9%	31.0%	25.3%	19.5%	28.7%
不太同意	52.0%	49.6%	46.8%	52.1%	50.6%
完全不同意	15.7%	16.3%	24.7%	26.7%	17.7%
总计	100.0%	100.0%	100.0%	100.0%	100.0%
列总计	3074	3495	592	737	7898

Chi-square test：df = 9，卡方值为 101.599，sig = 0.000 < 0.05，所以不同受教育程度的居民在“您的同意程度是？只有大企业才应该履行社会责任”这一问题的回答上有显著差异。

E17c by A4

下列关于企业履行社会责任（如捐款捐物、做公益慈善）的说法，您的同意程度是？只有盈利多的企业才需要履行社会责任 ＊ 受教育程度 Crosstabulation

	初中及以下	高中、中专及职高	大专	本科及以上	总计
完全同意	4.6%	3.8%	4.4%	2.7%	4.1%
比较同意	29.3%	29.2%	20.1%	17.7%	27.5%
不太同意	51.8%	52.0%	51.5%	54.0%	52.1%
完全不同意	14.3%	15.0%	24.0%	25.6%	16.4%
总计	100.0%	100.0%	100.0%	100.0%	100.0%
列总计	3065	3486	588	735	7874

Chi-square test：df = 9，卡方值 122.225，sig = 0.000 < 0.05，所以不同受教育程度的居民在“您的同意程度是？只有盈利多的企业才需要履行社会责任”这一问题的回答上有显著差异。

E17d by A4

下列关于企业履行社会责任（如捐款捐物、做公益慈善）的说法，您的同意程度是？污染类企业要履行更多的社会责任 ＊ 受教育程度 Crosstabulation

	初中及以下	高中、中专及职高	大专	本科及以上	总计
完全同意	26.0%	27.1%	23.8%	28.2%	26.5%
比较同意	42.5%	41.8%	40.9%	35.6%	41.4%
不太同意	22.1%	23.7%	24.7%	26.0%	23.3%
完全不同意	9.4%	7.5%	10.6%	10.2%	8.7%
总计	100.0%	100.0%	100.0%	100.0%	100.0%
列总计	3141	3525	592	738	7996

Chi-square test：df = 9，卡方值为 27.576，sig = 0.001 < 0.05，所以不同受教育程度的居民在“您的同意程度是？污染类企业要履行更多的社会责任”这一问题的回答上有显著差异。

E17e by A4

下列关于企业履行社会责任（如捐款捐物、做公益慈善）的说法，您的同意程度是？小企业只要管好自己就行了，不要履行社会责任 ＊ 受教育程度 Crosstabulation

	初中及以下	高中、中专及职高	大专	本科及以上	总计
完全同意	2.9%	2.6%	3.4%	2.1%	2.7%

续表

	初中及以下	高中、中专及职高	大专	本科及以上	总计
比较同意	19.0%	21.4%	14.9%	13.7%	19.3%
不太同意	55.1%	55.9%	54.5%	56.1%	55.5%
完全不同意	23.0%	20.2%	27.2%	28.1%	22.5%
总计	100.0%	100.0%	100.0%	100.0%	100.0%
列总计	3074	3476	589	729	7868

Chi-square test：df=9，卡方值为53.146，sig =0.000<0.05，所以不同受教育程度的居民在“您的同意程度是？小企业只要管好自己就行了，不要履行社会责任”这一问题的回答上有显著差异。

E18a by A4

您觉得下列哪类单位最讲道德 * 受教育程度 Crosstabulation

	初中及以下	高中、中专及职高	大专	本科及以上	总计
国有（控股）企业	18.7%	18.4%	17.1%	18.4%	18.4%
民营企业	5.0%	4.8%	5.6%	2.9%	4.8%
私营企业	2.5%	2.3%	3.3%	2.6%	2.5%
外资企业	5.3%	6.7%	9.1%	7.7%	6.4%
学校	44.2%	44.4%	37.7%	45.4%	43.9%
医院	4.7%	5.0%	5.8%	4.6%	4.9%
政府机关	14.6%	14.0%	16.3%	13.5%	14.4%
民间组织	5.1%	4.5%	5.2%	4.9%	4.8%
总计	100.0%	100.0%	100.0%	100.0%	100.0%
列总计	2453	2650	485	614	6202

Chi-square test：df=21，卡方值为28.715，sig =0.121>0.05，所以不同受教育程度的居民在“您觉得下列哪类单位最讲道德”这一问题的回答上没有显著差异。

E18b by A4

您觉得下列哪类单位道德水平最差 * 受教育程度 Crosstabulation

	初中及以下	高中、中专及职高	大专	本科及以上	总计
国有（控股）企业	4.8%	5.3%	8.3%	6.5%	5.5%
民营企业	10.9%	11.6%	12.8%	13.9%	11.6%
私营企业	28.6%	28.6%	33.6%	38.9%	30.0%
外资企业	3.7%	3.8%	4.3%	3.7%	3.8%
学校	3.1%	4.0%	2.6%	2.4%	3.4%

续表

	初中及以下	高中、中专及职高	大专	本科及以上	总计
医院	19.4%	19.5%	13.5%	11.7%	18.2%
政府机关	16.5%	15.7%	13.7%	9.3%	15.3%
民间组织	13.0%	11.5%	11.3%	13.7%	12.3%
总计	100.0%	100.0%	100.0%	100.0%	100.0%
列总计	2198	2378	423	540	5539

Chi-square test：df = 21，卡方值为 78.178，sig = 0.000 < 0.05，所以不同受教育程度的居民在“您觉得下列哪类单位道德水平最差”这一问题的回答上有显著差异。

E19a by A4

以下关于学校的说法，您的同意程度是？学校越来越以营利为目的 ＊ 受教育程度 Crosstabulation

	初中及以下	高中、中专及职高	大专	本科及以上	总计
完全同意	7.2%	7.0%	5.6%	9.3%	7.2%
比较同意	43.2%	43.1%	43.5%	35.5%	42.4%
不太同意	40.7%	41.6%	38.9%	42.7%	41.1%
完全不同意	8.9%	8.4%	11.9%	12.6%	9.2%
总计	100.0%	100.0%	100.0%	100.0%	100.0%
列总计	3200	3562	586	733	8081

Chi-square test：df = 9，卡方值为 34.059，sig = 0.000 < 0.05，所以不同受教育程度的居民在“学校越来越以营利为目的”这一问题的回答上有显著差异。

E19b by A4

以下关于学校的说法，您的同意程度是？学校主要传授知识和技能，培养道德不重要 ＊ 受教育程度 Crosstabulation

	初中及以下	高中、中专及职高	大专	本科及以上	总计
完全同意	1.3%	1.1%	1.5%	1.5%	1.2%
比较同意	12.5%	13.3%	13.4%	10.7%	12.7%
不太同意	62.5%	59.6%	50.2%	46.4%	58.9%
完全不同意	23.7%	26.0%	35.0%	41.5%	27.2%
总计	100.0%	100.0%	100.0%	100.0%	100.0%
列总计	3266	3665	606	750	8287

Chi-square test：df = 9，卡方值为 125.981，sig = 0.000 < 0.05，所以不同受教育程度的居民在“学校主要传授知识和技能，培养道德不重要”这一问题的回答上有显著差异。

E19c by A4

以下关于学校的说法，您的同意程度是？学校升学率高比素质教育更重要 ＊受教育程度 Crosstabulation

	初中及以下	高中、中专及职高	大专	本科及以上	总计
完全同意	2.2%	1.9%	3.2%	3.4%	2.2%
比较同意	14.8%	11.7%	11.4%	12.5%	13.0%
不太同意	59.1%	60.2%	56.2%	46.2%	58.2%
完全不同意	23.9%	26.2%	29.2%	37.9%	26.6%
总计	100.0%	100.0%	100.0%	100.0%	100.0%
列总计	3241	3632	603	746	8222

Chi-square test：df = 9，卡方值 90.651，sig = 0.000 < 0.05，所以不同受教育程度的居民在“学校升学率高比素质教育更重要”这一问题的回答上有显著差异。

E19d by A4

以下关于学校的说法，您的同意程度是？青少年儿童行为不端，主要是学校没教好 ＊ 受教育程度 Crosstabulation

	初中及以下	高中、中专及职高	大专	本科及以上	总计
完全同意	1.5%	1.9%	1.2%	1.5%	1.7%
比较同意	15.8%	14.1%	13.6%	10.8%	14.4%
不太同意	59.9%	59.0%	58.1%	56.9%	59.1%
完全不同意	22.7%	25.0%	27.1%	30.9%	24.8%
总计	100.0%	100.0%	100.0%	100.0%	100.0%
列总计	3245	3638	601	742	8226

Chi-square test：df = 9，卡方值 33.318，sig = 0.000 < 0.05，所以不同受教育程度的居民在“青少年儿童行为不端，主要是学校没教好”这一问题的回答上有显著差异。

E19e by A4

以下关于学校的说法，您的同意程度是？要想孩子培养得好，就要多给老师送礼 ＊ 受教育程度 Crosstabulation

	初中及以下	高中、中专及职高	大专	本科及以上	总计
完全同意	2.1%	1.9%	1.7%	2.3%	2.0%
比较同意	13.4%	12.5%	12.5%	8.3%	12.5%
不太同意	49.4%	48.2%	43.0%	38.3%	47.4%

续表

	初中及以下	高中、中专及职高	大专	本科及以上	总计
完全不同意	35.0%	37.5%	42.8%	51.2%	38.1%
总计	100.0%	100.0%	100.0%	100.0%	100.0%
列总计	3214	3615	593	737	8159

Chi-square test：df = 9，卡方值 77.233，sig = 0.000 < 0.05，所以不同受教育程度的居民在“要想孩子培养得好，就要多给老师送礼”这一问题的回答上有显著差异。

E20 by A4

您所在单位当员工或村民受到不应该的对待时，员工或村民有没有申诉的机会 * 受教育程度 Crosstabulation

	初中及以下	高中、中专及职高	大专	本科及以上	总计
有	62.2%	65.3%	67.8%	70.5%	64.7%
没有	37.8%	34.7%	32.2%	29.5%	35.3%
总计	100.0%	100.0%	100.0%	100.0%	100.0%
列总计	2018	2164	363	475	5020

Chi-square test：df = 3，卡方值 14.244，sig = 0.003 < 0.05，所以不同受教育程度的居民在“您所在单位当员工或村民受到不应该的对待时，员工或村民有没有申诉的机会”这一问题的回答上有显著差异。

E21 by A4

您所在单位当员工或村民受到不应该的对待时，员工或村民有没有申诉的地方或渠道 * 受教育程度 Crosstabulation

	初中及以下	高中、中专及职高	大专	本科及以上	总计
有	64.3%	67.6%	68.4%	75.9%	67.1%
没有	35.7%	32.4%	31.6%	24.1%	32.9%
总计	100.0%	100.0%	100.0%	100.0%	100.0%
列总计	1995	2145	354	465	4959

Chi-square test：df = 3，卡方值 24.142，sig = 0.000 < 0.05，所以不同受教育程度的居民在“您所在单位当员工或村民受到不应该的对待时，员工或村民有没有申诉的地方或渠道”这一问题的回答上有显著差异。

E22 by A4

您所在单位当员工或村民受到不应该的对待时，有没有人进行过申诉 * 受教育程度 Crosstabulation

	初中及以下	高中、中专及职高	大专	本科及以上	总计
全部会申诉	3.4%	3.9%	5.7%	6.1%	4.1%

续表

	初中及以下	高中、中专及职高	大专	本科及以上	总计
大部分会申诉	19.1%	19.9%	22.7%	22.8%	20.1%
小部分会申诉	55.7%	56.0%	51.4%	54.3%	55.4%
无人申诉	21.8%	20.2%	20.1%	16.9%	20.5%
总计	100.0%	100.0%	100.0%	100.0%	100.0%
列总计	1917	2056	348	492	4813

Chi-square test：df=9，卡方值19.617，sig =0.020<0.05，所以不同受教育程度的居民在“您所在单位当员工或村民受到不应该的对待时，有没有人进行过申诉”这一问题的回答上有显著差异。

E23 by A4

您所在的单位在多大程度上认真对待员工或村民的申诉 * 受教育程度 Crosstabulation

	初中及以下	高中、中专及职高	大专	本科及以上	总计
完全不认真	13.0%	10.0%	7.0%	5.6%	10.5%
不太认真	24.1%	20.4%	15.0%	21.9%	21.6%
一般	33.2%	34.9%	32.9%	34.0%	34.0%
比较认真	26.1%	30.6%	37.5%	33.1%	29.5%
非常认真	3.6%	4.2%	7.6%	5.4%	4.4%
总计	100.0%	100.0%	100.0%	100.0%	100.0%
列总计	1711	1818	301	462	4292

Chi-square test：df=12，卡方值65.125，sig =0.000<0.05，所以不同受教育程度的居民在“您所在的单位在多大程度上认真对待员工或村民的申诉”这一问题的回答上有显著差异。

E24 by A4

您所在单位是否有道德方面的教育或活动 * 受教育程度 Crosstabulation

	初中及以下	高中、中专及职高	大专	本科及以上	总计
有	2.7%	3.9%	5.6%	10.2%	4.1%
没有	45.2%	40.7%	39.3%	35.5%	42.0%
不知道	52.0%	55.4%	55.2%	54.3%	54.0%
总计	100.0%	100.0%	100.0%	100.0%	100.0%
列总计	3355	3721	591	713	8380

Chi-square test：df=6，卡方值107.755，sig =0.000<0.05，所以不同受教育程度的居民在“您所在单位是否有道德方面的教育或活动”这一问题的回答上有显著差异。

E25a by A4

对当地企业道德状况的满意度是 ＊ 受教育程度 Crosstabulation

	初中及以下	高中、中专及职高	大专	本科及以上	总计
非常不满意	2.5%	1.9%	1.9%	2.6%	2.2%
不太满意	23.2%	21.2%	20.2%	25.5%	22.3%
比较满意	72.3%	75.0%	75.1%	67.0%	73.2%
非常满意	2.0%	1.9%	2.8%	5.0%	2.3%
总计	100.0%	100.0%	100.0%	100.0%	100.0%
列总计	2824	3165	539	660	7188

Chi-square test：df = 9，卡方值 40.054，sig = 0.000 < 0.05，所以不同受教育程度的居民在“对当地企业道德状况的满意度是”这一问题的回答上有显著差异。

E25b by A4

对当地医院道德状况的满意度是 ＊ 受教育程度 Crosstabulation

	初中及以下	高中、中专及职高	大专	本科及以上	总计
非常不满意	3.9%	3.1%	3.4%	2.5%	3.4%
不太满意	26.3%	25.9%	20.5%	24.2%	25.5%
比较满意	64.5%	66.0%	68.3%	65.6%	65.5%
非常满意	5.3%	5.1%	7.8%	7.6%	5.6%
总计	100.0%	100.0%	100.0%	100.0%	100.0%
列总计	3175	3523	562	710	7970

Chi-square test：df = 9，卡方值 25.956，sig = 0.002 < 0.05，所以不同受教育程度的居民在“对当地医院道德状况的满意度是”这一问题的回答上有显著差异。

E25c by A4

对当地政府道德状况的满意度是 ＊ 受教育程度 Crosstabulation

	初中及以下	高中、中专及职高	大专	本科及以上	总计
非常不满意	4.2%	3.6%	2.6%	2.6%	3.7%
不太满意	26.7%	23.3%	21.8%	22.3%	24.5%
比较满意	63.2%	66.4%	64.4%	63.6%	64.7%
非常满意	5.9%	6.7%	11.2%	11.5%	7.1%
总计	100.0%	100.0%	100.0%	100.0%	100.0%
列总计	3049	3373	537	695	7654

Chi-square test：df = 9，卡方值 57.750，sig = 0.000 < 0.05，所以不同受教育程度的居民在“对当地政府道德状况的满意度是”这一问题的回答上有显著差异。

E25d by A4

对当地学校道德状况的满意度是 * 受教育程度 Crosstabulation

	初中及以下	高中、中专及职高	大专	本科及以上	总计
非常不满意	1.5%	1.4%	1.3%	1.3%	1.4%
不太满意	16.8%	16.7%	14.0%	13.9%	16.3%
比较满意	72.0%	71.2%	73.0%	69.1%	71.5%
非常满意	9.7%	10.7%	11.7%	15.7%	10.8%
总计	100.0%	100.0%	100.0%	100.0%	100.0%
列总计	3091	3457	556	696	7800

Chi-square test：df = 9，卡方值 24.872，sig = 0.003 < 0.05，所以不同受教育程度的居民在“对当地学校道德状况的满意度是”这一问题的回答上有显著差异。

E25e by A4

对当地的 NGO 组织（如红十字会等）道德状况的满意度是 * 受教育程度 Crosstabulation

	初中及以下	高中、中专及职高	大专	本科及以上	总计
非常不满意	1.8%	2.2%	2.6%	3.4%	2.2%
不太满意	17.4%	16.7%	14.9%	19.2%	17.1%
比较满意	69.1%	68.2%	71.1%	62.7%	68.1%
非常满意	11.7%	12.9%	11.5%	14.7%	12.5%
总计	100.0%	100.0%	100.0%	100.0%	100.0%
列总计	1646	1921	349	525	4441

Chi-square test：df = 9，卡方值 13.652，sig = 0.135 > 0.05，所以不同受教育程度的居民在“对当地的 NGO 组织（如红十字会等）道德状况的满意度是”这一问题的回答上没有显著差异。

F1a by A4

您认为以下行为是否关乎道德？随地吐痰 * 受教育程度 Crosstabulation

	初中及以下	高中、中专及职高	大专	本科及以上	总计
有关	89.9%	90.6%	96.7%	95.6%	91.2%
无关	10.1%	9.4%	3.3%	4.4%	8.8%
总计	100.0%	100.0%	100.0%	100.0%	100.0%
列总计	3462	3858	613	765	8698

Chi-square test：df = 3，卡方值 50.420，sig = 0.000 < 0.05，所以不同受教育程度的居民在“您认为以下行为是否关乎道德？随地吐痰”这一问题的回答上有显著差异。

F1b by A4

您认为以下行为是否关乎道德？插队 ＊ 受教育程度 Crosstabulation

	初中及以下	高中、中专及职高	大专	本科及以上	总计
有关	89.6%	90.8%	96.1%	95.1%	91.1%
无关	10.4%	9.2%	3.9%	4.9%	8.9%
总计	100.0%	100.0%	100.0%	100.0%	100.0%
列总计	3458	3851	613	761	8683

Chi-square test：df = 3，卡方值 44.438，sig = 0.000 < 0.05，所以不同受教育程度的居民在“您认为以下行为是否关乎道德？插队”这一问题的回答上有显著差异。

F1c by A4

您认为以下行为是否关乎道德？公交或地铁上大声打电话 ＊ 受教育程度 Crosstabulation

	初中及以下	高中、中专及职高	大专	本科及以上	总计
有关	85.1%	86.9%	92.7%	93.3%	87.1%
无关	14.9%	13.1%	7.3%	6.7%	12.9%
总计	100.0%	100.0%	100.0%	100.0%	100.0%
列总计	3456	3851	613	765	8685

Chi-square test：df = 3，卡方值 56.285，sig = 0.000 < 0.05，所以不同受教育程度的居民在“您认为以下行为是否关乎道德？公交或地铁上大声打电话”这一问题的回答上有显著差异。

F1d by A4

您认为以下行为是否关乎道德？餐馆里说话声音很大 ＊ 受教育程度 Crosstabulation

	初中及以下	高中、中专及职高	大专	本科及以上	总计
有关	82.9%	85.9%	92.8%	93.0%	85.8%
无关	17.1%	14.1%	7.2%	7.0%	14.2%
总计	100.0%	100.0%	100.0%	100.0%	100.0%
列总计	3449	3850	612	761	8672

Chi-square test：df = 3，卡方值 81.162，sig = 0.000 < 0.05，所以不同受教育程度的居民在“您认为以下行为是否关乎道德？餐馆里说话声音很大”这一问题的回答上有显著差异。

F1e by A4

您认为以下行为是否关乎道德？在公共场所的椅子或沙发上躺着睡觉 ＊ 受教育程度 Crosstabulation

	初中及以下	高中、中专及职高	大专	本科及以上	总计
有关	85.9%	88.2%	93.5%	93.2%	88.1%
无关	14.1%	11.8%	6.5%	6.8%	11.9%
总计	100.0%	100.0%	100.0%	100.0%	100.0%
列总计	3452	3854	612	760	8678

Chi-square test：df = 3，卡方值 51.498，sig = 0.000 < 0.05，所以不同受教育程度的居民在“您认为以下行为是否关乎道德？在公共场所的椅子或沙发上躺着睡觉”这一问题的回答上有显著差异。

F1f by A4

您本人是否做出过这些行为？随地吐痰 ＊ 受教育程度 Crosstabulation

	初中及以下	高中、中专及职高	大专	本科及以上	总计
经常做	3.3%	2.8%	1.5%	2.1%	2.8%
偶尔做	40.5%	38.8%	27.3%	23.8%	37.3%
从来不做	56.2%	58.5%	71.2%	74.1%	59.9%
总计	100.0%	100.0%	100.0%	100.0%	100.0%
列总计	3341	3702	601	749	8393

Chi-square test：df = 6，卡方值 118.621，sig = 0.000 < 0.05，所以不同受教育程度的居民在“您本人是否做出过这些行为？随地吐痰”这一问题的回答上有显著差异。

F1g by A4

您本人是否做出过这些行为？插队 ＊ 受教育程度 Crosstabulation

	初中及以下	高中、中专及职高	大专	本科及以上	总计
经常做	2.1%	2.4%	2.0%	2.4%	2.3%
偶尔做	30.4%	29.4%	21.0%	20.6%	28.4%
从来不做	67.5%	68.2%	77.0%	77.0%	69.4%
总计	100.0%	100.0%	100.0%	100.0%	100.0%
列总计	3334	3705	601	752	8392

Chi-square test：df = 6，卡方值 48.091，sig = 0.000 < 0.05，所以不同受教育程度的居民在“您本人是否做出过这些行为？插队”这一问题的回答上有显著差异。

F1h by A4

您本人是否做出过这些行为？公交或地铁上大声打电话 ＊ 受教育程度 Crosstabulation

	初中及以下	高中、中专及职高	大专	本科及以上	总计
经常做	3.1%	2.6%	2.2%	2.7%	2.8%
偶尔做	28.8%	28.9%	20.8%	22.8%	27.7%
从来不做	68.1%	68.4%	77.1%	74.6%	69.5%
总计	100.0%	100.0%	100.0%	100.0%	100.0%
列总计	3312	3680	597	747	8336

Chi-square test：df = 6，卡方值 31.982，sig = 0.000 < 0.05，所以不同受教育程度的居民在“您本人是否做出过这些行为？公交或地铁上大声打电话”这一问题的回答上有显著差异。

F1i by A4

您本人是否做出过这些行为？餐馆里说话声音很大 ＊ 受教育程度 Crosstabulation

	初中及以下	高中、中专及职高	大专	本科及以上	总计
经常做	3.6%	2.5%	2.0%	2.1%	2.9%
偶尔做	27.6%	26.7%	19.0%	22.1%	26.1%
从来不做	68.8%	70.8%	79.0%	75.8%	71.0%
总计	100.0%	100.0%	100.0%	100.0%	100.0%
列总计	3312	3680	596	752	8340

Chi-square test：df = 6，卡方值 40.748，sig = 0.000 < 0.05，所以不同受教育程度的居民在“您本人是否做出过这些行为？餐馆里说话声音很大”这一问题的回答上有显著差异。

F1j by A4

您本人是否做出过这些行为？在公共场所的椅子或沙发上躺着睡觉 ＊ 受教育程度 Crosstabulation

	初中及以下	高中、中专及职高	大专	本科及以上	总计
经常做	2.8%	2.5%	3.2%	2.5%	2.6%
偶尔做	14.9%	13.2%	10.5%	9.0%	13.3%
从来不做	82.3%	84.3%	86.3%	88.4%	84.0%
总计	100.0%	100.0%	100.0%	100.0%	100.0%
列总计	3326	3692	599	752	8369

Chi-square test：df = 6，卡方值 24.866，sig = 0.000 < 0.05，所以不同受教育程度的居民在“您本人是否做出过这些行为？在公共场所的椅子或沙发上躺着睡觉”这一问题的回答上有显著差异。

F2 by A4

入夜后，很多中老年朋友在广场上伴着录音机的音乐跳舞，产生噪声，有人向政府或物管投诉，要求阻止。对这件事您怎么看 * 受教育程度 Crosstabulation

	初中及以下	高中、中专及职高	大专	本科及以上	总计
在广场上跳舞是居民的自由，不应干预	23.8%	24.1%	17.3%	11.8%	22.4%
跳舞如果破坏了别人的清静，就应该停止	21.0%	22.2%	23.7%	27.1%	22.3%
中老年人没地方活动，即便跳舞构成干扰，也应尽量容忍和理解	21.5%	22.1%	22.7%	18.0%	21.5%
请跳舞者降低音量，大家相互妥协	32.1%	30.1%	36.1%	42.5%	32.4%
其他（请说明）	1.6%	1.5%	0.3%	0.7%	1.4%
总计	100.0%	100.0%	100.0%	100.0%	100.0%
列总计	3411	3836	613	763	8623

Chi-square test：df = 12，卡方值 112.572，sig = 0.000 < 0.05，所以不同受教育程度的居民在“入夜后，很多中老年朋友在广场上伴着录音机的音乐跳舞，产生噪声，有人向政府或物管投诉，要求阻止。对这件事您怎么看”这一问题的回答上有显著差异。

F3a by A4

社会上经常发生一些因个人认为自身受到不公正待遇而导致的社会泄愤事件，比如厦门公交爆炸案、徐州幼儿园爆炸案。对下列说法，您的同意程度如何？这是暴徒行为，无论何种情况下，都不应该采取暴力手段 * 受教育程度 Crosstabulation

	初中及以下	高中、中专及职高	大专	本科及以上	总计
完全同意	38.0%	38.8%	44.4%	55.4%	40.4%
比较同意	52.5%	52.0%	47.4%	36.1%	50.4%
不太同意	8.0%	7.7%	6.7%	7.4%	7.7%
完全不同意	1.5%	1.5%	1.5%	1.2%	1.5%
总计	100.0%	100.0%	100.0%	100.0%	100.0%
列总计	3232	3640	597	746	8215

Chi-square test：df = 9，卡方值 88.287，sig = 0.000 < 0.05，所以不同受教育程度的居民在“这是暴徒行为，无论何种情况下，都不应该采取暴力手段”这一问题的回答上有显著差异。

F3b by A4

社会上经常发生一些因个人认为自身受到不公正待遇而导致的社会泄愤事件，比如厦门公交爆炸案、徐州幼儿园爆炸案。对下列说法，您的同意程度如何？其他社会成员在需要的时候没有及时给予帮助，因此我们每个人都有责任 * 受教育程度 Crosstabulation

	初中及以下	高中、中专及职高	大专	本科及以上	总计
完全同意	15.8%	14.1%	16.8%	19.4%	15.4%
比较同意	50.5%	49.0%	48.4%	45.9%	49.3%
不太同意	28.9%	30.9%	30.8%	28.7%	29.9%
完全不同意	4.7%	6.0%	4.1%	6.0%	5.4%
总计	100.0%	100.0%	100.0%	100.0%	100.0%
列总计	3237	3623	591	749	8200

Chi-square test：df = 9，卡方值 26.426，sig = 0.002 < 0.05，所以不同受教育程度的居民在“其他社会成员在需要的时候没有及时给予帮助，因此我们每个人都有责任”这一问题的回答上有显著差异。

F3c by A4

社会上经常发生一些因个人认为自身受到不公正待遇而导致的社会泄愤事件，比如厦门公交爆炸案、徐州幼儿园爆炸案。对下列说法，您的同意程度如何？他们的遭遇值得同情，应该去报复那些给予他们不公待遇的人，而不是伤及无辜 * 受教育程度 Crosstabulation

	初中及以下	高中、中专及职高	大专	本科及以上	总计
完全同意	12.8%	11.0%	11.4%	12.6%	11.9%
比较同意	35.2%	33.5%	35.2%	28.9%	33.9%
不太同意	34.3%	38.2%	31.9%	36.0%	36.0%
完全不同意	17.7%	17.2%	21.5%	22.5%	18.2%
总计	100.0%	100.0%	100.0%	100.0%	100.0%
列总计	3230	3638	596	747	8211

Chi-square test：df = 9，卡方值 36.684，sig = 0.000 < 0.05，所以不同受教育程度的居民在“他们的遭遇值得同情，应该去报复那些给予他们不公待遇的人，而不是伤及无辜”这一问题的回答上有显著差异。

F3d by A4

社会上经常发生一些因个人认为自身受到不公正待遇而导致的社会泄愤事件，比如厦门公交爆炸案、徐州幼儿园爆炸案。对下列说法，您的同意程度如何？受到不公平待遇，应该充分相信政府，积极寻求相关部门的帮助 * 受教育程

度 Crosstabulation

	初中及以下	高中、中专及职高	大专	本科及以上	总计
完全同意	27.4%	23.5%	23.6%	25.8%	25.2%
比较同意	55.7%	55.5%	55.6%	51.2%	55.2%
不太同意	14.0%	17.3%	15.7%	18.0%	15.9%
完全不同意	3.0%	3.7%	5.1%	5.0%	3.6%
总计	100.0%	100.0%	100.0%	100.0%	100.0%
列总计	3246	3621	592	733	8192

Chi-square test：df = 9，卡方值38.599，sig = 0.000 < 0.05，所以不同受教育程度的居民在“受到不公平待遇，应该充分相信政府，积极寻求相关部门的帮助”这一问题的回答上有显著差异。

F4 by A4

总的来说，您认为当今的社会公不公平 ＊ 受教育程度 Crosstabulation

	初中及以下	高中、中专及职高	大专	本科及以上	总计
完全不公平	5.9%	6.1%	6.0%	5.3%	5.9%
比较不公平	31.0%	28.9%	23.6%	27.5%	29.3%
说不上公平但也不能说不公平	37.2%	39.9%	38.7%	32.9%	38.1%
比较公平	24.2%	23.0%	28.7%	31.3%	24.7%
非常公平	1.7%	2.1%	2.9%	3.0%	2.1%
总计	100.0%	100.0%	100.0%	100.0%	100.0%
列总计	3262	3621	581	732	8196

Chi-square test：df = 12，卡方值48.579，sig = 0.000 < 0.05，所以不同受教育程度的居民在“总的来说，您认为当今的社会公不公平”这一问题的回答上有显著差异。

F5 by A4

和前几年相比，您认为目前我国社会的分配不公、两极分化现象 ＊ 受教育程度 Crosstabulation

	初中及以下	高中、中专及职高	大专	本科及以上	总计
有较大改善	33.7%	31.7%	36.1%	39.2%	33.5%
没什么变化	53.1%	55.2%	49.8%	44.3%	53.0%
更加恶化	13.2%	13.0%	14.1%	16.5%	13.5%
总计	100.0%	100.0%	100.0%	100.0%	100.0%
列总计	3047	3343	554	691	7635

Chi-square test：df = 6，卡方值30.749，sig = 0.000 < 0.05，所以不同受教育程度的居民在“和前几年相比，您认为目前我国社会的分配不公、两极分化现象”这一问题的回答上有显著差异。

F6 by A4

您认为目前我国社会成员之间的收入差距 * 受教育程度 Crosstabulation

	初中及以下	高中、中专及职高	大专	本科及以上	总计
合理，可以接受	16.9%	17.1%	20.4%	17.9%	17.3%
不合理，但可以接受	59.8%	61.2%	59.2%	59.3%	60.4%
不合理，不能接受	23.3%	21.6%	20.4%	22.8%	22.3%
总计	100.0%	100.0%	100.0%	100.0%	100.0%
列总计	2986	3259	559	698	7502

Chi-square test：df = 6，卡方值 7.302，sig = 0.294 > 0.05，所以不同受教育程度的居民在“您认为目前我国社会成员之间的收入差距”这一问题的回答上没有显著差异。

F7a by A4

请问您是否同意当前的社会是人人为自己 * 受教育程度 Crosstabulation

	初中及以下	高中、中专及职高	大专	本科及以上	总计
完全同意	11.5%	11.3%	8.9%	11.4%	11.3%
比较同意	57.5%	60.3%	55.0%	50.3%	57.9%
不太同意	29.6%	26.8%	34.0%	35.9%	29.2%
完全不同意	1.4%	1.5%	2.0%	2.4%	1.6%
总计	100.0%	100.0%	100.0%	100.0%	100.0%
列总计	3403	3780	605	752	8540

Chi-square test：df = 9，卡方值 44.267，sig = 0.000 < 0.05，所以不同受教育程度的居民在“请问您是否同意当前的社会是人人为自己”这一问题的回答上有显著差异。

F7b by A4

请问您是否同意现在社会的大多数人是见利忘义的 * 受教育程度 Crosstabulation

	初中及以下	高中、中专及职高	大专	本科及以上	总计
完全同意	8.6%	7.7%	5.9%	5.9%	7.7%
比较同意	49.8%	52.7%	45.9%	43.8%	50.3%
不太同意	38.5%	35.9%	42.7%	45.7%	38.3%
完全不同意	3.1%	3.7%	5.4%	4.7%	3.7%
总计	100.0%	100.0%	100.0%	100.0%	100.0%
列总计	3389	3772	606	751	8518

Chi-square test：df = 9，卡方值 52.356，sig = 0.000 < 0.05，所以不同受教育程度的居民在“请问您是否同意现在社会的大多数人是见利忘义的”这一问题的回答上有显著差异。

F7c by A4

请问您是否同意现在社会是一个物欲横流的社会 * 受教育程度 Crosstabulation

	初中及以下	高中、中专及职高	大专	本科及以上	总计
完全同意	8.0%	7.3%	7.6%	6.8%	7.5%
比较同意	48.7%	47.9%	43.3%	44.1%	47.5%
不太同意	38.4%	39.7%	41.9%	41.5%	39.6%
完全不同意	4.9%	5.1%	7.2%	7.6%	5.4%
总计	100.0%	100.0%	100.0%	100.0%	100.0%
列总计	3231	3613	596	749	8189

Chi-square test：df = 9，卡方值 21..703，sig = 0.010 < 0.05，所以不同受教育程度的居民在“请问您是否同意现在社会是一个物欲横流的社会”这一问题的回答上有显著差异。

F7d by A4

请问您是否同意当前大多数人都是以集体利益为重 * 受教育程度 Crosstabulation

	初中及以下	高中、中专及职高	大专	本科及以上	总计
完全同意	5.4%	5.9%	7.4%	5.2%	5.8%
比较同意	38.5%	36.9%	36.8%	34.9%	37.3%
不太同意	50.8%	52.0%	50.4%	53.5%	51.5%
完全不同意	5.3%	5.2%	5.4%	6.3%	5.3%
总计	100.0%	100.0%	100.0%	100.0%	100.0%
列总计	3283	3671	595	744	8293

Chi-square test：df = 9，卡方值 9.182，sig = 0.421 > 0.05，所以不同受教育程度的居民在“请问您是否同意当前大多数人都是以集体利益为重”这一问题的回答上没有显著差异。

F7e by A4

请问您是否同意当前大多数人都是家庭利益至上 * 受教育程度 Crosstabulation

	初中及以下	高中、中专及职高	大专	本科及以上	总计
完全同意	16.7%	18.5%	14.9%	15.5%	17.3%
比较同意	57.5%	54.8%	52.0%	51.1%	55.4%
不太同意	23.1%	23.8%	27.3%	28.3%	24.2%
完全不同意	2.6%	3.0%	5.9%	5.1%	3.2%
总计	100.0%	100.0%	100.0%	100.0%	100.0%

续表

	初中及以下	高中、中专及职高	大专	本科及以上	总计
列总计	3359	3743	598	742	8442

Chi-square test：df=9，卡方值49.037，sig =0.000<0.05，所以不同受教育程度的居民在“请问您是否同意当前大多数人都是家庭利益至上”这一问题的回答上有显著差异。

F7f by A4

请问您是否同意当前的社会是个金钱至上的社会 ＊ 受教育程度 Crosstabulation

	初中及以下	高中、中专及职高	大专	本科及以上	总计
完全同意	14.7%	14.5%	12.1%	13.2%	14.3%
比较同意	51.2%	50.9%	45.5%	42.1%	49.8%
不太同意	30.3%	30.4%	35.1%	38.1%	31.4%
完全不同意	3.8%	4.3%	7.3%	6.6%	4.5%
总计	100.0%	100.0%	100.0%	100.0%	100.0%
列总计	3339	3722	593	743	8397

Chi-square test：df=9，卡方值52.806，sig =0.000<0.05，所以不同受教育程度的居民在“请问您是否同意当前的社会是个金钱至上的社会”这一问题的回答上有显著差异。

F7g by A4

请问您是否同意现在社会守道德的人大都吃亏，不守道德的人占便宜 ＊ 受教育程度 Crosstabulation

	初中及以下	高中、中专及职高	大专	本科及以上	总计
完全同意	8.2%	8.4%	7.0%	8.9%	8.3%
比较同意	43.6%	43.1%	37.7%	34.8%	42.2%
不太同意	43.3%	43.7%	46.1%	49.1%	44.2%
完全不同意	4.9%	4.8%	9.1%	7.3%	5.3%
总计	100.0%	100.0%	100.0%	100.0%	100.0%
列总计	3297	3685	583	744	8309

Chi-square test：df=9，卡方值45.536，sig =0.000<0.05，所以不同受教育程度的居民在“请问您是否同意现在社会守道德的人大都吃亏，不守道德的人占便宜”这一问题的回答上有显著差异。

F7h by A4

请问您是否同意现在社会中好人有好报，恶人终归会受到惩罚 ＊ 受教育程度 Crosstabulation

	初中及以下	高中、中专及职高	大专	本科及以上	总计
完全同意	16.5%	13.9%	13.9%	16.9%	15.2%
比较同意	51.9%	51.8%	45.7%	43.9%	50.8%
不太同意	28.4%	30.9%	35.9%	33.2%	30.5%
完全不同意	3.2%	3.3%	4.4%	6.0%	3.6%
总计	100.0%	100.0%	100.0%	100.0%	100.0%
列总计	3337	3702	588	735	8362

Chi-square test：df = 9，卡方值48.229，sig = 0.000 < 0.05，所以不同受教育程度的居民在“请问您是否同意现在社会中好人有好报，恶人终归会受到惩罚”这一问题的回答上有显著差异。

F7i by A4

请问您是否同意人们的生活水平越高，就越幸福 ＊ 受教育程度 Crosstabulation

	初中及以下	高中、中专及职高	大专	本科及以上	总计
完全同意	16.7%	18.4%	16.8%	16.4%	17.4%
比较同意	46.1%	45.2%	40.5%	38.9%	44.7%
不太同意	33.6%	32.5%	37.3%	39.5%	33.9%
完全不同意	3.6%	3.9%	5.4%	5.3%	4.0%
总计	100.0%	100.0%	100.0%	100.0%	100.0%
列总计	3351	3731	590	740	8412

Chi-square test：df = 9，卡方值31.526，sig = 0.000 < 0.05，所以不同受教育程度的居民在“请问您是否同意人们的生活水平越高，就越幸福”这一问题的回答上有显著差异。

F7j by A4

请问您是否同意我们的社会中道德能够很好地约束人们的行为 ＊ 受教育程度 Crosstabulation

	初中及以下	高中、中专及职高	大专	本科及以上	总计
完全同意	6.8%	6.2%	7.2%	6.3%	6.5%
比较同意	49.9%	47.9%	48.9%	48.1%	48.8%
不太同意	38.4%	41.3%	38.5%	39.5%	39.8%
完全不同意	4.8%	4.6%	5.5%	6.1%	4.9%
总计	100.0%	100.0%	100.0%	100.0%	100.0%

续表

	初中及以下	高中、中专及职高	大专	本科及以上	总计
列总计	3199	3590	587	734	8110

Chi-square test：df = 9，卡方值 10.091，sig = 0.343 > 0.05，所以不同受教育程度的居民在“请问您是否同意我们的社会中道德能够很好地约束人们的行为”这一问题的回答上没有显著差异。

F7k by A4

请问您是否同意现有的规范和习俗能够很好地调节人与人的关系 * 受教育程度 Crosstabulation

	初中及以下	高中、中专及职高	大专	本科及以上	总计
完全同意	6.1%	6.3%	5.8%	6.6%	6.2%
比较同意	52.4%	50.7%	50.0%	49.2%	51.2%
不太同意	36.7%	38.0%	36.8%	38.3%	37.4%
完全不同意	4.7%	5.0%	7.4%	5.9%	5.2%
总计	100.0%	100.0%	100.0%	100.0%	100.0%
列总计	3152	3567	584	729	8032

Chi-square test：df = 9，卡方值 10.597，sig = 0.304 > 0.05，所以不同受教育程度的居民在“请问您是否同意现有的规范和习俗能够很好地调节人与人的关系”这一问题的回答上没有显著差异。

F7l by A4

请问您是否同意现在社会大多数人都有荣辱感 * 受教育程度 Crosstabulation

	初中及以下	高中、中专及职高	大专	本科及以上	总计
完全同意	8.1%	8.2%	7.5%	7.2%	8.0%
比较同意	55.9%	53.9%	49.4%	53.3%	54.3%
不太同意	31.5%	32.7%	36.9%	34.5%	32.7%
完全不同意	4.5%	5.2%	6.3%	5.0%	5.0%
总计	100.0%	100.0%	100.0%	100.0%	100.0%
列总计	3179	3577	575	722	8053

Chi-square test：df = 9，卡方值 14.073，sig = 0.120 > 0.05，所以不同受教育程度的居民在“请问您是否同意现在社会大多数人都有荣辱感”这一问题的回答上没有显著差异。

F8 by A4

您听说过或参加过道德讲堂吗 * 受教育程度 Crosstabulation

	初中及以下	高中、中专及职高	大专	本科及以上	总计
参加过	4.7%	9.1%	19.5%	27.4%	9.7%

续表

	初中及以下	高中、中专及职高	大专	本科及以上	总计
听说过，但没参加过	31.9%	35.0%	41.7%	43.0%	35.0%
没听说过	63.4%	55.9%	38.8%	29.6%	55.3%
总计	100.0%	100.0%	100.0%	100.0%	100.0%
列总计	3471	3861	614	766	8712

Chi-square test：df = 6，卡方值 592.209，sig = 0.000 < 0.05，所以不同受教育程度的居民在“您听说过或参加过道德讲堂吗”这一问题的回答上有显著差异。

F9 by A4

如果您参加过道德讲堂，您觉得开展这样的活动有意义吗 * 受教育程度 Crosstabulation

	初中及以下	高中、中专及职高	大专	本科及以上	总计
很有意义	70.6%	74.1%	85.8%	83.8%	77.6%
可有可无	22.9%	18.4%	12.5%	13.2%	17.1%
没有必要	6.5%	7.6%	1.7%	2.9%	5.4%
总计	100.0%	100.0%	100.0%	100.0%	100.0%
列总计	153	343	120	204	820

Chi-square test：df = 6，卡方值 18.998，sig = 0.004 < 0.05，所以不同受教育程度的居民在“如果您参加过道德讲堂，您觉得开展这样的活动有意义吗”这一问题的回答上有显著差异。

F10 by A4

您对您生活的地方（您所在的社区）社会公德状况满意吗 * 受教育程度 Crosstabulation

	初中及以下	高中、中专及职高	大专	本科及以上	总计
非常满意	4.3%	4.6%	8.0%	7.1%	4.9%
比较满意	61.6%	64.8%	66.1%	60.3%	63.2%
不太满意	29.0%	26.4%	21.6%	28.4%	27.3%
非常不满意	5.1%	4.3%	4.3%	4.1%	4.6%
总计	100.0%	100.0%	100.0%	100.0%	100.0%
列总计	3162	3550	584	728	8024

Chi-square test：df = 9，卡方值 41.272，sig = 0.000 < 0.05，所以不同受教育程度的居民在“您对您生活的地方（您所在的社区）社会公德状况满意吗”这一问题的回答上有显著差异。

F11a by A4

当前社会坑蒙拐骗现象的严重程度如何 * 受教育程度 Crosstabulation

	初中及以下	高中、中专及职高	大专	本科及以上	总计
非常不严重	6.7%	7.9%	9.7%	11.6%	7.8%
比较不严重	42.8%	45.3%	48.6%	40.1%	44.1%
比较严重	42.1%	39.4%	36.4%	39.9%	40.3%
非常严重	8.4%	7.5%	5.3%	8.4%	7.8%
总计	100.0%	100.0%	100.0%	100.0%	100.0%
列总计	3354	3752	590	735	8431

Chi-square test：df = 9，卡方值 42.217，sig = 0.000 < 0.05，所以不同受教育程度的居民在“当前社会坑蒙拐骗现象的严重程度如何”这一问题的回答上有显著差异。

F11b by A4

当前社会人际关系冷漠，见危不救的严重程度如何 * 受教育程度 Crosstabulation

	初中及以下	高中、中专及职高	大专	本科及以上	总计
非常不严重	8.2%	9.3%	11.8%	12.6%	9.3%
比较不严重	43.6%	44.7%	50.0%	40.1%	44.2%
比较严重	42.2%	40.7%	34.7%	40.5%	40.9%
非常严重	6.0%	5.2%	3.5%	6.9%	5.6%
总计	100.0%	100.0%	100.0%	100.0%	100.0%
列总计	3361	3758	602	739	8460

Chi-square test：df = 9，卡方值 41.227，sig = 0.000 < 0.05，所以不同受教育程度的居民在“当前社会人际关系冷漠，见危不救的严重程度如何”这一问题的回答上有显著差异。

F11c by A4

当前社会诚信缺乏，不讲信用的严重程度如何 * 受教育程度 Crosstabulation

	初中及以下	高中、中专及职高	大专	本科及以上	总计
非常不严重	7.9%	9.8%	10.5%	11.5%	9.2%
比较不严重	41.2%	42.3%	46.7%	42.7%	42.2%
比较严重	44.0%	41.4%	37.2%	36.5%	41.7%
非常严重	6.9%	6.5%	5.5%	9.2%	6.8%
总计	100.0%	100.0%	100.0%	100.0%	100.0%
列总计	3384	3767	599	737	8487

Chi-square test：df = 9，卡方值 36.615，sig = 0.000 < 0.05，所以不同受教育程度的居民在“当前社会诚信缺乏，不讲信用的严重程度如何”这一问题的回答上有显著差异。

F11d by A4

当前社会人与人之间缺乏信任，社会安全度低的严重程度如何 ＊ 受教育程度 Crosstabulation

	初中及以下	高中、中专及职高	大专	本科及以上	总计
非常不严重	6.9%	8.6%	10.1%	12.2%	8.4%
比较不严重	38.4%	38.2%	40.5%	37.0%	38.3%
比较严重	46.3%	44.4%	41.5%	40.2%	44.6%
非常严重	8.4%	8.8%	7.9%	10.6%	8.7%
总计	100.0%	100.0%	100.0%	100.0%	100.0%
列总计	3360	3760	597	737	8454

Chi-square test：df = 9，卡方值35.156，sig = 0.000 < 0.05，所以不同受教育程度的居民在“当前社会人与人之间缺乏信任，社会安全度低的严重程度如何”这一问题的回答上有显著差异。

F11e by A4

当前社会缺乏公德，如公共场所大声喧哗、随地吐痰等的严重程度如何 ＊ 受教育程度 Crosstabulation

	初中及以下	高中、中专及职高	大专	本科及以上	总计
非常不严重	8.8%	11.0%	11.2%	12.1%	10.2%
比较不严重	45.9%	43.4%	44.8%	39.3%	44.1%
比较严重	36.5%	36.5%	36.5%	39.0%	36.7%
非常严重	8.8%	9.1%	7.5%	9.6%	8.9%
总计	100.0%	100.0%	100.0%	100.0%	100.0%
列总计	3358	3760	598	738	8454

Chi-square test：df = 9，卡方值21.807，sig = 0.010 < 0.05，所以不同受教育程度的居民在“当前社会缺乏公德，如公共场所大声喧哗、随地吐痰等的严重程度如何”这一问题的回答上有显著差异。

F11f by A4

当前社会自私自利，损人利己的严重程度如何 ＊ 受教育程度 Crosstabulation

	初中及以下	高中、中专及职高	大专	本科及以上	总计
非常不严重	8.7%	9.9%	14.1%	11.1%	9.9%
比较不严重	40.3%	41.2%	45.1%	41.9%	41.2%
比较严重	44.3%	42.3%	36.9%	39.9%	42.5%
非常严重	6.6%	6.6%	3.9%	7.2%	6.5%

续表

	初中及以下	高中、中专及职高	大专	本科及以上	总计
总计	100.0%	100.0%	100.0%	100.0%	100.0%
列总计	3329	3739	594	740	8402

Chi-square test：df=9，卡方值34.460，sig =0.000<0.05，所以不同受教育程度的居民在“当前社会自私自利，损人利己的严重程度如何”这一问题的回答上有显著差异。

F11g by A4

当前社会缺乏公正心和正义感的严重程度如何 ＊ 受教育程度 Crosstabulation

	初中及以下	高中、中专及职高	大专	本科及以上	总计
非常不严重	8.2%	10.5%	11.1%	13.3%	9.8%
比较不严重	42.5%	43.1%	46.6%	43.3%	43.1%
比较严重	43.5%	40.0%	37.0%	36.1%	40.8%
非常严重	5.8%	6.4%	5.4%	7.3%	6.2%
总计	100.0%	100.0%	100.0%	100.0%	100.0%
列总计	3288	3704	597	737	8326

Chi-square test：df=9，卡方值38.529，sig =0.000<0.05，所以不同受教育程度的居民在“当前社会缺乏公正心和正义感的严重程度如何”这一问题的回答上有显著差异。

F11h by A4

当前社会私欲膨胀，物欲横流的严重程度如何 ＊ 受教育程度 Crosstabulation

	初中及以下	高中、中专及职高	大专	本科及以上	总计
非常不严重	8.3%	9.8%	10.6%	12.8%	9.5%
比较不严重	41.3%	45.0%	44.6%	38.1%	42.9%
比较严重	43.4%	38.6%	38.8%	38.5%	40.5%
非常严重	7.0%	6.7%	6.0%	10.6%	7.1%
总计	100.0%	100.0%	100.0%	100.0%	100.0%
列总计	3127	3554	585	735	8001

Chi-square test：df=9，卡方值49.393，sig =0.000<0.05，所以不同受教育程度的居民在“当前社会私欲膨胀，物欲横流的严重程度如何”这一问题的回答上有显著差异。

F11i by A4

当前社会缺乏羞耻感的严重程度如何 ＊ 受教育程度 Crosstabulation

	初中及以下	高中、中专及职高	大专	本科及以上	总计
非常不严重	10.0%	11.8%	12.3%	13.1%	11.3%

续表

	初中及以下	高中、中专及职高	大专	本科及以上	总计
比较不严重	48.7%	50.5%	48.9%	45.0%	49.2%
比较严重	35.2%	31.7%	34.1%	32.3%	33.3%
非常严重	6.0%	5.9%	4.6%	9.5%	6.2%
总计	100.0%	100.0%	100.0%	100.0%	100.0%
列总计	3195	3620	583	724	8122

Chi-square test：df = 9，卡方值 34.957，sig = 0.000 < 0.05，所以不同受教育程度的居民在“当前社会缺乏羞耻感的严重程度如何”这一问题的回答上有显著差异。

F11j by A4

当前社会干部贪污受贿，以权谋利的严重程度如何 * 受教育程度 Crosstabulation

	初中及以下	高中、中专及职高	大专	本科及以上	总计
非常不严重	6.4%	7.9%	11.4%	10.0%	7.8%
比较不严重	33.5%	38.1%	38.7%	39.9%	36.5%
比较严重	40.4%	36.7%	35.1%	36.9%	38.1%
非常严重	19.8%	17.3%	14.8%	13.2%	17.7%
总计	100.0%	100.0%	100.0%	100.0%	100.0%
列总计	3086	3460	553	697	7796

Chi-square test：df = 9，卡方值 60.631，sig = 0.000 < 0.05，所以不同受教育程度的居民在“当前社会干部贪污受贿，以权谋利的严重程度如何”这一问题的回答上有显著差异。

F11k by A4

当前社会生活奢侈，铺张浪费的严重程度如何 * 受教育程度 Crosstabulation

	初中及以下	高中、中专及职高	大专	本科及以上	总计
非常不严重	6.0%	7.7%	10.6%	9.3%	7.4%
比较不严重	35.6%	40.0%	38.9%	42.7%	38.4%
比较严重	43.0%	38.0%	37.2%	36.3%	39.8%
非常严重	15.3%	14.3%	13.4%	11.7%	14.4%
总计	100.0%	100.0%	100.0%	100.0%	100.0%
列总计	3208	3576	576	710	8070

Chi-square test：df = 9，卡方值 52.886，sig = 0.000 < 0.05，所以不同受教育程度的居民在“当前社会生活奢侈，铺张浪费的严重程度如何”这一问题的回答上有显著差异。

F11l by A4

当前社会干部不作为，扯皮推诿的严重程度如何 * 受教育程度 Crosstabulation

	初中及以下	高中、中专及职高	大专	本科及以上	总计
非常不严重	5.7%	7.0%	10.2%	9.1%	6.9%
比较不严重	32.5%	36.6%	40.0%	40.3%	35.5%
比较严重	41.6%	38.5%	33.8%	34.9%	39.1%
非常严重	20.1%	17.9%	16.0%	15.7%	18.5%
总计	100.0%	100.0%	100.0%	100.0%	100.0%
列总计	3040	3379	538	694	7651

Chi-square test：df=9，卡方值57.976，sig =0.000<0.05，所以不同受教育程度的居民在“当前社会干部不作为，扯皮推诿的严重程度如何”这一问题的回答上有显著差异。

F12a by A4

您怎么看待周围那些经营企业或做生意发了财的人：他们自己有本事，应该发财 * 受教育程度 Crosstabulation

	初中及以下	高中、中专及职高	大专	本科及以上	总计
未选中	42.5%	43.4%	38.9%	38.2%	42.3%
选中	57.5%	56.6%	61.1%	61.8%	57.7%
总计	100.0%	100.0%	100.0%	100.0%	100.0%
列总计	3428	3825	610	761	8624

Chi-square test：df=3，卡方值10.060，sig =0.017<0.05，所以不同受教育程度的居民在“您怎么看待周围那些经营企业或做生意发了财的人：他们自己有本事，应该发财”这一问题的回答上有显著差异。

F12b by A4

您怎么看待周围那些经营企业或做生意发了财的人：尊重他们，他们为社会做了贡献 * 受教育程度 Crosstabulation

	初中及以下	高中、中专及职高	大专	本科及以上	总计
未选中	59.2%	54.4%	50.3%	45.3%	55.2%
选中	40.8%	45.6%	49.7%	54.7%	44.8%
总计	100.0%	100.0%	100.0%	100.0%	100.0%
列总计	3428	3825	610	761	8624

Chi-square test：df=3，卡方值59.491，sig =0.000<0.05，所以不同受教育程度的居民在“您怎么看待周围那些经营企业或做生意发了财的人：尊重他们，他们为社会做了贡献”这一问题的回答上有显著差异。

F12c by A4

您怎么看待周围那些经营企业或做生意发了财的人：没什么了不起，他们常用不正当手段发财 ＊ 受教育程度 Crosstabulation

	初中及以下	高中、中专及职高	大专	本科及以上	总计
未选中	87.2%	86.3%	87.9%	92.8%	87.3%
选中	12.8%	13.7%	12.1%	7.2%	12.7%
总计	100.0%	100.0%	100.0%	100.0%	100.0%
列总计	3428	3825	610	761	8624

Chi-square test：df = 3，卡方值 24.261，sig = 0.000 < 0.05，所以不同受教育程度的居民在“您怎么看待周围那些经营企业或做生意发了财的人：没什么了不起，他们常用不正当手段发财”这一问题的回答上有显著差异。

F12d by A4

您怎么看待周围那些经营企业或做生意发了财的人：是土豪，没文化，没教养 ＊ 受教育程度 Crosstabulation

	初中及以下	高中、中专及职高	大专	本科及以上	总计
未选中	92.4%	92.4%	91.3%	92.5%	92.3%
选中	7.6%	7.6%	8.7%	7.5%	7.7%
总计	100.0%	100.0%	100.0%	100.0%	100.0%
列总计	3428	3825	610	761	8624

Chi-square test：df = 3，卡方值 0.963，sig = 0.810 > 0.05，所以不同受教育程度的居民在“您怎么看待周围那些经营企业或做生意发了财的人：是土豪，没文化，没教养”这一问题的回答上没有显著差异。

F12e by A4

您怎么看待周围那些经营企业或做生意发了财的人：是他们运气好 ＊ 受教育程度 Crosstabulation

	初中及以下	高中、中专及职高	大专	本科及以上	总计
未选中	80.2%	83.2%	87.4%	88.3%	82.7%
选中	19.8%	16.8%	12.6%	11.7%	17.3%
总计	100.0%	100.0%	100.0%	100.0%	100.0%
列总计	3428	3825	610	761	8624

Chi-square test：df = 3，卡方值 41.816，sig = 0.000 < 0.05，所以不同受教育程度的居民在“您怎么看待周围那些经营企业或做生意发了财的人：是他们运气好”这一问题的回答上有显著差异。

F12f by A4

您怎么看待周围那些经营企业或做生意发了财的人：有钱没钱，这都是命 ＊受教育程度 Crosstabulation

	初中及以下	高中、中专及职高	大专	本科及以上	总计
未选中	81.4%	83.1%	90.0%	91.1%	83.6%
选中	18.6%	16.9%	10.0%	8.9%	16.4%
总计	100.0%	100.0%	100.0%	100.0%	100.0%
列总计	3428	3825	610	761	8624

Chi-square test：df = 3，卡方值 61.886，sig = 0.000 < 0.05，所以不同受教育程度的居民在“您怎么看待周围那些经营企业或做生意发了财的人：有钱没钱，这都是命”这一问题的回答上有显著差异。

F12g by A4

您怎么看待周围那些经营企业或做生意发了财的人：天道不公，希望他们明天就破产 ＊ 受教育程度 Crosstabulation

	初中及以下	高中、中专及职高	大专	本科及以上	总计
未选中	98.9%	99.1%	99.2%	98.8%	99.0%
选中	1.1%	0.9%	0.8%	1.2%	1.0%
总计	100.0%	100.0%	100.0%	100.0%	100.0%
列总计	3428	3825	610	761	8624

Chi-square test：df = 3，卡方值 1.570，sig = 0.666 > 0.05，所以不同受教育程度的居民在“您怎么看待周围那些经营企业或做生意发了财的人：天道不公，希望他们明天就破产”这一问题的回答上没有显著差异。

F12h by A4

您怎么看待周围那些经营企业或做生意发了财的人：其他 ＊ 受教育程度 Crosstabulation

	初中及以下	高中、中专及职高	大专	本科及以上	总计
未选中	99.4%	99.7%	99.2%	99.5%	99.5%
选中	0.6%	0.3%	0.8%	0.5%	0.5%
总计	100.0%	100.0%	100.0%	100.0%	100.0%
列总计	3428	3825	610	761	8624

Chi-square test：df = 3，卡方值 3.783，sig = 0.286 > 0.05，所以不同受教育程度的居民在“您怎么看待周围那些经营企业或做生意发了财的人：其他”这一问题的回答上没有显著差异。

F13a by A4

企业损害社会利益，如污染环境、以虚假广告误导公众等严重程度如何 * 受教育程度 Crosstabulation

	初中及以下	高中、中专及职高	大专	本科及以上	总计
非常不严重	4.4%	4.1%	6.3%	7.6%	4.7%
比较不严重	37.5%	38.8%	44.3%	36.1%	38.4%
比较严重	47.8%	48.1%	40.9%	49.3%	47.6%
非常严重	10.4%	9.0%	8.5%	7.0%	9.3%
总计	100.0%	100.0%	100.0%	100.0%	100.0%
列总计	2928	3396	574	710	7608

Chi-square test：df = 9，卡方值 40.505，sig = 0.000 < 0.05，所以不同受教育程度的居民在“企业损害社会利益，如污染环境、以虚假广告误导公众等严重程度如何”这一问题的回答上有显著差异。

F13b by A4

娱乐界以丑闻、绯闻炒作，污染社会风气严重程度如何 * 受教育程度 Crosstabulation

	初中及以下	高中、中专及职高	大专	本科及以上	总计
非常不严重	5.0%	5.9%	8.8%	5.8%	5.8%
比较不严重	28.0%	27.4%	27.9%	26.9%	27.6%
比较严重	54.1%	53.9%	48.8%	49.0%	53.1%
非常严重	12.9%	12.8%	14.6%	18.3%	13.5%
总计	100.0%	100.0%	100.0%	100.0%	100.0%
列总计	2628	3155	570	721	7074

Chi-square test：df = 9，卡方值 32.087，sig = 0.000 < 0.05，所以不同受教育程度的居民在“娱乐界以丑闻、绯闻炒作，污染社会风气严重程度如何”这一问题的回答上有显著差异。

F13c by A4

媒体缺乏社会责任，炒作新闻严重程度如何 * 受教育程度 Crosstabulation

	初中及以下	高中、中专及职高	大专	本科及以上	总计
非常不严重	6.5%	6.5%	7.7%	6.7%	6.6%
比较不严重	30.6%	30.9%	33.3%	30.6%	31.0%
比较严重	52.2%	50.1%	45.6%	46.0%	50.1%
非常严重	10.7%	12.5%	13.4%	16.8%	12.3%
总计	100.0%	100.0%	100.0%	100.0%	100.0%

续表

	初中及以下	高中、中专及职高	大专	本科及以上	总计
列总计	2645	3169	574	720	7108

Chi-square test：df = 9，卡方值 24.268，sig = 0.000 < 0.05，所以不同受教育程度的居民在“媒体缺乏社会责任，炒作新闻严重程度如何”这一问题的回答上有显著差异。

F13d by A4

社会财富分配不公，贫富悬殊过大严重程度如何 * 受教育程度 Crosstabulation

	初中及以下	高中、中专及职高	大专	本科及以上	总计
非常不严重	4.8%	6.6%	7.5%	6.1%	5.9%
比较不严重	25.9%	25.4%	31.9%	30.2%	26.5%
比较严重	48.7%	49.2%	45.3%	47.2%	48.5%
非常严重	20.6%	18.8%	15.4%	16.4%	19.0%
总计	100.0%	100.0%	100.0%	100.0%	100.0%
列总计	3129	3550	590	724	7993

Chi-square test：df = 9，卡方值 37.356，sig = 0.001 < 0.05，所以不同受教育程度的居民在“社会财富分配不公，贫富悬殊过大严重程度如何”这一问题的回答上有显著差异。

F13e by A4

教师不尽职严重程度如何 * 受教育程度 Crosstabulation

	初中及以下	高中、中专及职高	大专	本科及以上	总计
非常不严重	12.8%	16.1%	18.4%	19.9%	15.3%
比较不严重	57.5%	56.2%	55.9%	55.6%	56.6%
比较严重	25.6%	23.9%	20.6%	20.5%	24.0%
非常严重	4.2%	3.8%	5.1%	3.9%	4.0%
总计	100.0%	100.0%	100.0%	100.0%	100.0%
列总计	3246	3640	592	737	8215

Chi-square test：df = 9，卡方值 42.797，sig = 0.000 < 0.05，所以不同受教育程度的居民在“教师不尽职严重程度如何”这一问题的回答上有显著差异。

F13f by A4

医生不守职业道德严重程度如何 * 受教育程度 Crosstabulation

	初中及以下	高中、中专及职高	大专	本科及以上	总计
非常不严重	11.9%	14.1%	18.3%	17.3%	13.8%

续表

	初中及以下	高中、中专及职高	大专	本科及以上	总计
比较不严重	52.0%	50.9%	53.9%	51.6%	51.6%
比较严重	30.4%	30.6%	23.0%	25.6%	29.6%
非常严重	5.8%	4.4%	4.8%	5.4%	5.1%
总计	100.0%	100.0%	100.0%	100.0%	100.0%
列总计	3249	3655	586	734	8224

Chi-square test：df=9，卡方值45.961，sig =0.000 <0.05，所以不同受教育程度的居民在“医生不守职业道德严重程度如何”这一问题的回答上有显著差异。

F13g by A4

公众人物用知名度攫取财富严重程度如何 ＊ 受教育程度 Crosstabulation

	初中及以下	高中、中专及职高	大专	本科及以上	总计
非常不严重	8.3%	8.5%	9.0%	10.1%	8.6%
比较不严重	34.5%	34.8%	36.4%	35.0%	34.9%
比较严重	45.9%	44.7%	41.0%	44.2%	44.8%
非常严重	11.3%	12.0%	13.6%	10.7%	11.7%
总计	100.0%	100.0%	100.0%	100.0%	100.0%
列总计	2546	3025	546	702	6819

Chi-square test：df=9，卡方值8.154，sig =0.519 >0.05，所以不同受教育程度的居民在“公众人物用知名度攫取财富严重程度如何”这一问题的回答上没有显著差异。

F13h by A4

两性关系过度开放导致婚姻不稳定严重程度如何 ＊ 受教育程度 Crosstabulation

	初中及以下	高中、中专及职高	大专	本科及以上	总计
非常不严重	7.2%	9.2%	9.4%	10.0%	8.5%
比较不严重	43.1%	43.7%	44.4%	44.7%	43.6%
比较严重	38.9%	36.6%	37.4%	34.5%	37.4%
非常严重	10.8%	10.5%	8.8%	10.8%	10.5%
总计	100.0%	100.0%	100.0%	100.0%	100.0%
列总计	2929	3362	554	701	7546

Chi-square test：df=9，卡方值15.491，sig =0.078 >0.05，所以不同受教育程度的居民在“两性关系过度开放导致婚姻不稳定严重程度如何”这一问题的回答上没有显著差异。

F13i by A4

年轻人缺乏责任感，不孝敬父母严重程度如何 * 受教育程度 Crosstabulation

	初中及以下	高中、中专及职高	大专	本科及以上	总计
非常不严重	12.9%	13.0%	13.6%	14.0%	13.1%
比较不严重	54.4%	53.3%	52.1%	50.8%	53.4%
比较严重	27.5%	28.2%	28.7%	28.6%	28.0%
非常严重	5.1%	5.5%	5.6%	6.6%	5.5%
总计	100.0%	100.0%	100.0%	100.0%	100.0%
列总计	3182	3576	572	723	8053

Chi-square test：df = 9，卡方值 5.382，sig = 0.800 > 0.05，所以不同受教育程度的居民在“年轻人缺乏责任感，不孝敬父母严重程度如何”这一问题的回答上没有显著差异。

F14 by A4

您是否知道您生活的社区（村）有社区公约、村规民约 * 受教育程度 Crosstabulation

	初中及以下	高中、中专及职高	大专	本科及以上	总计
知道有	33.7%	37.6%	44.6%	41.6%	36.9%
知道没有	18.0%	16.1%	13.1%	15.9%	16.6%
不知道有没有	48.3%	46.3%	42.3%	42.5%	46.5%
总计	100.0%	100.0%	100.0%	100.0%	100.0%
列总计	3378	3756	601	748	8483

Chi-square test：df = 6，卡方值 40.436，sig = 0.000 < 0.05，所以不同受教育程度的居民在“您是否知道您生活的社区（村）有社区公约、村规民约”这一问题的回答上有显著差异。

F15a by A4

您周围的人在日常生活中遵守步行、骑车不闯红灯的情况 * 受教育程度 Crosstabulation

	初中及以下	高中、中专及职高	大专	本科及以上	总计
不遵守	7.6%	7.9%	5.9%	7.8%	7.6%
基本遵守	67.8%	68.9%	63.5%	62.4%	67.5%
自觉遵守	24.6%	23.2%	30.6%	29.8%	24.8%
总计	100.0%	100.0%	100.0%	100.0%	100.0%
列总计	3464	3866	614	765	8709

Chi-square test：df = 6，卡方值 28.860，sig = 0.000 < 0.05，所以不同受教育程度的居民在“您周围的人在日常生活中遵守步行、骑车不闯红灯的情况”这一问题的回答上有显著差异。

F15b by A4

您周围的人在日常生活中遵守乘车、购物自觉排队的情况 * 受教育程度 Crosstabulation

	初中及以下	高中、中专及职高	大专	本科及以上	总计
不遵守	5.2%	5.1%	3.3%	4.4%	4.9%
基本遵守	69.2%	70.1%	63.7%	62.4%	68.6%
自觉遵守	25.7%	24.8%	33.1%	33.2%	26.5%
总计	100.0%	100.0%	100.0%	100.0%	100.0%
列总计	3465	3863	614	765	8707

Chi-square test：df = 6，卡方值 40.541，sig = 0.000 < 0.05，所以不同受教育程度的居民在“您周围的人在日常生活中遵守乘车、购物自觉排队的情况”这一问题的回答上有显著差异。

F15c by A4

您周围的人在日常生活中遵守文明游览的情况 * 受教育程度 Crosstabulation

	初中及以下	高中、中专及职高	大专	本科及以上	总计
不遵守	6.8%	6.0%	6.2%	7.8%	6.5%
基本遵守	67.6%	69.1%	62.8%	59.9%	67.2%
自觉遵守	25.7%	24.9%	31.0%	32.3%	26.3%
总计	100.0%	100.0%	100.0%	100.0%	100.0%
列总计	3454	3844	613	765	8676

Chi-square test：df = 6，卡方值 33.262，sig = 0.000 < 0.05，所以不同受教育程度的居民在“您周围的人在日常生活中遵守文明游览的情况”这一问题的回答上有显著差异。

F15d by A4

您周围的人在日常生活中遵守社区公约、村规民约的情况 * 受教育程度 Crosstabulation

	初中及以下	高中、中专及职高	大专	本科及以上	总计
不遵守	5.7%	4.8%	5.4%	7.7%	5.5%
基本遵守	68.0%	69.7%	64.4%	61.0%	67.9%
自觉遵守	26.3%	25.5%	30.3%	31.3%	26.7%
总计	100.0%	100.0%	100.0%	100.0%	100.0%
列总计	3269	3622	578	728	8197

Chi-square test：df = 6，卡方值 28.365，sig = 0.000 < 0.05，所以不同受教育程度的居民在“您周围的人在日常生活中遵守社区公约、村规民约的情况”这一问题的回答上有显著差异。

F16a by A4

您对下列关于网络的说法是否赞同？网络是个虚拟空间，不受现实生活中的道德规范约束 ＊ 受教育程度 Crosstabulation

	初中及以下	高中、中专及职高	大专	本科及以上	总计
非常不赞同	26.1%	27.5%	33.6%	39.0%	28.5%
不太赞同	50.7%	49.6%	46.2%	43.5%	49.2%
比较赞同	18.7%	18.4%	15.6%	13.6%	17.8%
非常赞同	4.5%	4.4%	4.6%	3.9%	4.4%
总计	100.0%	100.0%	100.0%	100.0%	100.0%
列总计	3113	3561	608	764	8046

Chi-square test：df = 9，卡方值 62.266，sig = 0.000 < 0.05，所以不同受教育程度的居民在“网络是个虚拟空间，不受现实生活中的道德规范约束”这一问题的回答上有显著差异。

F16b by A4

您对下列关于网络的说法是否赞同？人肉搜索侵犯个人隐私，应该杜绝 ＊ 受教育程度 Crosstabulation

	初中及以下	高中、中专及职高	大专	本科及以上	总计
非常不赞同	3.4%	4.0%	3.2%	3.4%	3.7%
不太赞同	24.5%	23.4%	24.2%	19.9%	23.6%
比较赞同	53.0%	52.5%	47.4%	48.8%	52.0%
非常赞同	19.2%	20.0%	25.2%	28.0%	20.8%
总计	100.0%	100.0%	100.0%	100.0%	100.0%
列总计	3121	3561	603	765	8050

Chi-square test：df = 9，卡方值 42.878，sig = 0.000 < 0.05，所以不同受教育程度的居民在“人肉搜索侵犯个人隐私，应该杜绝”这一问题的回答上有显著差异。

F16c by A4

您对下列关于网络的说法是否赞同？明知网络谣言仍转发的，应该受到惩罚 ＊ 受教育程度 Crosstabulation

	初中及以下	高中、中专及职高	大专	本科及以上	总计
非常不赞同	3.7%	4.4%	3.8%	4.4%	4.1%
不太赞同	17.8%	18.2%	15.4%	13.1%	17.3%
比较赞同	52.0%	49.9%	44.6%	46.3%	49.9%

续表

	初中及以下	高中、中专及职高	大专	本科及以上	总计
非常赞同	26.5%	27.6%	36.2%	36.2%	28.6%
总计	100.0%	100.0%	100.0%	100.0%	100.0%
列总计	3137	3578	605	765	8085

Chi-square test：df=9，卡方值55.250，sig =0.000<0.05，所以不同受教育程度的居民在“明知网络谣言仍转发的，应该受到惩罚”这一问题的回答上有显著差异。

F17 by A4

假如您走在街上被陌生人不小心踩到并发出“哎哟”一声后，您认为对方会做何种反应 * 受教育程度 Crosstabulation

	初中及以下	高中、中专及职高	大专	本科及以上	总计
用言语或手势表达歉意	74.8%	75.8%	77.5%	81.1%	76.0%
不会有任何表示	20.2%	18.2%	18.5%	14.0%	18.7%
反而说你大惊小怪	4.9%	6.0%	4.0%	4.9%	5.3%
总计	100.0%	100.0%	100.0%	100.0%	100.0%
列总计	3284	3673	599	734	8290

Chi-square test：df=6，卡方值22.423，sig =0.001<0.05，所以不同受教育程度的居民在“假如您走在街上被陌生人不小心踩到并发出‘哎哟’一声后，您认为对方会做何种反应”这一问题的回答上有显著差异。

F18 by A4

您觉得您周围大多数人工作生活的精神状态怎么样 * 受教育程度 Crosstabulation

	初中及以下	高中、中专及职高	大专	本科及以上	总计
精神饱满、积极向上	39.4%	42.9%	49.8%	44.3%	42.1%
安于现状、按部就班	56.5%	53.8%	47.0%	53.7%	54.4%
精神萎靡、无所事事	4.2%	3.3%	3.3%	2.0%	3.5%
总计	100.0%	100.0%	100.0%	100.0%	100.0%
列总计	3417	3809	609	761	8596

Chi-square test：df=6，卡方值34.856，sig =0.000<0.05，所以不同受教育程度的居民在“您觉得您周围大多数人工作生活的精神状态怎么样”这一问题的回答上有显著差异。

F19a by A4

这些现象在您身边常见吗？占卜算命 ＊ 受教育程度 Crosstabulation

	初中及以下	高中、中专及职高	大专	本科及以上	总计
经常见到	12.4%	11.3%	10.1%	11.1%	11.7%
偶尔见到	47.2%	50.3%	49.3%	52.2%	49.2%
没见到	40.4%	38.3%	40.6%	36.7%	39.2%
总计	100.0%	100.0%	100.0%	100.0%	100.0%
列总计	3464	3868	613	765	8710

Chi-square test：df = 6，卡方值 12.150，sig = 0.059 > 0.05，所以不同受教育程度的居民在“这些现象在您身边常见吗？占卜算命”这一问题的回答上没有显著差异。

F19b by A4

这些现象在您身边常见吗？操办喜事比富斗阔 ＊ 受教育程度 Crosstabulation

	初中及以下	高中、中专及职高	大专	本科及以上	总计
经常见到	10.7%	9.5%	8.2%	14.0%	10.3%
偶尔见到	43.1%	44.8%	45.8%	39.0%	43.7%
没见到	46.2%	45.7%	46.0%	47.0%	46.0%
总计	100.0%	100.0%	100.0%	100.0%	100.0%
列总计	3462	3862	613	762	8699

Chi-square test：df = 6，卡方值 22.569，sig = 0.001 < 0.05，所以不同受教育程度的居民在“这些现象在您身边常见吗？操办喜事比富斗阔”这一问题的回答上有显著差异。

F19c by A4

这些现象在您身边常见吗？在父母生前不尽孝却对父母的丧事大操大办 ＊ 受教育程度 Crosstabulation

	初中及以下	高中、中专及职高	大专	本科及以上	总计
经常见到	9.0%	7.6%	9.1%	11.4%	8.6%
偶尔见到	40.5%	41.7%	38.2%	37.3%	40.6%
没见到	50.5%	50.7%	52.7%	51.2%	50.8%
总计	100.0%	100.0%	100.0%	100.0%	100.0%
列总计	3464	3864	613	761	8702

Chi-square test：df = 6，卡方值 16.670，sig = 0.011 < 0.05，所以不同受教育程度的居民在“这些现象在您身边常见吗？在父母生前不尽孝却对父母的丧事大操大办”这一问题的回答上有显著差异。

F19d by A4

这些现象在您身边常见吗？赌博或变相赌博 ＊ 受教育程度 Crosstabulation

	初中及以下	高中、中专及职高	大专	本科及以上	总计
经常见到	13.2%	12.0%	12.4%	15.1%	12.8%
偶尔见到	44.0%	43.3%	42.1%	43.3%	43.5%
没见到	42.8%	44.6%	45.5%	41.7%	43.7%
总计	100.0%	100.0%	100.0%	100.0%	100.0%
列总计	3461	3862	613	763	8699

Chi-square test：df = 6，卡方值 8.439，sig = 0.208 > 0.05，所以不同受教育程度的居民在“这些现象在您身边常见吗？赌博或变相赌博”这一问题的回答上没有显著差异。

F19e by A4

这些现象在您身边常见吗？封建迷信活动 ＊ 受教育程度 Crosstabulation

	初中及以下	高中、中专及职高	大专	本科及以上	总计
经常见到	4.8%	4.7%	5.6%	8.1%	5.1%
偶尔见到	28.1%	28.1%	24.0%	31.5%	28.1%
没见到	67.1%	67.3%	70.4%	60.3%	66.8%
总计	100.0%	100.0%	100.0%	100.0%	100.0%
列总计	3460	3860	612	764	8696

Chi-square test：df = 6，卡方值 28.627，sig = 0.000 < 0.05，所以不同受教育程度的居民在“这些现象在您身边常见吗？封建迷信活动”这一问题的回答上有显著差异。

F19f by A4

这些现象在您身边常见吗？非法宗教活动 ＊ 受教育程度 Crosstabulation

	初中及以下	高中、中专及职高	大专	本科及以上	总计
经常见到	2.1%	1.7%	2.4%	4.1%	2.1%
偶尔见到	14.4%	13.7%	14.5%	15.7%	14.2%
没见到	83.5%	84.5%	83.0%	80.2%	83.6%
总计	100.0%	100.0%	100.0%	100.0%	100.0%
列总计	3455	3857	613	763	8688

Chi-square test：df = 6，卡方值 20.456，sig = 0.002 < 0.05，所以不同受教育程度的居民在“这些现象在您身边常见吗？非法宗教活动”这一问题的回答上有显著差异。

F20 by A4

您认为目前我国社会中道德和幸福的现实关系是 * 受教育程度 Crosstabulation

	初中及以下	高中、中专及职高	大专	本科及以上	总计
总体上道德和幸福能够一致，能惩恶扬善	67.5%	67.1%	71.9%	70.3%	67.9%
有道德讲伦理的人大都吃亏，不守道德的人更能占便宜	22.8%	25.1%	22.7%	23.0%	23.8%
道德与幸福没有关系，能挣钱有发展无论怎样行动都行	9.8%	7.7%	5.4%	6.7%	8.3%
总计	100.0%	100.0%	100.0%	100.0%	100.0%
列总计	2806	3127	538	686	7157

Chi-square test：df = 6，卡方值 22.341，sig = 0.001 < 0.05，所以不同受教育程度的居民在“您认为目前我国社会中道德和幸福的现实关系是”这一问题的回答上有显著差异。

F21a by A4

您在所在单位，有没有一种亲切和踏实的感觉 * 受教育程度 Crosstabulation

	初中及以下	高中、中专及职高	大专	本科及以上	总计
有	18.1%	18.0%	25.2%	28.0%	19.5%
还可以	65.6%	70.3%	68.7%	66.7%	68.0%
没有	16.3%	11.7%	6.1%	5.3%	12.5%
总计	100.0%	100.0%	100.0%	100.0%	100.0%
列总计	3292	3697	607	753	8349

Chi-square test：df = 6，卡方值 143.100，sig = 0.000 < 0.05，所以不同受教育程度的居民在“您在所在单位，有没有一种亲切和踏实的感觉”这一问题的回答上有显著差异。

F21b by A4

您在所在社区/村，有没有一种亲切和踏实的感觉 * 受教育程度 Crosstabulation

	初中及以下	高中、中专及职高	大专	本科及以上	总计
有	26.0%	24.4%	27.3%	28.3%	25.6%
还可以	68.1%	69.7%	67.0%	65.2%	68.5%
没有	5.8%	5.8%	5.7%	6.6%	5.9%
总计	100.0%	100.0%	100.0%	100.0%	100.0%

续表

	初中及以下	高中、中专及职高	大专	本科及以上	总计
列总计	3434	3831	612	761	8638

Chi-square test：df = 6，卡方值 8. 110，sig ＝0. 230 > 0. 05，所以不同受教育程度的居民在“您在所在社区/村，有没有一种亲切和踏实的感觉”这一问题的回答上没有显著差异。

F21c by A4

您在所在城市，有没有一种亲切和踏实的感觉 ＊ 受教育程度 Crosstabulation

	初中及以下	高中、中专及职高	大专	本科及以上	总计
有	25. 4%	25. 1%	30. 8%	30. 8%	26. 1%
还可以	64. 8%	66. 3%	62. 3%	61. 5%	65. 0%
没有	9. 9%	8. 6%	6. 9%	7. 6%	8. 9%
总计	100. 0%	100. 0%	100. 0%	100. 0%	100. 0%
列总计	3427	3818	610	759	8614

Chi-square test：df = 6，卡方值 25. 148，sig ＝0. 000 < 0. 05，所以不同受教育程度的居民在“您在所在城市，有没有一种亲切和踏实的感觉吗”这一问题的回答上有显著差异。

F22 by A4

您认为您目前的状况是 ＊ 受教育程度 Crosstabulation

	初中及以下	高中、中专及职高	大专	本科及以上	总计
生活富裕，但不感到幸福和快乐	6. 0%	7. 6%	9. 0%	7. 9%	7. 1%
生活富裕，幸福也快乐	9. 6%	11. 1%	13. 8%	13. 9%	11. 0%
生活小康，幸福且快乐	44. 6%	46. 5%	54. 1%	56. 0%	47. 1%
生活小康，但不感到幸福和快乐	5. 4%	5. 6%	6. 2%	8. 0%	5. 8%
生活清贫，幸福且快乐	27. 9%	24. 1%	14. 6%	12. 1%	23. 9%
生活贫困，既不幸福也不快乐	6. 5%	5. 0%	2. 3%	2. 1%	5. 2%
总计	100. 0%	100. 0%	100. 0%	100. 0%	100. 0%
列总计	3457	3851	610	762	8680

Chi-square test：df = 15，卡方值 184. 601，sig ＝0. 000 < 0. 05，所以不同受教育程度的居民在“您认为您目前的状况是”这一问题的回答上有显著差异。

F23 by A4

最近这些年，您的生活水平对幸福感的影响是怎样的 * 受教育程度 Crosstabulation

	初中及以下	高中、中专及职高	大专	本科及以上	总计
生活水平提高了，但幸福感和快乐感降低了	10.4%	11.3%	14.3%	16.6%	11.6%
生活水平提高了，幸福感和快乐感提高了	50.8%	49.5%	53.6%	54.0%	50.7%
生活水平没变，幸福感和快乐感提高了	27.8%	29.2%	25.4%	22.0%	27.7%
生活水平没变，幸福感和快乐感降低了	6.0%	6.0%	4.3%	4.8%	5.8%
生活水平下降，但幸福感和快乐感提高了	2.2%	2.0%	1.0%	1.2%	2.0%
生活水平下降，幸福感和快乐感也降低了	2.7%	2.0%	1.5%	1.4%	2.2%
总计	100.0%	100.0%	100.0%	100.0%	100.0%
列总计	3464	3862	610	765	8701

Chi-square test：df = 15，卡方值 60.636，sig = 0.000 < 0.05，所以不同受教育程度的居民在“最近这些年，您的生活水平对幸福感的影响是怎样的”这一问题的回答上有显著差异。

F24a by A4

近十年以来，您认为下列哪一类人获得的利益最多 * 受教育程度 Crosstabulation

	初中及以下	高中、中专及职高	大专	本科及以上	总计
工人	1.0%	1.4%	0.7%	1.7%	1.2%
农民	3.2%	2.4%	3.4%	2.8%	2.8%
公务员	9.7%	10.3%	10.3%	9.7%	10.0%
国有企业的经营管理者	9.5%	9.1%	12.8%	11.6%	9.7%
集体企业的经营管理者	4.3%	3.8%	4.0%	2.8%	3.9%
私营企业家	11.1%	9.2%	9.5%	17.5%	10.7%
外商、境外来大陆的投资者	8.8%	9.2%	11.2%	14.3%	9.7%
个体户	5.6%	5.0%	5.4%	4.9%	5.3%
私营、外资企业中的管理人员	9.7%	10.6%	12.1%	11.6%	10.4%
专家学者、专业技术人员	4.6%	4.8%	4.9%	4.4%	4.7%
政府官员	32.2%	33.7%	25.0%	18.2%	31.0%
其他	0.3%	0.4%	0.7%	0.4%	0.4%

续表

	初中及以下	高中、中专及职高	大专	本科及以上	总计
总计	100.0%	100.0%	100.0%	100.0%	100.0%
列总计	2948	3369	555	708	7580

Chi-square test：df = 33，卡方值 140.862，sig = 0.000 < 0.05，所以不同受教育程度的居民在“近十年以来，您认为下列哪一类人获得的利益最多”这一问题的回答上有显著差异。

F24b by A4

近十年以来，您认为下列哪一类人获得的利益最少 * 受教育程度 Crosstabulation

	初中及以下	高中、中专及职高	大专	本科及以上	总计
工人	18.1%	21.0%	31.5%	27.6%	21.2%
农民	73.5%	70.1%	56.8%	56.8%	69.3%
公务员	1.0%	1.3%	0.9%	2.8%	1.3%
国有企业的经营管理者	0.5%	0.5%	1.2%	1.1%	0.6%
集体企业的经营管理者	0.5%	0.8%	0.5%	0.7%	0.7%
私营企业家	0.9%	0.5%	1.2%	1.7%	0.8%
外商、境外来大陆的投资者	0.3%	0.5%	0.4%	0.3%	0.4%
个体户	3.1%	3.0%	3.7%	1.8%	3.0%
私营、外资企业中的管理人员	0.5%	0.7%	1.2%	2.0%	0.8%
专家学者、专业技术人员	0.6%	0.4%	0.7%	4.1%	0.8%
政府官员	0.3%	0.7%	0.9%	0.6%	0.6%
其他	0.5%	0.5%	0.9%	0.6%	0.5%
总计	100.0%	100.0%	100.0%	100.0%	100.0%
列总计	3146	3491	562	711	7910

Chi-square test：df = 33，卡方值 258.282，sig = 0.000 < 0.05，所以不同受教育程度的居民在“近十年以来，您认为下列哪一类人获得的利益最少”这一问题的回答上有显著差异。

F25 by A4

您认为弱势群体产生的最主要原因是 * 受教育程度 Crosstabulation

	初中及以下	高中、中专及职高	大专	本科及以上	总计
制度不合理，社会关怀不够	41.4%	41.1%	45.0%	41.9%	41.6%
收入分配不公	40.3%	42.6%	41.7%	39.4%	40.9%
机会不平等	34.8%	34.7%	36.2%	31.2%	34.5%

续表

	初中及以下	高中、中专及职高	大专	本科及以上	总计
弱势群体自己不努力	19.4%	19.4%	16.0%	21.0%	19.3%
缺乏生存技能	26.0%	27.4%	28.2%	32.0%	27.0%
其他	0.2%			0.3%	0.2%
列总计	4903	2054	600	754	8311

据上表所示，不同受教育程度的居民在“您认为弱势群体产生的最主要原因是”这一问题的回答上有显著差异。

F26 by A4

您认为我们是否应该改造城市的垃圾筒，以为一些老人或流浪者在垃圾筒中找东西时提供方便 ＊ 受教育程度 Crosstabulation

	初中及以下	高中、中专及职高	大专	本科及以上	总计
应该，社会有义务为他们提供一种有尊严的生活	79.8%	76.7%	74.3%	74.5%	77.6%
不应该，这些人本来就与城市不和谐	14.5%	18.2%	20.1%	17.9%	16.8%
做这样的事不值得，应该将钱花到更重要的地方	5.4%	5.0%	5.6%	6.1%	5.3%
其他	0.2%	0.2%		1.6%	0.3%
总计	100.0%	100.0%	100.0%	100.0%	100.0%
列总计	3430	3833	608	760	8631

Chi-square test：df = 9，卡方值 68.959，sig = 0.000 < 0.05，所以不同受教育程度的居民在“您认为我们是否应该改造城市的垃圾筒，以为一些老人或流浪者在垃圾筒中找东西时提供方便”这一问题的回答上有显著差异。

F27 by A4

对当今中国社会，您更担忧哪种问题 ＊ 受教育程度 Crosstabulation

	初中及以下	高中、中专及职高	大专	本科及以上	总计
坑蒙拐骗，不守信用	29.1%	26.8%	24.2%	22.1%	27.1%
人与人之间互不信任，相互提防，没有安全感	46.4%	46.6%	48.6%	55.7%	47.4%
可信任的人很少，遇到问题难以找到人倾诉和帮助	23.3%	25.5%	26.8%	21.5%	24.4%
其他	1.3%	1.1%	0.3%	0.7%	1.1%
总计	100.0%	100.0%	100.0%	100.0%	100.0%

续表

	初中及以下	高中、中专及职高	大专	本科及以上	总计
列总计	3445	3841	611	763	8660

Chi-square test：df = 9，卡方值 39.635，sig = 0.000 < 0.05，所以不同受教育程度的居民在“对当今中国社会，您更担忧哪种问题”这一问题的回答上有显著差异。

F28 by A4

您觉得大多数人都是可以相信的吗？如果 1 分代表“大多数人都可以相信”，5 分代表“对其他人都应该小心防备”，您会选几分 * 受教育程度 Crosstabulation

	初中及以下	高中、中专及职高	大专	本科及以上	总计
大多数人都可以相信	9.9%	8.3%	7.0%	7.4%	8.8%
2	36.3%	38.9%	36.3%	33.9%	37.3%
3	42.8%	43.2%	45.6%	45.6%	43.4%
4	8.7%	7.9%	8.7%	10.8%	8.6%
对其他人都应小心防备	2.3%	1.6%	2.5%	2.4%	2.0%
总计	100.0%	100.0%	100.0%	100.0%	100.0%
列总计	3456	3838	612	759	8665

Chi-square test：df = 12，卡方值 29.182，sig = 0.004 < 0.05，所以不同受教育程度的居民在“您觉得大多数人都是可以相信的吗”这一问题的回答上有显著差异。

F29a by A4

您对下面这些人的信任程度如何？您的家人 * 受教育程度 Crosstabulation

	初中及以下	高中、中专及职高	大专	本科及以上	总计
完全信任	83.1%	83.8%	83.5%	80.8%	83.3%
比较信任	15.3%	14.9%	15.7%	16.4%	15.2%
不太信任	1.4%	1.1%	0.8%	2.6%	1.3%
根本不信任	0.2%	0.2%		0.1%	0.2%
总计	100.0%	100.0%	100.0%	100.0%	100.0%
列总计	3447	3846	611	761	8665

Chi-square test：df = 9，卡方值 15.795，sig = 0.071 > 0.05，所以不同受教育程度的居民在“您对下面这些人的信任程度如何？您的家人”这一问题的回答上没有显著差异。

F29b by A4

您对下面这些人的信任程度如何？您的邻居 ＊ 受教育程度 Crosstabulation

	初中及以下	高中、中专及职高	大专	本科及以上	总计
完全信任	25.7%	25.1%	21.4%	17.4%	24.4%
比较信任	65.3%	66.4%	67.7%	65.7%	66.0%
不太信任	8.5%	8.0%	9.6%	15.8%	9.0%
根本不信任	0.6%	0.6%	1.3%	1.2%	0.7%
总计	100.0%	100.0%	100.0%	100.0%	100.0%
列总计	3411	3816	607	749	8583

Chi-square test：df = 9，卡方值 72.479，sig = 0.000 < 0.05，所以不同受教育程度的居民在“您对下面这些人的信任程度如何？您的邻居”这一问题的回答上有显著差异。

F29c by A4

您对下面这些人的信任程度如何？外地人 ＊ 受教育程度 Crosstabulation

	初中及以下	高中、中专及职高	大专	本科及以上	总计
完全信任	3.1%	2.8%	3.1%	2.6%	2.9%
比较信任	27.0%	30.6%	32.4%	25.0%	28.8%
不太信任	54.7%	52.7%	54.2%	59.1%	54.2%
根本不信任	15.2%	13.9%	10.3%	13.3%	14.1%
总计	100.0%	100.0%	100.0%	100.0%	100.0%
列总计	3352	3705	590	731	8378

Chi-square test：df = 9，卡方值 29.171，sig = 0.001 < 0.05，所以不同受教育程度的居民在“您对下面这些人的信任程度如何？外地人”这一问题的回答上有显著差异。

F29d by A4

您对下面这些人的信任程度如何？陌生人 ＊ 受教育程度 Crosstabulation

	初中及以下	高中、中专及职高	大专	本科及以上	总计
完全信任	1.1%	1.3%	1.4%	1.4%	1.2%
比较信任	18.3%	20.4%	21.6%	14.6%	19.1%
不太信任	53.2%	52.7%	56.0%	61.5%	53.9%
根本不信任	27.5%	25.5%	21.1%	22.5%	25.7%
总计	100.0%	100.0%	100.0%	100.0%	100.0%
列总计	3328	3684	589	725	8326

Chi-square test：df = 9，卡方值 36.546，sig = 0.000 < 0.05，所以不同受教育程度的居民在“您对下面这些人的信任程度如何？陌生人”这一问题的回答上有显著差异。

F29e by A4

您对下面这些人的信任程度如何？外国人 * 受教育程度 Crosstabulation

	初中及以下	高中、中专及职高	大专	本科及以上	总计
完全信任	1.2%	1.5%	2.4%	1.5%	1.4%
比较信任	13.0%	16.4%	23.4%	19.3%	15.9%
不太信任	55.8%	53.1%	54.6%	58.2%	54.7%
根本不信任	30.0%	29.0%	19.7%	21.0%	28.0%
总计	100.0%	100.0%	100.0%	100.0%	100.0%
列总计	2944	3334	548	673	7499

Chi-square test：df = 9，卡方值 79.431，sig = 0.000 < 0.05，所以不同受教育程度的居民在“您对下面这些人的信任程度如何？外国人”这一问题的回答上有显著差异。

F29f by A4

您对下面这些人的信任程度如何？同事或同学 * 受教育程度 Crosstabulation

	初中及以下	高中、中专及职高	大专	本科及以上	总计
完全信任	6.4%	8.0%	8.7%	8.7%	7.5%
比较信任	72.8%	74.8%	78.9%	77.9%	74.6%
不太信任	18.2%	15.4%	11.6%	12.0%	15.9%
根本不信任	2.6%	1.9%	0.8%	1.3%	2.1%
总计	100.0%	100.0%	100.0%	100.0%	100.0%
列总计	3161	3626	601	748	8136

Chi-square test：df = 9，卡方值 49.743，sig = 0.000 < 0.05，所以不同受教育程度的居民在“您对下面这些人的信任程度如何？同事或同学”这一问题的回答上有显著差异。

F29g by A4

您对下面这些人的信任程度如何？您的上司或领导 * 受教育程度 Crosstabulation

	初中及以下	高中、中专及职高	大专	本科及以上	总计
完全信任	5.1%	6.1%	9.2%	6.3%	6.0%
比较信任	64.0%	65.5%	63.5%	71.1%	65.3%
不太信任	27.1%	25.1%	23.3%	19.9%	25.2%
根本不信任	3.8%	3.3%	4.1%	2.6%	3.5%

续表

	初中及以下	高中、中专及职高	大专	本科及以上	总计
总计	100.0%	100.0%	100.0%	100.0%	100.0%
列总计	2887	3379	589	727	7582

Chi-square test：df = 9，卡方值 35.448，sig = 0.000 < 0.05，所以不同受教育程度的居民在“您对下面这些人的信任程度如何？您的上司或领导”这一问题的回答上有显著差异。

F29h by A4

您对下面这些人的信任程度如何？您的朋友 ＊ 受教育程度 Crosstabulation

	初中及以下	高中、中专及职高	大专	本科及以上	总计
完全信任	13.9%	16.6%	21.7%	21.7%	16.4%
比较信任	77.6%	76.4%	71.0%	70.5%	76.0%
不太信任	7.0%	6.1%	6.4%	6.4%	6.5%
根本不信任	1.5%	0.9%	0.8%	1.5%	1.2%
总计	100.0%	100.0%	100.0%	100.0%	100.0%
列总计	3389	3790	607	755	8541

Chi-square test：df = 9，卡方值 51.546，sig = 0.000 < 0.05，所以不同受教育程度的居民在“您对下面这些人的信任程度如何？您的朋友”这一问题的回答上有显著差异。

F30 by A4

您是否同意“在这个社会上，您一不小心别人就会想办法占您的便宜” ＊ 受教育程度 Crosstabulation

	初中及以下	高中、中专及职高	大专	本科及以上	总计
非常不同意	5.5%	6.1%	8.0%	6.7%	6.1%
比较不同意	32.2%	35.2%	36.9%	37.1%	34.3%
说不上同意不同意	33.4%	31.9%	27.8%	31.0%	32.1%
比较同意	25.2%	23.5%	23.2%	21.0%	24.0%
非常同意	3.7%	3.3%	4.1%	4.2%	3.6%
总计	100.0%	100.0%	100.0%	100.0%	100.0%
列总计	3282	3641	590	746	8259

Chi-square test：df = 12，卡方值 26.468，sig = 0.009 < 0.05，所以不同受教育程度的居民在“您是否同意‘在这个社会上，您一不小心别人就会想办法占您的便宜’”这一问题的回答上有显著差异。

F31 by A4

您对所生活的地方道德建设满意吗？ * 受教育程度 Crosstabulation

	初中及以下	高中、中专及职高	大专	本科及以上	总计
满意	11.2%	11.8%	13.5%	13.6%	11.9%
基本满意	74.7%	75.7%	74.5%	73.9%	75.0%
不满意	14.1%	12.5%	12.0%	12.5%	13.1%
总计	100.0%	100.0%	100.0%	100.0%	100.0%
列总计	3129	3487	576	728	7920

Chi-square test：df=6，卡方值8.854，sig =0.182>0.05，所以不同受教育程度的居民在“您对所生活的地方道德建设满意吗?”这一问题的回答上没有显著差异。

F32a by A4

您对下面群体的信任程度如何？商人 * 受教育程度 Crosstabulation

	初中及以下	高中、中专及职高	大专	本科及以上	总计
完全信任	3.6%	3.4%	3.6%	4.7%	3.6%
比较信任	52.9%	55.5%	52.3%	46.0%	53.4%
不太信任	40.0%	37.9%	40.7%	43.8%	39.5%
根本不信任	3.5%	3.2%	3.4%	5.5%	3.5%
总计	100.0%	100.0%	100.0%	100.0%	100.0%
列总计	3217	3633	587	724	8161

Chi-square test：df=9，卡方值29.215，sig =0.001<0.05，所以不同受教育程度的居民在“您对下面群体的信任程度如何？商人”这一问题的回答上有显著差异。

F32b by A4

您对下面群体的信任程度如何？单位领导/社区（村）干部 * 受教育程度 Crosstabulation

	初中及以下	高中、中专及职高	大专	本科及以上	总计
完全信任	4.5%	5.0%	6.7%	6.8%	5.1%
比较信任	55.5%	57.3%	61.7%	62.6%	57.3%
不太信任	33.5%	31.7%	25.9%	27.1%	31.6%
根本不信任	6.5%	6.1%	5.7%	3.4%	6.0%
总计	100.0%	100.0%	100.0%	100.0%	100.0%
列总计	3284	3668	582	730	8264

Chi-square test：df=9，卡方值41.217，sig =0.000<0.05，所以不同受教育程度的居民在“您对下面群体的信任程度如何？单位领导/社区（村）干部”这一问题的回答上有显著差异。

F32c by A4

您对下面群体的信任程度如何？公务员 ＊ 受教育程度 Crosstabulation

	初中及以下	高中、中专及职高	大专	本科及以上	总计
完全信任	5.9%	6.6%	9.8%	9.8%	6.9%
比较信任	62.0%	65.5%	63.1%	62.3%	63.6%
不太信任	28.8%	25.7%	23.6%	24.7%	26.6%
根本不信任	3.3%	2.3%	3.4%	3.2%	2.9%
总计	100.0%	100.0%	100.0%	100.0%	100.0%
列总计	3125	3558	580	721	7984

Chi-square test：df = 9，卡方值 41.834，sig = 0.000 < 0.05，所以不同受教育程度的居民在“您对下面群体的信任程度如何？公务员”这一问题的回答上有显著差异。

F32d by A4

您对下面群体的信任程度如何？教师 ＊ 受教育程度 Crosstabulation

	初中及以下	高中、中专及职高	大专	本科及以上	总计
完全信任	12.9%	15.1%	16.3%	18.7%	14.6%
比较信任	70.3%	69.8%	67.9%	68.7%	69.7%
不太信任	15.1%	13.7%	13.8%	10.4%	14.0%
根本不信任	1.7%	1.4%	2.0%	2.3%	1.7%
总计	100.0%	100.0%	100.0%	100.0%	100.0%
列总计	3369	3776	595	750	8490

Chi-square test：df = 9，卡方值 31.032，sig = 0.000 < 0.05，所以不同受教育程度的居民在“您对下面群体的信任程度如何？教师”这一问题的回答上有显著差异。

F32e by A4

您对下面群体的信任程度如何？警察 ＊ 受教育程度 Crosstabulation

	初中及以下	高中、中专及职高	大专	本科及以上	总计
完全信任	16.1%	17.0%	19.4%	21.1%	17.2%
比较信任	65.5%	68.1%	63.6%	64.6%	66.4%
不太信任	16.3%	13.3%	14.6%	12.5%	14.5%
根本不信任	2.1%	1.6%	2.4%	1.8%	1.9%
总计	100.0%	100.0%	100.0%	100.0%	100.0%
列总计	3339	3734	594	738	8405

Chi-square test：df = 9，卡方值 30.336，sig = 0.000 < 0.05，所以不同受教育程度的居民在“您对下面群体的信任程度如何？警察”这一问题的回答上有显著差异。

F32f by A4

您对下面群体的信任程度如何？医生 ＊ 受教育程度 Crosstabulation

	初中及以下	高中、中专及职高	大专	本科及以上	总计
完全信任	12.4%	13.6%	16.2%	14.2%	13.3%
比较信任	62.5%	63.9%	64.5%	66.1%	63.6%
不太信任	22.0%	20.3%	17.2%	16.6%	20.5%
根本不信任	3.1%	2.2%	2.0%	3.1%	2.6%
总计	100.0%	100.0%	100.0%	100.0%	100.0%
列总计	3368	3761	598	747	8474

Chi-square test：df = 9，卡方值为 28.165，sig = 0.001 < 0.05，所以不同受教育程度的居民在“您对下面群体的信任程度如何？医生”这一问题的回答上有显著差异。

F32g by A4

您对下面群体的信任程度如何？法官 ＊ 受教育程度 Crosstabulation

	初中及以下	高中、中专及职高	大专	本科及以上	总计
完全信任	15.3%	16.3%	17.6%	16.5%	16.0%
比较信任	65.3%	65.6%	64.5%	65.2%	65.4%
不太信任	16.9%	16.0%	15.1%	15.9%	16.2%
根本不信任	2.5%	2.2%	2.9%	2.4%	2.4%
总计	100.0%	100.0%	100.0%	100.0%	100.0%
列总计	2951	3283	558	698	7490

Chi-square test：df = 9，卡方值 5.122，sig = 0.824 > 0.05，所以不同受教育程度的居民在“您对下面群体的信任程度如何？法官”这一问题的回答上没有显著差异。

F32h by A4

您对下面群体的信任程度如何？农民 ＊ 受教育程度 Crosstabulation

	初中及以下	高中、中专及职高	大专	本科及以上	总计
完全信任	12.6%	12.7%	10.9%	11.6%	12.4%
比较信任	75.1%	75.6%	75.2%	70.8%	75.0%
不太信任	11.1%	10.5%	12.4%	16.0%	11.4%
根本不信任	1.2%	1.2%	1.5%	1.7%	1.3%
总计	100.0%	100.0%	100.0%	100.0%	100.0%
列总计	3387	3746	588	726	8447

Chi-square test：df = 9，卡方值 22.131，sig = 0.008 < 0.05，所以不同受教育程度的居民在“您对下面群体的信任程度如何？农民”这一问题的回答上有显著差异。

F32i by A4

您对下面群体的信任程度如何？工人 ＊ 受教育程度 Crosstabulation

	初中及以下	高中、中专及职高	大专	本科及以上	总计
完全信任	9.4%	10.3%	9.7%	10.3%	9.9%
比较信任	76.3%	76.3%	73.0%	69.5%	75.5%
不太信任	12.8%	11.9%	15.4%	17.7%	13.0%
根本不信任	1.5%	1.5%	1.9%	2.5%	1.6%
总计	100.0%	100.0%	100.0%	100.0%	100.0%
列总计	3313	3699	586	727	8325

Chi-square test：df = 9，卡方值 29.001，sig = 0.001 < 0.05，所以不同受教育程度的居民在“您对下面群体的信任程度如何？工人”这一问题的回答上有显著差异。

F32j by A4

您对下面群体的信任程度如何？专家学者 ＊ 受教育程度 Crosstabulation

	初中及以下	高中、中专及职高	大专	本科及以上	总计
完全信任	10.3%	11.8%	12.3%	13.2%	11.4%
比较信任	59.9%	59.3%	57.8%	61.2%	59.6%
不太信任	23.8%	23.4%	23.7%	21.2%	23.4%
根本不信任	6.1%	5.5%	6.2%	4.4%	5.7%
总计	100.0%	100.0%	100.0%	100.0%	100.0%
列总计	2842	3174	552	711	7279

Chi-square test：df = 9，卡方值 11.078，sig = 0.270 > 0.05，所以不同受教育程度的居民在“您对下面群体的信任程度如何？专家学者”这一问题的回答上没有显著差异。

F32k by A4

您对下面群体的信任程度如何？演艺娱乐圈 ＊ 受教育程度 Crosstabulation

	初中及以下	高中、中专及职高	大专	本科及以上	总计
完全信任	2.9%	4.0%	4.8%	3.6%	3.6%
比较信任	33.0%	32.0%	31.4%	26.1%	31.7%
不太信任	46.2%	45.3%	44.3%	50.8%	46.2%
根本不信任	17.9%	18.7%	19.5%	19.5%	18.5%
总计	100.0%	100.0%	100.0%	100.0%	100.0%
列总计	2448	2834	522	693	6497

Chi-square test：df = 9，卡方值 20.648，sig = 0.014 < 0.05，所以不同受教育程度的居民在“您对下面群体的信任程度如何？演艺娱乐圈”这一问题的回答上有显著差异。

F321 by A4

您对下面群体的信任程度如何？公众人物 * 受教育程度 Crosstabulation

	初中及以下	高中、中专及职高	大专	本科及以上	总计
完全信任	3.8%	5.0%	5.7%	5.7%	4.6%
比较信任	44.0%	44.0%	42.9%	40.0%	43.5%
不太信任	37.9%	37.7%	35.2%	42.9%	38.1%
根本不信任	14.3%	13.3%	16.1%	11.4%	13.7%
总计	100.0%	100.0%	100.0%	100.0%	100.0%
列总计	2477	2840	522	690	6529

Chi-square test：df = 9，卡方值 21.241，sig = 0.012 < 0.05，所以不同受教育程度的居民在“您对下面群体的信任程度如何？公众人物”这一问题的回答上有显著差异。

F33 by A4

您在生活中经常买到假冒伪劣商品吗 * 受教育程度 Crosstabulation

	初中及以下	高中、中专及职高	大专	本科及以上	总计
经常	7.6%	7.4%	6.6%	6.0%	7.3%
偶尔	64.0%	65.4%	62.6%	67.8%	64.9%
没有	28.3%	27.2%	30.7%	26.2%	27.8%
总计	100.0%	100.0%	100.0%	100.0%	100.0%
列总计	2932	3169	527	698	7326

Chi-square test：df = 6，卡方值 7.155，sig = 0.307 > 0.05，所以不同受教育程度的居民在“您在生活中经常买到假冒伪劣商品吗”这一问题的回答上没有显著差异。

F34 by A4

您在购物、就医、理财等方面经常遇到虚假广告吗 * 受教育程度 Crosstabulation

	初中及以下	高中、中专及职高	大专	本科及以上	总计
经常	10.7%	10.8%	11.3%	13.4%	11.0%
偶尔	54.8%	55.7%	52.8%	58.9%	55.4%
没有	34.4%	33.6%	35.9%	27.7%	33.5%
总计	100.0%	100.0%	100.0%	100.0%	100.0%
列总计	2816	3123	515	693	7147

Chi-square test：df = 6，卡方值 14.992，sig = 0.020 < 0.05，所以不同受教育程度的居民在“您在购物、就医、理财等方面经常遇到虚假广告吗”这一问题的回答上有显著差异。

F35 by A4

如果在路边看到一个老人摔倒，您的反应是 ＊ 受教育程度 Crosstabulation

	初中及以下	高中、中专及职高	大专	本科及以上	总计
立即扶起	44.2%	45.2%	43.0%	37.7%	44.0%
等有证人时再扶	25.8%	27.3%	27.0%	27.8%	26.7%
先拍照，再扶起	5.8%	6.4%	10.1%	15.4%	7.2%
不扶，避免惹是生非	11.2%	9.7%	8.2%	6.3%	9.9%
报警	12.0%	10.4%	11.0%	11.0%	11.1%
其他	1.0%	0.9%	0.7%	1.8%	1.0%
总计	100.0%	100.0%	100.0%	100.0%	100.0%
列总计	3449	3839	611	762	8661

Chi-square test：df = 15，卡方值 129.980，sig = 0.000 < 0.05，所以不同受教育程度的居民在“如果在路边看到一个老人摔倒，您的反应是”这一问题的回答上有显著差异。

F36 by A4

我们都听说过或见证过好心人救助老人却反被诬陷的事情。假如您是这位好心人，您会 ＊ 受教育程度 Crosstabulation

	初中及以下	高中、中专及职高	大专	本科及以上	总计
我是多管闲事，下次再也不会帮助别人了	25.6%	23.4%	23.5%	15.7%	23.6%
我正直善良真心待人，对得起良知和良心	37.8%	40.1%	39.2%	39.3%	39.0%
下次还是会伸出援手，但是会提高警惕，注意保护自己	36.1%	36.1%	36.8%	44.7%	36.9%
其他	0.6%	0.4%	0.5%	0.4%	0.5%
总计	100.0%	100.0%	100.0%	100.0%	100.0%
列总计	3441	3826	612	759	8638

Chi-square test：df = 9，卡方值 42.836，sig = 0.000 < 0.05，所以不同受教育程度的居民在“好心人救助老人却反被诬陷的事情。假如您是这位好心人，您会”这一问题的回答上有显著差异。

F37a by A4

您对下列群体的伦理道德整体状况的满意度？政府官员 ＊ 受教育程度 Crosstabulation

	初中及以下	高中、中专及职高	大专	本科及以上	总计
非常不满意	6.9%	5.8%	6.7%	5.2%	6.2%

续表

	初中及以下	高中、中专及职高	大专	本科及以上	总计
比较不满意	33.1%	30.8%	26.4%	27.7%	31.1%
比较满意	58.4%	62.0%	62.3%	63.2%	60.7%
非常满意	1.6%	1.5%	4.5%	3.8%	2.0%
总计	100.0%	100.0%	100.0%	100.0%	100.0%
列总计	3043	3424	552	710	7729

Chi-square test：df = 9，卡方值 57.225，sig = 0.000 < 0.05，所以不同受教育程度的居民在“您对下列群体的伦理道德整体状况的满意度？政府官员”这一问题的回答上有显著差异。

F37b by A4

您对下列群体的伦理道德整体状况的满意度？一般公务员 * 受教育程度 Crosstabulation

	初中及以下	高中、中专及职高	大专	本科及以上	总计
非常不满意	2.7%	2.2%	1.8%	1.7%	2.3%
比较不满意	28.0%	25.9%	22.9%	23.8%	26.3%
比较满意	65.7%	67.6%	68.8%	67.8%	67.0%
非常满意	3.6%	4.3%	6.5%	6.7%	4.4%
总计	100.0%	100.0%	100.0%	100.0%	100.0%
列总计	3029	3438	558	717	7742

Chi-square test：df = 9，卡方值 30.930，sig = 0.000 < 0.05，所以不同受教育程度的居民在“您对下列群体的伦理道德整体状况的满意度？一般公务员”这一问题的回答上有显著差异。

F37c by A4

您对下列群体的伦理道德整体状况的满意度？企业家 * 受教育程度 Crosstabulation

	初中及以下	高中、中专及职高	大专	本科及以上	总计
非常不满意	1.6%	1.5%	1.7%	1.7%	1.6%
比较不满意	25.3%	23.3%	21.1%	22.6%	23.8%
比较满意	67.4%	69.8%	68.4%	67.6%	68.6%
非常满意	5.7%	5.4%	8.9%	8.0%	6.0%
总计	100.0%	100.0%	100.0%	100.0%	100.0%
列总计	2827	3191	541	689	7248

Chi-square test：df = 9，卡方值 20.827，sig = 0.013 < 0.05，所以不同受教育程度的居民在“您对下列群体的伦理道德整体状况的满意度？企业家”这一问题的回答上有显著差异。

F37d by A4

您对下列群体的伦理道德整体状况的满意度？演艺娱乐界 ＊ 受教育程度 Crosstabulation

	初中及以下	高中、中专及职高	大专	本科及以上	总计
非常不满意	6.3%	8.2%	7.9%	10.0%	7.7%
比较不满意	44.2%	44.1%	39.6%	44.8%	43.9%
比较满意	43.7%	41.7%	45.6%	38.1%	42.4%
非常满意	5.8%	6.0%	6.9%	7.1%	6.1%
总计	100.0%	100.0%	100.0%	100.0%	100.0%
列总计	2401	2850	520	677	6448

Chi-square test：df = 9，卡方值 22.171，sig = 0.008 < 0.05，所以不同受教育程度的居民在“您对下列群体的伦理道德整体状况的满意度？演艺娱乐界”这一问题的回答上有显著差异。

F37e by A4

您对下列群体的伦理道德整体状况的满意度？教师 ＊ 受教育程度 Crosstabulation

	初中及以下	高中、中专及职高	大专	本科及以上	总计
非常不满意	1.4%	1.9%	1.5%	1.5%	1.7%
比较不满意	15.7%	15.0%	14.4%	12.0%	14.9%
比较满意	70.3%	69.1%	66.2%	71.1%	69.6%
非常满意	12.6%	14.0%	17.8%	15.5%	13.8%
总计	100.0%	100.0%	100.0%	100.0%	100.0%
列总计	3268	3668	583	736	8255

Chi-square test：df = 9，卡方值 22.135，sig = 0.008 < 0.05，所以不同受教育程度的居民在“您对下列群体的伦理道德整体状况的满意度？教师”这一问题的回答上有显著差异。

F37f by A4

您对下列群体的伦理道德整体状况的满意度？青少年 ＊ 受教育程度 Crosstabulation

	初中及以下	高中、中专及职高	大专	本科及以上	总计
非常不满意	1.0%	1.0%	0.9%	1.5%	1.1%
比较不满意	15.7%	17.6%	17.7%	17.5%	16.9%
比较满意	72.1%	69.5%	67.4%	66.9%	70.2%

续表

	初中及以下	高中、中专及职高	大专	本科及以上	总计
非常满意	11.1%	11.8%	14.0%	14.0%	11.9%
总计	100.0%	100.0%	100.0%	100.0%	100.0%
列总计	3245	3645	577	726	8193

Chi-square test：df = 9，卡方值 15.806，sig = 0.071 > 0.05，所以不同受教育程度的居民在“您对下列群体的伦理道德整体状况的满意度？青少年”这一问题的回答上没有显著差异。

F37g by A4

您对下列群体的伦理道德整体状况的满意度？弱势群体 * 受教育程度 Crosstabulation

	初中及以下	高中、中专及职高	大专	本科及以上	总计
非常不满意	1.8%	1.9%	2.6%	3.8%	2.1%
比较不满意	24.6%	24.8%	29.0%	32.7%	25.7%
比较满意	71.4%	71.1%	65.7%	59.3%	69.8%
非常满意	2.1%	2.2%	2.8%	4.2%	2.4%
总计	100.0%	100.0%	100.0%	100.0%	100.0%
列总计	2977	3388	545	666	7576

Chi-square test：df = 9，卡方值 53.388，sig = 0.000 < 0.05，所以不同受教育程度的居民在“您对下列群体的伦理道德整体状况的满意度？弱势群体”这一问题的回答上有显著差异。

F37h by A4

您对下列群体的伦理道德整体状况的满意度？自由职业者 * 受教育程度 Crosstabulation

	初中及以下	高中、中专及职高	大专	本科及以上	总计
非常不满意	1.7%	1.0%	0.5%	1.5%	1.3%
比较不满意	20.3%	19.9%	24.0%	24.6%	20.8%
比较满意	73.2%	73.6%	67.9%	68.0%	72.5%
非常满意	4.8%	5.5%	7.5%	5.9%	5.4%
总计	100.0%	100.0%	100.0%	100.0%	100.0%
列总计	2979	3370	546	659	7554

Chi-square test：df = 9，卡方值 28.467，sig = 0.001 < 0.05，所以不同受教育程度的居民在“您对下列群体的伦理道德整体状况的满意度？自由职业者”这一问题的回答上有显著差异。

F37i by A4

您对下列群体的伦理道德整体状况的满意度？农民 ＊ 受教育程度 Crosstabulation

	初中及以下	高中、中专及职高	大专	本科及以上	总计
非常不满意	0.9%	0.8%	0.5%	1.1%	0.9%
比较不满意	12.7%	14.1%	13.7%	21.9%	14.1%
比较满意	76.3%	75.3%	74.4%	66.5%	74.9%
非常满意	10.1%	9.8%	11.4%	10.4%	10.1%
总计	100.0%	100.0%	100.0%	100.0%	100.0%
列总计	3320	3710	586	699	8315

Chi-square test：df = 9，卡方值 45.209，sig = 0.000 < 0.05，所以不同受教育程度的居民在“您对下列群体的伦理道德整体状况的满意度？农民”这一问题的回答上有显著差异。

F37j by A4

您对下列群体的伦理道德整体状况的满意度？商人 ＊ 受教育程度 Crosstabulation

	初中及以下	高中、中专及职高	大专	本科及以上	总计
非常不满意	2.1%	2.5%	1.9%	3.3%	2.4%
比较不满意	27.7%	28.7%	28.6%	32.6%	28.6%
比较满意	63.5%	62.2%	61.6%	55.5%	62.1%
非常满意	6.7%	6.6%	7.9%	8.6%	6.9%
总计	100.0%	100.0%	100.0%	100.0%	100.0%
列总计	3190	3614	581	699	8084

Chi-square test：df = 9，卡方值 19.527，sig = 0.021 < 0.05，所以不同受教育程度的居民在“您对下列群体的伦理道德整体状况的满意度？商人”这一问题的回答上有显著差异。

F37k by A4

您对下列群体的伦理道德整体状况的满意度？工人 ＊ 受教育程度 Crosstabulation

	初中及以下	高中、中专及职高	大专	本科及以上	总计
非常不满意	0.6%	0.5%	0.3%	0.9%	0.6%
比较不满意	13.7%	15.2%	15.2%	19.1%	14.9%
比较满意	76.8%	75.9%	76.4%	71.4%	75.9%
非常满意	8.8%	8.4%	8.0%	8.7%	8.6%

续表

	初中及以下	高中、中专及职高	大专	本科及以上	总计
总计	100.0%	100.0%	100.0%	100.0%	100.0%
列总计	3243	3659	584	703	8189

Chi-square test：df = 9，卡方值 15.915，sig = 0.069 > 0.05，所以不同受教育程度的居民在“您对下列群体的伦理道德整体状况的满意度？工人”这一问题的回答上没有显著差异。

F37l by A4

您对下列群体的伦理道德整体状况的满意度？专家学者 * 受教育程度 Crosstabulation

	初中及以下	高中、中专及职高	大专	本科及以上	总计
非常不满意	1.4%	1.8%	0.7%	1.8%	1.6%
比较不满意	19.1%	18.9%	16.6%	17.5%	18.7%
比较满意	69.0%	69.1%	69.2%	67.2%	68.9%
非常满意	10.4%	10.3%	13.5%	13.4%	10.9%
总计	100.0%	100.0%	100.0%	100.0%	100.0%
列总计	2846	3297	555	708	7406

Chi-square test：df = 9，卡方值 16.144，sig = 0.064 > 0.05，所以不同受教育程度的居民在“您对下列群体的伦理道德整体状况的满意度？专家学者”这一问题的回答上没有显著差异。

F37m by A4

您对下列群体的伦理道德整体状况的满意度？医生 * 受教育程度 Crosstabulation

	初中及以下	高中、中专及职高	大专	本科及以上	总计
非常不满意	3.5%	2.8%	2.1%	1.5%	2.9%
比较不满意	23.3%	22.3%	16.6%	16.2%	21.7%
比较满意	64.4%	65.7%	69.6%	71.6%	66.0%
非常满意	8.8%	9.3%	11.8%	10.7%	9.4%
总计	100.0%	100.0%	100.0%	100.0%	100.0%
列总计	3237	3655	585	718	8195

Chi-square test：df = 9，卡方值 43.270，sig = 0.000 < 0.05，所以不同受教育程度的居民在“您对下列群体的伦理道德整体状况的满意度？医生”这一问题的回答上有显著差异。

F38 by A4

下列哪些因素可能影响人际关系紧张 * 受教育程度 Crosstabulation

	初中及以下	高中、中专及职高	大专	本科及以上	总计
社会资源缺乏，引发恶性竞争	28.3%	31.6%	30.5%	32.1%	29.6%
过度宣扬竞争意识	23.2%	27.9%	29.2%	27.2%	25.2%
社会财富分配不公，贫富差距过大	32.8%	33.4%	33.7%	33.3%	33.1%
个人主义盛行	16.6%	20.8%	22.1%	22.8%	18.6%
缺乏爱心	22.3%	23.1%	22.1%	19.9%	22.3%
缺乏相互理解和沟通的意识和能力	16.6%	19.9%	21.5%	25.4%	18.6%
制度安排不公正，机会不平等	22.5%	22.7%	24.1%	27.2%	23.1%
以权谋私，官员腐败	23.6%	19.5%	16.3%	15.3%	21.3%
缺乏道德信用	18.6%	18.2%	20.8%	19.9%	18.8%
人与人、人与社会之间缺乏信任	28.3%	28.3%	23.3%	33.4%	28.4%
传统伦理瓦解，社会缺乏统一的价值观	8.7%	9.0%	10.2%	10.4%	9.0%
一切诉诸利益或法律，人际关系缺乏伦理调节的机制和能力	3.9%	4.4%	5.4%	5.4%	4.3%
列总计	4895	2091	606	760	8352

据上表所示，不同受教育程度的居民在“下列哪些因素可能影响人际关系紧张”这一问题的回答上没有显著差异。

F39 by A4

您认为在现代中国社会实际奉行的道德价值是 * 受教育程度 Crosstabulation

	初中及以下	高中、中专及职高	大专	本科及以上	总计
义利合一，用符合道德的方式谋利	51.2%	50.6%	54.4%	55.4%	51.5%
见利忘义，唯利是图	37.8%	38.1%	33.4%	32.8%	37.2%
不计较利害得失，道德至上	10.8%	11.1%	12.1%	11.4%	11.1%
其他	0.3%	0.2%		0.4%	0.2%
总计	100.0%	100.0%	100.0%	100.0%	100.0%
列总计	3057	3356	577	719	7709

Chi-square test：df = 9，卡方值 13.843，sig = 0.128 > 0.05，所以不同受教育程度的居民在“您认为在现代中国社会实际奉行的道德价值是”这一问题的回答上没有显著差异。

F40 by A4

对形成我国当前各种新型伦理关系和道德观念，哪些因素影响最大 ＊ 受教育程度 Crosstabulation

	初中及以下	高中、中专及职高	大专	本科及以上	总计
网络和媒体	41.6%	51.2%	58.3%	60.8%	47.2%
政府	62.4%	57.2%	50.2%	54.8%	59.4%
大学及其文化	20.1%	22.6%	26.4%	35.2%	22.7%
市场	31.0%	35.6%	35.5%	32.1%	32.7%
企业	21.1%	21.4%	21.8%	18.5%	21.0%
社会团体	17.7%	17.5%	20.9%	17.2%	17.8%
知识精英	10.4%	12.5%	11.2%	13.0%	11.3%
国外的思潮与生活方式	10.1%	15.4%	13.9%	18.3%	12.5%
列总计	4337	1999	588	744	7668

据上表所示，不同受教育程度的居民在“对形成我国当前各种新型伦理关系和道德观念，哪些因素影响最大”这一问题的回答上有显著差异。

F41 by A4

对当前我国伦理关系和道德风尚造成最大负面影响的因素是 ＊ 受教育程度 Crosstabulation

	初中及以下	高中、中专及职高	大专	本科及以上	总计
传统文化的崩坏	40.5%	42.8%	43.2%	40.3%	41.3%
外来文化的冲击	35.4%	42.1%	41.0%	36.8%	37.7%
市场经济导致的个人主义	22.0%	30.2%	31.2%	36.9%	26.2%
网络技术的发展	20.5%	23.7%	22.9%	22.3%	21.7%
分配不公，两极分化	26.8%	22.8%	25.8%	29.6%	25.9%
以权谋私，官员腐败	28.1%	19.0%	16.7%	16.0%	23.7%
列总计	4400	2012	586	737	7735

据上表所示，不同受教育程度的居民在“对当前我国伦理关系和道德风尚造成最大负面影响的因素是”这一问题的回答上有显著差异。

F42 by A4

造成当今不良道德风尚的最主要原因是 ＊ 受教育程度 Crosstabulation

	初中及以下	高中、中专及职高	大专	本科及以上	总计
以权谋私，官员腐败	57.7%	55.2%	50.5%	44.1%	55.3%

续表

	初中及以下	高中、中专及职高	大专	本科及以上	总计
企业不讲诚信和损害社会利益	39.8%	44.7%	41.4%	39.4%	41.1%
学校道德教育功能弱化	22.8%	26.7%	25.7%	27.5%	24.5%
家庭伦理功能弱化	15.6%	17.4%	18.3%	18.3%	16.5%
个人缺乏道德自觉	37.3%	42.2%	42.8%	48.9%	40.0%
分配不公，两极分化	25.9%	22.2%	24.0%	30.7%	25.3%
社会的不良影响	34.3%	37.1%	40.6%	38.1%	35.8%
列总计	4639	2030	584	743	7996

据上表所示，不同受教育程度的居民在“造成当今不良道德风尚的最主要原因是”这一问题的回答上有显著差异。

F43a by A4

导致当前医患关系紧张的主要原因是 * 受教育程度 Crosstabulation

	初中及以下	高中、中专及职高	大专	本科及以上	总计
医生缺乏职业道德，对病人不负责任	34.6%	34.0%	32.5%	30.2%	33.8%
医疗制度不合理，看病难看病贵	43.4%	45.8%	45.1%	51.3%	45.3%
医生腐败，不送红包不认真看病	14.4%	12.5%	10.8%	8.7%	12.8%
“医闹”，病人蓄意闹事	7.1%	7.4%	11.2%	9.7%	7.8%
其他	0.4%	0.3%	0.4%	0.1%	0.3%
总计	100.0%	100.0%	100.0%	100.0%	100.0%
列总计	3035	3392	563	692	7682

Chi-square test：df = 12，卡方值 45.309，sig = 0.000 < 0.05，所以不同受教育程度的居民在“导致当前医患关系紧张的主要原因是”这一问题的回答上有显著差异。

F43b by A4

导致当前医患关系紧张的次要原因是 * 受教育程度 Crosstabulation

	初中及以下	高中、中专及职高	大专	本科及以上	总计
医生缺乏职业道德，对病人不负责任	36.1%	35.9%	34.4%	35.9%	35.9%
医疗制度不合理，看病难看病贵	32.3%	31.3%	31.4%	30.1%	31.6%
医生腐败，不送红包不认真看病	19.2%	18.5%	18.0%	11.3%	18.1%
“医闹”，病人蓄意闹事	12.3%	14.0%	15.6%	22.7%	14.2%
其他	0.1%	0.3%	0.6%		0.2%
总计	100.0%	100.0%	100.0%	100.0%	100.0%

续表

	初中及以下	高中、中专及职高	大专	本科及以上	总计
列总计	2906	3259	544	657	7366

Chi-square test：df = 12，卡方值 68.054，sig = 0.000 < 0.05，所以不同受教育程度的居民在“导致当前医患关系紧张的次要原因是”这一问题的回答上有显著差异。

F44 by A4

您是否曾经与医生（医院）发生过矛盾或纠纷 * 受教育程度 Crosstabulation

	初中及以下	高中、中专及职高	大专	本科及以上	总计
是	4.6%	3.7%	4.4%	8.2%	4.5%
否	95.4%	96.3%	95.6%	91.8%	95.5%
总计	100.0%	100.0%	100.0%	100.0%	100.0%
列总计	3446	3834	609	760	8649

Chi-square test：df = 3，卡方值 30.281，sig = 0.000 < 0.05，所以不同受教育程度的居民在“您是否曾经与医生（医院）发生过矛盾或纠纷”这一问题的回答上有显著差异。

F45a by A4

您采取了哪些方式来解决医患纠纷？与医院协商 * 受教育程度 Crosstabulation

	初中及以下	高中、中专及职高	大专	本科及以上	总计
未选中	54.9%	58.8%	53.8%	52.5%	55.9%
选中	45.1%	41.2%	46.2%	47.5%	44.1%
总计	100.0%	100.0%	100.0%	100.0%	100.0%
列总计	164	148	26	61	399

Chi-square test：df = 3，卡方值 0.906，sig = 0.824 > 0.05，所以不同受教育程度的居民在“您采取了哪些方式来解决医患纠纷？与医院协商”这一问题的回答上没有显著差异。

F45b by A4

您采取了哪些方式来解决医患纠纷？寻求卫生局的调解或介入 * 受教育程度 Crosstabulation

	初中及以下	高中、中专及职高	大专	本科及以上	总计
未选中	76.8%	73.6%	88.5%	78.7%	76.7%
选中	23.2%	26.4%	11.5%	21.3%	23.3%
总计	100.0%	100.0%	100.0%	100.0%	100.0%

续表

	初中及以下	高中、中专及职高	大专	本科及以上	总计
列总计	164	148	26	61	399

Chi-square test：df = 3，卡方值 2. 919，sig = 0. 404 > 0. 05，所以不同受教育程度的居民在“您采取了哪些方式来解决医患纠纷？寻求卫生局的调解或介入”这一问题的回答上没有显著差异。

F45c by A4

您采取了哪些方式来解决医患纠纷？医学鉴定 ＊ 受教育程度 Crosstabulation

	初中及以下	高中、中专及职高	大专	本科及以上	总计
未选中	87. 8%	87. 2%	100. 0%	82. 0%	87. 5%
选中	12. 2%	12. 8%		18. 0%	12. 5%
总计	100. 0%	100. 0%	100. 0%	100. 0%	100. 0%
列总计	164	148	26	61	399

Chi-square test：df = 3，卡方值 5. 439，sig = 0. 142 > 0. 05，所以不同受教育程度的居民在“您采取了哪些方式来解决医患纠纷？医学鉴定”这一问题的回答上没有显著差异。

F45d by A4

您采取了哪些方式来解决医患纠纷？司法诉讼 ＊ 受教育程度 Crosstabulation

	初中及以下	高中、中专及职高	大专	本科及以上	总计
未选中	85. 4%	79. 1%	84. 6%	77. 0%	81. 7%
选中	14. 6%	20. 9%	15. 4%	23. 0%	18. 3%
总计	100. 0%	100. 0%	100. 0%	100. 0%	100. 0%
列总计	164	148	26	61	399

Chi-square test：df = 3，卡方值 3. 198，sig = 0. 362 > 0. 05，所以不同受教育程度的居民在“您采取了哪些方式来解决医患纠纷？司法诉讼”这一问题的回答上没有显著差异。

F45e by A4

您采取了哪些方式来解决医患纠纷？寻求媒体曝光 ＊ 受教育程度 Crosstabulation

	初中及以下	高中、中专及职高	大专	本科及以上	总计
未选中	90. 9%	90. 5%	88. 5%	86. 9%	90. 0%
选中	9. 1%	9. 5%	11. 5%	13. 1%	10. 0%
总计	100. 0%	100. 0%	100. 0%	100. 0%	100. 0%

续表

	初中及以下	高中、中专及职高	大专	本科及以上	总计
列总计	164	148	26	61	399

Chi-square test：df = 3，卡方值 0.904，sig = 0.824 > 0.05，所以不同受教育程度的居民在“您采取了哪些方式来解决医患纠纷？寻求媒体曝光”这一问题的回答上没有显著差异。

F45f by A4

您采取了哪些方式来解决医患纠纷？信访 ＊ 受教育程度 Crosstabulation

	初中及以下	高中、中专及职高	大专	本科及以上	总计
未选中	94.5%	96.6%	100.0%	91.8%	95.2%
选中	5.5%	3.4%		8.2%	4.8%
总计	100.0%	100.0%	100.0%	100.0%	100.0%
列总计	164	148	26	61	399

Chi-square test：df = 3，卡方值 3.702，sig = 0.295 > 0.05，所以不同受教育程度的居民在“您采取了哪些方式来解决医患纠纷？信访”这一问题的回答上没有显著差异。

F45g by A4

您采取了哪些方式来解决医患纠纷？寻求第三方医疗纠纷调解委员会调解 ＊ 受教育程度 Crosstabulation

	初中及以下	高中、中专及职高	大专	本科及以上	总计
未选中	86.6%	91.9%	84.6%	75.4%	86.7%
选中	13.4%	8.1%	15.4%	24.6%	13.3%
总计	100.0%	100.0%	100.0%	100.0%	100.0%
列总计	164	148	26	61	399

Chi-square test：df = 3，卡方值 10.314，sig = 0.016 < 0.05，所以不同受教育程度的居民在“您采取了哪些方式来解决医患纠纷？寻求第三方医疗纠纷调解委员会调解”这一问题的回答上有显著差异。

F45h by A4

您采取了哪些方式来解决医患纠纷？直接找医生或医院算账 ＊ 受教育程度 Crosstabulation

	初中及以下	高中、中专及职高	大专	本科及以上	总计
未选中	74.4%	83.8%	73.1%	95.1%	81.0%
选中	25.6%	16.2%	26.9%	4.9%	19.0%

续表

	初中及以下	高中、中专及职高	大专	本科及以上	总计
总计	100.0%	100.0%	100.0%	100.0%	100.0%
列总计	164	148	26	61	399

Chi-square test：df = 3，卡方值 14.293，sig = 0.003 < 0.05，所以不同受教育程度的居民在“您采取了哪些方式来解决医患纠纷？直接找医生或医院算账”这一问题的回答上有显著差异。

F46 by A4

某些患者会在手术前给医生红包，您认为送红包的主要理由是 * 受教育程度 Crosstabulation

	初中及以下	高中、中专及职高	大专	本科及以上	总计
不相信医生能平等地对待每个病人，送红包能提高关注度，必须送	23.5%	23.6%	25.9%	29.2%	24.2%
医生很辛苦，送红包是表示尊敬和感谢	12.7%	13.5%	16.4%	17.3%	13.7%
大家都送，我不送会吃亏，不送心里不踏实	17.5%	17.7%	15.8%	17.5%	17.5%
送红包能让医生对我更用心，但我不会这么做	19.2%	17.3%	19.2%	14.7%	18.0%
大家都送红包，事实上无助于提高治疗效果，我不会这么做	17.6%	19.3%	18.0%	17.6%	18.4%
想送，但我没有能力送	9.4%	8.6%	4.8%	3.8%	8.2%
总计	100.0%	100.0%	100.0%	100.0%	100.0%
列总计	2703	2951	495	607	6756

Chi-square test：df = 15，卡方值 54.770，sig = 0.000 < 0.05，所以不同受教育程度的居民在“某些患者会在手术前给医生红包，您认为送红包的主要理由是”这一问题的回答上有显著差异。

G1 by A4

和前几年相比，您认为目前我国官员腐败现象有什么变化 * 受教育程度 Crosstabulation

	初中及以下	高中、中专及职高	大专	本科及以上	总计
有很大改善	12.0%	12.3%	16.5%	16.1%	12.8%
有较大改善	63.7%	66.1%	65.3%	65.9%	65.1%
没什么变化	21.2%	19.1%	15.9%	16.3%	19.5%
更加恶化	2.5%	2.3%	1.9%	1.3%	2.3%
其他	0.5%	0.2%	0.3%	0.4%	0.3%

续表

	初中及以下	高中、中专及职高	大专	本科及以上	总计
总计	100.0%	100.0%	100.0%	100.0%	100.0%
列总计	3177	3544	577	716	8014

Chi-square test：df = 12，卡方值 38.322，sig = 0.000 < 0.05，所以不同受教育程度的居民在“和前几年相比，您认为目前我国官员腐败现象有什么变化”这一问题的回答上有显著差异。

G2a by A4

您认为干部当官的目的是？为国家与社会做贡献 * 受教育程度 Crosstabulation

	初中及以下	高中、中专及职高	大专	本科及以上	总计
未选中	75.1%	72.9%	70.6%	65.9%	73.0%
选中	24.9%	27.1%	29.4%	34.1%	27.0%
总计	100.0%	100.0%	100.0%	100.0%	100.0%
列总计	3207	3537	585	739	8068

Chi-square test：df = 3，卡方值 28.130，sig = 0.000 < 0.05，所以不同受教育程度的居民在“您认为干部当官的目的是？为国家与社会做贡献”这一问题的回答上有显著差异。

G2b by A4

您认为干部当官的目的是？为人民服务，为百姓做好事做实事 * 受教育程度 Crosstabulation

	初中及以下	高中、中专及职高	大专	本科及以上	总计
未选中	59.7%	53.7%	45.6%	43.7%	54.6%
选中	40.3%	46.3%	54.4%	56.3%	45.4%
总计	100.0%	100.0%	100.0%	100.0%	100.0%
列总计	3207	3537	585	739	8068

Chi-square test：df = 3，卡方值 88.830，sig = 0.000 < 0.05，所以不同受教育程度的居民在“您认为干部当官的目的是？为人民服务，为百姓做好事做实事”这一问题的回答上有显著差异。

G2c by A4

您认为干部当官的目的是？为家庭增光，光宗耀祖 * 受教育程度 Crosstabulation

	初中及以下	高中、中专及职高	大专	本科及以上	总计
未选中	73.8%	73.8%	78.1%	77.1%	74.4%

续表

	初中及以下	高中、中专及职高	大专	本科及以上	总计
选中	26.2%	26.2%	21.9%	22.9%	25.6%
总计	100.0%	100.0%	100.0%	100.0%	100.0%
列总计	3207	3537	585	739	8068

Chi-square test：df=3，卡方值 8.368，sig =0.039 <0.05，所以不同受教育程度的居民在“您认为干部当官的目的是？为家庭增光，光宗耀祖”这一问题的回答上有显著差异。

G2d by A4

您认为干部当官的目的是？为自己升官发财 ＊ 受教育程度 Crosstabulation

	初中及以下	高中、中专及职高	大专	本科及以上	总计
未选中	60.7%	66.8%	77.6%	72.8%	65.7%
选中	39.3%	33.2%	22.4%	27.2%	34.3%
总计	100.0%	100.0%	100.0%	100.0%	100.0%
列总计	3207	3537	585	739	8068

Chi-square test：df=3，卡方值 90.061，sig =0.000 <0.05，所以不同受教育程度的居民在“您认为干部当官的目的是？为自己升官发财”这一问题的回答上有显著差异。

G2e by A4

您认为干部当官的目的是？没特殊目的，一个稳定而待遇高的职业而已 ＊ 受教育程度 Crosstabulation

	初中及以下	高中、中专及职高	大专	本科及以上	总计
未选中	78.4%	78.8%	82.1%	79.2%	78.9%
选中	21.6%	21.2%	17.9%	20.8%	21.1%
总计	100.0%	100.0%	100.0%	100.0%	100.0%
列总计	3207	3537	585	739	8068

Chi-square test：df=3，卡方值 4.043，sig =0.257 >0.05，所以不同受教育程度的居民在“您认为干部当官的目的是？没特殊目的，一个稳定而待遇高的职业而已”这一问题的回答上没有显著差异。

G2f by A4

您认为干部当官的目的是？其他 ＊ 受教育程度 Crosstabulation

	初中及以下	高中、中专及职高	大专	本科及以上	总计
未选中	99.8%	99.9%	100.0%	99.3%	99.8%

续表

	初中及以下	高中、中专及职高	大专	本科及以上	总计
选中	0.2%	0.1%		0.7%	0.2%
总计	100.0%	100.0%	100.0%	100.0%	100.0%
列总计	3207	3537	585	739	8068

Chi-square test：df = 3，卡方值 12.806，sig = 0.005 < 0.05，所以不同受教育程度的居民在“您认为干部当官的目的是？其他”这一问题的回答上有显著差异。

G3 by A4

与前几年相比，您对政府官员的信任度有什么变化 * 受教育程度 Crosstabulation

	初中及以下	高中、中专及职高	大专	本科及以上	总计
信任度提高了	38.3%	37.4%	42.5%	45.5%	38.8%
更加不信任	14.4%	13.5%	12.5%	11.2%	13.6%
没什么变化	47.0%	48.9%	45.0%	43.1%	47.3%
其他	0.3%	0.2%		0.3%	0.2%
总计	100.0%	100.0%	100.0%	100.0%	100.0%
列总计	3418	3813	609	759	8599

Chi-square test：df = 9，卡方值 25.696，sig = 0.002 < 0.05，所以不同受教育程度的居民在“与前几年相比，您对政府官员的信任度有什么变化”这一问题的回答上有显著差异。

G4 by A4

在生活中或媒体上看到政府官员时，您首先想到的是 * 受教育程度 Crosstabulation

	初中及以下	高中、中专及职高	大专	本科及以上	总计
公仆，为老百姓谋福利	16.8%	19.3%	25.8%	24.8%	19.3%
官僚，根本不了解我们的情况	21.9%	23.1%	20.7%	20.5%	22.2%
有权有势的人	21.3%	20.5%	15.0%	16.8%	20.1%
有本事的人	14.9%	14.1%	14.1%	12.3%	14.3%
领导，决定我们命运的人	9.4%	9.4%	10.7%	8.8%	9.5%
贪官	6.6%	5.7%	4.6%	2.6%	5.7%
惹不起但躲得起的人	3.6%	2.7%	2.6%	2.9%	3.1%
遇到大事可以信任的人	2.9%	2.5%	3.1%	4.1%	2.9%
其他	2.5%	2.5%	3.3%	7.2%	3.0%

续表

	初中及以下	高中、中专及职高	大专	本科及以上	总计
总计	100.0%	100.0%	100.0%	100.0%	100.0%
列总计	3428	3814	608	762	8612

Chi-square test：df = 24，卡方值 139.454，sig = 0.000 < 0.05，所以不同受教育程度的居民在“在生活中或媒体上看到政府官员时，您首先想到的是”这一问题的回答上有显著差异。

G5 by A4

您觉得当前我国政府官员道德问题最严重的是 ＊ 受教育程度 Crosstabulation

	初中及以下	高中、中专及职高	大专	本科及以上	总计
贪污受贿	51.4%	49.0%	45.2%	42.8%	49.5%
以权谋私	56.0%	56.3%	54.3%	57.6%	56.1%
生活作风腐败	30.7%	33.7%	32.1%	31.3%	31.6%
官僚主义	12.1%	17.9%	19.2%	23.0%	15.1%
平庸，不作为，只保护自己不解决实际问题	35.2%	36.0%	35.1%	39.4%	35.8%
乱作为，搞政绩工程，折腾百姓	22.5%	20.4%	22.9%	25.2%	22.3%
铺张浪费	12.6%	13.3%	14.3%	12.2%	12.9%
拉帮结派	12.8%	14.1%	13.4%	15.0%	13.4%
骄横跋扈，欺压百姓	7.2%	6.7%	7.3%	8.1%	7.2%
列总计	4398	1927	558	713	7596

据上表所示，不同受教育程度的居民在“您觉得当前我国政府官员道德问题最严重的是”这一问题的回答上没有显著差异。

G6 by A4

政府在制定政策和决策时充分考虑到伦理道德方面的要求了吗 ＊ 受教育程度 Crosstabulation

	初中及以下	高中、中专及职高	大专	本科及以上	总计
有考虑，能够从日常生活中感受到	36.6%	37.1%	39.3%	38.2%	37.1%
有考虑，能够从政策文件中体会到	21.6%	23.6%	25.8%	30.2%	23.6%
只是口头上说说，没有实质性行动	30.0%	28.1%	25.7%	22.3%	28.2%
没有考虑，政策制度都是从自己的政绩和富人的利益着想	11.2%	10.5%	8.6%	8.5%	10.5%
其他	0.6%	0.7%	0.7%	0.8%	0.7%

续表

	初中及以下	高中、中专及职高	大专	本科及以上	总计
总计	100.0%	100.0%	100.0%	100.0%	100.0%
列总计	3336	3756	596	754	8442

Chi-square test：df = 12，卡方值 44.119，sig = 0.000 < 0.05，所以不同受教育程度的居民在“政府在制定政策和决策时充分考虑到伦理道德方面的要求了吗”这一问题的回答上有显著差异。

G7a by A4

残疾人、留守儿童、孤寡老人等弱势群体需要来自全社会的关爱与帮助，您认为本地区做得怎么样？社区提供的服务 * 受教育程度 Crosstabulation

	初中及以下	高中、中专及职高	大专	本科及以上	总计
很好	6.5%	8.1%	11.2%	13.4%	8.2%
比较好	65.4%	68.3%	70.8%	65.9%	67.1%
不太好	25.7%	21.9%	16.9%	18.8%	22.7%
很差	2.4%	1.7%	1.1%	1.9%	2.0%
总计	100.0%	100.0%	100.0%	100.0%	100.0%
列总计	2859	3143	528	680	7210

Chi-square test：df = 9，卡方值 71.541，sig = 0.000 < 0.05，所以不同受教育程度的居民在“残疾人、留守儿童、孤寡老人等弱势群体需要来自全社会的关爱与帮助，您认为本地区做得怎么样？社区提供的服务”这一问题的回答上有显著差异。

G7b by A4

残疾人、留守儿童、孤寡老人等弱势群体需要来自全社会的关爱与帮助，您认为本地区做得怎么样？周围人的尊重和关爱 * 受教育程度 Crosstabulation

	初中及以下	高中、中专及职高	大专	本科及以上	总计
很好	8.7%	9.1%	14.3%	13.7%	9.7%
比较好	68.6%	70.8%	70.0%	65.9%	69.4%
不太好	21.0%	19.0%	14.3%	19.2%	19.5%
很差	1.7%	1.1%	1.5%	1.3%	1.4%
总计	100.0%	100.0%	100.0%	100.0%	100.0%
列总计	3088	3451	547	694	7780

Chi-square test：df = 9，卡方值 46.236，sig = 0.000 < 0.05，所以不同受教育程度的居民在“残疾人、留守儿童、孤寡老人等弱势群体需要来自全社会的关爱与帮助，您认为本地区做得怎么样？周围人的尊重和关爱”这一问题的回答上有显著差异。

G7c by A4

残疾人、留守儿童、孤寡老人等弱势群体需要来自全社会的关爱与帮助，您认为本地区做得怎么样？社会服务机构提供专业化服务 ＊ 受教育程度 Crosstabulation

	初中及以下	高中、中专及职高	大专	本科及以上	总计
很好	8.9%	10.2%	12.5%	12.8%	10.1%
比较好	52.4%	55.2%	58.3%	57.6%	54.6%
不太好	35.2%	31.9%	27.6%	25.6%	32.2%
很差	3.6%	2.7%	1.6%	4.1%	3.1%
总计	100.0%	100.0%	100.0%	100.0%	100.0%
列总计	2651	2991	511	665	6818

Chi-square test：df = 9，卡方值 46.044，sig = 0.000 < 0.05，所以不同受教育程度的居民在“残疾人、留守儿童、孤寡老人等弱势群体需要来自全社会的关爱与帮助，您认为本地区做得怎么样？社会服务机构提供专业化服务”这一问题的回答上有显著差异。

G7d by A4

残疾人、留守儿童、孤寡老人等弱势群体需要来自全社会的关爱与帮助，您认为本地区做得怎么样？政府实施的社会援助 ＊ 受教育程度 Crosstabulation

	初中及以下	高中、中专及职高	大专	本科及以上	总计
很好	9.0%	11.6%	11.2%	13.4%	10.7%
比较好	51.2%	52.9%	55.5%	57.1%	52.8%
不太好	34.5%	31.4%	28.9%	24.7%	31.8%
很差	5.2%	4.1%	4.5%	4.9%	4.6%
总计	100.0%	100.0%	100.0%	100.0%	100.0%
列总计	2689	2958	492	657	6796

Chi-square test：df = 9，卡方值 40.389，sig = 0.000 < 0.05，所以不同受教育程度的居民在“残疾人、留守儿童、孤寡老人等弱势群体需要来自全社会的关爱与帮助，您认为本地区做得怎么样？政府实施的社会援助”这一问题的回答上有显著差异。

G7e by A4

残疾人、留守儿童、孤寡老人等弱势群体需要来自全社会的关爱与帮助，您认为本地区做得怎么样？公益与慈善事业 ＊ 受教育程度 Crosstabulation

	初中及以下	高中、中专及职高	大专	本科及以上	总计
很好	7.5%	9.4%	11.5%	12.1%	9.1%
比较好	50.0%	52.8%	54.4%	55.3%	52.1%
不太好	35.5%	31.9%	28.4%	27.8%	32.6%
很差	7.0%	6.0%	5.6%	4.7%	6.2%

续表

	初中及以下	高中、中专及职高	大专	本科及以上	总计
总计	100.0%	100.0%	100.0%	100.0%	100.0%
列总计	2307	2583	443	618	5951

Chi-square test：df=9，卡方值38.133，sig =0.000<0.05，所以不同受教育程度的居民在“残疾人、留守儿童、孤寡老人等弱势群体需要来自全社会的关爱与帮助，您认为本地区做得怎么样？公益与慈善事业”这一问题的回答上有显著差异。

G7f by A4

残疾人、留守儿童、孤寡老人等弱势群体需要来自全社会的关爱与帮助，您认为本地区做得怎么样？志愿者帮助 * 受教育程度 Crosstabulation

	初中及以下	高中、中专及职高	大专	本科及以上	总计
很好	8.0%	10.2%	10.9%	13.1%	9.7%
比较好	52.5%	56.2%	60.8%	58.2%	55.4%
不太好	32.7%	28.4%	23.2%	24.9%	29.3%
很差	6.8%	5.1%	5.1%	3.9%	5.6%
总计	100.0%	100.0%	100.0%	100.0%	100.0%
列总计	2260	2594	449	619	5922

Chi-square test：df=9，卡方值52.085，sig =0.000<0.05，所以不同受教育程度的居民在“残疾人、留守儿童、孤寡老人等弱势群体需要来自全社会的关爱与帮助，您认为本地区做得怎么样？志愿者帮助”这一问题的回答上有显著差异。

G8 by A4

您认为有必要为好人树碑立传吗？* 受教育程度 Crosstabulation

	初中及以下	高中、中专及职高	大专	本科及以上	总计
很有必要，可以让更多的人知道他们、学习他们	66.5%	68.2%	68.3%	71.9%	67.9%
可有可无	16.5%	15.9%	16.5%	12.8%	15.9%
没有必要	17.1%	15.9%	15.1%	15.3%	16.2%
总计	100.0%	100.0%	100.0%	100.0%	100.0%
列总计	3065	3380	568	725	7738

Chi-square test：df=6，卡方值10.159，sig =0.118>0.05，所以不同受教育程度的居民在“您认为有必要为好人树碑立传吗？”这一问题的回答上没有显著差异。

G9 by A4

党中央出台了一系列治国理政的新举措，给社会生活带来了什么变化 * 受教育程度 Crosstabulation

	初中及以下	高中、中专及职高	大专	本科及以上	总计
社会在向好的方面发展，对未来生活更有信心	47.7%	50.2%	57.3%	62.5%	50.8%
目前没看出有什么影响	21.8%	22.0%	18.2%	19.1%	21.4%
虽然出台了一些政策，感觉解决不了什么问题	20.1%	19.3%	19.1%	13.4%	19.1%
不关心这些、说不清楚	10.4%	8.3%	5.4%	4.9%	8.6%
其他	0.1%	0.1%		0.1%	0.1%
总计	100.0%	100.0%	100.0%	100.0%	100.0%
列总计	3424	3837	611	761	8633

Chi-square test：df = 12，卡方值 86.119，sig = 0.000 < 0.05，所以不同受教育程度的居民在“党中央出台了一系列治国理政的新举措，给社会生活带来了什么变化”这一问题的回答上有显著差异。

G10a by A4

您认为本地政府在以下方面的政策措施对促进社会公平有效果吗？就业政策 * 受教育程度 Crosstabulation

	初中及以下	高中、中专及职高	大专	本科及以上	总计
较大效果	5.4%	5.4%	8.9%	12.6%	6.4%
有点效果	56.6%	56.2%	59.1%	61.6%	57.1%
没有效果	32.6%	33.0%	27.9%	21.7%	31.4%
更不公平	4.7%	4.5%	3.8%	3.1%	4.4%
大大加剧了不公平	0.7%	0.8%	0.4%	1.0%	0.8%
总计	100.0%	100.0%	100.0%	100.0%	100.0%
列总计	2763	3181	552	700	7196

Chi-square test：df = 12，卡方值 93.299，sig = 0.000 < 0.05，所以不同受教育程度的居民在“您认为本地政府在以下方面的政策措施对促进社会公平有效果吗？就业政策”这一问题的回答上有显著差异。

G10b by A4

您认为本地政府在以下方面的政策措施对促进社会公平有效果吗？教育政策 * 受教育程度 Crosstabulation

	初中及以下	高中、中专及职高	大专	本科及以上	总计
较大效果	7.7%	7.9%	11.5%	16.5%	8.9%
有点效果	62.1%	61.2%	58.9%	59.5%	61.2%
没有效果	25.5%	26.2%	24.2%	18.6%	25.1%
更不公平	4.3%	4.2%	4.9%	4.6%	4.4%

续表

	初中及以下	高中、中专及职高	大专	本科及以上	总计
大大加剧了不公平	0.4%	0.4%	0.5%	0.8%	0.5%
总计	100.0%	100.0%	100.0%	100.0%	100.0%
列总计	2962	3379	567	716	7624

Chi-square test：df = 12，卡方值 77.960，sig = 0.000 < 0.05，所以不同受教育程度的居民在“您认为本地政府在以下方面的政策措施对促进社会公平有效果吗？教育政策”这一问题的回答上有显著差异。

G10c by A4

您认为本地政府在以下方面的政策措施对促进社会公平有效果吗？医疗卫生政策 ＊ 受教育程度 Crosstabulation

	初中及以下	高中、中专及职高	大专	本科及以上	总计
较大效果	9.1%	9.2%	12.0%	15.4%	10.0%
有点效果	58.7%	56.7%	55.7%	56.8%	57.4%
没有效果	24.0%	26.9%	26.0%	21.7%	25.2%
更不公平	7.3%	6.6%	5.6%	5.1%	6.6%
大大加剧了不公平	0.9%	0.6%	0.7%	1.0%	0.8%
总计	100.0%	100.0%	100.0%	100.0%	100.0%
列总计	3090	3493	574	720	7877

Chi-square test：df = 12，卡方值 46.625，sig = 0.000 < 0.05，所以不同受教育程度的居民在“您认为本地政府在以下方面的政策措施对促进社会公平有效果吗？医疗卫生政策”这一问题的回答上有显著差异。

G10d by A4

您认为本地政府在以下方面的政策措施对促进社会公平有效果吗？低保政策 ＊ 受教育程度 Crosstabulation

	初中及以下	高中、中专及职高	大专	本科及以上	总计
较大效果	8.4%	9.5%	12.3%	17.9%	10.0%
有点效果	50.1%	50.3%	47.9%	53.3%	50.3%
没有效果	27.7%	27.2%	28.5%	21.0%	26.9%
更不公平	12.0%	11.4%	10.0%	6.5%	11.1%
大大加剧了不公平	1.7%	1.6%	1.3%	1.4%	1.6%
总计	100.0%	100.0%	100.0%	100.0%	100.0%
列总计	2960	3341	530	661	7492

Chi-square test：df = 12，卡方值 79.534，sig = 0.000 < 0.05，所以不同受教育程度的居民在“您认为本地政府在以下方面的政策措施对促进社会公平有效果吗？低保政策”这一问题的回答上有显著差异。

G10e by A4

您认为本地政府在以下方面的政策措施对促进社会公平有效果吗？房地产政策 * 受教育程度 Crosstabulation

	初中及以下	高中、中专及职高	大专	本科及以上	总计
较大效果	4.8%	5.9%	4.8%	10.6%	5.9%
有点效果	35.3%	33.6%	37.2%	37.6%	34.9%
没有效果	39.3%	38.9%	38.8%	36.6%	38.8%
更不公平	15.2%	16.3%	15.4%	10.9%	15.3%
大大加剧了不公平	5.4%	5.2%	3.8%	4.3%	5.1%
总计	100.0%	100.0%	100.0%	100.0%	100.0%
列总计	2331	2735	495	651	6212

Chi-square test：df = 12，卡方值 47.548，sig = 0.000 < 0.05，所以不同受教育程度的居民在“您认为本地政府在以下方面的政策措施对促进社会公平有效果吗？房地产政策”这一问题的回答上有显著差异。

G10f by A4

您认为本地政府在以下方面的政策措施对促进社会公平有效果吗？拆迁安置政策 * 受教育程度 Crosstabulation

	初中及以下	高中、中专及职高	大专	本科及以上	总计
较大效果	5.4%	5.2%	6.8%	9.4%	5.8%
有点效果	34.2%	32.6%	35.5%	37.9%	34.0%
没有效果	38.2%	38.8%	35.9%	35.5%	38.0%
更不公平	16.3%	16.9%	16.5%	11.6%	16.1%
大大加剧了不公平	5.9%	6.5%	5.3%	5.6%	6.1%
总计	100.0%	100.0%	100.0%	100.0%	100.0%
列总计	2222	2616	473	628	5939

Chi-square test：df = 12，卡方值 34.054，sig = 0.001 < 0.05，所以不同受教育程度的居民在“您认为本地政府在以下方面的政策措施对促进社会公平有效果吗？拆迁安置政策”这一问题的回答上有显著差异。

G11 by A4

如果遭遇重大公共事件，您相信政府公布的信息和采取的措施吗 * 受教育程度 Crosstabulation

	初中及以下	高中、中专及职高	大专	本科及以上	总计
相信，大都是可靠的，比网络流传的可靠	64.6%	61.1%	59.6%	62.9%	62.6%

续表

	初中及以下	高中、中专及职高	大专	本科及以上	总计
不相信，都是安抚百姓的策略措施	16.6%	16.1%	17.2%	15.8%	16.4%
将信将疑，走一步看一步	18.7%	22.7%	23.2%	21.0%	21.0%
其他	0.1%	0.1%		0.3%	0.1%
总计	100.0%	100.0%	100.0%	100.0%	100.0%
列总计	3431	3830	612	765	8638

Chi-square test：df = 9，卡方值 23.066，sig = 0.006 < 0.05，所以不同受教育程度的居民在“如果遭遇重大公共事件，您相信政府公布的信息和采取的措施吗”这一问题的回答上有显著差异。

G12a by A4

政府推动或倡导的下列活动效果如何？文明城市创建 * 受教育程度 Crosstabulation

	初中及以下	高中、中专及职高	大专	本科及以上	总计
完全没效果	1.6%	2.0%	2.1%	4.4%	2.1%
效果较差	24.6%	20.9%	20.6%	21.9%	22.4%
效果较好	64.0%	67.2%	66.4%	59.0%	65.1%
效果很好	9.8%	10.0%	10.9%	14.7%	10.4%
总计	100.0%	100.0%	100.0%	100.0%	100.0%
列总计	2855	3372	568	707	7502

Chi-square test：df = 9，卡方值 53.092，sig = 0.000 < 0.05，所以不同受教育程度的居民在“政府推动或倡导的下列活动效果如何？文明城市创建”这一问题的回答上有显著差异。

G12b by A4

政府推动或倡导的下列活动效果如何？学雷锋活动 * 受教育程度 Crosstabulation

	初中及以下	高中、中专及职高	大专	本科及以上	总计
完全没效果	2.9%	2.2%	2.1%	4.5%	2.7%
效果较差	26.7%	22.2%	22.7%	25.0%	24.3%
效果较好	61.6%	66.2%	64.7%	59.7%	63.7%
效果很好	8.8%	9.3%	10.4%	10.8%	9.3%
总计	100.0%	100.0%	100.0%	100.0%	100.0%
列总计	2610	3030	519	685	6844

Chi-square test：df = 9，卡方值 34.104，sig = 0.000 < 0.05，所以不同受教育程度的居民在“政府推动或倡导的下列活动效果如何？学雷锋活动”这一问题的回答上有显著差异。

G12c by A4

政府推动或倡导的下列活动效果如何？典型人物的宣传 ＊ 受教育程度 Crosstabulation

	初中及以下	高中、中专及职高	大专	本科及以上	总计
完全没效果	2.6%	2.1%	4.0%	3.9%	2.6%
效果较差	24.3%	21.4%	19.4%	21.0%	22.3%
效果较好	63.5%	65.3%	63.2%	61.7%	64.1%
效果很好	9.6%	11.2%	13.3%	13.4%	11.0%
总计	100.0%	100.0%	100.0%	100.0%	100.0%
列总计	2528	2918	525	694	6665

Chi-square test：df = 9，卡方值 31.272，sig = 0.000 < 0.05，所以不同受教育程度的居民在“政府推动或倡导的下列活动效果如何？典型人物的宣传”这一问题的回答上有显著差异。

G12d by A4

政府推动或倡导的下列活动效果如何？志愿服务的倡导和推广 ＊ 受教育程度 Crosstabulation

	初中及以下	高中、中专及职高	大专	本科及以上	总计
完全没效果	2.4%	1.8%	2.9%	2.8%	2.2%
效果较差	26.5%	23.1%	19.4%	20.9%	23.8%
效果较好	59.5%	60.6%	60.2%	58.5%	60.0%
效果很好	11.6%	14.5%	17.5%	17.8%	14.0%
总计	100.0%	100.0%	100.0%	100.0%	100.0%
列总计	2256	2714	480	670	6120

Chi-square test：df = 9，卡方值 40.217，sig = 0.000 < 0.05，所以不同受教育程度的居民在“政府推动或倡导的下列活动效果如何？志愿服务的倡导和推广”这一问题的回答上有显著差异。

G12e by A4

政府推动或倡导的下列活动效果如何？反腐倡廉的举措 ＊ 受教育程度 Crosstabulation

	初中及以下	高中、中专及职高	大专	本科及以上	总计
完全没效果	5.1%	4.3%	5.3%	3.8%	4.6%
效果较差	25.4%	21.2%	22.6%	18.6%	22.6%
效果较好	54.7%	57.4%	54.1%	59.2%	56.3%

续表

	初中及以下	高中、中专及职高	大专	本科及以上	总计
效果很好	14.8%	17.2%	18.0%	18.4%	16.5%
总计	100.0%	100.0%	100.0%	100.0%	100.0%
列总计	2423	2741	473	681	6318

Chi-square test：df = 9，卡方值 28.882，sig = 0.001 < 0.05，所以不同受教育程度的居民在“政府推动或倡导的下列活动效果如何？反腐倡廉的举措”这一问题的回答上有显著差异。

G12f by A4

政府推动或倡导的下列活动效果如何？《公民道德建设实施纲要》的推进 * 受教育程度 Crosstabulation

	初中及以下	高中、中专及职高	大专	本科及以上	总计
完全没效果	4.2%	4.1%	3.7%	6.2%	4.4%
效果较差	27.0%	23.5%	21.9%	22.1%	24.5%
效果较好	57.9%	60.1%	58.4%	55.7%	58.6%
效果很好	10.9%	12.4%	16.0%	15.9%	12.5%
总计	100.0%	100.0%	100.0%	100.0%	100.0%
列总计	1836	2168	406	578	4988

Chi-square test：df = 9，卡方值 28.436，sig = 0.001 < 0.05，所以不同受教育程度的居民在“政府推动或倡导的下列活动效果如何？《公民道德建设实施纲要》的推进”这一问题的回答上有显著差异。

G13 by A4

您对于我们正在走的中国特色社会主义道路怎么看 * 受教育程度 Crosstabulation

	初中及以下	高中、中专及职高	大专	本科及以上	总计
充满信心，因为它可以给中国带来繁荣富强	42.8%	46.4%	58.2%	59.6%	47.0%
不太了解，但相信这条路能够让老百姓都过上好日子	39.1%	37.1%	29.0%	27.2%	36.5%
表示怀疑，走这条路究竟怎么样，现在还说不清楚	11.8%	11.6%	11.1%	10.8%	11.6%
走什么样的路，跟我没关系	6.0%	4.8%	1.6%	2.4%	4.9%
其他	0.3%	0.1%			0.2%
总计	100.0%	100.0%	100.0%	100.0%	100.0%
列总计	3444	3839	610	760	8653

Chi-square test：df = 12，卡方值 130.567，sig = 0.000 < 0.05，所以不同受教育程度的居民在“您对于我们正在走的中国特色社会主义道路怎么看”这一问题的回答上有显著差异。

G14 by A4

党的十八大提出，到 2020 年全面建成小康社会，到 21 世纪中叶建成社会主义现代化国家，您认为这样的目标能实现吗 ＊ 受教育程度 Crosstabulation

	初中及以下	高中、中专及职高	大专	本科及以上	总计
相信一定能实现	29.0%	31.1%	39.1%	35.5%	31.2%
有困难，但只要努力还是能实现的	55.6%	56.4%	53.2%	57.8%	56.0%
不可能实现	4.4%	3.3%	3.2%	3.6%	3.7%
说不清楚，跟我没关系	11.0%	9.0%	4.3%	2.8%	8.9%
其他	0.1%	0.2%	0.2%	0.3%	0.2%
总计	100.0%	100.0%	100.0%	100.0%	100.0%
列总计	3344	3740	603	747	8434

Chi-square test：df＝12，卡方值 96.050，sig ＝0.000＜0.05，所以不同受教育程度的居民在“党的十八大提出，到 2020 年全面建成小康社会，到 21 世纪中叶建成社会主义现代化国家，您认为这样的目标能实现吗”这一问题的回答上有显著差异。

G15 by A4

您对您周围的党员干部道德状况怎么评价 ＊ 受教育程度 Crosstabulation

	初中及以下	高中、中专及职高	大专	本科及以上	总计
总体还不错	39.5%	41.0%	51.6%	53.0%	42.3%
普遍比较差	22.6%	22.6%	18.6%	16.0%	21.7%
和普通群众没有太大差别	37.9%	36.4%	29.7%	31.0%	36.0%
总计	100.0%	100.0%	100.0%	100.0%	100.0%
列总计	3066	3446	558	717	7787

Chi-square test：df＝6，卡方值 67.908，sig ＝0.000＜0.05，所以不同受教育程度的居民在“您对您周围的党员干部道德状况怎么评价”这一问题的回答上有显著差异。

G16 by A4

您认为当前官员的勤政作为是怎样的 ＊ 受教育程度 Crosstabulation

	初中及以下	高中、中专及职高	大专	本科及以上	总计
努力作为，成绩显著	20.5%	24.2%	23.8%	24.8%	22.7%
努力作为，成绩一般	47.1%	48.3%	53.9%	53.8%	48.8%
行政不作为	21.8%	18.8%	15.0%	14.9%	19.3%
行政乱作为	10.6%	8.7%	7.2%	6.5%	9.2%

续表

	初中及以下	高中、中专及职高	大专	本科及以上	总计
总计	100.0%	100.0%	100.0%	100.0%	100.0%
列总计	2728	3051	525	645	6949

Chi-square test：df = 9，卡方值 53.127，sig = 0.000 < 0.05，所以不同受教育程度的居民在“您认为当前官员的勤政作为是怎样的”这一问题的回答上有显著差异。

G17 by A4

您到政府部门办事，首先选择的方法是 * 受教育程度 Crosstabulation

	初中及以下	高中、中专及职高	大专	本科及以上	总计
找亲朋好友帮忙办理	17.4%	20.5%	18.5%	13.2%	18.5%
找政府中的熟人办理	20.7%	20.2%	23.1%	25.9%	21.1%
送红包	1.9%	1.8%	1.1%	0.8%	1.7%
直接找相关职能部门办理	59.2%	57.2%	57.1%	59.7%	58.3%
其他	0.8%	0.3%	0.2%	0.3%	0.5%
总计	100.0%	100.0%	100.0%	100.0%	100.0%
列总计	3045	3419	567	713	7744

Chi-square test：df = 12，卡方值 47.148，sig = 0.000 < 0.05，所以不同受教育程度的居民在“您到政府部门办事，首先选择的方法是”这一问题的回答上有显著差异。

H1 by A4

您认为近五年来，您所在地区政府的环境保护工作做得怎么样 * 受教育程度 Crosstabulation

	初中及以下	高中、中专及职高	大专	本科及以上	总计
片面注重经济发展，忽视了环境保护工作	21.1%	23.6%	24.6%	22.2%	22.6%
重视不够，环保投入不足	30.4%	29.4%	25.7%	30.3%	29.6%
虽尽了努力，但效果不佳	17.8%	19.2%	21.3%	17.7%	18.7%
尽了很大努力，有一定成效	24.9%	22.7%	21.7%	25.4%	23.7%
取得了很大的成绩	5.7%	5.1%	6.8%	4.4%	5.4%
总计	100.0%	100.0%	100.0%	100.0%	100.0%
列总计	2927	3348	545	702	7522

Chi-square test：df = 12，卡方值 22.346，sig = 0.034 < 0.05，所以不同受教育程度的居民在“您认为近五年来，您所在地区政府的环境保护工作做得怎么样”这一问题的回答上有显著差异。

H2a by A4

在最近的一年里，您是否从事过？垃圾分类投放 ＊ 受教育程度 Crosstabulation

	初中及以下	高中、中专及职高	大专	本科及以上	总计
从不	45.6%	41.3%	29.6%	22.5%	40.5%
偶尔	42.1%	46.1%	49.5%	49.9%	45.1%
经常	12.3%	12.6%	20.8%	27.5%	14.4%
总计	100.0%	100.0%	100.0%	100.0%	100.0%
列总计	3463	3861	614	763	8701

Chi-square test：df = 6，卡方值 243.658，sig = 0.000 < 0.05，所以不同受教育程度的居民在“在最近的一年里，您是否从事过？垃圾分类投放”这一问题的回答上有显著差异。

H2b by A4

在最近的一年里，您是否从事过？与自己的亲戚朋友讨论环保问题 ＊ 受教育程度 Crosstabulation

	初中及以下	高中、中专及职高	大专	本科及以上	总计
从不	39.1%	40.3%	32.1%	26.1%	38.0%
偶尔	51.0%	49.0%	53.3%	56.0%	50.7%
经常	10.0%	10.7%	14.7%	17.8%	11.3%
总计	100.0%	100.0%	100.0%	100.0%	100.0%
列总计	3461	3859	614	762	8696

Chi-square test：df = 6，卡方值 89.322，sig = 0.000 < 0.05，所以不同受教育程度的居民在“在最近的一年里，您是否从事过？与自己的亲戚朋友讨论环保问题”这一问题的回答上有显著差异。

H2c by A4

在最近的一年里，您是否从事过？采购日常用品时自己带购物篮或购物袋 ＊ 受教育程度 Crosstabulation

	初中及以下	高中、中专及职高	大专	本科及以上	总计
从不	23.3%	23.5%	19.7%	18.6%	22.7%
偶尔	52.0%	53.3%	50.2%	47.4%	52.1%
经常	24.7%	23.1%	30.0%	34.1%	25.2%
总计	100.0%	100.0%	100.0%	100.0%	100.0%
列总计	3458	3861	613	760	8692

Chi-square test：df = 6，卡方值 50.915，sig = 0.000 < 0.05，所以不同受教育程度的居民在“在最近的一年里，您是否从事过？采购日常用品时自己带购物篮或购物袋”这一问题的回答上有显著差异。

H2d by A4

在最近的一年里，您是否从事过？优先选择公交、步行等绿色出行方式 ＊ 受教育程度 Crosstabulation

	初中及以下	高中、中专及职高	大专	本科及以上	总计
从不	12.4%	14.2%	13.8%	7.5%	12.9%
偶尔	43.1%	41.6%	42.5%	38.2%	42.0%
经常	44.5%	44.2%	43.6%	54.3%	45.2%
总计	100.0%	100.0%	100.0%	100.0%	100.0%
列总计	3456	3858	614	760	8688

Chi-square test：df = 6，卡方值 43.136，sig = 0.000 < 0.05，所以不同受教育程度的居民在“在最近的一年里，您是否从事过？优先选择公交、步行等绿色出行方式”这一问题的回答上有显著差异。

H2e by A4

在最近的一年里，您是否从事过？为环境保护捐款 ＊ 受教育程度 Crosstabulation

	初中及以下	高中、中专及职高	大专	本科及以上	总计
从不	70.9%	69.3%	57.7%	47.4%	67.2%
偶尔	25.3%	25.4%	33.9%	41.1%	27.3%
经常	3.8%	5.3%	8.4%	11.6%	5.5%
总计	100.0%	100.0%	100.0%	100.0%	100.0%
列总计	3446	3853	610	760	8669

Chi-square test：df = 6，卡方值 213.265，sig = 0.000 < 0.05，所以不同受教育程度的居民在“在最近的一年里，您是否从事过？为环境保护捐款”这一问题的回答上有显著差异。

H2f by A4

在最近的一年里，您是否从事过？主动关注环境方面的信息报道和宣传教育 ＊ 受教育程度 Crosstabulation

	初中及以下	高中、中专及职高	大专	本科及以上	总计
从不	65.7%	63.4%	52.5%	40.8%	61.6%
偶尔	29.6%	30.3%	35.7%	43.2%	31.5%
经常	4.8%	6.2%	11.8%	16.0%	6.9%
总计	100.0%	100.0%	100.0%	100.0%	100.0%
列总计	3450	3850	611	762	8673

Chi-square test：df = 6，卡方值 253.511，sig = 0.000 < 0.05，所以不同受教育程度的居民在“在最近的一年里，您是否从事过？主动关注环境方面的信息报道和宣传教育”这一问题的回答上有显著差异。

H2g by A4

在最近的一年里，您是否从事过？积极参加民间环保团体举办的环保活动 ＊受教育程度 Crosstabulation

	初中及以下	高中、中专及职高	大专	本科及以上	总计
从不	75.4%	75.4%	64.9%	53.1%	72.7%
偶尔	21.5%	21.1%	30.0%	37.0%	23.3%
经常	3.1%	3.5%	5.1%	9.8%	4.0%
总计	100.0%	100.0%	100.0%	100.0%	100.0%
列总计	3446	3850	610	762	8668

Chi-square test：df = 6，卡方值 214.108，sig = 0.000 < 0.05，所以不同受教育程度的居民在"在最近的一年里，您是否从事过？积极参加民间环保团体举办的环保活动"这一问题的回答上有显著差异。

H2h by A4

在最近的一年里，您是否从事过？积极参加要求解决环境问题的投诉、上诉 ＊受教育程度 Crosstabulation

	初中及以下	高中、中专及职高	大专	本科及以上	总计
从不	81.4%	81.7%	74.1%	67.3%	79.7%
偶尔	16.2%	15.7%	21.0%	26.0%	17.2%
经常	2.4%	2.6%	4.9%	6.7%	3.0%
总计	100.0%	100.0%	100.0%	100.0%	100.0%
列总计	3448	3848	609	761	8666

Chi-square test：df = 6，卡方值 113.930，sig = 0.000 < 0.05，所以不同受教育程度的居民在"在最近的一年里，您是否从事过？积极参加要求解决环境问题的投诉、上诉"这一问题的回答上有显著差异。

H3 by A4

如果您的周围有一片森林，政府将成材的树林砍伐下来办木材厂，将极大提高您的收入，但将破坏环境，您会支持这一决定吗 ＊受教育程度 Crosstabulation

	初中及以下	高中、中专及职高	大专	本科及以上	总计
支持，对大家有好处	11.8%	12.5%	9.4%	10.6%	11.9%
反对，这是发子孙财，破坏生态	68.9%	70.6%	75.7%	68.1%	70.0%
不支持也不反对，政府决定	19.1%	16.8%	14.9%	21.0%	18.0%
其他	0.2%	0.1%		0.3%	0.1%
总计	100.0%	100.0%	100.0%	100.0%	100.0%

续表

	初中及以下	高中、中专及职高	大专	本科及以上	总计
列总计	3449	3841	609	761	8660

Chi-square test：df = 9，卡方值 25. 557，sig = 0. 002 < 0. 05，所以不同受教育程度的居民在“如果您的周围有一片森林，政府将成材的树林砍伐下来办木材厂，将极大提高您的收入，但将破坏环境，您会支持这一决定吗”这一问题的回答上有显著差异。

H4 by A4

如果要办一个化工厂，您是这个厂的持股职工，但会给下游地区造成污染，您会支持这个决定吗 ＊ 受教育程度 Crosstabulation

	初中及以下	高中、中专及职高	大专	本科及以上	总计
支持，我们不会受污染	12. 2%	13. 7%	12. 3%	12. 4%	12. 9%
反对，这是嫁祸于人	68. 5%	67. 9%	72. 8%	73. 6%	69. 0%
不支持也不反对，成了可分红，不成是领导的责任	18. 9%	18. 3%	14. 9%	13. 9%	17. 9%
其他	0. 3%	0. 2%		0. 1%	0. 2%
总计	100. 0%	100. 0%	100. 0%	100. 0%	100. 0%
列总计	3429	3817	610	760	8616

Chi-square test：df = 9，卡方值 22. 990，sig = 0. 006 < 0. 05，所以不同受教育程度的居民在“如果要办一个化工厂，您是这个厂的持股职工，但会给下游地区造成污染，您会支持这个决定吗”这一问题的回答上有显著差异。

H5 by A4

您认为造成生态环境问题的最主要原因是 ＊ 受教育程度 Crosstabulation

	初中及以下	高中、中专及职高	大专	本科及以上	总计
企业唯利是图，造成环境污染	26. 0%	25. 6%	26. 0%	34. 1%	26. 5%
政府缺乏生态意识，政策失当	35. 1%	35. 5%	32. 7%	31. 4%	34. 8%
个人缺乏环保意识	19. 7%	20. 8%	22. 9%	20. 2%	20. 5%
当代人自私自利，不顾未来和子孙利益	18. 3%	17. 1%	17. 5%	13. 4%	17. 3%
其他	0. 9%	1. 0%	1. 0%	0. 9%	0. 9%
总计	100. 0%	100. 0%	100. 0%	100. 0%	100. 0%
列总计	3414	3826	612	759	8611

Chi-square test：df = 12，卡方值 34. 052，sig = 0. 001 < 0. 05，所以不同受教育程度的居民在“您认为造成生态环境问题的最主要原因是”这一问题的回答上有显著差异。

H6 by A4

如果环境保护主管部门邀请您参加座谈会或听证会，您是否会出席 * 受教育程度 Crosstabulation

	初中及以下	高中、中专及职高	大专	本科及以上	总计
会	70.2%	69.5%	74.6%	79.0%	71.0%
不会	29.8%	30.5%	25.4%	21.0%	29.0%
总计	100.0%	100.0%	100.0%	100.0%	100.0%
列总计	2770	3068	516	681	7035

Chi-square test：df = 3，卡方值28.907，sig = 0.000 < 0.05，所以不同受教育程度的居民在“如果环境保护主管部门邀请您参加座谈会或听证会，您是否会出席”这一问题的回答上有显著差异。

H7 by A4

若您所在社区参加“绿色社区”创建活动，您是否会积极参与 * 受教育程度 Crosstabulation

	初中及以下	高中、中专及职高	大专	本科及以上	总计
会	76.1%	75.4%	78.6%	84.1%	76.7%
不会	23.9%	24.6%	21.4%	15.9%	23.3%
总计	100.0%	100.0%	100.0%	100.0%	100.0%
列总计	2792	3104	519	680	7095

Chi-square test：df = 3，卡方值25.486，sig = 0.000 < 0.05，所以不同受教育程度的居民在“若您所在社区参加‘绿色社区’创建活动，您是否会积极参与”这一问题的回答上有显著差异。

I1 by A4

如果您周围有很多外国人，您愿意和他们建立什么样的关系 * 受教育程度 Crosstabulation

	初中及以下	高中、中专及职高	大专	本科及以上	总计
愿意做朋友	30.5%	34.4%	48.5%	58.5%	36.0%
愿意做兄弟姐妹	9.3%	11.2%	12.7%	12.5%	10.7%
不愿意来往，得提防他们	5.2%	4.0%	3.3%	2.4%	4.3%
偶尔交往，仅限于礼节性的	12.6%	12.2%	19.4%	18.4%	13.4%
无法和他们来往，存在语言、文化、习俗等障碍	42.0%	37.8%	16.0%	7.9%	35.3%
其他	0.4%	0.5%	0.2%	0.3%	0.4%
总计	100.0%	100.0%	100.0%	100.0%	100.0%

续表

	初中及以下	高中、中专及职高	大专	本科及以上	总计
列总计	3437	3843	613	759	8652

Chi-square test：df = 15，卡方值 508.525，sig = 0.000 < 0.05，所以不同受教育程度的居民在“如果您周围有很多外国人，您愿意和他们建立什么样的关系”这一问题的回答上有显著差异。

I2 by A4

您更愿意过春节还是圣诞节 ＊ 受教育程度 Crosstabulation

	初中及以下	高中、中专及职高	大专	本科及以上	总计
圣诞节	0.5%	0.9%	0.5%	1.1%	0.7%
春节	83.2%	79.5%	67.7%	67.0%	79.0%
两个都愿意过	12.8%	16.9%	29.7%	28.5%	17.2%
两个都不想过	3.5%	2.7%	2.1%	3.4%	3.0%
总计	100.0%	100.0%	100.0%	100.0%	100.0%
列总计	3461	3864	613	761	8699

Chi-square test：df = 9，卡方值 193.711，sig = 0.000 < 0.05，所以不同受教育程度的居民在“您更愿意过春节还是圣诞节”这一问题的回答上有显著差异。

I3 by A4

您同意中国人与外国人通婚吗 ＊ 受教育程度 Crosstabulation

	初中及以下	高中、中专及职高	大专	本科及以上	总计
非常同意	4.6%	5.7%	10.3%	11.3%	6.1%
比较同意	53.3%	55.8%	67.7%	72.8%	57.3%
不太同意	36.2%	32.5%	19.9%	14.8%	31.3%
强烈反对	5.8%	6.1%	2.2%	1.1%	5.2%
总计	100.0%	100.0%	100.0%	100.0%	100.0%
列总计	2930	3416	554	702	7602

Chi-square test：df = 9，卡方值 253.528，sig = 0.000 < 0.05，所以不同受教育程度的居民在“您同意中国人与外国人通婚吗”这一问题的回答上有显著差异。

I4 by A4

对外来的城市农民工如建筑工人、家庭保姆等，您的态度是 ＊ 受教育程度 Crosstabulation

	初中及以下	高中、中专及职高	大专	本科及以上	总计
看不起和排斥	2.0%	2.5%	1.6%	2.0%	2.2%

续表

	初中及以下	高中、中专及职高	大专	本科及以上	总计
无视和冷漠以对	7.3%	8.3%	6.7%	8.7%	7.8%
尊重和体谅	71.5%	72.7%	77.7%	78.6%	73.1%
同情和友爱	18.9%	16.3%	13.7%	10.4%	16.6%
其他	0.3%	0.2%	0.3%	0.3%	0.3%
总计	100.0%	100.0%	100.0%	100.0%	100.0%
列总计	3427	3834	613	758	8632

Chi-square test：df = 12，卡方值 44.589，sig = 0.000 < 0.05，所以不同受教育程度的居民在“对外来的城市农民工如建筑工人、家庭保姆等，您的态度是”这一问题的回答上有显著差异。

I5 by A4

您在日常生活中与同乡人和外乡人的关系是 * 受教育程度 Crosstabulation

	初中及以下	高中、中专及职高	大专	本科及以上	总计
与同乡人交往多	45.1%	41.4%	32.4%	29.1%	41.2%
与外乡人交往多	10.3%	12.2%	12.1%	17.6%	11.9%
一样多	16.4%	17.7%	27.0%	31.4%	19.1%
偶尔与外乡人有交往，主要与同乡人交往	28.0%	28.6%	28.4%	21.9%	27.7%
其他	0.2%	0.1%	0.2%		0.1%
总计	100.0%	100.0%	100.0%	100.0%	100.0%
列总计	3452	3855	612	757	8676

Chi-square test：df = 12，卡方值 192.010，sig = 0.000 < 0.05，所以不同受教育程度的居民在“您在日常生活中与同乡人和外乡人的关系是”这一问题的回答上有显著差异。

I6 by A4

您所在地区的政府对待外来人员的政策取向是 * 受教育程度 Crosstabulation

	初中及以下	高中、中专及职高	大专	本科及以上	总计
不冷不热，顺其自然	46.2%	44.1%	39.1%	40.0%	44.1%
提高门槛，严加限制	15.3%	16.2%	15.8%	20.6%	16.2%
降低门槛，广泛吸收	22.2%	24.5%	31.8%	23.4%	24.1%
对有钱人、高级专家采取特殊政策吸引，对一般人严加限制	15.8%	14.8%	12.7%	15.2%	15.0%
其他	0.6%	0.4%	0.5%	0.9%	0.6%
总计	100.0%	100.0%	100.0%	100.0%	100.0%

续表

	初中及以下	高中、中专及职高	大专	本科及以上	总计
列总计	2977	3451	581	698	7707

Chi-square test：df = 12，卡方值 44.274，sig = 0.000 < 0.05，所以不同受教育程度的居民在“您所在地区的政府对待外来人员的政策取向是”这一问题的回答上有显著差异。

I7 by A4

您认为在当前的中国，读书还能不能改变命运 * 受教育程度 Crosstabulation

	初中及以下	高中、中专及职高	大专	本科及以上	总计
读书只是改变命运的一个路径	32.6%	36.0%	40.6%	45.4%	35.8%
读书是改变命运的主要路径	43.8%	42.1%	40.1%	39.9%	42.5%
读书是改变命运的唯一路径	13.3%	12.8%	11.3%	7.2%	12.4%
不再是改变命运的路径，没权势的人读了书照样穷	10.1%	9.0%	7.8%	6.8%	9.2%
其他	0.1%	0.1%	0.2%	0.7%	0.2%
总计	100.0%	100.0%	100.0%	100.0%	100.0%
列总计	3446	3849	613	762	8670

Chi-square test：df = 12，卡方值 77.401，sig = 0.000 < 0.05，所以不同受教育程度的居民在“您认为在当前的中国，读书还能不能改变命运”这一问题的回答上有显著差异。

I8 by A4

您如何认识名牌大学里农村学生比例急剧减少的现象 * 受教育程度 Crosstabulation

	初中及以下	高中、中专及职高	大专	本科及以上	总计
是一种社会倒退	10.7%	13.7%	14.4%	13.0%	12.5%
农村教育的落后	41.6%	38.7%	37.6%	37.7%	39.7%
教育不公平	28.7%	27.9%	29.9%	27.9%	28.4%
有钱人和有权人特权的表现	12.5%	12.3%	10.2%	9.3%	12.0%
代际不公、社会不公的延续和加剧	5.5%	6.5%	7.4%	11.2%	6.6%
其他	1.1%	0.8%	0.5%	0.9%	0.9%
总计	100.0%	100.0%	100.0%	100.0%	100.0%
列总计	3391	3808	609	756	8564

Chi-square test：df = 15，卡方值 64.230，sig = 0.000 < 0.05，所以不同受教育程度的居民在“您如何认识名牌大学里农村学生比例急剧减少的现象”这一问题的回答上有显著差异。

I9 by A4

您同学指出您家乡的某一风俗习惯很落后保守，您会做出什么反应 ＊ 受教育程度 Crosstabulation

	初中及以下	高中、中专及职高	大专	本科及以上	总计
坦然面对，承认这一风俗习惯确实落后	51.1%	52.4%	57.2%	60.0%	52.9%
虽然认为说得对，但是感觉他在批评自己的家乡，因此不自在	28.6%	28.5%	26.6%	26.2%	28.2%
虽然认为说得对，但是感到受到羞辱	9.3%	8.2%	6.4%	7.1%	8.4%
批评家乡就是批评自己，要为家乡的风俗习惯做辩护	10.7%	10.6%	9.5%	6.6%	10.2%
其他	0.2%	0.3%	0.3%	0.1%	0.2%
总计	100.0%	100.0%	100.0%	100.0%	100.0%
列总计	3401	3822	612	760	8595

Chi-square test：df = 12，卡方值 33.999，sig = 0.001 < 0.05，所以不同受教育程度的居民在“您同学指出您家乡的某一风俗习惯很落后保守，您会做出什么反应”这一问题的回答上有显著差异。

I10 by A4

如果您有机会出国，初到国外时，您交朋友会有意识地交中国朋友吗 ＊ 受教育程度 Crosstabulation

	初中及以下	高中、中专及职高	大专	本科及以上	总计
会，认为在异国他乡找自己本国人有一种归属感	50.4%	50.4%	47.8%	52.6%	50.4%
不会，看缘分交朋友，不强调国籍	18.6%	21.3%	24.4%	25.2%	20.8%
不会，会有意识地多交外国朋友	3.5%	4.1%	3.6%	5.4%	3.9%
视情况而定	27.6%	24.2%	24.2%	16.8%	24.9%
总计	100.0%	100.0%	100.0%	100.0%	100.0%
列总计	3414	3812	607	762	8595

Chi-square test：df = 9，卡方值 57.711，sig = 0.000 < 0.05，所以不同受教育程度的居民在“如果您有机会出国，初到国外时，您交朋友会有意识地交中国朋友吗”这一问题的回答上有显著差异。

I11 by A4

您是否愿意与不同民族的人交往 ＊ 受教育程度 Crosstabulation

	初中及以下	高中、中专及职高	大专	本科及以上	总计
非常不愿意	2.5%	2.9%	2.9%	2.9%	2.7%

续表

	初中及以下	高中、中专及职高	大专	本科及以上	总计
不太愿意	18.0%	15.9%	13.3%	13.1%	16.3%
比较愿意	71.6%	72.0%	69.8%	69.0%	71.4%
非常愿意	7.9%	9.1%	14.1%	14.9%	9.5%
总计	100.0%	100.0%	100.0%	100.0%	100.0%
列总计	3315	3718	596	746	8375

Chi-square test：df = 9，卡方值62.078，sig = 0.000 < 0.05，所以不同受教育程度的居民在“您是否愿意与不同民族的人交往”这一问题的回答上有显著差异。

I12 by A4

您是否愿意与不同宗教信仰的人相处 ＊ 受教育程度 Crosstabulation

	初中及以下	高中、中专及职高	大专	本科及以上	总计
非常不愿意	5.1%	4.4%	4.3%	3.5%	4.6%
不太愿意	24.2%	22.7%	21.9%	19.0%	22.9%
比较愿意	64.6%	66.0%	64.6%	67.0%	65.4%
非常愿意	6.1%	6.9%	9.2%	10.4%	7.1%
总计	100.0%	100.0%	100.0%	100.0%	100.0%
列总计	3240	3647	588	737	8212

Chi-square test：df = 9，卡方值32.633，sig = 0.000 < 0.05，所以不同受教育程度的居民在“您是否愿意与不同宗教信仰的人相处”这一问题的回答上有显著差异。

I13 by A4

您与您的邻居平时来往多吗 ＊ 受教育程度 Crosstabulation

	初中及以下	高中、中专及职高	大专	本科及以上	总计
非常多	20.3%	18.2%	10.7%	9.7%	17.7%
比较多	49.9%	49.9%	44.4%	36.0%	48.3%
偶尔	25.9%	27.4%	38.4%	44.5%	29.1%
几乎不来往	3.9%	4.5%	6.6%	9.7%	4.9%
总计	100.0%	100.0%	100.0%	100.0%	100.0%
列总计	3434	3820	610	752	8616

Chi-square test：df = 9，卡方值228.990，sig = 0.000 < 0.05，所以不同受教育程度的居民在“您与您的邻居平时来往多吗”这一问题的回答上有显著差异。

I14a by A4

您在多大程度上愿意和下列群体成为邻居？农民工、进城务工人员 ＊ 受教育程度 Crosstabulation

	初中及以下	高中、中专及职高	大专	本科及以上	总计
非常愿意	15.7%	12.9%	10.0%	11.4%	13.7%
比较愿意	76.6%	79.3%	75.4%	68.2%	77.0%
不太愿意	7.4%	7.6%	13.9%	19.6%	9.0%
很不愿意	0.4%	0.3%	0.7%	0.8%	0.4%
总计	100.0%	100.0%	100.0%	100.0%	100.0%
列总计	3371	3759	598	729	8457

Chi-square test：df = 9，卡方值 163.065，sig = 0.000 < 0.05，所以不同受教育程度的居民在“您在多大程度上愿意和下列群体成为邻居？农民工、进城务工人员”这一问题的回答上有显著差异。

I14b by A4

您在多大程度上愿意和下列群体成为邻居？商人 ＊ 受教育程度 Crosstabulation

	初中及以下	高中、中专及职高	大专	本科及以上	总计
非常愿意	11.3%	11.3%	10.5%	8.7%	11.0%
比较愿意	69.9%	72.6%	68.6%	66.3%	70.7%
不太愿意	17.8%	15.2%	19.2%	22.9%	17.2%
很不愿意	1.0%	0.8%	1.7%	2.2%	1.1%
总计	100.0%	100.0%	100.0%	100.0%	100.0%
列总计	3342	3721	593	735	8391

Chi-square test：df = 9，卡方值 46.039，sig = 0.000 < 0.05，所以不同受教育程度的居民在“您在多大程度上愿意和下列群体成为邻居？商人”这一问题的回答上有显著差异。

I14c by A4

您在多大程度上愿意和下列群体成为邻居？企业家或高级管理人员 ＊ 受教育程度 Crosstabulation

	初中及以下	高中、中专及职高	大专	本科及以上	总计
非常愿意	15.2%	15.4%	16.0%	18.6%	15.7%
比较愿意	69.9%	71.8%	71.2%	68.0%	70.7%
不太愿意	13.8%	11.8%	12.3%	11.6%	12.6%
很不愿意	1.1%	1.0%	0.5%	1.8%	1.0%

续表

	初中及以下	高中、中专及职高	大专	本科及以上	总计
总计	100.0%	100.0%	100.0%	100.0%	100.0%
列总计	3286	3683	594	740	8303

Chi-square test：df = 9，卡方值 18.569，sig = 0.029 < 0.05，所以不同受教育程度的居民在“您在多大程度上愿意和下列群体成为邻居？企业家或高级管理人员”这一问题的回答上有显著差异。

I14d by A4

您在多大程度上愿意和下列群体成为邻居？技术工人 * 受教育程度 Crosstabulation

	初中及以下	高中、中专及职高	大专	本科及以上	总计
非常愿意	20.1%	18.7%	16.7%	20.2%	19.3%
比较愿意	71.4%	73.7%	73.0%	69.9%	72.4%
不太愿意	8.1%	7.0%	9.3%	8.0%	7.7%
很不愿意	0.5%	0.6%	1.0%	1.9%	0.7%
总计	100.0%	100.0%	100.0%	100.0%	100.0%
列总计	3331	3730	599	738	8398

Chi-square test：df = 9，卡方值 32.318，sig = 0.000 < 0.05，所以不同受教育程度的居民在“您在多大程度上愿意和下列群体成为邻居？技术工人”这一问题的回答上有显著差异。

I14e by A4

您在多大程度上愿意和下列群体成为邻居？教师 * 受教育程度 Crosstabulation

	初中及以下	高中、中专及职高	大专	本科及以上	总计
非常愿意	27.6%	28.0%	28.0%	33.6%	28.3%
比较愿意	66.5%	66.0%	65.6%	61.5%	65.8%
不太愿意	5.3%	5.5%	6.0%	3.5%	5.3%
很不愿意	0.6%	0.5%	0.5%	1.3%	0.6%
总计	100.0%	100.0%	100.0%	100.0%	100.0%
列总计	3373	3766	604	746	8489

Chi-square test：df = 9，卡方值 23.859，sig = 0.005 < 0.05，所以不同受教育程度的居民在“您在多大程度上愿意和下列群体成为邻居？教师”这一问题的回答上有显著差异。

I14f by A4

您在多大程度上愿意和下列群体成为邻居？医生 ＊ 受教育程度 Crosstabulation

	初中及以下	高中、中专及职高	大专	本科及以上	总计
非常愿意	25.2%	26.0%	26.9%	32.0%	26.3%
比较愿意	66.6%	66.1%	65.3%	60.6%	65.7%
不太愿意	7.3%	7.4%	7.3%	6.2%	7.2%
很不愿意	1.0%	0.6%	0.5%	1.2%	0.8%
总计	100.0%	100.0%	100.0%	100.0%	100.0%
列总计	3362	3755	602	741	8460

Chi-square test：df = 9，卡方值 22.083，sig = 0.009 < 0.05，所以不同受教育程度的居民在“您在多大程度上愿意和下列群体成为邻居？医生”这一问题的回答上有显著差异。

I14g by A4

您在多大程度上愿意和下列群体成为邻居？富人 ＊ 受教育程度 Crosstabulation

	初中及以下	高中、中专及职高	大专	本科及以上	总计
非常愿意	12.2%	13.9%	14.0%	11.7%	13.1%
比较愿意	56.1%	57.0%	56.9%	58.5%	56.8%
不太愿意	26.4%	24.7%	25.2%	24.2%	25.4%
很不愿意	5.3%	4.4%	3.9%	5.6%	4.8%
总计	100.0%	100.0%	100.0%	100.0%	100.0%
列总计	3249	3651	591	735	8226

Chi-square test：df = 9，卡方值 13.542，sig = 0.140 > 0.05，所以不同受教育程度的居民在“您在多大程度上愿意和下列群体成为邻居？富人”这一问题的回答上没有显著差异。

I14h by A4

您在多大程度上愿意和下列群体成为邻居？土豪 ＊ 受教育程度 Crosstabulation

	初中及以下	高中、中专及职高	大专	本科及以上	总计
非常愿意	9.7%	10.2%	11.2%	9.1%	10.0%
比较愿意	50.5%	51.4%	51.2%	49.9%	50.9%
不太愿意	31.2%	31.1%	32.1%	31.8%	31.3%
很不愿意	8.6%	7.3%	5.4%	9.1%	7.8%

续表

	初中及以下	高中、中专及职高	大专	本科及以上	总计
总计	100.0%	100.0%	100.0%	100.0%	100.0%
列总计	3186	3613	588	735	8122

Chi-square test：df = 9，卡方值 12.061，sig = 0.210 > 0.05，所以不同受教育程度的居民在“您在多大程度上愿意和下列群体成为邻居？土豪”这一问题的回答上没有显著差异。

I14i by A4

您在多大程度上愿意和下列群体成为邻居？专家学者 * 受教育程度 Crosstabulation

	初中及以下	高中、中专及职高	大专	本科及以上	总计
非常愿意	16.5%	16.6%	21.0%	26.4%	17.8%
比较愿意	60.1%	60.9%	58.6%	58.7%	60.2%
不太愿意	19.6%	18.9%	16.6%	10.7%	18.2%
很不愿意	3.8%	3.6%	3.8%	4.2%	3.8%
总计	100.0%	100.0%	100.0%	100.0%	100.0%
列总计	3104	3540	585	731	7960

Chi-square test：df = 9，卡方值 68.977，sig = 0.000 < 0.05，所以不同受教育程度的居民在“您在多大程度上愿意和下列群体成为邻居？专家学者”这一问题的回答上有显著差异。

I14j by A4

您在多大程度上愿意和下列群体成为邻居？政府官员 * 受教育程度 Crosstabulation

	初中及以下	高中、中专及职高	大专	本科及以上	总计
非常愿意	11.4%	12.5%	15.2%	14.9%	12.5%
比较愿意	54.6%	54.3%	54.3%	56.5%	54.7%
不太愿意	25.5%	25.8%	23.5%	22.4%	25.2%
很不愿意	8.5%	7.4%	6.9%	6.2%	7.7%
总计	100.0%	100.0%	100.0%	100.0%	100.0%
列总计	3104	3513	578	731	7926

Chi-square test：df = 9，卡方值 19.531，sig = 0.021 < 0.05，所以不同受教育程度的居民在“您在多大程度上愿意和下列群体成为邻居？政府官员”这一问题的回答上有显著差异。

I14k by A4

您在多大程度上愿意和下列群体成为邻居？公众人物、演艺人士 ＊ 受教育程度 Crosstabulation

	初中及以下	高中、中专及职高	大专	本科及以上	总计
非常愿意	9.0%	9.1%	11.4%	10.4%	9.4%
比较愿意	52.0%	51.5%	50.5%	47.5%	51.2%
不太愿意	29.1%	28.7%	27.2%	28.8%	28.7%
很不愿意	9.8%	10.8%	10.9%	13.3%	10.7%
总计	100.0%	100.0%	100.0%	100.0%	100.0%
列总计	2892	3346	570	713	7521

Chi-square test：df = 9，卡方值 13.658，sig = 0.134 > 0.05，所以不同受教育程度的居民在“您在多大程度上愿意和下列群体成为邻居？公众人物、演艺人士”这一问题的回答上没有显著差异。

I15 by A4

您如何看待中国对其他落后国家的广泛援助计划 ＊ 受教育程度 Crosstabulation

	初中及以下	高中、中专及职高	大专	本科及以上	总计
完全支持，认为这有助于提升国家形象和国际地位	42.8%	46.6%	50.2%	49.5%	45.6%
支持，认为我们应该帮助比我们落后的国家	26.9%	25.4%	26.5%	28.0%	26.3%
支持，但国家应该征求纳税人的意见	9.9%	8.9%	9.6%	13.1%	9.7%
不支持，因为我们国家尚存在很多贫困人口	20.4%	19.1%	13.7%	9.5%	18.3%
总计	100.0%	100.0%	100.0%	100.0%	100.0%
列总计	3106	3522	570	740	7938

Chi-square test：df = 9，卡方值 72.101，sig = 0.000 < 0.05，所以不同受教育程度的居民在“您如何看待中国对其他落后国家的广泛援助计划”这一问题的回答上有显著差异。

I16 by A4

您听说过一些道德模范的故事吗？您愿意像他们那样做人做事吗 ＊ 受教育程度 Crosstabulation

	初中及以下	高中、中专及职高	大专	本科及以上	总计
知道一些，他们很了不起，应努力向他们学习	49.9%	51.1%	57.5%	62.4%	52.0%

续表

	初中及以下	高中、中专及职高	大专	本科及以上	总计
知道一些，很敬佩他们，但自己学不来	26.4%	29.4%	27.8%	27.5%	27.9%
知道一些，我感到他们那样做有点不值得	4.3%	5.0%	5.1%	3.9%	4.6%
没听说过谁是道德模范和身边好人	19.2%	14.5%	9.6%	6.2%	15.3%
其他	0.1%	0.1%			0.1%
总计	100.0%	100.0%	100.0%	100.0%	100.0%
列总计	3457	3857	612	763	8689

Chi-square test：df = 12，卡方值 123.340，sig = 0.000 < 0.05，所以不同受教育程度的居民在“您听说过一些道德模范的故事吗？您愿意像他们那样做人做事吗”这一问题的回答上有显著差异。

I17 by A4

当有陌生人走进您的单位或社区，或在车厢中与陌生人在一起时，您通常的态度是 ＊ 受教育程度 Crosstabulation

	初中及以下	高中、中专及职高	大专	本科及以上	总计
对他/她微笑	27.8%	33.9%	37.0%	38.7%	32.1%
主动打招呼	16.0%	14.5%	18.8%	16.0%	15.5%
没有任何反应	29.5%	29.8%	27.6%	30.3%	29.6%
保持警惕，防止上当	26.6%	21.5%	16.4%	14.9%	22.6%
其他	0.1%	0.2%	0.2%	0.1%	0.2%
总计	100.0%	100.0%	100.0%	100.0%	100.0%
列总计	3341	3747	602	746	8436

Chi-square test：df = 12，卡方值 104.380，sig = 0.000 < 0.05，所以不同受教育程度的居民在“当有陌生人走进您的单位或社区，或在车厢中与陌生人在一起时，您通常的态度是”这一问题的回答上有显著差异。

I18 by A4

假设您双手抱着东西走进电梯，您觉得电梯里的陌生人可能会怎样 ＊ 受教育程度 Crosstabulation

	初中及以下	高中、中专及职高	大专	本科及以上	总计
主动问您去几楼并帮您按楼层	34.1%	36.6%	42.4%	51.5%	37.4%
当作没看见	16.1%	15.5%	13.4%	11.0%	15.1%
会在您的请求下给予帮助	49.9%	47.9%	44.3%	37.5%	47.4%
总计	100.0%	100.0%	100.0%	100.0%	100.0%

续表

	初中及以下	高中、中专及职高	大专	本科及以上	总计
列总计	2977	3436	576	717	7706

Chi-square test：df = 6，卡方值 82.347，sig = 0.000 < 0.05，所以不同受教育程度的居民在“假设您双手抱着东西走进电梯，您觉得电梯里的陌生人可能会怎样”这一问题的回答上有显著差异。

中国伦理道德评价的性别差异

B1a by gender

过去一年，您对纸质报纸的使用情况是 * 性别 Crosstabulation

	女性	男性	总计
从不	70.0%	62.1%	66.3%
很少	20.3%	24.1%	22.0%
有时	7.4%	9.6%	8.5%
经常	1.9%	3.7%	2.8%
非常频繁	0.4%	0.5%	0.4%
总计	100.0%	100.0%	100.0%
列总计	4610	4064	8674

Chi-square test：df = 4，卡方值为 1084.587，sig = 0.000 < 0.05，所以不同性别的居民在“过去一年，您对纸质报纸的使用情况是”这一问题的回答上有显著差异。

B1b by gender

过去一年，您对纸质杂志的使用情况是 * 性别 Crosstabulation

	女性	男性	总计
从不	71.7%	67.7%	69.8%
很少	18.6%	21.1%	19.8%
有时	7.6%	8.3%	8.0%
经常	1.8%	2.6%	2.2%
非常频繁	0.2%	0.3%	0.2%
总计	100.0%	100.0%	100.0%
列总计	4606	4053	8659

Chi-square test：df = 4，卡方值为 19.067，sig = 0.001 < 0.05，所以不同性别的居民在“过去一年，您对纸质杂志的使用情况是”这一问题的回答上有显著差异。

B1c by gender

过去一年，您对广播的使用情况是 ＊ 性别 Crosstabulation

	女性	男性	总计
从不	66.3%	59.9%	63.3%
很少	20.5%	21.7%	21.1%
有时	9.5%	13.0%	11.2%
经常	3.3%	4.8%	4.0%
非常频繁	0.4%	0.6%	0.5%
总计	100.0%	100.0%	100.0%
列总计	4593	4042	8635

Chi-square test：df = 4，卡方值为 52.915，sig = 0.000 < 0.05，所以不同性别的居民在“过去一年，您对广播的使用情况是”这一问题的回答上有显著差异。

B1d by gender

过去一年，您对电视的使用情况是 ＊ 性别 Crosstabulation

	女性	男性	总计
从不	2.2%	3.2%	2.7%
很少	11.9%	11.8%	11.9%
有时	24.7%	26.3%	25.5%
经常	41.6%	41.6%	41.6%
非常频繁	19.6%	17.1%	18.4%
总计	100.0%	100.0%	100.0%
列总计	4616	4051	8667

Chi-square test：df = 4，卡方值为 18.280，sig = 0.001 < 0.05，所以不同性别的居民在“过去一年，您对电视的使用情况是”这一问题的回答上有显著差异。

B1e by gender

过去一年，您对各种政府网站的使用情况是 ＊ 性别 Crosstabulation

	女性	男性	总计
从不	72.7%	66.3%	69.7%
很少	15.7%	17.7%	16.6%
有时	7.3%	9.7%	8.4%
经常	3.5%	5.3%	4.3%
非常频繁	0.9%	1.1%	1.0%

续表

	女性	男性	总计
总计	100.0%	100.0%	100.0%
列总计	4543	3993	8536

Chi-square test：df=4，卡方值为49.139，sig =0.000<0.05，所以不同性别的居民在“过去一年，您对各种政府网站的使用情况是”这一问题的回答上有显著差异。

B1f by gender

过去一年，您对社交媒体（微博、微信、博客、播客等）的使用情况是 * 性别 Crosstabulation

	女性	男性	总计
从不	30.9%	30.6%	30.8%
很少	7.9%	8.6%	8.2%
有时	14.7%	14.9%	14.8%
经常	30.5%	29.0%	29.8%
非常频繁	16.0%	16.8%	16.4%
总计	100.0%	100.0%	100.0%
列总计	4588	4033	8621

Chi-square test：df=4，卡方值为4.234，sig =0.375>0.05，所以不同性别的居民在“过去一年，您对社交媒体（微博、微信、博客、播客等）的使用情况是”这一问题的回答上无显著差异。

B1g by gender

过去一年，您对新媒体（如数字报纸、移动电视等）的使用情况是 * 性别 Crosstabulation

	女性	男性	总计
从不	56.3%	55.4%	55.8%
很少	17.8%	17.1%	17.4%
有时	11.5%	13.2%	12.3%
经常	9.9%	9.5%	9.7%
非常频繁	4.6%	4.9%	4.7%
总计	100.0%	100.0%	100.0%
列总计	4517	3994	8511

Chi-square test：df=4，卡方值为6.509，sig =0.164>0.05，所以不同性别的居民在“过去一年，您对新媒体（如数字报纸、移动电视等）的使用情况是”这一问题的回答上无显著差异。

B2 by gender

跟五年前相比，您觉得自己的社会经济地位有什么变化 ＊ 性别 Crosstabulation

	女性	男性	总计
上升了	48.5%	49.4%	48.9%
差不多	44.9%	43.7%	44.3%
下降了	6.7%	6.9%	6.8%
总计	100.0%	100.0%	100.0%
列总计	4371	3862	8233

Chi-square test：df = 2，卡方值为 1.139，sig = 0.566 > 0.05，所以不同性别的居民在“跟五年前相比，您觉得自己的社会经济地位有什么变化”这一问题的回答上无显著差异。

B3 by gender

您感觉在未来的五年中，您的生活水平将会有什么变化 ＊性别 Crosstabulation

	女性	男性	总计
上升很多	17.7%	19.2%	18.4%
略有上升	65.1%	63.0%	64.1%
没有变化	14.4%	14.2%	14.3%
略有下降	2.2%	2.7%	2.4%
下降很多	0.6%	1.0%	0.8%
总计	100.0%	100.0%	100.0%
列总计	4050	3566	7616

Chi-square test：df = 4，卡方值为 7.323，sig = 0.120 > 0.05，所以不同性别的居民在“您感觉在未来的五年中，您的生活水平将会有什么变化”这一问题的回答上无显著差异。

B4 by gender

总的来说，您觉得目前的生活幸福吗 ＊ 性别 Crosstabulation

	女性	男性	总计
非常不幸福	1.3%	1.4%	1.3%
不太幸福	4.3%	5.7%	4.9%
谈不上幸福不幸福	18.9%	21.8%	20.3%
比较幸福	62.9%	59.3%	61.2%
非常幸福	12.7%	11.8%	12.3%
总计	100.0%	100.0%	100.0%
列总计	4640	4082	8722

Chi-square test：df = 4，卡方值为 23.512，sig = 0.000 < 0.05，所以不同性别的居民在“总的来说，您觉得目前的生活幸福吗”这一问题的回答上有显著差异。

B5 by gender

您对自己目前的生活状态满意吗 * 性别 Crosstabulation

	女性	男性	总计
非常满意	12.6%	12.4%	12.5%
比较满意	73.3%	72.0%	72.7%
不太满意	13.1%	14.8%	13.9%
非常不满意	1.0%	0.8%	0.9%
总计	100.0%	100.0%	100.0%
列总计	4576	4006	8582

Chi-square test：df = 3，卡方值为 5.599，sig = 0.133 > 0.05，所以不同性别的居民在“您对自己目前的生活状态满意吗”这一问题的回答上无显著差异。

B6 by gender

社会上发生的一些事情，您一般是从什么渠道最先知道 * 性别 Crosstabulation

	女性	男性	总计
电视	64.9%	64.2%	64.6%
报纸	2.4%	4.2%	3.2%
电台广播	1.6%	2.7%	2.1%
微博、微信等网络社交媒介	37.5%	37.0%	37.3%
网络	26.3%	28.5%	27.3%
和朋友亲友同事交谈	27.1%	24.6%	25.9%
单位传达	0.9%	1.0%	0.9%
总计	4620	4067	8687

据上表所示，不同性别的居民在“社会上发生的一些事情，您一般是从什么渠道最先知道”这一问题的回答上有显著差异。

B7 by gender

从网络中获得的信息对您的思想行为有多大程度的影响 * 性别 Crosstabulation

	女性	男性	总计
影响很大	21.6%	22.8%	22.2%
有一些影响	54.3%	52.9%	53.6%
影响很小	18.7%	19.2%	18.9%

续表

	女性	男性	总计
完全没有影响	5.5%	5.1%	5.3%
总计	100.0%	100.0%	100.0%
列总计	3407	3033	6440

Chi-square test：df = 3，卡方值为 2.443，sig = 0.486 > 0.05，所以不同性别的居民在“从网络中获得的信息对您的思想行为有多大程度的影响”这一问题的回答上无显著差异。

B8 by gender

您认为中国梦和您个人、家庭追求美好生活有多大程度的关系 * 性别 Crosstabulation

	女性	男性	总计
关系很大	33.6%	37.6%	35.5%
关系不大	36.1%	37.9%	36.9%
根本没有关系	9.1%	9.1%	9.1%
不清楚什么是中国梦	21.1%	15.4%	18.4%
总计	100.0%	100.0%	100.0%
列总计	4645	4079	8724

Chi-square test：df = 3，卡方值为 50.537，sig = 0.000 < 0.05，所以不同性别的居民在“您认为中国梦和您个人、家庭追求美好生活有多大程度的关系”这一问题的回答上有显著差异。

B9 by gender

您对当前我国社会道德状况的总体满意度是 * 性别 Crosstabulation

	女性	男性	总计
非常满意	6.5%	7.4%	6.9%
比较满意	67.3%	66.1%	66.7%
不太满意	23.7%	23.8%	23.7%
非常不满意	2.5%	2.8%	2.6%
总计	100.0%	100.0%	100.0%
列总计	4396	3905	8301

Chi-square test：df = 3，卡方值为 3.379，sig = 0.337 > 0.05，所以不同性别的居民在“您对当前我国社会道德状况的总体满意度是”这一问题的回答上无显著差异。

B10 by gender

您对当前我国社会人与人之间的关系的总体满意度是 ＊ 性别 Crosstabulation

	女性	男性	总计
非常满意	5.7%	6.4%	6.0%
比较满意	68.0%	67.6%	67.8%
不太满意	24.5%	24.1%	24.3%
非常不满意	1.8%	1.8%	1.8%
总计	100.0%	100.0%	100.0%
列总计	4445	3906	8351

Chi-square test：df=3，卡方值为2.038，sig =0.565>0.05，所以不同性别的居民在“您对当前我国社会人与人之间的关系的总体满意度是”这一问题的回答上无显著差异。

B11 by gender

您对自己的道德状况的满意度是 ＊ 性别 Crosstabulation

	女性	男性	总计
非常满意	15.1%	15.5%	15.3%
比较满意	77.7%	77.6%	77.6%
不太满意	6.6%	6.4%	6.5%
非常不满意	0.6%	0.6%	0.6%
总计	100.0%	100.0%	100.0%
列总计	4449	3940	8389

Chi-square test：df=3，卡方值为0.354，sig =0.950>0.05，所以不同性别的居民在“您对自己的道德状况的满意度是”这一问题的回答上无显著差异。

B12 by gender

您觉得今后中国社会的道德状况会变成什么样 ＊ 性别 Crosstabulation

	女性	男性	总计
越来越差	5.1%	6.3%	5.6%
不变	10.9%	10.6%	10.8%
越来越好	71.6%	71.2%	71.4%
不知道	12.4%	11.9%	12.2%
总计	100.0%	100.0%	100.0%
列总计	4650	4080	8730

Chi-square test：df=3，卡方值为5.989，sig =0.112>0.05，所以不同性别的居民在“您觉得今后中国社会的道德状况会变成什么样”这一问题的回答上无显著差异。

B13 by gender

您认为我国目前人与人之间的关系受什么影响 * 性别 Crosstabulation

	女性	男性	总计
利益	62.9%	65.9%	64.3%
情感	49.4%	45.3%	47.5%
国家倡导的主流价值观	22.0%	21.6%	21.8%
中国传统价值观	25.4%	26.4%	25.9%
西方价值观	3.4%	3.6%	3.5%
列总计	4346	3886	8232

据上表所示，不同性别的居民在“您认为我国目前人与人之间的关系受什么影响”这一问题的回答上无显著差异。

B14 by gender

对中国社会，您最担忧的问题是 * 性别 Crosstabulation

	女性	男性	总计
腐败不能根治	37.8%	41.5%	39.5%
生态环境恶化	39.6%	37.5%	38.6%
分配不公，两极分化	17.1%	19.8%	18.3%
老无所养，未来没有把握	27.9%	26.5%	27.2%
生活水平下降	23.7%	20.9%	22.4%
道德滑坡，社会风气恶化	15.2%	16.5%	15.8%
人际关系紧张	14.6%	13.9%	14.2%
列总计	4504	3989	8493

据上表所示，不同性别的居民在“中国社会，您最担忧的问题是”这一问题的回答上无显著差异。

B15 by gender

对伦理关系和道德生活，您最向往的是 * 性别 Crosstabulation

	女性	男性	总计
传统社会的伦理和道德（如仁、义、礼、智、信）	61.4%	58.5%	60.1%
战争年代为理想而献身的革命精神（如革命烈士无私献身精神）	14.6%	16.5%	15.5%
新中国成立后到“文化大革命”前的大公无私的集体主义精神	9.6%	10.0%	9.8%
追求个人利益的市场经济下的道德	9.3%	10.8%	10.0%

续表

	女性	男性	总计
西方道德（如个人主义、实用主义、功利主义）	2.6%	2.5%	2.6%
其他	2.4%	1.8%	2.1%
总计	100.0%	100.0%	100.0%
列总计	4470	3994	8464

Chi-square test：df=5，卡方值为17.095，sig =0.004<0.05，所以不同性别的居民在“对伦理关系和道德生活，您最向往的是”这一问题的回答上有显著差异。

B16a by gender

您认为当前我国社会道德生活中最重要的内容是什么＊ 性别 Crosstabulation

	女性	男性	总计
意识形态中所提倡的社会主义道德	23.9%	23.4%	23.7%
中国传统道德	51.1%	49.6%	50.4%
西方文化影响而形成的道德	8.2%	8.3%	8.3%
市场经济中形成的道德	16.6%	18.6%	17.5%
其他	0.2%		0.1%
总计	100.0%	100.0%	100.0%
列总计	4406	3947	8353

Chi-square test：df=4，卡方值为10.140，sig =0.038<0.05，所以不同性别的居民在“您认为当前我国社会道德生活中最重要的内容是什么”这一问题的回答上有显著差异。

B16b by gender

您认为当前我国社会道德生活中最重要的内容是什么？第二重要 ＊ 性别 Crosstabulation

	女性	男性	总计
意识形态中所提倡的社会主义道德	41.2%	41.1%	41.2%
中国传统道德	29.6%	29.3%	29.4%
西方文化影响而形成的道德	9.0%	8.8%	8.9%
市场经济中形成的道德	20.2%	20.7%	20.4%
其他	0.1%	0.1%	0.1%
总计	100.0%	100.0%	100.0%
列总计	4211	3779	7990

Chi-square test：df=4，卡方值为0.398，sig =0.983>0.05，所以不同性别的居民在“您认为当前我国社会道德生活中最重要的内容是什么？第二重要”这一问题的回答上无显著差异。

B16c by gender

您认为当前我国社会道德生活中最重要的内容是什么？第三重要 ＊ 性别 Crosstabulation

	女性	男性	总计
意识形态中所提倡的社会主义道德	27.1%	28.0%	27.5%
中国传统道德	15.2%	15.8%	15.5%
西方文化影响而形成的道德	15.0%	14.2%	14.6%
市场经济中形成的道德	42.8%	42.0%	42.4%
其他			
总计	100.0%	100.0%	100.0%
列总计	4102	3684	7786

Chi-square test：df = 4，卡方值为 2.215，sig = 0.696 > 0.05，所以不同性别的居民在“您认为当前我国社会道德生活中最重要的内容是什么？第三重要”这一问题的回答上无显著差异。

B17 by gender

您认为目前我国社会中伦理道德对人际关系的调节能力如何 ＊ 性别 Crosstabulation

	女性	男性	总计
良好	17.3%	19.1%	18.2%
一般	59.2%	57.5%	58.4%
很差	10.8%	10.8%	10.8%
几乎没有，一切都听从利益支配	12.6%	12.6%	12.6%
总计	100.0%	100.0%	100.0%
列总计	4063	3682	7745

Chi-square test：df = 3，卡方值为 4.294，sig = 0.231 > 0.05，所以不同性别的居民在“您认为目前我国社会中伦理道德对人际关系的调节能力如何”这一问题的回答上无显著差异。

B18 by gender

您认为目前我国社会中伦理道德对个人行为的约束能力如何 ＊ 性别 Crosstabulation

	女性	男性	总计
良好	16.6%	17.4%	17.0%
一般	59.3%	56.6%	58.0%

续表

	女性	男性	总计
很差	13.0%	13.4%	13.2%
几乎没有，一切都听从利益支配	11.2%	12.6%	11.8%
总计	100.0%	100.0%	100.0%
列总计	4071	3683	7754

Chi-square test：df =3，卡方值为6.795，sig =0.079 >0.05，所以不同性别的居民在“您认为目前我国社会中伦理道德对个人行为的约束能力如何”这一问题的回答上无显著差异。

B19 by gender

您认为当今中国社会最基本的伦理冲突是 * 性别 Crosstabulation

	女性	男性	总计
人与自然的冲突	22.2%	22.7%	22.4%
人与自身的冲突	31.2%	31.2%	31.2%
人与人之间的冲突	47.9%	44.6%	46.3%
个人与社会的冲突	30.7%	31.1%	30.9%
个人与政府的冲突	6.9%	8.1%	7.5%
列总计	4456	3971	8427

据上表所示，不同性别的居民在“您认为当今中国社会最基本的伦理冲突是”这一问题的回答上有显著差异。

B20a by gender

在下列关系中，您认为哪些关系对您来说最重要？第一位 * 性别 Crosstabulation

	女性	男性	总计
父母与子女	67.2%	67.8%	67.5%
夫妇	22.4%	19.7%	21.1%
兄弟姐妹	1.4%	1.2%	1.3%
同事或同学	2.2%	2.3%	2.3%
上级或下级	1.0%	1.0%	1.0%
师生	0.1%	0.2%	0.1%
与自然的关系	0.8%	1.2%	1.0%
个人与社会	1.0%	1.0%	1.0%
个人与国家	1.5%	2.2%	1.9%

续表

	女性	男性	总计
个人与工作单位	0.9%	1.4%	1.1%
通过网络建立的各种“群”的关系		0.1%	0.1%
朋友	0.3%	0.5%	0.4%
个人与自身的关系（身心和谐）	1.0%	1.3%	1.2%
其他	0.1%		
总计	100.0%	100.0%	100.0%
列总计	4656	4092	8748

Chi-square test：df = 13，卡方值为 33.092，sig = 0.002 < 0.05，所以不同性别的居民在“在下列关系中，您认为哪些关系对您来说最重要？第一位”这一问题的回答上有显著差异。

B20b by gender

在下列关系中，您认为哪些关系对您来说最重要？第二位 * 性别 Crosstabulation

	女性	男性	总计
父母与子女	24.2%	23.1%	23.7%
夫妇	51.2%	50.7%	51.0%
兄弟姐妹	11.5%	12.3%	11.9%
同事或同学	4.2%	4.1%	4.2%
上级或下级	1.4%	1.2%	1.3%
师生	0.8%	0.9%	0.8%
人与自然的关系	1.6%	1.7%	1.6%
个人与社会	1.1%	1.4%	1.3%
个人与国家	1.1%	1.3%	1.2%
个人与工作单位	1.4%	1.3%	1.3%
通过网络建立的各种“群”的关系	0.1%	0.1%	0.1%
朋友	1.0%	1.3%	1.1%
个人与自身的关系（身心和谐）	0.50%	0.5%	0.5%
其他		0.1%	
总计	100.0%	100.0%	100.0%
列总计	4625	4070	8695

Chi-square test：df = 13，卡方值为 13.626，sig = 0.401 > 0.05，所以不同性别的居民在“在下列关系中，您认为哪些关系对您来说最重要？第二位”这一问题的回答上无显著差异。

B20c by gender

在下列关系中，您认为哪些关系对您来说最重要？第三位 ＊ 性别 Crosstabulation

	女性	男性	总计
父母与子女	2.9%	3.8%	3.3%
夫妇	8.3%	8.8%	8.6%
兄弟姐妹	55.1%	51.8%	53.5%
同事或同学	8.0%	8.5%	8.2%
上级或下级	3.8%	4.3%	4.0%
师生	2.6%	2.3%	2.5%
人与自然的关系	3.5%	3.4%	3.5%
个人与社会	4.1%	4.9%	4.5%
个人与国家	3.4%	3.6%	3.5%
个人与工作单位	2.1%	2.3%	2.2%
通过网络建立的各种“群”的关系	0.3%	0.3%	0.3%
朋友	4.4%	4.3%	4.4%
个人与自身的关系（身心和谐）	1.5%	1.7%	1.5%
其他			
总计	100.0%	100.0%	100.0%
列总计	4609	4060	8669

Chi-square test：df = 13，卡方值为 19.086，sig = 0.120 > 0.05，所以不同性别的居民在“在下列关系中，您认为哪些关系对您来说最重要？第三位”这一问题的回答上无显著差异。

B20d by gender

在下列关系中，您认为哪些关系对您来说最重要？第四位 ＊ 性别 Crosstabulation

	女性	男性	总计
父母与子女	1.5%	1.1%	1.3%
夫妇	3.9%	3.8%	3.9%
兄弟姐妹	5.3%	5.9%	5.6%
同事或同学	19.0%	18.2%	18.6%
上级或下级	5.3%	5.4%	5.4%
师生	5.2%	4.9%	5.1%
人与自然的关系	7.1%	7.5%	7.3%

续表

	女性	男性	总计
个人与社会	11.6%	11.4%	11.5%
个人与国家	5.1%	6.6%	5.8%
个人与工作单位	8.2%	9.0%	8.6%
通过网络建立的各种“群”的关系	0.7%	0.9%	0.8%
朋友	23.8%	22.5%	23.2%
个人与自身的关系（身心和谐）	3.0%	2.7%	2.9%
其他	0.10%		
总计	100.0%	100.0%	100.0%
列总计	4546	4010	8556

Chi-square test：df = 13，卡方值为 19.907，sig = 0.098 > 0.05，所以不同性别的居民在“在下列关系中，您认为哪些关系对您来说最重要？第四位”这一问题的回答上无显著差异。

B20e by gender

在下列关系中，您认为哪些关系对您来说最重要？第五位 * 性别 Crosstabulation

	女性	男性	总计
父母与子女	0.6%	0.7%	0.7%
夫妇	1.5%	1.8%	1.6%
兄弟姐妹	3.1%	3.2%	3.2%
同事或同学	11.2%	11.9%	11.6%
上级或下级	6.1%	6.0%	6.1%
师生	6.8%	6.2%	6.5%
人与自然的关系	5.1%	5.7%	5.4%
个人与社会	14.7%	14.3%	14.5%
个人与国家	10.4%	11.4%	10.9%
个人与工作单位	8.9%	9.4%	9.2%
通过网络建立的各种“群”的关系	2.8%	2.6%	2.7%
朋友	22.1%	21.7%	21.9%
个人与自身的关系（身心和谐）	6.2%	4.9%	5.6%
其他	0.2%	0.1%	0.2%
总计	100.0%	100.0%	100.0%
列总计	4458	3979	8437

Chi-square test：df = 13，卡方值为 19.627，sig = 0.105 > 0.05，所以不同性别的居民在“在下列关系中，您认为哪些关系对您来说最重要？第五位”这一问题的回答上无显著差异。

B21 by gender

您认为哪一种关系对社会秩序最具根本性意义 * 性别 Crosstabulation

	女性	男性	总计
家庭关系或血缘关系	33.1%	31.9%	32.6%
个人与社会的关系	46.6%	46.9%	46.7%
职业关系	4.4%	4.7%	4.6%
个人与国家民族的关系	9.8%	11.1%	10.4%
人与自然的关系	1.9%	2.2%	2.0%
个人与自身的关系	4.1%	3.2%	3.7%
总计	100.0%	100.0%	100.0%
列总计	4618	4062	8680

Chi-square test：df = 5，卡方值为 11.723，sig = 0.039 < 0.05，所以不同性别的居民在“您认为哪一种关系对社会秩序最具根本性意义”这一问题的回答上有显著差异。

B22 by gender

您认为哪一种关系对个人生活最具根本性意义 * 性别 Crosstabulation

	女性	男性	总计
家庭关系或血缘关系	55.7%	52.6%	54.3%
个人与社会的关系	19.3%	20.5%	19.8%
职业关系	12.4%	12.9%	12.6%
个人与国家民族的关系	4.5%	5.3%	4.9%
人与自然的关系	1.9%	1.9%	1.9%
个人与自身的关系	6.2%	6.9%	6.5%
总计	100.0%	100.0%	100.0%
列总计	4623	4068	8691

Chi-square test：df = 5，卡方值为 10.300，sig = 0.067 > 0.05，所以不同性别的居民在“您认为哪一种关系对个人生活最具根本性意义”这一问题的回答上无显著差异。

B23a by gender

对于个人而言，您认为家庭、社会和国家三者的重要性程度如何？第一位 * 性别 Crosstabulation

	女性	男性	总计
国家	43.4%	48.8%	45.9%

续表

	女性	男性	总计
社会	5.8%	5.8%	5.8%
家庭	50.8%	45.5%	48.3%
总计	100.0%	100.0%	100.0%
列总计	4641	4080	8721

Chi-square test：df = 2，卡方值为 26.760，sig = 0.000 < 0.05，所以不同性别的居民在“对于个人而言，您认为家庭、社会和国家三者的重要性程度如何？第一位”这一问题的回答上有显著差异。

B23b by gender

对于个人而言，您认为家庭、社会和国家三者的重要性程度如何？第二位 * 性别 Crosstabulation

	女性	男性	总计
国家	34.6%	32.5%	33.6%
社会	25.9%	23.9%	25.0%
家庭	39.5%	43.5%	41.4%
总计	100.0%	100.0%	100.0%
列总计	4629	4073	8702

Chi-square test：df = 2，卡方值为 14.519，sig = 0.001 < 0.05，所以不同性别的居民在“对于个人而言，您认为家庭、社会和国家三者的重要性程度如何？第二位”这一问题的回答上有显著差异。

B24a by gender

请根据您的理解选择对下列陈述的评价：信息技术、网络技术的发展对伦理道德的影响 * 性别 Crosstabulation

	女性	男性	总计
消极影响	15.1%	16.3%	15.7%
没有影响	30.0%	29.0%	29.5%
积极影响	54.9%	54.7%	54.8%
总计	100.0%	100.0%	100.0%
列总计	3033	2752	5785

Chi-square test：df = 2，卡方值为 1.977，sig = 0.372 > 0.05，所以不同性别的居民在“信息技术、网络技术的发展对伦理道德的影响”这一问题的回答上无显著差异。

B24b by gender

请根据您的理解选择对下列陈述的评价：市场经济对我国伦理道德的影响 * 性别 Crosstabulation

	女性	男性	总计
消极影响	14.4%	16.0%	15.2%
没有影响	25.0%	26.0%	25.5%
积极影响	60.7%	58.0%	59.4%
总计	100.0%	100.0%	100.0%
列总计	2972	2737	5709

Chi-square test：df = 2，卡方值为 4.768，sig = 0.092 > 0.05，所以不同性别的居民在“市场经济对我国伦理道德的影响”这一问题的回答上无显著差异。

B24c by gender

请根据您的理解选择对下列陈述的评价：西方文化对我国伦理道德的影响 * 性别 Crosstabulation

	女性	男性	总计
消极影响	21.4%	22.4%	21.9%
没有影响	33.4%	33.6%	33.5%
积极影响	45.2%	44.0%	44.6%
总计	100.0%	100.0%	100.0%
列总计	2752	2562	5314

Chi-square test：df = 2，卡方值为 1.072，sig = 0.585 > 0.05，所以不同性别的居民在“西方文化对我国伦理道德的影响”这一问题的回答上无显著差异。

B25 by gender

如果国外报道与国家主流媒体的宣传内容不一致，您倾向于相信 * 性别 Crosstabulation

	女性	男性	总计
主流媒体	69.0%	68.1%	68.5%
国外报道	4.3%	4.0%	4.1%
谁都不相信，自己判断	26.7%	28.0%	27.3%
总计	100.0%	100.0%	100.0%
列总计	4222	3760	7982

Chi-square test：df = 2，卡方值为 1.736，sig = 0.420 > 0.05，所以不同性别的居民在“如果国外报道与国家主流媒体的宣传内容不一致，您倾向于相信”这一问题的回答上无显著差异。

B26 by gender

如果朋友圈的消息与国家主流媒体的报道不一致，您倾向于相信 ＊ 性别 Crosstabulation

	女性	男性	总计
主流媒体	59.9%	59.2%	59.6%
朋友圈/亲朋圈子	9.0%	9.3%	9.2%
都不相信，自己比较判断	30.2%	30.6%	30.4%
其他	0.8%	0.8%	0.8%
总计	100.0%	100.0%	100.0%
列总计	4582	4032	8614

Chi-square test：df = 3，卡方值为 0.490，sig = 0.912 > 0.05，所以不同性别的居民在“如果朋友圈的消息与国家主流媒体的宣传内容不一致，您倾向于相信”这一问题的回答上无显著差异。

C1 by gender

您认为当前中国社会个人道德素质的主要问题是 ＊ 性别 Crosstabulation

	女性	男性	总计
道德上无知	13.0%	13.4%	13.2%
有道德知识，但不见诸行动	70.1%	68.5%	69.4%
道德上既无知，也不见道德行动	16.0%	17.5%	16.7%
其他	0.9%	0.6%	0.8%
总计	100.0%	100.0%	100.0%
列总计	4543	4020	8563

Chi-square test：df = 3，卡方值为 6.500，sig = 0.090 > 0.05，所以不同性别的居民在“您认为当前中国社会个人道德素质的主要问题是”这一问题的回答上无显著差异。

C2 by gender

您根据什么来判断某种行为是否符合伦理或道德 ＊ 性别 Crosstabulation

	女性	男性	总计
传统道德观念	50.7%	52.0%	51.3%
风俗习惯	47.9%	47.9%	47.9%
大多数人认同的道德规范	35.3%	35.5%	35.4%
当事人共同利益和意志	17.4%	19.4%	18.3%
自己的良心	57.6%	56.5%	57.1%

续表

	女性	男性	总计
意识形态的要求	8.5%	8.5%	8.5%
列总计	4565	4028	8593

据上表所示，不同性别的居民在“您根据什么来判断某种行为是否符合伦理或道德”这一问题的回答上无显著差异。

C3a by gender

我会经常关心比我不幸的人 * 性别 Crosstabulation

	女性	男性	总计
完全不符合	2.7%	3.2%	3.0%
有点符合	30.3%	30.9%	30.6%
一般	32.4%	34.1%	33.2%
比较符合	29.7%	27.2%	28.5%
完全符合	4.9%	4.5%	4.7%
总计	100.0%	100.0%	100.0%
列总计	4621	4041	8662

Chi-square test：df =4，卡方值为9.495，sig =0.050 =0.05，所以不同性别的居民在“我会经常关心比我不幸的人”这一问题的回答上有显著差异。

C3b by gender

我时常会同情他人的难处 * 性别 Crosstabulation

	女性	男性	总计
完全不符合	2.0%	2.1%	2.0%
有点符合	28.7%	29.2%	28.9%
一般	32.7%	36.1%	34.3%
比较符合	28.5%	25.0%	26.9%
完全符合	8.1%	7.6%	7.9%
总计	100.0%	100.0%	100.0%
列总计	4610	4044	8654

Chi-square test：df =4，卡方值为18.029，sig =0.001 <0.05，所以不同性别的居民在“我时常会同情他人的难处”这一问题的回答上有显著差异。

C3c by gender

在做决定前，我会试着从每个人的立场去考虑问题 ＊ 性别 Crosstabulation

	女性	男性	总计
完全不符合	2.7%	3.2%	3.0%
有点符合	24.8%	24.8%	24.8%
一般	38.0%	39.1%	38.5%
比较符合	27.7%	26.0%	26.9%
完全符合	6.8%	7.0%	6.9%
总计	100.0%	100.0%	100.0%
列总计	4600	4044	8644

Chi-square test：df = 4，卡方值为 4.944，sig = 0.293 > 0.05，所以不同性别的居民在“在做决定前，我会试着从每个人的立场去考虑问题”这一问题的回答上无显著差异。

C3d by gender

当我看到有人被利用时，时常想要保护他们 ＊ 性别 Crosstabulation

	女性	男性	总计
完全不符合	5.2%	5.1%	5.2%
有点符合	25.3%	25.4%	25.4%
一般	37.1%	39.4%	38.2%
比较符合	26.3%	23.5%	25.0%
完全符合	6.0%	6.6%	6.3%
总计	100.0%	100.0%	100.0%
列总计	4583	4030	8613

Chi-square test：df = 4，卡方值为 10.631，sig = 0.031 < 0.05，所以不同性别的居民在“当我看到有人被利用时，时常想要保护他们”这一问题的回答上有显著差异。

C3e by gender

我有时会试图站在他人的角度，以更好地理解我的朋友 ＊ 性别 Crosstabulation

	女性	男性	总计
完全不符合	3.4%	3.7%	3.5%
有点符合	24.1%	23.8%	23.9%

续表

	女性	男性	总计
一般	33.9%	36.6%	35.1%
比较符合	31.1%	28.6%	30.0%
完全符合	7.5%	7.4%	7.5%
总计	100.0%	100.0%	100.0%
列总计	4572	4029	8601

Chi-square test：df = 4，卡方值为 9.589，sig = 0.048 < 0.05，所以不同性别的居民在“我有时会试图站在他人的角度，以更好地理解我的朋友”这一问题的回答上有显著差异。

C3f by gender

他人的不幸通常不会给我带来很大的不安 * 性别 Crosstabulation

	女性	男性	总计
完全不符合	14.4%	13.6%	14.0%
有点符合	27.2%	28.3%	27.7%
一般	32.8%	35.1%	33.9%
比较符合	21.0%	18.7%	19.9%
完全符合	4.6%	4.4%	4.5%
总计	100.0%	100.0%	100.0%
列总计	4562	4000	8562

Chi-square test：df = 4，卡方值为 11.039，sig = 0.026 < 0.05，所以不同性别的居民在“他人的不幸通常不会给我带来很大的不安”这一问题的回答上有显著差异。

C3g by gender

在观看电视剧或电影之后，我会感觉到自己仿佛成了其中的一个角色 * 性别 Crosstabulation

	女性	男性	总计
完全不符合	14.6%	17.2%	15.8%
有点符合	23.3%	24.3%	23.8%
一般	33.7%	35.3%	34.5%
比较符合	22.9%	19.6%	21.4%
完全符合	5.4%	3.6%	4.6%
总计	100.0%	100.0%	100.0%

续表

	女性	男性	总计
列总计	4478	3883	8361

Chi-square test：df = 4，卡方值为 37.710，sig = 0.000 < 0.05，所以不同性别的居民在“在观看电视剧或电影之后，我会感觉到自己仿佛成了其中的一个角色”这一问题的回答上有显著差异。

C3h by gender

当我对某人很不耐烦的时候，我通常会暂时站在他/她的位置上 * 性别 Crosstabulation

	女性	男性	总计
完全不符合	9.7%	11.8%	10.7%
有点符合	29.0%	28.4%	28.7%
一般	33.3%	35.2%	34.2%
比较符合	22.4%	19.1%	20.9%
完全符合	5.6%	5.5%	5.5%
总计	100.0%	100.0%	100.0%
列总计	4500	3923	8423

Chi-square test：df = 4，卡方值为 21.377，sig = 0.000 < 0.05，所以不同性别的居民在“当我对某人很不耐烦的时候，我通常会暂时站在他/她的位置上”这一问题的回答上有显著差异。

C3i by gender

当我在读一个有趣的故事或者看一部电影的时候，会想象如果这些事情发生在自己身上，我会是怎样的感受 * 性别 Crosstabulation

	女性	男性	总计
完全不符合	11.6%	14.3%	12.9%
有点符合	24.7%	24.8%	24.7%
一般	33.4%	33.9%	33.7%
比较符合	24.0%	21.1%	22.7%
完全符合	6.2%	6.0%	6.1%
总计	100.0%	100.0%	100.0%
列总计	4433	3846	8279

Chi-square test：df = 4，卡方值为 19.621，sig = 0.001 < 0.05，所以不同性别的居民在“当我在读一个有趣的故事或者看一部电影的时候，会想象如果这些事情发生在自己身上，我会是怎样的感受”这一问题的回答上有显著差异。

C3j by gender

在批评他人之前，我会尝试想象一下如果我处于那个位置会是什么感受 ＊ 性别 Crosstabulation

	女性	男性	总计
完全不符合	6.8%	8.6%	7.6%
有点符合	27.5%	26.9%	27.2%
一般	33.6%	34.9%	34.2%
比较符合	25.6%	23.2%	24.5%
完全符合	6.6%	6.4%	6.5%
总计	100.0%	100.0%	100.0%
列总计	4478	3920	8398

Chi-square test：df = 4，卡方值为 15.725，sig = 0.003 < 0.05，所以不同性别的居民在“在批评他人之前，我会尝试想象一下如果我处于那个位置会是什么感受”这一问题的回答上有显著差异。

C4a by gender

您认为当今中国社会最重要和最需要的德性是？第一位 ＊ 性别 Crosstabulation

	女性	男性	总计
爱（仁爱、博爱、友爱）	29.7%	27.9%	28.8%
义（道义、义务）	3.4%	4.6%	3.9%
宽容	4.4%	4.2%	4.3%
责任	8.3%	9.3%	8.8%
公正	11.8%	13.5%	12.6%
诚信	10.7%	10.9%	10.8%
忠恕（将心比心）	1.8%	2.2%	2.0%
理智	0.6%	0.7%	0.7%
节制	1.6%	1.7%	1.6%
谦让	2.4%	2.2%	2.3%
勇敢	0.6%	0.6%	0.6%
正直	1.2%	1.2%	1.2%
善良	6.3%	5.1%	5.7%
孝敬	16.6%	15.5%	16.1%
敬业	0.3%	0.5%	0.4%
其他	0.2%		0.1%

续表

	女性	男性	总计
总计	100.0%	100.0%	100.0%
列总计	4644	4079	8723

Chi-square test：df = 15，卡方值为 32.599，sig = 0.005 < 0.05，所以不同性别的居民在"您认为当今中国社会最重要和最需要的德性是？第一位"这一问题的回答上有显著差异。

C4b by gender

您认为当今中国社会最重要和最需要的德性是？第二位 * 性别 Crosstabulation

	女性	男性	总计
爱（仁爱、博爱、友爱）	11.00%	10.70%	10.90%
义（道义、义务）	11.50%	11.70%	11.60%
宽容	9.6%	9.1%	9.4%
责任	11.1%	11.4%	11.2%
公正	11.4%	12.6%	11.9%
诚信	15.4%	16.4%	15.8%
忠恕（将心比心）	3.9%	4.1%	4.0%
理智	1.0%	1.3%	1.2%
节制	2.4%	2.3%	2.3%
谦让	2.5%	2.0%	2.3%
勇敢	1.3%	1.4%	1.3%
正直	2.3%	2.2%	2.3%
善良	7.3%	5.4%	6.4%
孝敬	8.5%	8.0%	8.3%
敬业	0.9%	1.4%	1.2%
其他			
总计	100.0%	100.0%	100.0%
列总计	4635	4067	8702

Chi-square test：df = 15，卡方值为 27.573，sig = 0.024 < 0.05，所以不同性别的居民在"您认为当今中国社会最重要和最需要的德性是？第二位"这一问题的回答上有显著差异。

C4c by gender

您认为当今中国社会最重要和最需要的德性是？第三位 * 性别 Crosstabulation

	女性	男性	总计
爱（仁爱、博爱、友爱）	6.3%	5.8%	6.1%

续表

	女性	男性	总计
义（道义、义务）	4. 6%	4. 7%	4. 7%
宽容	17. 3%	14. 6%	16. 0%
责任	14. 5%	17. 0%	15. 7%
公正	9. 0%	9. 0%	9. 0%
诚信	14. 0%	13. 6%	13. 8%
忠恕（将心比心）	5. 2%	5. 1%	5. 2%
理智	3. 9%	3. 7%	3. 8%
节制	2. 1%	2. 6%	2. 3%
谦让	3. 3%	3. 5%	3. 4%
勇敢	2. 0%	1. 7%	1. 9%
正直	4. 1%	5. 3%	4. 7%
善良	6. 0%	5. 4%	5. 7%
孝敬	6. 4%	6. 0%	6. 2%
敬业	1. 2%	1. 8%	1. 5%
总计	100. 0%	100. 0%	100. 0%
列总计	4622	4062	8684

Chi-square test：df = 14，卡方值为 36. 795，sig = 0. 001 < 0. 05，所以不同性别的居民在“您认为当今中国社会最重要和最需要的德性是？第三位”这一问题的回答上有显著差异。

C4d by gender

您认为当今中国社会最重要和最需要的德性是？第四位 ＊ 性别 Crosstabulation

	女性	男性	总计
爱（仁爱、博爱、友爱）	4. 9%	4. 7%	4. 8%
义（道义、义务）	4. 3%	4. 1%	4. 2%
宽容	8. 0%	7. 4%	7. 7%
责任	15. 3%	13. 8%	14. 6%
公正	10. 2%	10. 6%	10. 4%
诚信	12. 0%	11. 8%	11. 9%
忠恕（将心比心）	3. 5%	3. 5%	3. 5%
理智	3. 6%	4. 2%	3. 9%
节制	3. 8%	3. 7%	3. 8%
谦让	5. 1%	5. 6%	5. 3%
勇敢	2. 6%	3. 2%	2. 9%

续表

	女性	男性	总计
正直	5.0%	5.5%	5.2%
善良	11.5%	10.7%	11.1%
孝敬	8.8%	8.9%	8.8%
敬业	1.6%	2.2%	1.8%
总计	100.0%	100.0%	100.0%
列总计	4603	4056	8659

Chi-square test：df = 14，卡方值为 17.610，sig ＝0.225 >0.05，所以不同性别的居民在“您认为当今中国社会最重要和最需要的德性是？第四位”这一问题的回答上无显著差异。

C4e by gender

您认为当今中国社会最重要和最需要的德性是？第五位 ＊ 性别 Crosstabulation

	女性	男性	总计
爱（仁爱、博爱、友爱）	4.9%	5.0%	5.0%
义（道义、义务）	4.0%	5.0%	4.5%
宽容	5.3%	5.0%	5.2%
责任	7.7%	7.8%	7.8%
公正	7.6%	8.5%	8.1%
诚信	12.0%	9.7%	11.0%
忠恕（将心比心）	4.7%	4.2%	4.4%
理智	4.5%	4.5%	4.5%
节制	3.2%	3.4%	3.3%
谦让	6.2%	6.7%	6.5%
勇敢	3.7%	3.2%	3.4%
正直	7.3%	8.5%	7.9%
善良	10.3%	9.5%	9.9%
孝敬	14.2%	12.9%	13.6%
敬业	4.2%	6.1%	5.1%
总计	100.0%	100.0%	100.0%
列总计	4574	4045	8619

Chi-square test：df = 14，卡方值为 44.055，sig ＝0.000 <0.05，所以不同性别的居民在“您认为当今中国社会最重要和最需要的德性是？第五位”这一问题的回答上有显著差异。

C5 by gender

一个制药厂做药品销售时，出资50万元请您向公众介绍自己服药后的良好效果，您过去服用这药时并没有效果，但也没有发现有很大的副作用，您将如何决定 * 性别 Crosstabulation

	女性	男性	总计
接受邀请，心安理得	11.1%	11.6%	11.3%
接受邀请，心里不安，但这笔巨款很有吸引力	19.0%	20.2%	19.5%
拒绝，这是虚假广告欺骗大众	69.7%	67.7%	68.8%
其他	0.2%	0.5%	0.4%
总计	100.0%	100.0%	100.0%
列总计	4603	4052	8655

Chi-square test：df=3，卡方值为7.679，sig =0.053>0.05，所以不同性别的居民在“一个制药厂做药品销售时，出资50万元请您向公众介绍自己服药后的良好效果，您过去服用这药时并没有效果，但也没有发现有很大的副作用，您将如何决定”这一问题的回答上无显著差异。

C6 by gender

您正在申请一个重要的职位，如果具有两次以上在敬老院做义工的经历（不需要出具证据），将可能优先获得这个职位，您将如何决定 * 性别 Crosstabulation

	女性	男性	总计
如实填报，没做过义工，今后多参加这类活动	73.6%	72.7%	73.2%
填报参加过两次义工，这机会太重要了，反正不需要出具证据	14.6%	15.4%	15.0%
先填报，交表之后去做两次义工	11.5%	11.4%	11.5%
其他	0.3%	0.5%	0.4%
总计	100.0%	100.0%	100.0%
列总计	4530	4036	8566

Chi-square test：df=3，卡方值为3.636，sig =0.304>0.05，所以不同性别的居民在“您正在申请一个重要的职位，如果具有两次以上在敬老院做义工的经历（不需要出具证据），将可能优先获得这个职位，您将如何决定”这一问题的回答上无显著差异。

C7 by gender

如果您全权代表本单位与另一单位进行项目谈判，对方要求您给予一千万元的优惠，事成之后将您正在寻找工作的女儿安排到这一单位并且获得较好职位，您将如何决定 * 性别 Crosstabulation

	女性	男性	总计
拒绝，不能以公谋私	78.1%	77.6%	77.9%

续表

	女性	男性	总计
接受，女儿前途重要，并且我有权决定	21.1%	21.2%	21.1%
其他	0.8%	1.2%	1.0%
总计	100.0%	100.0%	100.0%
列总计	4543	4018	8561

Chi-square test：df = 2，卡方值为 3.149，sig = 0.207 > 0.05，所以不同性别的居民在“如果您全权代表本单位与另一单位进行项目谈判，对方要求您给予一千万元的优惠，事成之后将您正在寻找工作的女儿安排到这一单位并且获得较好职位，您将如何决定”这一问题的回答上无显著差异。

C8 by gender

现在社会上有些人不守道德反而占了便宜，您会不会效仿 * 性别 Crosstabulation

	女性	男性	总计
从来不这么做	51.4%	52.0%	51.7%
通常不这么做，关键时刻会这么做	24.3%	25.6%	24.9%
经常这么做	1.0%	0.9%	1.0%
相信善有善报，恶有恶报，终将会善恶报应	23.1%	21.3%	22.3%
其他	0.2%	0.2%	0.2%
总计	100.0%	100.0%	100.0%
列总计	4620	4057	8677

Chi-square test：df = 4，卡方值为 5.390，sig = 0.250 > 0.05，所以不同性别的居民在“现在社会上有些人不守道德反而占了便宜，您会不会效仿”这一问题的回答上无显著差异。

C9a by gender

下列说法您是否认同？目前大多数人将职业当作谋生的手段，缺乏责任感和奉献精神 * 性别 Crosstabulation

	女性	男性	总计
完全不同意	4.9%	5.1%	5.0%
不太同意	28.4%	27.6%	28.0%
比较同意	55.7%	55.4%	55.5%
完全同意	11.0%	12.0%	11.5%
总计	100.0%	100.0%	100.0%
列总计	4302	3873	8175

Chi-square test：df = 3，卡方值为 2.176，sig = 0.537 > 0.05，所以不同性别的居民在“目前大多数人将职业当作谋生的手段，缺乏责任感和奉献精神”这一问题的回答上无显著差异。

C9b by gender

下列说法您是否认同？企业老板剥削员工，利益关系不公正 ＊ 性别 Crosstabulation

	女性	男性	总计
完全不同意	6.5%	5.9%	6.2%
不太同意	34.6%	34.1%	34.4%
比较同意	49.6%	50.8%	50.2%
完全同意	9.2%	9.2%	9.2%
总计	100.0%	100.0%	100.0%
列总计	4155	3727	7882

Chi-square test：df = 3，卡方值为 2.186，sig = 0.535 > 0.05，所以不同性别的居民在“企业老板剥削员工，利益关系不公正”这一问题的回答上无显著差异。

C9c by gender

下列说法您是否认同？老板和员工、上级和下级相互勾结，共同对社会不负责任 ＊ 性别 Crosstabulation

	女性	男性	总计
完全不同意	9.8%	9.7%	9.8%
不太同意	44.7%	42.4%	43.6%
比较同意	37.5%	39.7%	38.5%
完全同意	7.9%	8.1%	8.0%
总计	100.0%	100.0%	100.0%
列总计	4063	3674	7737

Chi-square test：df = 3，卡方值为 4.957，sig = 0.175 > 0.05，所以不同性别的居民在“老板和员工、上级和下级相互勾结，共同对社会不负责任”这一问题的回答上无显著差异。

C9d by gender

下列说法您是否认同？是否离婚主要考虑自己的感受和利益 ＊ 性别 Crosstabulation

	女性	男性	总计
完全不同意	21.0%	21.0%	21.0%
不太同意	44.5%	45.0%	44.7%
比较同意	28.0%	26.9%	27.5%

续表

	女性	男性	总计
完全同意	6.6%	7.1%	6.8%
总计	100.0%	100.0%	100.0%
列总计	4367	3809	8176

Chi-square test：df = 3，卡方值为 1.708，sig = 0.635 > 0.05，所以不同性别的居民在“是否离婚主要考虑自己的感受和利益”这一问题的回答上无显著差异。

C9e by gender

下列说法您是否认同？是否离婚应该从家庭整体（包括子女）考虑 ＊ 性别 Crosstabulation

	女性	男性	总计
完全不同意	1.7%	2.0%	1.8%
不太同意	12.8%	12.9%	12.9%
比较同意	54.5%	54.3%	54.4%
完全同意	31.0%	30.7%	30.9%
总计	100.0%	100.0%	100.0%
列总计	4423	3852	8275

Chi-square test：df = 3，卡方值为 1.264，sig = 0.738 > 0.05，所以不同性别的居民在“是否离婚应该从家庭整体（包括子女）考虑”这一问题的回答上无显著差异。

C9f by gender

下列说法您是否认同？婚姻是社会的事，应当兼顾社会评价和社会后果 ＊ 性别 Crosstabulation

	女性	男性	总计
完全不同意	5.6%	5.4%	5.5%
不太同意	27.1%	27.2%	27.1%
比较同意	51.8%	52.5%	52.1%
完全同意	15.5%	14.9%	15.2%
总计	100.0%	100.0%	100.0%
列总计	4219	3730	7949

Chi-square test：df = 3，卡方值为 0.846，sig = 0.838 > 0.05，所以不同性别的居民在“婚姻是社会的事，应当兼顾社会评价和社会后果”这一问题的回答上无显著差异。

C9g by gender

下列说法您是否认同？婚姻应当是自由的，如果有更满意或更合适的人就与现在的配偶离婚 ＊ 性别 Crosstabulation

	女性	男性	总计
完全不同意	37.5%	35.4%	36.5%
不太同意	41.2%	41.6%	41.4%
比较同意	18.5%	19.9%	19.2%
完全同意	2.8%	3.0%	2.9%
总计	100.0%	100.0%	100.0%
列总计	4487	3929	8416

Chi-square test：df = 3，卡方值为 5.220，sig = 0.156 > 0.05，所以不同性别的居民在“婚姻应当是自由的，如果有更满意或更合适的人就与现在的配偶离婚”这一问题的回答上无显著差异。

C9h by gender

下列说法您是否认同？婚姻意味着责任，要考虑给对方造成什么后果，不能轻率地选择离婚 ＊ 性别 Crosstabulation

	女性	男性	总计
完全不同意	1.5%	1.4%	1.4%
不太同意	10.4%	10.6%	10.5%
比较同意	53.2%	53.1%	53.2%
完全同意	34.9%	34.9%	34.9%
总计	100.0%	100.0%	100.0%
列总计	4520	3946	8466

Chi-square test：df = 3，卡方值为 0.239，sig = 0.917 > 0.05，所以不同性别的居民在“婚姻意味着责任，要考虑给对方造成什么后果，不能轻率地选择离婚”这一问题的回答上无显著差异。

C9i by gender

下列说法您是否认同？遇到困难的时候，兄弟姐妹通常都会给予力所能及的帮助 ＊ 性别 Crosstabulation

	女性	男性	总计
完全不同意	0.9%	1.4%	1.1%
不太同意	8.8%	8.8%	8.8%
比较同意	49.1%	49.6%	49.3%
完全同意	41.3%	40.2%	40.8%

续表

	女性	男性	总计
总计	100.0%	100.0%	100.0%
列总计	4542	3998	8540

Chi-square test：df = 3，卡方值为 5.894，sig = 0.117 > 0.05，所以不同性别的居民在“遇到困难的时候，兄弟姐妹通常都会给予力所能及的帮助”这一问题的回答上无显著差异。

C9j by gender

下列说法您是否认同？无论父母对自己如何，都应当尽赡养义务 * 性别 Crosstabulation

	女性	男性	总计
完全不同意	1.2%	1.2%	1.2%
不太同意	6.3%	7.3%	6.8%
比较同意	37.6%	37.4%	37.5%
完全同意	54.9%	54.1%	54.5%
总计	100.0%	100.0%	100.0%
列总计	4558	4007	8565

Chi-square test：df = 3，卡方值为 3.711，sig = 0.294 > 0.05，所以不同性别的居民在“无论父母对自己如何，都应当尽赡养义务”这一问题的回答上无显著差异。

C9k by gender

下列说法您是否认同？为了家庭利益可以一定程度上牺牲国家利益 * 性别 Crosstabulation

	女性	男性	总计
完全不同意	19.8%	19.4%	19.6%
不太同意	50.7%	52.2%	51.4%
比较同意	23.8%	23.0%	23.4%
完全同意	5.7%	5.4%	5.6%
总计	100.0%	100.0%	100.0%
列总计	4111	3712	7823

Chi-square test：df = 3，卡方值为 1.923，sig = 0.588 > 0.05，所以不同性别的居民在“为了家庭利益可以一定程度上牺牲国家利益”这一问题的回答上无显著差异。

C91 by gender

下列说法您是否认同？为了国家利益可以一定程度上牺牲家庭利益 ＊ 性别 Crosstabulation

	女性	男性	总计
完全不同意	10.0%	9.8%	9.9%
不太同意	30.2%	29.8%	30.0%
比较同意	44.1%	44.0%	44.1%
完全同意	15.7%	16.3%	16.0%
总计	100.0%	100.0%	100.0%
列总计	4047	3655	7702

Chi-square test：df = 3，卡方值为 0.620，sig = 0.892 > 0.05，所以不同性别的居民在“为了国家利益可以一定程度上牺牲家庭利益”这一问题的回答上无显著差异。

C10 by gender

假设您的上司或老板是外国人，他侮辱了中国，但抗争会产生不利于自己的后果，您会选择 ＊ 性别 Crosstabulation

	女性	男性	总计
当面抗议	59.9%	66.3%	62.9%
保持沉默	21.9%	17.6%	19.9%
暗地里报复	2.2%	2.6%	2.3%
以屈求伸，背后骂几句就行了	10.2%	8.5%	9.4%
无所谓	5.8%	5.2%	5.5%
总计	100.0%	100.0%	100.0%
列总计	4621	4069	8690

Chi-square test：df = 4，卡方值为 44.916，sig = 0.000 < 0.05，所以不同性别的居民在“假设您的上司或老板是外国人，他侮辱了中国，但抗争会产生不利于自己的后果，您会选择”这一问题的回答上有显著差异。

C11 by gender

如果条件允许的话，您希望您的孩子生活在国内，还是到国外定居 ＊ 性别 Crosstabulation

	女性	男性	总计
还是在国内生活好	46.9%	48.1%	47.5%
到国外定居	11.8%	12.9%	12.3%

续表

	女性	男性	总计
走一步看一步	14.3%	13.8%	14.1%
没考虑过	27.0%	25.1%	26.1%
总计	100.0%	100.0%	100.0%
列总计	4607	4052	8659

Chi-square test：df = 3，卡方值为 6.061，sig = 0.109 > 0.05，所以不同性别的居民在“如果条件允许的话，您希望您的孩子生活在国内，还是到国外定居”这一问题的回答上无显著差异。

C12a by gender

您常常体验到自己身上有一种“伦理感”的存在吗？人与人之间 * 性别 Crosstabulation

	女性	男性	总计
没有，只感受到自己实实在在的生活	23.5%	24.0%	23.8%
偶尔有，但主要是因为那种情况下我的利益与它高度一致	34.1%	34.7%	34.4%
偶尔有，是在受某种作品或生活情境的影响之后	22.3%	20.9%	21.6%
时常有，它是一种内在的信念	20.1%	20.4%	20.2%
总计	100.0%	100.0%	100.0%
列总计	4523	3996	8519

Chi-square test：df = 3，卡方值为 2.439，sig = 0.486 > 0.05，所以不同性别的居民在“您常常体验到自己身上有一种‘伦理感’的存在吗？人与人之间”这一问题的回答上无显著差异。

C12b by gender

您常常体验到自己身上有一种“伦理感”的存在吗？家庭 * 性别 Crosstabulation

	女性	男性	总计
没有，只感受到自己实实在在的生活	18.4%	19.6%	19.0%
偶尔有，但主要是因为那种情况下我的利益与它高度一致	22.7%	23.0%	22.8%
偶尔有，是在受某种作品或生活情境的影响之后	22.2%	21.3%	21.8%
时常有，它是一种内在的信念	36.7%	36.1%	36.4%
总计	100.0%	100.0%	100.0%
列总计	4518	3996	8514

Chi-square test：df = 3，卡方值为 2.704，sig = 0.440 > 0.05，所以不同性别的居民在“您常常体验到自己身上有一种‘伦理感’的存在吗？家庭”这一问题的回答上无显著差异。

C12c by gender

您常常体验到自己身上有一种“伦理感”的存在吗？单位 ＊ 性别 Crosstabulation

	女性	男性	总计
没有，只感受到自己实实在在的生活	26.3%	26.3%	26.3%
偶尔有，但主要是因为那种情况下我的利益与它高度一致	33.0%	35.0%	33.9%
偶尔有，是在受某种作品或生活情境的影响之后	28.1%	26.3%	27.2%
时常有，它是一种内在的信念	12.6%	12.4%	12.5%
总计	100.0%	100.0%	100.0%
列总计	4435	3928	8363

Chi-square test：df = 3，卡方值为 4.914，sig = 0.178 > 0.05，所以不同性别的居民在“您常常体验到自己身上有一种‘伦理感’的存在吗？单位”这一问题的回答上无显著差异。

C12d by gender

您常常体验到自己身上有一种“伦理感”的存在吗？社区、城市 ＊ 性别 Crosstabulation

	女性	男性	总计
没有，只感受到自己实实在在的生活	31.4%	32.1%	31.7%
偶尔有，但主要是因为那种情况下我的利益与它高度一致	29.1%	28.9%	29.0%
偶尔有，是在受某种作品或生活情境的影响之后	24.9%	24.2%	24.5%
时常有，它是一种内在的信念	14.7%	14.8%	14.7%
总计	100.0%	100.0%	100.0%
列总计	4512	3980	8492

Chi-square test：df = 3，卡方值为 0.771，sig = 0.856 > 0.05，所以不同性别的居民在“您常常体验到自己身上有一种‘伦理感’的存在吗？社区、城市”这一问题的回答上无显著差异。

C13 by gender

您常常体验到自己身上有一种“道德感”的存在和满足吗 ＊ 性别 Crosstabulation

	女性	男性	总计
没有，只是凭自己的感觉和利益办事	27.0%	27.1%	27.0%
在有监督的环境中或有别人在场时有，其他环境中没有	13.3%	14.6%	13.9%
经常有，问心无愧、不做亏心事最重要	33.7%	33.9%	33.8%

续表

	女性	男性	总计
没有特别的感觉，但从来不做不道德的事	25.7%	24.0%	24.9%
其他	0.3%	0.3%	0.3%
总计	100.0%	100.0%	100.0%
列总计	4598	4049	8647

Chi-square test：df = 4，卡方值为 5.054，sig = 0.282 > 0.05，所以不同性别的居民在“您常常体验到自己身上有一种‘道德感’的存在和满足吗”这一问题的回答上无显著差异。

C14 by gender

您认为国家对于个人存在的意义是 ＊ 性别 Crosstabulation

	女性	男性	总计
国家离我们很遥远，个人最重要	24.8%	23.1%	24.0%
国家最重要，是我们的安身之地，国家富强个人才能过得好	75.0%	76.6%	75.7%
其他	0.3%	0.3%	0.3%
总计	100.0%	100.0%	100.0%
列总计	4625	4069	8694

Chi-square test：df = 2，卡方值为 3.505，sig = 0.173 > 0.05，所以不同性别的居民在“您认为国家对于个人存在的意义是”这一问题的回答上无显著差异。

C15 by gender

您认为对社会生活而言，个体德性和社会公正哪个更重要 ＊ 性别 Crosstabulation

	女性	男性	总计
个体德性最重要	19.2%	16.5%	18.0%
社会公正最重要	30.0%	32.1%	31.0%
二者应当统一，但二者矛盾时应先追求个体德性	28.3%	27.8%	28.1%
二者应当统一，但二者矛盾时应先追求社会公正	22.5%	23.5%	23.0%
总计	100.0%	100.0%	100.0%
列总计	4574	4054	8628

Chi-square test：df = 3，卡方值为 13。043，sig = 0.005 < 0.05，所以不同性别的居民在“您认为对社会生活而言，个体德性和社会公正哪个更重要”这一问题的回答上有显著差异。

C16 by gender

在公共生活中，个人之所以要遵守道德，是因为 * 性别 Crosstabulation

	女性	男性	总计
遵守道德有利于自身利益的实现	23.0%	22.1%	22.6%
个人是社会的一分子，应当遵守道德	42.4%	40.4%	41.4%
遵守道德社会才能有序和美好	25.6%	28.9%	27.2%
不遵守道德会被别人议论或谴责	8.8%	8.4%	8.6%
其他	0.2%	0.2%	0.2%
总计	100.0%	100.0%	100.0%
列总计	4623	4059	8682

Chi-square test：df = 4，卡方值为 12.172，sig = 0.016 < 0.05，所以不同性别的居民在“在公共生活中，个人之所以要遵守道德，是因为”这一问题的回答上有显著差异。

C17 by gender

关于职业劳动的说法，您最认同的是 * 性别 Crosstabulation

	女性	男性	总计
职业劳动是个人和家庭谋生的手段	55.0%	54.9%	55.0%
职业劳动是为社会创造财富	25.4%	25.1%	25.3%
职业劳动是个人兴趣和价值实现的方式	19.3%	19.6%	19.4%
其他	0.3%	0.4%	0.3%
总计	100.0%	100.0%	100.0%
列总计	4618	4063	8681

Chi-square test：df = 3，卡方值为 0.261，sig = 0.976 > 0.05，所以不同性别的居民在“关于职业劳动的说法，您最认同的是”这一问题的回答上无显著差异。

C18a by gender

您认为造成有些人忧郁、自杀的原因是？欲望过多过大，不能知足常乐 * 性别 Crosstabulation

	女性	男性	总计
未选中	65.9%	65.9%	65.9%
选中	34.1%	34.1%	34.1%
总计	100.0%	100.0%	100.0%
列总计	4389	3889	8278

Chi-square test：df = 1，卡方值为 0.003，sig = 0.955 > 0.05，所以不同性别的居民在“您认为造成有些人忧郁、自杀的原因是？欲望过多过大，不能知足常乐”这一问题的回答上无显著差异。

C18b by gender

您认为造成有些人忧郁、自杀的原因是？对自己和未来没有把握 ＊ 性别 Crosstabulation

	女性	男性	总计
未选中	70.3%	70.2%	70.3%
选中	29.7%	29.8%	29.7%
总计	100.0%	100.0%	100.0%
列总计	4389	3889	8278

Chi-square test：df = 1，卡方值为 0.004，sig = 0.948 > 0.05，所以不同性别的居民在“您认为造成有些人忧郁、自杀的原因是？对自己和未来没有把握”这一问题的回答上无显著差异。

C18c by gender

您认为造成有些人忧郁、自杀的原因是？竞争激烈，工作压力过大，身心疲惫 ＊性别 Crosstabulation

	女性	男性	总计
未选中	56.2%	55.1%	55.7%
选中	43.8%	44.9%	44.3%
总计	100.0%	100.0%	100.0%
列总计	4389	3889	8278

Chi-square test：df = 1，卡方值为 0.892，sig = 0.345 > 0.05，所以不同性别的居民在“您认为造成有些人忧郁、自杀的原因是？竞争激烈，工作压力过大，身心疲惫”这一问题的回答上无显著差异。

C18d by gender

您认为造成有些人忧郁、自杀的原因是？人与人之间缺乏信任，人际关系紧张 ＊ 性别 Crosstabulation

	女性	男性	总计
未选中	66.4%	66.2%	66.3%
选中	33.6%	33.8%	33.7%
总计	100.0%	100.0%	100.0%
列总计	4389	3889	8278

Chi-square test：df = 1，卡方值为 0.029，sig = 0.864 > 0.05，所以不同性别的居民在“您认为造成有些人忧郁、自杀的原因是？人与人之间缺乏信任，人际关系紧张”这一问题的回答上无显著差异。

C18e by gender

您认为造成有些人忧郁、自杀的原因是？有烦恼很难找到人倾诉和排解 ＊ 性别 Crosstabulation

	女性	男性	总计
未选中	72.0%	71.9%	71.9%
选中	28.0%	28.1%	28.1%
总计	100.0%	100.0%	100.0%
列总计	4389	3889	8278

Chi-square test：df = 1，卡方值为 0.007，sig = 0.933 > 0.05，所以不同性别的居民在“您认为造成有些人忧郁、自杀的原因是？有烦恼很难找到人倾诉和排解”这一问题的回答上无显著差异。

C18f by gender

您认为造成有些人忧郁、自杀的原因是？个人的文化底蕴和文化积累不够，缺乏自我理解能力和自我调节能力 ＊ 性别 Crosstabulation

	女性	男性	总计
未选中	75.3%	75.4%	75.3%
选中	24.7%	24.6%	24.7%
总计	100.0%	100.0%	100.0%
列总计	4389	3889	8278

Chi-square test：df = 1，卡方值为 0.002，sig = 0.965 > 0.05，所以不同性别的居民在“您认为造成有些人忧郁、自杀的原因是？个人的文化底蕴和文化积累不够，缺乏自我理解能力和自我调节能力”这一问题的回答上无显著差异。

C18g by gender

您认为造成有些人忧郁、自杀的原因是？现代人缺乏安顿自己、化解内心矛盾的能力 ＊ 性别 Crosstabulation

	女性	男性	总计
未选中	76.2%	75.4%	75.9%
选中	23.8%	24.6%	24.1%
总计	100.0%	100.0%	100.0%
列总计	4389	3889	8278

Chi-square test：df = 1，卡方值为 0.707，sig = 0.40 > 0.05，所以不同性别的居民在“您认为造成有些人忧郁、自杀的原因是？现代人缺乏安顿自己、化解内心矛盾的能力”这一问题的回答上无显著差异。

C18h by gender

您认为造成有些人忧郁、自杀的原因是？缺乏道德公正，没有道德的人总是占便宜 ＊ 性别 Crosstabulation

	女性	男性	总计
未选中	86.7%	85.5%	86.1%
选中	13.3%	14.5%	13.9%
总计	100.0%	100.0%	100.0%
列总计	4389	3889	8278

Chi-square test：df = 1，卡方值为2.368，sig = 0.124 > 0.05，所以不同性别的居民在“您认为造成有些人忧郁、自杀的原因是？缺乏道德公正，没有道德的人总是占便宜”这一问题的回答上无显著差异。

C18i by gender

您认为造成有些人忧郁、自杀的原因是？缺乏理想和信念支持，精神没有寄托和归宿 ＊ 性别 Crosstabulation

	女性	男性	总计
未选中	81.0%	82.2%	81.6%
选中	19.0%	17.8%	18.4%
总计	100.0%	100.0%	100.0%
列总计	4389	3889	8278

Chi-square test：df = 1，卡方值为1.940，sig = 0.164 > 0.05，所以不同性别的居民在“您认为造成有些人忧郁、自杀的原因是？缺乏理想和信念支持，精神没有寄托和归宿”这一问题的回答上无显著差异。

C18j by gender

您认为造成有些人忧郁、自杀的原因是？生活压力大 ＊ 性别 Crosstabulation

	女性	男性	总计
未选中	60.8%	60.7%	60.8%
选中	39.2%	39.3%	39.2%
总计	100.0%	100.0%	100.0%
列总计	4389	3889	8278

Chi-square test：df = 1，卡方值为0.019，sig = 0.889 > 0.05，所以不同性别的居民在“您认为造成有些人忧郁、自杀的原因是？生活压力大”这一问题的回答上无显著差异。

C18k by gender

您认为造成有些人忧郁、自杀的原因是？生活孤独无聊 ＊ 性别 Crosstabulation

	女性	男性	总计
未选中	91.3%	91.5%	91.4%
选中	8.7%	8.5%	8.6%
总计	100.0%	100.0%	100.0%
列总计	4389	3889	8278

Chi-square test：df = 1，卡方值为 0.054，sig = 0.819 > 0.05，所以不同性别的居民在“您认为造成有些人忧郁、自杀的原因是？生活孤独无聊”这一问题的回答上无显著差异。

C19a by gender

如果您与家庭成员之间发生重大利益冲突，您会 ＊ 性别 Crosstabulation

	女性	男性	总计
诉诸法律，打官司	1.0%	1.4%	1.2%
直接找对方沟通，但得理让人，适可而止	50.6%	53.0%	51.7%
通过第三方（如社会机构、朋友等）从中调解，尽量不伤和气	13.9%	13.6%	13.8%
能忍则忍	34.4%	32.0%	33.3%
总计	100.0%	100.0%	100.0%
列总计	4459	3923	8382

Chi-square test：df = 3，卡方值为 8.197，sig = 0.042 < 0.05，所以不同性别的居民在“如果您与家庭成员之间发生重大利益冲突，您会”这一问题的回答上有显著差异。

C19b by gender

如果您与朋友之间发生重大利益冲突，您会 ＊ 性别 Crosstabulation

	女性	男性	总计
诉诸法律，打官司	1.9%	1.9%	1.9%
直接找对方沟通，但得理让人，适可而止	47.5%	49.7%	48.5%
通过第三方（如社会机构、朋友等）从中调解，尽量不伤和气	29.2%	29.0%	29.1%
能忍则忍	21.5%	19.4%	20.5%
总计	100.0%	100.0%	100.0%
列总计	4531	3985	8516

Chi-square test：df = 3，卡方值为 6.347，sig = 0.096 > 0.05，所以不同性别的居民在“如果您与朋友之间发生重大利益冲突，您会”这一问题的回答上无显著差异。

C19c by gender

如果您与同事之间发生重大利益冲突，您会 * 性别 Crosstabulation

	女性	男性	总计
诉诸法律，打官司	3.5%	3.4%	3.4%
直接找对方沟通，但得理让人，适可而止	41.7%	45.4%	43.5%
通过第三方（如社会机构、朋友等）从中调解，尽量不伤和气	40.0%	38.8%	39.4%
能忍则忍	14.8%	12.5%	13.7%
总计	100.0%	100.0%	100.0%
列总计	3881	3596	7477

Chi-square test：df = 3，卡方值为 13.841，sig = 0.003 < 0.05，所以不同性别的居民在“如果您与同事之间发生重大利益冲突，您会”这一问题的回答上有显著差异。

C19d by gender

如果您与商业伙伴之间发生重大利益冲突，您会 * 性别 Crosstabulation

	女性	男性	总计
诉诸法律，打官司	3.5%	3.4%	3.4%
直接找对方沟通，但得理让人，适可而止	41.7%	45.4%	43.5%
通过第三方（如社会机构、朋友等）从中调解，尽量不伤和气	40.0%	38.8%	39.4%
能忍则忍	14.8%	12.5%	13.7%
总计	100.0%	100.0%	100.0%
列总计	3408	3159	6567

Chi-square test：df = 3，卡方值为 13.287，sig = 0.00 < 0.05，所以不同性别的居民在“如果您与商业伙伴之间发生重大利益冲突，您会”这一问题的回答上有显著差异。

C20 by gender

您认为在自己的成长中得到道德训练的最重要场所或机构是 * 性别 Crosstabulation

	女性	男性	总计
家庭	36.3%	30.9%	33.8%
学校	26.2%	26.3%	26.2%
社会（如工作单位、社区等）	31.3%	35.5%	33.3%

续表

	女性	男性	总计
国家或政府	2.9%	3.5%	3.2%
媒体	1.0%	1.2%	1.1%
其他	2.3%	2.6%	2.4%
总计	100.0%	100.0%	100.0%
列总计	4643	4085	8728

Chi-square test：df = 5，卡方值为35.479，sig = 0.000 < 0.05，所以不同性别的居民在“您认为在自己的成长中得到道德训练的最重要场所或机构是”这一问题的回答上有显著差异。

C21 by gender

您的思想行为受什么人影响最大 ＊ 性别 Crosstabulation

	女性	男性	总计
政府官员	19.4%	22.1%	20.7%
企业家	15.5%	17.8%	16.6%
演艺明星	3.5%	3.7%	3.6%
教师	46.6%	44.6%	45.7%
知识精英	11.6%	12.4%	12.0%
公众人物	14.9%	14.6%	14.7%
农民	10.7%	10.4%	10.6%
工人	2.5%	2.8%	2.6%
先哲先贤	14.9%	16.3%	15.5%
父母	74.6%	71.8%	73.3%
网络大V	3.2%	3.0%	3.1%
宗教人士	1.6%	1.4%	1.5%
列总计	4428	3915	8343

据上表所示，不同性别的居民在“您的思想行为受什么人影响最大”这一问题的回答上有显著差异。

C22 by gender

影响您道德判断和道德选择的最主要的因素是 ＊ 性别 Crosstabulation

	女性	男性	总计
自己的良心	70.1%	67.2%	68.7%
大多数人持有的观点	37.1%	37.0%	37.0%
公众人士和权威人物的观点	8.1%	7.8%	8.0%

续表

	女性	男性	总计
国外媒体的观点	3.8%	4.3%	4.0%
自己的利益	14.3%	15.8%	15.0%
他人的评价	7.1%	7.9%	7.4%
社会后果	15.1%	16.1%	15.6%
大多数人认可的道德规范	15.5%	15.2%	15.3%
先贤教导	4.6%	4.8%	4.7%
“朋友圈”的观点	0.7%	0.8%	0.8%
列总计	4514	3953	8467

据上表所示，不同性别的居民在“影响您道德判断和道德选择的最主要的因素是”这一问题的回答上无显著差异。

C23 by gender

现在经常有一些网民在网络上曝光别人的隐私，您怎么看待这种行为 * 性别 Crosstabulation

	女性	男性	总计
这是违法行为，应该制止	36.2%	36.7%	36.4%
这是不道德行为，应该进行谴责	44.3%	44.4%	44.3%
这是社会监督的重要途径，不必完全禁止，但需要规范和引导	17.2%	17.0%	17.1%
这是网民的自由，别人不应该干涉	2.3%	1.9%	2.1%
总计	100.0%	100.0%	100.0%
列总计	4296	3826	8122

Chi-square test：df = 3，卡方值为 1.825，sig = 0.645 > 0.05，所以不同性别的居民在“现在经常有一些网民在网络上曝光别人的隐私，您怎么看待这种行为”这一问题的回答上无显著差异。

C24a by gender

您最近两年是否参加过以下活动？志愿者活动 * 性别 Crosstabulation

	女性	男性	总计
是	14.5%	17.0%	15.6%
否	85.5%	83.0%	84.4%
总计	100.0%	100.0%	100.0%
列总计	4635	4075	8710

Chi-square test：df = 1，卡方值为 10.69，sig = 0.00 < 0.05，所以不同性别的居民在“您最近两年是否参加过以下活动？志愿者活动”这一问题的回答上有显著差异。

C24b by gender

您参加的频率：志愿者活动 ＊ 性别 Crosstabulation

	女性	男性	总计
从来没有	85.5%	83.0%	84.4%
参加过一两次	7.0%	8.8%	7.8%
偶尔参加一次	5.8%	6.4%	6.0%
经常参加	1.7%	1.9%	1.8%
总计	100.0%	100.0%	100.0%
列总计	4635	4075	8710

Chi-square test：df = 3，卡方值为 12.505，sig = 0.007 < 0.05，所以不同性别的居民在“您参加的频率：志愿者活动”这一问题的回答上有显著差异。

C24c by gender

您最近两年是否参加过以下活动？无偿献血 ＊ 性别 Crosstabulation

	女性	男性	总计
是	12.4%	15.9%	14.0%
否	87.6%	84.1%	86.0%
总计	100.0%	100.0%	100.0%
列总计	4638	4078	8716

Chi-square test：df = 1，卡方值为 22.147，sig = 0.000 < 0.05，所以不同性别的居民在“您最近两年是否参加过以下活动？无偿献血”这一问题的回答上有显著差异。

C24d by gender

您参加的频率：无偿献血 ＊ 性别 Crosstabulation

	女性	男性	总计
从来没有	87.6%	84.1%	86.0%
参加过一两次	6.6%	8.6%	7.5%
偶尔参加一次	5.0%	6.3%	5.6%
经常参加	0.7%	1.1%	0.9%
总计	100.0%	100.0%	100.0%
列总计	4638	4078	8716

Chi-square test：df = 3，卡方值为 23.986，sig = 0.000 < 0.05，所以不同性别的居民在“您参加的频率：无偿献血”这一问题的回答上有显著差异。

C24e by gender

您最近两年是否参加过以下活动？捐款、捐物 * 性别 Crosstabulation

	女性	男性	总计
是	34.6%	35.1%	34.9%
否	65.4%	64.9%	65.1%
总计	100.0%	100.0%	100.0%
列总计	4638	4078	8716

Chi-square test：df = 1，卡方值为 0.546，sig = 0.60 > 0.05，所以不同性别的居民在“您最近两年是否参加过以下活动？捐款、捐物”这一问题的回答上无显著差异。

C24f by gender

您参加的频率：捐款、捐物 * 性别 Crosstabulation

	女性	男性	总计
从来没有	65.4%	64.9%	65.1%
参加过一两次	13.9%	15.3%	14.6%
偶尔参加一次	15.5%	15.3%	15.4%
经常参加	5.2%	4.6%	4.9%
总计	100.0%	100.0%	100.0%
列总计	4638	4078	8716

Chi-square test：df = 3，卡方值为 4.233，sig = 0.199 > 0.05，所以不同性别的居民在“您参加的频率：捐款、捐物”这一问题的回答上无显著差异。

C25 by gender

目前中国社会的两性关系日益开放，它对社会风尚的影响是 * 性别 Crosstabulation

	女性	男性	总计
是社会进步的表现	13.3%	14.7%	13.9%
两性关系混乱必然导致道德沦丧、污染社会风气	52.1%	49.5%	50.9%
个人选择，无所谓好坏	34.2%	35.4%	34.8%
其他	0.3%	0.4%	0.4%
总计	100.0%	100.0%	100.0%
列总计	4535	4000	8535

Chi-square test：df = 3，卡方值为 7.885，sig = 0.054 > 0.05，所以不同性别的居民在“目前中国社会的两性关系日益开放，它对社会风尚的影响是”这一问题的回答上无显著差异。

C26 by gender

您对一些重要事情所持的观点和看法与其他人一致的时候有多少 * 性别 Crosstabulation

	女性	男性	总计
非常少	4.8%	5.5%	5.1%
比较少	13.4%	14.0%	13.6%
一般	42.9%	41.6%	42.3%
比较多	33.4%	33.7%	33.5%
非常多	5.5%	5.2%	5.4%
总计	100.0%	100.0%	100.0%
列总计	4277	3782	8059

Chi-square test：df = 4，卡方值为 3.126，sig = 0.505 > 0.05，所以不同性别的居民在“您对一些重要事情所持的观点和看法与其他人一致的时候有多少”这一问题的回答上无显著差异。

C27 by gender

您对待目前社会上一部分人的奢侈消费行为的态度是 * 性别 Crosstabulation

	女性	男性	总计
钞票是他们自己的，他们愿意怎么花就怎么花	39.6%	40.8%	40.2%
他们应该遵守勤俭的传统美德，适度消费	45.1%	42.5%	43.9%
过度消费行为只要对别人无害，就不应干涉	15.2%	16.5%	15.8%
其他	0.1%	0.2%	0.1%
总计	100.0%	100.0%	100.0%
列总计	4637	4070	8707

Chi-square test：df = 3，卡方值为 10.297，sig = 0.017 < 0.05，所以不同性别的居民在“您对待目前社会上一部分人的奢侈消费行为的态度是”这一问题的回答上有显著差异。

C28 by gender

孝敬、礼让、仁爱、节俭等优良传统，您认为现在还需要这些吗 * 性别 Crosstabulation

	女性	男性	总计
这些好传统什么时候都不能丢	78.5%	77.3%	78.0%
可有可无	9.2%	8.8%	9.0%
已经过时，没必要讲这些	5.2%	5.8%	5.4%
有些要，有些不要	7.2%	8.1%	7.6%

续表

	女性	男性	总计
总计	100.0%	100.0%	100.0%
列总计	4649	4086	8735

Chi-square test：df = 3，卡方值为 5.917，sig = 0.204 > 0.05，所以不同性别的居民在“孝敬、礼让、仁爱、节俭等优良传统，您认为现在还需要这些吗”这一问题的回答上无显著差异。

C29 by gender

民族英雄和新时期的先进人物的精神还值得在全社会大力倡导吗 * 性别 Crosstabulation

	女性	男性	总计
我很佩服他们，现在社会就缺这种精神，要加大宣传	58.7%	60.7%	59.6%
以前知道一些，现在不太关注了	25.5%	24.7%	25.1%
时过境迁，这些典型的影响力越来越小了，没太多人关心了	11.2%	11.8%	11.5%
不知道，也不关心	4.7%	2.8%	3.8%
总计	100.0%	100.0%	100.0%
列总计	4640	4080	8720

Chi-square test：df = 3，卡方值为 22.596，sig = 0.000 < 0.05，所以不同性别的居民在“民族英雄和新时期的先进人物的精神还值得在全社会大力倡导吗”这一问题的回答上有显著差异。

C30 by gender

当在公交车上遇到小偷正在偷乘客钱包时，您会选择以下哪种做法 * 性别 Crosstabulation

	女性	男性	总计
马上冲上去制止	11.0%	29.1%	19.5%
出于害怕，装作什么都没有看到	13.8%	10.1%	12.1%
不敢直接与小偷对抗，但以适当方式悄悄提醒当事人或报警	67.3%	53.5%	60.9%
只要偷的不是我，不用多管闲事，免得惹麻烦	7.1%	6.6%	6.9%
其他	0.7%	0.7%	0.7%
总计	100.0%	100.0%	100.0%
列总计	4634	4070	8704

Chi-square test：df = 4，卡方值为 456.131，sig = 0.000 < 0.05，所以不同性别的居民在“当在公交车上遇到小偷正在偷乘客钱包时，您会选择以下哪种做法”这一问题的回答上有显著差异。

C31 by gender

小王知道做某件事是道德的但没去行动，哪种因素是他采取行动的最大障碍 ＊ 性别 Crosstabulation

	女性	男性	总计
采取行动会损害自己利益	15.4%	17.1%	16.2%
采取行动也难以取得预期效果	23.7%	24.6%	24.1%
大家都不做，我何必管闲事	17.7%	16.7%	17.2%
自身能力有限，心有余而力不足	31.0%	29.0%	30.0%
即使我不做，相信还会有别人去做	7.5%	8.0%	7.8%
明白就行，让别人去做吧	4.3%	3.8%	4.1%
其他	0.4%	0.8%	0.6%
总计	100.0%	100.0%	100.0%
列总计	4565	4028	8593

Chi-square test：df = 6，卡方值为 15.018，sig = 0.019 < 0.05，所以不同性别的居民在“小王知道做某件事是道德的但没去行动，哪种因素是他采取行动的最大障碍”这一问题的回答上有显著差异。

C32 by gender

当与他人发生分歧时，能否体谅宽容他人 ＊ 性别 Crosstabulation

	女性	男性	总计
不宽容，必须弄清是非曲直	9.8%	11.4%	10.6%
偶尔	33.7%	34.7%	34.2%
有时	40.2%	38.2%	39.3%
经常	16.4%	15.7%	16.0%
总计	100.0%	100.0%	100.0%
列总计	4611	4053	8664

Chi-square test：df = 3，卡方值为 8.497，sig = 0.031 < 0.05，所以不同性别的居民在“当与他人发生分歧时，能否体谅宽容他人”这一问题的回答上有显著差异。

C33 by gender

您认为解决当前我国的公民道德和社会风尚问题，最关键的途径是 ＊ 性别

	女性	男性	总计
加强法制	33.7%	34.4%	34.0%
弘扬优秀传统道德	50.0%	49.5%	49.8%

续表

	女性	男性	总计
建设伦理道德的核心价值	16.7%	18.2%	17.4%
惩治官员腐败	23.1%	23.3%	23.2%
解决分配不公问题	12.9%	13.0%	13.0%
提高个人道德素质	30.3%	30.2%	30.3%
列总计	4598	4056	8654

据上表所示，不同性别的居民在“您认为解决当前我国的公民道德和社会风尚问题，最关键的途径是”这一问题的回答上无显著差异。

C34 by gender

您知道社会主义核心价值观吗？请您把它们选出来 ＊ 性别 Crosstabulation

	女性	男性	总计
文明	72.9%	72.7%	72.8%
诚信	83.3%	84.1%	83.7%
勇敢	34.7%	35.3%	35.0%
爱国	74.9%	76.8%	75.8%
创新	32.1%	32.7%	32.4%
友善	52.5%	50.9%	51.7%
勤劳	25.5%	23.9%	24.7%
列总计	4425	3988	8413

据上表所示，不同性别的居民在“您知道社会主义核心价值观吗”这一问题的回答上有显著差异。

C35 by gender

您认为社会主义核心价值观与您的工作、生活有关系吗 ＊ 性别 Crosstabulation

	女性	男性	总计
对改变社会风气有好处，每个人都应该这样做人做事	84.7%	85.3%	85.0%
与个人工作、生活没关系	15.3%	14.7%	15.0%
总计	100.0%	100.0%	100.0%
列总计	3860	3497	7357

Chi-square test：df = 1，卡方值0.586，sig = 0.444 > 0.05，所以不同性别的居民在“您认为社会主义核心价值观与您的工作、生活有关系吗”这一问题的回答上无显著差异。

C36 by gender

在全社会特别是青少年中开展革命传统教育，您认为有没有这个必要 ＊ 性别 Crosstabulation

	女性	男性	总计
很有必要，什么时候都不能忘本	83.5%	84.0%	83.8%
可有可无	10.4%	9.0%	9.7%
没有必要，已经过时了	6.1%	7.0%	6.5%
总计	100.0%	100.0%	100.0%
列总计	4648	4083	8731

Chi-square test：df = 2，卡方值为 6.661，sig = 0.031 < 0.05，所以不同性别的居民在“在全社会特别是青少年中开展革命传统教育，您认为有没有这个必要”这一问题的回答上有显著差异。

C37 by gender

当您途经一场所，正遇到升国旗仪式，看到国旗在国歌声中升起的时候，您会怎么做 ＊ 性别 Crosstabulation

	女性	男性	总计
原地站立，面向国旗行注目礼	31.8%	35.1%	33.3%
停下来看一看	55.4%	54.1%	54.8%
只当没看见，该干吗干吗	12.8%	10.8%	11.9%
总计	100.0%	100.0%	100.0%
列总计	4636	4081	8717

Chi-square test：df = 2，卡方值为 15.008，sig = 0.000 < 0.05，所以不同性别的居民在“当您途经一场所，正遇到升国旗仪式，看到国旗在国歌声中升起的时候，您会怎么做”这一问题的回答上有显著差异。

C38 by gender

今年您参加过纪念中国共产党成立 96 周年等主题教育活动吗 ＊ 性别 Crosstabulation

	女性	男性	总计
参加过，很受教育	13.5%	16.3%	14.8%
听说过，但是没有参加过	56.5%	57.9%	57.2%
这种活动基本都是形式大于内容	8.7%	10.4%	9.5%
不关心这些	21.2%	15.4%	18.5%
总计	100.0%	100.0%	100.0%
列总计	4641	4068	8709

Chi-square test：df = 3，卡方值为 58.797，sig = 0.000 < 0.05，所以不同性别的居民在“今年您参加过纪念中国共产党成立 96 周年等主题教育活动吗”这一问题的回答上有显著差异。

D1 by gender

您认为现代家庭关系中最令人担忧的问题是 ＊ 性别 Crosstabulation

	女性	男性	总计
只有一个孩子，对家庭的未来没把握	22.1%	22.0%	22.1%
独生子女难以承担养老责任，老无所养	28.9%	28.6%	28.8%
年轻人不愿结婚，或不愿生孩子，家族传承危机	15.1%	16.1%	15.6%
婚姻不稳定，年轻人缺乏守护婚姻的意识和能力	24.5%	24.2%	24.3%
子女尤其是独生子女缺乏责任感，孝道意识薄弱	17.3%	20.0%	18.5%
代沟严重，父母与子女之间难以沟通	27.1%	29.3%	28.1%
婆媳关系紧张	11.8%	7.3%	9.7%
父母不民主，不能容忍差异	10.3%	10.6%	10.4%
“啃老”现象严重	6.7%	6.2%	6.5%
父母只培养孩子的知识和技能，忽视良好品德的养成	13.5%	12.6%	13.1%
两性关系过度开放	3.0%	2.7%	2.9%
列总计	4490	3919	8409

据上表所示，不同性别的居民在“您认为现代家庭关系中最令人担忧的问题是”这一问题的回答上有显著差异。

D2 by gender

您对家庭的感觉是 ＊ 性别 Crosstabulation

	女性	男性	总计
温馨幸福	20.2%	19.4%	19.9%
比较幸福	68.0%	68.9%	68.4%
不太幸福	4.9%	4.7%	4.8%
一般，没感觉	6.2%	6.3%	6.2%
很不幸福，希望逃离	0.4%	0.4%	0.4%
其他	0.3%	0.2%	0.3%
总计	100.0%	100.0%	100.0%
列总计	4580	4024	8604

Chi-square test：df = 5，卡方值为 1.211，sig = 0.945 > 0.05，所以不同性别的居民在“您对家庭的感觉是”这一问题的回答上无显著差异。

D3a by gender

您对以下现象的态度是？不婚 ＊ 性别 Crosstabulation

	女性	男性	总计
完全赞同	0.7%	1.0%	0.9%
比较赞同	6.5%	6.1%	6.3%
中立	38.2%	40.2%	39.1%
比较反对	34.6%	33.0%	33.8%
强烈反对	20.0%	19.7%	19.8%
总计	100.0%	100.0%	100.0%
列总计	4547	4001	8548

Chi-square test：df = 4，卡方值为 6.604，sig = 0.177 > 0.05，所以不同性别的居民在“您对以下现象的态度是？不婚”这一问题的回答上无显著差异。

D3b by gender

您对以下现象的态度是？试婚 ＊ 性别 Crosstabulation

	女性	男性	总计
完全赞同	0.7%	0.6%	0.6%
比较赞同	8.4%	8.7%	8.6%
中立	36.3%	38.4%	37.3%
比较反对	33.2%	31.7%	32.5%
强烈反对	21.4%	20.6%	21.0%
总计	100.0%	100.0%	100.0%
列总计	4470	3954	8424

Chi-square test：df = 4，卡方值为 5.697，sig = 0.279 > 0.05，所以不同性别的居民在“您对以下现象的态度是？试婚”这一问题的回答上无显著差异。

D3c by gender

您对以下现象的态度是？同居 ＊ 性别 Crosstabulation

	女性	男性	总计
完全赞同	0.6%	1.1%	0.8%
比较赞同	8.5%	9.7%	9.1%
中立	41.2%	42.5%	41.8%
比较反对	29.8%	28.3%	29.1%
强烈反对	19.9%	18.4%	19.2%

续表

	女性	男性	总计
总计	100.0%	100.0%	100.0%
列总计	4522	3988	8510

Chi-square test：df = 4，卡方值为 13.209，sig = 0.008 < 0.05，所以不同性别的居民在“您对以下现象的态度是？同居”这一问题的回答上有显著差异。

D3d by gender

您对以下现象的态度是？同性恋 ＊ 性别 Crosstabulation

	女性	男性	总计
完全赞同	0.5%	0.4%	0.4%
比较赞同	1.5%	1.8%	1.6%
中立	16.7%	17.1%	16.9%
比较反对	33.9%	32.9%	33.4%
强烈反对	47.5%	47.8%	47.6%
总计	100.0%	100.0%	100.0%
列总计	4404	3872	8276

Chi-square test：df = 4，卡方值为 1.791，sig = 0.843 > 0.05，所以不同性别的居民在“您对以下现象的态度是？同性恋”这一问题的回答上无显著差异。

D3e by gender

您对以下现象的态度是？婚外恋 ＊ 性别 Crosstabulation

	女性	男性	总计
完全赞同	0.2%	0.2%	0.2%
比较赞同	0.6%	0.8%	0.7%
中立	8.1%	11.2%	9.5%
比较反对	29.1%	30.8%	29.9%
强烈反对	62.1%	57.0%	59.7%
总计	100.0%	100.0%	100.0%
列总计	4506	3932	8438

Chi-square test：df = 4，卡方值为 33.609，sig = 0.000 < 0.05，所以不同性别的居民在“您对以下现象的态度是？婚外恋”这一问题的回答上有显著差异。

D3f by gender

您对以下现象的态度是？丁克家庭 * 性别 Crosstabulation

	女性	男性	总计
完全赞同	0.4%	0.5%	0.4%
比较赞同	1.8%	1.9%	1.8%
中立	26.8%	27.2%	27.0%
比较反对	31.6%	31.2%	31.4%
强烈反对	39.5%	39.2%	39.4%
总计	100.0%	100.0%	100.0%
列总计	4085	3511	7596

Chi-square test：df = 4，卡方值为 0.615，sig = 0.962 > 0.05，所以不同性别的居民在“您对以下现象的态度是？丁克家庭”这一问题的回答上无显著差异。

D3g by gender

您对以下现象的态度是？代孕 * 性别 Crosstabulation

	女性	男性	总计
完全赞同	0.2%	0.3%	0.3%
比较赞同	1.3%	1.6%	1.4%
中立	18.3%	21.5%	19.8%
比较反对	33.4%	31.1%	32.3%
强烈反对	46.8%	45.5%	46.2%
总计	100.0%	100.0%	100.0%
列总计	4131	3595	7726

Chi-square test：df = 4，卡方值为 17.576，sig = 0.002 < 0.05，所以不同性别的居民在“您对以下现象的态度是？代孕”这一问题的回答上有显著差异。

D4 by gender

您如何看待为了应对拆迁、征地、买房等而出现的“假离婚”现象 * 性别 Crosstabulation

	女性	男性	总计
完全赞同	1.9%	2.5%	2.2%
比较赞同	14.1%	15.2%	14.7%
不太赞同	39.9%	37.2%	38.6%
坚决反对	44.0%	45.1%	44.5%

续表

	女性	男性	总计
总计	100.0%	100.0%	100.0%
列总计	4271	3793	8064

Chi-square test：df = 3，卡方值为 9.621，sig = 0.028 < 0.05，所以不同性别的居民在“您如何看待为了应对拆迁、征地、买房等而出现的‘假离婚’现象”这一问题的回答上有显著差异。

D5 by gender

如果夫妻中需要一方为对方或家庭做出牺牲，您的态度是 * 性别 Crosstabulation

	女性	男性	总计
非常不愿意	2.9%	3.0%	3.0%
不太愿意	19.9%	21.0%	20.4%
比较愿意	52.0%	53.6%	52.7%
愿意，时常这么做	25.2%	22.4%	23.9%
总计	100.0%	100.0%	100.0%
列总计	4390	3774	8164

Chi-square test：df = 3，卡方值为 8.785，sig = 0.032 < 0.05，所以不同性别的居民在“如果夫妻中需要一方为对方或家庭做出牺牲，您的态度是”这一问题的回答上有显著差异。

D6 by gender

在恋爱或婚姻中，您有为对方而改变自己的意识吗 * 性别 Crosstabulation

	女性	男性	总计
有，经常这样做	36.0%	31.5%	33.9%
有，但做起来有些困难	35.5%	37.9%	36.6%
没想过这个问题	22.4%	25.6%	23.9%
无须改变，只有找到愿为我改变的人才是真爱	5.9%	4.7%	5.4%
其他	0.2%	0.3%	0.3%
总计	100.0%	100.0%	100.0%
列总计	4617	4033	8650

Chi-square test：df = 4，卡方值为 32.111，sig = 0.000 < 0.05，所以不同性别的居民在“在恋爱或婚姻中，您有为对方而改变自己的意识吗”这一问题的回答上有显著差异。

D7 by gender

在恋爱或婚姻中，你与对方相处的原则是 ＊ 性别 Crosstabulation

	女性	男性	总计
我首先对他/她好，然后希望他/她对我好	55.8%	61.5%	58.4%
他/她对我好，我才对他/她好	21.5%	17.6%	19.7%
他/她对我好就行了	16.1%	14.3%	15.2%
总是我对他/她好，他/她对我不那么好	3.0%	2.8%	2.9%
他/她对我不好，我没必要对他/她好	1.8%	1.4%	1.6%
其他	1.8%	2.5%	2.1%
总计	100.0%	100.0%	100.0%
列总计	4602	4038	8640

Chi-square test：df = 5，卡方值为 41.269，sig = 0.000 < 0.05，所以不同性别的居民在“在恋爱或婚姻中，你与对方相处的原则是”这一问题的回答上有显著差异。

D8 by gender

您认为生育孩子是否是一种人生义务 ＊ 性别 Crosstabulation

	女性	男性	总计
是，如果大家都不生育，人种会灭绝	24.5%	25.6%	25.0%
是，不生孩子家族延续会中断	40.4%	39.9%	40.2%
不是，但没有孩子将老无所养也过于孤独	28.2%	27.8%	28.0%
不是，自己觉得快乐就行，有孩子负担过重	5.8%	5.9%	5.9%
其他	1.1%	0.8%	1.0%
总计	100.0%	100.0%	100.0%
列总计	4627	4052	8679

Chi-square test：df = 4，卡方值为 2.686，sig = 0.571 > 0.05，所以不同性别的居民在“您认为生育孩子是否是一种人生义务”这一问题的回答上无显著差异。

D9 by gender

孩子面临重大问题（婚姻、升学、就业等）时，您的态度是 ＊ 性别 Crosstabulation

	女性	男性	总计
全部包办，替他们做决定或搞定	5.7%	5.9%	5.8%
积极建议，努力说服他们采纳	24.9%	24.0%	24.5%
只提建议，让他们自己选择	39.2%	41.4%	40.2%

续表

	女性	男性	总计
不表态，免得子女将来埋怨	8.4%	5.9%	7.2%
经常提出建议，但大多不起作用	4.3%	4.2%	4.3%
没孩子/孩子太小	17.2%	18.2%	17.7%
其他	0.4%	0.4%	0.4%
总计	100.0%	100.0%	100.0%
列总计	4642	4081	8723

Chi-square test：df = 6，卡方值为 23.725，sig = 0.001 < 0.05，所以不同性别的居民在“孩子面临重大问题（婚姻、升学、就业等）时，您的态度是”这一问题的回答上有显著差异。

D10 by gender

您对子女所提出的有关人生发展方面的建议，是否经常被采纳 ＊ 性别 Crosstabulation

	女性	男性	总计
经常被采纳	20.1%	19.4%	19.8%
较多被采纳	60.7%	62.8%	61.6%
基本不采纳	17.6%	15.9%	16.8%
从不被采纳并遭到嘲讽	1.6%	1.9%	1.7%
总计	100.0%	100.0%	100.0%
列总计	3405	2954	6359

Chi-square test：df = 3，卡方值为 4.527，sig = 0.218 > 0.05，所以不同性别的居民在“您对子女所提出的有关人生发展方面的建议，是否经常被采纳”这一问题的回答上无显著差异。

D11 by gender

您认为现在孩子价值观的形成受何种因素影响最大 ＊ 性别 Crosstabulation

	女性	男性	总计
父母	59.8%	59.1%	59.5%
老师	61.2%	59.4%	60.4%
同伴	27.2%	27.0%	27.1%
网络、朋友圈	17.8%	19.1%	18.4%
明星	1.6%	1.9%	1.7%
道德模范	5.3%	5.6%	5.4%
伟大人物	2.3%	2.8%	2.5%

续表

	女性	男性	总计
列总计	4438	3869	8307

据上表所示，不同性别的居民在“您认为现在孩子价值观的形成受何种因素影响最大”这一问题的回答上无显著差异。

D12 by gender

您认为老人是否有义务帮子女带孩子 * 性别 Crosstabulation

	女性	男性	总计
有，天经地义的	21.8%	20.8%	21.3%
没有，老人帮助带孙辈，子女应感恩	41.7%	40.5%	41.1%
没有义务，不过带孙辈也是天伦之乐，应该帮助带	32.8%	33.6%	33.2%
没想过	3.7%	5.1%	4.3%
总计	100.0%	100.0%	100.0%
列总计	4649	4084	8733

Chi-square test：df = 3，卡方值为 13.586，sig = 0.005 < 0.05，所以不同性别的居民在“您认为老人是否有义务帮子女带孩子”这一问题的回答上有显著差异。

D13 by gender

您认为最理想的养老方式是哪种 * 性别 Crosstabulation

	女性	男性	总计
敬老院、护理院等专业养老机构	12.8%	14.0%	13.4%
与子女同住	53.7%	52.8%	53.3%
自己单住，生活难以自理时找护工	13.9%	14.7%	14.3%
与兄弟姐妹抱团养老	5.5%	5.1%	5.3%
与志趣相投的人一起养老	12.7%	12.3%	12.5%
其他	1.4%	1.1%	1.3%
总计	100.0%	100.0%	100.0%
列总计	4641	4077	8718

Chi-square test：df = 5，卡方值为 6.615，sig = 0.305 > 0.05，所以不同性别的居民在“您认为最理想的养老方式是哪种”这一问题的回答上无显著差异。

D14 by gender

当父母一方长期生活不能自理时，主要承担照顾工作的人应该是 * 性别 Crosstabulation

	女性	男性	总计
子女照顾	48.0%	46.2%	47.2%
父母中还有能力的另一方（老伴儿）	34.8%	35.6%	35.2%
雇保姆，老伴儿协助	5.9%	6.1%	6.0%
雇保姆，子女协助	7.9%	8.0%	7.9%
送护理机构，家人经常探望	2.7%	3.6%	3.1%
其他	0.7%	0.6%	0.6%
总计	100.0%	100.0%	100.0%
列总计	4633	4074	8707

Chi-square test：df = 5，卡方值为 7.723，sig = 0.167 > 0.05，所以不同性别的居民在“当父母一方长期生活不能自理时，主要承担照顾工作的人应该是”这一问题的回答上无显著差异。

D15 by gender

在过去的十天里，您为父母做过以下哪些事情 * 性别 Crosstabulation

	女性	男性	总计
看望	21.8%	20.3%	21.1%
打电话	37.3%	33.6%	35.5%
买东西	24.5%	23.2%	23.9%
陪看病	4.2%	4.5%	4.3%
生活照料	22.0%	23.6%	22.8%
做家务	25.8%	25.3%	25.6%
谈心聊天	20.9%	22.3%	21.6%
给钱	8.6%	10.0%	9.2%
外出游玩	2.2%	2.7%	2.4%
无	8.5%	9.0%	8.8%
父母已去世	18.0%	19.5%	18.7%
列总计	4642	4076	8718

据上表所示，不同性别的居民在“在过去的十天里，您为父母做过以下哪些事情”这一问题的回答上无显著差异。

D16 by gender

您是否觉得孤独 * 性别 Crosstabulation

	女性	男性	总计
经常	4.6%	5.6%	5.1%
有时	24.1%	23.8%	24.0%
不太觉得	34.1%	32.8%	33.5%
不觉得	37.2%	37.8%	37.5%
总计	100.0%	100.0%	100.0%
列总计	4636	4075	8711

Chi-square test：df=3，卡方值为5.732，sig =0.133>0.05，所以不同性别的居民在“您是否觉得孤独”这一问题的回答上无显著差异。

D17 by gender

现在开展的弘扬好家风好家训活动，您认为有意义吗 * 性别 Crosstabulation

	女性	男性	总计
很有意义	70.9%	71.3%	71.1%
可有可无	16.3%	17.1%	16.7%
没有必要	12.7%	11.6%	12.2%
总计	100.0%	100.0%	100.0%
列总计	4363	3840	8203

Chi-square test：df=2，卡方值为3.220，sig =0.214>0.05，所以不同性别的居民在“现在开展的弘扬好家风好家训活动，您认为有意义吗”这一问题的回答上无显著差异。

D18 by gender

您所在的地方发生过虐待儿童的事件吗 * 性别 Crosstabulation

	女性	男性	总计
经常会发生	3.9%	4.5%	4.2%
偶尔发生	17.0%	16.8%	16.9%
没听说过	79.1%	78.7%	78.9%
总计	100.0%	100.0%	100.0%
列总计	4630	4066	8696

Chi-square test：df=2，卡方值为1.876，sig =0.419>0.05，所以不同性别的居民在“您所在的地方发生过虐待儿童的事件吗”这一问题的回答上无显著差异。

D19 by gender

在大街或社区里，看到行走或生活困难的老人，您经常的反应是 * 性别 Crosstabulation

	女性	男性	总计
想到自己的（祖）父母或自己的未来，情不自禁地想帮助他	44.8%	42.4%	43.7%
出于义务责任感，想帮助他	25.4%	27.2%	26.3%
有同情感，但没有想帮助的冲动	25.1%	25.3%	25.2%
没有感觉，习以为常	4.4%	4.8%	4.6%
其他	0.2%	0.2%	0.2%
总计	100.0%	100.0%	100.0%
列总计	4633	4085	8718

Chi-square test：df =4，卡方值为 6.14，sig =0.189 >0.05，所以不同性别的居民在“在大街或社区里，看到行走或生活困难的老人，您经常的反应是”这一问题的回答上无显著差异。

D20 by gender

如果您的父母或兄妹偷了别人的东西，警察正在查找，您的行为反应可能是 * 性别 Crosstabulation

	女性	男性	总计
批评他，但不会告发	27.4%	25.3%	26.4%
批评他，陪他送回原处或去承认错误	52.6%	55.6%	54.0%
默认，因为他得到的东西正是家庭所急需	6.5%	6.3%	6.4%
告发，因为出于正义感	4.7%	5.4%	5.0%
告发，因为可能会连累自己	2.0%	2.0%	2.0%
不管不问，由他自己决定	6.3%	5.1%	5.8%
其他	0.4%	0.3%	0.4%
总计	100.0%	100.0%	100.0%
列总计	4611	4069	8680

Chi-square test：df =6，卡方值为 15.913，sig =0.017 <0.05，所以不同性别的居民在“如果您的父母或兄妹偷了别人的东西，警察正在查找，您的行为反应可能是”这一问题的回答上有显著差异。

D21 by gender

当独生子女单独组成家庭后，父母和子女哪一种居住方式更好 * 性别 Crosstabulation

	女性	男性	总计
单独居住	29.3%	29.5%	29.4%
和父母同住	33.9%	31.7%	32.8%
和父母及祖辈共同居住	9.0%	8.5%	8.7%
和父母靠近居住	27.1%	29.8%	28.3%
其他	0.7%	0.6%	0.7%
总计	100.0%	100.0%	100.0%
列总计	4643	4082	8725

Chi-square test：df = 4，卡方值为 10.158，sig = 0.035 < 0.05，所以不同性别的居民在“当独生子女单独组成家庭后，父母和子女哪一种居住方式更好”这一问题的回答上有显著差异。

D22 by gender

您是否认为把老人送到养老院是不孝行为 * 性别 Crosstabulation

	女性	男性	总计
是	19.0%	19.2%	19.1%
相对而言，部分是	51.8%	51.4%	51.6%
不是	28.8%	29.1%	28.9%
其他	0.4%	0.2%	0.3%
总计	100.0%	100.0%	100.0%
列总计	4628	4079	8707

Chi-square test：df = 3，卡方值为 2.643，sig = 0.450 > 0.05，所以不同性别的居民在“您是否认为把老人送到养老院是不孝行为”这一问题的回答上无显著差异。

E1 by gender

您认为企业最重要的社会责任是什么 * 性别 Crosstabulation

	女性	男性	总计
为企业和企业股东自身赚钱	14.0%	14.4%	14.2%
通过依法纳税为国家积累财富	23.1%	21.8%	22.5%
通过诚信经营提供质量可靠的产品，满足社会大众生活需求	56.3%	57.0%	56.6%
为员工谋福利	6.4%	6.5%	6.4%

续表

	女性	男性	总计
其他	0.3%	0.3%	0.3%
总计	100.0%	100.0%	100.0%
列总计	4204	3797	8001

Chi-square test：df = 4，卡方值为 2.524，sig = 0.716 > 0.05，所以不同性别的居民在“您认为企业最重要的社会责任是什么”这一问题的回答上无显著差异。

E2a by gender

下列关于企业的说法，您的同意程度是？只要能为员工谋福利就是一个好单位 * 性别 Crosstabulation

	女性	男性	总计
完全同意	14.4%	15.4%	14.9%
比较同意	55.0%	53.6%	54.3%
不太同意	27.5%	28.0%	27.7%
完全不同意	3.1%	3.1%	3.1%
总计	100.0%	100.0%	100.0%
列总计	4287	3894	8181

Chi-square test：df = 3，卡方值为 2.229，sig = 0.555 > 0.05，所以不同性别的居民在“只要能为员工谋福利就是一个好单位”这一问题同意程度的回答上无显著差异。

E2b by gender

下列关于企业的说法，您的同意程度是？经济效益好坏是衡量企业成败的唯一标准 * 性别 Crosstabulation

	女性	男性	总计
完全同意	10.1%	9.9%	10.0%
比较同意	42.5%	42.2%	42.4%
不太同意	41.2%	42.0%	41.6%
完全不同意	6.1%	5.9%	6.0%
总计	100.0%	100.0%	100.0%
列总计	4211	3835	8046

Chi-square test：df = 3，卡方值为 0.615，sig = 0.893 > 0.05，所以不同性别的居民在“经济效益好坏是衡量企业成败的唯一标准”这一问题同意程度的回答上无显著差异。

E2c by gender

下列关于企业的说法，您的同意程度是？企业做慈善都是做做样子，其实还是为自己做广告 ＊ 性别 Crosstabulation

	女性	男性	总计
完全同意	5.6%	6.4%	6.0%
比较同意	40.6%	41.6%	41.1%
不太同意	47.5%	46.1%	46.8%
完全不同意	6.3%	5.9%	6.1%
总计	100.0%	100.0%	100.0%
列总计	4167	3791	7958

Chi-square test：df = 3，卡方值为 4.012，sig = 0.260 > 0.05，所以不同性别的居民在“企业做慈善都是做做样子，其实还是为自己做广告”这一问题同意程度的回答上无显著差异。

E2d by gender

下列关于企业的说法，您的同意程度是？企业和员工之间只是合同关系，效益好就好好干，效益不好就跳槽 ＊ 性别 Crosstabulation

	女性	男性	总计
完全同意	5.7%	6.1%	5.9%
比较同意	29.7%	31.5%	30.6%
不太同意	52.0%	50.8%	51.4%
完全不同意	12.6%	11.6%	12.1%
总计	100.0%	100.0%	100.0%
列总计	4264	3850	8114

Chi-square test：df = 3，卡方值为 5.067，sig = 0.167 > 0.05，所以不同性别的居民在“企业和员工之间只是合同关系，效益好就好好干，效益不好就跳槽”这一问题同意程度的回答上无显著差异。

E2e by gender

下列关于企业的说法，您的同意程度是？企业不需要对员工讲什么伦理关怀，员工表现好就发奖金，不好就辞退 ＊ 性别 Crosstabulation

	女性	男性	总计
完全同意	4.2%	4.7%	4.5%
比较同意	23.8%	23.7%	23.8%
不太同意	56.1%	55.2%	55.7%
完全不同意	15.8%	16.3%	16.1%

续表

	女性	男性	总计
总计	100.0%	100.0%	100.0%
列总计	4261	3857	8118

Chi-square test：df = 3，卡方值为 1.965，sig = 0.574 > 0.05，所以不同性别的居民在“企业不需要对员工讲什么伦理关怀，员工表现好就发奖金，不好就辞退”这一问题同意程度的回答上无显著差异。

E2f by gender

下列关于企业的说法，您的同意程度是？企业为了履行社会责任，应当放弃一些自身利益 * 性别 Crosstabulation

	女性	男性	总计
完全同意	21.3%	22.0%	21.6%
比较同意	50.9%	50.9%	50.9%
不太同意	23.5%	23.3%	23.4%
完全不同意	4.4%	3.8%	4.1%
总计	100.0%	100.0%	100.0%
列总计	4279	3830	8109

Chi-square test：df = 3，卡方值为 2.239，sig = 0.524 > 0.05，所以不同性别的居民在“企业为了履行社会责任，应当放弃一些自身利益”这一问题同意程度的回答上无显著差异。

E2g by gender

下列关于企业的说法，您的同意程度是？讲信用、遵循道德规范的企业能够获得更好的利益 * 性别 Crosstabulation

	女性	男性	总计
完全同意	25.5%	25.6%	25.6%
比较同意	53.6%	53.0%	53.3%
不太同意	17.6%	18.3%	18.0%
完全不同意	3.3%	3.0%	3.2%
总计	100.0%	100.0%	100.0%
列总计	4296	3850	8146

Chi-square test：df = 3，卡方值为 1.240，sig = 0.743 > 0.05，所以不同性别的居民在“讲信用、遵循道德规范的企业能够获得更好的利益”这一问题同意程度的回答上无显著差异。

E2h by gender

下列关于企业的说法，您的同意程度是？企业只是一台赚钱的机器，能赚钱就行，无所谓社会责任，声誉也不重要 ＊ 性别 Crosstabulation

	女性	男性	总计
完全同意	2.2%	2.8%	2.5%
比较同意	16.4%	17.0%	16.7%
不太同意	54.3%	53.9%	54.2%
完全不同意	27.0%	26.2%	26.6%
总计	100.0%	100.0%	100.0%
列总计	4225	3810	8035

Chi-square test：df = 3，卡方值为 3.091，sig = 0.272 > 0.05，所以不同性别的居民在“企业只是一台赚钱的机器，能赚钱就行，无所谓社会责任，声誉也不重要”这一问题同意程度的回答上无显著差异。

E2i by gender

下列关于企业的说法，您的同意程度是？同样的产品，国企生产的比私企的更有保障 ＊ 性别 Crosstabulation

	女性	男性	总计
完全同意	8.0%	7.6%	7.8%
比较同意	43.5%	42.1%	42.8%
不太同意	39.9%	40.6%	40.2%
完全不同意	8.7%	9.7%	9.2%
总计	100.0%	100.0%	100.0%
列总计	3984	3607	7591

Chi-square test：df = 3，卡方值为 3.686，sig = 0.297 > 0.05，所以不同性别的居民在“同样的产品，国企生产的比私企的更有保障”这一问题同意程度的回答上无显著差异。

E3 by gender

下面哪种说法更符合或接近您的个人想法 ＊ 性别 Crosstabulation

	女性	男性	总计
个人和工作单位之间是聘用或雇佣关系，通过工资和付出劳动满足彼此需求	46.2%	47.4%	46.8%
不只是利益关系，应当还有很多情感的联系，应当共命运	35.9%	34.9%	35.4%
个人是单位的一分子，单位如同个人的另一个家	17.5%	17.5%	17.5%
其他	0.4%	0.2%	0.3%

续表

	女性	男性	总计
总计	100.0%	100.0%	100.0%
列总计	4498	3999	8497

Chi-square test：df = 3，卡方值为 5.401，sig = 0.145 > 0.05，所以不同性别的居民在“下面哪种说法更符合或接近您的个人想法”这一问题的回答上无显著差异。

E4a by gender

您对自己所在企业履行下列责任的满意情况如何？劳动安全保障 * 性别 Crosstabulation

	女性	男性	总计
非常不满意	2.7%	3.9%	3.2%
不太满意	20.5%	22.7%	21.6%
比较满意	70.3%	67.2%	68.8%
非常满意	6.5%	6.2%	6.4%
总计	100.0%	100.0%	100.0%
列总计	3406	3183	6589

Chi-square test：df = 3，卡方值为 13.675，sig = 0.003 < 0.05，所以不同性别的居民在“您对自己所在企业履行下列责任的满意情况如何？劳动安全保障”这一问题的回答上有显著差异。

E4b by gender

您对自己所在企业履行下列责任的满意情况如何？员工薪酬合理 * 性别 Crosstabulation

	女性	男性	总计
非常不满意	2.2%	2.9%	2.5%
不太满意	24.7%	25.7%	25.2%
比较满意	63.4%	62.9%	63.2%
非常满意	9.6%	8.5%	9.1%
总计	100.0%	100.0%	100.0%
列总计	3437	3184	6621

Chi-square test：df = 3，卡方值为 5.780，sig = 0.123 > 0.05，所以不同性别的居民在“您对自己所在企业履行下列责任的满意情况如何？员工薪酬合理”这一问题的回答上无显著差异。

E4c by gender

您对自己所在企业履行下列责任的满意情况如何？关心员工生活 * 性别 Crosstabulation

	女性	男性	总计
非常不满意	2.5%	3.3%	2.9%
不太满意	24.4%	26.4%	25.3%
比较满意	62.8%	60.5%	61.7%
非常满意	10.4%	9.9%	10.1%
总计	100.0%	100.0%	100.0%
列总计	3390	3136	6526

Chi-square test：df = 3，卡方值为 7.781，sig = 0.051 > 0.05，所以不同性别的居民在“您对自己所在企业履行下列责任的满意情况如何？关心员工生活”这一问题的回答上无显著差异。

E4d by gender

您对自己所在企业履行下列责任的满意情况如何？诚实守法经营 * 性别 Crosstabulation

	女性	男性	总计
非常不满意	1.2%	2.2%	1.7%
不太满意	15.5%	16.0%	15.7%
比较满意	73.9%	72.5%	73.2%
非常满意	9.4%	9.3%	9.3%
总计	100.0%	100.0%	100.0%
列总计	3566	3258	6824

Chi-square test：df = 3，卡方值为 10.245，sig = 0.017 < 0.05，所以不同性别的居民在“您对自己所在企业履行下列责任的满意情况如何？诚实守法经营”这一问题的回答上有显著差异。

E4e by gender

您对自己所在企业履行下列责任的满意情况如何？产品质量可靠 * 性别 Crosstabulation

	女性	男性	总计
非常不满意	1.1%	1.3%	1.2%
不太满意	13.7%	14.4%	14.0%
比较满意	74.1%	72.0%	73.1%
非常满意	11.1%	12.3%	11.7%

续表

	女性	男性	总计
总计	100.0%	100.0%	100.0%
列总计	3585	3275	6860

Chi-square test：df = 3，卡方值为 4.221，sig = 0.239 > 0.05，所以不同性别的居民在“您对自己所在企业履行下列责任的满意情况如何？产品质量可靠”这一问题的回答上无显著差异。

E4f by gender

您对自己所在企业履行下列责任的满意情况如何？环境保护措施 * 性别 Crosstabulation

	女性	男性	总计
非常不满意	3.6%	4.3%	3.9%
不太满意	23.6%	24.7%	24.2%
比较满意	60.7%	58.9%	59.9%
非常满意	12.0%	12.1%	12.1%
总计	100.0%	100.0%	100.0%
列总计	3388	3116	6504

Chi-square test：df = 3，卡方值为 3.657，sig = 0.301 > 0.05，所以不同性别的居民在“您对自己所在企业履行下列责任的满意情况如何？环境保护措施”这一问题的回答上无显著差异。

E4g by gender

您对自己所在企业履行下列责任的满意情况如何？慈善公益事业 * 性别 Crosstabulation

	女性	男性	总计
非常不满意	3.3%	3.5%	3.4%
不太满意	23.6%	24.2%	23.9%
比较满意	62.6%	60.7%	61.7%
非常满意	10.6%	11.5%	11.0%
总计	100.0%	100.0%	100.0%
列总计	2874	2607	5481

Chi-square test：df = 3，卡方值为 2.292，sig = 0.514 > 0.05，所以不同性别的居民在“您对自己所在企业履行下列责任的满意情况如何？慈善公益事业”这一问题的回答上无显著差异。

E5 by gender

您对本地的或自己熟悉的企业家的道德状况怎么评价？ * 性别 Crosstabulation

	女性	男性	总计
总体还不错	43.5%	43.4%	43.4%
普遍比较差	19.4%	20.1%	19.8%
和普通群众没有太大差别	37.1%	36.5%	36.8%
总计	100.0%	100.0%	100.0%
列总计	3580	3265	6845

Chi-square test：df = 2，卡方值为 0.552，sig = 0.759 > 0.05，所以不同性别的居民在“您对本地的或自己熟悉的企业家的道德状况怎么评价?”这一问题的回答上无显著差异。

E6a by gender

对公务员道德状况的满意度 * 性别 Crosstabulation

	女性	男性	总计
非常满意	4.1%	5.0%	4.5%
比较满意	68.4%	65.1%	66.8%
不太满意	24.8%	26.5%	25.6%
非常不满意	2.6%	3.4%	3.0%
总计	100.0%	100.0%	100.0%
列总计	4027	3641	7668

Chi-square test：df = 3，卡方值为 12.559，sig = 0.006 < 0.05，所以不同性别的居民在“对公务员道德状况的满意度”这一问题的回答上有显著差异。

E6b by gender

对医生道德状况的满意度 * 性别 Crosstabulation

	女性	男性	总计
非常满意	6.0%	6.7%	6.3%
比较满意	65.2%	60.4%	63.0%
不太满意	25.7%	28.4%	27.0%
非常不满意	3.0%	4.4%	3.7%
总计	100.0%	100.0%	100.0%
列总计	4373	3875	8248

Chi-square test：df = 3，卡方值为 25.651，sig = 0.000 < 0.05，所以不同性别的居民在“对医生道德状况的满意度”这一问题的回答上有显著差异。

E6c by gender

对教师道德状况的满意度 ＊ 性别 Crosstabulation

	女性	男性	总计
非常满意	10.0%	9.3%	9.7%
比较满意	66.3%	64.7%	65.5%
不太满意	20.4%	21.9%	21.1%
非常不满意	3.3%	4.2%	3.7%
总计	100.0%	100.0%	100.0%
列总计	4395	3877	8272

Chi-square test：df = 3，卡方值为 8.924，sig = 0.030 < 0.05，所以不同性别的居民在“对教师道德状况的满意度”这一问题的回答上有显著差异。

E6d by gender

对个体商户道德状况的满意度 ＊ 性别 Crosstabulation

	女性	男性	总计
非常满意	4.6%	5.2%	4.9%
比较满意	63.3%	60.9%	62.2%
不太满意	28.4%	29.5%	29.0%
非常不满意	3.6%	4.3%	4.0%
总计	100.0%	100.0%	100.0%
列总计	4319	3828	8147

Chi-square test：df = 3，卡方值为 6.938，sig = 0.074 > 0.05，所以不同性别的居民在“个体商户道德状况的满意度”这一问题的回答上无显著差异。

E7a by gender

您怎么称呼周围那些经营企业或做生意发了财的人？企业家 ＊ 性别 Crosstabulation

	女性	男性	总计
未选中	90.5%	90.4%	90.4%
选中	9.5%	9.6%	9.6%
总计	100.0%	100.0%	100.0%
列总计	4652	4090	8742

Chi-square test：df = 1，卡方值为 0.059，sig = 0.808 > 0.05，所以不同性别的居民在“您怎么称呼周围那些经营企业或做生意发了财的人？企业家”这一问题的回答上无显著差异。

E7b by gender

您怎么称呼周围那些经营企业或做生意发了财的人？老板 ＊ 性别 Crosstabulation

	女性	男性	总计
未选中	17.9%	18.5%	18.2%
选中	82.1%	81.5%	81.8%
总计	100.0%	100.0%	100.0%
列总计	4652	4090	8742

Chi-square test：df = 1，卡方值为 0.615，sig = 0.433 > 0.05，所以不同性别的居民在“您怎么称呼周围那些经营企业或做生意发了财的人？老板”这一问题的回答上无显著差异。

E7c by gender

您怎么称呼周围那些经营企业或做生意发了财的人？商人 ＊ 性别 Crosstabulation

	女性	男性	总计
未选中	79.8%	80.0%	79.9%
选中	20.2%	20.0%	20.1%
总计	100.0%	100.0%	100.0%
列总计	4652	4090	8742

Chi-square test：df = 1，卡方值为 0.068，sig = 0.794 > 0.05，所以不同性别的居民在“您怎么称呼周围那些经营企业或做生意发了财的人？商人”这一问题的回答上无显著差异。

E7d by gender

您怎么称呼周围那些经营企业或做生意发了财的人？生意人 ＊ 性别 Crosstabulation

	女性	男性	总计
未选中	77.2%	76.7%	76.9%
选中	22.8%	23.3%	23.1%
总计	100.0%	100.0%	100.0%
列总计	4652	4090	8742

Chi-square test：df = 1，卡方值为 0.302，sig = 0.583 > 0.05，所以不同性别的居民在“您怎么称呼周围那些经营企业或做生意发了财的人？生意人”这一问题的回答上无显著差异。

E7e by gender

您怎么称呼周围那些经营企业或做生意发了财的人？土豪 ＊ 性别 Crosstabulation

	女性	男性	总计
未选中	93.7%	92.7%	93.2%

续表

	女性	男性	总计
选中	6.3%	7.3%	6.8%
总计	100.0%	100.0%	100.0%
列总计	4652	4090	8742

Chi-square test：df = 1，卡方值为 3.062，sig = 0.080 > 0.05，所以不同性别的居民在“您怎么称呼周围那些经营企业或做生意发了财的人？土豪”这一问题的回答上无显著差异。

E7f by gender

您怎么称呼周围那些经营企业或做生意发了财的人？暴发户 ＊ 性别 Crosstabulation

	女性	男性	总计
未选中	94.1%	93.6%	93.9%
选中	5.9%	6.4%	6.1%
总计	100.0%	100.0%	100.0%
列总计	4652	4090	8742

Chi-square test：df = 1，卡方值为 0.835，sig = 0.361 > 0.05，所以不同性别的居民在“您怎么称呼周围那些经营企业或做生意发了财的人？暴发户”这一问题的回答上无显著差异。

E7g by gender

您怎么称呼周围那些经营企业或做生意发了财的人？其他 ＊ 性别 Crosstabulation

	女性	男性	总计
未选中	99.1%	99.3%	99.2%
选中	0.9%	0.7%	0.8%
总计	100.0%	100.0%	100.0%
列总计	4644	4084	8728

Chi-square test：df = 1，卡方值为 0.439，sig = 0.508 > 0.05，所以不同性别的居民在“您怎么称呼周围那些经营企业或做生意发了财的人？其他”这一问题的回答上无显著差异。

E8 by gender

如果您有一个不错的家庭企业，但儿子或女儿缺乏经营能力或经营兴趣，难以交班，您可能选择 ＊ 性别 Crosstabulation

	女性	男性	总计
培养儿媳或女婿，交给她/他经营	33.2%	31.6%	32.4%

续表

	女性	男性	总计
交给儿媳和女婿有风险，离婚了怎么办，还是自己撑到有第三代接管	17.4%	18.2%	17.8%
找一个懂经营的职业经理人，我们家庭成员做董事长	33.8%	35.3%	34.5%
做一天是一天，最后将钞票留给子孙，但外人不可靠，不能交给外人	13.7%	12.9%	13.4%
其他	1.9%	2.0%	1.9%
总计	100.0%	100.0%	100.0%
列总计	4450	3941	8391

Chi-square test：df = 4，卡方值为 4.896，sig = 0.298 > 0.05，所以不同性别的居民在“如果您有一个不错的家庭企业，但儿子或女儿缺乏经营能力或经营兴趣，难以交班，您可能选择”这一问题的回答上无显著差异。

E9 by gender

在市场上购买食品、衣物、家用电器等商品时，您觉得有安全感吗 * 性别 Crosstabulation

	女性	男性	总计
有安全感，相信产品质量	23.9%	26.2%	25.0%
没安全感，不相信他们的标签，常担心质量问题影响自己的健康	22.6%	22.7%	22.7%
没安全感，担心在价格上被欺骗，要货比三家	23.0%	19.6%	21.4%
一般还可以，相信大商店的产品，不相信小商店和地摊货	30.2%	31.3%	30.7%
其他	0.3%	0.2%	0.3%
总计	100.0%	100.0%	100.0%
列总计	4643	4080	8723

Chi-square test：df = 4，卡方值为 17.175，sig = 0.002 < 0.05，所以不同性别的居民在“在市场上购买食品、衣物、家用电器等商品时，您觉得有安全感吗”这一问题的回答上有显著差异。

E10 by gender

您怎么看待电视、报纸和其他主流媒体上的广告 * 性别 Crosstabulation

	女性	男性	总计
相信，因为是明星们推荐的	15.4%	14.6%	15.0%
将信将疑，眼见为真	47.4%	46.9%	47.2%

续表

	女性	男性	总计
不相信，是企业和那些明星联合起来忽悠大众	26.3%	27.2%	26.7%
讨厌，既欺骗大众，又占用公共媒体资源	10.2%	10.6%	10.4%
其他	0.7%	0.7%	0.7%
总计	100.0%	100.0%	100.0%
列总计	4599	4068	8667

Chi-square test：df = 4，卡方值为 2.097，sig = 0.718 > 0.05，所以不同性别的居民在“您怎么看待电视、报纸和其他主流媒体上的广告”这一问题的回答上无显著差异。

E11 by gender

您怎么看待现在一些企业做公益和慈善 ＊ 性别 Crosstabulation

	女性	男性	总计
是做善事，把赚的公众的钱还给社会	26.9%	26.0%	26.5%
是在作秀，为自己树牌坊	17.7%	17.8%	17.8%
是做广告，把弱势群体当作宣传自己的工具	23.0%	25.3%	24.1%
做总比不做好，随他去吧	31.9%	30.1%	31.1%
其他	0.5%	0.7%	0.6%
总计	100.0%	100.0%	100.0%
列总计	4559	4030	8589

Chi-square test：df = 4，卡方值为 8.404，sig = 0.078 > 0.05，所以不同性别的居民在“您怎么看待现在一些企业做公益和慈善”这一问题的回答上无显著差异。

E12 by gender

一些政府机关、企事业单位和大中小学，利用权力为本单位的职工子女在入学、招工中提供特殊政策，您认为这种行为道德吗 ＊ 性别 Crosstabulation

	女性	男性	总计
为本单位人员谋福利，符合道德	16.0%	17.1%	16.5%
以权谋私，不道德	35.9%	34.7%	35.3%
是对社会公众的不公平，严重不道德	30.2%	31.6%	30.9%
符合本单位员工利益，但严重侵蚀社会道德	10.7%	10.8%	10.7%
无所谓道德不道德	7.2%	5.8%	6.6%
总计	100.0%	100.0%	100.0%
列总计	4623	4069	8692

Chi-square test：df = 4，卡方值为 10.411，sig = 0.034 < 0.05，所以不同性别的居民在“一些政府机关、企事业单位和大中小学，利用权力为本单位的职工子女在入学、招工中提供特殊政策，您认为这种行为道德吗”这一问题的回答上有显著差异。

E13 by gender

如果您所在的单位有一项举措可以提高集体福利并使您个人得到利益，但会造成环境污染或社会公害，您会举报吗 * 性别 Crosstabulation

	女性	男性	总计
会	64.2%	66.8%	65.4%
不会	35.8%	33.2%	34.6%
总计	100.0%	100.0%	100.0%
列总计	4597	4053	8650

Chi-square test：df = 1，卡方值为 6.399，sig = 0.011 < 0.05，所以不同性别的居民在“如果您所在的单位有一项举措可以提高集体福利并使您个人得到利益，但会造成环境污染或社会公害，您会举报吗”这一问题的回答上有显著差异。

E14 by gender

您认为您所工作的单位同事之间是何种关系 * 性别 Crosstabulation

	女性	男性	总计
平等合作关系	57.8%	58.6%	58.2%
利益竞争关系	24.2%	26.4%	25.2%
彼此没有关系	14.9%	13.2%	14.1%
其他	3.2%	1.8%	2.5%
总计	100.0%	100.0%	100.0%
列总计	4504	4006	8510

Chi-square test：df = 3，卡方值为 24.043，sig = 0.000 < 0.05，所以不同性别的居民在“您认为您所工作的单位同事之间是何种关系”这一问题的回答上有显著差异。

E15 by gender

为了单位组织的利益，你的单位是否会默认员工做违背道德的事情 * 性别 Crosstabulation

	女性	男性	总计
常常	4.9%	6.1%	5.5%
较多	14.9%	14.6%	14.8%
一般	24.8%	24.2%	24.5%
较少	25.5%	27.8%	26.6%
从来没有	29.9%	27.2%	28.6%

续表

	女性	男性	总计
总计	100.0%	100.0%	100.0%
列总计	3554	3304	6858

Chi-square test：df = 4，卡方值为12.830，sig = 0.012 < 0.05，所以不同性别的居民在“为了单位组织的利益，你的单位是否会默认员工做违背道德的事情”这一问题的回答上有显著差异。

E16a by gender

您所工作的单位是否存在以下现象：给领导干部送礼讨好 ＊ 性别 Crosstabulation

	女性	男性	总计
未选中	70.3%	68.0%	69.2%
选中	29.7%	32.0%	30.8%
总计	100.0%	100.0%	100.0%
列总计	4506	4006	8512

Chi-square test：df = 1，卡方值为5.314，sig = 0.021 < 0.05，所以不同性别的居民在“您所工作的单位是否存在以下现象：给领导干部送礼讨好”这一问题的回答上有显著差异。

E16b by gender

您所工作的单位是否存在以下现象：背后相互告恶状 ＊ 性别 Crosstabulation

	女性	男性	总计
未选中	78.3%	76.9%	77.6%
选中	21.7%	23.1%	22.4%
总计	100.0%	100.0%	100.0%
列总计	4506	4006	8512

Chi-square test：df = 1，卡方值为2.197，sig = 0.138 > 0.05，所以不同性别的居民在“您所工作的单位是否存在以下现象：背后互相告恶状”这一问题的回答上无显著差异。

E16c by gender

您所工作的单位是否存在以下现象：拉帮结派 ＊ 性别 Crosstabulation

	女性	男性	总计
未选中	82.4%	80.4%	81.5%
选中	17.6%	19.6%	18.5%

续表

	女性	男性	总计
总计	100.0%	100.0%	100.0%
列总计	4506	4006	8512

Chi-square test：df = 1，卡方值为 5.717，sig = 0.017 < 0.05，所以不同性别的居民在“您所工作的单位是否存在以下现象：拉帮结派”这一问题的回答上有显著差异。

E16d by gender

您所工作的单位是否存在以下现象：为谋私利找关系走后门 * 性别 Crosstabulation

	女性	男性	总计
未选中	73.8%	70.5%	72.3%
选中	26.2%	29.5%	27.7%
总计	100.0%	100.0%	100.0%
列总计	4506	4006	8512

Chi-square test：df = 1，卡方值为 11.807，sig = 0.001 < 0.05，所以不同性别的居民在“您所工作的单位是否存在以下现象：为谋私利找关系走后门”这一问题的回答上有显著差异。

E16e by gender

您所工作的单位是否存在以下现象：奖惩制度不公平 * 性别 Crosstabulation

	女性	男性	总计
未选中	81.2%	81.1%	81.2%
选中	18.8%	18.9%	18.8%
总计	100.0%	100.0%	100.0%
列总计	4506	4006	8512

Chi-square test：df = 1，卡方值为 0.040，sig = 0.842 > 0.05，所以不同性别的居民在“您所工作的单位是否存在以下现象：奖惩制度不公平”这一问题的回答上无显著差异。

E16f by gender

您所工作的单位是否存在以下现象：领导干部滥用职权 * 性别 Crosstabulation

	女性	男性	总计
未选中	79.8%	78.6%	79.2%
选中	20.2%	21.4%	20.8%

续表

	女性	男性	总计
总计	100.0%	100.0%	100.0%
列总计	4506	4006	8512

Chi-square test：df = 1，卡方值为 2.078，sig = 0.149 > 0.05，所以不同性别的居民在“您所工作的单位是否存在以下现象：领导干部滥用职权”这一问题的回答上无显著差异。

E16g by gender

您所工作的单位是否存在以下现象：都不存在 * 性别 Crosstabulation

	女性	男性	总计
未选中	64.2%	68.7%	66.3%
选中	35.8%	31.3%	33.7%
总计	100.0%	100.0%	100.0%
列总计	4506	4006	8512

Chi-square test：df = 1，卡方值为 18.587，sig = 0.000 < 0.05，所以不同性别的居民在“您所工作的单位是否存在以下现象：都不存在”这一问题的回答上有显著差异。

E17a by gender

下列关于企业履行社会责任（如捐款捐物、做公益慈善）的说法，您的同意程度是？只有国企才应该履行社会责任 * 性别 Crosstabulation

	女性	男性	总计
完全同意	2.7%	3.9%	3.3%
比较同意	29.9%	30.5%	30.2%
不太同意	52.6%	51.5%	52.1%
完全不同意	14.8%	14.2%	14.5%
总计	100.0%	100.0%	100.0%
列总计	4144	3764	7908

Chi-square test：df = 3，卡方值为 8.908，sig = 0.031 < 0.05，所以不同性别的居民在“您的同意程度是？只有国企才应该履行社会责任”这一问题的回答上有显著差异。

E17b by gender

下列关于企业履行社会责任（如捐款捐物、做公益慈善）的说法，您的同意程度是？只有大企业才应该履行社会责任 * 性别 Crosstabulation

	女性	男性	总计
完全同意	3.0%	3.3%	3.1%

续表

	女性	男性	总计
比较同意	28.3%	29.1%	28.7%
不太同意	50.7%	50.4%	50.6%
完全不同意	18.0%	17.3%	17.6%
总计	100.0%	100.0%	100.0%
列总计	4150	3771	7921

Chi-square test：df = 3，卡方值为 1.571，sig = 0.666 > 0.05，所以不同性别的居民在“您的同意程度是？只有大企业才应该履行社会责任”这一问题的回答上无显著差异。

E17c by gender

下列关于企业履行社会责任（如捐款捐物、做公益慈善）的说法，您的同意程度是？只有盈利多的企业才应该履行社会责任 * 性别 Crosstabulation

	女性	男性	总计
完全同意	3.8%	4.4%	4.1%
比较同意	26.7%	28.4%	27.5%
不太同意	53.0%	51.1%	52.1%
完全不同意	16.5%	16.1%	16.3%
总计	100.0%	100.0%	100.0%
列总计	4133	3764	7897

Chi-square test：df = 3，卡方值为 5.856，sig = 0.119 > 0.05，所以不同性别的居民在“您的同意程度是？只有盈利多的企业才应该履行社会责任”这一问题的回答上无显著差异。

E17d by gender

下列关于企业履行社会责任（如捐款捐物、做公益慈善）的说法，您的同意程度是？污染类企业才应该履行社会责任 * 性别 Crosstabulation

	女性	男性	总计
完全同意	26.3%	26.7%	26.5%
比较同意	41.7%	41.1%	41.4%
不太同意	23.4%	23.4%	23.4%
完全不同意	8.6%	8.8%	8.7%
总计	100.0%	100.0%	100.0%
列总计	4213	3807	8020

Chi-square test：df = 3，卡方值为 0.398，sig = 0.941 > 0.05，所以不同性别的居民在“您的同意程度是？污染类企业才应该履行社会责任”这一问题的回答上无显著差异。

E17e by gender

下列关于企业履行社会责任（如捐款捐物、做公益慈善）的说法，您的同意程度是？小企业只要管好自己就行了，不要履行社会责任 ＊ 性别 Crosstabulation

	女性	男性	总计
完全同意	2.7%	2.7%	2.7%
比较同意	19.2%	19.4%	19.3%
不太同意	55.3%	55.9%	55.6%
完全不同意	22.9%	22.0%	22.5%
总计	100.0%	100.0%	100.0%
列总计	4135	3756	7891

Chi-square test：df＝3，卡方值为 0.747，sig ＝0.862＞0.05，所以不同性别的居民在“您的同意程度是？小企业只要管好自己就行了，不要履行社会责任”这一问题的回答上无显著差异。

E18a by gender

您觉得下列哪类单位最讲道德 ＊ 性别 Crosstabulation

	女性	男性	总计
国有（控股）企业	19.1%	17.6%	18.4%
民营企业	4.6%	5.1%	4.8%
私营企业	2.8%	2.2%	2.5%
外资企业	6.1%	6.7%	6.4%
学校	44.2%	43.4%	43.8%
医院	4.7%	5.1%	4.9%
政府机关	14.0%	14.7%	14.4%
民间组织	4.5%	5.2%	4.9%
总计	100.0%	100.0%	100.0%
列总计	3268	2957	6225

Chi-square test：df＝7，卡方值为 9.115，sig ＝0.244＞0.05，所以不同性别的居民在“您觉得下列哪类单位最讲道德”这一问题的回答上无显著差异。

E18b by gender

您觉得下列哪类单位道德水平最差 ＊ 性别 Crosstabulation

	女性	男性	总计
国有（控股）企业	5.6%	5.3%	5.5%

续表

	女性	男性	总计
民营企业	10.9%	12.3%	11.6%
私营企业	30.5%	29.4%	30.0%
外资企业	3.6%	4.0%	3.8%
学校	3.1%	3.7%	3.4%
医院	18.9%	17.5%	18.3%
政府机关	14.5%	16.1%	15.3%
民间组织	12.8%	11.7%	12.3%
总计	100.0%	100.0%	100.0%
列总计	2913	2647	5560

Chi-square test：df = 7，卡方值为 10.811，sig = 0.147 > 0.05，所以不同性别的居民在“您觉得下列哪类单位道德水平最差”这一问题的回答上无显著差异。

E19a by gender

以下关于学校的说法，您的同意程度是？学校越来越以营利为目的 ＊ 性别 Crosstabulation

	女性	男性	总计
完全同意	6.8%	7.6%	7.2%
比较同意	42.7%	42.1%	42.4%
不太同意	41.4%	40.8%	41.2%
完全不同意	9.1%	9.4%	9.2%
总计	100.0%	100.0%	100.0%
列总计	4313	3796	8109

Chi-square test：df = 3，卡方值为 2.468，sig = 0.481 > 0.05，所以不同性别的居民在“学校越来越以营利为目的”这一问题的回答上无显著差异。

E19b by gender

以下关于学校的说法，您的同意程度是？学校主要传授知识和技能，培养道德不重要 ＊ 性别 Crosstabulation

	女性	男性	总计
完全同意	1.0%	1.5%	1.2%
比较同意	12.8%	12.6%	12.7%
不太同意	59.1%	58.7%	58.9%

续表

	女性	男性	总计
完全不同意	27.1%	27.2%	27.1%
总计	100.0%	100.0%	100.0%
列总计	4423	3892	8315

Chi-square test：df = 3，卡方值为 3.106，sig = 0.376 > 0.05，所以不同性别的居民在“学校主要传授知识和技能，培养道德不重要”这一问题的回答上无显著差异。

E19c by gender

以下关于学校的说法，您的同意程度是？学校升学率高比素质教育更重要 * 性别 Crosstabulation

	女性	男性	总计
完全同意	2.1%	2.4%	2.2%
比较同意	13.0%	13.0%	13.0%
不太同意	57.9%	58.7%	58.3%
完全不同意	27.1%	25.9%	26.5%
总计	100.0%	100.0%	100.0%
列总计	4385	3863	8248

Chi-square test：df = 3，卡方值为 2.642，sig = 0.450 > 0.05，所以不同性别的居民在“学校升学率高比素质教育更重要”这一问题的回答上无显著差异。

E19d by gender

以下关于学校的说法，您的同意程度是？青少年儿童行为不端，主要是学校没教好 * 性别 Crosstabulation

	女性	男性	总计
完全同意	1.5%	1.8%	1.7%
比较同意	14.6%	14.3%	14.4%
不太同意	58.9%	59.4%	59.1%
完全不同意	25.0%	24.5%	24.8%
总计	100.0%	100.0%	100.0%
列总计	4384	3870	8254

Chi-square test：df = 3，卡方值为 1.484，sig = 0.686 > 0.05，所以不同性别的居民在“青少年儿童行为不端，主要是学校没教好”这一问题的回答上无显著差异。

E19e by gender

以下关于学校的说法，您的同意程度是？要想孩子培养得好，就要多给老师送礼 ＊ 性别 Crosstabulation

	女性	男性	总计
完全同意	1.8%	2.2%	2.0%
比较同意	12.3%	12.7%	12.5%
不太同意	47.6%	47.2%	47.4%
完全不同意	38.3%	37.9%	38.1%
总计	100.0%	100.0%	100.0%
列总计	4344	3843	8187

Chi-square test：df = 3，卡方值为 1.607，sig = 0.658 > 0.05，所以不同性别的居民在“要想孩子培养得好，就要多给老师送礼”这一问题的回答上无显著差异。

E20 by gender

您所在的单位当员工或村民受到不应该的对待时，员工或村民有没有申诉的机会 ＊ 性别 Crosstabulation

	女性	男性	总计
有	64.7%	64.7%	64.7%
没有	35.3%	35.3%	35.3%
总计	100.0%	100.0%	100.0%
列总计	2543	2433	4976

Chi-square test：df = 1，卡方值为 0，sig = 0.992 > 0.05，所以不同性别的居民在“您所在的单位当员工或村民受到不应该的对待时，员工或村民有没有申诉的机会”这一问题的回答上无显著差异。

E21 by gender

您所在的单位当员工或村民受到不应该的对待时，员工或村民有没有申诉的地方或渠道 ＊ 性别 Crosstabulation

	女性	男性	总计
有	67.1%	67.0%	67.0%
没有	32.9%	33.0%	33.0%
总计	100.0%	100.0%	100.0%
列总计	2543	2433	4976

Chi-square test：df = 1，卡方值为 0.005，sig = 0.946 > 0.05，所以不同性别的居民在“您所在的单位当员工或村民受到不应该的对待时，员工或村民有没有申诉的地方或渠道”这一问题的回答上无显著差异。

E22 by gender

您所在的单位当员工或村民受到不应该的对待时，有没有人进行过申诉 ＊ 性别 Crosstabulation

	女性	男性	总计
全部会申诉	3.8%	4.3%	4.1%
大部分会申诉	19.3%	21.0%	20.1%
小部分会申诉	56.1%	54.6%	55.4%
无人申诉	20.8%	20.1%	20.5%
总计	100.0%	100.0%	100.0%
列总计	2461	2370	4831

Chi-square test：df = 3，卡方值为 3.430，sig = 0.330 > 0.05，所以不同性别的居民在“您所在的单位当员工或村民受到不应该的对待时，有没有人进行过申诉”这一问题的回答上无显著差异。

E23 by gender

您所的单位在多大程度上认真对待员工或村民的申诉 ＊ 性别 Crosstabulation

	女性	男性	总计
完全不认真	10.3%	10.7%	10.5%
不太认真	21.3%	22.1%	21.7%
一般	34.3%	33.7%	34.0%
比较认真	30.0%	28.9%	29.5%
非常认真	4.1%	4.5%	4.3%
总计	100.0%	100.0%	100.0%
列总计	2177	2132	4309

Chi-square test：df = 4，卡方值为 1.607，sig = 0.808 > 0.05，所以不同性别的居民在“您所的单位在多大程度上认真对待员工或村民的申诉”这一问题的回答上无显著差异。

E24 by gender

您所在单位是否有道德方面的教育或活动 ＊ 性别 Crosstabulation

	女性	男性	总计
有	3.5%	4.6%	4.1%
没有	41.8%	42.3%	42.0%
不知道	54.7%	53.1%	53.9%
总计	100.0%	100.0%	100.0%

续表

	女性	男性	总计
列总计	4484	3924	8408

Chi-square test：df = 2，卡方值为 7.276，sig = 0.026 < 0.05，所以不同性别的居民在“您所在单位是否有道德方面的教育或活动”这一问题的回答上有显著差异。

E25a by gender

对当地企业道德状况的满意度是 ＊ 性别 Crosstabulation

	女性	男性	总计
非常不满意	1.8%	2.6%	2.2%
不太满意	22.1%	22.5%	22.3%
比较满意	73.7%	72.7%	73.2%
非常满意	2.4%	2.2%	2.3%
总计	100.0%	100.0%	100.0%
列总计	3763	3443	7206

Chi-square test：df = 3，卡方值为 5.347，sig = 0.148 > 0.05，所以不同性别的居民在“对当地企业道德状况的满意度是”这一问题的回答上无显著差异。

E25b by gender

对当地医院道德状况的满意度是 ＊ 性别 Crosstabulation

	女性	男性	总计
非常不满意	3.1%	3.7%	3.4%
不太满意	24.9%	26.3%	25.5%
比较满意	66.5%	64.3%	65.5%
非常满意	5.6%	5.7%	5.6%
总计	100.0%	100.0%	100.0%
列总计	4244	3752	7996

Chi-square test：df = 3，卡方值为 5.641，sig = 0.130 > 0.05，所以不同性别的居民在“对当地医院道德状况的满意度是”这一问题的回答上无显著差异。

E25c by gender

对当地政府道德状况的满意度是 ＊ 性别 Crosstabulation

	女性	男性	总计
非常不满意	3.5%	3.8%	3.7%

续表

	女性	男性	总计
不太满意	23.7%	25.3%	24.5%
比较满意	65.4%	64.0%	64.7%
非常满意	7.4%	6.9%	7.2%
总计	100.0%	100.0%	100.0%
列总计	4064	3613	7677

Chi-square test：df = 3，卡方值为 3.527，sig = 0.317 > 0.05，所以不同性别的居民在“对当地政府道德状况的满意度是”这一问题的回答上无显著差异。

E25d by gender

对当地学校道德状况的满意度是 * 性别 Crosstabulation

	女性	男性	总计
非常不满意	1.1%	1.8%	1.4%
不太满意	16.6%	15.9%	16.3%
比较满意	71.7%	71.2%	71.5%
非常满意	10.6%	11.1%	10.8%
总计	100.0%	100.0%	100.0%
列总计	4162	3659	7821

Chi-square test：df = 3，卡方值为 7.809，sig = 0.050 = 0.05，所以不同性别的居民在“对当地学校道德状况的满意度是”这一问题的回答上有显著差异。

E25e by gender

对当地 NGO 组织道德状况的满意度是 * 性别 Crosstabulation

	女性	男性	总计
非常不满意	2.1%	2.4%	2.2%
不太满意	17.7%	16.5%	17.1%
比较满意	67.8%	68.5%	68.1%
非常满意	12.5%	12.6%	12.6%
总计	100.0%	100.0%	100.0%
列总计	2333	2120	4453

Chi-square test：df = 3，卡方值为 1.640，sig = 0.650 > 0.05，所以不同性别的居民在“对当地 NGO 组织道德状况的满意度是”这一问题的回答上无显著差异。

F1a by gender

您认为以下行为是否关乎道德？随地吐痰 ＊ 性别 Crosstabulation

	女性	男性	总计
有关	91.4%	90.9%	91.2%
无关	8.6%	9.1%	8.8%
总计	100.0%	100.0%	100.0%
列总计	4644	4074	8714

Chi-square test：df = 1，卡方值为 0.587，sig = 0.444 > 0.05，所以不同性别的居民在“您认为以下行为是否关乎道德？随地吐痰”这一问题的回答上无显著差异。

F1b by gender

您认为以下行为是否关乎道德？插队 ＊ 性别 Crosstabulation

	女性	男性	总计
有关	91.1%	91.0%	91.1%
无关	8.9%	9.0%	8.9%
总计	100.0%	100.0%	100.0%
列总计	4644	4074	8714

Chi-square test：df = 1，卡方值为 0.044，sig = 0.833 > 0.05，所以不同性别的居民在“您认为以下行为是否关乎道德？插队”这一问题的回答上无显著差异。

F1c by gender

您认为以下行为是否关乎道德？公交或地铁上大声打电话 ＊ 性别 Crosstabulation

	女性	男性	总计
有关	87.4%	86.9%	87.2%
无关	12.6%	13.1%	12.8%
总计	100.0%	100.0%	100.0%
列总计	4644	4074	8714

Chi-square test：df = 1，卡方值为 0.387，sig = 0.534 > 0.05，所以不同性别的居民在“您认为以下行为是否关乎道德？公交或地铁上大声打电话”这一问题的回答上无显著差异。

F1d by gender

您认为以下行为是否关乎道德？餐馆里说话声音很大 ＊ 性别 Crosstabulation

	女性	男性	总计
有关	86.1%	85.4%	85.8%

续表

	女性	男性	总计
无关	13.9%	14.6%	14.2%
总计	100.0%	100.0%	100.0%
列总计	4644	4074	8714

Chi-square test：df = 1，卡方值为 0.855，sig = 0.355 > 0.05，所以不同性别的居民在“您认为以下行为是否关乎道德？餐馆里说话声音很大”这一问题的回答上无显著差异。

F1e by gender

您认为以下行为是否关乎道德？在公共场所的椅子或沙发上躺着睡觉 * 性别 Crosstabulation

	女性	男性	总计
有关	88.0%	88.2%	88.1%
无关	12.0%	11.8%	11.9%
总计	100.0%	100.0%	100.0%
列总计	4644	4074	8714

Chi-square test：df = 1，卡方值为 0.037，sig = 0.846 > 0.05，所以不同性别的居民在“您认为以下行为是否关乎道德？在公共场所的椅子或沙发上躺着睡觉”这一问题的回答上无显著差异。

F1f by gender

您本人是否做出过这些行为？随地吐痰 * 性别 Crosstabulation

	女性	男性	总计
经常做	2.6%	3.1%	2.8%
偶尔做	33.8%	41.3%	37.3%
从来不做	63.7%	55.6%	59.9%
总计	100.0%	100.0%	100.0%
列总计	4488	3934	8422

Chi-square test：df = 2，卡方值为 56.432，sig = 0.000 < 0.05，所以不同性别的居民在“您本人是否做出过这些行为？随地吐痰”这一问题的回答上有显著差异。

F1g by gender

您本人是否做出过这些行为？插队 * 性别 Crosstabulation

	女性	男性	总计
经常做	2.1%	2.4%	2.2%

续表

	女性	男性	总计
偶尔做	27.7%	29.2%	28.4%
从来不做	70.2%	68.4%	69.4%
总计	100.0%	100.0%	100.0%
列总计	4487	3933	8420

Chi-square test：df=2，卡方值为3.854，sig =0.146 >0.05，所以不同性别的居民在“您本人是否做出过这些行为？插队”这一问题的回答上无显著差异。

F1h by gender

您本人是否做出过这些行为？公交或地铁上大声打电话 * 性别 Crosstabulation

	女性	男性	总计
经常做	2.5%	3.1%	2.8%
偶尔做	25.0%	30.9%	27.8%
从来不做	72.5%	66.0%	69.5%
总计	100.0%	100.0%	100.0%
列总计	4458	3907	8365

Chi-square test：df=2，卡方值为41.718，sig =0.000 <0.05，所以不同性别的居民在“您本人是否做出过这些行为？公交或地铁上大声打电话”这一问题的回答上有显著差异。

F1i by gender

您本人是否做出过这些行为？餐馆里说话声音很大 * 性别 Crosstabulation

	女性	男性	总计
经常做	2.8%	3.0%	2.9%
偶尔做	23.4%	29.2%	26.1%
从来不做	73.8%	67.8%	71.0%
总计	100.0%	100.0%	100.0%
列总计	4456	3913	8369

Chi-square test：df=2，卡方值为37.917，sig =0.000 <0.05，所以不同性别的居民在“您本人是否做出过这些行为？餐馆里说话声音很大”这一问题的回答上有显著差异。

F1j by gender

您本人是否做出过这些行为？在公共场所的椅子或沙发上躺着睡觉 * 性别 Crosstabulation

	女性	男性	总计
经常做	2.4%	2.9%	2.6%
偶尔做	11.7%	15.2%	13.3%
从来不做	85.9%	81.9%	84.0%
总计	100.0%	100.0%	100.0%
列总计	4471	3927	8398

Chi-square test：df = 2，卡方值为 24.959，sig = 0.000 < 0.05，所以不同性别的居民在“您本人是否做出过这些行为？在公共场所的椅子或沙发上躺着睡觉”这一问题的回答上有显著差异。

F2 by gender

入夜后，很多中老年朋友在广场上伴着录音机的音乐跳舞，产生噪声，有人向政府或物管投诉，要求阻止。对这件事您怎么看 * 性别 Crosstabulation

	女性	男性	总计
在广场上跳舞是居民的自由，不应干预	22.3%	22.6%	22.5%
跳舞如果破坏了别人的清静，就应该停止	21.5%	23.2%	22.3%
中老年人没地方活动，即便跳舞构成干扰，也应尽量容忍和理解	21.9%	21.0%	21.5%
请跳舞者降低音量，大家相互妥协	32.8%	31.9%	32.4%
其他（请说明）	1.6%	1.2%	1.4%
总计	100.0%	100.0%	100.0%
列总计	4598	4054	8652

Chi-square test：df = 4，卡方值为 5.784，sig = 0.216 > 0.05，所以不同性别的居民在“入夜后，很多中老年朋友在广场上伴着录音机的音乐跳舞，产生噪声，有人向政府或物管投诉，要求阻止。对这件事您怎么看”这一问题的回答上无显著差异。

F3a by gender

社会上经常发生一些因个人认为自身受到不公正待遇而导致的社会泄愤事件，比如厦门公交爆炸案、徐州幼儿园爆炸案。对下列说法，您的同意程度如何？这是暴徒行为，无论何种情况下，都不应该采取暴力手段 * 性别 Crosstabulation

	女性	男性	总计
完全同意	41.2%	39.3%	40.3%

续表

	女性	男性	总计
比较同意	50.5%	50.4%	50.4%
不太同意	6.9%	8.7%	7.7%
完全不同意	1.4%	1.6%	1.5%
总计	100.0%	100.0%	100.0%
列总计	4369	3872	8241

Chi-square test：df = 3，卡方值为 11.011，sig = 0.012 < 0.05，所以不同性别的居民在“这是暴徒行为，无论何种情况下，都不应该采取暴力手段”这一问题的回答上有显著差异。

F3b by gender

社会上经常发生一些因个人认为自身受到不公正待遇而导致的社会泄愤事件，比如厦门公交爆炸案、徐州幼儿园爆炸案。对下列说法，您的同意程度如何？其他社会成员在需要的时候没有及时给予帮助，因此我们每个人都有责任 * 性别 Crosstabulation

	女性	男性	总计
完全同意	16.3%	14.4%	15.4%
比较同意	48.8%	49.9%	49.3%
不太同意	29.4%	30.5%	29.9%
完全不同意	5.5%	5.3%	5.4%
总计	100.0%	100.0%	100.0%
列总计	4371	3855	8226

Chi-square test：df = 3，卡方值为 6.293，sig = 0.098 > 0.05，所以不同性别的居民在“其他社会成员在需要的时候没有及时给予帮助，因此我们每个人都有责任”这一问题的回答上无显著差异。

F3c by gender

社会上经常发生一些因个人认为自身受到不公正待遇而导致的社会泄愤事件，比如厦门公交爆炸案、徐州幼儿园爆炸案。对下列说法，您的同意程度如何？他们的遭遇值得同情，但应该去报复那些给予他们不公待遇的人，而不是伤及无辜 * 性别 Crosstabulation

	女性	男性	总计
完全同意	12.3%	11.4%	11.9%
比较同意	33.6%	34.3%	33.9%
不太同意	36.0%	35.9%	36.0%

续表

	女性	男性	总计
完全不同意	18.0%	18.4%	18.2%
总计	100.0%	100.0%	100.0%
列总计	4366	3871	8237

Chi-square test：df = 3，卡方值为 2.208，sig = 0.567 > 0.05，所以不同性别的居民在“他们的遭遇值得同情，但应该去报复那些给予他们不公待遇的人，而不是伤及无辜”这一问题的回答上无显著差异。

F3d by gender

社会上经常发生一些因个人认为自身受到不公正待遇而导致的社会泄愤事件，比如厦门公交爆炸案、徐州幼儿园爆炸案。对下列说法，您的同意程度如何？受到不公平待遇，应该充分相信政府，积极寻求相关部门的帮助 ＊ 性别 Crosstabulation

	女性	男性	总计
完全同意	26.2%	24.2%	25.2%
比较同意	54.8%	55.6%	55.2%
不太同意	15.8%	16.2%	16.0%
完全不同意	3.3%	4.0%	3.7%
总计	100.0%	100.0%	100.0%
列总计	4374	3845	8219

Chi-square test：df = 3，卡方值为 6.600，sig = 0.086 > 0.05，所以不同性别的居民在“受到不公平待遇，应该充分相信政府，积极寻求相关部门的帮助”这一问题的回答上无显著差异。

F4 by gender

总的来说，您认为当今的社会公不公平 ＊ 性别 Crosstabulation

	女性	男性	总计
完全不公平	5.6%	6.2%	5.9%
比较不公平	29.4%	29.2%	29.3%
说不上公平但也不能说不公平	37.9%	38.1%	38.0%
比较公平	25.0%	24.3%	24.7%
非常公平	2.0%	2.2%	2.1%
总计	100.0%	100.0%	100.0%
列总计	4371	3854	8225

Chi-square test：df = 4，卡方值为 2.012，sig = 0.733 > 0.05，所以不同性别的居民在“总的来说，您认为当今的社会公不公平”这一问题的回答上无显著差异。

F5 by gender

和前几年相比，您认为目前我国社会的分配不公、两极分化现象 * 性别 Crosstabulation

	女性	男性	总计
有较大改善	33.5%	33.6%	33.5%
没什么变化	53.3%	52.6%	53.0%
更加恶化	13.2%	13.9%	13.5%
总计	100.0%	100.0%	100.0%
列总计	4017	3644	7661

Chi-square test：df = 2，卡方值为 0.768，sig = 0.681 > 0.05，所以不同性别的居民在“和前几年相比，您认为目前我国社会的分配不公、两极分化现象”这一问题的回答上无显著差异。

F6 by gender

您认为目前我国社会成员之间的收入差距 * 性别 Crosstabulation

	女性	男性	总计
合理，可以接受	17.4%	17.3%	17.3%
不合理，但可以接受	60.9%	59.7%	60.3%
不合理，不能接受	21.7%	23.0%	22.3%
总计	100.0%	100.0%	100.0%
列总计	3950	3577	7527

Chi-square test：df = 2，卡方值为 1.990，sig = 0.370 > 0.05，所以不同性别的居民在“您认为目前我国社会成员之间的收入差距”这一问题的回答上无显著差异。

F7a by gender

请问您是否同意当前的社会是人人为自己 * 性别 Crosstabulation

	女性	男性	总计
完全同意	10.9%	11.6%	11.2%
比较同意	57.3%	58.7%	57.9%
不太同意	30.5%	27.8%	29.2%
完全不同意	1.3%	1.9%	1.6%
总计	100.0%	100.0%	100.0%
列总计	4550	4018	8568

Chi-square test：df = 3，卡方值为 12.483，sig = 0.006 < 0.05，所以不同性别的居民在“请问您是否同意当前的社会是人人为自己”这一问题的回答上有显著差异。

F7b by gender

请问您是否同意现在社会的大多数人是见利忘义的 ＊ 性别 Crosstabulation

	女性	男性	总计
完全同意	7.2%	8.3%	7.7%
比较同意	49.9%	50.8%	50.3%
不太同意	39.1%	37.3%	38.3%
完全不同意	3.7%	3.6%	3.7%
总计	100.0%	100.0%	100.0%
列总计	4539	4007	8546

Chi-square test：df = 3，卡方值为 5.020，sig = 0.170 > 0.05，所以不同性别的居民在“请问您是否同意现在社会的大多数人是见利忘义的”这一问题的回答上无显著差异。

F7c by gender

请问您是否同意现在社会是一个物欲横流的社会 ＊ 性别 Crosstabulation

	女性	男性	总计
完全同意	7.2%	7.8%	7.5%
比较同意	46.1%	49.1%	47.5%
不太同意	41.1%	37.9%	39.6%
完全不同意	5.6%	5.3%	5.4%
总计	100.0%	100.0%	100.0%
列总计	4355	3862	8217

Chi-square test：df = 3，卡方值为 10.618，sig = 0.014 < 0.05，所以不同性别的居民在“请问您是否同意现在社会是一个物欲横流的社会”这一问题的回答上有显著差异。

F7d by gender

请问您是否同意当前大多数人都是以集体利益为重 ＊ 性别 Crosstabulation

	女性	男性	总计
完全同意	5.2%	6.4%	5.8%
比较同意	37.7%	37.0%	37.3%
不太同意	52.1%	51.0%	51.5%
完全不同意	5.0%	5.7%	5.4%
总计	100.0%	100.0%	100.0%
列总计	4416	3907	8323

Chi-square test：df = 3，卡方值为 7.123，sig = 0.068 > 0.05，所以不同性别的居民在“请问您是否同意当前大多数人都是以集体利益为重”这一问题的回答上无显著差异。

F7e by gender

请问您是否同意当前大多数人都是家庭利益至上 ＊ 性别 Crosstabulation

	女性	男性	总计
完全同意	16.3%	18.2%	17.2%
比较同意	56.5%	54.0%	55.4%
不太同意	24.0%	24.4%	24.2%
完全不同意	3.2%	3.3%	3.2%
总计	100.0%	100.0%	100.0%
列总计	4508	3963	8471

Chi-square test：df = 3，卡方值为 7.226，sig = 0.065 > 0.05，所以不同性别的居民在“请问您是否同意当前大多数人都是家庭利益至上”这一问题的回答上无显著差异。

F7f by gender

请问您是否同意当前的社会是个金钱至上的社会 ＊ 性别 Crosstabulation

	女性	男性	总计
完全同意	13.5%	15.1%	14.2%
比较同意	50.4%	49.3%	49.9%
不太同意	31.6%	31.2%	31.4%
完全不同意	4.6%	4.4%	4.5%
总计	100.0%	100.0%	100.0%
列总计	4481	3945	8426

Chi-square test：df = 3，卡方值为 4.978，sig = 0.173 > 0.05，所以不同性别的居民在“请问您是否同意当前的社会是个金钱至上的社会”这一问题的回答上无显著差异。

F7g by gender

请问您是否同意现在社会守道德的人大都吃亏，不守道德的人占便宜 ＊ 性别 Crosstabulation

	女性	男性	总计
完全同意	8.2%	8.3%	8.3%
比较同意	42.4%	41.9%	42.2%
不太同意	43.9%	44.5%	44.2%
完全不同意	5.4%	5.2%	5.3%
总计	100.0%	100.0%	100.0%

续表

	女性	男性	总计
列总计	4443	3893	8336

Chi-square test：df = 3，卡方值为 0. 502，sig ＝0. 919 > 0. 05，所以不同性别的居民在“请问您是否同意现在社会守道德的人大都吃亏，不守道德的人占便宜”这一问题的回答上无显著差异。

F7h by gender

请问您是否同意现在社会中好人有好报，恶人终归会受到惩罚 ＊ 性别 Crosstabulation

	女性	男性	总计
完全同意	14. 9%	15. 6%	15. 2%
比较同意	51. 3%	50. 1%	50. 7%
不太同意	30. 1%	30. 9%	30. 5%
完全不同意	3. 7%	3. 5%	3. 6%
总计	100. 0%	100. 0%	100. 0%
列总计	4476	3915	8391

Chi-square test：df = 3，卡方值为 2. 154，sig ＝0. 541 > 0. 05，所以不同性别的居民在“请问您是否同意现在社会中好人有好报，恶人终归会受到惩罚”这一问题的回答上无显著差异。

F7i by gender

请问您是否同意人们的生活水平越高，就越幸福 ＊ 性别 Crosstabulation

	女性	男性	总计
完全同意	16. 6%	18. 3%	17. 4%
比较同意	45. 9%	43. 2%	44. 6%
不太同意	33. 5%	34. 3%	33. 9%
完全不同意	4. 0%	4. 1%	4. 0%
总计	100. 0%	100. 0%	100. 0%
列总计	4493	3946	8439

Chi-square test：df = 3，卡方值为 7. 465，sig ＝0. 058 > 0. 05，所以不同性别的居民在“请问您是否同意人们的生活水平越高，就越幸福”这一问题的回答上无显著差异。

F7j by gender

请问您是否同意我们的社会中道德能够很好地约束人们的行为 ＊ 性别 Crosstabulation

	女性	男性	总计
完全同意	6.2%	6.9%	6.5%
比较同意	48.7%	48.8%	48.8%
不太同意	39.9%	39.7%	39.8%
完全不同意	5.1%	4.6%	4.9%
总计	100.0%	100.0%	100.0%
列总计	4314	3824	8138

Chi-square test：df＝3，卡方值为2.714，sig ＝0.438＞0.05，所以不同性别的居民在“请问您是否同意我们的社会中道德能够很好地约束人们的行为”这一问题的回答上无显著差异。

F7k by gender

请问您是否同意现有的规范和习俗能够很好地调节人与人的关系 ＊ 性别 Crosstabulation

	女性	男性	总计
完全同意	6.1%	6.3%	6.2%
比较同意	51.3%	51.0%	51.2%
不太同意	37.3%	37.7%	37.5%
完全不同意	5.2%	5.0%	5.1%
总计	100.0%	100.0%	100.0%
列总计	4257	3803	8060

Chi-square test：df＝3，卡方值为0.394，sig ＝0.941＞0.05，所以不同性别的居民在“请问您是否同意现有的规范和习俗能够很好地调节人与人的关系”这一问题的回答上无显著差异。

F7l by gender

请问您是否同意现在社会大多数人都有荣辱感 ＊ 性别 Crosstabulation

	女性	男性	总计
完全同意	8.0%	8.1%	8.0%
比较同意	55.2%	53.2%	54.3%
不太同意	32.0%	33.5%	32.7%
完全不同意	4.8%	5.2%	5.0%
总计	100.0%	100.0%	100.0%

续表

	女性	男性	总计
列总计	4288	3790	8078

Chi-square test：df = 3，卡方值为 3.606，sig = 0.307 > 0.05，所以不同性别的居民在“请问您是否同意现在社会大多数人都有荣辱感”这一问题的回答上无显著差异。

F8 by gender

您听说过或参加过道德讲堂吗 ＊ 性别 Crosstabulation

	女性	男性	总计
参加过	8.9%	10.6%	9.7%
听说过，但没参加过	34.5%	35.4%	34.9%
没听说过	56.6%	54.0%	55.4%
总计	100.0%	100.0%	100.0%
列总计	4649	4093	8742

Chi-square test：df = 2，卡方值为 9.712，sig = 0.008 < 0.05，所以不同性别的居民在“您听说过或参加过道德讲堂吗”这一问题的回答上有显著差异。

F9 by gender

如果您参加过道德讲堂，您觉得开展这样的活动有意义吗 ＊ 性别 Crosstabulation

	女性	男性	总计
很有意义	78.2%	77.0%	77.6%
可有可无	16.6%	17.5%	17.1%
没有必要	5.2%	5.5%	5.4%
总计	100.0%	100.0%	100.0%
列总计	404	417	821

Chi-square test：df = 2，卡方值为 0.181，sig = 0.0913 > 0.05，所以不同性别的居民在“如果您参加过道德讲堂，您觉得开展这样的活动有意义吗”这一问题的回答上无显著差异。

F10 by gender

您对您生活的地方（您所在的社区）社会公德状况满意吗 ＊ 性别 Crosstabulation

	女性	男性	总计
非常满意	4.6%	5.3%	4.9%

续表

	女性	男性	总计
比较满意	63.9%	62.5%	63.2%
不太满意	26.7%	27.9%	27.2%
非常不满意	4.8%	4.4%	4.6%
总计	100.0%	100.0%	100.0%
列总计	4264	3790	8054

Chi-square test：df = 3，卡方值为 4.370，sig = 0.224 > 0.05，所以不同性别的居民在“您对您生活的地方（您所在的社区）社会公德状况满意吗”这一问题的回答上无显著差异。

F11a by gender

当前社会坑蒙拐骗现象的严重程度如何 * 性别 Crosstabulation

	女性	男性	总计
非常不严重	7.4%	8.2%	7.8%
比较不严重	43.9%	44.4%	44.1%
比较严重	40.4%	40.1%	40.3%
非常严重	8.3%	7.2%	7.8%
总计	100.0%	100.0%	100.0%
列总计	4494	3967	8490

Chi-square test：df = 3，卡方值为 4.881，sig = 0.181 > 0.05，所以不同性别的居民在“当前社会坑蒙拐骗现象的严重程度如何”这一问题的回答上无显著差异。

F11b by gender

当前社会人际关系冷漠，见危不救的严重程度如何 * 性别 Crosstabulation

	女性	男性	总计
非常不严重	8.7%	9.9%	9.3%
比较不严重	44.5%	43.8%	44.2%
比较严重	41.0%	41.0%	41.0%
非常严重	5.9%	5.3%	5.6%
总计	100.0%	100.0%	100.0%
列总计	4503	3987	8490

Chi-square test：df = 3，卡方值为 4.697，sig = 0.195 > 0.05，所以不同性别的居民在“当前社会人际关系冷漠，见危不救的严重程度如何”这一问题的回答上无显著差异。

F11c by gender

当前社会诚信缺乏，不讲信用的严重程度如何 ＊ 性别 Crosstabulation

	女性	男性	总计
非常不严重	9.2%	9.2%	9.2%
比较不严重	42.3%	42.1%	42.2%
比较严重	41.6%	41.8%	41.7%
非常严重	6.8%	6.9%	6.9%
总计	100.0%	100.0%	100.0%
列总计	4534	3983	8517

Chi-square test：df = 3，卡方值为 0.078，sig = 0.994 > 0.05，所以不同性别的居民在“当前社会诚信缺乏，不讲信用的严重程度如何”这一问题的回答上无显著差异。

F11d by gender

当前社会人与人之间缺乏信任，社会安全度低的严重程度如何 ＊ 性别 Crosstabulation

	女性	男性	总计
非常不严重	8.3%	8.3%	8.3%
比较不严重	37.7%	39.1%	38.4%
比较严重	45.3%	43.8%	44.6%
非常严重	8.7%	8.8%	8.7%
总计	100.0%	100.0%	100.0%
列总计	4508	3976	8484

Chi-square test：df = 3，卡方值为 2.085，sig = 0.555 > 0.05，所以不同性别的居民在“当前社会人与人之间缺乏信任，社会安全度低的严重程度如何”这一问题的回答上无显著差异。

F11e by gender

当前社会缺乏公德，如公共场所大声喧哗、随地吐痰等的严重程度如何 ＊ 性别 Crosstabulation

	女性	男性	总计
非常不严重	9.8%	10.6%	10.2%
比较不严重	44.5%	43.6%	44.1%
比较严重	36.5%	37.0%	36.8%
非常严重	9.2%	8.7%	9.0%
总计	100.0%	100.0%	100.0%

续表

	女性	男性	总计
列总计	4501	3946	8432

Chi-square test：df = 3，卡方值为 2. 497，sig = 0. 476 > 0. 05，所以不同性别的居民在“当前社会缺乏公德，如公共场所大声喧哗、随地吐痰等的严重程度如何”这一问题的回答上无显著差异。

F11f by gender

当前社会自私自利，损人利己的严重程度如何 * 性别 Crosstabulation

	女性	男性	总计
非常不严重	9. 3%	10. 5%	9. 8%
比较不严重	41. 3%	41. 1%	41. 2%
比较严重	42. 6%	42. 4%	42. 5%
非常严重	6. 8%	6. 0%	6. 5%
总计	100. 0%	100. 0%	100. 0%
列总计	4486	3946	8432

Chi-square test：df = 3，卡方值为 5. 111，sig = 0. 164 > 0. 05，所以不同性别的居民在“当前社会自私自利，损人利己的严重程度如何”这一问题的回答上无显著差异。

F11g by gender

当前社会缺乏公正心和正义感的严重程度如何 * 性别 Crosstabulation

	女性	男性	总计
非常不严重	9. 2%	10. 5%	9. 8%
比较不严重	43. 8%	42. 3%	43. 1%
比较严重	40. 7%	41. 1%	40. 9%
非常严重	6. 4%	6. 0%	6. 2%
总计	100. 0%	100. 0%	100. 0%
列总计	4441	3915	8356

Chi-square test：df = 3，卡方值为 5. 380，sig = 0. 146 > 0. 05，所以不同性别的居民在“当前社会缺乏公正心和正义感的严重程度如何”这一问题的回答上无显著差异。

F11h by gender

当前社会私欲膨胀，物欲横流的严重程度如何 * 性别 Crosstabulation

	女性	男性	总计
非常不严重	9. 0%	10. 1%	9. 5%

续表

	女性	男性	总计
比较不严重	43.7%	41.9%	42.8%
比较严重	40.2%	40.9%	40.5%
非常严重	7.1%	7.2%	7.1%
总计	100.0%	100.0%	100.0%
列总计	4267	3763	8030

Chi-square test：df = 3，卡方值为 4.380，sig = 0.223 > 0.05，所以不同性别的居民在“当前社会私欲膨胀，物欲横流的严重程度如何”这一问题的回答上无显著差异。

F11i by gender

当前社会缺乏羞耻感的严重程度如何 * 性别 Crosstabulation

	女性	男性	总计
非常不严重	10.9%	11.6%	11.2%
比较不严重	49.5%	48.8%	49.2%
比较严重	33.4%	33.3%	33.3%
非常严重	6.2%	6.3%	6.2%
总计	100.0%	100.0%	100.0%
列总计	4323	3827	8150

Chi-square test：df = 3，卡方值为 1.215，sig = 0.749 > 0.05，所以不同性别的居民在“当前社会缺乏羞耻感的严重程度如何”这一问题的回答上无显著差异。

F11j by gender

当前社会干部贪污受贿，以权谋利的严重程度如何 * 性别 Crosstabulation

	女性	男性	总计
非常不严重	7.2%	8.3%	7.7%
比较不严重	36.8%	36.0%	36.4%
比较严重	38.6%	37.5%	38.1%
非常严重	17.3%	18.3%	17.8%
总计	100.0%	100.0%	100.0%
列总计	4119	3703	7822

Chi-square test：df = 3，卡方值为 4.943，sig = 0.176 > 0.05，所以不同性别的居民在“当前社会干部贪污受贿，以权谋利的严重程度如何”这一问题的回答上无显著差异。

F11k by gender

当前社会生活奢侈，铺张浪费的严重程度如何 * 性别 Crosstabulation

	女性	男性	总计
非常不严重	6.6%	8.2%	7.3%
比较不严重	38.5%	38.1%	38.3%
比较严重	40.8%	38.9%	39.9%
非常严重	14.1%	14.8%	14.4%
总计	100.0%	100.0%	100.0%
列总计	4307	3790	8097

Chi-square test：df = 3，卡方值为 9.512，sig = 0.023 < 0.05，所以不同性别的居民在“当前社会生活奢侈，铺张浪费的严重程度如何”这一问题的回答上有显著差异。

F11l by gender

当前社会干部不作为，扯皮推诿的严重程度如何 * 性别 Crosstabulation

	女性	男性	总计
非常不严重	6.6%	7.2%	6.9%
比较不严重	35.9%	35.1%	35.5%
比较严重	39.6%	38.6%	39.1%
非常严重	17.9%	19.2%	18.5%
总计	100.0%	100.0%	100.0%
列总计	4049	3628	7677

Chi-square test：df = 3，卡方值为 3.484，sig = 0.323 > 0.05，所以不同性别的居民在“当前社会干部不作为，扯皮推诿的严重程度如何”这一问题的回答上无显著差异。

F12a by gender

您怎么看待周围那些经营企业或做生意发了财的人：他们自己有本事，应该发财 * 性别 Crosstabulation

	女性	男性	总计
未选中	42.3%	42.3%	42.3%
选中	57.7%	57.7%	57.7%
总计	100.0%	100.0%	100.0%
列总计	4599	4055	8654

Chi-square test：df = 1，卡方值为 0.001，sig = 0.980 > 0.05，所以不同性别的居民在“您怎么看待周围那些经营企业或做生意发了财的人：他们自己有本事，应该发财”这一问题的回答上无显著差异。

F12b by gender

您怎么看待周围那些经营企业或做生意发了财的人：尊重他们，他们为社会做了贡献 ＊ 性别 Crosstabulation

	女性	男性	总计
未选中	55.2%	55.4%	55.3%
选中	44.8%	44.6%	44.7%
总计	100.0%	100.0%	100.0%
列总计	4599	4055	8654

Chi-square test：df = 1，卡方值为 0.016，sig = 0.900 > 0.05，所以不同性别的居民在“您怎么看待周围那些经营企业或做生意发了财的人：尊重他们，他们为社会做了贡献”这一问题的回答上无显著差异。

F12c by gender

您怎么看待周围那些经营企业或做生意发了财的人：没什么了不起，他们常用不正当手段发财 ＊ 性别 Crosstabulation

	女性	男性	总计
未选中	88.4%	86.1%	87.3%
选中	11.6%	13.9%	12.7%
总计	100.0%	100.0%	100.0%
列总计	4599	4055	8654

Chi-square test：df = 1，卡方值为 10.677，sig = 0.001 < 0.05，所以不同性别的居民在“您怎么看待周围那些经营企业或做生意发了财的人：没什么了不起，他们常用不正当手段发财”这一问题的回答上有显著差异。

F12d by gender

您怎么看待周围那些经营企业或做生意发了财的人：是土豪，没文化，没教养 ＊ 性别 Crosstabulation

	女性	男性	总计
未选中	92.6%	91.9%	92.3%
选中	7.4%	8.1%	7.7%
总计	100.0%	100.0%	100.0%
列总计	4599	4055	8654

Chi-square test：df = 1，卡方值为 1.373，sig = 0.241 > 0.05，所以不同性别的居民在“您怎么看待周围那些经营企业或做生意发了财的人：是土豪，没文化，没教养”这一问题的回答上无显著差异。

F12e by gender

您怎么看待周围那些经营企业或做生意发了财的人：是他们运气好 ＊ 性别 Crosstabulation

	女性	男性	总计
未选中	82.0%	83.6%	82.7%
选中	18.0%	16.4%	17.3%
总计	100.0%	100.0%	100.0%
列总计	4599	4055	8654

Chi-square test：df = 1，卡方值为 3.664，sig = 0.056 > 0.05，所以不同性别的居民在“您怎么看待周围那些经营企业或做生意发了财的人：是他们运气好”这一问题的回答上无显著差异。

F12f by gender

您怎么看待周围那些经营企业或做生意发了财的人：有钱没钱，这都是命 ＊ 性别 Crosstabulation

	女性	男性	总计
未选中	82.9%	84.5%	83.6%
选中	17.1%	15.5%	16.4%
总计	100.0%	100.0%	100.0%
列总计	4599	4055	8654

Chi-square test：df = 1，卡方值为 4.143，sig = 0.042 < 0.05，所以不同性别的居民在“您怎么看待周围那些经营企业或做生意发了财的人：有钱没钱，这都是命”这一问题的回答上有显著差异。

F12g by gender

您怎么看待周围那些经营企业或做生意发了财的人：天道不公，希望他们明天就破产 ＊ 性别 Crosstabulation

	女性	男性	总计
未选中	99.0%	99.0%	99.0%
选中	1.0%	1.0%	1.0%
总计	100.0%	100.0%	100.0%
列总计	4599	4055	8654

Chi-square test：df = 1，卡方值为 0.003，sig = 0.960 > 0.05，所以不同性别的居民在“您怎么看待周围那些经营企业或做生意发了财的人：天道不公，希望他们明天就破产”这一问题的回答上无显著差异。

F13a by gender

企业损害社会利益，如污染环境、以虚假广告误导公众等严重程度如何 ＊ 性别 Crosstabulation

	女性	男性	总计
非常不严重	4.9%	4.4%	4.7%
比较不严重	38.5%	38.4%	38.5%
比较严重	48.0%	47.0%	47.5%
非常严重	8.6%	10.1%	9.3%
总计	100.0%	100.0%	100.0%
列总计	3996	3637	7633

Chi-square test：df = 3，卡方值为 6.084，sig = 0.108 > 0.05，所以不同性别的居民在“企业损害社会利益，如污染环境、以虚假广告误导公众等严重程度如何”这一问题的回答上无显著差异。

F13b by gender

娱乐界以丑闻、绯闻炒作，污染社会风气严重程度如何 ＊ 性别 Crosstabulation

	女性	男性	总计
非常不严重	5.6%	6.0%	5.8%
比较不严重	27.4%	28.0%	27.7%
比较严重	53.8%	52.2%	53.0%
非常严重	13.3%	13.8%	13.5%
总计	100.0%	100.0%	100.0%
列总计	3728	3366	7094

Chi-square test：df = 3，卡方值为 2.204，sig = 0.531 > 0.05，所以不同性别的居民在“娱乐界以丑闻、绯闻炒作，污染社会风气严重程度如何”这一问题的回答上无显著差异。

F13c by gender

媒体缺乏社会责任，炒作新闻严重程度如何 ＊ 性别 Crosstabulation

	女性	男性	总计
非常不严重	6.5%	6.7%	6.6%
比较不严重	30.9%	31.0%	31.0%
比较严重	50.8%	49.4%	50.1%
非常严重	11.8%	12.8%	12.3%
总计	100.0%	100.0%	100.0%
列总计	3727	3402	7129

Chi-square test：df = 3，卡方值为 2.293，sig = 0.514 > 0.05，所以不同性别的居民在“媒体缺乏社会责任，炒作新闻严重程度如何”这一问题的回答上无显著差异。

F13d by gender

社会财富分配不公，贫富悬殊过大严重程度如何 ＊ 性别 Crosstabulation

	女性	男性	总计
非常不严重	5.0%	6.9%	5.9%
比较不严重	26.9%	26.2%	26.6%
比较严重	48.9%	48.1%	48.5%
非常严重	19.2%	18.8%	19.0%
总计	100.0%	100.0%	100.0%
列总计	4229	3788	8017

Chi-square test：df = 3，卡方值为 12.062，sig = 0.007 < 0.05，所以不同性别的居民在“社会财富分配不公，贫富悬殊过大严重程度如何”这一问题的回答上有显著差异。

F13e by gender

教师不尽职严重程度如何 ＊ 性别 Crosstabulation

	女性	男性	总计
非常不严重	15.2%	15.4%	15.3%
比较不严重	57.4%	55.6%	56.6%
比较严重	23.8%	24.3%	24.1%
非常严重	3.6%	4.6%	4.1%
总计	100.0%	100.0%	100.0%
列总计	4384	3859	8243

Chi-square test：df = 3，卡方值为 7.150，sig = 0.067 > 0.05，所以不同性别的居民在“教师不尽职严重程度如何”这一问题的回答上无显著差异。

F13f by gender

医生不守职业道德严重程度如何 ＊ 性别 Crosstabulation

	女性	男性	总计
非常不严重	13.9%	13.6%	13.8%
比较不严重	52.2%	50.8%	51.5%
比较严重	29.4%	29.9%	29.6%
非常严重	4.6%	5.6%	5.1%
总计	100.0%	100.0%	100.0%
列总计	4392	3862	8254

Chi-square test：df = 3，卡方值为 5.872，sig = 0.118 > 0.05，所以不同性别的居民在“医生不守职业道德严重程度如何”这一问题的回答上无显著差异。

F13g by gender

公众人物用知名度攫取财富严重程度如何 ＊ 性别 Crosstabulation

	女性	男性	总计
非常不严重	8.5%	8.7%	8.6%
比较不严重	35.2%	34.5%	34.9%
比较严重	44.8%	44.7%	44.8%
非常严重	11.5%	12.1%	11.8%
总计	100.0%	100.0%	100.0%
列总计	3611	3228	6839

Chi-square test：df = 3，卡方值为 0.810，sig ＝0.847 > 0.05，所以不同性别的居民在“公众人物用知名度攫取财富严重程度如何”这一问题的回答上无显著差异。

F13h by gender

两性关系过度开放导致婚姻不稳定严重程度如何 ＊ 性别 Crosstabulation

	女性	男性	总计
非常不严重	8.1%	8.9%	8.5%
比较不严重	44.2%	42.9%	43.6%
比较严重	37.0%	37.7%	37.3%
非常严重	10.7%	10.5%	10.6%
总计	100.0%	100.0%	100.0%
列总计	4027	3544	7571

Chi-square test：df = 3，卡方值为 2.370，sig ＝0.499 > 0.05，所以不同性别的居民在“两性关系过度开放导致婚姻不稳定严重程度如何”这一问题的回答上无显著差异。

F13i by gender

年轻人缺乏责任感，不孝敬父母严重程度如何 ＊ 性别 Crosstabulation

	女性	男性	总计
非常不严重	13.2%	13.0%	13.1%
比较不严重	52.9%	54.0%	53.4%
比较严重	28.5%	27.5%	28.0%
非常严重	5.4%	5.5%	5.5%
总计	100.0%	100.0%	100.0%
列总计	4297	3784	8081

Chi-square test：df = 3，卡方值为 1.338，sig ＝0.720 > 0.05，所以不同性别的居民在“年轻人缺乏责任感，不孝敬父母严重程度如何”这一问题的回答上无显著差异。

F14 by gender

您是否知道您生活的社区（村）有社区公约、村规民约？ * 性别 Crosstabulation

	女性	男性	总计
知道有	35.7%	38.1%	36.9%
知道没有	16.3%	17.0%	16.7%
不知道有没有	48.0%	44.8%	46.5%
总计	100.0%	100.0%	100.0%
列总计	4523	3990	8513

Chi-square test：df = 2，卡方值为 8.535，sig = 0.014 < 0.05，所以不同性别的居民在“您是否知道您生活的社区（村）有社区公约、村规民约?”这一问题的回答上有显著差异。

F15a by gender

您周围的人在日常生活中遵守步行、骑车不闯红灯的情况 * 性别 Crosstabulation

	女性	男性	总计
不遵守	7.4%	7.9%	7.6%
基本遵守	67.5%	67.6%	67.5%
自觉遵守	25.2%	24.5%	24.8%
总计	100.0%	100.0%	100.0%
列总计	4651	4089	8740

Chi-square test：df = 2，卡方值为 1.333，sig = 0.514 > 0.05，所以不同性别的居民在“您周围的人在日常生活中遵守步行、骑车不闯红灯的情况”这一问题的回答上无显著差异。

F15b by gender

您周围的人在日常生活中遵守乘车、购物自觉排队的情况 * 性别 Crosstabulation

	女性	男性	总计
不遵守	4.8%	5.1%	4.9%
基本遵守	68.7%	68.5%	68.6%
自觉遵守	26.5%	26.5%	26.5%
总计	100.0%	100.0%	100.0%
列总计	4649	4089	8738

Chi-square test：df = 2，卡方值为 0.457，sig = 0.796 > 0.05，所以不同性别的居民在“您周围的人在日常生活中遵守乘车、购物自觉排队的情况”这一问题的回答上无显著差异。

F15c by gender

您周围的人在日常生活中遵守文明游览的情况 ＊ 性别 Crosstabulation

	女性	男性	总计
不遵守	6.1%	6.9%	6.5%
基本遵守	67.3%	67.1%	67.2%
自觉遵守	26.6%	26.0%	26.3%
总计	100.0%	100.0%	100.0%
列总计	4630	4077	8707

Chi-square test：df = 2，卡方值为 2.484，sig = 0.289 > 0.05，所以不同性别的居民在“您周围的人在日常生活中遵守文明游览的情况”这一问题的回答上无显著差异。

F15d by gender

您周围的人在日常生活中遵守社区公约、村规民约的情况 ＊ 性别 Crosstabulation

	女性	男性	总计
不遵守	5.4%	5.5%	5.5%
基本遵守	68.0%	67.7%	67.9%
自觉遵守	26.6%	26.8%	26.7%
总计	100.0%	100.0%	100.0%
列总计	4366	3861	8227

Chi-square test：df = 2，卡方值为 0.138，sig = 0.933 > 0.05，所以不同性别的居民在“您周围的人在日常生活中遵守社区公约、村规民约的情况”这一问题的回答上无显著差异。

F16a by gender

您对下列关于网络的说法是否赞同？网络是个虚拟空间，不受现实生活中的道德规范约束 ＊ 性别 Crosstabulation

	女性	男性	总计
非常不赞同	27.7%	29.4%	28.5%
不太赞同	49.9%	48.5%	49.2%
比较赞同	18.2%	17.4%	17.8%
非常赞同	4.1%	4.8%	4.4%
总计	100.0%	100.0%	100.0%
列总计	4278	3792	8070

Chi-square test：df = 3，卡方值为 0.219，sig = 0.156 > 0.05，所以不同性别的居民在“网络是个虚拟空间，不受现实生活中的道德规范约束”这一问题的回答上无显著差异。

F16b by gender

您对下列关于网络的说法是否赞同？人肉搜索侵犯个人隐私，应该杜绝 * 性别 Crosstabulation

	女性	男性	总计
非常不赞同	3.4%	4.0%	3.7%
不太赞同	23.4%	23.8%	23.6%
比较赞同	52.6%	51.2%	51.9%
非常赞同	20.6%	21.0%	20.8%
总计	100.0%	100.0%	100.0%
列总计	4283	3792	8075

Chi-square test：df = 3，卡方值为 3.052，sig = 0.384 > 0.05，所以不同性别的居民在“人肉搜索侵犯个人隐私，应该杜绝”这一问题的回答上无显著差异。

F16c by gender

您对下列关于网络的说法是否赞同？明知网络谣言仍转发的，应该受到惩罚 * 性别 Crosstabulation

	女性	男性	总计
非常不赞同	3.7%	4.5%	4.1%
不太赞同	16.7%	18.1%	17.4%
比较赞同	52.0%	47.6%	49.9%
非常赞同	27.5%	29.8%	28.6%
总计	100.0%	100.0%	100.0%
列总计	4299	3810	8109

Chi-square test：df = 3，卡方值为 17.127，sig = 0.001 < 0.05，所以不同性别的居民在“明知网络谣言仍转发的，应该受到惩罚”这一问题的回答上有显著差异。

F17 by gender

假如您走在街上被陌生人不小心踩到并发出“哎哟”一声后，您认为对方会做何种反应 * 性别 Crosstabulation

	女性	男性	总计
用言语或手势表达歉意	76.0%	75.9%	75.9%
不会有任何表示	18.5%	18.9%	18.7%
反而说你大惊小怪	5.6%	5.1%	5.4%

续表

	女性	男性	总计
总计	100.0%	100.0%	100.0%
列总计	4428	3890	8318

Chi-square test：df = 2，卡方值为 1.008，sig = 0.604 > 0.05，所以不同性别的居民在“假如您走在街上被陌生人不小心踩到并发出‘哎哟’一声后，您认为对方会做何种反应”这一问题的回答上无显著差异。

F18 by gender

您觉得您周围大多数人工作生活的精神状态怎么样 * 性别 Crosstabulation

	女性	男性	总计
精神饱满、积极向上	42.4%	41.6%	42.0%
安于现状、按部就班	54.4%	54.4%	54.4%
精神萎靡、无所事事	3.2%	3.9%	3.5%
总计	100.0%	100.0%	100.0%
列总计	4594	4032	8626

Chi-square test：df = 2，卡方值为 4.072，sig = 0.131 > 0.05，所以不同性别的居民在“您觉得您周围大多数人工作生活的精神状态怎么样”这一问题的回答上无显著差异。

F19a by gender

这些现象在您身边常见吗？占卜算命 * 性别 Crosstabulation

	女性	男性	总计
经常见到	11.2%	12.2%	11.7%
偶尔见到	49.2%	49.2%	49.2%
没见到	39.6%	38.6%	39.1%
总计	100.0%	100.0%	100.0%
列总计	4649	4092	8741

Chi-square test：df = 2，卡方值为 2.560，sig = 0.278 > 0.05，所以不同性别的居民在“这些现象在您身边常见吗？占卜算命”这一问题的回答上无显著差异。

F19b by gender

这些现象在您身边常见吗？操办喜事比富斗阔 * 性别 Crosstabulation

	女性	男性	总计
经常见到	9.8%	10.8%	10.3%
偶尔见到	43.2%	44.2%	43.7%

续表

	女性	男性	总计
没见到	47.0%	45.0%	46.0%
总计	100.0%	100.0%	100.0%
列总计	4649	4092	8741

Chi-square test：df = 2，卡方值为 4.294，sig = 0.117 > 0.05，所以不同性别的居民在“这些现象在您身边常见吗？操办喜事比富斗阔”这一问题的回答上无显著差异。

F19c by gender

这些现象在您身边常见吗？在父母生前不尽孝却对父母的丧事大操大办 ＊ 性别 Crosstabulation

	女性	男性	总计
经常见到	8.2%	9.0%	8.6%
偶尔见到	41.0%	40.2%	40.6%
没见到	50.8%	50.8%	50.8%
总计	100.0%	100.0%	100.0%
列总计	4649	4092	8741

Chi-square test：df = 2，卡方值为 1.950，sig = 0.377 > 0.05，所以不同性别的居民在“这些现象在您身边常见吗？在父母生前不尽孝却对父母的丧事大操大办”这一问题的回答上无显著差异。

F19d by gender

这些现象在您身边常见吗？赌博或变相赌博 ＊ 性别 Crosstabulation

	女性	男性	总计
经常见到	11.9%	13.8%	12.8%
偶尔见到	43.0%	44.1%	43.5%
没见到	45.1%	42.1%	43.7%
总计	100.0%	100.0%	100.0%
列总计	4649	4092	8741

Chi-square test：df = 2，卡方值为 11.580，sig = 0.003 < 0.05，所以不同性别的居民在“这些现象在您身边常见吗？赌博或变相赌博”这一问题的回答上有显著差异。

F19e by gender

这些现象在您身边常见吗？封建迷信活动 ＊ 性别 Crosstabulation

	女性	男性	总计
经常见到	4.8%	5.4%	5.1%

续表

	女性	男性	总计
偶尔见到	28.1%	28.2%	28.1%
没见到	67.2%	66.4%	66.8%
总计	100.0%	100.0%	100.0%
列总计	4649	4092	8741

Chi-square test：df = 2，卡方值为 2.021，sig = 0.364 > 0.05，所以不同性别的居民在“这些现象在您身边常见吗？封建迷信活动”这一问题的回答上无显著差异。

F19f by gender

这些现象在您身边常见吗？非法宗教活动 * 性别 Crosstabulation

	女性	男性	总计
经常见到	2.0%	2.2%	2.1%
偶尔见到	13.6%	15.1%	14.3%
没见到	84.4%	82.7%	83.6%
总计	100.0%	100.0%	100.0%
列总计	4649	4092	8741

Chi-square test：df = 2，卡方值为 4.751，sig = 0.093 > 0.05，所以不同性别的居民在“这些现象在您身边常见吗？非法宗教活动”这一问题的回答上无显著差异。

F20 by gender

您认为目前我国社会中道德和幸福的现实关系是 * 性别 Crosstabulation

	女性	男性	总计
总体上道德和幸福能够一致，能惩恶扬善	68.6%	67.1%	67.9%
有道德讲伦理的人大都吃亏，不守道德的人更能占便宜	23.5%	24.2%	23.8%
道德与幸福没有关系，能挣钱有发展无论怎样行动都行	7.9%	8.7%	8.3%
总计	100.0%	100.0%	100.0%
列总计	3769	3410	7179

Chi-square test：df = 2，卡方值为 2.279，sig = 0.320 > 0.05，所以不同性别的居民在“您认为目前我国社会中道德和幸福的现实关系是”这一问题的回答上无显著差异。

F21a by gender

您在所在单位，有没有一种亲切和踏实的感觉 * 性别 Crosstabulation

	女性	男性	总计
有	19.2%	19.8%	19.5%

续表

	女性	男性	总计
还可以	67.2%	68.9%	68.0%
没有	13.6%	11.3%	12.6%
总计	100.0%	100.0%	100.0%
列总计	4457	3922	8379

Chi-square test：df = 2，卡方值为 9.819，sig = 0.007 < 0.05，所以不同性别的居民在“您在所在单位，有没有一种亲切和踏实的感觉”这一问题的回答上有显著差异。

F21b by gender

您在所在社区/村，有没有一种亲切和踏实的感觉 ＊ 性别 Crosstabulation

	女性	男性	总计
有	25.7%	25.5%	25.6%
还可以	68.5%	68.6%	68.5%
没有	5.8%	5.9%	5.9%
总计	100.0%	100.0%	100.0%
列总计	4606	4063	8669

Chi-square test：df = 2，卡方值为 0.082，sig = 0.960 > 0.05，所以不同性别的居民在“您在所在社区/村，有没有一种亲切和踏实的感觉”这一问题的回答上无显著差异。

F21c by gender

您在所在城市，有没有一种亲切和踏实的感觉 ＊ 性别 Crosstabulation

	女性	男性	总计
有	26.0%	26.3%	26.1%
还可以	65.6%	64.3%	65.0%
没有	8.5%	9.4%	8.9%
总计	100.0%	100.0%	100.0%
列总计	4604	4041	8645

Chi-square test：df = 2，卡方值为 2.630，sig = 0.268 > 0.05，所以不同性别的居民在“您在所在城市，有没有一种亲切和踏实的感觉”这一问题的回答上无显著差异。

F22 by gender

您认为您目前的状况是 ＊ 性别 Crosstabulation

	女性	男性	总计
生活富裕，但不感到幸福和快乐	6.2%	8.2%	7.1%

续表

	女性	男性	总计
生活富裕，幸福也快乐	11.0%	11.0%	11.0%
生活小康，幸福且快乐	48.1%	45.9%	47.0%
生活小康，但不感到幸福和快乐	5.6%	6.0%	5.8%
生活清贫，幸福且快乐	24.1%	23.7%	23.9%
生活贫困，既不幸福也不快乐	5.1%	5.3%	5.2%
总计	100.0%	100.0%	100.0%
列总计	4637	4073	8710

Chi-square test：df = 5，卡方值为 14.946，sig = 0.011 < 0.05，所以不同性别的居民在“您认为您目前的状况是”这一问题的回答上有显著差异。

F23 by gender

最近这些年，您的生活水平对幸福感的影响是怎样的 ＊ 性别 Crosstabulation

	女性	男性	总计
生活水平提高了，但幸福感和快乐感降低了	11.4%	12.0%	11.6%
生活水平提高了，幸福感和快乐感提高了	51.8%	49.5%	50.7%
生活水平没变，幸福感和快乐感提高了	27.5%	27.9%	27.7%
生活水平没变，幸福感和快乐感降低了	5.2%	6.4%	5.8%
生活水平下降，但幸福感和快乐感提高了	2.1%	1.8%	1.9%
生活水平下降，幸福感和快乐感也降低了	2.1%	2.4%	2.2%
总计	100.0%	100.0%	100.0%
列总计	4646	4085	8731

Chi-square test：df = 5，卡方值为 10.728，sig = 0.057 > 0.05，所以不同性别的居民在“最近这些年，您的生活水平对幸福感的影响是怎样的”这一问题的回答上无显著差异。

F24a by gender

近十年以来，您认为下列哪一类人获得的利益最多 ＊ 性别 Crosstabulation

	女性	男性	总计
工人	1.1%	1.4%	1.2%
农民	2.8%	2.8%	2.8%
公务员	9.8%	10.4%	10.1%
国有企业的经营管理者	9.5%	10.0%	9.7%
集体企业的经营管理者	4.1%	3.7%	3.9%

续表

	女性	男性	总计
私营企业家	10.7%	10.8%	10.8%
外商、境外来大陆的投资者	9.5%	9.8%	9.7%
个体户	5.5%	5.0%	5.3%
私营、外资企业中的管理人员	10.7%	10.1%	10.4%
专家学者、专业技术人员	5.1%	4.2%	4.7%
政府官员	30.8%	31.2%	31.0%
其他	0.4%	0.4%	0.4%
总计	100.0%	100.0%	100.0%
列总计	3979	3626	7605

Chi-square test：df = 17，卡方值为 9.207，sig = 0.603 > 0.05，所以不同性别的居民在“近十年以来，您认为下列哪一类人获得的利益最多”这一问题的回答上无显著差异。

F24b by gender

近十年以来，您认为下列哪一类人获得的利益最少 * 性别 Crosstabulation

	女性	男性	总计
工人	20.8%	21.4%	21.1%
农民	69.8%	68.8%	69.3%
公务员	1.3%	1.4%	1.3%
国有企业的经营管理者	0.5%	0.8%	0.6%
集体企业的经营管理者	0.8%	0.6%	0.7%
私营企业家	0.9%	0.8%	0.8%
外商、境外来大陆的投资者	0.4%	0.4%	0.4%
个体户	3.0%	3.0%	3.0%
私营、外资企业中的管理人员	0.7%	0.9%	0.8%
专家学者、专业技术人员	0.8%	0.9%	0.9%
政府官员	0.5%	0.7%	0.6%
其他	0.6%	0.4%	0.5%
总计	100.0%	100.0%	100.0%
列总计	4184	3753	7937

Chi-square test：df = 17，卡方值为 8.618，sig = 0.657 > 0.05，所以不同性别的居民在“近十年以来，您认为下列哪一类人获得的利益最少”这一问题的回答上无显著差异。

F25 by gender

您认为弱势群体产生的最主要原因是 * 性别 Crosstabulation

	女性	男性	总计
制度不合理，社会关怀不够	41.0%	42.4%	41.6%
收入分配不公	40.7%	41.0%	40.9%
机会不平等	34.9%	34.2%	34.6%
弱势群体自己不努力	20.0%	18.5%	19.3%
缺乏生存技能	26.6%	27.5%	27.0%
其他	0.2%	0.1%	0.2%
列总计	4422	3917	8339

据上表所示，不同性别的居民在“您认为弱势群体产生的最主要原因是”这一问题的回答上无显著差异。

F26 by gender

您认为我们是否应该改造城市的垃圾筒，来为一些老人或流浪者在垃圾筒中找东西时提供方便 * 性别 Crosstabulation

	女性	男性	总计
应该，社会有义务为他们提供一种有尊严的生活	78.8%	76.1%	77.6%
不应该，这些人本来就与城市不和谐	15.9%	17.9%	16.8%
做这样的事不值得，应该将钱花到更重要的地方	4.9%	5.7%	5.3%
其他	0.4%	0.2%	0.3%
总计	100.0%	100.0%	100.0%
列总计	4608	4053	8661

Chi-square test：df = 3，卡方值为 12.162，sig = 0.007 < 0.05，所以不同性别的居民在“您认为我们是否应该改造城市的垃圾筒，来为一些老人或流浪者在垃圾筒中找东西时提供方便”这一问题的回答上有显著差异。

F27 by gender

对当今中国社会，您更担忧哪种问题 * 性别 Crosstabulation

	女性	男性	总计
坑蒙拐骗，不守信用	26.7%	27.6%	27.1%
人与人之间互不信任，相互提防，没有安全感	47.8%	47.0%	47.5%
可信任的人很少，遇到问题难以找到人倾诉和帮助	24.4%	24.3%	24.3%
其他	1.1%	1.1%	1.1%
总计	100.0%	100.0%	100.0%

续表

	女性	男性	总计
列总计	4623	4067	8690

Chi-square test：df = 3，卡方值为 1.071，sig = 0.784 > 0.05，所以不同性别的居民在“对当今中国社会，您更担忧哪种问题”这一问题的回答上无显著差异。

F28 by gender

您觉得大多数人都是可以相信的吗？如果 1 分代表“大多数人都可以相信”，5 分代表“对其他人都应该小心防备”，您会选几分 * 性别 Crosstabulation

	女性	男性	总计
大多数人都可以相信	8.8%	8.7%	8.8%
2	37.5%	36.9%	37.2%
3	42.9%	43.9%	43.4%
4	8.7%	8.4%	8.6%
对其他人都应小心防备	2.0%	2.0%	2.0%
总计	100.0%	100.0%	100.0%
列总计	4635	4061	8696

Chi-square test：df = 4，卡方值为 0.964，sig = 0.915 > 0.05，所以不同性别的居民在“您觉得大多数人都是可以相信的吗”这一问题的回答上无显著差异。

F29a by gender

您对下面这些人的信任程度如何？您的家人 * 性别 Crosstabulation

	女性	男性	总计
完全信任	82.8%	83.6%	83.2%
比较信任	15.7%	14.9%	15.3%
不太信任	1.4%	1.3%	1.4%
根本不信任	0.1%	0.2%	0.2%
总计	100.0%	100.0%	100.0%
列总计	4630	4066	8696

Chi-square test：df = 3，卡方值为 3.752，sig = 0.289 > 0.05，所以不同性别的居民在“您对下面这些人的信任程度如何？您的家人”这一问题的回答上无显著差异。

F29b by gender

您对下面这些人的信任程度如何？您的邻居 ＊ 性别 Crosstabulation

	女性	男性	总计
完全信任	24.1%	24.6%	24.3%
比较信任	65.7%	66.2%	66.0%
不太信任	9.5%	8.4%	9.0%
根本不信任	0.6%	0.8%	0.7%
总计	100.0%	100.0%	100.0%
列总计	4588	4024	8612

Chi-square test：df = 3，卡方值为 4.888，sig = 0.180 > 0.05，所以不同性别的居民在“您对下面这些人的信任程度如何？您的邻居”这一问题的回答上无显著差异。

F29c by gender

您对下面这些人的信任程度如何？外地人 ＊ 性别 Crosstabulation

	女性	男性	总计
完全信任	2.9%	3.1%	2.9%
比较信任	28.1%	29.6%	28.8%
不太信任	54.7%	53.4%	54.1%
根本不信任	14.3%	14.0%	14.1%
总计	100.0%	100.0%	100.0%
列总计	4481	3926	8407

Chi-square test：df = 3，卡方值为 2.57，sig = 0.460 > 0.05，所以不同性别的居民在“您对下面这些人的信任程度如何？外地人”这一问题的回答上无显著差异。

F29d by gender

您对下面这些人的信任程度如何？陌生人 ＊ 性别 Crosstabulation

	女性	男性	总计
完全信任	1.2%	1.3%	1.2%
比较信任	18.6%	19.8%	19.2%
不太信任	54.3%	53.4%	53.9%
根本不信任	25.9%	25.5%	25.7%
总计	100.0%	100.0%	100.0%
列总计	4450	3905	8355

Chi-square test：df = 3，卡方值为 2.094，sig = 0.553 > 0.05，所以不同性别的居民在“您对下面这些人的信任程度如何？陌生人”这一问题的回答上无显著差异。

F29e by gender

您对下面这些人的信任程度如何？外国人 ＊ 性别 Crosstabulation

	女性	男性	总计
完全信任	1.3%	1.5%	1.4%
比较信任	14.8%	17.1%	15.9%
不太信任	55.2%	54.3%	54.8%
根本不信任	28.6%	27.1%	27.9%
总计	100.0%	100.0%	100.0%
列总计	3991	3535	7526

Chi-square test：df = 3，卡方值为 8。314，sig = 0.040 < 0.05，所以不同性别的居民在“您对下面这些人的信任程度如何？外国人”这一问题的回答上有显著差异。

F29f by gender

您对下面这些人的信任程度如何？同事或同学 ＊ 性别 Crosstabulation

	女性	男性	总计
完全信任	7.2%	7.8%	7.5%
比较信任	74.8%	74.4%	74.6%
不太信任	15.6%	16.1%	15.9%
根本不信任	2.4%	1.7%	2.1%
总计	100.0%	100.0%	100.0%
列总计	4294	3864	8158

Chi-square test：df = 3，卡方值为 5.999，sig = 0.112 > 0.05，所以不同性别的居民在“您对下面这些人的信任程度如何？同事或同学”这一问题的回答上无显著差异。

F29g by gender

您对下面这些人的信任程度如何？您的上司或领导 ＊ 性别 Crosstabulation

	女性	男性	总计
完全信任	5.6%	6.4%	6.0%
比较信任	66.2%	64.1%	65.2%
不太信任	25.1%	25.7%	25.3%
根本不信任	3.2%	3.8%	3.5%
总计	100.0%	100.0%	100.0%
列总计	3983	3620	7603

Chi-square test：df = 3，卡方值为 6.024，sig = 0.110 > 0.05，所以不同性别的居民在“您对下面这些人的信任程度如何？您的上司或领导”这一问题的回答上无显著差异。

F29h by gender

您对下面这些人的信任程度如何？您的朋友 ＊ 性别 Crosstabulation

	女性	男性	总计
完全信任	16. 3%	16. 4%	16. 3%
比较信任	76. 1%	75. 8%	76. 0%
不太信任	6. 5%	6. 6%	6. 5%
根本不信任	1. 1%	1. 3%	1. 2%
总计	100. 0%	100. 0%	100. 0%
列总计	4558	4012	8570

Chi-square test：df = 3，卡方值为 1. 128，sig ＝0. 770 > 0. 05，所以不同性别的居民在“您对下面这些人的信任程度如何？您的朋友”这一问题的回答上无显著差异。

F30 by gender

您是否同意“在这个社会上，您一不小心别人就会想办法占您的便宜” ＊ 性别 Crosstabulation

	女性	男性	总计
非常不同意	5. 8%	6. 3%	6. 1%
比较不同意	35. 0%	33. 6%	34. 4%
说不上同意不同意	32. 0%	32. 1%	32. 1%
比较同意	23. 9%	23. 9%	23. 9%
非常同意	3. 1%	4. 0%	3. 6%
总计	100. 0%	100. 0%	100. 0%
列总计	4395	3892	8287

Chi-square test：df = 4，卡方值为 6. 601，sig ＝0. 159 > 0. 05，所以不同性别的居民在“您是否同意‘在这个社会上，您一不小心别人就会想办法占您的便宜’”这一问题的回答上无显著差异。

F31 by gender

您对所生活的地方道德建设满意吗 ＊ 性别 Crosstabulation

	女性	男性	总计
满意	11. 5%	12. 3%	11. 9%
基本满意	75. 7%	74. 1%	74. 9%
不满意	12. 8%	13. 6%	13. 2%
总计	100. 0%	100. 0%	100. 0%

续表

	女性	男性	总计
列总计	4218	3728	7946

Chi-square test：df = 2，卡方值为 2.411，sig = 0.300 > 0.05，所以不同性别的居民在“您对所生活的地方道德建设满意吗”这一问题的回答上无显著差异。

F32a by gender

您对下面群体的信任程度如何？商人 * 性别 Crosstabulation

	女性	男性	总计
完全信任	3.7%	3.4%	3.6%
比较信任	53.6%	53.4%	53.5%
不太信任	39.3%	39.6%	39.4%
根本不信任	3.5%	3.6%	3.5%
总计	100.0%	100.0%	100.0%
列总计	4341	3848	8189

Chi-square test：df = 3，卡方值为 0.726，sig = 0.867 > 0.05，所以不同性别的居民在“您对下面群体的信任程度如何？商人”这一问题的回答上无显著差异。

F32b by gender

您对下面群体的信任程度如何？单位领导/社区（村）干部 * 性别 Crosstabulation

	女性	男性	总计
完全信任	5.4%	4.7%	5.1%
比较信任	57.2%	57.4%	57.3%
不太信任	31.7%	31.6%	31.6%
根本不信任	5.7%	6.3%	6.0%
总计	100.0%	100.0%	100.0%
列总计	4382	3910	8292

Chi-square test：df = 3，卡方值为 3.337，sig = 0.342 > 0.05，所以不同性别的居民在“您对下面群体的信任程度如何？单位领导/社区（村）干部”这一问题的回答上无显著差异。

F32c by gender

您对下面群体的信任程度如何？公务员 * 性别 Crosstabulation

	女性	男性	总计
完全信任	5.4%	4.7%	5.1%

续表

	女性	男性	总计
比较信任	57.2%	57.4%	57.3%
不太信任	31.7%	31.6%	31.6%
根本不信任	5.7%	6.3%	6.0%
总计	100.0%	100.0%	100.0%
列总计	4222	3788	8010

Chi-square test：df = 3，卡方值为 4.268，sig = 0.234 > 0.05，所以不同性别的居民在“您对下面群体的信任程度如何？公务员”这一问题的回答上无显著差异。

F32d by gender

您对下面群体的信任程度如何？教师 * 性别 Crosstabulation

	女性	男性	总计
完全信任	14.4%	14.8%	14.6%
比较信任	70.2%	69.2%	69.7%
不太信任	13.9%	14.0%	14.0%
根本不信任	1.5%	2.0%	1.7%
总计	100.0%	100.0%	100.0%
列总计	4527	3993	8520

Chi-square test：df = 3，卡方值为 64.718，sig = 0.000 < 0.05，所以不同性别的居民在“您对下面群体的信任程度如何？教师”这一问题的回答上有显著差异。

F32e by gender

您对下面群体的信任程度如何？警察 * 性别 Crosstabulation

	女性	男性	总计
完全信任	17.5%	16.7%	17.1%
比较信任	66.8%	66.0%	66.4%
不太信任	14.1%	15.1%	14.6%
根本不信任	1.6%	2.3%	1.9%
总计	100.0%	100.0%	100.0%
列总计	4218	3728	7946

Chi-square test：df = 3，卡方值为 7.843，sig = 0.049 < 0.05，所以不同性别的居民在“您对下面群体的信任程度如何？警察”这一问题的回答上有显著差异。

F32f by gender

您对下面群体的信任程度如何？医生 ＊ 性别 Crosstabulation

	女性	男性	总计
完全信任	13.8%	12.8%	13.3%
比较信任	64.3%	62.8%	63.6%
不太信任	19.7%	21.4%	20.5%
根本不信任	2.3%	3.0%	2.6%
总计	100.0%	100.0%	100.0%
列总计	4524	3980	8504

Chi-square test：df = 3，卡方值为 10.518，sig = 0.015 < 0.05，所以不同性别的居民在“您对下面群体的信任程度如何？医生”这一问题的回答上有显著差异。

F32g by gender

您对下面群体的信任程度如何？法官 ＊ 性别 Crosstabulation

	女性	男性	总计
完全信任	16.3%	15.7%	16.0%
比较信任	65.7%	65.0%	65.3%
不太信任	16.0%	16.6%	16.3%
根本不信任	2.1%	2.7%	2.4%
总计	100.0%	100.0%	100.0%
列总计	3980	3536	7516

Chi-square test：df = 3，卡方值为 4.394，sig = 0.222 > 0.05，所以不同性别的居民在“您对下面群体的信任程度如何？法官”这一问题的回答上无显著差异。

F32h by gender

您对下面群体的信任程度如何？农民 ＊ 性别 Crosstabulation

	女性	男性	总计
完全信任	12.0%	12.8%	12.4%
比较信任	75.1%	74.8%	75.0%
不太信任	11.7%	10.9%	11.3%
根本不信任	1.1%	1.5%	1.3%
总计	100.0%	100.0%	100.0%
列总计	4498	3979	8477

Chi-square test：df = 3，卡方值为 4.424，sig = 0.219 > 0.05，所以不同性别的居民在“您对下面群体的信任程度如何？农民”这一问题的回答上无显著差异。

F32i by gender

您对下面群体的信任程度如何？工人 ＊ 性别 Crosstabulation

	女性	男性	总计
完全信任	9.5%	10.4%	9.9%
比较信任	76.2%	74.7%	75.5%
不太信任	12.8%	13.2%	13.0%
根本不信任	1.5%	1.7%	1.6%
总计	100.0%	100.0%	100.0%
列总计	4416	3939	8355

Chi-square test：df = 3，卡方值为 3.167，sig = 0.367 > 0.05，所以不同性别的居民在“您对下面群体的信任程度如何？工人”这一问题的回答上无显著差异。

F32j by gender

您对下面群体的信任程度如何？专家学者 ＊ 性别 Crosstabulation

	女性	男性	总计
完全信任	11.5%	11.2%	11.4%
比较信任	59.8%	59.2%	59.5%
不太信任	23.1%	23.8%	23.4%
根本不信任	5.6%	5.8%	5.7%
总计	100.0%	100.0%	100.0%
列总计	3854	3450	7304

Chi-square test：df = 3，卡方值为 0.733，sig = 0.865 > 0.05，所以不同性别的居民在“您对下面群体的信任程度如何？专家学者”这一问题的回答上无显著差异。

F32k by gender

您对下面群体的信任程度如何？演艺娱乐圈 ＊ 性别 Crosstabulation

	女性	男性	总计
完全信任	3.7%	3.5%	3.6%
比较信任	31.7%	31.8%	31.8%
不太信任	47.0%	45.1%	46.1%
根本不信任	17.6%	19.6%	18.5%
总计	100.0%	100.0%	100.0%
列总计	3438	3083	6521

Chi-square test：df = 3，卡方值为 5.185，sig = 0.159 > 0.05，所以不同性别的居民在“您对下面群体的信任程度如何？演艺娱乐圈”这一问题的回答上无显著差异。

F321 by gender

您对下面群体的信任程度如何？公众人物 ＊ 性别 Crosstabulation

	女性	男性	总计
完全信任	4.5%	4.8%	4.6%
比较信任	44.3%	42.8%	43.6%
不太信任	37.7%	38.6%	38.1%
根本不信任	13.5%	13.9%	13.7%
总计	100.0%	100.0%	100.0%
列总计	3455	3097	6552

Chi-square test：df = 3，卡方值为 1.668，sig = 0.644 > 0.05，所以不同性别的居民在“您对下面群体的信任程度如何？公众人物”这一问题的回答上无显著差异。

F33 by gender

您在生活中经常买到假冒伪劣商品吗 ＊ 性别 Crosstabulation

	女性	男性	总计
经常	6.8%	7.9%	7.3%
偶尔	65.3%	64.3%	64.8%
没有	27.9%	27.8%	27.9%
总计	100.0%	100.0%	100.0%
列总计	3924	3424	7348

Chi-square test：df = 2，卡方值为 3.182，sig = 0.204 > 0.05，所以不同性别的居民在“您在生活中经常买到假冒伪劣商品吗”这一问题的回答上无显著差异。

F34 by gender

您在购物、就医、理财等方面经常遇到虚假广告吗 ＊ 性别 Crosstabulation

	女性	男性	总计
经常	10.8%	11.3%	11.0%
偶尔	55.2%	55.6%	55.4%
没有	34.0%	33.1%	33.5%
总计	100.0%	100.0%	100.0%
列总计	3796	3373	7169

Chi-square test：df = 2，卡方值为 0.950，sig = 0.22 > 0.05，所以不同性别的居民在“您在购物、就医、理财等方面经常遇到虚假广告吗”这一问题的回答上无显著差异。

F35 by gender

如果在路边看到一个老人摔倒，您的反应是 ＊ 性别 Crosstabulation

	女性	男性	总计
立即扶起	43.2%	44.9%	44.0%
等有证人时再扶	27.1%	26.3%	26.7%
先拍照，再扶起	7.2%	7.3%	7.2%
不扶，避免惹是生非	9.6%	10.3%	9.9%
报警	12.0%	10.1%	11.1%
其他	1.0%	1.0%	1.0%
总计	100.0%	100.0%	100.0%
列总计	4627	4065	8692

Chi-square test：df=5，卡方值为9.968，sig =0.06 >0.05，所以不同性别的居民在“如果在路边看到一个老人摔倒，您的反应是”这一问题的回答上无显著差异。

F36 by gender

我们都听说过或见证过好心人救助老人却反被诬陷的事情。假如您是这位好心人，您会 ＊ 性别 Crosstabulation

	女性	男性	总计
我是多管闲事，下次再也不会帮助别人了	23.6%	23.6%	23.6%
我正直善良真心待人，对得起良知和良心	38.2%	39.9%	39.0%
下次还是会伸出援手，但是会提高警惕，注意保护自己	37.7%	36.0%	36.9%
其他	0.5%	0.5%	0.5%
总计	100.0%	100.0%	100.0%
列总计	4618	4051	8669

Chi-square test：df=3，卡方值为3.460，sig =0.326 >0.05，所以不同性别的居民在“好心人救助老人却反被诬陷的事情。假如您是这位好心人，您会”这一问题的回答上无显著差异。

F37a by gender

您对下列群体的伦理道德整体状况的满意度？政府官员 ＊ 性别 Crosstabulation

	女性	男性	总计
非常不满意	5.7%	6.8%	6.2%
比较不满意	31.4%	30.8%	31.1%
比较满意	61.1%	60.2%	60.7%

续表

	女性	男性	总计
非常满意	1.8%	2.2%	2.0%
总计	100.0%	100.0%	100.0%
列总计	4080	3669	7749

Chi-square test：df=3，卡方值为5.572，sig =0.134>0.05，所以不同性别的居民在“您对下列群体的伦理道德整体状况的满意度？政府官员”这一问题的回答上无显著差异。

F37b by gender

您对下列群体的伦理道德整体状况的满意度？一般公务员 * 性别 Crosstabulation

	女性	男性	总计
非常不满意	2.1%	2.6%	2.3%
比较不满意	26.1%	26.5%	26.3%
比较满意	67.3%	66.7%	67.0%
非常满意	4.5%	4.3%	4.4%
总计	100.0%	100.0%	100.0%
列总计	4076	3686	7762

Chi-square test：df=3，卡方值为2.447，sig =0.485>0.05，所以不同性别的居民在“您对下列群体的伦理道德整体状况的满意度？一般公务员”这一问题的回答上无显著差异。

F37c by gender

您对下列群体的伦理道德整体状况的满意度？企业家 * 性别 Crosstabulation

	女性	男性	总计
非常不满意	1.4%	1.8%	1.6%
比较不满意	23.9%	23.7%	23.8%
比较满意	68.6%	68.5%	68.6%
非常满意	6.1%	6.0%	6.0%
总计	100.0%	100.0%	100.0%
列总计	3794	3474	7268

Chi-square test：df=3，卡方值为1.543，sig =0.672>0.05，所以不同性别的居民在“您对下列群体的伦理道德整体状况的满意度？企业家”这一问题的回答上无显著差异。

F37d by gender

您对下列群体的伦理道德整体状况的满意度？演艺娱乐界 ＊ 性别 Crosstabulation

	女性	男性	总计
非常不满意	6. 8%	8. 7%	7. 7%
比较不满意	43. 3%	44. 4%	43. 8%
比较满意	44. 1%	40. 6%	42. 4%
非常满意	5. 8%	6. 4%	6. 1%
总计	100. 0%	100. 0%	100. 0%
列总计	3376	3090	6466

Chi-square test：df = 3，卡方值为 13. 597，sig = 0. 004 < 0. 05，所以不同性别的居民在“您对下列群体的伦理道德整体状况的满意度？演艺娱乐界”这一问题的回答上有显著差异。

F37e by gender

您对下列群体的伦理道德整体状况的满意度？教师 ＊ 性别 Crosstabulation

	女性	男性	总计
非常不满意	1. 6%	1. 7%	1. 7%
比较不满意	14. 5%	15. 4%	14. 9%
比较满意	70. 9%	68. 0%	69. 5%
非常满意	13. 0%	14. 8%	13. 9%
总计	100. 0%	100. 0%	100. 0%
列总计	4401	3880	8281

Chi-square test：df = 3，卡方值为 8. 511，sig = 0. 037 < 0. 05，所以不同性别的居民在“您对下列群体的伦理道德整体状况的满意度？教师”这一问题的回答上有显著差异。

F37f by gender

您对下列群体的伦理道德整体状况的满意度？青少年 ＊ 性别 Crosstabulation

	女性	男性	总计
非常不满意	1. 0%	1. 2%	1. 1%
比较不满意	16. 9%	16. 7%	16. 9%
比较满意	70. 4%	69. 8%	70. 2%
非常满意	11. 6%	12. 2%	11. 9%
总计	100. 0%	100. 0%	100. 0%

续表

	女性	男性	总计
列总计	4362	3857	8219

Chi-square test：df = 3，卡方值为 1. 322，sig = 0. 724 > 0. 05，所以不同性别的居民在“您对下列群体的伦理道德整体状况的满意度？青少年”这一问题的回答上无显著差异。

F37g by gender

您对下列群体的伦理道德整体状况的满意度？弱势群体 * 性别 Crosstabulation

	女性	男性	总计
非常不满意	2. 1%	2. 0%	2. 1%
比较不满意	25. 9%	25. 4%	25. 7%
比较满意	70. 0%	69. 7%	69. 9%
非常满意	2. 0%	2. 8%	2. 4%
总计	100. 0%	100. 0%	100. 0%
列总计	4014	3588	7602

Chi-square test：df = 3，卡方值为 4. 881，sig = 0. 181 > 0. 05，所以不同性别的居民在“您对下列群体的伦理道德整体状况的满意度？弱势群体”这一问题的回答上无显著差异。

F37h by gender

您对下列群体的伦理道德整体状况的满意度？自由职业者 * 性别 Crosstabulation

	女性	男性	总计
非常不满意	1. 3%	1. 2%	1. 3%
比较不满意	20. 6%	20. 9%	20. 8%
比较满意	72. 7%	72. 4%	72. 6%
非常满意	5. 3%	5. 4%	5. 4%
总计	100. 0%	100. 0%	100. 0%
列总计	4015	3564	7579

Chi-square test：df = 3，卡方值为 0. 361，sig = 0. 948 > 0. 05，所以不同性别的居民在“您对下列群体的伦理道德整体状况的满意度？自由职业者”这一问题的回答上无显著差异。

F37i by gender

您对下列群体的伦理道德整体状况的满意度？农民 * 性别 Crosstabulation

	女性	男性	总计
非常不满意	0.8%	0.9%	0.9%
比较不满意	14.6%	13.6%	14.1%
比较满意	74.3%	75.5%	74.9%
非常满意	10.2%	10.0%	10.1%
总计	100.0%	100.0%	100.0%
列总计	4432	3911	8343

Chi-square test：df = 3，卡方值为 2.321，sig = 0.509 > 0.05，所以不同性别的居民在“您对下列群体的伦理道德整体状况的满意度？农民”这一问题的回答上无显著差异。

F37j by gender

您对下列群体的伦理道德整体状况的满意度？商人 * 性别 Crosstabulation

	女性	男性	总计
非常不满意	2.2%	2.5%	2.3%
比较不满意	28.3%	29.0%	28.6%
比较满意	62.7%	61.5%	62.1%
非常满意	6.9%	7.0%	6.9%
总计	100.0%	100.0%	100.0%
列总计	4295	3815	8110

Chi-square test：df = 3，卡方值为 1.717，sig = 0.633 > 0.05，所以不同性别的居民在“您对下列群体的伦理道德整体状况的满意度？商人”这一问题的回答上无显著差异。

F37k by gender

您对下列群体的伦理道德整体状况的满意度？工人 * 性别 Crosstabulation

	女性	男性	总计
非常不满意	0.5%	0.6%	0.6%
比较不满意	14.9%	15.0%	14.9%
比较满意	76.2%	75.6%	75.9%
非常满意	8.4%	8.8%	8.6%
总计	100.0%	100.0%	100.0%
列总计	4357	3859	8216

Chi-square test：df = 3，卡方值为 1.023，sig = 0.796 > 0.05，所以不同性别的居民在“您对下列群体的伦理道德整体状况的满意度？工人”这一问题的回答上无显著差异。

F37l by gender

您对下列群体的伦理道德整体状况的满意度？专家学者 ＊ 性别 Crosstabulation

	女性	男性	总计
非常不满意	1.6%	1.6%	1.6%
比较不满意	18.2%	19.2%	18.7%
比较满意	69.7%	67.9%	68.9%
非常满意	10.5%	11.3%	10.9%
总计	100.0%	100.0%	100.0%
列总计	3914	3515	7429

Chi-square test：df = 3，卡方值为 3.035，sig = 0.386 > 0.05，所以不同性别的居民在“您对下列群体的伦理道德整体状况的满意度？专家学者”这一问题的回答上无显著差异。

F37m by gender

您对下列群体的伦理道德整体状况的满意度？医生 ＊ 性别 Crosstabulation

	女性	男性	总计
非常不满意	2.5%	3.3%	2.9%
比较不满意	21.4%	22.1%	21.7%
比较满意	66.8%	65.0%	66.0%
非常满意	9.3%	9.6%	9.4%
总计	100.0%	100.0%	100.0%
列总计	4368	3853	8221

Chi-square test：df = 3，卡方值为 5.857，sig = 0.119 > 0.05，所以不同性别的居民在“您对下列群体的伦理道德整体状况的满意度？医生”这一问题的回答上无显著差异。

F38 by gender

下列哪些因素可能影响人际关系紧张 ＊ 性别 Crosstabulation

	女性	男性	总计
社会资源缺乏，引发恶性竞争	29.2%	30.0%	29.6%
过度宣扬竞争意识	25.2%	25.1%	25.2%
社会财富分配不公，贫富差距过大	32.4%	33.8%	33.0%
个人主义盛行	19.1%	18.1%	18.6%
缺乏爱心	22.3%	22.2%	22.3%

续表

	女性	男性	总计
缺乏相互理解和沟通的意识和能力	18.6%	18.6%	18.6%
制度安排不公正，机会不平等	22.7%	23.5%	23.1%
以权谋私，官员腐败	21.0%	21.5%	21.2%
缺乏道德信用	18.7%	18.8%	18.7%
人与人、人与社会之间缺乏信任	29.2%	27.5%	28.4%
传统伦理瓦解，社会缺乏统一的价值观	8.6%	9.6%	9.1%
一切诉诸利益或法律，人际关系缺乏伦理调节的机制和能力	4.0%	4.5%	4.3%
列总计	4428	3951	8379

据上表所示，不同性别的居民在“下列哪些因素可能影响人际关系紧张”这一问题的回答上无显著差异。

F39 by gender

您认为在现代中国社会实际奉行的道德价值是 * 性别 Crosstabulation

	女性	男性	总计
义利合一，用符合道德的方式谋利	51.1%	52.1%	51.6%
见利忘义，唯利是图	37.3%	36.9%	37.1%
不计较利害得失，道德至上	11.3%	10.8%	11.0%
其他	0.3%	0.2%	0.2%
总计	100.0%	100.0%	100.0%
列总计	4094	3644	7738

Chi-square test：df = 3，卡方值为 1.092，sig = 0.779 > 0.05，所以不同性别的居民在“您认为在现代中国社会实际奉行的道德价值是”这一问题的回答上无显著差异。

F40 by gender

对形成我国当前各种新型伦理关系和道德观念，哪些因素影响最大 * 性别 Crosstabulation

	女性	男性	总计
网络和媒体	47.5%	47.0%	47.2%
政府	59.6%	59.1%	59.4%
大学及其文化	22.0%	23.5%	22.7%

续表

	女性	男性	总计
市场	32.5%	32.7%	32.6%
企业	21.1%	20.8%	21.0%
社会团体	17.8%	17.8%	17.8%
知识精英	11.3%	11.4%	11.3%
国外的思潮与生活方式	12.3%	12.8%	12.5%
列总计	4053	3640	7693

据上表所示，不同性别的居民在“对形成我国当前各种新型伦理关系和道德观念，哪些因素影响最大”这一问题的回答上无显著差异。

F41 by gender

对当前我国伦理关系和道德风尚造成最大负面影响的因素是 ＊ 性别 Crosstabulation

	女性	男性	总计
传统文化的崩坏	41.2%	41.2%	41.2%
外来文化的冲击	37.8%	37.7%	37.7%
市场经济导致的个人主义	26.0%	26.5%	26.2%
网络技术的发展	22.2%	21.2%	21.7%
分配不公，两极分化	25.5%	26.4%	25.9%
以权谋私，官员腐败	23.4%	24.1%	23.7%
列总计	4085	3673	7758

据上表所示，不同性别的居民在“对当前我国伦理关系和道德风尚造成最大负面影响的因素是”这一问题的回答上无显著差异。

F42 by gender

造成当今不良道德风尚的最主要原因是 ＊ 性别 Crosstabulation

	女性	男性	总计
以权谋私，官员腐败	55.8%	54.8%	55.3%
企业不讲诚信和损害社会利益	40.7%	41.6%	41.1%
学校道德教育功能弱化	23.9%	25.0%	24.4%
家庭伦理功能弱化	16.7%	16.3%	16.5%
个人缺乏道德自觉	40.3%	39.8%	40.0%
分配不公，两极分化	24.3%	26.4%	25.3%

续表

	女性	男性	总计
社会的不良影响	36.3%	35.2%	35.8%
列总计	4236	3787	8023

据上表所示，不同性别的居民在“造成当今不良道德风尚的最主要原因是”这一问题的回答上无显著差异。

F43a by gender

导致当前医患关系紧张的主要原因是 ＊ 性别 Crosstabulation

	女性	男性	总计
医生缺乏职业道德，对病人不负责任	33.7%	33.9%	33.8%
医疗制度不合理，看病难看病贵	45.6%	44.9%	45.3%
医生腐败，不送红包不认真看病	12.7%	13.0%	12.9%
“医闹”，病人蓄意闹事	7.8%	7.7%	7.7%
其他	0.3%	0.3%	0.3%
总计	100.0%	100.0%	100.0%
列总计	4102	3603	7705

Chi-square test：df = 4，卡方值为 0.403，sig = 0.982 > 0.05，所以不同性别的居民在“导致当前医患关系紧张的主要原因是”这一问题的回答上无显著差异。

F43b by gender

导致当前医患关系紧张的次要原因是 ＊ 性别 Crosstabulation

	女性	男性	总计
医生缺乏职业道德，对病人不负责任	36.0%	35.7%	35.9%
医疗制度不合理，看病难看病贵	32.2%	30.9%	31.6%
医生腐败，不送红包不认真看病	17.7%	18.7%	18.2%
“医闹”，病人蓄意闹事	13.8%	14.5%	14.2%
其他	0.3%	0.2%	0.2%
总计	100.0%	100.0%	100.0%
列总计	3931	3458	7389

Chi-square test：df = 4，卡方值为 3.325，sig = 0.505 > 0.05，所以不同性别的居民在“导致当前医患关系紧张的次要原因是”这一问题的回答上无显著差异。

F44 by gender

您是否曾经与医生（医院）发生过矛盾或纠纷 ＊ 性别 Crosstabulation

	女性	男性	总计
是	3.9%	5.1%	4.5%
否	96.1%	94.9%	95.5%
总计	100.0%	100.0%	100.0%
列总计	4620	4060	8680

Chi-square test：df = 1，卡方值为 7.057，sig = 0.008 < 0.05，所以不同性别的居民在“您是否曾经与医生（医院）发生过矛盾或纠纷”这一问题的回答上有显著差异。

F45a by gender

您采取了哪些方式来解决医患纠纷？与医院协商 ＊ 性别 Crosstabulation

	女性	男性	总计
未选中	55.7%	56.0%	55.9%
选中	44.3%	44.0%	44.1%
总计	100.0%	100.0%	100.0%
列总计	185	216	401

Chi-square test：df = 1，卡方值为 0.005，sig = 0.945 > 0.05，所以不同性别的居民在“您采取了哪些方式来解决医患纠纷？与医院协商”这一问题的回答上无显著差异。

F45b by gender

您采取了哪些方式来解决医患纠纷？寻求卫生局的调节和介入 ＊ 性别 Crosstabulation

	女性	男性	总计
未选中	79.5%	74.1%	76.6%
选中	20.5%	25.9%	23.4%
总计	100.0%	100.0%	100.0%
列总计	185	216	401

Chi-square test：df = 1，卡方值为 1.610，sig = 0.204 > 0.05，所以不同性别的居民在“您采取了哪些方式来解决医患纠纷？寻求卫生局的调节和介入”这一问题的回答上无显著差异。

F45c by gender

您采取了哪些方式来解决医患纠纷？医学鉴定 ＊ 性别 Crosstabulation

	女性	男性	总计
未选中	85.9%	88.9%	87.5%

续表

	女性	男性	总计
选中	14. 1%	11. 1%	12. 5%
总计	100. 0%	100. 0%	100. 0%
列总计	185	216	401

Chi-square test：df = 1，卡方值为 0. 791，sig ＝0. 374 > 0. 05，所以不同性别的居民在“您采取了哪些方式来解决医患纠纷？医学鉴定”这一问题的回答上无显著差异。

F45d by gender

您采取了哪些方式来解决医患纠纷？司法诉讼 ＊ 性别 Crosstabulation

	女性	男性	总计
未选中	78. 4%	84. 7%	81. 8%
选中	21. 6%	15. 3%	18. 2%
总计	100. 0%	100. 0%	100. 0%
列总计	185	216	401

Chi-square test：df = 1，卡方值为 2. 693，sig ＝0. 101 > 0. 05，所以不同性别的居民在“您采取了哪些方式来解决医患纠纷？司法诉讼”这一问题的回答上无显著差异。

F45e by gender

您采取了哪些方式来解决医患纠纷？寻求媒体曝光 ＊ 性别 Crosstabulation

	女性	男性	总计
未选中	90. 8%	89. 4%	90. 0%
选中	9. 2%	10. 6%	10. 0%
总计	100. 0%	100. 0%	100. 0%
列总计	185	216	401

Chi-square test：df = 1，卡方值为 0. 236，sig ＝0. 627 > 0. 05，所以不同性别的居民在“您采取了哪些方式来解决医患纠纷？寻求媒体曝光”这一问题的回答上无显著差异。

F45f by gender

您采取了哪些方式来解决医患纠纷？信访 ＊性别 Crosstabulation

	女性	男性	总计
未选中	96. 2%	94. 4%	95. 3%
选中	3. 8%	5. 6%	4. 7%
总计	100. 0%	100. 0%	100. 0%

续表

	女性	男性	总计
列总计	185	216	401

Chi-square test：df = 1，卡方值为 0.693，sig = 0.405 > 0.05，所以不同性别的居民在"您采取了哪些方式来解决医患纠纷？信访"这一问题的回答上无显著差异。

F45g by gender

您采取了哪些方式来解决医患纠纷？寻求第三方医疗纠纷调解委员会调解 * 性别 Crosstabulation

	女性	男性	总计
未选中	86.5%	87.0%	86.8%
选中	13.5%	13.0%	13.2%
总计	100.0%	100.0%	100.0%
列总计	185	216	401

Chi-square test：df = 1，卡方值为 0.026，sig = 0.871 > 0.05，所以不同性别的居民在"您采取了哪些方式来解决医患纠纷？寻求第三方医疗纠纷调解委员会调解"这一问题的回答上无显著差异。

F45h by gender

您采取了哪些方式来解决医患纠纷？直接找医生或医院算账 * 性别 Crosstabulation

	女性	男性	总计
未选中	81.6%	80.1%	80.8%
选中	18.4%	19.9%	19.2%
总计	100.0%	100.0%	100.0%
列总计	185	216	401

Chi-square test：df = 1，卡方值为 0.150，sig = 0.698 > 0.05，所以不同性别的居民在"您采取了哪些方式来解决医患纠纷？直接找医生或医院算账"这一问题的回答上无显著差异。

F46 by gender

某些患者会在手术前给医生红包，您认为送红包的主要理由是 * 性别 Crosstabulation

	女性	男性	总计
不相信医生能平等地对待每个病人，送红包能提高关注度，必须送	23.9%	24.7%	24.3%

续表

	女性	男性	总计
医生很辛苦，送红包是表示尊敬和感谢	13.0%	14.5%	13.7%
大家都送，我不送会吃亏，不送心里不踏实	18.3%	16.6%	17.5%
送红包能让医生对我更用心，但我不会这么做	18.8%	17.1%	18.0%
大家都送红包，事实上无助于提高治疗效果，我不会这么做	17.8%	19.0%	18.3%
想送，但我没有能力送	8.3%	8.2%	8.2%
总计	100.0%	100.0%	100.0%
列总计	3630	3153	6783

Chi-square test：df = 5，卡方值为 10.065，sig = 0.073 > 0.05，所以不同性别的居民在“某些患者会在手术前给医生红包，您认为送红包的主要理由是”这一问题的回答上无显著差异。

G1 by gender

和前几年相比，您认为目前我国官员腐败现象有什么变化 * 性别 Crosstabulation

	女性	男性	总计
有很大改善	12.2%	13.5%	12.8%
有较大改善	65.1%	65.0%	65.1%
没什么变化	20.3%	18.7%	19.5%
更加恶化	2.1%	2.4%	2.3%
其他	0.3%	0.4%	0.3%
总计	100.0%	100.0%	100.0%
列总计	4236	3801	8037

Chi-square test：df = 4，卡方值为 6.327，sig = 0.176 > 0.05，所以不同性别的居民在“和前几年相比，您认为目前我国官员腐败现象有什么变化”这一问题的回答上无显著差异。

C2a by gender

您认为干部当官的目的是？为国家与社会做贡献 * 性别 Crosstabulation

	女性	男性	总计
未选中	73.5%	72.4%	73.0%
选中	26.5%	27.6%	27.0%
总计	100.0%	100.0%	100.0%
列总计	4282	3811	8093

Chi-square test：df = 1，卡方值为 1.347，sig = 0.246 > 0.05，所以不同性别的居民在“您认为干部当官的目的是？为国家与社会做贡献”这一问题的回答上无显著差异。

G2b by gender

您认为干部当官的目的是？为人民服务，为百姓做好事做实事 * 性别 Crosstabulation

	女性	男性	总计
未选中	54.5%	54.7%	54.6%
选中	45.5%	45.3%	45.4%
总计	100.0%	100.0%	100.0%
列总计	4282	3811	8093

Chi-square test：df = 1，卡方值为 0.033，sig = 0.855 > 0.05，所以不同性别的居民在“您认为干部当官的目的是？为人民服务，为百姓做好事做实事”这一问题的回答上无显著差异。

G2c by gender

您认为干部当官的目的是？为家庭增光，光宗耀祖 * 性别 Crosstabulation

	女性	男性	总计
未选中	74.5%	74.4%	74.4%
选中	25.5%	25.6%	25.6%
总计	100.0%	100.0%	100.0%
列总计	4282	3811	8093

Chi-square test：df = 1，卡方值为 0.012，sig = 0.911 > 0.05，所以不同性别的居民在“您认为干部当官的目的是？为家庭增光，光宗耀祖”这一问题的回答上无显著差异。

G2d by gender

您认为干部当官的目的是？为自己升官发财 * 性别 Crosstabulation

	女性	男性	总计
未选中	66.0%	65.3%	65.7%
选中	34.0%	34.7%	34.3%
总计	100.0%	100.0%	100.0%
列总计	4282	3811	8093

Chi-square test：df = 1，卡方值为 0.418，sig = 0.518 > 0.05，所以不同性别的居民在“您认为干部当官的目的是？为自己升官发财”这一问题的回答上无显著差异。

G2e by gender

您认为干部当官的目的是？没特殊目的，一个稳定而待遇高的职业而已 ＊ 性别 Crosstabulation

	女性	男性	总计
未选中	78.8%	79.0%	78.9%
选中	21.2%	21.0%	21.1%
总计	100.0%	100.0%	100.0%
列总计	4282	3811	8093

Chi-square test：df = 1，卡方值为0.016，sig = 0.900 > 0.05，所以不同性别的居民在“您认为干部当官的目的是？没特殊目的，一个稳定而待遇高的职业而已”这一问题的回答上无显著差异。

G3 by gender

与前几年相比，您对政府官员的信任度有什么变化 ＊ 性别 Crosstabulation

	女性	男性	总计
信任度提高了	37.8%	39.9%	38.8%
更加不信任	13.7%	13.4%	13.6%
没什么变化	48.3%	46.3%	47.4%
其他	0.1%	0.3%	0.2%
总计	100.0%	100.0%	100.0%
列总计	4590	4040	8630

Chi-square test：df = 3，卡方值为8.838，sig = 0.032 < 0.05，所以不同性别的居民在“与前几年相比，您对政府官员的信任度有什么变化”这一问题的回答上有显著差异。

G4 by gender

在生活中或媒体上看到政府官员时，您首先想到的是 ＊ 性别 Crosstabulation

	女性	男性	总计
公仆，为老百姓谋福利	18.5%	20.2%	19.3%
官僚，根本不了解我们的情况	22.2%	22.3%	22.2%
有权有势的人	21.0%	19.1%	20.1%
有本事的人	14.9%	13.5%	14.3%
领导，决定我们命运的人	10.0%	8.9%	9.5%
贪官	5.4%	6.1%	5.7%
惹不起但躲得起的人	2.8%	3.3%	3.1%
遇到大事可以信任的人	2.7%	3.1%	2.9%
其他	2.6%	3.4%	3.0%
总计	100.0%	100.0%	100.0%

续表

	女性	男性	总计
列总计	4589	4053	8642

Chi-square test：df = 8，卡方值为 22.729，sig = 0.004 < 0.05，所以不同性别的居民在“在生活中或媒体上看到政府官员时，您首先想到的是”这一问题的回答上有显著差异。

G5 by gender

您觉得当前我国政府官员道德问题最严重的是 ＊ 性别 Crosstabulation

	女性	男性	总计
贪污受贿	49.5%	49.6%	49.5%
以权谋私	55.9%	56.2%	56.0%
生活作风腐败	32.5%	30.6%	31.6%
官僚主义	15.0%	15.2%	15.1%
平庸，不作为，只保护自己不解决实际问题	35.4%	36.2%	35.8%
乱作为，搞政绩工程折腾百姓	21.4%	23.2%	22.2%
铺张浪费	13.2%	12.6%	12.9%
拉帮结派	12.8%	13.9%	13.3%
骄横跋扈，欺压百姓	7.1%	7.2%	7.2%
列总计	4012	3610	7622

据上表所示，不同性别的居民在“您觉得当前我国政府官员道德问题最严重的是”这一问题的回答上无显著差异。

G6 by gender

政府在制定政策和决策时充分考虑到伦理道德方面的要求了吗 ＊ 性别 Crosstabulation

	女性	男性	总计
有考虑，能够从日常生活中感受到	36.5%	37.8%	37.1%
有考虑，能够从政策文件中体会到	23.9%	23.4%	23.7%
只是口头上说说，没有实质性行动	28.8%	27.5%	28.1%
没有考虑，政策制度都是从自己的政绩和富人的利益着想	10.2%	10.7%	10.4%
其他	0.6%	0.7%	0.7%
总计	100.0%	100.0%	100.0%
列总计	4479	3992	8471

Chi-square test：df = 4，卡方值为 2.993，sig = 0.559 > 0.05，所以不同性别的居民在“政府在制定政策和决策时充分考虑到伦理道德方面的要求了吗”这一问题的回答上无显著差异。

G7a by gender

残疾人、留守儿童、孤寡老人等弱势群体需要来自全社会的关爱与帮助，您认为本地区做得怎么样？社区提供的服务 * 性别 Crosstabulation

	女性	男性	总计
很好	7.7%	8.7%	8.2%
比较好	67.8%	66.4%	67.1%
不太好	22.5%	23.0%	22.7%
很差	2.0%	1.9%	2.0%
总计	100.0%	100.0%	100.0%
列总计	3824	3406	7230

Chi-square test：df = 3，卡方值为 2.805，sig = 0.423 > 0.05，所以不同性别的居民在“残疾人、留守儿童、孤寡老人等弱势群体需要来自全社会的关爱与帮助，您认为本地区做得怎么样？社区提供的服务”这一问题的回答上无显著差异。

G7b by gender

残疾人、留守儿童、孤寡老人等弱势群体需要来自全社会的关爱与帮助，您认为本地区做得怎么样？周围人的尊重和关爱 * 性别 Crosstabulation

	女性	男性	总计
很好	9.3%	10.2%	9.7%
比较好	69.7%	69.1%	69.4%
不太好	19.6%	19.6%	19.6%
很差	1.5%	1.2%	1.4%
总计	100.0%	100.0%	100.0%
列总计	4137	3665	7802

Chi-square test：df = 3，卡方值为 3.270，sig = 0.352 > 0.05，所以不同性别的居民在“残疾人、留守儿童、孤寡老人等弱势群体需要来自全社会的关爱与帮助，您认为本地区做得怎么样？周围人的尊重和关爱”这一问题的回答上无显著差异。

G7c by gender

残疾人、留守儿童、孤寡老人等弱势群体需要来自全社会的关爱与帮助，您认为本地区做得怎么样？社会机构提供专业化的服务 * 性别 Crosstabulation

	女性	男性	总计
很好	9.7%	10.5%	10.1%
比较好	54.7%	54.4%	54.6%
不太好	32.5%	32.0%	32.2%

续表

	女性	男性	总计
很差	3.1%	3.0%	3.1%
总计	100.0%	100.0%	100.0%
列总计	3614	3224	6838

Chi-square test：df=3，卡方值为1.258，sig =0.739>0.05，所以不同性别的居民在“残疾人、留守儿童、孤寡老人等弱势群体需要来自全社会的关爱与帮助，您认为本地区做得怎么样？社会机构提供专业化的服务”这一问题的回答上无显著差异。

G7d by gender

残疾人、留守儿童、孤寡老人等弱势群体需要来自全社会的关爱与帮助，您认为本地区做得怎么样？政府实施的社会援助 * 性别 Crosstabulation

	女性	男性	总计
很好	10.4%	11.1%	10.7%
比较好	52.9%	52.6%	52.8%
不太好	31.8%	31.9%	31.8%
很差	4.9%	4.4%	4.7%
总计	100.0%	100.0%	100.0%
列总计	3596	3219	6815

Chi-square test：df=3，卡方值为1.731，sig =0.630>0.05，所以不同性别的居民在“残疾人、留守儿童、孤寡老人等弱势群体需要来自全社会的关爱与帮助，您认为本地区做得怎么样？政府实施的社会援助”这一问题的回答上无显著差异。

G7e by gender

残疾人、留守儿童、孤寡老人等弱势群体需要来自全社会的关爱与帮助，您认为本地区做得怎么样？公益与慈善事业 * 性别 Crosstabulation

	女性	男性	总计
很好	9.0%	9.1%	9.0%
比较好	51.9%	52.3%	52.1%
不太好	32.6%	32.7%	32.6%
很差	6.5%	5.9%	6.2%
总计	100.0%	100.0%	100.0%
列总计	3133	2835	5937

Chi-square test：df=3，卡方值为0.789，sig =0.852>0.05，所以不同性别的居民在“残疾人、留守儿童、孤寡老人等弱势群体需要来自全社会的关爱与帮助，您认为本地区做得怎么样？公益与慈善事业”这一问题的回答上无显著差异。

G7f by gender

残疾人、留守儿童、孤寡老人等弱势群体需要来自全社会的关爱与帮助，您认为本地区做得怎么样？志愿者帮助 ＊ 性别 Crosstabulation

	女性	男性	总计
很好	9.3%	10.2%	9.7%
比较好	54.5%	56.1%	55.3%
不太好	30.4%	28.1%	29.4%
很差	5.7%	5.5%	5.6%
总计	100.0%	100.0%	100.0%
列总计	3148	2789	5937

Chi-square test：df = 3，卡方值为 4.858，sig = 0.182 > 0.05，所以不同性别的居民在“残疾人、留守儿童、孤寡老人等弱势群体需要来自全社会的关爱与帮助，您认为本地区做得怎么样？志愿者帮助”这一问题的回答上无显著差异。

G8 by gender

您认为有必要为好人树碑立传吗 ＊ 性别 Crosstabulation

	女性	男性	总计
很有必要，可以让更多的人知道他们、学习他们	67.5%	68.3%	67.8%
可有可无	16.3%	15.5%	15.9%
没有必要	16.3%	16.3%	16.3%
总计	100.0%	100.0%	100.0%
列总计	4125	3639	7764

Chi-square test：df = 2，卡方值为 0.949，sig = 0.622 > 0.05，所以不同性别的居民在“您认为有必要为好人树碑立传吗”这一问题的回答上无显著差异。

G9 by gender

党中央出台了一系列治国理政的新举措，给社会生活带来了什么变化 ＊ 性别 Crosstabulation

	女性	男性	总计
社会在向好的方面发展，对未来生活更有信心	49.6%	52.1%	50.8%
目前没看出有什么影响	22.4%	20.2%	21.4%
虽然出台了一些政策，感觉解决不了什么问题	18.3%	20.0%	19.1%
不关心这些、说不清楚	9.7%	7.5%	8.6%
其他	0.1%	0.1%	0.1%
总计	100.0%	100.0%	100.0%
列总计	4607	4056	8663

Chi-square test：df = 4，卡方值为 22.855，sig = 0.000 < 0.05，所以不同性别的居民在“党中央出台了一系列治国理政的新举措，给社会生活带来了什么变化”这一问题的回答上有显著差异。

G10a by gender

您认为本地政府在以下方面的政策措施对促进社会公平有效果吗？就业政策 * 性别 Crosstabulation

	女性	男性	总计
有较大效果	6.0%	6.7%	6.3%
有点效果	57.6%	56.6%	57.1%
没有效果	30.9%	31.9%	31.4%
更不公平	4.7%	4.1%	4.4%
大大加剧了不公平	0.8%	0.7%	0.8%
总计	100.0%	100.0%	100.0%
列总计	3781	3434	7215

Chi-square test：df=4，卡方值为3.886，sig =0.422>0.05，所以不同性别的居民在“您认为本地政府在以下方面的政策措施对促进社会公平有效果吗？就业政策”这一问题的回答上无显著差异。

G10b by gender

您认为本地政府在以下方面的政策措施对促进社会公平有效果吗？教育政策 * 性别 Crosstabulation

	女性	男性	总计
有较大效果	8.7%	9.1%	8.9%
有点效果	61.4%	60.9%	61.1%
没有效果	24.8%	25.4%	25.1%
更不公平	4.5%	4.2%	4.4%
大大加剧了不公平	0.5%	0.5%	0.5%
总计	100.0%	100.0%	100.0%
列总计	4024	3622	7646

Chi-square test：df=4，卡方值为1.165，sig =0.884>0.05，所以不同性别的居民在“您认为本地政府在以下方面的政策措施对促进社会公平有效果吗？教育政策”这一问题的回答上无显著差异。

G10c by gender

您认为本地政府在以下方面的政策措施对促进社会公平有效果吗？医疗卫生政策 * 性别 Crosstabulation

	女性	男性	总计
有较大效果	10.1%	9.8%	9.9%
有点效果	57.5%	57.2%	57.4%
没有效果	25.2%	25.3%	25.2%
更不公平	6.7%	6.7%	6.7%

续表

	女性	男性	总计
大大加剧了不公平	0.6%	0.9%	0.8%
总计	100.0%	100.0%	100.0%
列总计	4159	3742	7901

Chi-square test：df = 4，卡方值为 2.189，sig = 0.701 > 0.05，所以不同性别的居民在“您认为本地政府在以下方面的政策措施对促进社会公平有效果吗？医疗卫生政策”这一问题的回答上无显著差异。

G10d by gender

您认为本地政府在以下方面的政策措施对促进社会公平有效果吗？低保政策 * 性别 Crosstabulation

	女性	男性	总计
有较大效果	9.7%	10.4%	10.0%
有点效果	50.0%	50.6%	50.3%
没有效果	27.3%	26.5%	26.9%
更不公平	11.3%	11.1%	11.2%
大大加剧了不公平	1.8%	1.4%	1.6%
总计	100.0%	100.0%	100.0%
列总计	4024	3622	7646

Chi-square test：df = 4，卡方值为 3.415，sig = 0.491 > 0.05，所以不同性别的居民在“您认为本地政府在以下方面的政策措施对促进社会公平有效果吗？低保政策”这一问题的回答上无显著差异。

G10e by gender

您认为本地政府在以下方面的政策措施对促进社会公平有效果吗？房地产政策 * 性别 Crosstabulation

	女性	男性	总计
有较大效果	5.3%	6.5%	5.9%
有点效果	35.9%	33.9%	34.9%
没有效果	39.3%	38.2%	38.8%
更不公平	14.6%	16.2%	15.3%
大大加剧了不公平	5.0%	5.2%	5.1%
总计	100.0%	100.0%	100.0%
列总计	3249	2981	6230

Chi-square test：df = 4，卡方值为 9.125，sig = 0.058 > 0.05，所以不同性别的居民在“您认为本地政府在以下方面的政策措施对促进社会公平有效果吗？房地产政策”这一问题的回答上无显著差异。

G10f by gender

您认为本地政府在以下方面的政策措施对促进社会公平有效果吗？拆迁安置政策 ＊ 性别 Crosstabulation

	女性	男性	总计
有较大效果	5.6%	6.1%	5.8%
有点效果	33.9%	34.0%	34.0%
没有效果	38.6%	37.3%	38.0%
更不公平	15.9%	16.4%	16.1%
大大加剧了不公平	5.9%	6.2%	6.1%
总计	100.0%	100.0%	100.0%
列总计	3115	2840	5955

Chi-square test：df = 4，卡方值为 1.506，sig = 0.826 > 0.05，所以不同性别的居民在“您认为本地政府在以下方面的政策措施对促进社会公平有效果吗？拆迁安置政策”这一问题的回答上无显著差异。

G11 by gender

如果遭遇重大公共事件，您相信政府公布的信息和采取的措施吗 ＊ 性别 Crosstabulation

	女性	男性	总计
相信，大都是可靠的，比网络流传的可靠	63.6%	61.4%	62.6%
不相信，都是安抚百姓的策略措施	16.1%	16.6%	16.4%
将信将疑，走一步看一步	20.2%	21.9%	21.0%
其他	0.1%	0.1%	0.1%
总计	100.0%	100.0%	100.0%
列总计	4601	4068	8669

Chi-square test：df = 3，卡方值为 5.126，sig = 0.163 > 0.05，所以不同性别的居民在“如果遭遇重大公共事件，您相信政府公布的信息和采取的措施吗”这一问题的回答上无显著差异。

G12a by gender

政府推动或倡导的下列活动效果如何？文明城市创建 ＊ 性别 Crosstabulation

	女性	男性	总计
完全没效果	2.1%	2.1%	2.1%
效果较差	21.8%	23.1%	22.4%
效果较好	65.1%	65.1%	65.1%
效果很好	11.1%	9.7%	10.4%
总计	100.0%	100.0%	100.0%

续表

	女性	男性	总计
列总计	3977	3547	7524

Chi-square test：df = 3，卡方值为 5.071，sig = 0.167 > 0.05，所以不同性别的居民在“政府推动或倡导的下列活动效果如何？文明城市创建”这一问题的回答上无显著差异。

G12b by gender

政府推动或倡导的下列活动效果如何？学雷锋活动 ＊ 性别 Crosstabulation

	女性	男性	总计
完全没效果	2.6%	2.8%	2.7%
效果较差	23.9%	24.7%	24.3%
效果较好	63.6%	63.8%	63.7%
效果很好	9.9%	8.8%	9.4%
总计	100.0%	100.0%	100.0%
列总计	3613	3253	6866

Chi-square test：df = 3，卡方值为 2.697，sig = 0.441 > 0.05，所以不同性别的居民在“政府推动或倡导的下列活动效果如何？学雷锋活动”这一问题的回答上无显著差异。

G12c by gender

政府推动或倡导的下列活动效果如何？典型人物的宣传 ＊ 性别 Crosstabulation

	女性	男性	总计
完全没效果	2.5%	2.8%	2.6%
效果较差	21.6%	23.0%	22.3%
效果较好	64.3%	63.8%	64.1%
效果很好	11.6%	10.4%	11.0%
总计	100.0%	100.0%	100.0%
列总计	3493	3191	6684

Chi-square test：df = 3，卡方值为 4.379，sig = 0.223 > 0.05，所以不同性别的居民在“政府推动或倡导的下列活动效果如何？典型人物的宣传”这一问题的回答上无显著差异。

G12d by gender

政府推动或倡导的下列活动效果如何？志愿活动的倡导和推广 ＊ 性别 Crosstabulation

	女性	男性	总计
完全没效果	2.3%	2.1%	2.2%

续表

	女性	男性	总计
效果较差	22.6%	25.1%	23.8%
效果较好	60.7%	59.3%	60.0%
效果很好	14.4%	13.5%	14.0%
总计	100.0%	100.0%	100.0%
列总计	3209	2931	6140

Chi-square test：df = 3，卡方值为 5.573，sig = 0.134 > 0.05，所以不同性别的居民在“政府推动或倡导的下列活动效果如何？志愿活动的倡导和推广”这一问题的回答上无显著差异。

G12e by gender

政府推动或倡导的下列活动效果如何？反腐倡廉的举措 * 性别 Crosstabulation

	女性	男性	总计
完全没效果	4.3%	5.0%	4.6%
效果较差	22.1%	23.3%	22.7%
效果较好	57.0%	55.5%	56.3%
效果很好	16.7%	16.2%	16.5%
总计	100.0%	100.0%	100.0%
列总计	3305	3028	6333

Chi-square test：df = 3，卡方值为 3.555，sig = 0.314 > 0.05，所以不同性别的居民在“政府推动或倡导的下列活动效果如何？反腐倡廉的举措”这一问题的回答上无显著差异。

G12f by gender

政府推动或倡导的下列活动效果如何？《公民道德建设实施纲要》的推进 * 性别 Crosstabulation

	女性	男性	总计
完全没效果	3.6%	5.1%	4.3%
效果较差	24.4%	24.6%	24.5%
效果较好	59.3%	57.9%	58.6%
效果很好	12.7%	12.4%	12.5%
总计	100.0%	100.0%	100.0%
列总计	2568	2434	5002

Chi-square test：df = 3，卡方值为 6.727，sig = 0.081 > 0.05，所以不同性别的居民在“政府推动或倡导的下列活动效果如何？《公民道德建设实施纲要》的推进”这一问题的回答上无显著差异。

G13 by gender

您对于我们正在走的中国特色社会主义道路怎么看 ＊ 性别 Crosstabulation

	女性	男性	总计
充满信心，因为它可以给中国带来繁荣富强	45.5%	48.6%	47.0%
不太了解，但相信这条路能够让老百姓都过上好日子	37.8%	34.9%	36.4%
表示怀疑，走这条路究竟怎么样，现在还说不清楚	11.2%	12.1%	11.6%
走什么样的路，跟我没关系	5.3%	4.3%	4.8%
其他	0.2%	0.2%	0.2%
总计	100.0%	100.0%	100.0%
列总计	4615	4069	8684

Chi-square test：df = 4，卡方值为 15.544，sig = 0.004 < 0.05，所以不同性别的居民在“您对于我们正在走的中国特色社会主义道路怎么看”这一问题的回答上有显著差异。

G14 by gender

党的十八大提出，到 2020 年全面建成小康社会，到 21 世纪中叶建成社会主义现代化国家，您认为这样的目标能实现吗 ＊ 性别 Crosstabulation

	女性	男性	总计
相信一定能实现	30.6%	31.8%	31.2%
有困难，但只要努力还是能实现的	56.2%	55.7%	56.0%
不可能实现	3.7%	3.8%	3.7%
说不清楚，跟我没关系	9.3%	8.4%	8.9%
其他	0.2%	0.2%	0.2%
总计	100.0%	100.0%	100.0%
列总计	4493	3969	8462

Chi-square test：df = 4，卡方值为 2.965，sig = 0.564 > 0.05，所以不同性别的居民在“党的十八大提出，到 2020 年全面建成小康社会，到 21 世纪中叶建成社会主义现代化国家，您认为这样的目标能实现吗”这一问题的回答上无显著差异。

G15 by gender

您对您周围的党员干部道德状况怎么评价 ＊ 性别 Crosstabulation

	女性	男性	总计
总体还不错	42.7%	41.8%	42.3%
普遍比较差	20.4%	23.2%	21.7%
和普通群众没有太大差别	36.9%	34.9%	36.0%

续表

	女性	男性	总计
总计	100.0%	100.0%	100.0%
列总计	4091	3721	7812

Chi-square test：df=2，卡方值为9.834，sig =0.007<0.05，所以不同性别的居民在“您对您周围的党员干部道德状况怎么评价”这一问题的回答上有显著差异。

G16 by gender

您认为当前官员的勤政作为是怎样的 * 性别 Crosstabulation

	女性	男性	总计
努力作为，成绩显著	22.5%	23.0%	22.7%
努力作为，成绩一般	48.7%	48.9%	48.8%
行政不作为	19.9%	18.7%	19.3%
行政乱作为	9.0%	9.4%	9.2%
总计	100.0%	100.0%	100.0%
列总计	3605	3368	6973

Chi-square test：df=3，卡方值为1.693，sig =0.638>0.05，所以不同性别的居民在“您认为当前官员的勤政作为是怎样的”这一问题的回答上无显著差异。

G17 by gender

您到政府部门办事，首先选择的方法是 * 性别 Crosstabulation

	女性	男性	总计
找亲朋好友帮忙办理	18.4%	18.5%	18.5%
找政府中的熟人办理	21.5%	20.9%	21.2%
送红包	1.6%	1.7%	1.7%
直接找相关职能部门办理	58.0%	58.3%	58.2%
其他	0.4%	0.5%	0.5%
总计	100.0%	100.0%	100.0%
列总计	4084	3683	7767

Chi-square test：df=4，卡方值为0.956，sig =0.916>0.05，所以不同性别的居民在“您到政府部门办事，首先选择的方法是”这一问题的回答上无显著差异。

H1 by gender

您认为近五年来，您所在地区政府的环境保护工作做得怎么样 * 性别 Crosstabulation

	女性	男性	总计
片面注重经济发展，忽视了环境保护工作	22.0%	23.2%	22.6%
重视不够，环保投入不足	29.6%	29.6%	29.6%
虽尽了努力，但效果不佳	18.7%	18.7%	18.7%
尽了很大努力，有一定成效	24.3%	23.0%	23.7%
取得了很大的成绩	5.4%	5.4%	5.4%
总计	100.0%	100.0%	100.0%
列总计	3951	3593	7544

Chi-square test：df = 4，卡方值为 2.605，sig = 0.626 > 0.05，所以不同性别的居民在“您认为近五年来，您所在地区政府的环境保护工作做得怎么样”这一问题的回答上无显著差异。

H2a by gender

在最近的一年里，您是否从事过？垃圾分类投放 * 性别 Crosstabulation

	女性	男性	总计
从不	40.4%	40.7%	40.5%
偶尔	45.6%	44.5%	45.1%
经常	13.9%	14.8%	14.4%
总计	100.0%	100.0%	100.0%
列总计	4651	4080	8731

Chi-square test：df = 2，卡方值为 1.903，sig = 0.386 > 0.05，所以不同性别的居民在“在最近的一年里，您是否从事过？垃圾分类投放”这一问题的回答上无显著差异。

H2b by gender

在最近的一年里，您是否从事过？与亲戚朋友讨论环保问题 * 性别 Crosstabulation

	女性	男性	总计
从不	38.9%	37.0%	38.0%
偶尔	50.3%	51.2%	50.7%
经常	10.8%	11.8%	11.3%
总计	100.0%	100.0%	100.0%
列总计	4644	4082	8726

Chi-square test：df = 2，卡方值为 4.466，sig = 0.107 > 0.05，所以不同性别的居民在“在最近的一年里，您是否从事过？与亲戚朋友讨论环保问题”这一问题的回答上无显著差异。

H2c by gender

在最近的一年里，您是否从事过？采购日常用品时自己带购物篮或购物袋 ＊ 性别 Crosstabulation

	女性	男性	总计
从不	21.0%	24.7%	22.7%
偶尔	52.4%	51.6%	52.0%
经常	26.6%	23.7%	25.2%
总计	100.0%	100.0%	100.0%
列总计	4641	4081	8722

Chi-square test：df = 2，卡方值为 20.690，sig = 0.000 < 0.05，所以不同性别的居民在“在最近的一年里，您是否从事过？采购日常用品时自己带购物篮或购物袋”这一问题的回答上有显著差异。

H2d by gender

在最近的一年里，您是否从事过？优先选择公交、步行等绿色出行方式 ＊ 性别 Crosstabulation

	女性	男性	总计
从不	12.0%	13.9%	12.9%
偶尔	41.1%	43.0%	42.0%
经常	46.9%	43.1%	45.1%
总计	100.0%	100.0%	100.0%
列总计	4644	4074	8718

Chi-square test：df = 2，卡方值为 14.727，sig = 0.001 < 0.05，所以不同性别的居民在“在最近的一年里，您是否从事过？优先选择公交、步行等绿色出行方式”这一问题的回答上有显著差异。

H2e by gender

在最近的一年里，您是否从事过？为环境保护捐款 ＊ 性别 Crosstabulation

	女性	男性	总计
从不	67.7%	66.6%	67.2%
偶尔	27.3%	27.4%	27.3%
经常	5.0%	6.0%	5.5%
总计	100.0%	100.0%	100.0%
列总计	4631	4068	8699

Chi-square test：df = 2，卡方值为 4.470，sig = 0.107 > 0.05，所以不同性别的居民在“在最近的一年里，您是否从事过？为环境保护捐款”这一问题的回答上无显著差异。

H2f by gender

在最近的一年里，您是否从事过？主动关注环境方面的信息报道和宣传教育 ＊ 性别 Crosstabulation

	女性	男性	总计
从不	63.0%	60.0%	61.6%
偶尔	30.8%	32.3%	31.5%
经常	6.2%	7.7%	6.9%
总计	100.0%	100.0%	100.0%
列总计	4635	4068	8703

Chi-square test：df = 2，卡方值为 12.232，sig = 0.002 < 0.05，所以不同性别的居民在“在最近的一年里，您是否从事过？主动关注环境方面的信息报道和宣传教育”这一问题的回答上有显著差异。

H2g by gender

在最近的一年里，您是否从事过？积极参加民间环保团体举办的环保活动 ＊ 性别 Crosstabulation

	女性	男性	总计
从不	73.9%	71.3%	72.7%
偶尔	22.3%	24.4%	23.3%
经常	3.8%	4.3%	4.0%
总计	100.0%	100.0%	100.0%
列总计	4633	4065	8698

Chi-square test：df = 2，卡方值为 7.240，sig = 0.027 < 0.05，所以不同性别的居民在“在最近的一年里，您是否从事过？积极参加民间环保团体举办的环保活动”这一问题的回答上有显著差异。

H2h by gender

在最近的一年里，您是否从事过？积极参加要求解决环境问题的投诉、上诉 ＊ 性别 Crosstabulation

	女性	男性	总计
从不	81.3%	77.9%	79.7%
偶尔	16.1%	18.5%	17.2%
经常	2.6%	3.6%	3.1%
总计	100.0%	100.0%	100.0%
列总计	4632	4064	8696

Chi-square test：df = 2，卡方值为 17.099，sig = 0.000 < 0.05，所以不同性别的居民在“在最近的一年里，您是否从事过？积极参加要求解决环境问题的投诉、上诉”这一问题的回答上有显著差异。

H3 by gender

如果您的周围有一片森林，政府将成材的树林砍伐下来办木材厂，将极大提高您的收入，但将破坏环境，您会支持这一决定吗 ＊ 性别 Crosstabulation

	女性	男性	总计
支持，对大家有好处	11.6%	12.2%	11.9%
反对，这是发子孙财，破坏生态	69.2%	71.0%	70.0%
不支持也不反对，政府决定	19.0%	16.7%	18.0%
其他	0.2%	0.1%	0.1%
总计	100.0%	100.0%	100.0%
列总计	4618	4073	8691

Chi-square test：df = 3，卡方值为 8.347，sig = 0.039 < 0.05，所以不同性别的居民在“如果您的周围有一片森林，政府将成材的树林砍伐下来办木材厂，将极大提高您的收入，但将破坏环境，您会支持这一决定吗”这一问题的回答上有显著差异。

H4 by gender

如果要办一个化工厂，您是这个厂的持股职工，但会给下游地区造成污染，您会支持这个决定吗 ＊ 性别 Crosstabulation

	女性	男性	总计
支持，我们不会受污染	12.9%	12.8%	12.9%
反对，这是嫁祸于人	67.8%	70.3%	69.0%
不支持也不反对，成了可分红，不成是领导的责任	18.9%	16.8%	17.9%
其他	0.3%	0.1%	0.2%
总计	100.0%	100.0%	100.0%
列总计	4593	4054	8647

Chi-square test：df = 3，卡方值为 12.401，sig = 0.006 < 0.05，所以不同性别的居民在“如果要办一个化工厂，您是这个厂的持股职工，但会给下游地区造成污染，您会支持这个决定吗”这一问题的回答上有显著差异。

H5 by gender

您认为造成生态环境问题的最主要原因是 ＊ 性别 Crosstabulation

	女性	男性	总计
企业唯利是图，造成环境污染	26.5%	26.6%	26.6%
政府缺乏生态意识，政策失当	34.6%	35.0%	34.8%

续表

	女性	男性	总计
个人缺乏环保意识	21.6%	19.2%	20.5%
当代人自私自利，不顾未来和子孙利益	16.4%	18.2%	17.2%
其他	0.8%	1.1%	0.9%
总计	100.0%	100.0%	100.0%
列总计	4582	4060	8642

Chi-square test：df = 4，卡方值为 12.088，sig = 0.017 < 0.05，所以不同性别的居民在“您认为造成生态环境问题的最主要原因是”这一问题的回答上有显著差异。

H6 by gender

如果环境保护主管部门邀请您参加座谈会或听证会，您是否会出席 * 性别 Crosstabulation

	女性	男性	总计
会	70.8%	71.3%	71.0%
不会	29.2%	28.7%	29.0%
总计	100.0%	100.0%	100.0%
列总计	3713	3343	7056

Chi-square test：df = 1，卡方值为 0.152，sig = 0.697 > 0.05，所以不同性别的居民在“如果环境保护主管部门邀请您参加座谈会或听证会，您是否会出席”这一问题的回答上无显著差异。

H7 by gender

若您所在社区参加“绿色社区”创建活动，您是否会积极参与 * 性别 Crosstabulation

	女性	男性	总计
会	77.2%	76.2%	76.7%
不会	22.8%	23.8%	23.3%
总计	100.0%	100.0%	100.0%
列总计	3763	3353	7116

Chi-square test：df = 1，卡方值为 1.050，sig = 0.306 > 0.05，所以不同性别的居民在“若您所在社区参加‘绿色社区’创建活动，您是否会积极参与”这一问题的回答上无显著差异。

I1 by gender

如果您周围有很多外国人，您愿意和他们建立什么样的关系 * 性别 Crosstabulation

	女性	男性	总计
愿意做朋友	35.5%	36.6%	36.0%
愿意做兄弟姐妹	10.8%	10.6%	10.7%
不愿意来往，得提防他们	3.9%	4.7%	4.3%
偶尔交往，仅限于礼节性的	13.2%	13.6%	13.4%
无法和他们来往，存在语言、文化、习俗等障碍	36.3%	34.0%	35.2%
其他	0.3%	0.5%	0.4%
总计	100.0%	100.0%	100.0%
列总计	4631	4050	8681

Chi-square test：df = 5，卡方值为 8.976，sig = 0.110 > 0.05，所以不同性别的居民在“如果您周围有很多外国人，您愿意和他们建立什么样的关系”这一问题的回答上无显著差异。

I2 by gender

您更愿意过春节还是圣诞节 * 性别 Crosstabulation

	女性	男性	总计
圣诞节	0.7%	0.8%	0.7%
春节	78.8%	79.4%	79.1%
两个都愿意过	17.4%	16.9%	17.2%
两个都不想过	3.2%	2.8%	3.0%
总计	100.0%	100.0%	100.0%
列总计	4651	4079	8730

Chi-square test：df = 3，卡方值为 1.794，sig = 0.616 > 0.05，所以不同性别的居民在“您更愿意过春节还是圣诞节”这一问题的回答上无显著差异。

I3 by gender

您同意中国人与外国人通婚吗 * 性别 Crosstabulation

	女性	男性	总计
非常同意	5.7%	6.7%	6.1%
比较同意	56.2%	58.4%	57.2%
不太同意	32.8%	29.7%	31.4%
强烈反对	5.3%	5.2%	5.3%

续表

	女性	男性	总计
总计	100.0%	100.0%	100.0%
列总计	4080	3548	7628

Chi-square test：df = 3，卡方值为 10.405，sig = 0.015 < 0.05，所以不同性别的居民在“您同意中国人与外国人通婚吗”这一问题的回答上有显著差异。

I4 by gender

对外来的城市农民工如建筑工人、家庭保姆等，您的态度是 * 性别 Crosstabulation

	女性	男性	总计
看不起和排斥	2.1%	2.3%	2.2%
无视和冷漠以对	7.8%	7.8%	7.8%
尊重和体谅	72.8%	73.3%	73.0%
同情和友爱	17.0%	16.2%	16.7%
其他	0.2%	0.3%	0.3%
总计	100.0%	100.0%	100.0%
列总计	4618	4044	8662

Chi-square test：df = 4，卡方值为 1.725，sig = 0.786 > 0.05，所以不同性别的居民在“对外来的城市农民工如建筑工人、家庭保姆等，您的态度是”这一问题的回答上无显著差异。

I5 by gender

您在日常生活中与同乡人和外乡人的关系是 * 性别 Crosstabulation

	女性	男性	总计
与同乡人交往多	42.6%	39.6%	41.2%
与外乡人交往多	11.9%	12.0%	12.0%
一样多	17.4%	21.0%	19.1%
偶尔与外乡人有交往，主要与同乡人交往	27.9%	27.4%	27.7%
其他	0.2%	0.1%	0.1%
总计	100.0%	100.0%	100.0%
列总计	4632	4075	8707

Chi-square test：df = 4，卡方值为 20.195，sig = 0.000 < 0.05，所以不同性别的居民在“您在日常生活中与同乡人和外乡人的关系是”这一问题的回答上有显著差异。

I6 by gender

您所在地区的政府对待外来人员的政策取向是 * 性别 Crosstabulation

	女性	男性	总计
不冷不热，顺其自然	44.1%	44.1%	44.1%
提高门槛，严加限制	16.4%	16.0%	16.2%
降低门槛，广泛吸收	23.7%	24.5%	24.1%
对有钱人、高级专家采取特殊政策吸引，对一般人严加限制	15.3%	14.7%	15.0%
其他	0.5%	0.7%	0.6%
总计	100.0%	100.0%	100.0%
列总计	4065	3670	7735

Chi-square test：df=4，卡方值为2.068，sig =0.723>0.05，所以不同性别的居民在“您所在地区的政府对待外来人员的政策取向是”这一问题的回答上无显著差异。

I7 by gender

您认为在当前的中国，读书还能不能改变命运 * 性别 Crosstabulation

	女性	男性	总计
读书只是改变命运的一个路径	34.7%	36.9%	35.7%
读书是改变命运的主要路径	43.6%	41.3%	42.5%
读书是改变命运的唯一路径	12.7%	12.0%	12.4%
不再是改变命运的路径，没权势的人读了书照样穷	8.9%	9.5%	9.2%
其他	0.2%	0.2%	0.2%
总计	100.0%	100.0%	100.0%
列总计	4633	4068	8701

Chi-square test：df=4，卡方值为7.297，sig =0.121>0.05，所以不同性别的居民在“您认为在当前的中国，读书还能不能改变命运”这一问题的回答上无显著差异。

I8 by gender

您如何认识名牌大学里农村学生比例急剧减少的现象 * 性别 Crosstabulation

	女性	男性	总计
是一种社会倒退	12.4%	12.6%	12.5%
农村教育的落后	39.9%	39.4%	39.7%
教育不公平	28.8%	27.9%	28.4%
有钱人和有权人特权的表现	11.9%	12.1%	12.0%

续表

	女性	男性	总计
代际不公、社会不公的延续和加剧	6.1%	7.1%	6.6%
其他	0.9%	0.9%	0.9%
总计	100.0%	100.0%	100.0%
列总计	4564	4031	8595

Chi-square test：df = 5，卡方值为 3.767，sig = 0.583 > 0.05，所以不同性别的居民在“您如何认识名牌大学里农村学生比例急剧减少的现象”这一问题的回答上无显著差异。

I9 by gender

您同学指出您家乡的某一风俗习惯很落后保守，您会做出什么反应 * 性别 Crosstabulation

	女性	男性	总计
坦然面对，承认这一风俗习惯确实落后	52.6%	53.2%	52.9%
虽然认为说得对，但是感觉他在批评自己的家乡，因此不自在	28.0%	28.5%	28.2%
虽然认为说得对，但是感到受到羞辱	8.8%	8.0%	8.4%
批评家乡就是批评自己，要为家乡的风俗习惯做辩护	10.3%	10.2%	10.2%
其他	0.3%	0.2%	0.2%
总计	100.0%	100.0%	100.0%
列总计	4583	4042	8625

Chi-square test：df = 4，卡方值为 3.632，sig = 0.458 > 0.05，所以不同性别的居民在“您同学指出您家乡的某一风俗习惯很落后保守，您会做出什么反应”这一问题的回答上无显著差异。

I10 by gender

如果您有机会出国，初到国外时，您会有意识地交中国朋友吗 * 性别 Crosstabulation

	女性	男性	总计
会，认为在异国他乡找自己本国人有一种归属感	50.2%	50.7%	50.4%
不会，看缘分交朋友，不强调国籍	20.4%	21.3%	20.8%
不会，会有意识地多交外国朋友	3.9%	4.0%	3.9%
视情况而定	25.5%	24.0%	24.8%
总计	100.0%	100.0%	100.0%
列总计	4584	4042	8626

Chi-square test：df = 3，卡方值为 3.02，sig = 0.387 > 0.05，所以不同性别的居民在“如果您有机会出国，初到国外时，您会有意识地交中国朋友吗”这一问题的回答上无显著差异。

I11 by gender

您是否愿意与不同民族的人交往 * 性别 Crosstabulation

	女性	男性	总计
非常不愿意	2.6%	2.9%	2.8%
不太愿意	16.4%	16.3%	16.3%
比较愿意	71.9%	70.8%	71.4%
非常愿意	9.1%	10.0%	9.5%
总计	100.0%	100.0%	100.0%
列总计	4465	3938	8403

Chi-square test：df = 3，卡方值为 2.671，sig = 0.445 > 0.05，所以不同性别的居民在“您是否愿意与不同民族的人交往”这一问题的回答上无显著差异。

I12 by gender

您是否愿意与不同宗教信仰的人相处 * 性别 Crosstabulation

	女性	男性	总计
非常不愿意	4.4%	4.9%	4.6%
不太愿意	23.6%	22.2%	22.9%
比较愿意	64.9%	65.9%	65.4%
非常愿意	7.1%	7.0%	7.0%
总计	100.0%	100.0%	100.0%
列总计	4390	3850	8240

Chi-square test：df = 3，卡方值为 3.003，sig = 0.391 > 0.05，所以不同性别的居民在“您是否愿意与不同宗教信仰的人相处”这一问题的回答上无显著差异。

I13 by gender

您与您的邻居平时来往多吗 * 性别 Crosstabulation

	女性	男性	总计
非常多	18.2%	17.2%	17.8%
比较多	48.5%	48.0%	48.3%
偶尔	28.6%	29.7%	29.1%
几乎不来往	4.7%	5.1%	4.9%
总计	100.0%	100.0%	100.0%
列总计	4607	4040	8647

Chi-square test：df = 3，卡方值为 2.771，sig = 0.428 > 0.05，所以不同性别的居民在“您与您的邻居平时来往多吗”这一问题的回答上无显著差异。

I14a by gender

您在多大程度上愿意和下列群体成为邻居？农民工、进城务工人员 * 性别 Crosstabulation

	女性	男性	总计
非常愿意	13.2%	14.2%	13.7%
比较愿意	76.5%	77.4%	76.9%
不太愿意	9.7%	8.2%	9.0%
很不愿意	0.5%	0.3%	0.4%
总计	100.0%	100.0%	100.0%
列总计	4516	3970	8486

Chi-square test：df = 3，卡方值为 11.276，sig = 0.010 < 0.05，所以不同性别的居民在“您在多大程度上愿意和下列群体成为邻居？农民工、进城务工人员”这一问题的回答上有显著差异。

I14b by gender

您在多大程度上愿意和下列群体成为邻居？商人 * 性别 Crosstabulation

	女性	男性	总计
非常愿意	10.6%	11.5%	11.0%
比较愿意	70.1%	71.2%	70.6%
不太愿意	18.0%	16.4%	17.2%
很不愿意	1.3%	0.9%	1.1%
总计	100.0%	100.0%	100.0%
列总计	4473	3947	8420

Chi-square test：df = 3，卡方值为 7.190，sig = 0.066 > 0.05，所以不同性别的居民在“您在多大程度上愿意和下列群体成为邻居？商人”这一问题的回答上无显著差异。

I14c by gender

您在多大程度上愿意和下列群体成为邻居？企业家或高级管理人员 * 性别 Crosstabulation

	女性	男性	总计
非常愿意	15.4%	15.9%	15.6%
比较愿意	70.7%	70.6%	70.7%
不太愿意	13.1%	12.2%	12.7%
很不愿意	0.9%	1.3%	1.1%

续表

	女性	男性	总计
总计	100.0%	100.0%	100.0%
列总计	4419	3912	8331

Chi-square test：df = 3，卡方值为 4.260，sig = 0.235 > 0.05，所以不同性别的居民在“您在多大程度上愿意和下列群体成为邻居？企业家或高级管理人员”这一问题的回答上无显著差异。

I14d by gender

您在多大程度上愿意和下列群体成为邻居？技术工人 ＊ 性别 Crosstabulation

	女性	男性	总计
非常愿意	18.9%	19.7%	19.2%
比较愿意	73.0%	71.7%	72.4%
不太愿意	7.5%	7.9%	7.7%
很不愿意	0.6%	0.8%	0.7%
总计	100.0%	100.0%	100.0%
列总计	4471	3956	8427

Chi-square test：df = 3，卡方值为 3.141，sig = 0.370 > 0.05，所以不同性别的居民在“您在多大程度上愿意和下列群体成为邻居？技术工人”这一问题的回答上无显著差异。

I14e by gender

您在多大程度上愿意和下列群体成为邻居？教师 ＊ 性别 Crosstabulation

	女性	男性	总计
非常愿意	29.0%	27.6%	28.3%
比较愿意	65.6%	65.8%	65.7%
不太愿意	4.8%	5.9%	5.3%
很不愿意	0.6%	0.7%	0.6%
总计	100.0%	100.0%	100.0%
列总计	4531	3987	8518

Chi-square test：df = 3，卡方值为 7.037，sig = 0.071 > 0.05，所以不同性别的居民在“您在多大程度上愿意和下列群体成为邻居？教师”这一问题的回答上无显著差异。

I14f by gender

您在多大程度上愿意和下列群体成为邻居？医生 ＊ 性别 Crosstabulation

	女性	男性	总计
非常愿意	27.0%	25.4%	26.2%

续表

	女性	男性	总计
比较愿意	65.6%	65.9%	65.7%
不太愿意	6.6%	7.9%	7.2%
很不愿意	0.8%	0.7%	0.8%
总计	100.0%	100.0%	100.0%
列总计	4506	3983	8489

Chi-square test：df = 3，卡方值为 7.296，sig = 0.064 > 0.05，所以不同性别的居民在“您在多大程度上愿意和下列群体成为邻居？医生”这一问题的回答上无显著差异。

I14g by gender

您在多大程度上愿意和下列群体成为邻居？富人 * 性别 Crosstabulation

	女性	男性	总计
非常愿意	12.9%	13.2%	13.0%
比较愿意	56.9%	56.5%	56.7%
不太愿意	25.3%	25.5%	25.4%
很不愿意	4.9%	4.8%	4.9%
总计	100.0%	100.0%	100.0%
列总计	4382	3872	8254

Chi-square test：df = 3，卡方值为 0.285，sig = 0.963 > 0.05，所以不同性别的居民在“您在多大程度上愿意和下列群体成为邻居？富人”这一问题的回答上无显著差异。

I14h by gender

您在多大程度上愿意和下列群体成为邻居？土豪 * 性别 Crosstabulation

	女性	男性	总计
非常愿意	9.7%	10.3%	10.0%
比较愿意	50.7%	51.0%	50.9%
不太愿意	31.5%	31.0%	31.3%
很不愿意	8.0%	7.7%	7.9%
总计	100.0%	100.0%	100.0%
列总计	4314	3835	8149

Chi-square test：df = 3，卡方值为 1.199，sig = 0.753 > 0.05，所以不同性别的居民在“您在多大程度上愿意和下列群体成为邻居？土豪”这一问题的回答上无显著差异。

I14i by gender

您在多大程度上愿意和下列群体成为邻居？专家学者 ＊ 性别 Crosstabulation

	女性	男性	总计
非常愿意	17.9%	17.7%	17.8%
比较愿意	60.2%	60.1%	60.2%
不太愿意	18.3%	18.1%	18.2%
很不愿意	3.6%	4.1%	3.8%
总计	100.0%	100.0%	100.0%
列总计	4235	3752	7987

Chi-square test：df＝3，卡方值为1.327，sig ＝0.723＞0.05，所以不同性别的居民在“您在多大程度上愿意和下列群体成为邻居？专家学者”这一问题的回答上无显著差异。

I14j by gender

您在多大程度上愿意和下列群体成为邻居？政府官员 ＊ 性别 Crosstabulation

	女性	男性	总计
非常愿意	12.6%	12.3%	12.5%
比较愿意	54.8%	54.5%	54.7%
不太愿意	25.2%	25.1%	25.2%
很不愿意	7.4%	8.1%	7.7%
总计	100.0%	100.0%	100.0%
列总计	4226	3727	7953

Chi-square test：df＝3，卡方值为1.530，sig ＝0.675＞0.05，所以不同性别的居民在“您在多大程度上愿意和下列群体成为邻居？政府官员”这一问题的回答上无显著差异。

I14k by gender

您在多大程度上愿意和下列群体成为邻居？公众人物、演艺人士 ＊ 性别 Crosstabulation

	女性	男性	总计
非常愿意	9.1%	9.6%	9.4%
比较愿意	51.7%	50.7%	51.2%
不太愿意	28.9%	28.6%	28.8%
很不愿意	10.3%	11.0%	10.7%
总计	100.0%	100.0%	100.0%
列总计	4465	3938	8403

Chi-square test：df＝3，卡方值为1.757，sig ＝0.624＞0.05，所以不同性别的居民在“您在多大程度上愿意和下列群体成为邻居？公众人物、演艺人士”这一问题的回答上无显著差异。

I15 by gender

您如何看待中国对其他落后国家的广泛援助计划？ * 性别 Crosstabulation

	女性	男性	总计
完全支持，认为这有助于提升国家形象和国际地位	44. 9%	46. 4%	45. 6%
支持，认为我们应该帮助比我们落后的国家	27. 2%	25. 3%	26. 3%
支持，但国家应该征求纳税人的意见	8. 9%	10. 6%	9. 7%
不支持，因为我们国家尚存在很多贫困人口	19. 0%	17. 7%	18. 4%
总计	100. 0%	100. 0%	100. 0%
列总计	4191	3777	7968

Chi-square test：df = 3，卡方值为 11. 858，sig = 0. 008 < 0. 05，所以不同性别的居民在“您如何看待中国对其他落后国家的广泛援助计划？”这一问题的回答上有显著差异。

I16 by gender

您听说过一些道德模范的故事吗？您愿意像他们那样做人做事吗？ * 性别 Crosstabulation

	女性	男性	总计
知道一些，他们很了不起，应努力向他们学习	51. 0%	53. 1%	52. 0%
知道一些，很敬佩他们，但自己学不来	28. 1%	27. 9%	28. 0%
知道一些，我感到他们那样做有点不值得	4. 6%	4. 6%	4. 6%
没听说过谁是道德模范和身边好人	16. 1%	14. 3%	15. 3%
其他	0. 1%	0. 1%	0. 1%
总计	100. 0%	100. 0%	100. 0%
列总计	4638	4082	8720

Chi-square test：df = 4，卡方值为 6. 839，sig = 0. 145 > 0. 05，所以不同性别的居民在“您听说过一些道德模范的故事吗？您愿意像他们那样做人做事吗？”这一问题的回答上无显著差异。

I17 by gender

当有陌生人走进您的单位或社区，或在车厢中与陌生人在一起时，您通常的态度是 * 性别 Crosstabulation

	女性	男性	总计
对他/她微笑	32. 5%	31. 7%	32. 1%
主动打招呼	14. 5%	16. 7%	15. 5%
没有任何反应	28. 6%	30. 6%	29. 5%

续表

	女性	男性	总计
保持警惕，防止上当	24.2%	20.8%	22.6%
其他	0.2%	0.2%	0.2%
总计	100.0%	100.0%	100.0%
列总计	4499	3966	8465

Chi-square test：df=4，卡方值为20.687，sig =0.000<0.05，所以不同性别的居民在“当有陌生人走进您的单位或社区，或在车厢中与陌生人在一起时，您通常的态度是”的回答上有显著差异。

I18 by gender

假设您双手抱着东西走进电梯，您觉得电梯里的陌生人可能会怎样 * 性别 Crosstabulation

	女性	男性	总计
主动问您去几楼并帮您按楼层	36.6%	38.4%	37.5%
当作没看见	15.3%	14.9%	15.1%
会在您的请求下给予帮助	48.1%	46.7%	47.4%
总计	100.0%	100.0%	100.0%
列总计	4078	3655	7733

Chi-square test：df=2，卡方值为2.532，sig =0.282>0.05，所以不同性别的居民在“假设您双手抱着东西走进电梯，您觉得电梯里的陌生人可能会怎样”的回答上无显著差异。

中国伦理道德评价的政治面貌差异

B1a by K8

过去一年，您对纸质报纸的使用情况是 * 政治面貌 Crosstabulation

	共产党员	民主党派	共青团员	群众	总计
从不	34.2%	23.1%	45.9%	70.5%	66.5%
很少	30.7%	46.2%	38.7%	19.9%	21.9%
有时	21.0%	15.4%	12.7%	7.1%	8.4%
经常	11.8%	7.7%	2.3%	2.1%	2.8%
非常频繁	2.3%	7.7%	0.4%	0.3%	0.4%
总计	100.0%	100.0%	100.0%	100.0%	100.0%
列总计	561	13	558	7447	8579

Chi-square test：df = 12，卡方值为654.864，sig = 0.000 < 0.05，所以不同政治面貌的居民在“过去一年对纸质报纸使用情况是”上存在显著差异。

B1b by K8

过去一年，您对纸质杂志的使用情况是 * 政治面貌 Crosstabulation

	共产党员	民主党派	共青团员	群众	总计
从不	40.4%	41.7%	40.3%	74.5%	70.0%
很少	31.3%	41.7%	35.1%	17.6%	19.7%
有时	19.1%	16.7%	19.4%	6.2%	7.9%
经常	7.5%		4.8%	1.5%	2.1%
非常频繁	1.6%		0.4%	0.1%	0.2%
总计	100.0%	100.0%	100.0%	100.0%	100.0%
列总计	559	12	554	7416	8541

Chi-square test：df = 12，卡方值为238.340，sig = 0.000 < 0.05，所以不同政治面貌的居民在“过去一年对纸质杂志使用情况是”上存在显著差异。

B1c by K8

过去一年，您对广播的使用情况是 * 政治面貌 Crosstabulation

	共产党员	民主党派	共青团员	群众	总计
从不	41.7%	25.0%	49.3%	66.2%	63.5%

续表

	共产党员	民主党派	共青团员	群众	总计
很少	27.2%	33.3%	29.1%	19.8%	20.9%
有时	19.9%	25.0%	15.7%	10.1%	11.1%
经常	9.5%	16.7%	5.1%	3.4%	3.9%
非常频繁	1.8%		0.9%	0.4%	0.5%
总计	100.0%	100.0%	100.0%	100.0%	100.0%
列总计	559	12	554	7616	8451

Chi-square test：df = 12，卡方值为 238.340，sig = 0.000 < 0.05，所以不同政治面貌的居民在“过去一年对广播使用情况是”上存在显著差异。

B1d by K8

过去一年，您对电视的使用情况是 * 政治面貌 Crosstabulation

	共产党员	民主党派	共青团员	群众	总计
从不	2.5%		4.7%	2.5%	2.6%
很少	15.6%	7.7%	15.0%	11.4%	11.9%
有时	23.7%	23.1%	31.8%	25.3%	25.6%
经常	41.8%	61.5%	36.5%	42.0%	41.6%
非常频繁	16.5%	7.7%	12.1%	18.9%	18.2%
总计	100.0%	100.0%	100.0%	100.0%	100.0%
列总计	558	13	554	7447	8572

Chi-square test：df = 12，卡方值为 51.666，sig = 0.000 < 0.05，所以不同政治面貌的居民在“过去一年对电视使用情况是”上存在显著差异。

B1e by K8

过去一年，您对各种政府网站的使用情况是 * 政治面貌 Crosstabulation

	共产党员	民主党派	共青团员	群众	总计
从不	34.6%	9.1%	39.6%	74.7%	69.7%
很少	25.9%	45.5%	29.2%	15.0%	16.7%
有时	21.0%	18.2%	20.6%	6.5%	8.3%
经常	14.5%	27.3%	7.7%	3.2%	4.3%
非常频繁	3.9%		2.9%	0.6%	1.0%

续表

	共产党员	民主党派	共青团员	群众	总计
总计	100.0%	100.0%	100.0%	100.0%	100.0%
列总计	547	11	548	7328	8444

Chi-square test：df = 12，卡方值为 799.549，sig = 0.001 < 0.05，所以不同政治面貌的居民在“过去一年对各种政府网站的使用情况是”上存在显著差异。

B1f by K8

过去一年，您对社交媒体（微博、微信、博客、播客等）的使用情况是 * 政治面貌 Crosstabulation

	共产党员	民主党派	共青团员	群众	总计
从不	13.8%		3.1%	34.1%	30.7%
很少	7.7%	9.1%	4.0%	8.5%	8.2%
有时	16.3%	18.2%	9.4%	15.1%	14.8%
经常	34.3%	45.5%	40.7%	28.7%	29.8%
非常频繁	27.9%	27.3%	42.9%	13.6%	16.4%
总计	100.0%	100.0%	100.0%	100.0%	100.0%
列总计	559	11	555	7403	8528

Chi-square test：df = 12，卡方值为 596.841，sig = 0.000 < 0.05，所以不同政治面貌的居民在“过去一年对社交媒体（微博、微信、博客、播客等）的使用情况是”上有显著差异。

B1g by K8

过去一年，您对新媒体（如数字报纸、移动电视等）的使用情况是 * 政治面貌 Crosstabulation

	共产党员	民主党派	共青团员	群众	总计
从不	34.8%	8.3%	25.9%	59.6%	55.7%
很少	20.7%	25.0%	18.6%	17.2%	17.5%
有时	19.4%	16.7%	20.1%	11.2%	12.3%
经常	15.0%	33.3%	19.9%	8.4%	9.6%
非常频繁	10.1%	16.7%	15.5%	3.5%	4.7%
总计	100.0%	100.0%	100.0%	100.0%	100.0%

续表

	共产党员	民主党派	共青团员	群众	总计
列总计	552	12	548	7306	8418

Chi-square test：df = 12，卡方值为 506. 308，sig = 0. 001 < 0. 05，所以不同政治面貌的居民在“过去一年对新媒体的使用情况是”上存在显著差异。

B2 by K8

跟五年前相比，您觉得自己的社会经济地位有什么变化 * 政治面貌 Crosstabulation

	共产党员	民主党派	共青团员	群众	总计
上升了	57. 1%	61. 5%	55. 5%	47. 7%	48. 8%
差不多	35. 9%	30. 8%	39. 7%	45. 3%	44. 4%
下降了	7. 0%	7. 7%	4. 8%	6. 9%	6. 8%
总计	100. 0%	100. 0%	100. 0%	100. 0%	100. 0%
列总计	529	13	476	7117	8135

Chi-square test：df = 12，卡方值为 29. 778，sig = 0. 027 < 0. 05，所以不同政治面貌的居民在“跟过去五年相比，自己的社会经济地位变化”的认知上有显著差异。

B3 by K8

您感觉在未来的五年中，您的生活水平将会有什么变化 * 政治面貌 Crosstabulation

	共产党员	民主党派	共青团员	群众	总计
上升很多	28. 5%	12. 5%	29. 5%	16. 7%	18. 4%
略有上升	57. 4%	87. 5%	58. 8%	65. 0%	64. 1%
没有变化	10. 1%		9. 0%	15. 1%	14. 3%
略有下降	3. 2%		1. 4%	2. 5%	2. 4%
下降很多	0. 8%		1. 2%	0. 8%	0. 8%
总计	100. 0%	100. 0%	100. 0%	100. 0%	100. 0%
列总计	526	8	498	6496	7528

Chi-square test：df = 12，卡方值为 105. 341，sig = 0. 000 < 0. 05，所以不同政治面貌的居民在“未来五年中，生活水平是否有变化”的认知上有显著差异。

B4 by K8

总的来说，您觉得目前的生活幸福吗 ＊ 政治面貌 Crosstabulation

	共产党员	民主党派	共青团员	群众	总计
非常不幸福	1.6%	7.7%	2.3%	1.2%	1.3%
不太幸福	4.1%		2.9%	5.2%	5.0%
谈不上幸福不幸福	14.9%	46.2%	16.1%	20.6%	19.9%
比较幸福	58.6%	30.8%	59.7%	61.8%	61.4%
非常幸福	20.9%	15.4%	19.0%	11.2%	12.3%
总计	100.0%	100.0%	100.0%	100.0%	100.0%
列总计	565	13	559	7486	8623

Chi-square test：df = 12，卡方值为 98.261，sig = 0.000 < 0.05，所以不同政治面貌的居民在“总的来说，觉得目前生活幸福度”的认知上有显著差异。

B5 by K8

您对自己目前的生活状态满意吗 ＊ 政治面貌 Crosstabulation

	共产党员	民主党派	共青团员	群众	总计
非常满意	20.5%	7.7%	15.9%	11.7%	12.5%
比较满意	69.3%	69.2%	71.0%	73.4%	72.9%
不太满意	9.5%	15.4%	12.6%	14.1%	13.7%
非常不满意	0.7%	7.7%	0.5%	0.9%	0.9%
总计	100.0%	100.0%	100.0%	100.0%	100.0%
列总计	557	13	548	7365	8483

Chi-square test：df = 12，卡方值为 55.224，sig = 0.009 < 0.05，所以不同政治面貌的居民在“对自己目前的生活状况满意度”的认知上有显著差异。

B6 by K8

社会上发生的一些事情，您一般是从什么渠道最先知道？ ＊ 政治面貌 Crosstabulation

	共产党员	民主党派	共青团员	群众	总计
电视	49.0%	23.1%	30.6%	68.4%	64.6%
报纸	9.1%	15.4%	2.3%	2.9%	3.2%

续表

	共产党员	民主党派	共青团员	群众	总计
电台广播	4.3%		1.8%	1.9%	2.1%
微博、微信等网络社交媒介	48.5%	61.5%	65.4%	34.3%	37.3%
网络	43.9%	53.8%	51.8%	24.3%	27.4%
和朋友亲友同事交谈	13.0%	15.4%	12.2%	28.1%	26.0%
单位传达	3.7%		0.2%	0.8%	0.9%
列总计	563	13	558	7452	8586

据上表所示，不同政治面貌的居民在“社会上发生的事情，最先获取渠道”的回答上存在显著差异。

B7 by K8

从网络中获得的信息对您的思想行为有多大程度的影响 * 政治面貌 Crosstabulation

	共产党员	民主党派	共青团员	群众	总计
影响很大	24.9%	36.4%	33.5%	20.6%	22.1%
有一些影响	56.4%	54.5%	51.9%	53.6%	53.7%
影响很小	15.1%	9.1%	12.6%	19.9%	18.9%
完全没有影响	3.6%		2.0%	5.9%	5.3%
总计	100.0%	100.0%	100.0%	100.0%	100.0%
列总计	502	11	538	5311	6362

Chi-square test：df = 12，卡方值为 75.899，sig = 0.003 < 0.05，所以不同政治面貌的居民在“从网络中获得的信息对居民思想行为影响程度”的回答上有显著差异。

B8 by K8

您认为中国梦和您个人、家庭追求美好生活有多大程度的关系 * 政治面貌 Crosstabulation

	共产党员	民主党派	共青团员	群众	总计
关系很大	60.6%	38.5%	53.6%	32.4%	35.6%
关系不大	27.7%	53.8%	34.1%	37.7%	36.9%
根本没有关系	6.7%		7.0%	9.5%	9.1%

续表

	共产党员	民主党派	共青团员	群众	总计
不清楚什么是中国梦	5.0%	7.7%	5.4%	20.4%	18.4%
总计	100.0%	100.0%	100.0%	100.0%	100.0%
列总计	563	13	560	7487	8623

Chi-square test：df =9，卡方值为 320.090，sig =0.000 <0.05，所以不同政治面貌的居民在“认为中国梦和个人、家庭追求美好生活的关系”的回答上有显著差异。

B9 by K8

您对当前我国社会道德状况的总体满意度是 * 政治面貌 Crosstabulation

	共产党员	民主党派	共青团员	群众	总计
非常满意	9.6%	8.3%	8.8%	6.5%	6.9%
比较满意	63.2%	50.0%	56.5%	68.2%	67.0%
不太满意	23.7%	25.0%	31.6%	22.9%	23.6%
非常不满意	3.4%	16.7%	3.1%	2.4%	2.5%
总计	100.0%	100.0%	100.0%	100.0%	100.0%
列总计	552	12	545	7096	8205

Chi-square test：df =9，卡方值为 51.259，sig =0.000 <0.05，所以不同政治面貌的居民在“对当前我国社会道德状况的总体满意度”的回答上有显著差异。

B10 by K8

您对当前我国社会人与人之间的关系的总体满意度是 * 政治面貌 Crosstabulation

	共产党员	民主党派	共青团员	群众	总计
非常满意	9.4%		6.4%	5.7%	6.0%
比较满意	65.7%	61.5%	62.0%	68.8%	68.2%
不太满意	23.1%	30.8%	29.2%	23.7%	24.1%
非常不满意	1.8%	7.7%	2.4%	1.7%	1.8%
总计	100.0%	100.0%	100.0%	100.0%	100.0%
列总计	554	13	548	7137	8252

Chi-square test：df =9，卡方值为 27.161，sig =0.000 <0.05，所以不同政治面貌的居民在“对当前我国社会人与人之间关系的总体满意度”的回答上有显著差异。

B11 by K8

您对自己的道德状况的满意度是 ＊ 政治面貌 Crosstabulation

	共产党员	民主党派	共青团员	群众	总计
非常满意	23.7%	23.1%	19.5%	14.4%	15.3%
比较满意	68.0%	61.5%	75.2%	78.5%	77.6%
不太满意	7.6%	15.4%	5.1%	6.5%	6.5%
非常不满意	0.7%		0.2%	0.6%	0.6%
总计	100.0%	100.0%	100.0%	100.0%	100.0%
列总计	553	13	549	7177	8292

Chi-square test：df = 9，卡方值为 50.552，sig = 0.000 < 0.05，所以不同政治面貌的居民在“对自己道德状况的满意度”的回答上有显著差异。

B12 by K8

您觉得今后中国社会的道德状况会变成什么样 ＊ 政治面貌 Crosstabulation

	共产党员	民主党派	共青团员	群众	总计
越来越差	6.4%	30.8%	4.8%	5.6%	5.6%
不变	9.9%		8.2%	11.0%	10.8%
越来越好	76.1%	53.8%	77.0%	70.9%	71.6%
不知道	7.6%	15.4%	10.0%	12.5%	12.0%
总计	100.0%	100.0%	100.0%	100.0%	100.0%
列总计	564	13	560	7492	8629

Chi-square test：df = 9，卡方值为 38.887，sig = 0.000 < 0.05，所以不同政治面貌的居民在“认为今后中国社会的道德状况变化”的回答上有显著差异。

B13 by K8

您认为我国目前人与人之间的关系受什么影响 ＊ 政治面貌 Crosstabulation

	共产党员	民主党派	共青团员	群众	总计
利益	61.0%	92.3%	61.5%	64.7%	64.3%
情感	41.7%	7.7%	39.8%	48.5%	47.4%
国家倡导的主流价值观	26.9%	15.4%	27.0%	21.1%	21.8%
中国传统价值观	28.6%	15.4%	24.3%	25.9%	25.9%
西方价值观	5.2%	15.4%	6.1%	3.1%	3.5%
列总计	539	13	538	7043	8133

据上表所示，不同政治面貌的居民在“认为我国目前人与人之间的关系受什么影响”的回答上有显著差异。

B14 by K8

对中国社会，您最担忧的问题是 * 政治面貌 Crosstabulation

	共产党员	民主党派	共青团员	群众	总计
腐败不能根治	35.8%	25.0%	36.1%	40.0%	39.5%
生态环境恶化	41.9%	33.3%	44.0%	38.0%	38.7%
分配不公，两极分化	26.5%	41.7%	21.0%	17.5%	18.4%
老无所养，未来没有把握	21.2%	16.7%	13.5%	28.8%	27.3%
生活水平下降	14.6%		11.5%	23.8%	22.4%
道德滑坡，社会风气恶化	24.3%	25.0%	27.6%	14.1%	15.6%
人际关系紧张	10.6%	25.0%	20.6%	14.1%	14.3%
列总计	547	12	548	7287	8394

据上表所示，不同政治面貌的居民在“对中国社会最担忧的问题”的回答上有显著差异。

B15 by K8

对伦理关系和道德生活，您最向往的是 * 政治面貌 Crosstabulation

	共产党员	民主党派	共青团员	群众	总计
传统社会的伦理和道德（如仁、义、礼、智、信）	59.3%	69.2%	55.7%	60.4%	60.0%
战争年代为理想而献身的革命精神（如革命烈士无私献身精神）	14.7%	15.4%	15.0%	15.7%	15.6%
新中国成立后到“文化大革命”前的大公无私的集体主义精神	12.6%	7.7%	8.5%	9.6%	9.8%
追求个人利益的市场经济下的道德	7.7%	7.7%	8.7%	10.3%	10.0%
西方道德（如个人主义、实用主义、功利主义）	2.7%		9.6%	2.0%	2.6%
其他	2.9%		2.5%	1.9%	2.0%
总计	100.0%	100.0%	100.0%	100.0%	100.0%
列总计	546	13	553	7252	8364

Chi-square test：df = 15，卡方值为129.530，sig = 0.000 < 0.05，所以不同政治面貌的居民在“对伦理关系和道德生活最向往的”的回答上有显著差异。

B16a by K8

您认为当前我国社会道德生活中最重要的内容是什么？第一重要 * 政治面貌 Crosstabulation

	共产党员	民主党派	共青团员	群众	总计
意识形态中所提倡的社会主义道德	26.2%	30.8%	30.5%	22.9%	23.6%

续表

	共产党员	民主党派	共青团员	群众	总计
中国传统道德	52.1%	53.8%	46.5%	50.5%	50.3%
西方文化影响而形成的道德	7.7%	7.7%	10.4%	8.2%	8.3%
市场经济中形成的道德	14.0%	7.7%	12.4%	18.3%	17.6%
其他			0.2%	0.1%	0.1%
总计	100.0%	100.0%	100.0%	100.0%	100.0%
列总计	549	13	548	7147	8257

Chi-square test：df = 12，卡方值为 35.416，sig = 0.000 < 0.05，所以不同政治面貌的居民在“您认为当前我国社会道德生活中最重要的内容是什么？第一重要”的回答上有显著差异。

B16b by K8

您认为当前我国社会道德生活中最重要的内容是什么？第二重要 * 政治面貌 Crosstabulation

	共产党员	民主党派	共青团员	群众	总计
意识形态中所提倡的社会主义道德	42.9%	41.7%	40.9%	41.0%	41.1%
中国传统道德	26.3%	25.0%	30.0%	29.8%	29.6%
西方文化影响而形成的道德	9.6%	8.3%	10.6%	8.7%	8.9%
市场经济中形成的道德	21.0%	25.0%	18.5%	20.4%	20.3%
其他	0.2%			0.1%	0.1%
总计	100.0%	100.0%	100.0%	100.0%	100.0%
列总计	539	12	536	6810	7897

Chi-square test：df = 12，卡方值为 7.379，sig = 0.832 > 0.05，所以不同政治面貌的居民在“您认为当前我国社会道德生活中最重要的内容是什么？第二重要”的回答上没有显著差异。

B16c by K8

您认为当前我国社会道德生活中最重要的内容是什么？第三重要 * 政治面貌 Crosstabulation

	共产党员	民主党派	共青团员	群众	总计
意识形态中所提倡的社会主义道德	25.0%	30.0%	21.3%	28.2%	27.6%
中国传统道德	13.3%	10.0%	14.8%	15.6%	15.4%
西方文化影响而形成的道德	18.4%	10.0%	22.2%	13.8%	14.7%
市场经济中形成的道德	43.3%	50.0%	41.8%	42.3%	42.4%
其他					

续表

	共产党员	民主党派	共青团员	群众	总计
总计	100. 0%	100. 0%	100. 0%	100. 0%	100. 0%
列总计	527	10	522	6634	7693

Chi-square test：df = 12，卡方值为 41. 481，sig = 0. 000 < 0. 05，所以不同政治面貌的居民在“您认为当前我国社会道德生活中最重要的内容是什么？第三重要”的回答上有显著差异。

B17 by K8

您认为目前我国社会中伦理道德对人际关系的调解能力如何 * 政治面貌 Crosstabulation

	共产党员	民主党派	共青团员	群众	总计
良好	22. 5%	7. 7%	18. 6%	17. 8%	18. 2%
一般	58. 7%	69. 2%	63. 8%	58. 0%	58. 5%
很差	8. 4%	15. 4%	9. 8%	11. 2%	10. 9%
几乎没有，一切都听从利益支配	10. 4%	7. 7%	7. 9%	13. 0%	12. 4%
总计	100. 0%	100. 0%	100. 0%	100. 0%	100. 0%
列总计	537	13	533	6577	7660

Chi-square test：df = 9，卡方值为 26. 682，sig = 0. 09 > 0. 05，所以不同政治面貌的居民在“认为目前我国社会中伦理道德对人际关系调解能力”的回答上没有显著差异。

B18 by K8

您认为目前我国社会中伦理道德对个人行为的约束能力如何 * 政治面貌 Crosstabulation

	共产党员	民主党派	共青团员	群众	总计
良好	22. 2%	7. 7%	17. 7%	16. 5%	17. 0%
一般	57. 9%	38. 5%	60. 8%	58. 0%	58. 2%
很差	11. 2%	38. 5%	12. 8%	13. 4%	13. 3%
几乎没有，一切都听从利益支配	8. 8%	15. 4%	8. 7%	12. 1%	11. 6%
总计	100. 0%	100. 0%	100. 0%	100. 0%	100. 0%
列总计	537	13	531	6589	7670

Chi-square test：df = 9，卡方值 29. 129，sig = 0. 003 < 0. 05，所以不同政治面貌的居民在“认为目前我国社会中伦理道德对个人行为的约束能力”的回答上有显著差异。

B19 by K8

您认为当今中国社会最基本的伦理冲突是 * 政治面貌 Crosstabulation

	共产党员	民主党派	共青团员	群众	总计
人与自然的冲突	19.7%	23.1%	23.4%	22.5%	22.4%
人与自身的冲突	25.7%	15.4%	23.6%	32.3%	31.3%
人与人之间的冲突	48.5%	30.8%	52.9%	45.6%	46.2%
个人与社会的冲突	39.3%	23.1%	37.1%	29.9%	31.0%
个人与政府的冲突	11.0%	23.1%	6.1%	7.3%	7.5%
列总计	557	13	556	7204	8330

据上表所示，不同政治面貌的居民在“认为当今中国社会最基本的伦理冲突”的回答上没有显著差异。

B20a by K8

在下列关系中，您认为哪些关系对您来说最重要？第一位 * 政治面貌 Crosstabulation

	共产党员	民主党派	共青团员	群众	总计
父母与子女	65.3%	69.2%	75.7%	67.0%	67.4%
夫妇	21.2%	23.1%	11.4%	21.8%	21.1%
兄弟姐妹	0.7%		1.8%	1.4%	1.4%
同事或同学	2.8%	7.7%	2.5%	2.3%	2.3%
上级或下级	0.7%		1.1%	1.0%	1.0%
师生	0.2%		0.4%	0.1%	0.2%
人与自然的关系	0.9%		0.5%	1.0%	1.0%
个人与社会	1.4%		1.1%	0.9%	1.0%
个人与国家	3.2%		2.3%	1.8%	1.9%
个人与工作单位	1.1%		0.9%	1.1%	1.1%
通过网络建立的各种“群”的关系	0.2%			0.1%	0.1%
朋友	0.7%		1.1%	0.4%	0.4%
个人与自身的关系（身心和谐）	1.6%		1.3%	1.1%	1.2%
其他					
总计	100.0%	100.0%	100.0%	100.0%	100.0%
列总计	565	13	560	7514	8652

Chi-square test：df = 39，卡方值为 695.183，sig = 0.000 < 0.05，所以不同政治面貌的居民在“对上述关系，何者最重要？第一位”的回答上有显著差异。

B20b by K8

在下列关系中，您认为哪些关系对您来说最重要？第二位 ＊ 政治面貌 Crosstabulation

	共产党员	民主党派	共青团员	群众	总计
父母与子女	25.2%	23.1%	16.3%	24.2%	23.7%
夫妇	50.7%	38.5%	30.7%	52.6%	51.0%
兄弟姐妹	12.1%	38.5%	28.6%	10.5%	11.8%
同事或同学	3.2%		9.3%	3.9%	4.2%
上级或下级	1.4%		1.8%	1.2%	1.3%
师生	0.7%		1.1%	0.8%	0.8%
人与自然的关系	1.2%		1.1%	1.7%	1.6%
个人与社会	1.2%		1.4%	1.2%	1.3%
个人与国家	1.2%		0.9%	1.2%	1.2%
个人与工作单位	2.0%		2.5%	1.2%	1.3%
通过网络建立的各种“群”的关系	0.2%		0.2%	0.1%	0.1%
朋友	0.9%		4.8%	0.9%	1.2%
个人与自身的关系（身心和谐）			1.1%	0.5%	0.5%
其他			0.4%		
总计	100.0%	100.0%	100.0%	100.0%	100.0%
列总计	565	13	560	7507	8645

Chi-square test：df = 39，卡方值为 60.841，sig = 0.014 < 0.05，所以不同政治面貌的居民在“对上述关系，何者最重要？第二位”的回答上有显著差异。

B20c by K8

在下列关系中，您认为哪些关系对您来说最重要？第三位 ＊ 政治面貌 Crosstabulation

	共产党员	民主党派	共青团员	群众	总计
父母与子女	3.4%		3.4%	3.3%	3.3%
夫妇	8.5%	7.7%	12.3%	8.3%	8.6%
兄弟姐妹	51.2%	30.8%	33.0%	55.1%	53.4%
同事或同学	9.6%	30.8%	15.2%	7.6%	8.3%
上级或下级	5.2%	7.7%	3.2%	4.0%	4.0%
师生	1.2%		7.3%	2.2%	2.5%
人与自然的关系	2.8%	7.7%	3.0%	3.6%	3.5%

续表

	共产党员	民主党派	共青团员	群众	总计
个人与社会	4.8%	15.4%	4.5%	4.4%	4.5%
个人与国家	4.6%		3.0%	3.5%	3.5%
个人与工作单位	3.9%		2.9%	2.1%	2.2%
通过网络建立的各种“群”的关系			0.4%	0.3%	0.3%
朋友	3.7%		10.9%	4.0%	4.4%
个人与自身的关系（身心和谐）	1.1%		0.9%	1.7%	1.6%
其他					
总计	100.0%	100.0%	100.0%	100.0%	100.0%
列总计	563	13	560	7432	8568

Chi-square test：df = 39，卡方值为248.374，sig = 0.000 < 0.05，所以不同政治面貌的居民在“对上述关系，何者最重要？第三位”的回答上有显著差异。

B20d by K8

在下列关系中，您认为哪些关系对您来说最重要？第四位 * 政治面貌 Crosstabulation

	共产党员	民主党派	共青团员	群众	总计
父母与子女	1.1%		0.9%	1.4%	1.3%
夫妇	3.8%		3.4%	3.9%	3.9%
兄弟姐妹	5.4%		8.6%	5.4%	5.6%
同事或同学	20.3%	15.4%	24.0%	18.0%	18.5%
上级或下级	8.2%	15.4%	5.2%	5.2%	5.4%
师生	6.8%	15.4%	9.2%	4.6%	5.0%
人与自然的关系	4.1%		5.4%	7.8%	7.4%
个人与社会	8.2%	7.7%	10.3%	11.9%	11.5%
个人与国家	7.2%	15.4%	4.7%	5.8%	5.8%
个人与工作单位	10.8%		5.0%	8.7%	8.6%
通过网络建立的各种“群”的关系	0.4%		1.3%	0.8%	0.8%
朋友	19.9%	23.1%	20.0%	23.6%	23.1%
个人与自身的关系（身心和谐）	3.9%	7.7%	2.0%	2.9%	2.9%
其他					
总计	100.0%	100.0%	100.0%	100.0%	100.0%
列总计	558	13	555	7331	8457

Chi-square test：df = 39，卡方值为114.868，sig = 0.001 < 0.05，所以不同政治面貌的居民在“对上述关系，何者最重要？第四位”的回答上有显著差异。

B20e by K8

在下列关系中，您认为哪些关系对您来说最重要？第五位 * 政治面貌 Crosstabulation

	共产党员	民主党派	共青团员	群众	总计
父母与子女	1.1%	7.7%	0.7%	0.6%	0.7%
夫妇	0.5%		1.6%	1.7%	1.6%
兄弟姐妹	3.2%		4.0%	3.1%	3.2%
同事或同学	13.4%	7.7%	13.3%	11.2%	11.5%
上级或下级	8.7%		5.8%	5.9%	6.1%
师生	7.2%		11.5%	6.1%	6.5%
人与自然的关系	5.6%	7.7%	5.8%	5.4%	5.4%
个人与社会	12.8%	15.4%	15.1%	14.7%	14.6%
个人与国家	10.1%		9.1%	11.0%	10.8%
个人与工作单位	8.5%	7.7%	8.7%	9.2%	9.2%
通过网络建立的各种“群”的关系	2.5%		2.9%	2.8%	2.7%
朋友	20.6%	38.5%	15.3%	22.4%	21.9%
个人与自身的关系（身心和谐）	5.6%	15.4%	6.0%	5.6%	5.6%
其他	0.2%			0.2%	0.2%
总计	100.0%	100.0%	100.0%	100.0%	100.0%
列总计	554	13	549	7222	8338

Chi-square test：df = 39，卡方值为 75.153，sig = 0.000 < 0.05，所以不同政治面貌的居民在“对上诉关系，何者最重要？第五位”的回答上有显著差异。

B21 by K8

您认为哪一种关系对社会秩序最具根本性意义 * 政治面貌 Crosstabulation

	共产党员	民主党派	共青团员	群众	总计
家庭关系或血缘关系	28.1%	23.1%	28.6%	33.1%	32.5%
个人与社会的关系	46.2%	38.5%	44.5%	47.0%	46.8%
职业关系	6.0%	7.7%	5.9%	4.3%	4.6%
个人与国家民族的关系	14.6%	23.1%	12.5%	10.0%	10.5%
人与自然的关系	1.2%	7.7%	3.0%	2.0%	2.0%
个人与自身的关系	3.9%		5.5%	3.6%	3.7%
总计	100.0%	100.0%	100.0%	100.0%	100.0%

续表

	共产党员	民主党派	共青团员	群众	总计
列总计	563	13	560	7443	8579

Chi-square test：df=15，卡方值为41.622，sig =0.000<0.05，所以不同政治面貌的居民在“对社会秩序最具根本性意义的关系”的回答上有显著差异。

B22 by K8

您认为哪一种关系对个人生活最具根本性意义 ＊ 政治面貌 Crosstabulation

	共产党员	民主党派	共青团员	群众	总计
家庭关系或血缘关系	51.8%	61.5%	52.3%	54.6%	54.2%
个人与社会的关系	24.1%	30.8%	19.7%	19.7%	20.0%
职业关系	10.1%		8.4%	12.9%	12.4%
个人与国家民族的关系	6.2%	7.7%	6.5%	4.7%	4.9%
人与自然的关系	0.9%		1.8%	2.0%	1.9%
个人与自身的关系	6.9%		11.3%	6.2%	6.6%
总计	100.0%	100.0%	100.0%	100.0%	100.0%
列总计	564	13	558	7455	8590

Chi-square test：df=15，卡方值为50.462，sig =0.000<0.05，所以不同政治面貌的居民在“对个人生活最具根本性意义的关系”的回答上有显著差异。

B23a by K8

对于个人而言，您认为家庭、社会和国家三者的重要性程度如何？第一位 ＊ 政治面貌 Crosstabulation

	共产党员	民主党派	共青团员	群众	总计
国家	52.3%	58.3%	46.8%	45.5%	46.1%
社会	6.2%		3.9%	5.9%	5.8%
家庭	41.5%	41.7%	49.3%	48.6%	48.2%
总计	100.0%	100.0%	100.0%	100.0%	100.0%
列总计	564	12	560	7484	8620

Chi-square test：df=6，卡方值为15.799，sig =0.015<0.05，所以不同政治面貌的居民在“对于个人而言，您认为家庭、社会和国家三者的重要性程度如何？第一位”的回答上有显著差异。

B23b by K8

对于个人而言，您认为家庭、社会和国家三者的重要性程度如何？第二位 ＊ 政治面貌 Crosstabulation

	共产党员	民主党派	共青团员	群众	总计
国家	34.4%	8.3%	31.7%	33.7%	33.6%
社会	20.9%	33.3%	29.7%	24.8%	24.9%
家庭	44.7%	58.3%	38.6%	41.5%	41.5%
总计	100.0%	100.0%	100.0%	100.0%	100.0%
列总计	564	12	559	7466	8601

Chi-square test：df = 6，卡方值为15.471，sig = 0.017 < 0.05，所以不同政治面貌的居民在“对于个人而言，您认为家庭、社会和国家三者的重要性程度如何？第二位”的回答上有显著差异。

B24a by K8

请根据您的理解选择对下列陈述的评价：信息技术、网络技术的发展对伦理道德的影响 ＊ 政治面貌 Crosstabulation

	共产党员	民主党派	共青团员	群众	总计
消极影响	20.1%	20.0%	19.1%	15.0%	15.7%
没有影响	20.9%	20.0%	18.8%	31.0%	29.4%
积极影响	59.0%	60.0%	62.1%	53.9%	54.9%
总计	100.0%	100.0%	100.0%	100.0%	100.0%
列总计	407	10	409	4904	5730

Chi-square test：df = 6，卡方值为45.863，sig = 0.000 < 0.05，所以不同政治面貌的居民在“信息技术、网络技术的发展对伦理道德的影响”的回答上有显著差异。

B24b by K8

请根据您的理解选择对下列陈述的评价：市场经济对我国伦理道德的影响 ＊ 政治面貌 Crosstabulation

	共产党员	民主党派	共青团员	群众	总计
消极影响	20.3%	18.2%	19.5%	14.2%	15.0%
没有影响	23.6%	27.3%	25.1%	25.5%	25.4%
积极影响	56.1%	54.5%	55.4%	60.2%	59.6%
总计	100.0%	100.0%	100.0%	100.0%	100.0%
列总计	419	11	406	4815	5651

Chi-square test：df = 6，卡方值为18.269，sig = 0.006 < 0.05，所以不同政治面貌的居民在“市场经济对我国伦理道德的影响”的回答上有显著差异。

B24c by K8

请根据您的理解选择对下列陈述的评价：西方文化对我国伦理道德的影响 ＊ 政治面貌 Crosstabulation

	共产党员	民主党派	共青团员	群众	总计
消极影响	27.5%	42.9%	23.8%	21.3%	21.9%
没有影响	23.6%	14.3%	27.5%	34.9%	33.5%
积极影响	49.0%	42.9%	48.7%	43.8%	44.6%
总计	100.0%	100.0%	100.0%	100.0%	100.0%
列总计	386	7	378	4489	5260

Chi-square test：df = 6，卡方值为 30.650，sig = 0.000 < 0.05，所以不同政治面貌的居民在“西方文化对我国伦理道德的影响”的回答上有显著差异。

B25 by K8

如果国外报道与国家主流媒体的宣传内容不一致，您倾向于相信 ＊ 政治面貌 Crosstabulation

	共产党员	民主党派	共青团员	群众	总计
主流媒体	65.7%	45.5%	57.7%	69.8%	68.7%
国外报道	5.1%	9.1%	6.6%	3.9%	4.2%
谁都不相信，自己判断	29.2%	45.5%	35.7%	26.3%	27.1%
总计	100.0%	100.0%	100.0%	100.0%	100.0%
列总计	528	11	515	6834	7888

Chi-square test：df = 9，卡方值为 40.029，sig = 0.002 < 0.05，所以不同政治面貌的居民在“如果国外报道与国家主流媒体的宣传内容不一致，居民倾向相信的选择”的回答上有显著差异。

B26 by K8

如果朋友圈的消息与国家主流媒体的报道不一致，您倾向于相信 ＊ 政治面貌 Crosstabulation

	共产党员	民主党派	共青团员	群众	总计
主流媒体	61.0%	38.5%	50.5%	60.4%	59.8%
朋友圈/亲朋圈子	7.6%	23.1%	11.0%	9.2%	9.2%
都不相信，自己比较判断	31.1%	38.5%	38.0%	29.5%	30.2%
其他	0.4%		0.5%	0.9%	0.8%
总计	100.0%	100.0%	100.0%	100.0%	100.0%

续表

	共产党员	民主党派	共青团员	群众	总计
列总计	556	13	553	7391	8513

Chi-square test：df = 9，卡方值为 31.296，sig = 0.000 < 0.05，所以不同政治面貌的居民在“如果朋友圈的消息与国家主流媒体的报道不一致，倾向相信何者”的回答上有显著差异。

C1 by K8

您认为当前中国社会个人道德素质的主要问题是 * 政治面貌 Crosstabulation

	共产党员	民主党派	共青团员	群众	总计
道德上无知	11.3%		8.8%	13.6%	13.1%
有道德知识，但不见诸行动	73.0%	91.7%	75.3%	68.7%	69.5%
道德上既无知，也不见道德行动	15.1%	8.3%	14.1%	17.0%	16.6%
其他	0.5%		1.8%	0.7%	0.7%
总计	100.0%	100.0%	100.0%	100.0%	100.0%
列总计	556	12	555	7342	8465

Chi-square test：df = 9，卡方值为 30.434，sig = 0.000 < 0.05，所以不同政治面貌的居民在“您认为当前中国社会个人道德素质的主要问题是”的回答上差异显著。

C2 by K8

您根据什么来判断某种行为是否符合伦理或道德 * 政治面貌 Crosstabulation

	共产党员	民主党派	共青团员	群众	总计
传统道德观念	57.6%	58.3%	55.0%	50.5%	51.3%
风俗习惯	38.3%	25.0%	37.8%	49.4%	47.9%
大多数人认同的道德规范	41.7%	25.0%	32.0%	35.2%	35.4%
当事人共同利益和意志	21.5%	16.7%	22.1%	17.8%	18.3%
自己的良心	51.3%	50.0%	51.4%	57.8%	57.0%
意识形态的要求	15.5%	8.3%	18.6%	7.3%	8.5%
列总计	554	12	547	7379	8492

据上表所示，不同政治面貌的居民在“您根据什么来判断某种行为是否符合伦理或道德”的回答上差异显著。

C3a by K8

我会经常关心比我不幸的人 * 政治面貌 Crosstabulation

	共产党员	民主党派	共青团员	群众	总计
完全不符合	3.0%		4.1%	2.9%	3.0%
有点符合	26.8%	38.5%	26.3%	31.1%	30.5%
一般	27.0%	15.4%	33.1%	33.5%	33.0%
比较符合	34.5%	23.1%	29.3%	28.2%	28.7%
完全符合	8.6%	23.1%	7.2%	4.2%	4.7%
总计	100.0%	100.0%	100.0%	100.0%	100.0%
列总计	559	13	556	7434	8562

Chi-square test：df = 15，卡方值为 29.407，sig = 0.000 < 0.05，所以不同政治面貌的居民在“我会经常关心比我不幸的人”的回答上差异显著。

C3b by K8

我时常会同情他人的难处 * 政治面貌 Crosstabulation

	共产党员	民主党派	共青团员	群众	总计
完全不符合	1.8%		2.5%	2.0%	2.0%
有点符合	24.6%	33.3%	24.6%	29.5%	28.9%
一般	26.0%	8.3%	28.1%	35.3%	34.1%
比较符合	35.1%	33.3%	32.2%	26.0%	27.0%
完全符合	12.5%	25.0%	12.6%	7.2%	8.0%
总计	100.0%	100.0%	100.0%	100.0%	100.0%
列总计	561	12	556	7426	8555

Chi-square test：df = 15，卡方值为 35.955，sig = 0.000 < 0.05，所以不同政治面貌的居民在“我时常会同情他人的难处”的回答上差异显著。

C3c by K8

在做决定前，我会试着从每个人的立场去考虑问题 * 政治面貌 Crosstabulation

	共产党员	民主党派	共青团员	群众	总计
完全不符合	3.0%		2.3%	3.0%	2.9%
有点符合	20.4%	23.1%	17.1%	25.6%	24.7%

续表

	共产党员	民主党派	共青团员	群众	总计
一般	28.8%	53.8%	34.5%	39.4%	38.4%
比较符合	36.6%	15.4%	36.6%	25.6%	27.0%
完全符合	11.3%	7.7%	9.5%	6.4%	6.9%
总计	100.0%	100.0%	100.0%	100.0%	100.0%
列总计	560	13	557	7414	8544

Chi-square test：df = 12，卡方值为 108.060，sig = 0.000 < 0.05，所以不同政治面貌的居民在“在做决定前，我会试着从每个人的立场去考虑问题”的回答上差异显著。

C3d by K8

当我看到有人被利用时，时常想要保护他们 ＊ 政治面貌 Crosstabulation

	共产党员	民主党派	共青团员	群众	总计
完全不符合	2.9%	7.7%	5.1%	5.3%	5.2%
有点符合	20.6%	38.5%	18.8%	26.3%	25.4%
一般	34.3%	30.8%	35.6%	38.5%	38.0%
比较符合	32.4%	23.1%	29.8%	24.2%	25.1%
完全符合	9.8%		10.7%	5.8%	6.3%
总计	100.0%	100.0%	100.0%	100.0%	100.0%
列总计	559	13	553	7388	8513

Chi-square test：df = 12，卡方值为 78.733，sig = 0.000 < 0.05，所以不同政治面貌的居民在“当我看到有人被利用时，时常想要保护他们”的回答上差异显著。

C3e by K8

我有时会试图站在他人的角度，以更好地理解我的朋友 ＊ 政治面貌 Crosstabulation

	共产党员	民主党派	共青团员	群众	总计
完全不符合	2.3%		1.6%	3.8%	3.5%
有点符合	22.1%	23.1%	16.5%	24.7%	24.0%
一般	24.9%	15.4%	27.8%	36.3%	35.0%
比较符合	37.5%	53.8%	39.1%	28.7%	30.0%
完全符合	13.2%	7.7%	14.9%	6.6%	7.5%
总计	100.0%	100.0%	100.0%	100.0%	100.0%

续表

	共产党员	民主党派	共青团员	群众	总计
列总计	562	13	557	7368	8500

Chi-square test：df = 12，卡方值为 160.685，sig = 0.000 < 0.05，所以不同政治面貌的居民在“我有时会试图站在他人的角度，以更好地理解我的朋友”的回答上差异显著。

C3f by K8

他人的不幸通常不会给我带来很大的不安 ＊ 政治面貌 Crosstabulation

	共产党员	民主党派	共青团员	群众	总计
完全不符合	14.4%	25.0%	14.6%	14.0%	14.1%
有点符合	24.7%	25.0%	17.8%	28.7%	27.7%
一般	30.7%	41.7%	36.0%	33.8%	33.7%
比较符合	24.0%	8.3%	23.7%	19.3%	19.9%
完全符合	6.1%		7.9%	4.2%	4.6%
总计	100.0%	100.0%	100.0%	100.0%	100.0%
列总计	554	12	556	7340	8462

Chi-square test：df = 12，卡方值为 58.156，sig = 0.000 < 0.05，所以不同政治面貌的居民在“他人的不幸通常不会给我带来很大的不安”的回答上差异显著。

C3g by K8

在观看电视剧或电影之后，我会感觉到自己仿佛成了其中的一个角色 ＊ 政治面貌 Crosstabulation

	共产党员	民主党派	共青团员	群众	总计
完全不符合	18.6%	15.4%	16.6%	15.6%	15.9%
有点符合	21.5%	23.1%	18.9%	24.3%	23.8%
一般	33.8%	46.2%	28.2%	34.9%	34.4%
比较符合	21.2%	15.4%	26.6%	21.0%	21.3%
完全符合	4.9%		9.7%	4.2%	4.6%
总计	100.0%	100.0%	100.0%	100.0%	100.0%
列总计	548	13	549	7151	8261

Chi-square test：df = 12，卡方值为 58.976，sig = 0.000 < 0.05，所以不同政治面貌的居民在“在观看电视剧或电影之后，我会感觉到自己仿佛成了其中的一个角色”的回答上差异显著。

C3h by K8

当我对某人很不耐烦的时候，我通常会暂时站在他/她的位置上 ＊ 政治面貌 Crosstabulation

	共产党员	民主党派	共青团员	群众	总计
完全不符合	10.0%	38.5%	13.3%	10.5%	10.7%
有点符合	26.3%	7.7%	21.3%	29.7%	28.9%
一般	33.5%	38.5%	36.2%	33.9%	34.0%
比较符合	22.5%	15.4%	21.8%	20.7%	20.9%
完全符合	7.8%		7.5%	5.2%	5.5%
总计	100.0%	100.0%	100.0%	100.0%	100.0%
列总计	552	13	550	7207	8322

Chi-square test：df = 12，卡方值为 42.198，sig = 0.000 < 0.05，所以不同政治面貌的居民在“当我对某人很不耐烦的时候，我通常会暂时站在他/她的位置上”的回答上差异显著。

C3i by K8

当我在读一个有趣的故事或者看一部电影的时候，会想象如果这些事情发生在自己身上，我会是怎样的感受 ＊ 政治面貌 Crosstabulation

	共产党员	民主党派	共青团员	群众	总计
完全不符合	10.4%	18.2%	10.3%	13.3%	12.9%
有点符合	22.3%	9.1%	18.3%	25.5%	24.8%
一般	32.6%	63.6%	27.7%	33.9%	33.5%
比较符合	27.7%	9.1%	32.1%	21.5%	22.6%
完全符合	7.0%		11.6%	5.7%	6.1%
总计	100.0%	100.0%	100.0%	100.0%	100.0%
列总计	546	11	552	7070	8179

Chi-square test：df = 12，卡方值为 92.009，sig = 0.000 < 0.05，所以不同政治面貌的居民在“当我在读一个有趣的故事或者看一部电影的时候，会想象如果这些事情发生在自己身上，我会是怎样的感受”的回答上差异显著。

C3j by K8

在批评他人之前，我会尝试想象一下如果我处于那个位置会是什么感受 ＊ 政治面貌 Crosstabulation

	共产党员	民主党派	共青团员	群众	总计
完全不符合	3.6%	7.7%	5.3%	8.1%	7.6%

续表

	共产党员	民主党派	共青团员	群众	总计
有点符合	24.4%	38.5%	20.6%	28.0%	27.3%
一般	34.1%	23.1%	35.3%	33.9%	34.0%
比较符合	29.8%	7.7%	29.0%	23.8%	24.6%
完全符合	8.1%	23.1%	9.8%	6.1%	6.5%
总计	100.0%	100.0%	100.0%	100.0%	100.0%
列总计	554	13	549	7184	8300

Chi-square test：df = 12，卡方值为 63.874，sig = 0.000 < 0.05，所以不同政治面貌的居民在“在批评他人之前，我会尝试想象一下如果我处于那个位置会是什么感受”的回答上差异显著。

C4a by K8

您认为当今中国社会最重要和最需要的德性是？第一位 ＊ 政治面貌 Crosstabulation

	共产党员	民主党派	共青团员	群众	总计
爱（仁爱、博爱、友爱）	29.9%	30.8%	31.7%	28.7%	29.0%
义（道义、义务）	5.5%		4.7%	3.8%	4.0%
宽容	3.2%	7.7%	3.9%	4.5%	4.3%
责任	7.0%		8.2%	9.0%	8.8%
公正	14.6%	15.4%	9.3%	12.8%	12.7%
诚信	12.7%	7.7%	12.3%	10.6%	10.8%
忠恕（将心比心）	2.1%		2.1%	2.0%	2.0%
理智	0.5%		1.4%	0.7%	0.7%
节制	1.1%		2.0%	1.7%	1.6%
谦让	2.1%	15.4%	2.0%	2.2%	2.2%
勇敢	0.5%		0.9%	0.6%	0.6%
正直	1.2%		1.3%	1.1%	1.2%
善良	5.0%		3.8%	5.8%	5.6%
孝敬	13.4%	23.1%	15.9%	16.2%	16.0%
敬业	0.9%		0.4%	0.3%	0.4%
其他	0.2%		0.2%	0.1%	0.1%
总计	100.0%	100.0%	100.0%	100.0%	100.0%
列总计	561	13	559	7488	8621

Chi-square test：df = 45，卡方值为 54.018，sig = 0.168 > 0.05，所以不同政治面貌的居民在“您认为当今中国社会最重要和最需要的德性是？第一位”的回答上差异不显著。

C4b by K8

您认为当今中国社会最重要和最需要的德性是？第二位 * 政治面貌 Crosstabulation

	共产党员	民主党派	共青团员	群众	总计
爱（仁爱、博爱、友爱）	14.2%		13.6%	10.5%	10.9%
义（道义、义务）	12.7%	30.8%	12.9%	11.4%	11.6%
宽容	7.3%	7.7%	8.4%	9.6%	9.4%
责任	12.2%		13.2%	11.1%	11.3%
公正	10.0%	7.7%	9.8%	12.3%	12.0%
诚信	17.9%	38.5%	15.0%	15.8%	15.9%
忠恕（将心比心）	3.2%		3.6%	4.1%	4.0%
理智	0.7%		1.6%	1.2%	1.2%
节制	2.0%		0.9%	2.4%	2.3%
谦让	2.0%		1.8%	2.3%	2.3%
勇敢	1.1%	7.7%	0.9%	1.3%	1.3%
正直	1.8%		2.0%	2.3%	2.2%
善良	5.0%	7.7%	6.1%	6.5%	6.4%
孝敬	6.8%		9.1%	8.3%	8.2%
敬业	3.0%		1.1%	1.0%	1.2%
其他					
总计	100.0%	100.0%	100.0%	100.0%	100.0%
列总计	558	13	559	7470	8600

Chi-square test：df = 45，卡方值为 77.115，sig = 0.002 < 0.05，所以不同政治面貌的居民在“您认为当今中国社会最重要和最需要的德性是？第二位”的回答上差异显著。

C4c by K8

您认为当今中国社会最重要和最需要的德性是？第三位 * 政治面貌 Crosstabulation

	共产党员	民主党派	共青团员	群众	总计
爱（仁爱、博爱、友爱）	5.8%	15.4%	6.4%	6.1%	6.1%
义（道义、义务）	7.4%	7.7%	5.5%	4.4%	4.7%
宽容	15.3%	23.1%	16.1%	16.1%	16.0%
责任	18.2%	7.7%	17.0%	15.5%	15.8%

续表

	共产党员	民主党派	共青团员	群众	总计
公正	7.4%	7.7%	8.2%	9.2%	9.0%
诚信	12.6%	7.7%	15.4%	13.8%	13.8%
忠恕（将心比心）	4.3%		3.8%	5.4%	5.2%
理智	3.4%	7.7%	2.1%	4.0%	3.8%
节制	2.7%		2.1%	2.3%	2.4%
谦让	3.4%		2.9%	3.5%	3.4%
勇敢	1.8%		2.3%	1.8%	1.8%
正直	4.0%	15.4%	4.5%	4.6%	4.5%
善良	5.0%	7.7%	5.5%	5.7%	5.7%
孝敬	6.3%		6.6%	6.2%	6.2%
敬业	2.5%		1.4%	1.4%	1.5%
总计	100.0%	100.0%	100.0%	100.0%	100.0%
列总计	556	13	559	7454	8582

Chi-square test：df = 42，卡方值为 42.552，sig = 0.447 > 0.05，所以不同政治面貌的居民在“您认为当今中国社会最重要和最需要的德性是？第三位”的回答上差异不显著。

C4d by K8

您认为当今中国社会最重要和最需要的德性是？第四位 * 政治面貌 Crosstabulation

	共产党员	民主党派	共青团员	群众	总计
爱（仁爱、博爱、友爱）	7.0%		5.4%	4.6%	4.8%
义（道义、义务）	5.2%	15.4%	5.4%	4.0%	4.2%
宽容	6.3%	7.7%	9.7%	7.8%	7.8%
责任	20.5%	38.5%	13.5%	14.1%	14.5%
公正	10.6%	7.7%	13.1%	10.2%	10.4%
诚信	9.5%		11.9%	12.2%	12.0%
忠恕（将心比心）	2.7%		2.7%	3.6%	3.5%
理智	2.7%		4.3%	4.0%	3.9%
节制	2.3%		3.1%	4.0%	3.8%
谦让	4.1%		4.5%	5.5%	5.3%
勇敢	2.2%		2.9%	2.9%	2.8%
正直	6.5%	15.4%	4.0%	5.2%	5.2%
善良	8.8%		11.0%	11.3%	11.1%

续表

	共产党员	民主党派	共青团员	群众	总计
孝敬	7.9%	15.4%	7.2%	9.0%	8.8%
敬业	3.4%		1.4%	1.8%	1.9%
总计	100.0%	100.0%	100.0%	100.0%	100.0%
列总计	555	13	556	7434	8558

Chi-square test：df=42，卡方值为85.303，sig =0.000<0.05，所以不同政治面貌的居民在“您认为当今中国社会最重要和最需要的德性是？第四位”的回答上差异显著。

C4e by K8

您认为当今中国社会最重要和最需要的德性是？第五位 * 政治面貌 Crosstabulation

	共产党员	民主党派	共青团员	群众	总计
爱（仁爱、博爱、友爱）	5.8%	7.7%	6.8%	4.8%	5.0%
义（道义、义务）	6.7%		4.7%	4.3%	4.5%
宽容	5.1%	7.7%	4.5%	5.3%	5.2%
责任	7.6%		7.6%	7.8%	7.7%
公正	9.4%	15.4%	7.0%	8.1%	8.1%
诚信	9.2%	15.4%	8.8%	11.2%	10.9%
忠恕（将心比心）	4.5%		4.9%	4.4%	4.4%
理智	5.1%		4.7%	4.5%	4.5%
节制	2.0%	7.7%	2.5%	3.4%	3.3%
谦让	4.0%	15.4%	6.7%	6.6%	6.4%
勇敢	2.4%		4.9%	3.4%	3.4%
正直	7.2%		7.4%	7.9%	7.8%
善良	10.0%	15.4%	12.1%	9.8%	10.0%
孝敬	13.8%		12.6%	13.7%	13.6%
敬业	7.2%	15.4%	4.9%	4.9%	5.1%
总计	100.0%	100.0%	100.0%	100.0%	100.0%
列总计	552	13	555	7399	8519

Chi-square test：df=42，卡方值为56.835，sig =0.063>0.05，所以不同政治面貌的居民在“您认为当今中国社会最重要和最需要的德性是？第五位”的回答上差异不显著。

C5 by K8

一个制药厂做药品销售时，出资50万元请您向公众介绍自己服药后的良好效果，您过去服用这药时并没有效果，但也没有发现有很大的副作用，您将如何决定 * 政治面貌 Crosstabulation

	共产党员	民主党派	共青团员	群众	总计
接受邀请，心安理得	10.5%	7.7%	10.2%	11.4%	11.3%
接受邀请，心里不安，但这笔巨款很有吸引力	19.8%	15.4%	19.9%	19.4%	19.5%
拒绝，这是虚假广告欺骗大众	69.3%	76.9%	68.6%	68.8%	68.9%
其他	0.4%		1.3%	0.3%	0.4%
总计	100.0%	100.0%	100.0%	100.0%	100.0%
列总计	560	13	558	7422	8553

Chi-square test：df = 12，卡方值为34.733，sig = 0.001 < 0.05，所以不同政治面貌的居民在“一个制药厂做药品销售时，出资50万元请您向公众介绍自己服药后的良好效果，您过去服用这药时并没有效果，但也没有发现有很大的副作用，您将如何决定”的回答上存在显著差异。

C6 by K8

您正在申请一个重要的职位，如果具有两次以上在敬老院做义工的经历（不需要出具证据），将可能优先获得这个职位，您将如何决定 * 政治面貌 Crosstabulation

	共产党员	民主党派	共青团员	群众	总计
如实填报，没做过义工，今后多参加这类活动	73.7%	76.9%	73.5%	73.0%	73.1%
填报参加过两次义工，这机会太重要了，反正不需要出具证据	11.4%	7.7%	16.1%	15.2%	15.0%
先填报，交表之后去做两次义工	14.1%	15.4%	10.1%	11.5%	11.5%
其他	0.9%		0.4%	0.4%	0.4%
总计	100.0%	100.0%	100.0%	100.0%	100.0%
列总计	562	13	554	7336	8465

Chi-square test：df = 16，卡方值为37.082，sig = 0.000 < 0.05，所以不同政治面貌的居民在“您正在申请一个重要的职位，如果具有两次以上在敬老院做义工的经历（不需要出具证据），将可能优先获得这个职位，您将如何决定”的回答上存在显著差异。

C7 by K8

如果您全权代表本单位与另一单位进行项目谈判，对方要求您给予一千万元的优惠，事成之后将您正在寻找工作的女儿安排到这一单位并且获得较好职位，您将如何决定 ＊ 政治面貌 Crosstabulation

	共产党员	民主党派	共青团员	群众	总计
拒绝，不能以公谋私	78.2%	75.0%	79.6%	77.8%	77.9%
接受，女儿前途重要，并且我有权决定	19.1%	16.7%	19.3%	21.4%	21.1%
其他	2.7%	8.3%	1.1%	0.9%	1.0%
总计	100.0%	100.0%	100.0%	100.0%	100.0%
列总计	555	12	544	7355	8466

Chi-square test：df = 6，卡方值为 25.919，sig = 0.000 < 0.05，所以不同政治面貌的居民在“如果您全权代表本单位与另一单位进行项目谈判，对方要求您给予一千万元的优惠，事成之后将您正在寻找工作的女儿安排到这一单位并且获得较好职位，您将如何决定”的回答上有显著差异。

C8 by K8

现在社会上有些人不守道德反而占了便宜，您会不会效仿 ＊ 政治面貌 Crosstabulation

	共产党员	民主党派	共青团员	群众	总计
从来不这么做	58.2%	30.8%	51.4%	51.4%	51.8%
通常不这么做，关键时刻会这么做	19.9%	53.8%	25.1%	25.1%	24.8%
经常这么做	0.2%		1.3%	1.0%	1.0%
相信善有善报，恶有恶报，终将会善恶报应	21.4%	15.4%	22.1%	22.3%	22.2%
其他	0.4%		0.2%	0.2%	0.2%
总计	100.0%	100.0%	100.0%	100.0%	100.0%
列总计	557	13	553	7453	8576

Chi-square test：df = 12，卡方值为 27.307，sig = 0.046 < 0.05，所以不同政治面貌的居民在“现在社会上有些人不守道德反而占了便宜，您会不会效仿”的回答上存在显著差异。

C9a by K8

下列说法您是否认同？目前大多数人将职业当作谋生的手段，缺乏责任感和奉献精神 ＊ 政治面貌 Crosstabulation

	共产党员	民主党派	共青团员	群众	总计
完全不同意	7.7%	7.7%	5.8%	4.7%	5.0%
不太同意	28.6%	15.4%	24.9%	28.4%	28.2%

续表

	共产党员	民主党派	共青团员	群众	总计
比较同意	51.3%	61.5%	57.1%	55.5%	55.3%
完全同意	12.4%	15.4%	12.2%	11.4%	11.5%
总计	100.0%	100.0%	100.0%	100.0%	100.0%
列总计	542	13	539	6986	8080

Chi-square test：df=9，卡方值为16.376，sig =0.059 >0.05，所以不同政治面貌的居民在“目前大多数人将职业当作谋生的手段，缺乏责任感和奉献精神”的回答上不存在显著差异。

C9b by K8

下列说法您是否认同？企业老板剥削员工，利益关系不公正 ＊ 政治面貌 Crosstabulation

	共产党员	民主党派	共青团员	群众	总计
完全不同意	8.2%	23.1%	7.0%	6.1%	6.3%
不太同意	39.7%	15.4%	33.5%	34.1%	34.4%
比较同意	44.3%	46.2%	47.6%	50.7%	50.1%
完全同意	7.8%	15.4%	11.9%	9.1%	9.2%
总计	100.0%	100.0%	100.0%	100.0%	100.0%
列总计	526	13	511	6741	7791

Chi-square test：df=9，卡方值为26.429，sig =0.001 <0.05，所以不同政治面貌的居民在“企业老板剥削员工，利益关系不公正”的回答上有显著差异。

C9c by K8

下列说法您是否认同？老板和员工、上级和下级相互勾结，共同对社会不负责任 ＊ 政治面貌 Crosstabulation

	共产党员	民主党派	共青团员	群众	总计
完全不同意	10.8%	7.7%	11.2%	9.5%	9.7%
不太同意	51.7%	30.8%	45.4%	42.8%	43.6%
比较同意	30.3%	38.5%	35.0%	39.5%	38.6%
完全同意	7.1%	23.1%	8.4%	8.2%	8.1%
总计	100.0%	100.0%	100.0%	100.0%	100.0%
列总计	518	13	500	6617	7648

Chi-square test：df=9，卡方值为28.501，sig =0.001 <0.05，所以不同政治面貌的居民在“老板和员工、上级和下级相互勾结，共同对社会不负责任”的回答上存在显著差异。

C9d by K8

下列说法您是否认同？是否离婚主要考虑自己的感受和利益 * 政治面貌 Crosstabulation

	共产党员	民主党派	共青团员	群众	总计
完全不同意	25.6%	50.0%	22.5%	20.6%	21.1%
不太同意	41.6%	8.3%	38.5%	45.6%	44.8%
比较同意	25.2%	33.3%	28.8%	27.3%	27.3%
完全同意	7.5%	8.3%	10.1%	6.5%	6.8%
总计	100.0%	100.0%	100.0%	100.0%	100.0%
列总计	531	12	493	7045	8081

Chi-square test：df = 9，卡方值为 31.989，sig = 0.000 < 0.05，所以不同政治面貌的居民在“是否离婚主要考虑自己的感受和利益”的回答上存在显著差异。

C9e by K8

下列说法您是否认同？是否离婚应该从家庭整体（包括子女）考虑 * 政治面貌 Crosstabulation

	共产党员	民主党派	共青团员	群众	总计
完全不同意	4.1%		4.2%	1.5%	1.9%
不太同意	12.5%	23.1%	10.5%	13.0%	12.8%
比较同意	51.3%	38.5%	47.0%	55.2%	54.5%
完全同意	32.0%	38.5%	38.3%	30.2%	30.8%
总计	100.0%	100.0%	100.0%	100.0%	100.0%
列总计	534	13	496	7142	8185

Chi-square test：df = 9，卡方值为 54.850，sig = 0.000 < 0.05，所以不同政治面貌的居民在“是否离婚应该从家庭整体（包括子女）考虑”的回答上存在显著差异。

C9f by K8

下列说法您是否认同？婚姻是社会的事，应当兼顾社会评价和社会后果 * 政治面貌 Crosstabulation

	共产党员	民主党派	共青团员	群众	总计
完全不同意	7.8%	15.4%	10.0%	5.0%	5.5%
不太同意	27.4%	15.4%	26.1%	27.4%	27.3%
比较同意	46.2%	30.8%	43.1%	53.1%	52.0%
完全同意	18.6%	38.5%	20.8%	14.5%	15.2%

续表

	共产党员	民主党派	共青团员	群众	总计
总计	100.0%	100.0%	100.0%	100.0%	100.0%
列总计	526	13	490	6831	7860

Chi-square test：df = 9，卡方值为 64.095，sig = 0.000 < 0.05，所以不同政治面貌的居民在“婚姻是社会的事，应当兼顾社会评价和社会后果”的回答上存在显著差异。

C9g by K8

下列说法您是否认同？婚姻应当是自由的，如果有更满意或更合适的人就与现在的配偶离婚 * 政治面貌 Crosstabulation

	共产党员	民主党派	共青团员	群众	总计
完全不同意	43.4%	46.2%	35.8%	36.0%	36.5%
不太同意	36.7%	15.4%	39.5%	41.9%	41.4%
比较同意	16.1%	30.8%	19.6%	19.4%	19.2%
完全同意	3.9%	7.7%	5.1%	2.7%	2.9%
总计	100.0%	100.0%	100.0%	100.0%	100.0%
列总计	542	13	509	7255	8319

Chi-square test：df = 9，卡方值为 30.177，sig = 0.000 < 0.05，所以不同政治面貌的居民在“婚姻应当是自由的，如果有更满意或更合适的人就与现在的配偶离婚”的回答上存在显著差异。

C9h by K8

下列说法您是否认同？婚姻意味着责任，要考虑给对方造成什么后果，不能轻率地选择离婚 * 政治面貌 Crosstabulation

	共产党员	民主党派	共青团员	群众	总计
完全不同意	2.2%	23.1%	2.7%	1.2%	1.4%
不太同意	10.0%	15.4%	8.3%	10.7%	10.5%
比较同意	47.5%	15.4%	46.1%	54.1%	53.1%
完全同意	40.3%	46.2%	43.0%	34.0%	34.9%
总计	100.0%	100.0%	100.0%	100.0%	100.0%
列总计	541	13	519	7295	8368

Chi-square test：df = 9，卡方值为 84.864，sig = 0.000 < 0.05，所以不同政治面貌的居民在“婚姻意味着责任，要考虑给对方造成什么后果，不能轻率地选择离婚”的回答上存在显著差异。

C9i by K8

下列说法您是否认同？遇到困难的时候，兄弟姐妹通常都会给予力所能及的帮助 ＊ 政治面貌 Crosstabulation

	共产党员	民主党派	共青团员	群众	总计
完全不同意	1.6%		1.3%	1.0%	1.1%
不太同意	8.3%	23.1%	9.5%	8.8%	8.8%
比较同意	44.9%	46.2%	45.2%	50.0%	49.3%
完全同意	45.1%	30.8%	43.9%	40.2%	40.7%
总计	100.0%	100.0%	100.0%	100.0%	100.0%
列总计	552	13	535	7341	8441

Chi-square test：df = 9，卡方值为 14.86，sig ＝0.096 > 0.05，所以不同政治面貌的居民在“遇到困难的时候，兄弟姐妹通常都会给予力所能及的帮助”的回答上不存在显著差异。

C9j by K8

下列说法您是否认同？无论父母对自己如何，都应当尽赡养义务 ＊ 政治面貌 Crosstabulation

	共产党员	民主党派	共青团员	群众	总计
完全不同意	1.6%		1.8%	1.1%	1.2%
不太同意	6.9%	15.4%	8.0%	6.6%	6.8%
比较同意	35.9%	15.4%	32.7%	38.1%	37.6%
完全同意	55.5%	69.2%	57.5%	54.1%	54.5%
总计	100.0%	100.0%	100.0%	100.0%	100.0%
列总计	551	13	548	7355	8467

Chi-square test：df = 9，卡方值为 13.906，sig ＝0.126 > 0.05，所以不同政治面貌的居民在“无论父母对自己如何，都应当尽赡养义务”的回答上不存在显著差异。

C9k by K8

下列说法您是否认同？为了家庭利益可以一定程度上牺牲国家利益 ＊ 政治面貌 Crosstabulation

	共产党员	民主党派	共青团员	群众	总计
完全不同意	25.8%	27.3%	25.1%	18.7%	19.6%
不太同意	44.1%	36.4%	45.9%	52.3%	51.3%
比较同意	23.7%	27.3%	24.3%	23.5%	23.5%
完全同意	6.4%	9.1%	4.7%	5.6%	5.6%
总计	100.0%	100.0%	100.0%	100.0%	100.0%

续表

	共产党员	民主党派	共青团员	群众	总计
列总计	519	11	510	6692	7732

Chi-square test：df=9，卡方值为32.655，sig =0.000<0.05，所以不同政治面貌的居民在“为了家庭利益可以一定程度上牺牲国家利益”的回答上存在显著差异。

C91 by K8

下列说法您是否认同？为了国家利益可以一定程度上牺牲家庭利益 ＊ 政治面貌 Crosstabulation

	共产党员	民主党派	共青团员	群众	总计
完全不同意	7.0%	18.2%	7.7%	10.4%	10.0%
不太同意	24.0%	18.2%	27.3%	30.8%	30.1%
比较同意	48.4%	63.6%	41.8%	43.6%	43.9%
完全同意	20.5%		23.2%	15.2%	16.0%
总计	100.0%	100.0%	100.0%	100.0%	100.0%
列总计	516	11	505	6578	7610

Chi-square test：df=9，卡方值为49.609，sig =0.000<0.05，所以不同政治面貌的居民在“为了国家利益可以一定程度上牺牲家庭利益”的回答上存在显著差异。

C10 by K8

假设您的上司或老板是外国人，他侮辱了中国，但抗争会产生不利于自己的后果，您会选择？＊ 政治面貌 Crosstabulation

	共产党员	民主党派	共青团员	群众	总计
当面抗议	68.1%	76.9%	64.4%	62.3%	62.9%
保持沉默	18.3%		19.9%	20.0%	19.9%
暗地里报复	2.2%		2.7%	2.3%	2.3%
以屈求伸，背后骂几句就行了	8.4%	15.4%	9.7%	9.5%	9.4%
无所谓	3.0%	7.7%	3.4%	5.9%	5.5%
总计	100.0%	100.0%	100.0%	100.0%	100.0%
列总计	558	13	559	7458	8588

Chi-square test：df=12，卡方值为21.081，sig =0.049<0.05，所以不同政治面貌的居民在“假设您的上司或老板是外国人，他侮辱了中国，但抗争会产生不利于自己的后果，您会选择”的回答上存在显著差异。

C11 by K8

如果条件允许的话，您希望您的孩子生活在国内，还是到国外定居？ * 政治面貌 Crosstabulation

	共产党员	民主党派	共青团员	群众	总计
还是在国内生活好	49.1%	66.7%	40.9%	47.9%	47.6%
到国外定居	15.8%	25.0%	20.8%	11.5%	12.4%
走一步看一步	18.0%		19.2%	13.4%	14.0%
没考虑过	17.1%	8.3%	19.0%	27.2%	25.9%
总计	100.0%	100.0%	100.0%	100.0%	100.0%
列总计	562	12	557	7429	8560

Chi-square test：df = 9，卡方值为 103.786，sig = 0.000 < 0.05，所以不同政治面貌的居民在“如果条件允许的话，您希望您的孩子生活在国内，还是到国外定居”的回答上存在显著差异。

C12a by K8

您常常体验到自己身上有一种“伦理感”的存在吗？人与人之间 * 政治面貌 Crosstabulation

	共产党员	民主党派	共青团员	群众	总计
没有，只感受到自己实实在在的生活	19.2%	38.5%	19.0%	24.4%	23.8%
偶尔有，但主要是因为那种情况下我的利益与它高度一致	33.8%	23.1%	32.3%	34.5%	34.3%
偶尔有，是在受某种作品或生活情境的影响之后	19.2%	23.1%	28.6%	21.3%	21.6%
时常有，它是一种内在的信念	27.8%	15.4%	20.1%	19.8%	20.3%
总计	100.0%	100.0%	100.0%	100.0%	100.0%
列总计	551	13	542	7313	8419

Chi-square test：df = 9，卡方值为 44.119，sig = 0.000 < 0.05，所以不同政治面貌的居民在“您常常体验到自己身上有一种‘伦理感’的存在吗？人与人之间”的回答上存在显著差异。

C12b by K8

您常常体验到自己身上有一种“伦理感”的存在吗？家庭 * 政治面貌 Crosstabulation

	共产党员	民主党派	共青团员	群众	总计
没有，只感受到自己实实在在的生活	13.2%	30.8%	14.6%	19.6%	18.8%

续表

	共产党员	民主党派	共青团员	群众	总计
偶尔有，但主要是因为那种情况下我的利益与它高度一致	22.6%	23.1%	22.5%	22.9%	22.8%
偶尔有，是在受某种作品或生活情境的影响之后	23.2%	15.4%	25.8%	21.3%	21.7%
时常有，它是一种内在的信念	40.9%	30.8%	37.1%	36.3%	36.6%
总计	100.0%	100.0%	100.0%	100.0%	100.0%
列总计总计	552	13	542	7308	8415

Chi-square test：df=9，卡方值为26.240，sig =0.002<0.05，所以不同政治面貌的居民在“您常常体验到自己身上有一种‘伦理感’的存在吗？家庭”的回答上存在显著差异。

C12c by K8

您常常体验到自己身上有一种“伦理感”的存在吗？单位 * 政治面貌 Crosstabulation

	共产党员	民主党派	共青团员	群众	总计
没有，只感受到自己实实在在的生活	20.0%	30.8%	22.7%	27.1%	26.4%
偶尔有，但主要是因为那种情况下我的利益与它高度一致	26.3%	30.8%	31.8%	34.6%	33.9%
偶尔有，是在受某种作品或生活情境的影响之后	31.6%	30.8%	32.0%	26.5%	27.2%
时常有，它是一种内在的信念	22.1%	7.7%	13.4%	11.7%	12.5%
总计	100.0%	100.0%	100.0%	100.0%	100.0%
列总计	551	13	506	7197	8267

Chi-square test：df=9，卡方值为78.639，sig =0.000<0.05，所以不同政治面貌的居民在“您常常体验到自己身上有一种‘伦理感’的存在吗？单位”的回答上存在显著差异。

C12d by K8

您常常体验到自己身上有一种“伦理感”的存在吗？社区、城市 * 政治面貌 Crosstabulation

	共产党员	民主党派	共青团员	群众	总计
没有，只感受到自己实实在在的生活	23.7%	46.2%	27.3%	32.6%	31.7%
偶尔有，但主要是因为那种情况下我的利益与它高度一致	28.3%	30.8%	29.4%	29.1%	29.1%

续表

	共产党员	民主党派	共青团员	群众	总计
偶尔有，是在受某种作品或生活情境的影响之后	28.8%	7.7%	28.1%	24.0%	24.6%
时常有，它是一种内在的信念	19.2%	15.4%	15.2%	14.2%	14.6%
总计	100.0%	100.0%	100.0%	100.0%	100.0%
列总计	552	13	538	7290	8393

Chi-square test：df = 9，卡方值为 35.409，sig = 000 < 0.05，所以不同政治面貌的居民在“您常常体验到自己身上有一种‘伦理感’的存在吗？社区、城市”的回答上存在显著差异。

C13 by K8

您常常体验到自己身上有一种“道德感”的存在和满足吗 ＊ 政治面貌 Crosstabulation

	共产党员	民主党派	共青团员	群众	总计
没有，只是凭自己的感觉和利益办事	17.5%	15.4%	20.2%	28.4%	27.1%
在有监督的环境中或有别人在场时有，其他环境中没有	11.7%	30.8%	13.1%	14.2%	14.0%
经常有，问心无愧、不做亏心事最重要	49.3%	30.8%	42.1%	31.9%	33.6%
没有特别的感觉，但从来不做不道德的事	21.3%	23.1%	24.4%	25.3%	25.0%
其他	0.2%		0.2%	0.3%	0.2%
总计	100.0%	100.0%	100.0%	100.0%	100.0%
列总计	554	13	549	7430	8546

Chi-square test：df = 12，卡方值为 101.183，sig = 0.000 < 0.05，所以不同政治面貌的居民在“您常常体验到自己身上有一种‘道德感’的存在和满足吗”的回答上存在显著差异。

C14 by K8

您认为国家对于个人存在的意义是 ＊ 政治面貌 Crosstabulation

	共产党员	民主党派	共青团员	群众	总计
国家离我们很遥远，个人最重要	16.2%	7.7%	20.1%	24.9%	24.0%
国家最重要，是我们的安身之地，国家富强个人才能过得好	83.2%	92.3%	79.6%	74.9%	75.7%
其他	0.5%		0.4%	0.3%	0.3%
总计	100.0%	100.0%	100.0%	100.0%	100.0%
列总计	561	13	558	7461	8593

Chi-square test：df = 6，卡方值为 29.684，sig = 0.000 < 0.05，所以不同政治面貌的居民在“您认为国家对于个人存在的意义是”的回答上存在显著差异。

C15 by K8

您认为对社会生活而言，个体德性和社会公正哪个更重要 * 政治面貌 Crosstabulation

	共产党员	民主党派	共青团员	群众	总计
个体德性最重要	14.8%	30.8%	13.5%	18.4%	17.9%
社会公正最重要	25.6%	23.1%	25.5%	31.8%	31.0%
二者应当统一，但二者矛盾时应先追求个体德性	29.3%	30.8%	30.5%	27.8%	28.0%
二者应当统一，但二者矛盾时应先追求社会公正	30.2%	15.4%	30.5%	22.0%	23.1%
总计	100.0%	100.0%	100.0%	100.0%	100.0%
列总计	559	13	557	7399	8528

Chi-square test：df = 9，卡方值为 56.039，sig = 0.000 < 0.05，所以不同政治面貌的居民在“您认为对社会生活而言，个体德性和社会公正哪个更重要”的回答上存在显著差异。

C16 by K8

在公共生活中，个人之所以要遵守道德，是因为 * 政治面貌 Crosstabulation

	共产党员	民主党派	共青团员	群众	总计
遵守道德有利于自身利益的实现	18.0%		18.5%	23.3%	22.6%
个人是社会的一分子，应当遵守道德	42.3%	53.8%	43.5%	41.4%	41.6%
遵守道德，社会才能有序和美好	34.3%	46.2%	33.9%	26.1%	27.1%
不遵守道德会被别人议论或谴责	5.0%		3.8%	9.1%	8.5%
其他	0.4%		0.4%	0.1%	0.2%
总计	100.0%	100.0%	100.0%	100.0%	100.0%
列总计	562	13	558	7446	8579

Chi-square test：df = 12，卡方值为 70.084，sig = 0.000 < 0.05，所以不同政治面貌的居民在“在公共生活中，个人之所以要遵守道德，是因为”的回答上存在显著差异。

C17 by K8

关于职业劳动的说法，您最认同的是 * 政治面貌 Crosstabulation

	共产党员	民主党派	共青团员	群众	总计
职业劳动是个人和家庭谋生的手段	44.4%	38.5%	38.1%	56.9%	54.8%
职业劳动是为社会创造财富	25.0%	38.5%	23.7%	25.5%	25.4%
职业劳动是个人兴趣和价值实现的方式	29.8%	15.4%	37.8%	17.4%	19.5%
其他	0.9%	7.7%	0.4%	0.3%	0.3%

续表

	共产党员	民主党派	共青团员	群众	总计
总计	100.0%	100.0%	100.0%	100.0%	100.0%
列总计	561	13	556	7449	8579

Chi-square test：df = 9，卡方值为 215.811，sig = 0.000 < 0.05，所以不同政治面貌的居民在“关于职业劳动的说法，最认同的说法”的回答上存在显著差异。

C18a by K8

您认为造成有些人忧郁、自杀的原因是？欲望过多过大，不能知足常乐 * 政治面貌 Crosstabulation

	共产党员	民主党派	共青团员	群众	总计
未选中	62.7%	69.2%	63.4%	66.3%	65.8%
选中	37.3%	30.8%	36.6%	33.7%	34.2%
总计	100.0%	100.0%	100.0%	100.0%	100.0%
列总计	547	13	554	7067	8181

Chi-square test：df = 3，卡方值为 4.543，sig = 0.208 > 0.05，所以不同政治面貌的居民在“您认为造成有些人忧郁、自杀的原因是？欲望过多过大，不能知足常乐”的回答上不存在显著差异。

C18b by K8

您认为造成有些人忧郁、自杀的原因是？对自己和未来没有把握 * 政治面貌 Crosstabulation

	共产党员	民主党派	共青团员	群众	总计
未选中	69.8%	69.2%	67.1%	70.5%	70.2%
选中	30.2%	30.8%	32.9%	29.5%	29.8%
总计	100.0%	100.0%	100.0%	100.0%	100.0%
列总计	547	13	554	7067	8181

Chi-square test：df = 3，卡方值为 2.751，sig = 0.432 > 0.05，所以不同政治面貌的居民在“您认为造成有些人忧郁、自杀的原因是？对自己和未来没有把握”的回答上不存在显著差异。

C18c by K8

您认为造成有些人忧郁、自杀的原因是？竞争激烈，工作压力过大，身心疲惫 * 政治面貌 Crosstabulation

	共产党员	民主党派	共青团员	群众	总计
未选中	51.4%	61.5%	49.5%	56.3%	55.6%
选中	48.6%	38.5%	50.5%	43.7%	44.4%

续表

	共产党员	民主党派	共青团员	群众	总计
总计	100.0%	100.0%	100.0%	100.0%	100.0%
列总计	547	13	554	7067	8181

Chi-square test：df=3，卡方值为14.198，sig =0.003<0.05，所以不同政治面貌的居民在“您认为造成有些人忧郁、自杀的原因是？竞争激烈，工作压力过大，身心疲惫”的回答上存在显著差异。

C18d by K8

您认为造成有些人忧郁、自杀的原因是？人与人之间缺乏信任感，人际关系紧张 * 政治面貌 Crosstabulation

	共产党员	民主党派	共青团员	群众	总计
未选中	65.8%	69.2%	62.5%	66.7%	66.4%
选中	34.2%	30.8%	37.5%	33.3%	33.6%
总计	100.0%	100.0%	100.0%	100.0%	100.0%
列总计	547	13	554	7067	8181

Chi-square test：df=3，卡方值为4.377，sig =0.224>0.05，所以不同政治面貌的居民在“您认为造成有些人忧郁、自杀的原因是？人与人之间缺乏信任感，人际关系紧张”的回答上不存在显著差异。

C18e by K8

您认为造成有些人忧郁、自杀的原因是？有烦恼很难找到人倾诉和排解 * 政治面貌 Crosstabulation

	共产党员	民主党派	共青团员	群众	总计
未选中	76.6%	76.9%	71.1%	71.9%	72.2%
选中	23.4%	23.1%	28.9%	28.1%	27.8%
总计	100.0%	100.0%	100.0%	100.0%	100.0%
列总计	547	13	554	7067	8181

Chi-square test：df=3，卡方值为6.030，sig =0.110>0.05，所以不同政治面貌的居民在“您认为造成有些人忧郁、自杀的原因是？有烦恼很难找到人倾诉和排解”的回答上不存在显著差异。

C18f by K8

您认为造成有些人忧郁、自杀的原因是？个人的文化底蕴和文化积累不够，缺乏自我理解和自我调节能力 * 政治面貌 Crosstabulation

	共产党员	民主党派	共青团员	群众	总计
未选中	71.3%	84.6%	73.5%	76.2%	5.7%

续表

	共产党员	民主党派	共青团员	群众	总计
选中	28.7%	15.4%	26.5%	23.8%	24.3%
总计	100.0%	100.0%	100.0%	100.0%	100.0%
列总计	547	13	554	7067	8181

Chi-square test：df = 4，卡方值为 6.656，sig = 0.155 > 0.05，所以不同政治面貌的居民在“您认为造成有些人忧郁、自杀的原因是？个人的文化底蕴和文化积累不够，缺乏自我理解和自我调节能力”的回答上不存在显著差异。

C18g by K8

您认为造成有些人忧郁、自杀的原因是？现代人缺乏安顿自己、化解内心矛盾的能力 * 政治面貌 Crosstabulation

	共产党员	民主党派	共青团员	群众	总计
未选中	72.9%	69.2%	75.1%	76.4%	76.0%
选中	27.1%	30.8%	24.9%	23.6%	24.0%
总计	100.0%	100.0%	100.0%	100.0%	100.0%
列总计	547	13	554	7067	8181

Chi-square test：df = 3，卡方值为 8.785，sig = 0.032 < 0.05，所以不同政治面貌的居民在“您认为造成有些人忧郁、自杀的原因是？现代人缺乏安顿自己、化解内心矛盾的能力”的回答上存在显著差异。

C18h by K8

您认为造成有些人忧郁、自杀的原因是？缺乏道德公正，没有道德的人总是讨便宜 * 政治面貌 Crosstabulation

	共产党员	民主党派	共青团员	群众	总计
未选中	85.4%	92.3%	86.3%	86.1%	86.1%
选中	14.6%	7.7%	13.7%	13.9%	13.9%
总计	100.0%	100.0%	100.0%	100.0%	100.0%
列总计	547	13	554	7067	8181

Chi-square test：df = 3，卡方值为 0.670，sig = 0.880 > 0.05，所以不同政治面貌的居民在“您认为造成有些人忧郁、自杀的原因是？缺乏道德公正，没有道德的人总是讨便宜”的回答上不存在显著差异。

C18i by K8

您认为造成有些人忧郁、自杀的原因是？缺乏理想和信念支持，精神没有寄托和归宿 * 政治面貌 Crosstabulation

	共产党员	民主党派	共青团员	群众	总计
未选中	77.5%	69.2%	71.8%	82.6%	81.5%

续表

	共产党员	民主党派	共青团员	群众	总计
选中	22.5%	30.8%	28.2%	17.4%	18.5%
总计	100.0%	100.0%	100.0%	100.0%	100.0%
列总计	547	13	554	7067	8181

Chi-square test：df = 3，卡方值为46.975，sig = 0.001 < 0.05，所以不同政治面貌的居民在“您认为造成有些人忧郁、自杀的原因是？缺乏理想和信念支持，精神没有寄托和归宿”的回答上存在显著差异。

C18j by K8

您认为造成有些人忧郁、自杀的原因是？生活压力大 * 政治面貌 Crosstabulation

	共产党员	民主党派	共青团员	群众	总计
未选中	62.3%	76.9%	57.8%	60.8%	60.7%
选中	37.7%	23.1%	42.2%	39.2%	39.3%
总计	100.0%	100.0%	100.0%	100.0%	100.0%
列总计	547	13	554	7067	8181

Chi-square test：df = 3，卡方值为4.094，sig = 0.252 > 0.05，所以不同政治面貌的居民在“您认为造成有些人忧郁、自杀的原因是？生活压力大”的回答上不存在显著差异。

C18k by K8

您认为造成有些人忧郁、自杀的原因是？生活孤独无聊 * 政治面貌 Crosstabulation

	共产党员	民主党派	共青团员	群众	总计
未选中	93.2%	92.3%	87.9%	91.6%	91.4%
选中	6.8%	7.7%	12.1%	8.4%	8.6%
总计	100.0%	100.0%	100.0%	100.0%	100.0%
列总计	547	13	554	7067	8181

Chi-square test：df = 3，卡方值为11.190，sig = 0.011 < 0.05，所以不同政治面貌的居民在“您认为造成有些人忧郁、自杀的原因是？生活孤独无聊”的回答上存在显著差异。

C19a by K8

如果您与家庭成员之间发生重大利益冲突，您会 * 政治面貌 Crosstabulation

	共产党员	民主党派	共青团员	群众	总计
诉诸法律，打官司	1.5%	7.7%	3.1%	1.0%	1.2%
直接找对方沟通但得理让人，适可而止	61.6%	61.5%	54.6%	50.6%	51.6%

续表

	共产党员	民主党派	共青团员	群众	总计
通过第三方（如社会机构、朋友等）从中调解，尽量不伤和气	14.9%	23.1%	14.8%	13.7%	13.9%
能忍则忍	22.1%	7.7%	27.5%	34.7%	33.3%
总计	100.0%	100.0%	100.0%	100.0%	100.0%
列总计	544	13	553	7174	8284

Chi-square test：df = 9，卡方值为 71.479，sig = 0.001 < 0.05，所以不同政治面貌的居民在“如果您与家庭成员之间发生重大利益冲突，您会”的回答上存在显著差异。

C19b by K8

如果您与朋友之间发生重大利益冲突，您会 * 政治面貌 Crosstabulation

	共产党员	民主党派	共青团员	群众	总计
诉诸法律，打官司	2.3%	15.4%	3.1%	1.8%	1.9%
直接找对方沟通但得理让人，适可而止	50.5%	53.8%	53.3%	47.8%	48.4%
通过第三方（如社会机构、朋友等）从中调解，尽量不伤和气	34.8%	23.1%	27.3%	28.9%	29.2%
能忍则忍	12.3%	7.7%	16.4%	21.5%	20.5%
总计	100.0%	100.0%	100.0%	100.0%	100.0%
列总计	554	13	550	7299	8416

Chi-square test：df = 9，卡方值为 55.886，sig = 0.000 < 0.05，所以不同政治面貌的居民在“如果您与朋友之间发生重大利益冲突，您会”的回答上存在显著差异。

C19c by K8

如果您与同事之间发生重大利益冲突，您会 * 政治面貌 Crosstabulation

	共产党员	民主党派	共青团员	群众	总计
诉诸法律，打官司	3.4%	7.7%	5.7%	3.3%	3.5%
直接找对方沟通但得理让人，适可而止	46.5%	38.5%	45.8%	42.9%	43.4%
通过第三方（如社会机构、朋友等）从中调解，尽量不伤和气	40.7%	46.2%	37.3%	39.6%	39.5%
能忍则忍	9.4%	7.7%	11.2%	14.2%	13.6%
总计	100.0%	100.0%	100.0%	100.0%	100.0%
列总计	531	13	474	6387	7405

Chi-square test：df = 9，卡方值为 21.810，sig = 0.009 < 0.05，所以不同政治面貌的居民在“如果您与同事之间发生重大利益冲突，您会”的回答上存在显著差异。

C19d by K8

如果您与商业伙伴之间发生重大利益冲突，您会 * 政治面貌 Crosstabulation

	共产党员	民主党派	共青团员	群众	总计
诉诸法律，打官司	37.8%	33.3%	41.6%	29.9%	31.2%
直接找对方沟通但得理让人，适可而止	25.8%	8.3%	26.6%	27.3%	27.1%
通过第三方（如社会机构、朋友等）从中调解，尽量不伤和气	29.0%	41.7%	23.1%	32.5%	31.7%
能忍则忍	7.5%	16.7%	8.7%	10.3%	10.0%
总计	100.0%	100.0%	100.0%	100.0%	100.0%
列总计	466	12	425	5603	6506

Chi-square test：df = 9，卡方值为43.952，sig = 0.000 < 0.05，所以不同政治面貌的居民在“如果您与商业伙伴之间发生重大利益冲突，您会”的回答上存在显著差异。

C20 by K8

您认为在自己的成长中得到道德训练的最重要场所或机构是 * 政治面貌 Crosstabulation

	共产党员	民主党派	共青团员	群众	总计
家庭	30.7%	38.5%	30.9%	34.1%	33.6%
学校	28.2%	23.1%	41.9%	24.9%	26.2%
社会（如工作单位、社区等）	30.3%	23.1%	20.8%	34.6%	33.4%
国家或政府	5.7%	7.7%	2.1%	3.1%	3.2%
媒体	1.4%		1.1%	1.1%	1.1%
其他	3.7%	7.7%	3.2%	2.2%	2.4%
总计	100.0%	100.0%	100.0%	100.0%	100.0%
列总计	564	13	559	7489	8625

Chi-square test：df = 15，卡方值为116.079，sig = 0.000 < 0.05，所以不同政治面貌的居民在“自己的成长中得到道德训练的最重要场所或机构”的回答上存在显著差异。

C21 by K8

您的思想行为受什么人影响最大 * 政治面貌 Crosstabulation

	共产党员	民主党派	共青团员	群众	总计
政府官员	19.0%	15.4%	12.9%	21.2%	20.5%
企业家	17.3%	7.7%	17.0%	16.6%	16.7%
演艺明星	3.8%		5.6%	3.5%	3.6%

续表

	共产党员	民主党派	共青团员	群众	总计
教师	44.9%	15.4%	54.7%	45.0%	45.6%
知识精英	15.5%	15.4%	13.4%	11.7%	12.1%
公众人物	16.4%	30.8%	14.6%	14.6%	14.8%
农民	5.5%	15.4%	5.8%	11.2%	10.5%
工人	2.2%		1.3%	2.8%	2.6%
先哲先贤	22.4%	7.7%	20.0%	14.8%	15.6%
父母	69.3%	69.2%	71.1%	73.7%	73.2%
网络大 V	4.7%		2.6%	3.0%	3.1%
宗教人士	0.9%	7.7%	1.5%	1.5%	1.4%
列总计	548	13	536	7154	8251

据上表所示，不同政治面貌的居民在“您的思想行为受什么人影响最大”的回答上存在显著差异。

C22 by K8

影响您道德判断和道德选择的最主要的因素是 ＊ 政治面貌 Crosstabulation

	共产党员	民主党派	共青团员	群众	总计
自己的良心	72.4%	61.5%	69.5%	68.4%	68.8%
大多数人持有的观点	32.8%	15.4%	29.6%	38.2%	37.2%
公众人士和权威人物的观点	9.3%	23.1%	8.8%	7.8%	8.0%
国外媒体的观点	5.4%		3.8%	4.0%	4.1%
自己的利益	9.6%	7.7%	10.4%	15.8%	15.0%
他人的评价	5.4%		6.6%	7.7%	7.5%
社会后果	16.7%	7.7%	20.7%	14.7%	15.2%
大多数人认可的道德规范	17.6%	23.1%	16.1%	15.2%	15.4%
先贤教导	9.3%	15.4%	9.0%	4.0%	4.7%
“朋友圈”的观点	1.1%		1.5%	0.7%	0.8%
列总计	551	13	547	7257	8368

据上表所示，不同政治面貌的居民在“影响您道德判断和道德选择的最主要的因素是”的回答上存在显著差异。

C23 by K8

现在经常有一些网民在网络上曝光别人的隐私，您怎么看待这种行为 ＊ 政治面貌 Crosstabulation

	共产党员	民主党派	共青团员	群众	总计
这是违法行为，应该制止	44.0%	30.8%	38.7%	35.7%	36.5%
这是不道德行为，应该进行谴责	37.6%	30.8%	34.5%	45.7%	44.4%
这是社会监督的重要途径，不必完全禁止，但需要规范和引导	17.1%	38.5%	24.3%	16.4%	17.0%
这是网民的自由，别人不应该干涉	1.3%		2.6%	2.2%	2.1%
总计	100.0%	100.0%	100.0%	100.0%	100.0%
列总计	545	13	548	6925	8031

Chi-square test：df = 9，卡方值为 56.464，sig = 0.000 < 0.05，所以不同政治面貌的居民在“现在经常有一些网民在网络上曝光别人的隐私，您怎么看待这种行为”的回答上存在显著差异。

C24a by K8

您最近两年是否参加过以下活动？志愿者活动 ＊ 政治面貌 Crosstabulation

	共产党员	民主党派	共青团员	群众	总计
是	38.8%	15.4%	44.0%	11.8%	15.7%
否	61.2%	84.6%	56.0%	88.2%	84.3%
总计	100.0%	100.0%	100.0%	100.0%	100.0%
列总计	564	13	559	7471	8607

Chi-square test：df = 3，卡方值为 650.970，sig = 0.000 < 0.05，所以不同政治面貌的居民在“最近两年是否参加过志愿者活动”的回答上存在显著差异。

C24b by K8

您参加的频率：志愿者活动 ＊ 政治面貌 Crosstabulation

	共产党员	民主党派	共青团员	群众	总计
从来没有	61.2%	84.6%	56.0%	88.2%	84.3%
参加过一两次	20.2%		22.7%	5.8%	7.8%
偶尔参加一次	11.3%	15.4%	14.3%	5.1%	6.1%
经常参加	7.3%		7.0%	1.0%	1.8%
总计	100.0%	100.0%	100.0%	100.0%	100.0%
列总计	564	13	559	7471	8607

Chi-square test：df = 9，卡方值为 720.500，sig = 0.000 < 0.05，所以不同政治面貌的居民在“参加志愿者活动的频率”的回答上存在显著差异。

C24c by K8

您最近两年是否参加过以下活动？无偿献血 ＊ 政治面貌 Crosstabulation

	共产党员	民主党派	共青团员	群众	总计
是	30.3%	30.8%	25.0%	11.9%	14.0%
否	69.7%	69.2%	75.0%	88.1%	86.0%
总计	100.0%	100.0%	100.0%	100.0%	100.0%
列总计	564	13	559	7477	8613

Chi-square test：df = 3，卡方值为 210.371，sig ＝0.000 < 0.05，所以不同政治面貌的居民在“最近两年是否参加过无偿献血活动”的回答上存在显著差异。

C24d by K8

您参加的频率：无偿献血 ＊ 政治面貌 Crosstabulation

	共产党员	民主党派	共青团员	群众	总计
从来没有	69.7%	69.2%	75.0%	88.1%	86.0%
参加过一两次	17.4%	15.4%	15.4%	6.1%	7.5%
偶尔参加一次	11.2%	7.7%	8.8%	5.0%	5.7%
经常参加	1.8%	7.7%	0.9%	0.8%	0.9%
总计	100.0%	100.0%	100.0%	100.0%	100.0%
列总计	564	13	559	7477	8613

Chi-square test：df = 9，卡方值 227.314，sig ＝0.000 < 0.05，所以不同政治面貌的居民在“参加无偿献血的频率”的回答上存在显著差异。

C24e by K8

您最近两年是否参加过以下活动？捐款、捐物 ＊ 政治面貌 Crosstabulation

	共产党员	民主党派	共青团员	群众	总计
是	61.9%	76.9%	62.3%	30.9%	35.0%
否	38.1%	23.1%	37.7%	69.1%	65.0%
总计	100.0%	100.0%	100.0%	100.0%	100.0%
列总计	564	13	559	7477	8613

Chi-square test：df = 3，卡方值为 426.899，sig ＝0.000 < 0.05，所以不同政治面貌的居民在“最近两年是否参加过捐款、捐物”的回答上存在显著差异。

C24f by K8

您参加的频率：捐款捐物 * 政治面貌 Crosstabulation

	共产党员	民主党派	共青团员	群众	总计
从来没有	38.1%	23.1%	37.7%	69.1%	65.0%
参加过一两次	25.4%	7.7%	26.7%	13.0%	14.7%
偶尔参加一次	23.6%	53.8%	27.2%	13.9%	15.5%
经常参加	12.9%	15.4%	8.4%	4.0%	4.9%
总计	100.0%	100.0%	100.0%	100.0%	100.0%
列总计	564	13	559	7477	8613

Chi-square test：df = 9，卡方值为456.548，sig = 0.000 < 0.05，所以不同政治面貌的居民在“参加捐款、捐物的频率”的回答上存在显著差异。

C25 by K8

目前中国社会的两性关系日益开放，它对社会风尚的影响 * 政治面貌 Crosstabulation

	共产党员	民主党派	共青团员	群众	总计
是社会进步的表现	13.1%	8.3%	17.9%	13.8%	14.0%
两性关系混乱必然导致道德沦丧、污染社会风气	52.5%	41.7%	37.7%	51.7%	50.8%
个人选择，无所谓好坏	34.0%	50.0%	43.9%	34.2%	34.9%
其他	0.4%		0.5%	0.3%	0.3%
总计	100.0%	100.0%	100.0%	100.0%	100.0%
列总计	556	12	547	7318	8433

Chi-square test：df = 9，卡方值为42.295，sig = 0.000 < 0.05，所以不同政治面貌的居民在对“目前中国社会的两性关系日益开放，它对社会风尚的影响”的回答上存在显著差异。

C26 by K8

您对一些重要事情所持的观点和看法与其他人一致的时候有多少 * 政治面貌 Crosstabulation

	共产党员	民主党派	共青团员	群众	总计
非常少	3.9%		2.7%	5.5%	5.2%
比较少	11.0%	8.3%	13.9%	13.9%	13.7%
一般	37.6%	66.7%	38.9%	42.7%	42.2%
比较多	40.1%	25.0%	37.2%	32.7%	33.5%

续表

	共产党员	民主党派	共青团员	群众	总计
非常多	7.4%		7.4%	5.2%	5.4%
总计	100.0%	100.0%	100.0%	100.0%	100.0%
列总计	543	12	527	6882	7964

Chi-square test：df = 12，卡方值为 39.449，sig = 0.000 < 0.05，所以不同政治面貌的居民在对“您对一些重要事情所持的观点和看法与其他人一致的时候有多少”的回答上存在显著差异。

C27 by K8

您对待目前社会上一部分人的奢侈消费行为的态度是 * 政治面貌 Crosstabulation

	共产党员	民主党派	共青团员	群众	总计
钞票是他们自己的，他们愿意怎么花就怎么花	31.4%	15.4%	32.8%	41.6%	40.3%
他们应该遵守勤俭的传统美德，适度消费	54.2%	53.8%	44.6%	42.9%	43.8%
过度消费行为只要对别人无害，就不应干涉	14.0%	30.8%	22.4%	15.4%	15.8%
其他	0.4%		0.2%	0.1%	0.1%
总计	100.0%	100.0%	100.0%	100.0%	100.0%
列总计	563	13	558	7471	8605

Chi-square test：df = 9，卡方值为 61.138，sig = 0.0000 < 0.05，所以不同政治面貌的居民在“对待目前社会上一部分人的奢侈消费行为”的回答上存在显著差异。

C28 by K8

孝敬、礼让、仁爱、节俭等优良传统，您认为现在还需要这些吗 * 政治面貌 Crosstabulation

	共产党员	民主党派	共青团员	群众	总计
这些好传统什么时候都不能丢	87.1%	100.0%	74.6%	77.6%	78.1%
可有可无	6.2%		8.2%	9.2%	8.9%
已经过时，没必要讲这些	2.3%		5.4%	5.7%	5.5%
有些要，有些不要	4.4%		11.8%	7.4%	7.5%
总计	100.0%	100.0%	100.0%	100.0%	100.0%
列总计	564	13	560	7495	8632

Chi-square test：df = 9，卡方值为 48.103，sig = 0.000 < 0.05，所以不同政治面貌的居民在对“孝敬、礼让、仁爱、节俭等优良传统是否还需要”的回答上存在显著差异。

C29 by K8

民族英雄和新时期的先进人物的精神还值得在全社会大力倡导吗 * 政治面貌 Crosstabulation

	共产党员	民主党派	共青团员	群众	总计
我很佩服他们，现在社会就缺这种精神，要加大宣传	73.9%	53.8%	63.1%	58.4%	59.7%
以前知道一些，现在不太关注了	16.0%	30.8%	23.8%	25.9%	25.1%
时过境迁，这些典型的影响力越来越小了，没太多人关心了	7.8%	15.4%	11.8%	11.6%	11.4%
不知道，也不关心	2.3%		1.3%	4.1%	3.8%
总计	100.0%	100.0%	100.0%	100.0%	100.0%
列总计	563	13	559	7483	8618

Chi-square test：df = 9，卡方值为 65.116，sig = 0.000 < 0.041，所以不同政治面貌的居民在对“民族英雄和新时期的先进人物的精神是否还值得在全社会大力倡导”的回答上存在显著差异。

C30 by K8

当在公交车上遇到小偷正在偷乘客钱包时，您会选择以下哪种做法 * 政治面貌 Crosstabulation

	共产党员	民主党派	共青团员	群众	总计
马上冲上去制止	28.2%	30.8%	25.1%	18.5%	19.6%
出于害怕，装作什么都没有看到	8.3%	7.7%	6.8%	12.8%	12.1%
不敢直接与小偷对抗，但以适当方式悄悄提醒当事人或报警	59.3%	53.8%	62.9%	60.7%	60.7%
只要偷的不是我，不用多管闲事，免得惹麻烦	3.2%	7.7%	4.5%	7.3%	6.9%
其他	0.9%		0.7%	0.7%	0.7%
总计	100.0%	100.0%	100.0%	100.0%	100.0%
列总计	563	13	558	7467	8601

Chi-square test：df = 12，卡方值为 77.337，sig = 0.015 < 0.05，所以不同政治面貌的居民在对“当在公交车上遇到小偷正在偷乘客钱包时选择的做法”的回答上存在显著差异。

C31 by K8

小王知道做某件事是道德的但没去行动，哪种因素是他采取行动的最大障碍 * 政治面貌 Crosstabulation

	共产党员	民主党派	共青团员	群众	总计
采取行动会损害自己利益	20.1%	8.3%	19.2%	15.7%	16.2%

续表

	共产党员	民主党派	共青团员	群众	总计
采取行动也难以取得预期效果	24.1%	25.0%	25.2%	24.2%	24.3%
大家都不做，我何必多管闲事	13.6%	16.7%	16.9%	17.6%	17.3%
自身能力有限，心有余而力不足	30.7%	33.3%	29.9%	29.9%	30.0%
即使我不做，相信还会有别人去做	8.0%	16.7%	5.4%	7.7%	7.6%
明白就行，让别人去做吧	3.3%		3.1%	4.2%	4.1%
其他	0.2%		0.4%	0.7%	0.6%
总计	100.0%	100.0%	100.0%	100.0%	100.0%
列总计	551	12	556	7371	8490

Chi-square test：df = 18，卡方值为 26.021，sig = 0.099 > 0.05，所以不同政治面貌的居民在对“小王知道做某件事是道德的但没去行动，哪种因素是他采取行动的最大障碍”的回答上不存在显著差异。

C32 by K8

当与他人发生分歧时，能否体谅宽容他人 * 政治面貌 Crosstabulation

	共产党员	民主党派	共青团员	群众	总计
不宽容，必须弄清是非曲直	11.1%	8.3%	12.9%	10.4%	10.6%
偶尔	30.4%	25.0%	28.3%	35.0%	34.3%
有时	36.7%	33.3%	37.7%	39.6%	39.3%
经常	21.8%	33.3%	21.1%	15.1%	15.9%
总计	100.0%	100.0%	100.0%	100.0%	100.0%
列总计	559	12	559	7433	8563

Chi-square test：df = 9，卡方值为 42.193，sig = 0.000 < 0.05，所以不同政治面貌的居民在对“当与他人发生分歧时，能否体谅宽容他人”的回答上存在显著差异。

C33 by K8

您认为解决当前我国的公民道德和社会风尚问题，最关键的途径是 * 政治面貌 Crosstabulation

	共产党员	民主党派	共青团员	群众	总计
加强法制	41.0%	61.5%	33.5%	33.6%	34.1%
弘扬优秀传统道德	47.6%	38.5%	45.9%	50.4%	49.9%
建设伦理道德的核心价值	21.5%	30.8%	18.9%	17.0%	17.4%
惩治官员腐败	13.3%	23.1%	19.6%	24.0%	23.0%
解决分配不公问题	12.6%		9.4%	13.2%	12.9%

续表

	共产党员	民主党派	共青团员	群众	总计
提高个人道德素质	34.5%		36.3%	29.6%	30.3%
列总计	563	13	556	7422	8554

据上表所示，不同政治面貌的居民在对“您认为解决当前我国的公民道德和社会风尚问题，最关键的途径”的回答上存在显著差异。

C34 by K8

您知道社会主义核心价值观吗？请您把它们选出来 * 政治面貌 Crosstabulation

	共产党员	民主党派	共青团员	群众	总计
文明	78.9%	69.2%	74.8%	72.2%	72.8%
诚信	86.6%	84.6%	85.9%	83.2%	83.6%
勇敢	24.7%	15.4%	25.9%	36.5%	34.9%
爱国	83.4%	69.2%	79.3%	75.1%	76.0%
创新	27.4%	38.5%	30.3%	32.8%	32.3%
友善	60.6%	38.5%	59.5%	50.6%	51.8%
勤劳	17.9%	30.8%	16.8%	25.6%	24.5%
列总计	559	13	555	7184	8311

据上表所示，不同政治面貌的居民在对“您知道社会主义核心价值观吗?”的选择上存在显著差异。

C35 by K8

您认为社会主义核心价值观与您的工作、生活有关系吗 * 政治面貌 Crosstabulation

	共产党员	民主党派	共青团员	群众	总计
对改变社会风气有好处，每个人都应该这样做人做事	89.4%	84.6%	86.6%	84.7%	85.1%
与个人工作、生活没关系	10.6%	15.4%	13.4%	15.3%	14.9%
总计	100.0%	100.0%	100.0%	100.0%	100.0%
列总计	521	13	509	6231	7274

Chi-square test：df = 3，卡方值为 9.681，sig = 0.021 < 0.05，所以不同政治面貌的居民在“您认为社会主义核心价值观是否与自己的工作、生活有关系”的回答上存在显著差异。

C36 by K8

在全社会特别是青少年中开展革命传统教育，您认为有没有这个必要 * 政治面貌 Crosstabulation

	共产党员	民主党派	共青团员	群众	总计
很有必要，什么时候都不能忘本	89.0%	69.2%	81.3%	83.7%	83.9%
可有可无	6.9%	15.4%	11.1%	9.7%	9.6%
没有必要，已经过时了	4.1%	15.4%	7.7%	6.6%	6.5%
总计	100.0%	100.0%	100.0%	100.0%	100.0%
列总计	564	13	560	7491	8628

Chi-square test：df = 6，卡方值为 16.519，sig = 0.011 < 0.05，所以不同政治面貌的居民在“全社会特别是青少年中开展革命传统教育有没有这个必要”的回答上存在显著差异。

C37 by K8

当您途经一场所，正遇到升国旗仪式，看到国旗在国歌声中升起的时候，您会怎么做 * 政治面貌 Crosstabulation

	共产党员	民主党派	共青团员	群众	总计
原地站立，面向国旗行注目礼	54.5%	38.5%	51.0%	30.4%	33.3%
停下来看一看	40.9%	61.5%	43.5%	56.7%	54.8%
只当没看见，该干吗干吗	4.6%		5.5%	12.9%	11.9%
总计	100.0%	100.0%	100.0%	100.0%	100.0%
列总计	563	13	559	7480	8615

Chi-square test：df = 6，卡方值为 237.545，sig = 0.000 < 0.05，所以不同政治面貌的居民在“当您途经一场所，正遇到升国旗仪式，看到国旗在国歌声中升起的时候，您会怎么做”的回答上存在显著差异。

C38 by K8

今年您参加过纪念中国共产党成立 96 周年等主题教育活动吗 * 政治面貌 Crosstabulation

	共产党员	民主党派	共青团员	群众	总计
参加过，很受教育	40.1%	38.5%	24.9%	12.2%	14.8%
听说过，但是没有参加过	44.7%	23.1%	54.9%	58.4%	57.2%
这种活动基本都是形式大于内容	8.6%	30.8%	12.5%	9.3%	9.5%
不关心这些	6.6%	7.7%	7.7%	20.2%	18.5%
总计	100.0%	100.0%	100.0%	100.0%	100.0%
列总计	561	13	559	7475	8608

Chi-square test：df = 9，卡方值为 443.579，sig = 0.000 < 0.05，所以不同政治面貌的居民在“今年是否参加过纪念中国共产党成立 96 周年等主题教育活动”的回答上存在显著差异。

D1 by K8

您认为现代家庭关系中最令人担忧的问题是 * 政治面貌 Crosstabulation

	共产党员	民主党派	共青团员	群众	总计
只有一个孩子，对家庭的未来没把握	25.3%		16.8%	22.3%	22.1%
独生子女难以承担养老责任，老无所养	28.6%	15.4%	25.8%	28.8%	28.6%
年轻人不愿结婚，或不愿生孩子，家族传承危机	12.5%	23.1%	14.7%	15.6%	15.3%
婚姻不稳定，年轻人缺乏守护婚姻的意识和能力	26.4%	23.1%	21.2%	24.5%	24.4%
子女尤其是独生子女缺乏责任感，孝道意识薄弱	18.3%	23.1%	16.4%	18.7%	18.5%
代沟严重，父母与子女之间难以沟通	26.0%	15.4%	30.9%	28.2%	28.2%
婆媳关系紧张	4.4%		7.6%	10.4%	9.8%
父母不民主，不能容忍差异	10.1%		14.9%	10.2%	10.5%
“啃老”现象严重	9.2%	23.1%	12.5%	5.8%	6.5%
父母只培养孩子的知识和技能，忽视良好品德的养成	17.2%	23.1%	14.7%	12.6%	13.0%
两性关系过度开放	2.6%	7.7%	3.3%	2.9%	2.9%
列总计	542	13	543	7209	8307

据上表所示，不同政治面貌的居民在“您认为现代家庭关系中最令人担忧的问题”的回答上存在显著差异。

D2 by K8

您对家庭的感觉是 * 政治面貌 Crosstabulation

	共产党员	民主党派	共青团员	群众	总计
温馨幸福	36.2%	46.2%	32.1%	17.6%	19.8%
比较幸福	55.4%	38.5%	58.4%	70.4%	68.6%
不太幸福	3.6%	7.7%	4.1%	4.9%	4.8%
一般，没感觉	3.6%		4.3%	6.5%	6.1%
很不幸福，希望逃离	0.9%	7.7%	1.1%	0.3%	0.4%
其他	0.4%			0.3%	0.3%
总计	100.0%	100.0%	100.0%	100.0%	100.0%
列总计	556	13	555	7382	8506

Chi-square test：df = 15，卡方值为 209.603，sig = 0.000 < 0.05，所以不同政治面貌的居民在“对家庭的感觉”的回答上存在显著差异。

D3a by K8

您对以下现象的态度是？不婚 ＊ 政治面貌 Crosstabulation

	共产党员	民主党派	共青团员	群众	总计
完全赞同	3.1%	7.7%	3.3%	0.5%	0.9%
比较赞同	7.0%	7.7%	11.6%	5.9%	6.3%
中立	46.6%	46.2%	53.0%	37.5%	39.1%
比较反对	27.3%	23.1%	22.1%	35.2%	33.8%
强烈反对	16.1%	15.4%	10.0%	20.9%	19.9%
总计	100.0%	100.0%	100.0%	100.0%	100.0%
列总计	554	13	542	7340	8449

Chi-square test：df = 12，卡方值为 219.467，sig = 0.000 < 0.05，所以不同政治面貌的居民在对“不婚的态度”的回答上存在显著差异。

D3b by K8

您对以下现象的态度是？试婚 ＊ 政治面貌 Crosstabulation

	共产党员	民主党派	共青团员	群众	总计
完全赞同	1.5%		1.9%	0.5%	0.6%
比较赞同	10.7%	7.7%	13.5%	8.1%	8.6%
中立	39.9%	53.8%	44.9%	36.5%	37.2%
比较反对	28.7%	15.4%	25.0%	33.3%	32.5%
强烈反对	19.2%	23.1%	14.8%	21.7%	21.1%
总计	100.0%	100.0%	100.0%	100.0%	100.0%
列总计	551	13	535	7226	8325

Chi-square test：df = 12，卡方值为 79.108，sig = 0.000 < 0.05，所以不同政治面貌的居民在对“试婚的态度”的回答上存在显著差异。

D3c by K8

您对以下现象的态度是？同居 ＊ 政治面貌 Crosstabulation

	共产党员	民主党派	共青团员	群众	总计
完全赞同	1.3%	15.4%	3.1%	0.6%	0.8%
比较赞同	12.0%	7.7%	16.1%	8.4%	9.1%
中立	46.4%	46.2%	56.5%	40.4%	41.8%
比较反对	25.7%	15.4%	15.0%	30.3%	29.0%

续表

	共产党员	民主党派	共青团员	群众	总计
强烈反对	14.7%	15.4%	9.3%	20.4%	19.3%
总计	100.0%	100.0%	100.0%	100.0%	100.0%
列总计	552	13	540	7308	8413

Chi-square test：df = 12，卡方值为 228.942，sig = 0.000 < 0.05，所以不同政治面貌的居民在对“同居的态度”的回答上存在显著差异。

D3d by K8

您对以下现象的态度是？同性恋 ＊ 政治面貌 Crosstabulation

	共产党员	民主党派	共青团员	群众	总计
完全赞同	1.5%		2.1%	0.3%	0.5%
比较赞同	2.9%		4.9%	1.3%	1.7%
中立	27.2%	36.4%	37.4%	14.5%	16.9%
比较反对	28.7%	36.4%	23.9%	34.2%	33.2%
强烈反对	39.7%	27.3%	31.8%	49.7%	47.8%
总计	100.0%	100.0%	100.0%	100.0%	100.0%
列总计	547	11	535	7085	8178

Chi-square test：df = 12，卡方值为 349.367，sig = 0.000 < 0.05，所以不同政治面貌的居民在对“同性恋的态度”的回答上存在显著差异。

D3e by K8

您对以下现象的态度是？婚外恋 ＊ 政治面貌 Crosstabulation

	共产党员	民主党派	共青团员	群众	总计
完全赞同	0.2%	7.7%	0.2%	0.2%	0.2%
比较赞同	1.4%		1.5%	0.6%	0.7%
中立	13.4%	7.7%	16.1%	8.7%	9.5%
比较反对	25.4%	30.8%	24.8%	30.3%	29.7%
强烈反对	59.6%	53.8%	57.4%	60.2%	59.9%
总计	100.0%	100.0%	100.0%	100.0%	100.0%
列总计	552	13	540	7236	8341

Chi-square test：df = 12，卡方值为 95.668，sig = 0.000 < 0.05，所以不同政治面貌的居民在对“婚外恋的态度”的回答上存在显著差异。

D3f by K8

您对以下现象的态度是？丁克家庭 ＊ 政治面貌 Crosstabulation

	共产党员	民主党派	共青团员	群众	总计
完全赞同	1.0%		1.3%	0.3%	0.5%
比较赞同	3.1%		5.6%	1.5%	1.9%
中立	44.7%	41.7%	48.6%	23.9%	27.0%
比较反对	25.3%	16.7%	19.8%	32.5%	31.1%
强烈反对	25.9%	41.7%	24.7%	41.8%	39.5%
总计	100.0%	100.0%	100.0%	100.0%	100.0%
列总计	514	12	519	6465	7510

Chi-square test：df = 12，卡方值为329.589，sig = 0.000 < 0.05，所以不同政治面貌的居民在对“丁克家庭的态度”的回答上存在显著差异。

D3g by K8

您对以下现象的态度是？代孕 ＊ 政治面貌 Crosstabulation

	共产党员	民主党派	共青团员	群众	总计
完全赞同	0.8%		0.4%	0.2%	0.3%
比较赞同	2.3%	8.3%	1.7%	1.4%	1.5%
中立	29.3%	8.3%	31.5%	18.1%	19.8%
比较反对	28.3%	8.3%	29.0%	32.8%	32.2%
强烈反对	39.4%	75.0%	37.4%	47.6%	46.4%
总计	100.0%	100.0%	100.0%	100.0%	100.0%
列总计	526	12	521	6576	7635

Chi-square test：df = 12，卡方值为108.996，sig = 0.000 < 0.05，所以不同政治面貌的居民在对“代孕的态度”的回答上存在显著差异。

D4 by K8

您如何看待为了应对拆迁、征地、买房等而出现的“假离婚”现象？＊ 政治面貌 Crosstabulation

	共产党员	民主党派	共青团员	群众	总计
完全赞同	2.4%		1.2%	2.2%	2.1%
比较赞同	12.6%	38.5%	16.6%	14.8%	14.8%
不太赞同	35.5%	30.8%	43.5%	38.3%	38.4%
坚决反对	49.4%	30.8%	38.7%	44.7%	44.7%

续表

	共产党员	民主党派	共青团员	群众	总计
总计	100.0%	100.0%	100.0%	100.0%	100.0%
列总计	538	13	499	6917	7967

Chi-square test：df = 9，卡方值为 22.385，sig = 0.008 < 0.05，所以不同政治面貌的居民在“为了应对拆迁、征地、买房等而出现的‘假离婚’现象”的回答上存在显著差异。

D5 by K8

如果夫妻中需要一方为对方或家庭做出牺牲，您的态度是 * 政治面貌 Crosstabulation

	共产党员	民主党派	共青团员	群众	总计
非常不愿意	3.2%	8.3%	3.9%	2.9%	2.9%
不太愿意	19.8%	33.3%	30.0%	19.8%	20.4%
比较愿意	54.0%	41.7%	48.0%	53.1%	52.8%
愿意，时常这么做	23.0%	16.7%	18.0%	24.3%	23.8%
总计	100.0%	100.0%	100.0%	100.0%	100.0%
列总计	526	12	456	7074	8068

Chi-square test：df = 9，卡方值为 36.406，sig = 0.000 < 0.05，所以不同政治面貌的居民在“如果夫妻中需要一方为对方或家庭做出牺牲”的回答上存在显著差异。

D6 by K8

在恋爱或婚姻中，您有为对方而改变自己的意识吗？ * 政治面貌 Crosstabulation

	共产党员	民主党派	共青团员	群众	总计
有，经常这样做	39.6%	50.0%	23.3%	34.3%	34.0%
有，但做起来有些困难	35.9%	16.7%	39.5%	36.5%	36.6%
没想过这个问题	20.4%	25.0%	28.8%	23.7%	23.8%
无须改变，只有找到愿为我改变的人才是真爱	4.1%	8.3%	7.7%	5.2%	5.3%
其他			0.8%	0.3%	0.3%
总计	100.0%	100.0%	100.0%	100.0%	100.0%
列总计	560	12	532	7445	8549

Chi-square test：df = 12，卡方值为 48.925，sig = 0.000 < 0.05，所以不同政治面貌的居民在“在恋爱或婚姻中，您是否有为对方而改变自己的意识”的回答上存在显著差异。

D7 by K8

在恋爱或婚姻中，你与对方相处的原则是 ＊ 政治面貌 Crosstabulation

	共产党员	民主党派	共青团员	群众	总计
我首先对他/她好，然后希望他/她对我好	66.5%	84.6%	56.4%	57.9%	58.4%
他/她对我好，我才对他/她好	15.6%		23.9%	19.9%	19.8%
他/她对我好就行了	11.3%	15.4%	8.7%	15.9%	15.2%
总是我对他/她好，他/她对我不那么好	2.3%		3.6%	2.8%	2.8%
他/她对我不好，我没必要对他/她好	1.3%		4.4%	1.4%	1.6%
其他	3.0%		3.0%	2.0%	2.2%
总计	100.0%	100.0%	100.0%	100.0%	100.0%
列总计	559	13	528	7440	8540

Chi-square test：df = 15，卡方值为76.960，sig = 0.000 < 0.05，所以不同政治面貌的居民在“恋爱或婚姻中，你与对方相处的原则”的回答上存在显著差异。

D8 by K8

您认为生育孩子是否是一种人生义务？＊ 政治面貌 Crosstabulation

	共产党员	民主党派	共青团员	群众	总计
是，如果大家都不生育，人种会灭绝	26.4%	46.2%	17.3%	25.4%	25.0%
是，不生孩子家族延续会中断	29.1%	23.1%	24.7%	42.3%	40.3%
不是，但没有孩子将老无所养也过于孤独	29.3%	23.1%	36.2%	27.2%	27.9%
不是，自己觉得快乐就行，有孩子负担过重	12.5%		19.7%	4.4%	5.9%
其他	2.7%	7.7%	2.0%	0.7%	1.0%
总计	100.0%	100.0%	100.0%	100.0%	100.0%
列总计	560	13	542	7461	8576

Chi-square test：df = 12，卡方值为371.203，sig = 0.000 < 0.05，所以不同政治面貌的居民在“生育孩子是否是一种人生义务”的回答上存在显著差异。

D9 by K8

孩子面临重大问题（婚姻、升学、就业等）时，您的态度是 ＊ 政治面貌 Crosstabulation

	共产党员	民主党派	共青团员	群众	总计
全部包办，替他们做决定或搞定	5.2%	7.7%	3.2%	6.0%	5.8%
积极建议，努力说服他们采纳	21.0%	30.8%	15.6%	25.3%	24.4%
只提建议，让他们自己选择	45.8%	38.5%	31.0%	40.4%	40.2%

续表

	共产党员	民主党派	共青团员	群众	总计
不表态，免得子女将来埋怨	3.7%		1.4%	8.0%	7.3%
经常提出建议，但大多不起作用	3.2%	7.7%	1.8%	4.5%	4.3%
没孩子/孩子太小	20.8%	7.7%	45.9%	15.5%	17.8%
其他	0.4%	7.7%	1.1%	0.3%	0.4%
总计	100.0%	100.0%	100.0%	100.0%	100.0%
列总计	563	13	558	7487	8621

Chi-square test：df = 18，卡方值为 399.884，sig = 0.000 < 0.05，所以不同政治面貌的居民在"孩子面临重大问题（婚姻、升学、就业等）时的态度"的回答上存在显著差异。

D10 by K8

您对子女所提出的有关人生发展方面的建议，是否经常被采纳 * 政治面貌 Crosstabulation

	共产党员	民主党派	共青团员	群众	总计
经常被采纳	24.3%		19.3%	19.2%	19.5%
较多被采纳	64.1%	80.0%	62.9%	61.6%	61.9%
基本不采纳	9.8%	20.0%	14.9%	17.4%	16.9%
从不被采纳并遭到嘲讽	1.8%		3.0%	1.7%	1.8%
总计	100.0%	100.0%	100.0%	100.0%	100.0%
列总计	379	10	202	5679	6270

Chi-square test：df = 9，卡方值为 22.251，sig = 0.008 < 0.05，所以不同政治面貌的居民在"对子女所提出的有关人生发展方面的建议，是否经常被采纳"的回答上存在显著差异。

D11 by K8

您认为现在孩子价值观的形成受何种因素影响最大 * 政治面貌 Crosstabulation

	共产党员	民主党派	共青团员	群众	总计
父母	63.2%	61.5%	61.3%	59.0%	59.4%
老师	53.9%	46.2%	50.3%	61.6%	60.3%
同伴	22.8%	7.7%	26.4%	27.6%	27.2%
网络、朋友圈	25.3%	30.8%	23.1%	17.7%	18.6%
明星	2.4%		2.6%	1.5%	1.6%
道德模范	6.7%	7.7%	6.5%	5.3%	5.4%

续表

	共产党员	民主党派	共青团员	群众	总计
伟大人物	2.9%	7.7%	2.0%	2.4%	2.4%
列总计	549	13	507	7142	8211

据上表所示，不同政治面貌的居民在“现在孩子价值观的形成受何种因素影响最大”的回答上存在显著差异。

D12 by K8

您认为老人是否有义务帮子女带孩子 ＊ 政治面貌 Crosstabulation

	共产党员	民主党派	共青团员	群众	总计
有，天经地义的	15.2%		9.2%	22.6%	21.2%
没有，老人帮助带孙辈，子女应感恩	48.1%	46.2%	54.5%	39.6%	41.1%
没有义务，不过带孙辈也是天伦之乐，应该帮助带	32.0%	53.8%	27.0%	33.9%	33.4%
没想过	4.6%		9.4%	3.9%	4.3%
总计	100.0%	100.0%	100.0%	100.0%	100.0%
列总计	565	13	556	7496	8630

Chi-square test：df = 9，卡方值为 139.304，sig = 0.000 < 0.05，所以不同政治面貌的居民在“老人是否有义务帮子女带孩子”的回答上存在显著差异。

D13 by K8

您认为最理想的养老方式是哪种 ＊ 政治面貌 Crosstabulation

	共产党员	民主党派	共青团员	群众	总计
敬老院、护理院等专业养老机构	17.0%	61.5%	14.6%	12.9%	13.3%
与子女同住	40.1%	15.4%	35.4%	55.7%	53.3%
自己单住，生活难以自理时找护工	18.1%	15.4%	14.4%	14.1%	14.4%
与兄弟姐妹抱团养老	4.3%		6.5%	5.3%	5.3%
与志趣相投的人一起养老	19.3%	7.7%	27.9%	10.8%	12.4%
其他	1.2%		1.3%	1.2%	1.2%
总计	100.0%	100.0%	100.0%	100.0%	100.0%
列总计	564	13	556	7482	8615

Chi-square test：df = 15，卡方值为 248.132，sig = 0.000 < 0.05，所以不同政治面貌的居民在“最理想的养老方式”的回答上存在显著差异。

D14 by K8

当父母一方长期生活不能自理时，主要承担照顾工作的人应该是 * 政治面貌 Crosstabulation

	共产党员	民主党派	共青团员	群众	总计
子女照顾	41.5%	38.5%	47.6%	47.6%	47.2%
父母中还有能力的另一方（老伴儿）	31.2%	30.8%	24.8%	36.2%	35.1%
雇保姆，老伴儿协助	8.0%	23.1%	6.8%	5.8%	6.0%
雇保姆，子女协助	13.2%	7.7%	14.2%	7.1%	7.9%
送护理机构，家人经常探望	4.6%		5.9%	2.8%	3.1%
其他	1.4%		0.7%	0.6%	0.7%
总计	100.0%	100.0%	100.0%	100.0%	100.0%
列总计	561	13	557	7473	8604

Chi-square test：df = 15，卡方值为 117.902，sig = 0.000 < 0.05，所以不同政治面貌的居民在“当父母一方长期生活不能自理时，主要承担照顾工作的人”的回答上存在显著差异。

D15 by K8

在过去的十天里，您为父母做过以下哪些事情 * 政治面貌 Crosstabulation

	共产党员	民主党派	共青团员	群众	总计
看望	23.2%	46.2%	15.4%	21.3%	21.1%
打电话	43.5%	53.8%	51.3%	33.7%	35.5%
买东西	30.1%	46.2%	34.1%	22.7%	24.0%
陪看病	6.4%	15.4%	4.3%	4.1%	4.3%
生活照料	20.7%	23.1%	21.2%	23.2%	22.9%
做家务	23.9%	7.7%	44.7%	24.3%	25.6%
谈心聊天	27.8%	46.2%	34.3%	20.1%	21.6%
给钱	10.2%		4.8%	9.5%	9.3%
外出游玩	2.7%		5.7%	2.1%	2.4%
无	3.6%		5.4%	9.3%	8.6%
父母已去世	17.3%		1.3%	20.1%	18.6%
列总计	561	13	557	7485	8616

据上表所示，不同政治面貌的居民在“在过去的十天里，为父母做过哪些事情”的回答上存在显著差异。

D16 by K8

您是否觉得孤独？ * 政治面貌 Crosstabulation

	共产党员	民主党派	共青团员	群众	总计
经常	5.3%	7.7%	6.3%	5.0%	5.1%
有时	22.7%	38.5%	33.0%	23.4%	24.0%
不太觉得	36.4%	46.2%	28.9%	33.6%	33.5%
不觉得	35.5%	7.7%	31.9%	38.1%	37.5%
总计	100.0%	100.0%	100.0%	100.0%	100.0%
列总计	563	13	558	7475	8609

Chi-square test：df = 12，卡方值为 62.113，sig = 0.000 < 0.05，所以不同政治面貌的居民在“是否觉得孤独”的回答上存在显著差异。

D17 by K8

现在开展的弘扬好家风好家训活动，您认为有意义吗 * 政治面貌 Crosstabulation

	共产党员	民主党派	共青团员	群众	总计
很有意义	78.8%	76.9%	71.5%	70.6%	71.2%
可有可无	13.7%		18.7%	16.9%	16.7%
没有必要	7.6%	23.1%	9.8%	12.6%	12.1%
总计	100.0%	100.0%	100.0%	100.0%	100.0%
列总计	542	13	520	7034	8109

Chi-square test：df = 6，卡方值为 25.362，sig = 0.000 < 0.05，所以不同政治面貌的居民在“开展的弘扬好家风好家训活动是否有意义”的回答上存在显著差异。

D18 by K8

您所在的地方发生过虐待儿童的事件吗 * 政治面貌 Crosstabulation

	共产党员	民主党派	共青团员	群众	总计
经常会发生	4.2%	8.3%	5.0%	4.0%	4.1%
偶尔发生	17.0%	16.7%	24.3%	16.5%	17.0%
没听说过	78.8%	75.0%	70.7%	79.5%	78.9%
总计	100.0%	100.0%	100.0%	100.0%	100.0%
列总计	565	12	556	7460	8593

Chi-square test：df = 6，卡方值为 25.602，sig = 0.000 < 0.05，所以不同政治面貌的居民在“所在的地方发生过虐待儿童的事件吗”的回答上存在显著差异。

D19 by K8

在大街或社区里，看到行走或生活困难的老人，您经常的反应是 ＊ 政治面貌 Crosstabulation

	共产党员	民主党派	共青团员	群众	总计
想到自己的（祖）父母或自己的未来，情不自禁地想帮助他	45.6%	61.5%	44.8%	43.5%	43.8%
出于义务责任感，想帮助他	31.4%	30.8%	29.4%	25.5%	26.2%
有同情感，但没有想帮助的冲动	19.8%	7.7%	23.3%	25.8%	25.3%
没有感觉，习以为常	3.2%		2.5%	4.9%	4.6%
其他				0.2%	0.2%
总计	100.0%	100.0%	100.0%	100.0%	100.0%
列总计	561	13	558	7483	8615

Chi-square test：df = 12，卡方值为 33.260，sig = 0.000 < 0.05，所以不同政治面貌的居民在“在大街或社区里，看到行走或生活困难的老人，经常”的反应上存在显著差异。

D20 by K8

如果您的父母或兄妹偷了别人的东西，警察正在查找，您的行为反应可能是 ＊ 政治面貌 Crosstabulation

	共产党员	民主党派	共青团员	群众	总计
批评他，但不会告发	18.2%	23.1%	17.6%	27.7%	26.4%
批评他，陪他送回原处或去承认错误	66.3%	61.5%	61.7%	52.5%	54.0%
默认，因为他得到的东西正是家庭所急需的	3.6%	7.7%	5.0%	6.7%	6.4%
告发，因为出于正义感	6.1%		7.7%	4.8%	5.1%
告发，因为可能会连累自己	2.5%		2.3%	1.9%	2.0%
不管不问，由他自己决定	3.0%	7.7%	5.6%	6.0%	5.8%
其他	0.4%			0.4%	0.3%
总计	100.0%	100.0%	100.0%	100.0%	100.0%
列总计	560	13	556	7448	8577

Chi-square test：df = 18，卡方值为 92.017，sig = 0.000 < 0.05，所以不同政治面貌的居民在“父母或兄妹偷了别人的东西的行为”的反应上存在显著差异。

D21 by K8

当独生子女单独组成家庭后，父母和子女哪一种居住方式更好 ＊ 政治面貌 Crosstabulation

	共产党员	民主党派	共青团员	群众	总计
单独居住	31.1%	38.5%	35.5%	28.5%	29.1%
和父母同住	25.2%	30.8%	23.8%	34.3%	33.0%
和父母及祖辈共同居住	8.0%	7.7%	6.1%	9.1%	8.8%
和父母靠近居住	35.7%	23.1%	34.4%	27.4%	28.4%
其他			0.2%	0.7%	0.7%
总计	100.0%	100.0%	100.0%	100.0%	100.0%
列总计	563	13	555	7491	8622

Chi-square test：df = 12，卡方值为 70.298，sig ＝0.000 < 0.05，所以不同政治面貌的居民在“当独生子女单独组成家庭后，父母和子女哪一种居住方式更好”的回答上存在显著差异。

D22 by K8

您是否认为把老人送到养老院是不孝行为 ＊ 政治面貌 Crosstabulation

	共产党员	民主党派	共青团员	群众	总计
是	12.4%	7.7%	10.1%	20.1%	19.0%
相对而言，部分是	50.8%	38.5%	52.1%	51.7%	51.7%
不是	36.4%	46.2%	37.7%	27.8%	29.1%
其他	0.4%	7.7%	0.2%	0.3%	0.3%
总计	100.0%	100.0%	100.0%	100.0%	100.0%
列总计	563	13	557	7472	8605

Chi-square test：df = 9，卡方值为 94.950，sig ＝0.000 < 0.05，所以不同政治面貌的居民在“认为把老人送到养老院是否是不孝行为”的回答上存在显著差异。

E1 by K8

您认为企业最重要的社会责任是什么 ＊ 政治面貌 Crosstabulation

	共产党员	民主党派	共青团员	群众	总计
为企业和企业股东自身赚钱	10.6%	8.3%	9.2%	14.9%	14.2%
通过依法纳税为国家积累财富	24.9%		23.9%	22.2%	22.5%
通过诚信经营提供质量可靠的产品，满足社会大众生活需求	59.3%	91.7%	61.0%	56.0%	56.6%
为员工谋福利	4.2%		5.5%	6.7%	6.4%

续表

	共产党员	民主党派	共青团员	群众	总计
其他	0.9%		0.4%	0.2%	0.3%
总计	100.0%	100.0%	100.0%	100.0%	100.0%
列总计	546	12	523	6835	7916

Chi-square test：df = 12，卡方值为 41.550，sig = 0.000 < 0.05，所以不同政治面貌的居民在“认为企业最重要的社会责任”的回答上存在显著差异。

E2a by K8

下列关于企业的说法，您的同意程度是？只要能为员工谋福利就是一个好单位 * 政治面貌 Crosstabulation

	共产党员	民主党派	共青团员	群众	总计
完全同意	10.8%	25.0%	12.4%	15.1%	14.7%
比较同意	50.5%	41.7%	47.1%	55.4%	54.5%
不太同意	33.8%	25.0%	35.4%	26.7%	27.8%
完全不同意	4.9%	8.3%	5.0%	2.8%	3.1%
总计	100.0%	100.0%	100.0%	100.0%	100.0%
列总计	553	12	539	6982	8086

Chi-square test：df = 9，卡方值为 54.436，sig = 0.000 < 0.05，所以不同政治面貌的居民在“只要能为员工谋福利就是一个好单位”同意程度的回答上存在显著差异。

E2b by K8

下列关于企业的说法，您的同意程度是？经济效益好坏是衡量企业成败的唯一标准 * 政治面貌 Crosstabulation

	共产党员	民主党派	共青团员	群众	总计
完全同意	5.3%	25.0%	7.6%	10.5%	9.9%
比较同意	31.8%	33.3%	31.9%	44.0%	42.3%
不太同意	53.6%	16.7%	49.1%	40.3%	41.8%
完全不同意	9.3%	25.0%	11.4%	5.3%	6.0%
总计	100.0%	100.0%	100.0%	100.0%	100.0%
列总计	547	12	536	6859	7954

Chi-square test：df = 9，卡方值为 131.638，sig = 0.000 < 0.05，所以不同政治面貌的居民在“经济效益好坏是衡量企业成败的唯一标准”同意程度的回答上存在显著差异。

E2c by K8

下列关于企业的说法，您的同意程度是？企业做慈善都是做做样子，其实还是为自己做广告 ＊ 政治面貌 Crosstabulation

	共产党员	民主党派	共青团员	群众	总计
完全同意	4.1%	25.0%	4.9%	6.2%	6.0%
比较同意	38.5%	50.0%	39.1%	41.7%	41.3%
不太同意	50.4%	25.0%	47.9%	46.2%	46.6%
完全不同意	7.1%		8.1%	5.9%	6.1%
总计	100.0%	100.0%	100.0%	100.0%	100.0%
列总计	538	12	530	6790	7870

Chi-square test：df = 9，卡方值为 23.033，sig = 0.006 < 0.05，所以不同政治面貌的居民在“企业做慈善都是做做样子，其实还是为自己做广告”同意程度的回答上存在显著差异。

E2d by K8

下列关于企业的说法，您的同意程度是？企业和员工之间只是合同关系，效益好就好好干，效益不好就跳槽 ＊ 政治面貌 Crosstabulation

	共产党员	民主党派	共青团员	群众	总计
完全同意	3.8%	16.7%	6.5%	6.0%	5.9%
比较同意	23.9%	8.3%	24.5%	31.8%	30.8%
不太同意	55.9%	58.3%	46.9%	51.4%	51.4%
完全不同意	16.3%	16.7%	22.1%	10.8%	11.9%
总计	100.0%	100.0%	100.0%	100.0%	100.0%
列总计	547	12	539	6921	8019

Chi-square test：df = 9，卡方值为 93.665，sig = 0.000 < 0.05，所以不同政治面貌的居民在“企业和员工之间只是合同关系，效益好就好好干，效益不好就跳槽”同意程度的回答上存在显著差异。

E2e by K8

下列关于企业的说法，您的同意程度是？企业不需要对员工讲什么伦理关怀，员工表现好就发奖金，不好就辞退 ＊ 政治面貌 Crosstabulation

	共产党员	民主党派	共青团员	群众	总计
完全同意	3.5%	27.3%	4.3%	4.5%	4.5%
比较同意	20.9%	18.2%	18.4%	24.5%	23.8%
不太同意	52.8%	54.5%	52.1%	56.1%	55.6%
完全不同意	22.8%		25.2%	14.8%	16.0%

续表

	共产党员	民主党派	共青团员	群众	总计
总计	100.0%	100.0%	100.0%	100.0%	100.0%
列总计	545	11	539	6928	8023

Chi-square test：df=9，卡方值为78.290，sig =0.000<0.05，所以不同政治面貌的居民在“企业不需要对员工讲什么伦理关怀，员工表现好就发奖金，不好就辞退”同意程度的回答上存在显著差异。

E2f by K8

下列关于企业的说法，您的同意程度是？企业为了履行社会责任，应当放弃一些自身利益 ＊ 政治面貌 Crosstabulation

	共产党员	民主党派	共青团员	群众	总计
完全同意	24.0%	36.4%	21.4%	21.3%	21.5%
比较同意	49.1%	45.5%	48.5%	51.3%	51.0%
不太同意	22.5%	18.2%	25.7%	23.4%	23.5%
完全不同意	4.4%		4.5%	4.1%	4.1%
总计	100.0%	100.0%	100.0%	100.0%	100.0%
列总计	546	11	538	6918	8013

Chi-square test：df=9，卡方值为6.342，sig =0.705>0.05，所以不同政治面貌的居民在“企业为了履行社会责任，应当放弃一些自身利益”同意程度的回答上不存在显著差异。

E2g by K8

下列关于企业的说法，您的同意程度是？讲信用、遵循道德规范的企业能够获得更好的利益 ＊ 政治面貌 Crosstabulation

	共产党员	民主党派	共青团员	群众	总计
完全同意	30.3%	33.3%	29.8%	24.6%	25.3%
比较同意	51.1%	41.7%	45.6%	54.3%	53.5%
不太同意	15.1%	16.7%	20.1%	18.1%	18.0%
完全不同意	3.5%	8.3%	4.5%	3.0%	3.2%
总计	100.0%	100.0%	100.0%	100.0%	100.0%
列总计	548	12	537	6955	8052

Chi-square test：df=9，卡方值为27.427，sig =0.001<0.05，所以不同政治面貌的居民在“讲信用、遵循道德规范的企业能够获得更好的利益”同意程度的回答上存在显著差异。

E2h by K8

下列关于企业的说法，您的同意程度是？企业只是一台赚钱的机器，能赚钱就行，无所谓社会责任，声誉也不重要 * 政治面貌 Crosstabulation

	共产党员	民主党派	共青团员	群众	总计
完全同意	3.7%	8.3%	4.7%	2.2%	2.5%
比较同意	13.6%	16.7%	16.7%	17.0%	16.8%
不太同意	46.6%	25.0%	39.6%	55.8%	54.0%
完全不同意	36.1%	50.0%	39.0%	25.0%	26.7%
总计	100.0%	100.0%	100.0%	100.0%	100.0%
列总计	545	12	533	6853	7943

Chi-square test：df = 9，卡方值为 111.264，sig = 0.000 < 0.05，所以不同政治面貌的居民在“企业只是一台赚钱的机器，能赚钱就行，无所谓社会责任，声誉也不重要”同意程度的回答上存在显著差异。

E2i by K8

下列关于企业的说法，您的同意程度是？同样的产品，国企生产的比私企的更有保障 * 政治面貌 Crosstabulation

	共产党员	民主党派	共青团员	群众	总计
完全同意	8.7%	20.0%	9.4%	7.6%	7.8%
比较同意	40.6%	20.0%	39.6%	43.2%	42.8%
不太同意	41.0%	60.0%	41.1%	40.0%	40.2%
完全不同意	9.7%		9.8%	9.1%	9.2%
总计	100.0%	100.0%	100.0%	100.0%	100.0%
列总计	515	10	508	6476	7509

Chi-square test：df = 9，卡方值为 10.311，sig = 0.326 > 0.05，所以不同政治面貌的居民在“同样的产品，国企生产的比私企的更有保障”同意程度的回答上不存在显著差异。

E3 by K8

下面哪种说法更符合或接近您的个人想法 * 政治面貌 Crosstabulation

	共产党员	民主党派	共青团员	群众	总计
个人和工作单位之间是聘用或雇用关系，通过工资和付出劳动满足彼此需求	39.6%	53.8%	35.2%	48.1%	46.7%
不只是利益关系，应当还有很多情感的联系，应当共命运	35.6%	15.4%	43.0%	35.0%	35.5%

续表

	共产党员	民主党派	共青团员	群众	总计
个人是单位的一分子，单位如同个人的另一个家	24.4%	30.8%	21.5%	16.7%	17.5%
其他	0.4%		0.4%	0.3%	0.3%
总计	100.0%	100.0%	100.0%	100.0%	100.0%
列总计	550	13	549	7286	8398

Chi-square test：df = 9，卡方值为 60.109，sig = 0.000 < 0.05，所以不同政治面貌的居民在“下面哪种说法更符合或接近您的个人想法”的回答上存在显著差异。

E4a by K8

您对自己所在企业履行下列责任的满意情况如何？劳动安全保障 ＊ 政治面貌 Crosstabulation

	共产党员	民主党派	共青团员	群众	总计
非常不满意	5.7%	8.3%	6.4%	2.8%	3.3%
不太满意	17.1%	8.3%	29.6%	21.5%	21.6%
比较满意	67.1%	66.7%	58.7%	69.6%	68.7%
非常满意	10.0%	16.7%	5.4%	6.1%	6.4%
总计	100.0%	100.0%	100.0%	100.0%	100.0%
列总计	490	12	409	5618	6529

Chi-square test：df = 9，卡方值为 62.795，sig = 0.000 < 0.05，所以不同政治面貌的居民在“对自己所在企业履行劳动安全保障责任的满意情况”的回答上存在显著差异。

E4b by K8

您对自己所在企业履行下列责任的满意情况如何？员工薪酬合理 ＊ 政治面貌 Crosstabulation

	共产党员	民主党派	共青团员	群众	总计
非常不满意	3.9%	16.7%	3.4%	2.4%	2.6%
不太满意	21.5%	33.3%	28.0%	25.2%	25.1%
比较满意	65.0%	41.7%	58.8%	63.4%	63.2%
非常满意	9.6%	8.3%	9.8%	9.1%	9.1%
总计	100.0%	100.0%	100.0%	100.0%	100.0%
列总计	488	12	410	5650	6560

Chi-square test：df = 9，卡方值为 21.842，sig = 0.009 < 0.05，所以不同政治面貌的居民在“对自己所在企业履行员工薪酬合理责任的满意情况”的回答上存在显著差异。

E4c by K8

您对自己所在企业履行下列责任的满意情况如何？关心员工生活 ＊ 政治面貌 Crosstabulation

	共产党员	民主党派	共青团员	群众	总计
非常不满意	2.9%		5.0%	2.7%	2.9%
不太满意	20.3%	33.3%	32.4%	25.1%	25.2%
比较满意	63.9%	58.3%	52.7%	62.2%	61.7%
非常满意	12.9%	8.3%	9.9%	10.0%	10.2%
总计	100.0%	100.0%	100.0%	100.0%	100.0%
列总计	482	12	404	5567	6465

Chi-square test：df = 9，卡方值为 29.634，sig = 0.001 < 0.05，所以不同政治面貌的居民在“对自己所在企业履行关心员工生活责任的满意情况”的回答上存在显著差异。

E4d by K8

您对自己所在企业履行下列责任的满意情况如何？诚实守法经营 ＊ 政治面貌 Crosstabulation

	共产党员	民主党派	共青团员	群众	总计
非常不满意	4.1%	16.7%	3.2%	1.4%	1.7%
不太满意	15.1%	16.7%	18.8%	15.6%	15.7%
比较满意	68.2%	66.7%	67.5%	74.0%	73.2%
非常满意	12.6%		10.4%	9.1%	9.4%
总计	100.0%	100.0%	100.0%	100.0%	100.0%
列总计	484	12	431	5837	6764

Chi-square test：df = 9，卡方值为 56.579，sig = 0.000 < 0.05，所以不同政治面貌的居民在“对自己所在企业履行诚实守法经营责任的满意情况”的回答上存在显著差异。

E4e by K8

您对自己所在企业履行下列责任的满意情况如何？产品质量可靠 ＊ 政治面貌 Crosstabulation

	共产党员	民主党派	共青团员	群众	总计
非常不满意	2.3%		1.6%	1.1%	1.2%
不太满意	11.9%	25.0%	15.8%	14.0%	14.0%
比较满意	70.5%	66.7%	69.3%	73.5%	73.0%

续表

	共产党员	民主党派	共青团员	群众	总计
非常满意	15.4%	8.3%	13.3%	11.3%	11.7%
总计	100.0%	100.0%	100.0%	100.0%	100.0%
列总计	481	12	437	5870	6800

Chi-square test：df=9，卡方值为18.456，sig =0.030 <0.05，所以不同政治面貌的居民在“对自己所在企业履行产品质量可靠责任的满意情况”的回答上存在显著差异。

E4f by K8

您对自己所在企业履行下列责任的满意情况如何？环境保护措施 * 政治面貌 Crosstabulation

	共产党员	民主党派	共青团员	群众	总计
非常不满意	5.0%		6.7%	3.7%	4.0%
不太满意	21.1%	18.2%	31.6%	23.9%	24.2%
比较满意	58.9%	72.7%	49.7%	60.7%	59.8%
非常满意	15.0%	9.1%	12.0%	11.8%	12.0%
总计	100.0%	100.0%	100.0%	100.0%	100.0%
列总计	479	11	433	5522	6445

Chi-square test：df=9，卡方值为35.971，sig =0.000 <0.05，所以不同政治面貌的居民在“对自己所在企业履行环境保护措施责任的满意情况”的回答上存在显著差异。

E4g by K8

您对自己所在企业履行下列责任的满意情况如何？慈善公益事业 * 政治面貌 Crosstabulation

	共产党员	民主党派	共青团员	群众	总计
非常不满意	3.1%		5.8%	3.2%	3.3%
不太满意	22.3%	45.5%	30.5%	23.5%	23.9%
比较满意	61.2%	36.4%	54.1%	62.5%	61.7%
非常满意	13.4%	18.2%	9.5%	10.9%	11.0%
总计	100.0%	100.0%	100.0%	100.0%	100.0%
列总计	449	11	377	4602	5439

Chi-square test：df=9，卡方值为26.379，sig =0.002 <0.05，所以不同政治面貌的居民在“对自己所在企业履行慈善公益事业责任的满意情况”的回答上存在显著差异。

E5 by K8

您对本地的或自己熟悉的企业家的道德状况怎么评价？ * 政治面貌 Crosstabulation

	共产党员	民主党派	共青团员	群众	总计
总体还不错	57.6%	58.3%	47.6%	41.9%	43.4%
普遍比较差	18.6%	25.0%	20.5%	19.7%	19.7%
和普通群众没有太大差别	23.8%	16.7%	31.9%	38.3%	36.9%
总计	100.0%	100.0%	100.0%	100.0%	100.0%
列总计	467	12	439	5867	6785

Chi-square test：df = 6，卡方值为 56.897，sig = 0.000 < 0.05，所以不同政治面貌的居民在“对本地的或自己熟悉的企业家的道德状况评价”的回答上存在显著差异。

E6a by K8

对公务员道德状况的满意度 * 政治面貌 Crosstabulation

	共产党员	民主党派	共青团员	群众	总计
非常满意	8.6%	25.0%	8.0%	4.0%	4.6%
比较满意	66.0%	50.0%	64.4%	67.2%	66.9%
不太满意	21.5%	16.7%	24.7%	25.9%	25.5%
非常不满意	4.0%	8.3%	2.9%	2.9%	3.0%
总计	100.0%	100.0%	100.0%	100.0%	100.0%
列总计	526	12	486	6559	7583

Chi-square test：df = 9，卡方值为 55.086，sig = 0.000 < 0.05，所以不同政治面貌的居民在“公务员道德状况”的满意度上存在显著差异。

E6b by K8

对医生道德状况的满意度 * 政治面貌 Crosstabulation

	共产党员	民主党派	共青团员	群众	总计
非常满意	9.1%	25.0%	9.2%	5.9%	6.4%
比较满意	61.9%	50.0%	62.8%	63.2%	63.1%
不太满意	24.4%	25.0%	23.3%	27.3%	26.9%
非常不满意	4.6%		4.6%	3.5%	3.6%
总计	100.0%	100.0%	100.0%	100.0%	100.0%
列总计	541	12	519	7083	8155

Chi-square test：df = 9，卡方值为 29.837，sig = 0.000 < 0.05，所以不同政治面貌的居民在“医生道德状况”的满意度上存在显著差异。

E6c by K8

对教师道德状况的满意度 * 政治面貌 Crosstabulation

	共产党员	民主党派	共青团员	群众	总计
非常满意	11.6%	33.3%	16.1%	9.1%	9.7%
比较满意	64.1%	50.0%	58.4%	66.4%	65.7%
不太满意	20.1%	16.7%	22.0%	20.9%	20.9%
非常不满意	4.2%		3.4%	3.6%	3.6%
总计	100.0%	100.0%	100.0%	100.0%	100.0%
列总计	543	12	522	7102	8179

Chi-square test：df = 9，卡方值为 40.639，sig = 0.000 < 0.05，所以不同政治面貌的居民在“教师道德状况”的满意度上存在显著差异。

E6d by K8

对个体工商户道德状况的满意度 * 政治面貌 Crosstabulation

	共产党员	民主党派	共青团员	群众	总计
非常满意	4.3%	9.1%	6.6%	4.7%	4.8%
比较满意	62.1%	54.5%	55.2%	62.9%	62.3%
不太满意	27.9%	27.3%	32.0%	28.7%	28.9%
非常不满意	5.7%	9.1%	6.2%	3.7%	4.0%
总计	100.0%	100.0%	100.0%	100.0%	100.0%
列总计	530	11	513	7005	8059

Chi-square test：df = 9，卡方值为 23.506，sig = 0.005 < 0.05，所以不同政治面貌的居民在“个体工商户道德状况”的满意度上存在显著差异。

E7a by K8

怎么称呼周围那些经营企业或做生意发了财的人？企业家 * 宗教信 Crosstabulation

	共产党员	民主党派	共青团员	群众	总计
未选中	85.0%	92.3%	82.7%	91.5%	90.5%
选中	15.0%	7.7%	17.3%	8.5%	9.5%
总计	100.0%	100.0%	100.0%	100.0%	100.0%
列总计	565	13	560	7501	8639

Chi-square test：df = 3，卡方值为 69.628，sig = 0.000 < 0.05，所以不同政治面貌的居民在“周围那些经营企业或做生意发了财的人是否被称为企业家”的回答上存在显著差异。

E7b by K8

怎么称呼周围那些经营企业或做生意发了财的人？老板 ＊ 政治面貌 Crosstabulation

	共产党员	民主党派	共青团员	群众	总计
未选中	23.7%	23.1%	28.6%	17.0%	18.2%
选中	76.3%	76.9%	71.4%	83.0%	81.8%
总计	100.0%	100.0%	100.0%	100.0%	100.0%
列总计	565	13	560	7501	8639

Chi-square test：df = 3，卡方值为 58.941，sig = 0.000 < 0.05，所以不同政治面貌的居民在“周围那些经营企业或做生意发了财的人是否被称为老板”的回答上存在显著差异。

E7c by K8

怎么称呼周围那些经营企业或做生意发了财的人？商人 ＊ 政治面貌 Crosstabulation

	共产党员	民主党派	共青团员	群众	总计
未选中	78.1%	92.3%	76.8%	80.1%	79.8%
选中	21.9%	7.7%	23.2%	19.9%	20.2%
总计	100.0%	100.0%	100.0%	100.0%	100.0%
列总计	565	13	560	7501	8639

Chi-square test：df = 3，卡方值为 5.882，sig = 0.117 > 0.05，所以不同政治面貌的居民在“周围那些经营企业或做生意发了财的人是否被称为商人”的回答上不存在显著差异。

E7d by K8

怎么称呼周围那些经营企业或做生意发了财的人？生意人 ＊ 政治面貌 Crosstabulation

	共产党员	民主党派	共青团员	群众	总计
未选中	77.3%	84.6%	75.9%	76.8%	76.8%
选中	22.7%	15.4%	24.1%	23.2%	23.2%
总计	100.0%	100.0%	100.0%	100.0%	100.0%
列总计	565	13	560	7501	8639

Chi-square test：df = 3，卡方值为 0.798，sig = 0.850 > 0.05，所以不同政治面貌的居民在“周围那些经营企业或做生意发了财的人是否被称为生意人”的回答上不存在显著差异。

E7e by K8

怎么称呼周围那些经营企业或做生意发了财的人？土豪 ＊ 政治面貌 Crosstabulation

	共产党员	民主党派	共青团员	群众	总计
未选中	91.7%	76.9%	86.6%	93.9%	93.2%
选中	8.3%	23.1%	13.4%	6.1%	6.8%
总计	100.0%	100.0%	100.0%	100.0%	100.0%
列总计	565	13	560	7501	8639

Chi-square test：df = 3，卡方值为 57.643，sig = 0.000 < 0.05，所以不同政治面貌的居民在“周围那些经营企业或做生意发了财的人是否被称为土豪”的回答上存在显著差异。

E7f by K8

怎么称呼周围那些经营企业或做生意发了财的人？暴发户 ＊ 政治面貌 Crosstabulation

	共产党员	民主党派	共青团员	群众	总计
未选中	93.1%	92.3%	93.2%	93.9%	93.8%
选中	6.9%	7.7%	6.8%	6.1%	6.2%
总计	100.0%	100.0%	100.0%	100.0%	100.0%
列总计	565	13	560	7501	8639

Chi-square test：df = 3，卡方值为 1.046，sig = 0.790 > 0.05，所以不同政治面貌的居民在“周围那些经营企业或做生意发了财的人是否被称为暴发户”的回答上不存在显著差异。

E7g by K8

怎么称呼周围那些经营企业或做生意发了财的人？其他 ＊ 政治面貌 Crosstabulation

	共产党员	民主党派	共青团员	群众	总计
未选中	99.3%	92.3%	99.3%	99.2%	99.2%
选中	0.7%	7.7%	0.7%	0.8%	0.8%
总计	100.0%	100.0%	100.0%	100.0%	100.0%
列总计	564	13	560	7488	8625

Chi-square test：df = 3，卡方值为 7.786，sig = 0.051 > 0.05，所以不同政治面貌的居民在“周围那些经营企业或做生意发了财的人是否有其他称谓”的回答上不存在显著差异。

E8 by K8

如果您有一个不错的家庭企业，但儿子或女儿缺乏经营能力或经营兴趣，难以交班，您可能选择 * 政治面貌 Crosstabulation

	共产党员	民主党派	共青团员	群众	总计
培养儿媳或女婿，交给她/他经营	31.4%	30.8%	26.0%	33.2%	32.6%
交给儿媳和女婿有风险，离婚了怎么办，还是自己撑到有第三代接管	13.9%	7.7%	13.7%	18.4%	17.8%
找一个懂经营的职业经理人，我们家庭成员做董事长	43.9%	53.8%	48.2%	32.8%	34.5%
做一天是一天，最后将钞票留给子孙，但外人不可靠，不能交给外人	8.6%	7.7%	8.5%	13.8%	13.1%
其他	2.2%		3.5%	1.8%	1.9%
总计	100.0%	100.0%	100.0%	100.0%	100.0%
列总计	545	13	539	7192	8289

Chi-square test：df = 12，卡方值为 98.997，sig = 0.000 < 0.05，所以不同政治面貌的居民在“如果您有一个不错的家庭企业，但儿子或女儿缺乏经营能力或经营兴趣，难以交班，您可能选择”的回答上存在显著差异。

E9 by K8

在市场上购买食品、衣物、家用电器等商品时，您觉得有安全感吗 * 政治面貌 Crosstabulation

	共产党员	民主党派	共青团员	群众	总计
有安全感，相信产品质量	32.7%	15.4%	28.1%	24.3%	25.0%
没安全感，不相信他们的标签，常担心质量问题影响自己的健康	19.1%	38.5%	20.2%	22.9%	22.5%
没安全感，担心在价格上被欺骗，要货比三家	16.3%	7.7%	16.6%	22.1%	21.4%
一般还可以，相信大商店的产品，不相信小商店和地摊货	31.5%	38.5%	34.9%	30.4%	30.8%
其他	0.4%		0.2%	0.3%	0.3%
总计	100.0%	100.0%	100.0%	100.0%	100.0%
列总计	565	13	559	7483	8620

Chi-square test：df = 12，卡方值为 43.951，sig = 0.000 < 0.05，所以不同政治面貌的居民在“在市场上购买食品、衣物、家用电器等商品时有无安全感”的回答上存在显著差异。

E10 by K8

您怎么看待电视、报纸和其他主流媒体上的广告 * 政治面貌 Crosstabulation

	共产党员	民主党派	共青团员	群众	总计
相信，因为是明星们推荐的	12.2%	23.1%	15.3%	15.3%	15.1%
将信将疑，眼见为真	53.4%	30.8%	60.5%	45.7%	47.1%
不相信，是企业和那些明星联合起来忽悠大众	24.0%	38.5%	16.2%	27.8%	26.8%
讨厌，既欺骗大众，又占用公共媒体资源	9.7%	7.7%	7.7%	10.5%	10.3%
其他	0.7%		0.4%	0.7%	0.7%
总计	100.0%	100.0%	100.0%	100.0%	100.0%
列总计	558	13	557	7436	8564

Chi-square test：df = 12，卡方值为 67.614，sig = 0.000 < 0.05，所以不同政治面貌的居民在“如何看待电视、报纸和其他主流媒体上的广告”的回答上存在显著差异。

E11 by K8

您怎么看待现在一些企业做公益和慈善 * 政治面貌 Crosstabulation

	共产党员	民主党派	共青团员	群众	总计
是做善事，把赚公众的钱还给社会	34.7%	46.2%	32.7%	25.4%	26.5%
是在作秀，为自己立牌坊	14.7%	7.7%	17.4%	18.2%	17.9%
是做广告，把弱势群体当作宣传自己的工具	16.9%	7.7%	16.7%	25.3%	24.2%
做总比不做好，随他去吧	32.0%	38.5%	32.6%	30.6%	30.9%
其他	1.6%		0.5%	0.4%	0.5%
总计	100.0%	100.0%	100.0%	100.0%	100.0%
列总计	556	13	556	7364	8489

Chi-square test：df = 12，卡方值为 76.397，sig = 0.000 < 0.05，所以不同政治面貌的居民在“如何看待现在一些企业做公益和慈善”的回答上存在显著差异。

E12 by K8

一些政府机关、企事业单位和大中小学，利用权力为本单位的职工子女在入学、招工中提供特殊政策，您认为这种行为道德吗 * 政治面貌 Crosstabulation

	共产党员	民主党派	共青团员	群众	总计
为本单位人员谋福利，符合道德	17.5%	23.1%	15.1%	16.7%	16.6%
以权谋私，不道德	29.9%	7.7%	32.0%	36.0%	35.3%
是对社会公众的不公平，严重不道德	30.7%	53.8%	28.7%	30.8%	30.7%

续表

	共产党员	民主党派	共青团员	群众	总计
符合本单位员工利益，但严重侵蚀社会道德	16.6%	15.4%	16.0%	9.9%	10.8%
无所谓道德不道德	5.3%		8.3%	6.6%	6.6%
总计	100.0%	100.0%	100.0%	100.0%	100.0%
列总计	561	13	557	7461	8592

Chi-square test：df = 12，卡方值为 55.873，sig = 0.000 < 0.05，所以不同政治面貌的居民在“一些政府机关、企事业单位和大中小学，利用权力为本单位的职工子女在入学、招工中提供特殊政策，您认为这种行为道德吗?”的回答上存在显著差异。

E13 by K8

如果您所在的单位有一项举措可以提高集体福利并使您个人得到利益，但会造成环境污染或社会公害，您会举报吗 ＊ 政治面貌 Crosstabulation

	共产党员	民主党派	共青团员	群众	总计
会	71.1%	53.8%	67.3%	64.9%	65.5%
不会	28.9%	46.2%	32.7%	35.1%	34.5%
总计	100.0%	100.0%	100.0%	100.0%	100.0%
列总计	564	13	556	7417	8550

Chi-square test：df = 3，卡方值为 10.473，sig = 0.015 < 0.05，所以不同政治面貌的居民在“如果您所在的单位有一项举措可以提高集体福利并使您个人得到利益，但会造成环境污染或社会公害，您会举报吗”的回答上存在显著差异。

E14 by K8

您认为您所工作的单位同事之间是何种关系 ＊ 政治面貌 Crosstabulation

	共产党员	民主党派	共青团员	群众	总计
平等合作关系	68.5%	58.3%	61.2%	57.2%	58.2%
利益竞争关系	21.9%	33.3%	27.6%	25.4%	25.3%
彼此没有关系	8.2%	8.3%	8.4%	15.1%	14.2%
其他	1.4%		2.8%	2.4%	2.3%
总计	100.0%	100.0%	100.0%	100.0%	100.0%
列总计	558	12	536	7304	8410

Chi-square test：df = 9，卡方值为 49.912，sig = 0.000 < 0.05，所以不同政治面貌的居民在“所工作的单位同事之间的关系”的回答上存在显著差异。

E15 by K8

为了单位组织的利益，你的单位是否会默认员工做违背道德的事情 ＊ 政治面貌 Crosstabulation

	共产党员	民主党派	共青团员	群众	总计
常常	5.3%	7.7%	4.6%	5.5%	5.5%
较多	10.0%	7.7%	14.1%	15.2%	14.7%
一般	22.7%	30.8%	25.6%	24.6%	24.6%
较少	31.2%	38.5%	27.1%	26.0%	26.5%
从来没有	30.8%	15.4%	28.5%	28.7%	28.8%
总计	100.0%	100.0%	100.0%	100.0%	100.0%
列总计	471	13	410	5890	6784

Chi-square test：df = 12，卡方值为 16.985，sig = 0.150 > 0.05，所以不同政治面貌的居民在“为了单位组织的利益，你的单位是否会默认员工做违背道德的事情”的回答上不存在显著差异。

E16a by K8

您所工作的单位是否存在以下现象：给领导干部送礼讨好 ＊ 政治面貌 Crosstabulation

	共产党员	民主党派	共青团员	群众	总计
未选中	75.2%	61.5%	72.6%	68.8%	69.5%
选中	24.8%	38.5%	27.4%	31.2%	30.5%
总计	100.0%	100.0%	100.0%	100.0%	100.0%
列总计	553	13	533	7313	8412

Chi-square test：df = 3，卡方值为 13.003，sig = 0.005 < 0.05，所以不同政治面貌的居民在“您所工作的单位是否存在以下现象：给领导干部送礼讨好”的回答上存在显著差异。

E16b by K8

您所工作的单位是否存在以下现象：背后互相告恶状 ＊ 政治面貌 Crosstabulation

	共产党员	民主党派	共青团员	群众	总计
未选中	82.5%	61.5%	79.4%	77.1%	77.6%
选中	17.5%	38.5%	20.6%	22.9%	22.4%
总计	100.0%	100.0%	100.0%	100.0%	100.0%
列总计	553	13	533	7313	8412

Chi-square test：df = 3，卡方值为 11.447，sig = 0.010 < 0.05，所以不同政治面貌的居民在“您所工作的单位是否存在以下现象：背后互相告恶状”的回答上存在显著差异。

E16c by K8

您所工作的单位是否存在以下现象：拉帮结派 * 政治面貌 Crosstabulation

	共产党员	民主党派	共青团员	群众	总计
未选中	81.4%	76.9%	82.4%	81.6%	81.6%
选中	18.6%	23.1%	17.6%	18.4%	18.4%
总计	100.0%	100.0%	100.0%	100.0%	100.0%
列总计	553	13	533	7313	8412

Chi-square test：df = 3，卡方值为 0.410，sig = 0.938 > 0.05，所以不同政治面貌的居民在“您所工作的单位是否存在以下现象：拉帮结派”的回答上不存在显著差异。

E16d by K8

您所工作的单位是否存在以下现象：为谋私利找关系走后门 * 政治面貌 Crosstabulation

	共产党员	民主党派	共青团员	群众	总计
未选中	76.3%	69.2%	76.0%	71.9%	72.4%
选中	23.7%	30.8%	24.0%	28.1%	27.6%
总计	100.0%	100.0%	100.0%	100.0%	100.0%
列总计	553	13	533	7313	8412

Chi-square test：df = 3，卡方值为 8.644，sig = 0.034 < 0.05，所以不同政治面貌的居民在“您所工作的单位是否存在以下现象：为谋私利找关系走后门”的回答上存在显著差异。

E16e by K8

您所工作的单位是否存在以下现象：奖惩制度不公平 * 政治面貌 Crosstabulation

	共产党员	民主党派	共青团员	群众	总计
未选中	82.6%	84.6%	81.6%	81.2%	81.4%
选中	17.4%	15.4%	18.4%	18.8%	18.6%
总计	100.0%	100.0%	100.0%	100.0%	100.0%
列总计	553	13	533	7313	8412

Chi-square test：df = 3，卡方值为 0.782，sig = 0.854 > 0.05，所以不同政治面貌的居民在“您所工作的单位是否存在以下现象：奖惩制度不公平”的回答上不存在显著差异。

E16f by K8

您所工作的单位是否存在以下现象：领导干部滥用职权 ＊ 政治面貌 Crosstabulation

	共产党员	民主党派	共青团员	群众	总计
未选中	83.4%	76.9%	82.6%	79.1%	79.6%
选中	16.6%	23.1%	17.4%	20.9%	20.4%
总计	100.0%	100.0%	100.0%	100.0%	100.0%
列总计	553	13	533	7313	8412

Chi-square test：df = 3，卡方值为 8.955，sig = 0.030 < 0.05，所以不同政治面貌的居民在“您所工作的单位是否存在以下现象：领导干部滥用职权”的回答上存在显著差异。

E16g by K8

您所工作的单位是否存在以下现象：都不存在 ＊ 政治面貌 Crosstabulation

	共产党员	民主党派	共青团员	群众	总计
未选中	59.5%	84.6%	60.0%	67.2%	66.2%
选中	40.5%	15.4%	40.0%	32.8%	33.8%
总计	100.0%	100.0%	100.0%	100.0%	100.0%
列总计	553	13	533	7313	8412

Chi-square test：df = 3，卡方值为 25.116，sig = 0.000 < 0.05，所以不同政治面貌的居民在“您所工作的单位是否存在以下现象：都不存在”的回答上存在显著差异。

E17a by K8

下列关于企业履行社会责任（如捐款捐物、做公益慈善）的说法，您的同意程度是？只有国企才应该履行社会责任 ＊ 政治面貌 Crosstabulation

	共产党员	民主党派	共青团员	群众	总计
完全同意	4.1%	9.1%	4.2%	3.1%	3.3%
比较同意	22.3%	18.2%	19.2%	31.7%	30.2%
不太同意	50.9%	54.5%	51.7%	52.1%	52.0%
完全不同意	22.7%	18.2%	24.8%	13.1%	14.5%
总计	100.0%	100.0%	100.0%	100.0%	100.0%
列总计	542	11	520	6759	7832

Chi-square test：df = 9，卡方值为 113.633，sig = 0.000 < 0.05，所以不同政治面貌的居民在“只有国企才应该履行社会责任”的同意程度上存在显著差异。

E17b by K8

下列关于企业履行社会责任（如捐款捐物、做公益慈善）的说法，您的同意程度是？只有大企业才应该履行社会责任 ＊ 政治面貌 Crosstabulation

	共产党员	民主党派	共青团员	群众	总计
完全同意	1.7%		2.7%	3.3%	3.1%
比较同意	20.7%	20.0%	17.7%	30.2%	28.7%
不太同意	53.1%	70.0%	52.0%	50.2%	50.6%
完全不同意	24.5%	10.0%	27.6%	16.3%	17.6%
总计	100.0%	100.0%	100.0%	100.0%	100.0%
列总计	542	10	519	6775	7846

Chi-square test：df = 9，卡方值为 96.940，sig = 0.000 < 0.05，所以不同政治面貌的居民在“只有大企业才应该履行社会责任”的同意程度上存在显著差异。

E17c by K8

下列关于企业履行社会责任（如捐款捐物、做公益慈善）的说法，您的同意程度是？只有盈利多的企业才需要履行社会责任 ＊ 政治面貌 Crosstabulation

	共产党员	民主党派	共青团员	群众	总计
完全同意	2.2%	10.0%	3.3%	4.3%	4.1%
比较同意	17.7%	10.0%	17.7%	29.0%	27.5%
不太同意	55.1%	60.0%	53.4%	51.8%	52.1%
完全不同意	25.0%	20.0%	25.7%	14.9%	16.3%
总计	100.0%	100.0%	100.0%	100.0%	100.0%
列总计	537	10	521	6753	7821

Chi-square test：df = 9，卡方值为 113.202，sig = 0.000 < 0.05，所以不同政治面貌的居民在“只有盈利多的企业才需要履行社会责任”的同意程度上存在显著差异。

E17d by K8

下列关于企业履行社会责任（如捐款捐物、做公益慈善）的说法，您的同意程度是？污染类企业要履行更多的社会责任 ＊ 政治面貌 Crosstabulation

	共产党员	民主党派	共青团员	群众	总计
完全同意	26.0%	36.4%	26.6%	26.3%	26.4%
比较同意	37.1%	27.3%	40.7%	42.2%	41.7%
不太同意	28.0%	27.3%	22.6%	23.1%	23.4%
完全不同意	8.9%	9.1%	10.1%	8.3%	8.5%

续表

	共产党员	民主党派	共青团员	群众	总计
总计	100.0%	100.0%	100.0%	100.0%	100.0%
列总计	542	11	526	6847	7926

Chi-square test：df=9，卡方值为11.503，sig =0.243 >0.05，所以不同政治面貌的居民在“污染类企业要履行更多的社会责任”的同意程度上不存在显著差异。

E17e by K8

下列关于企业履行社会责任（如捐款捐物、做公益慈善）的说法，您的同意程度是？小企业只要管好自己就行了，不需要履行社会责任 ＊ 政治面貌 Crosstabulation

	共产党员	民主党派	共青团员	群众	总计
完全同意	1.7%		2.3%	2.8%	2.7%
比较同意	13.3%	27.3%	12.8%	20.4%	19.4%
不太同意	58.1%	9.1%	52.9%	56.0%	55.8%
完全不同意	26.9%	63.6%	32.0%	20.9%	22.1%
总计	100.0%	100.0%	100.0%	100.0%	100.0%
列总计	535	11	522	6731	7799

Chi-square test：df=9，卡方值为75.478，sig =0.000 <0.05，所以不同政治面貌的居民在“小企业只要管好自己就行了，不需要履行社会责任”的同意程度上存在显著差异。

E18a by K8

您觉得下列哪类单位最讲道德 ＊ 政治面貌 Crosstabulation

	共产党员	民主党派	共青团员	群众	总计
国有（控股）企业	19.1%		16.9%	18.6%	18.5%
民营企业	2.9%	14.3%	3.7%	5.1%	4.8%
私营企业	1.3%		1.4%	2.7%	2.5%
外资企业	4.0%	14.3%	8.2%	6.5%	6.4%
学校	41.6%	28.6%	46.9%	43.7%	43.8%
医院	5.6%	14.3%	5.5%	4.8%	4.9%
政府机关	21.6%	14.3%	14.0%	13.8%	14.4%
民间组织	4.0%	14.3%	3.4%	4.8%	4.7%
总计	100.0%	100.0%	100.0%	100.0%	100.0%
列总计	450	7	437	5260	6154

Chi-square test：df=21，卡方值为46.471，sig =0.001 <0.05，所以不同政治面貌的居民在“觉得哪类单位最讲道德”的回答上存在显著差异。

E18b by K8

您觉得下列哪类单位道德水平最差 ＊ 政治面貌 Crosstabulation

	共产党员	民主党派	共青团员	群众	总计
国有（控股）企业	5.9%		7.6%	5.3%	5.5%
民营企业	16.6%		11.6%	11.3%	11.6%
私营企业	35.0%	28.6%	37.3%	29.3%	30.2%
外资企业	5.3%		3.2%	3.8%	3.8%
学校	3.2%	14.3%	2.7%	3.4%	3.4%
医院	12.0%	14.3%	11.9%	19.0%	18.0%
政府机关	6.7%	14.3%	11.4%	16.1%	15.1%
民间组织	15.2%	28.6%	14.3%	11.9%	12.3%
总计	100.0%	100.0%	100.0%	100.0%	100.0%
列总计	374	7	370	4745	5496

Chi-square test：df = 21，卡方值为 77.254，sig = 0.000 < 0.05，所以不同政治面貌的居民在“觉得哪类单位道德水平最差”的回答上存在显著差异。

E19a by K8

以下关于学校的说法，您的同意程度是？学校越来越以营利为目的 ＊ 政治面貌 Crosstabulation

	共产党员	民主党派	共青团员	群众	总计
完全同意	9.7%	33.3%	10.2%	6.8%	7.3%
比较同意	37.0%	25.0%	39.0%	42.9%	42.2%
不太同意	39.3%	33.3%	36.9%	41.7%	41.2%
完全不同意	14.0%	8.3%	13.8%	8.6%	9.3%
总计	100.0%	100.0%	100.0%	100.0%	100.0%
列总计	535	12	528	6938	8013

Chi-square test：df = 9，卡方值为 61.805，sig = 0.000 < 0.05，所以不同政治面貌的居民在“学校越来越以营利为目的的同意程度”的回答上存在显著差异。

E19b by K8

以下关于学校的说法，您的同意程度是？学校主要传授知识和技能，培养道德不重要 ＊ 政治面貌 Crosstabulation

	共产党员	民主党派	共青团员	群众	总计
完全同意	1.6%	8.3%	2.6%	1.1%	1.3%

续表

	共产党员	民主党派	共青团员	群众	总计
比较同意	13.7%	25.0%	12.0%	12.7%	12.7%
不太同意	47.4%	25.0%	40.8%	61.1%	58.8%
完全不同意	37.2%	41.7%	44.6%	25.1%	27.2%
总计	100.0%	100.0%	100.0%	100.0%	100.0%
列总计	548	12	542	7117	8219

Chi-square test：df=9，卡方值为160.261，sig =0.000<0.05，所以不同政治面貌的居民在“学校主要传授知识和技能，培养道德不重要的同意程度”的回答上存在显著差异。

E19c by K8

以下关于学校的说法，您的同意程度是？学校升学率高比素质教育更重要 * 政治面貌 Crosstabulation

	共产党员	民主党派	共青团员	群众	总计
完全同意	3.9%		3.7%	2.0%	2.2%
比较同意	14.7%	25.0%	11.4%	13.0%	13.0%
不太同意	51.2%	41.7%	46.7%	59.6%	58.2%
完全不同意	30.2%	33.3%	38.2%	25.4%	26.6%
总计	100.0%	100.0%	100.0%	100.0%	100.0%
列总计	543	12	542	7059	8156

Chi-square test：df=9，卡方值为71.593，sig =0.000<0.05，所以不同政治面貌的居民在“学校升学率高比素质教育更重要的同意程度”的回答上存在显著差异。

E19d by K8

以下关于学校的说法，您的同意程度是？青少年儿童行为不端，主要是学校没教好 * 政治面貌 Crosstabulation

	共产党员	民主党派	共青团员	群众	总计
完全同意	1.5%	25.0%	1.7%	1.7%	1.7%
比较同意	13.9%	16.7%	9.6%	14.9%	14.5%
不太同意	57.2%	50.0%	53.0%	59.6%	59.0%
完全不同意	27.4%	8.3%	35.7%	23.8%	24.8%
总计	100.0%	100.0%	100.0%	100.0%	100.0%
列总计	540	12	532	7073	8157

Chi-square test：df=9，卡方值为83.771，sig =0.000<0.05，所以不同政治面貌的居民在“青少年儿童行为不端，主要是学校没教好的同意程度”的回答上存在显著差异。

E19e by K8

以下关于学校的说法，您的同意程度是？要想把孩子培养得好，就要多给老师送礼 ＊ 政治面貌 Crosstabulation

	共产党员	民主党派	共青团员	群众	总计
完全同意	1.3%		2.1%	2.1%	2.0%
比较同意	9.5%		8.4%	13.0%	12.5%
不太同意	43.1%	40.0%	35.2%	48.7%	47.4%
完全不同意	46.1%	60.0%	54.3%	36.3%	38.1%
总计	100.0%	100.0%	100.0%	100.0%	100.0%
列总计	536	10	534	7015	8095

Chi-square test：df = 9，卡方值为 89.791，sig = 0.000 < 0.05，所以不同政治面貌的居民在“要想把孩子培养得好，就要多给老师送礼的同意程度”的回答上存在显著差异。

E20 by K8

您所在的单位当员工或村民受到不应该的对待时，员工或村民有没有申诉的机会 ＊ 政治面貌 Crosstabulation

	共产党员	民主党派	共青团员	群众	总计
有	74.2%	14.3%	67.6%	64.0%	64.9%
没有	25.8%	85.7%	32.4%	36.0%	35.1%
总计	100.0%	100.0%	100.0%	100.0%	100.0%
列总计	391	7	318	4272	4988

Chi-square test：df = 3，卡方值为 25.258，sig = 0.000 < 0.05，所以不同政治面貌的居民在“当员工或村民受到不应该的对待时，员工或村民有没有申诉的机会的认知”的回答上存在显著差异。

E21 by K8

您所在的单位当员工或村民受到不应该的对待时，员工或村民有没有申诉的地方或渠道 ＊ 政治面貌 Crosstabulation

	共产党员	民主党派	共青团员	群众	总计
有	75.3%	50.0%	69.7%	66.4%	67.3%
没有	24.7%	50.0%	30.3%	33.6%	32.7%
总计	100.0%	100.0%	100.0%	100.0%	100.0%
列总计	388	6	304	4234	4932

Chi-square test：df = 3，卡方值为 14.383，sig = 0.002 < 0.05，所以不同政治面貌的居民在“当员工或村民受到不应该的对待时，员工或村民有没有申诉的地方或渠道的认知”的回答上存在显著差异。

E22 by K8

您所在的单位当员工或村民受到不应该的对待时，有没有人进行过申诉 ＊ 政治面貌 Crosstabulation

	共产党员	民主党派	共青团员	群众	总计
全部会申诉	7.2%		4.2%	3.8%	4.1%
大部分会申诉	20.2%	22.2%	23.6%	19.9%	20.2%
小部分会申诉	56.6%	11.1%	54.0%	55.4%	55.3%
无人申诉	16.0%	66.7%	18.2%	20.9%	20.4%
总计	100.0%	100.0%	100.0%	100.0%	100.0%
列总计	387	9	313	4079	4788

Chi-square test：df = 9，卡方值为 30.337，sig = 0.000 < 0.05，所以不同政治面貌的居民在“当员工或村民受到不应该的对待时，有没有人进行过申诉”的回答上存在显著差异。

E23 by K8

您所在的单位在多大程度上认真对待员工或村民的申诉 ＊ 政治面貌 Crosstabulation

	共产党员	民主党派	共青团员	群众	总计
完全不认真	6.7%	28.6%	5.4%	11.1%	10.4%
不太认真	18.4%	28.6%	24.3%	21.8%	21.7%
一般	30.7%	28.6%	37.7%	34.0%	33.9%
比较认真	37.2%	14.3%	27.2%	29.0%	29.6%
非常认真	7.0%		5.4%	4.0%	4.4%
总计	100.0%	100.0%	100.0%	100.0%	100.0%
列总计	374	7	276	3615	4272

Chi-square test：df = 12，卡方值为 36.934，sig = 0.000 < 0.05，所以不同政治面貌的居民在“您所在的单位在多大程度上认真对待员工或村民的申诉”的回答上存在显著差异。

E24 by K8

您所在单位是否有道德方面的教育或活动 ＊ 政治面貌 Crosstabulation

	共产党员	民主党派	共青团员	群众	总计
有	15.8%		5.2%	3.2%	4.1%
没有	36.9%	33.3%	40.0%	42.5%	42.0%
不知道	47.3%	66.7%	54.8%	54.3%	54.0%

续表

	共产党员	民主党派	共青团员	群众	总计
总计	100.0%	100.0%	100.0%	100.0%	100.0%
列总计	518	12	540	7245	8315

Chi-square test：df=6，卡方值为200.794，sig =0.000<0.05，所以不同政治面貌的居民在“您所在单位是否有道德方面的教育或活动”的回答上存在显著差异。

E25a by K8

对当地企业道德状况的满意度是 * 政治面貌 Crosstabulation

	共产党员	民主党派	共青团员	群众	总计
非常不满意	3.4%	20.0%	3.7%	2.0%	2.2%
不太满意	21.8%	30.0%	28.2%	21.8%	22.3%
比较满意	70.1%	50.0%	64.2%	74.1%	73.2%
非常满意	4.6%		3.9%	2.0%	2.3%
总计	100.0%	100.0%	100.0%	100.0%	100.0%
列总计	499	10	464	6175	7148

Chi-square test：df=9，卡方值为57.268，sig =0.000<0.05，所以不同政治面貌的居民在“对当地企业道德状况的满意度”的回答上存在显著差异。

E25b by K8

对当地医院道德状况的满意度是 * 政治面貌 Crosstabulation

	共产党员	民主党派	共青团员	群众	总计
非常不满意	3.2%	10.0%	3.3%	3.4%	3.4%
不太满意	22.2%	30.0%	22.5%	25.7%	25.3%
比较满意	66.5%	50.0%	66.2%	65.6%	65.7%
非常满意	8.1%	10.0%	8.0%	5.2%	5.6%
总计	100.0%	100.0%	100.0%	100.0%	100.0%
列总计	532	10	512	6859	7913

Chi-square test：df=9，卡方值为19.075，sig =0.025<0.05，所以不同政治面貌的居民在“对当地医院道德状况的满意度”的回答上存在显著差异。

E25c by K8

对当地政府道德状况的满意度是 * 政治面貌 Crosstabulation

	共产党员	民主党派	共青团员	群众	总计
非常不满意	2.9%	18.2%	2.6%	3.8%	3.6%

续表

	共产党员	民主党派	共青团员	群众	总计
不太满意	21.7%	36.4%	26.1%	24.2%	24.2%
比较满意	63.9%	36.4%	62.9%	65.3%	65.0%
非常满意	11.6%	9.1%	8.4%	6.7%	7.1%
总计	100.0%	100.0%	100.0%	100.0%	100.0%
列总计	526	11	499	6559	7595

Chi-square test：df=9，卡方值为31.325，sig =0.000<0.05，所以不同政治面貌的居民在“对当地政府道德状况的满意度”的回答上存在显著差异。

E25d by K8

对当地学校的道德状况的满意度是 * 政治面貌 Crosstabulation

	共产党员	民主党派	共青团员	群众	总计
非常不满意	1.1%	10.0%	2.0%	1.4%	1.4%
不太满意	13.8%	40.0%	16.0%	16.3%	16.1%
比较满意	70.2%	40.0%	67.6%	72.1%	71.6%
非常满意	14.9%	10.0%	14.5%	10.3%	10.8%
总计	100.0%	100.0%	100.0%	100.0%	100.0%
列总计	523	10	512	6692	7737

Chi-square test：df=9，卡方值为31.073，sig =0.000<0.05，所以不同政治面貌的居民在“对当地学校的道德状况的满意度”的回答上存在显著差异。

E25e by K8

对当地的 NGO 组织（如红十字会等）道德状况的满意度是 * 政治面貌 Crosstabulation

	共产党员	民主党派	共青团员	群众	总计
非常不满意	2.9%	14.3%	2.7%	2.0%	2.1%
不太满意	16.3%	14.3%	20.5%	16.8%	17.0%
比较满意	68.0%	57.1%	63.7%	68.8%	68.3%
非常满意	12.8%	14.3%	13.0%	12.4%	12.5%
总计	100.0%	100.0%	100.0%	100.0%	100.0%
列总计	375	7	331	3709	4422

Chi-square test：df=9，卡方值为10.845，sig =0.286>0.05，所以不同政治面貌的居民在“对当地的NGO 组织（如红十字会等）道德状况的满意度”的回答上不存在显著差异。

F1a by K8

您认为以下行为是否关乎道德？随地吐痰 ＊ 政治面貌 Crosstabulation

	共产党员	民主党派	共青团员	群众	总计
有关	93.1%	100.0%	96.8%	90.6%	91.2%
无关	6.9%		3.2%	9.4%	8.8%
总计	100.0%	100.0%	100.0%	100.0%	100.0%
列总计	564	13	558	7491	8626

Chi-square test：df = 3，卡方值为 28.841，sig = 0.000 < 0.05，所以不同政治面貌的居民在“随地吐痰是否关乎道德”的回答上存在显著差异。

F1b by K8

您认为以下行为是否关乎道德？插队 ＊ 政治面貌 Crosstabulation

	共产党员	民主党派	共青团员	群众	总计
有关	92.4%	100.0%	96.4%	90.5%	91.0%
无关	7.6%		3.6%	9.5%	9.0%
总计	100.0%	100.0%	100.0%	100.0%	100.0%
列总计	563	12	555	7481	8611

Chi-square test：df = 3，卡方值为 24.545，sig = 0.000 < 0.05，所以不同政治面貌的居民在“插队是否关乎道德”的回答上存在显著差异。

F1c by K8

您认为以下行为是否关乎道德？公交或地铁上大声打电话 ＊ 政治面貌 Crosstabulation

	共产党员	民主党派	共青团员	群众	总计
有关	90.2%	83.3%	93.1%	86.5%	87.1%
无关	9.8%	16.7%	6.9%	13.5%	12.9%
总计	100.0%	100.0%	100.0%	100.0%	100.0%
列总计	562	12	554	7485	8613

Chi-square test：df = 3，卡方值为 25.719，sig = 0.000 < 0.05，所以不同政治面貌的居民在“公交或地铁上大声打电话是否关乎道德”的回答上存在显著差异。

F1d by K8

您认为以下行为是否关乎道德？餐馆里说话声音很大 ＊ 政治面貌 Crosstabulation

	共产党员	民主党派	共青团员	群众	总计
有关	88.6%	100.0%	91.7%	85.1%	85.8%
无关	11.4%		8.3%	14.9%	14.2%
总计	100.0%	100.0%	100.0%	100.0%	100.0%
列总计	560	11	556	7473	8600

Chi-square test：df = 3，卡方值为 24.486，sig = 0.000 < 0.05，所以不同政治面貌的居民在“餐馆里说话声音很大是否关乎道德”的回答上存在显著差异。

F1e by K8

您认为以下行为是否关乎道德？在公共场所的椅子或沙发上躺着睡觉 ＊ 政治面貌 Crosstabulation

	共产党员	民主党派	共青团员	群众	总计
有关	90.2%	75.0%	92.1%	87.6%	88.1%
无关	9.8%	25.0%	7.9%	12.4%	11.9%
总计	100.0%	100.0%	100.0%	100.0%	100.0%
列总计	560	12	554	7480	8606

Chi-square test：df = 3，卡方值为 14.128，sig = 0.003 < 0.05，所以不同政治面貌的居民在“在公共场所的椅子或沙发上躺着睡觉是否关乎道德”的回答上存在显著差异。

F1f by K8

您是否做出过这些行为？随地吐痰 ＊ 政治面貌 Crosstabulation

	共产党员	民主党派	共青团员	群众	总计
经常做	2.6%		2.2%	2.9%	2.8%
偶尔做	30.2%	36.4%	25.6%	38.5%	37.1%
从来不做	67.3%	63.6%	72.2%	58.5%	60.0%
总计	100.0%	100.0%	100.0%	100.0%	100.0%
列总计	547	11	547	7217	8322

Chi-square test：df = 6，卡方值为 53.039，sig = 0.000 < 0.05，所以不同政治面貌的居民在“是否有过随地吐痰的行为”的回答上存在显著差异。

F1g by K8

您是否做出过这些行为？插队 ＊ 政治面貌 Crosstabulation

	共产党员	民主党派	共青团员	群众	总计
经常做	2.2%	7.7%	3.3%	2.2%	2.3%
偶尔做	20.6%	38.5%	27.6%	29.0%	28.4%
从来不做	77.2%	53.8%	69.1%	68.8%	69.4%
总计	100.0%	100.0%	100.0%	100.0%	100.0%
列总计	548	13	550	7208	8319

Chi-square test：df = 6，卡方值为 23.126，sig = 0.000 < 0.05，所以不同政治面貌的居民在“是否有过插队的行为”的回答上存在显著差异。

F1h by K8

您是否做出过这些行为？公交或地铁上大声打电话 ＊ 政治面貌 Crosstabulation

	共产党员	民主党派	共青团员	群众	总计
经常做	2.2%		3.3%	2.8%	2.8%
偶尔做	25.9%	36.4%	22.1%	28.3%	27.7%
从来不做	71.9%	63.6%	74.6%	68.9%	69.5%
总计	100.0%	100.0%	100.0%	100.0%	100.0%
列总计	549	11	547	7158	8265

Chi-square test：df = 6，卡方值为 12.370，sig = 0.054 > 0.05，所以不同政治面貌的居民在“是否有过公交或地铁上大声打电话的行为”的回答上不存在显著差异。

F1i by K8

您是否做出过这些行为？餐馆里说话声音很大 ＊ 政治面貌 Crosstabulation

	共产党员	民主党派	共青团员	群众	总计
经常做	2.4%	15.4%	3.1%	2.9%	2.9%
偶尔做	25.9%	30.8%	24.0%	26.1%	26.0%
从来不做	71.7%	53.8%	72.9%	71.0%	71.1%
总计	100.0%	100.0%	100.0%	100.0%	100.0%
列总计	548	13	546	7161	8268

Chi-square test：df = 6，卡方值为 9.421，sig = 0.151 > 0.05，所以不同政治面貌的居民在“是否有过餐馆里说话声音很大的行为”的回答上不存在显著差异。

F1j by K8

您是否做出过这些行为？在公共场所的椅子或沙发上躺着睡觉 ＊ 政治面貌 Crosstabulation

	共产党员	民主党派	共青团员	群众	总计
经常做	3.5%		5.7%	2.4%	2.7%
偶尔做	11.6%	8.3%	9.5%	13.7%	13.2%
从来不做	84.9%	91.7%	84.9%	84.0%	84.1%
总计	100.0%	100.0%	100.0%	100.0%	100.0%
列总计	550	12	548	7188	8298

Chi-square test：df = 6，卡方值为 30.485，sig = 0.000 < 0.05，所以不同政治面貌的居民在“是否有过在公共场所的椅子或沙发上躺着睡觉的行为”的回答上存在显著差异。

F2 by K8

入夜后，很多中老年朋友在广场上伴着录音机的音乐跳舞，产生噪声，有人向政府或物管投诉，要求阻止。对这件事您怎么看 ＊ 政治面貌 Crosstabulation

	共产党员	民主党派	共青团员	群众	总计
在广场上跳舞是居民的自由，不应干预	14.1%	15.4%	9.0%	24.2%	22.6%
跳舞如果破坏了别人的清静，就应该停止	26.1%	23.1%	23.7%	22.0%	22.4%
中老年人没地方活动，即便跳舞构成干扰，也应尽量容忍和理解	17.5%	7.7%	18.1%	22.1%	21.5%
请跳舞者降低音量，大家相互妥协	41.3%	46.2%	48.6%	30.3%	32.2%
其他（请说明）	1.1%	7.7%	0.7%	1.4%	1.3%
总计	100.0%	100.0%	100.0%	100.0%	100.0%
列总计	560	13	558	7418	8549

Chi-square test：df = 12，卡方值为 16.782，sig = 0.000 < 0.05，所以不同政治面貌的居民在“入夜后，很多中老年朋友在广场上伴着录音机的音乐跳舞，产生噪声，有人向政府或物管投诉，要求阻止。对这件事您怎么看”的回答上存在显著差异。

F3a by K8

社会上经常发生一些因个人认为自身受到不公正待遇而导致的社会泄愤事件，比如厦门公交爆炸案、徐州幼儿园爆炸案。对下列说法，您的同意程度如何？这是暴徒行为，无论何种情况下，都不应该采取暴力手段 ＊ 政治面貌 Crosstabulation

	共产党员	民主党派	共青团员	群众	总计
完全同意	51.1%	75.0%	48.6%	38.9%	40.4%

续表

	共产党员	民主党派	共青团员	群众	总计
比较同意	40. 8%	16. 7%	40. 1%	51. 9%	50. 3%
不太同意	6. 6%		8. 3%	7. 8%	7. 8%
完全不同意	1. 5%	8. 3%	2. 9%	1. 4%	1. 5%
总计	100. 0%	100. 0%	100. 0%	100. 0%	100. 0%
列总计	542	12	543	7049	8146

Chi-square test：df = 9，卡方值 72. 910，sig = 0. 000 < 0. 05，所以不同政治面貌的居民在“这是暴徒行为，无论何种情况下，都不应该采取暴力手段”同意程度的回答上存在显著差异。

F3b by K8

社会上经常发生一些因个人认为自身受到不公正待遇而导致的社会泄愤事件，比如厦门公交爆炸案、徐州幼儿园爆炸案。对下列说法，您的同意程度如何？其他社会成员在需要的时候没有及时给予帮助，因此我们每个人都有责任 ＊ 政治面貌 Crosstabulation

	共产党员	民主党派	共青团员	群众	总计
完全同意	19. 0%	41. 7%	20. 7%	14. 7%	15. 4%
比较同意	52. 8%	41. 7%	49. 4%	48. 9%	49. 2%
不太同意	25. 5%	16. 7%	25. 5%	30. 8%	30. 0%
完全不同意	2. 8%		4. 4%	5. 7%	5. 4%
总计	100. 0%	100. 0%	100. 0%	100. 0%	100. 0%
列总计	542	12	542	7034	8130

Chi-square test：df = 9，卡方值为 43. 090，sig = 0. 000 < 0. 05，所以不同政治面貌的居民在“其他社会成员在需要的时候没有及时给予帮助，因此我们每个人都有责任”同意程度的回答上存在显著差异。

F3c by K8

社会上经常发生一些因个人认为自身受到不公正待遇而导致的社会泄愤事件，比如厦门公交爆炸案、徐州幼儿园爆炸案。对下列说法，您的同意程度如何？他们的遭遇值得同情，但应该去报复那些给予他们不公正待遇的人，而不是伤及无辜 ＊ 政治面貌 Crosstabulation

	共产党员	民主党派	共青团员	群众	总计
完全同意	15. 3%	36. 4%	12. 2%	11. 5%	11. 8%
比较同意	30. 7%	18. 2%	34. 3%	34. 2%	33. 9%
不太同意	34. 6%	27. 3%	34. 3%	36. 2%	36. 0%

续表

	共产党员	民主党派	共青团员	群众	总计
完全不同意	19.5%	18.2%	19.3%	18.1%	18.2%
总计	100.0%	100.0%	100.0%	100.0%	100.0%
列总计	544	11	543	7046	8144

Chi-square test：df=9，卡方值为16.285，sig =0.061 >0.05，所以不同政治面貌的居民在“他们的遭遇值得同情，但应该去报复那些给予他们不公正待遇的人，而不是伤及无辜”同意程度的回答上不存在显著差异。

F3d by K8

社会上经常发生一些因个人认为自身受到不公正待遇而导致的社会泄愤事件，比如厦门公交爆炸案、徐州幼儿园爆炸案。对下列说法，您的同意程度如何？受到不公平待遇，应该充分相信政府，积极寻求相关部门的帮助 * 政治面貌 Crosstabulation

	共产党员	民主党派	共青团员	群众	总计
完全同意	32.8%	40.0%	25.5%	24.2%	24.9%
比较同意	51.7%	40.0%	52.1%	55.9%	55.4%
不太同意	10.6%	20.0%	17.5%	16.4%	16.1%
完全不同意	5.0%		4.8%	3.5%	3.7%
总计	100.0%	100.0%	100.0%	100.0%	100.0%
列总计	540	10	537	7038	8125

Chi-square test：df=9，卡方值为35.833，sig =0.000 <0.05，所以不同政治面貌的居民在“受到不公平待遇，应该充分相信政府，积极寻求相关部门的帮助”同意程度的回答上存在显著差异。

F4 by K8

总的来说，您认为当今的社会公不公平 * 政治面貌 Crosstabulation

	共产党员	民主党派	共青团员	群众	总计
完全不公平	5.7%	7.7%	8.1%	5.7%	5.9%
比较不公平	25.6%	53.8%	30.1%	29.3%	29.2%
说不上公平但也不能说不公平	29.7%	38.5%	32.4%	39.1%	38.0%
比较公平	36.3%		26.6%	23.9%	24.8%
非常公平	2.8%		2.8%	2.0%	2.1%
总计	100.0%	100.0%	100.0%	100.0%	100.0%
列总计	543	13	534	7035	8125

Chi-square test：df=12，卡方值为65.051，sig =0.000 <0.05，所以不同政治面貌的居民在“认为当今的社会公不公平”的回答上存在显著差异。

F5 by K8

和前几年相比，您怎样看待目前我国社会的分配不公、两极分化现象 * 政治面貌 Crosstabulation

	共产党员	民主党派	共青团员	群众	总计
有较大改善	44.8%	33.3%	41.1%	32.1%	33.5%
没什么变化	40.0%	16.7%	42.3%	54.9%	53.0%
更加恶化	15.2%	50.0%	16.6%	13.1%	13.5%
总计	100.0%	100.0%	100.0%	100.0%	100.0%
列总计	527	12	489	6545	7573

Chi-square test：df = 6，卡方值为 84.230，sig = 0.000 < 0.05，所以不同政治面貌的居民在“目前我国社会的分配不公、两极分化现象”的回答上存在显著差异。

F6 by K8

您怎样看待目前我国社会成员之间的收入差距 * 政治面貌 Crosstabulation

	共产党员	民主党派	共青团员	群众	总计
合理，可以接受	21.1%		16.9%	17.2%	17.4%
不合理，但可以接受	55.6%	36.4%	62.8%	60.5%	60.3%
不合理，不能接受	23.2%	63.6%	20.2%	22.3%	22.3%
总计	100.0%	100.0%	100.0%	100.0%	100.0%
列总计	525	11	484	6418	7438

Chi-square test：df = 6，卡方值为 19.444，sig = 0.003 < 0.05，所以不同政治面貌的居民在“目前我国社会成员之间的收入差距”的回答上存在显著差异。

F7a by K8

请问您是否同意当前的社会是人人为自己 * 政治面貌 Crosstabulation

	共产党员	民主党派	共青团员	群众	总计
完全同意	9.4%	33.3%	9.1%	11.5%	11.2%
比较同意	50.3%	50.0%	51.7%	59.1%	58.0%
不太同意	37.3%	16.7%	34.6%	28.1%	29.1%
完全不同意	3.1%		4.6%	1.3%	1.6%
总计	100.0%	100.0%	100.0%	100.0%	100.0%
列总计	555	12	547	7353	8467

Chi-square test：df = 9，卡方值为 85.809，sig = 0.000 < 0.05，所以不同政治面貌的居民在“是否同意当前的社会是人人为自己”的回答上存在显著差异。

F7b by K8

请问您是否同意现在社会上的大多数人是见利忘义的 * 政治面貌 Crosstabulation

	共产党员	民主党派	共青团员	群众	总计
完全同意	6.0%	16.7%	6.2%	7.9%	7.6%
比较同意	44.6%	58.3%	41.7%	51.3%	50.2%
不太同意	44.6%	25.0%	46.8%	37.3%	38.4%
完全不同意	4.9%		5.3%	3.5%	3.7%
总计	100.0%	100.0%	100.0%	100.0%	100.0%
列总计	552	12	551	7331	8446

Chi-square test：df=9，卡方值为43.796，sig =0.000<0.05，所以不同政治面貌的居民在“是否同意现在社会上的大多数人是见利忘义的”的回答上存在显著差异。

F7c by K8

请问您是否同意现在社会是一个物欲横流的社会 * 政治面貌 Crosstabulation

	共产党员	民主党派	共青团员	群众	总计
完全同意	7.9%	16.7%	7.8%	7.4%	7.5%
比较同意	44.2%	50.0%	48.2%	47.5%	47.3%
不太同意	42.5%	25.0%	35.9%	39.8%	39.7%
完全不同意	5.3%	8.3%	8.1%	5.3%	5.5%
总计	100.0%	100.0%	100.0%	100.0%	100.0%
列总计	543	12	541	7025	8121

Chi-square test：df=9，卡方值为14.279，sig =0.113>0.05，所以不同政治面貌的居民在“是否同意现在社会是一个物欲横流的社会”的回答上不存在显著差异。

F7d by K8

请问您是否同意当前大多数人都是以集体利益为重 * 政治面貌 Crosstabulation

	共产党员	民主党派	共青团员	群众	总计
完全同意	6.1%	18.2%	6.1%	5.7%	5.8%
比较同意	36.1%	27.3%	36.0%	37.7%	37.4%
不太同意	51.7%	54.5%	50.6%	51.5%	51.5%
完全不同意	6.1%		7.4%	5.1%	5.3%
总计	100.0%	100.0%	100.0%	100.0%	100.0%
列总计	543	11	544	7127	8225

Chi-square test：df=9，卡方值为10.116，sig =0.341>0.05，所以不同政治面貌的居民在“是否同意当前大多数人都是以集体利益为重”的回答上不存在显著差异。

F7e by K8

请问您是否同意当前大多数人都是家庭利益至上 ＊ 政治面貌 Crosstabulation

	共产党员	民主党派	共青团员	群众	总计
完全同意	13.8%	8.3%	12.2%	18.0%	17.3%
比较同意	51.0%	41.7%	56.4%	55.6%	55.3%
不太同意	30.3%	41.7%	25.0%	23.6%	24.2%
完全不同意	4.9%	8.3%	6.4%	2.8%	3.2%
总计	100.0%	100.0%	100.0%	100.0%	100.0%
列总计	551	12	543	7265	8371

Chi-square test：df = 9，卡方值为 54.615，sig = 0.000 < 0.05，所以不同政治面貌的居民在“是否同意当前大多数人都是家庭利益至上”的回答上存在显著差异。

F7f by K8

请问您是否同意当前的社会是个金钱至上的社会 ＊ 政治面貌 Crosstabulation

	共产党员	民主党派	共青团员	群众	总计
完全同意	12.4%	25.0%	12.4%	14.6%	14.3%
比较同意	39.9%	41.7%	43.7%	50.9%	49.7%
不太同意	40.6%	25.0%	36.1%	30.4%	31.4%
完全不同意	7.1%	8.3%	7.8%	4.1%	4.5%
总计	100.0%	100.0%	100.0%	100.0%	100.0%
列总计	547	12	540	7230	8329

Chi-square test：df = 9，卡方值为 65.893，sig = 0.000 < 0.05，所以不同政治面貌的居民在“是否同意当前的社会是个金钱至上的社会”的回答上存在显著差异。

F7g by K8

请问您是否同意现在社会守道德的人大都吃亏，不守道德的人占便宜 ＊ 政治面貌 Crosstabulation

	共产党员	民主党派	共青团员	群众	总计
完全同意	7.7%	36.4%	7.7%	8.3%	8.2%
比较同意	35.2%	36.4%	34.8%	43.2%	42.1%
不太同意	48.9%	27.3%	47.6%	43.7%	44.3%
完全不同意	8.2%		9.8%	4.8%	5.4%
总计	100.0%	100.0%	100.0%	100.0%	100.0%

续表

	共产党员	民主党派	共青团员	群众	总计
列总计	546	11	531	7151	8239

Chi-square test：df = 9，卡方值为 63. 517，sig = 0. 000 < 0. 05，所以不同政治面貌的居民在“是否同意现在社会守道德的人大都吃亏，不守道德的人占便宜”的回答上存在显著差异。

F7h by K8

请问您是否同意现在社会中好人有好报，恶人终归会受到惩罚 ＊ 政治面貌 Crosstabulation

	共产党员	民主党派	共青团员	群众	总计
完全同意	15. 8%	10. 0%	15. 3%	15. 2%	15. 2%
比较同意	48. 3%	50. 0%	49. 2%	51. 2%	50. 9%
不太同意	31. 0%	30. 0%	31. 3%	30. 2%	30. 3%
完全不同意	5. 0%	10. 0%	4. 3%	3. 4%	3. 6%
总计	100. 0%	100. 0%	100. 0%	100. 0%	100. 0%
列总计	545	10	537	7199	8291

Chi-square test：df = 9，卡方值为 6. 843，sig = 0. 653 > 0. 05，所以不同政治面貌的居民在“是否同意现在社会中好人有好报，恶人终归会受到惩罚”的回答上不存在显著差异。

F7i by K8

请问您是否同意人们的生活水平越高，就越幸福 ＊ 政治面貌 Crosstabulation

	共产党员	民主党派	共青团员	群众	总计
完全同意	12. 0%	16. 7%	13. 6%	18. 2%	17. 5%
比较同意	42. 9%	58. 3%	39. 4%	45. 4%	44. 8%
不太同意	39. 8%	8. 3%	41. 5%	32. 6%	33. 6%
完全不同意	5. 3%	16. 7%	5. 5%	3. 8%	4. 0%
总计	100. 0%	100. 0%	100. 0%	100. 0%	100. 0%
列总计	543	12	545	7238	8338

Chi-square test：df = 9，卡方值为 52. 721，sig = 0. 000 < 0. 05，所以不同政治面貌的居民在“是否同意人们的生活水平越高，就越幸福”的回答上存在显著差异。

F7j by K8

请问您是否同意我们的社会中道德能够很好地约束人们的行为 * 政治面貌 Crosstabulation

	共产党员	民主党派	共青团员	群众	总计
完全同意	7.6%	10.0%	8.4%	6.3%	6.5%
比较同意	49.6%	40.0%	49.6%	48.8%	48.9%
不太同意	36.8%	40.0%	35.8%	40.2%	39.7%
完全不同意	6.0%	10.0%	6.2%	4.7%	4.9%
总计	100.0%	100.0%	100.0%	100.0%	100.0%
列总计	536	10	536	6959	8041

Chi-square test：df = 9，卡方值为 12.884，sig = 0.168 > 0.05，所以不同政治面貌的居民在“是否同意我们的社会中道德能够很好地约束人们的行为”的回答上不存在显著差异。

F7k by K8

请问您是否同意现有的规范和习俗能够很好地调节人与人之间的关系 * 政治面貌 Crosstabulation

	共产党员	民主党派	共青团员	群众	总计
完全同意	6.3%	9.1%	8.6%	6.0%	6.2%
比较同意	52.8%	54.5%	47.9%	51.4%	51.3%
不太同意	34.6%	27.3%	38.5%	37.5%	37.4%
完全不同意	6.3%	9.1%	5.0%	5.0%	5.1%
总计	100.0%	100.0%	100.0%	100.0%	100.0%
列总计	538	11	535	6886	7970

Chi-square test：df = 9，卡方值为 10.501，sig = 0.311 > 0.05，所以不同政治面貌的居民在“是否同意现有的规范和习俗能够很好地调节人与人之间的关系”的回答上不存在显著差异。

F7l by K8

请问您是否同意现在社会大多数人都有荣辱感 * 政治面貌 Crosstabulation

	共产党员	民主党派	共青团员	群众	总计
完全同意	7.3%	25.0%	9.2%	7.7%	7.8%
比较同意	55.0%	50.0%	50.1%	54.7%	54.4%
不太同意	32.4%	8.3%	35.0%	32.7%	32.8%
完全不同意	5.3%	16.7%	5.7%	4.9%	5.0%
总计	100.0%	100.0%	100.0%	100.0%	100.0%

续表

	共产党员	民主党派	共青团员	群众	总计
列总计	531	12	523	6917	7983

Chi-square test：df=9，卡方值为15.029，sig =0.090>0.05，所以不同政治面貌的居民在“是否同意现在社会大多数人都有荣辱感”的回答上不存在显著差异。

F8 by K8

您听说过或参加过道德讲堂吗 * 政治面貌 Crosstabulation

	共产党员	民主党派	共青团员	群众	总计
参加过	30.8%	7.7%	27.0%	6.9%	9.7%
听说过，但没参加过	38.8%	61.5%	42.5%	34.1%	35.0%
没听说过	30.4%	30.8%	30.5%	59.0%	55.3%
总计	100.0%	100.0%	100.0%	100.0%	100.0%
列总计	565	13	560	7502	8640

Chi-square test：df=6，卡方值为651.998，sig =0.000<0.05，所以不同政治面貌的居民在“是否听说过或参加过道德讲堂”的回答上存在显著差异。

F9 by K8

如果您参加过道德讲堂，您觉得开展这样的活动有意义吗 * 政治面貌 Crosstabulation

	共产党员	民主党派	共青团员	群众	总计
很有意义	89.4%	100.0%	79.2%	73.0%	77.6%
可有可无	8.8%		17.4%	19.8%	17.0%
没有必要	1.8%		3.4%	7.3%	5.4%
总计	100.0%	100.0%	100.0%	100.0%	100.0%
列总计	170	1	149	496	816

Chi-square test：df=6，卡方值为22.158，sig =0.001<0.05，所以不同政治面貌的居民在“道德讲堂这样的活动是否有意义”的回答上存在显著差异。

F10 by K8

您对您生活的地方（您所在的社区）社会公德状况满意吗 * 政治面貌 Crosstabulation

	共产党员	民主党派	共青团员	群众	总计
非常满意	9.8%	7.7%	6.0%	4.5%	4.9%

续表

	共产党员	民主党派	共青团员	群众	总计
比较满意	59.8%	30.8%	58.7%	64.2%	63.5%
不太满意	26.6%	53.8%	28.9%	27.0%	27.1%
非常不满意	3.9%	7.7%	6.4%	4.4%	4.5%
总计	100.0%	100.0%	100.0%	100.0%	100.0%
列总计	542	13	533	6869	7957

Chi-square test：df = 9，卡方值为 45.349，sig = 0.000 < 0.05，所以不同政治面貌的居民在“生活的地方（您所在的社区）社会公德状况满意的程度”的回答上存在显著差异。

F11a by K8

当前社会坑蒙拐骗现象的严重程度如何 ＊ 政治面貌 Crosstabulation

	共产党员	民主党派	共青团员	群众	总计
非常不严重	14.2%	7.7%	8.2%	7.4%	7.9%
比较不严重	43.6%	38.5%	41.2%	44.4%	44.2%
比较严重	34.6%	38.5%	40.3%	40.6%	40.2%
非常严重	7.7%	15.4%	10.3%	7.6%	7.8%
总计	100.0%	100.0%	100.0%	100.0%	100.0%
列总计	544	13	534	7271	8362

Chi-square test：df = 9，卡方值为 41.433，sig = 0.000 < 0.05，所以不同政治面貌的居民在“当前社会坑蒙拐骗现象的严重程度”的回答上存在显著差异。

F11b by K8

当前社会人际关系冷漠，见危不救的严重程度如何 ＊ 政治面貌 Crosstabulation

	共产党员	民主党派	共青团员	群众	总计
非常不严重	14.7%	8.3%	10.6%	8.8%	9.3%
比较不严重	43.7%	25.0%	38.8%	44.8%	44.3%
比较严重	35.8%	33.3%	41.3%	41.2%	40.8%
非常严重	5.9%	33.3%	9.3%	5.2%	5.5%
总计	100.0%	100.0%	100.0%	100.0%	100.0%
列总计	545	12	538	7297	8392

Chi-square test：df = 9，卡方值为 60.856，sig = 0.000 < 0.05，所以不同政治面貌的居民在“当前社会人际关系冷漠，见危不救的严重程度如何”的回答上存在显著差异。

F11c by K8

当前社会诚信缺乏，不讲信用的严重程度如何 * 政治面貌 Crosstabulation

	共产党员	民主党派	共青团员	群众	总计
非常不严重	11.9%	16.7%	10.0%	9.0%	9.3%
比较不严重	44.1%	16.7%	38.8%	42.6%	42.4%
比较严重	36.4%	50.0%	42.1%	41.9%	41.5%
非常严重	7.5%	16.7%	9.1%	6.6%	6.8%
总计	100.0%	100.0%	100.0%	100.0%	100.0%
列总计	546	12	541	7323	8422

Chi-square test：df = 9，卡方值为 20.229，sig = 0.017 < 0.05，所以不同政治面貌的居民在“当前社会诚信缺乏，不讲信用的严重程度如何”的回答上存在显著差异。

F11d by K8

当前社会人与人之间缺乏信任，社会安全度低的严重程度如何 * 政治面貌 Crosstabulation

	共产党员	民主党派	共青团员	群众	总计
非常不严重	11.1%	16.7%	9.3%	8.1%	8.4%
比较不严重	43.0%	25.0%	32.7%	38.6%	38.5%
比较严重	36.1%	41.7%	47.0%	44.9%	44.4%
非常严重	9.8%	16.7%	11.0%	8.5%	8.7%
总计	100.0%	100.0%	100.0%	100.0%	100.0%
列总计	549	12	538	7290	8389

Chi-square test：df = 3，卡方值为 32.667，sig = 0.000 < 0.05，所以不同政治面貌的居民在“当前社会人与人之间缺乏信任，社会安全度低的严重程度如何”的回答上存在显著差异。

F11e by K8

当前社会缺乏公德，如公共场所大声喧哗、随地吐痰等的严重程度如何 * 政治面貌 Crosstabulation

	共产党员	民主党派	共青团员	群众	总计
非常不严重	10.2%	8.3%	9.3%	10.1%	10.1%
比较不严重	45.4%	33.3%	35.9%	44.7%	44.1%
比较严重	35.4%	58.3%	42.4%	36.5%	36.8%
非常严重	8.9%		12.5%	8.7%	9.0%
总计	100.0%	100.0%	100.0%	100.0%	100.0%

续表

	共产党员	民主党派	共青团员	群众	总计
列总计	548	12	538	7292	8390

Chi-square test：df = 9，卡方值为 25.116，sig = 0.003 < 0.05，所以不同政治面貌的居民在“当前社会缺乏公德，如公共场所大声喧哗、随地吐痰等的严重程度如何”的回答上存在显著差异。

F11f by K8

当前社会自私自利，损人利己的严重程度如何 ＊ 政治面貌 Crosstabulation

	共产党员	民主党派	共青团员	群众	总计
非常不严重	13.0%	18.2%	10.5%	9.6%	9.9%
比较不严重	47.7%	27.3%	41.5%	40.8%	41.3%
比较严重	32.7%	27.3%	40.2%	43.2%	42.3%
非常严重	6.6%	27.3%	7.9%	6.3%	6.5%
总计	100.0%	100.0%	100.0%	100.0%	100.0%
列总计	545	11	533	7247	8336

Chi-square test：df = 9，卡方值为 37.295，sig = 0.000 < 0.05，所以不同政治面貌的居民在“当前社会自私自利，损人利己的严重程度如何”的回答上存在显著差异。

F11g by K8

当前社会缺乏公正心和正义感的严重程度如何 ＊ 政治面貌 Crosstabulation

	共产党员	民主党派	共青团员	群众	总计
非常不严重	14.5%	8.3%	9.4%	9.6%	9.9%
比较不严重	44.3%	50.0%	41.8%	43.2%	43.2%
比较严重	34.0%	8.3%	38.8%	41.4%	40.7%
非常严重	7.2%	33.3%	10.1%	5.8%	6.2%
总计	100.0%	100.0%	100.0%	100.0%	100.0%
列总计	539	12	534	7179	8264

Chi-square test：df = 9，卡方值为 53.296，sig = 0.000 < 0.05，所以不同政治面貌的居民在“当前社会缺乏公正心和正义感的严重程度如何”的回答上存在显著差异。

F11h by K8

当前社会私欲膨胀，物欲横流的严重程度如何 ＊ 政治面貌 Crosstabulation

	共产党员	民主党派	共青团员	群众	总计
非常不严重	11.5%		9.3%	9.5%	9.6%

续表

	共产党员	民主党派	共青团员	群众	总计
比较不严重	41.2%	40.0%	38.0%	43.6%	43.0%
比较严重	40.2%	30.0%	41.9%	40.2%	40.3%
非常严重	7.1%	30.0%	10.8%	6.7%	7.1%
总计	100.0%	100.0%	100.0%	100.0%	100.0%
列总计	532	10	527	6865	7934

Chi-square test：df = 9，卡方值为 26.701，sig = 0.002 < 0.05，所以不同政治面貌的居民在“当前社会私欲膨胀，物欲横流的严重程度如何”的回答上存在显著差异。

F11i by K8

当前社会缺乏羞耻感的严重程度如何 ＊ 政治面貌 Crosstabulation

	共产党员	民主党派	共青团员	群众	总计
非常不严重	12.6%	16.7%	11.5%	11.0%	11.1%
比较不严重	49.0%	25.0%	45.4%	49.6%	49.2%
比较严重	30.9%	33.3%	34.7%	33.5%	33.4%
非常严重	7.5%	25.0%	8.4%	6.0%	6.3%
总计	100.0%	100.0%	100.0%	100.0%	100.0%
列总计	531	12	524	6988	8055

Chi-square test：df = 9，卡方值为 18.802，sig = 0.027 < 0.05，所以不同政治面貌的居民在“当前社会缺乏羞耻感的严重程度如何”的回答上存在显著差异。

F11j by K8

当前社会干部贪污受贿，以权谋利的严重程度如何 ＊ 政治面貌 Crosstabulation

	共产党员	民主党派	共青团员	群众	总计
非常不严重	11.2%		8.3%	7.5%	7.7%
比较不严重	40.3%	30.0%	35.1%	36.5%	36.6%
比较严重	35.5%	30.0%	39.7%	37.9%	37.9%
非常严重	12.9%	40.0%	16.9%	18.2%	17.8%
总计	100.0%	100.0%	100.0%	100.0%	100.0%
列总计	518	10	484	6721	7733

Chi-square test：df = 9，卡方值为 23.783，sig = 0.005 < 0.05，所以不同政治面貌的居民在“当前社会干部贪污受贿，以权谋利的严重程度如何”的回答上存在显著差异。

F11k by K8

当前社会生活奢侈，铺张浪费的严重程度如何 ＊ 政治面貌 Crosstabulation

	共产党员	民主党派	共青团员	群众	总计
非常不严重	11.4%		9.6%	6.9%	7.3%
比较不严重	40.1%	36.4%	37.2%	38.5%	38.5%
比较严重	37.5%	36.4%	39.8%	39.9%	39.8%
非常严重	11.0%	27.3%	13.4%	14.7%	14.4%
总计	100.0%	100.0%	100.0%	100.0%	100.0%
列总计	526	11	508	6959	8004

Chi-square test：df = 3，卡方值为 26.111，sig = 0.002 < 0.05，所以不同政治面貌的居民在“当前社会生活奢侈，铺张浪费的严重程度如何”的回答上存在显著差异。

F11l by K8

当前社会干部不作为，扯皮推诿的严重程度如何 ＊ 政治面貌 Crosstabulation

	共产党员	民主党派	共青团员	群众	总计
非常不严重	9.6%	9.1%	7.8%	6.6%	6.9%
比较不严重	40.0%	18.2%	34.9%	35.5%	35.7%
比较严重	34.6%	27.3%	39.5%	39.3%	38.9%
非常严重	15.8%	45.5%	17.9%	18.7%	18.5%
总计	100.0%	100.0%	100.0%	100.0%	100.0%
列总计	512	11	476	6596	7595

Chi-square test：df = 9，卡方值为 20.336，sig = 0.016 < 0.05，所以不同政治面貌的居民在“当前社会干部不作为，扯皮推诿的严重程度如何”的回答上存在显著差异。

F12a by K8

您怎么看待周围那些经营企业或做生意发了财的人：他们自己有本事，应该发财 ＊ 政治面貌 Crosstabulation

	共产党员	民主党派	共青团员	群众	总计
未选中	40.5%	38.5%	43.7%	42.4%	42.4%
选中	59.5%	61.5%	56.3%	57.6%	57.6%
总计	100.0%	100.0%	100.0%	100.0%	100.0%
列总计	560	13	556	7422	8551

Chi-square test：df = 3，卡方值为 1.272，sig = 0.736 > 0.05，所以不同政治面貌的居民在“您怎么看待周围那些经营企业或做生意发了财的人：他们自己有本事，应该发财”的回答上不存在显著差异。

F12b by K8

您怎么看待周围那些经营企业或做生意发了财的人：尊重他们，他们为社会做了贡献 ＊ 政治面貌 Crosstabulation

	共产党员	民主党派	共青团员	群众	总计
未选中	48.9%	76.9%	48.0%	56.3%	55.3%
选中	51.1%	23.1%	52.0%	43.7%	44.7%
总计	100.0%	100.0%	100.0%	100.0%	100.0%
列总计	560	13	556	7422	8551

Chi-square test：df = 3，卡方值为 26.284，sig = 0.000 < 0.05，所以不同政治面貌的居民在“您怎么看待周围那些经营企业或做生意发了财的人：尊重他们，他们为社会做了贡献”的回答上存在显著差异。

F12c by K8

您怎么看待周围那些经营企业或做生意发了财的人：没什么了不起，他们常用不正当手段发财 ＊ 政治面貌 Crosstabulation

	共产党员	民主党派	共青团员	群众	总计
未选中	92.1%	76.9%	91.4%	86.7%	87.3%
选中	7.9%	23.1%	8.6%	13.3%	12.7%
总计	100.0%	100.0%	100.0%	100.0%	100.0%
列总计	560	13	556	7422	8551

Chi-square test：df = 3，卡方值为 23.857，sig = 0.000 < 0.05，所以不同政治面貌的居民在“您怎么看待周围那些经营企业或做生意发了财的人：没什么了不起，他们常用不正当手段发财”的回答上存在显著差异。

F12d by K8

您怎么看待周围那些经营企业或做生意发了财的人：是土豪，没文化，没教养 ＊ 政治面貌 Crosstabulation

	共产党员	民主党派	共青团员	群众	总计
未选中	92.9%	100.0%	92.3%	92.2%	92.2%
选中	7.1%		7.7%	7.8%	7.8%
总计	100.0%	100.0%	100.0%	100.0%	100.0%
列总计	560	13	556	7422	8551

Chi-square test：df = 3，卡方值为 1.439，sig = 0.696 > 0.05，所以不同政治面貌的居民在“您怎么看待周围那些经营企业或做生意发了财的人：是土豪，没文化，没教养”的回答上不存在显著差异。

F12e by K8

您怎么看待周围那些经营企业或做生意发了财的人：是他们运气好 ＊ 政治面貌 Crosstabulation

	共产党员	民主党派	共青团员	群众	总计
未选中	88.4%	92.3%	92.1%	81.9%	83.0%
选中	11.6%	7.7%	7.9%	18.1%	17.0%
总计	100.0%	100.0%	100.0%	100.0%	100.0%
列总计	560	13	556	7422	8551

Chi-square test：df = 3，卡方值为 51.069，sig = 0.000 < 0.05，所以不同政治面貌的居民在“您怎么看待周围那些经营企业或做生意发了财的人：是他们运气好”的回答上存在显著差异。

F12f by K8

您怎么看待周围那些经营企业或做生意发了财的人：有钱没钱，这都是命 ＊ 政治面貌 Crosstabulation

	共产党员	民主党派	共青团员	群众	总计
未选中	90.0%	92.3%	88.5%	83.0%	83.8%
选中	10.0%	7.7%	11.5%	17.0%	16.2%
总计	100.0%	100.0%	100.0%	100.0%	100.0%
列总计	560	13	556	7422	8551

Chi-square test：df = 3，卡方值为 29.330，sig = 0.000 < 0.05，所以不同政治面貌的居民在“您怎么看待周围那些经营企业或做生意发了财的人：有钱没钱，这都是命”的回答上存在显著差异。

F12g by K8

您怎么看待周围那些经营企业或做生意发了财的人：天道不公，希望他们明天就破产 ＊ 政治面貌 Crosstabulation

	共产党员	民主党派	共青团员	群众	总计
未选中	98.9%	100.0%	99.6%	99.0%	99.0%
选中	1.1%		0.4%	1.0%	1.0%
总计	100.0%	100.0%	100.0%	100.0%	100.0%
列总计	560	13	556	7422	8551

Chi-square test：df = 3，卡方值为 2.580，sig = 0.461 > 0.05，所以不同政治面貌的居民在“您怎么看待周围那些经营企业或做生意发了财的人：天道不公，希望他们明天就破产”的回答上不存在显著差异。

F13a by K8

企业损害社会利益，如污染环境、以虚假广告误导公众等严重程度如何 * 政治面貌 Crosstabulation

	共产党员	民主党派	共青团员	群众	总计
非常不严重	7.6%	8.3%	6.3%	4.3%	4.7%
比较不严重	41.9%	16.7%	36.4%	38.4%	38.4%
比较严重	43.4%	50.0%	45.0%	48.0%	47.5%
非常严重	7.2%	25.0%	12.3%	9.3%	9.4%
总计	100.0%	100.0%	100.0%	100.0%	100.0%
列总计	528	12	505	6523	7568

Chi-square test：df = 9，卡方值为 31.452，sig = 0.000 < 0.05，所以不同政治面貌的居民在“企业损害社会利益，如污染环境、以虚假广告误导公众等严重程度”的回答上存在显著差异。

F13b by K8

娱乐界以丑闻、绯闻炒作，污染社会风气严重程度如何 * 政治面貌 Crosstabulation

	共产党员	民主党派	共青团员	群众	总计
非常不严重	6.9%	8.3%	5.1%	5.7%	5.8%
比较不严重	28.1%	33.3%	28.3%	27.7%	27.8%
比较严重	50.4%	25.0%	47.6%	53.8%	53.1%
非常严重	14.6%	33.3%	19.1%	12.8%	13.4%
总计	100.0%	100.0%	100.0%	100.0%	100.0%
列总计	506	12	513	6000	7031

Chi-square test：df = 9，卡方值为 25.580，sig = 0.000 < 0.05，所以不同政治面貌的居民在“娱乐界以丑闻、绯闻炒作，污染社会风气严重程度”的回答上存在显著差异。

F13c by K8

媒体缺乏社会责任，炒作新闻严重程度如何 * 政治面貌 Crosstabulation

	共产党员	民主党派	共青团员	群众	总计
非常不严重	6.0%	8.3%	5.3%	6.8%	6.6%
比较不严重	37.2%	8.3%	27.8%	30.8%	31.0%
比较严重	44.7%	50.0%	49.5%	50.6%	50.1%
非常严重	12.1%	33.3%	17.4%	11.8%	12.3%
总计	100.0%	100.0%	100.0%	100.0%	100.0%

续表

	共产党员	民主党派	共青团员	群众	总计
列总计	514	12	511	6027	7064

Chi-square test：df = 9，卡方值为 31.639，sig = 0.000 < 0.05，所以不同政治面貌的居民在“媒体缺乏社会责任，炒作新闻严重程度”的回答上存在显著差异。

F13d by K8

社会财富分配不公，贫富悬殊过大严重程度如何 ＊ 政治面貌 Crosstabulation

	共产党员	民主党派	共青团员	群众	总计
非常不严重	7.2%	20.0%	5.8%	5.8%	5.9%
比较不严重	32.2%		27.7%	26.2%	26.7%
比较严重	46.0%	60.0%	47.5%	48.9%	48.6%
非常严重	14.5%	20.0%	19.0%	19.0%	18.7%
总计	100.0%	100.0%	100.0%	100.0%	100.0%
列总计	543	10	520	6862	7935

Chi-square test：df = 9，卡方值为 21.230，sig = 0.012 < 0.05，所以不同政治面貌的居民在“社会财富分配不公，贫富悬殊过大严重程度”的回答上存在显著差异。

F13e by K8

教师不尽职严重程度如何 ＊ 政治面貌 Crosstabulation

	共产党员	民主党派	共青团员	群众	总计
非常不严重	20.9%	8.3%	18.2%	14.7%	15.4%
比较不严重	52.4%	33.3%	56.8%	57.0%	56.7%
比较严重	23.3%	41.7%	20.8%	24.1%	23.9%
非常严重	3.5%	16.7%	4.1%	4.1%	4.1%
总计	100.0%	100.0%	100.0%	100.0%	100.0%
列总计	546	12	533	7062	8153

Chi-square test：df = 9，卡方值为 28.032，sig = 0.001 < 0.05，所以不同政治面貌的居民在“教师不尽职严重程度”的回答上存在显著差异。

F13f by K8

医生不守职业道德严重程度如何 ＊ 政治面貌 Crosstabulation

	共产党员	民主党派	共青团员	群众	总计
非常不严重	17.6%	9.1%	17.8%	13.3%	13.8%

续表

	共产党员	民主党派	共青团员	群众	总计
比较不严重	49.3%	45.5%	54.6%	51.6%	51.7%
比较严重	28.5%	36.4%	23.2%	30.0%	29.4%
非常严重	4.6%	9.1%	4.4%	5.2%	5.1%
总计	100.0%	100.0%	100.0%	100.0%	100.0%
列总计	544	11	522	7085	8162

Chi-square test：df = 9，卡方值为 24.258，sig = 0.004 < 0.05，所以不同政治面貌的居民在“医生不守职业道德严重程度”的回答上存在显著差异。

F13g by K8

公众人物用知名度攫取财富严重程度如何 * 政治面貌 Crosstabulation

	共产党员	民主党派	共青团员	群众	总计
非常不严重	8.8%	18.2%	8.6%	8.6%	8.6%
比较不严重	39.2%	9.1%	34.4%	34.6%	34.9%
比较严重	40.9%	36.4%	45.7%	45.1%	44.8%
非常严重	11.1%	36.4%	11.3%	11.7%	11.7%
总计	100.0%	100.0%	100.0%	100.0%	100.0%
列总计	487	11	477	5816	6791

Chi-square test：df = 9，卡方值为 14.030，sig = 0.121 > 0.05，所以不同政治面貌的居民在“公众人物用知名度攫取财富严重程度”的回答上不存在显著差异。

F13h by K8

两性关系过度开放导致婚姻不稳定严重程度如何 * 政治面貌 Crosstabulation

	共产党员	民主党派	共青团员	群众	总计
非常不严重	10.5%		10.3%	8.1%	8.4%
比较不严重	41.9%	36.4%	40.5%	44.3%	43.9%
比较严重	38.5%	18.2%	35.8%	37.5%	37.5%
非常严重	9.1%	45.5%	13.4%	10.0%	10.2%
总计	100.0%	100.0%	100.0%	100.0%	100.0%
列总计	504	11	486	6485	7486

Chi-square test：df = 9，卡方值为 28.759，sig = 0.001 < 0.05，所以不同政治面貌的居民在“两性关系过度开放导致婚姻不稳定严重程度”的回答上存在显著差异。

F13i by K8

年轻人缺乏责任感，不孝敬父母严重程度如何 ＊ 政治面貌 Crosstabulation

	共产党员	民主党派	共青团员	群众	总计
非常不严重	14.3%	9.1%	18.1%	12.5%	12.9%
比较不严重	51.8%	36.4%	44.0%	54.5%	53.6%
比较严重	29.3%	18.2%	28.7%	27.9%	28.0%
非常严重	4.7%	36.4%	9.2%	5.2%	5.4%
总计	100.0%	100.0%	100.0%	100.0%	100.0%
列总计	533	11	509	6937	7990

Chi-square test：df = 9，卡方值为 58.209，sig = 0.000 < 0.05，所以不同政治面貌的居民在“年轻人缺乏责任感，不孝敬父母严重程度”的回答上存在显著差异。

F14 by K8

您是否知道您生活的社区（村）有社区公约、村规民约 ＊ 政治面貌 Crosstabulation

	共产党员	民主党派	共青团员	群众	总计
知道有	50.7%	27.3%	35.1%	35.9%	36.8%
知道没有	12.8%	27.3%	15.6%	17.1%	16.8%
不知道有没有	36.5%	45.5%	49.3%	47.0%	46.4%
总计	100.0%	100.0%	100.0%	100.0%	100.0%
列总计	548	11	544	7313	8416

Chi-square test：df = 6，卡方值为 51.037，sig = 0.000 < 0.05，所以不同政治面貌的居民在“是否知道其生活的社区（村）有社区公约、村规民约”的回答上存在显著差异。

F15a by K8

您周围的人在日常生活中遵守步行、骑车不闯红灯的情况 ＊ 政治面貌 Crosstabulation

	共产党员	民主党派	共青团员	群众	总计
不遵守	7.4%		8.2%	7.7%	7.7%
基本遵守	61.4%	53.8%	61.4%	68.6%	67.6%
自觉遵守	31.2%	46.2%	30.4%	23.8%	24.7%
总计	100.0%	100.0%	100.0%	100.0%	100.0%
列总计	565	13	559	7500	8637

Chi-square test：df = 6，卡方值为 31.093，sig = 0.000 < 0.05，所以不同政治面貌的居民在“周围的人在日常生活中遵守步行、骑车不闯红灯的情况”的回答上存在显著差异。

F15b by K8

您周围的人在日常生活中遵守乘车、购物自觉排队的情况 ＊ 政治面貌 Crosstabulation

	共产党员	民主党派	共青团员	群众	总计
不遵守	4.4%	7.7%	5.0%	5.0%	5.0%
基本遵守	62.1%	53.8%	61.0%	69.8%	68.7%
自觉遵守	33.5%	38.5%	34.0%	25.2%	26.3%
总计	100.0%	100.0%	100.0%	100.0%	100.0%
列总计	564	13	559	7499	8635

Chi-square test：df = 6，卡方值为 38.439，sig = 0.000 < 0.05，所以不同政治面貌的居民在“周围的人在日常生活中遵守乘车、购物自觉排队的情况”的回答上存在显著差异。

F15c by K8

您周围的人在日常生活中遵守文明游览的情况 ＊ 政治面貌 Crosstabulation

	共产党员	民主党派	共青团员	群众	总计
不遵守	4.8%	7.7%	9.9%	6.4%	6.5%
基本遵守	60.4%	69.2%	58.1%	68.6%	67.3%
自觉遵守	34.9%	23.1%	32.1%	25.0%	26.1%
总计	100.0%	100.0%	100.0%	100.0%	100.0%
列总计	565	13	558	7470	8606

Chi-square test：df = 6，卡方值为 52.837，sig = 0.000 < 0.05，所以不同政治面貌的居民在“周围的人在日常生活中遵守文明游览的情况”的回答上存在显著差异。

F15d by K8

您周围的人在日常生活中遵守社区公约、村规民约的情况 ＊ 政治面貌 Crosstabulation

	共产党员	民主党派	共青团员	群众	总计
不遵守	6.9%	23.1%	7.0%	5.3%	5.5%
基本遵守	60.8%	53.8%	63.0%	69.0%	68.0%
自觉遵守	32.3%	23.1%	29.9%	25.8%	26.5%
总计	100.0%	100.0%	100.0%	100.0%	100.0%
列总计	551	13	511	7055	8130

Chi-square test：df = 6，卡方值为 30.408，sig = 0.000 < 0.05，所以不同政治面貌的居民在“周围的人在日常生活中遵守社区公约、村规民约的情况”的回答上存在显著差异。

F16a by K8

您对下列关于网络的说法是否赞同？网络是个虚拟空间，不受现实生活中的道德规范约束 * 政治面貌 Crosstabulation

	共产党员	民主党派	共青团员	群众	总计
非常不赞同	38.6%	23.1%	41.6%	26.7%	28.6%
不太赞同	42.8%	46.2%	37.7%	50.8%	49.3%
比较赞同	13.5%	23.1%	16.2%	18.1%	17.7%
非常赞同	5.1%	7.7%	4.5%	4.4%	4.5%
总计	100.0%	100.0%	100.0%	100.0%	100.0%
列总计	549	13	555	6865	7982

Chi-square test：df = 9，卡方值为 91.660，sig = 0.000 < 0.05，所以不同政治面貌的居民在“网络是个虚拟空间，不受现实生活中的道德规范约束”的回答上存在显著差异。

F16b by K8

您对下列关于网络的说法是否赞同？人肉搜索侵犯个人隐私，应该杜绝 * 政治面貌 Crosstabulation

	共产党员	民主党派	共青团员	群众	总计
非常不赞同	5.8%	7.7%	4.5%	3.4%	3.6%
不太赞同	19.6%	7.7%	20.4%	24.1%	23.5%
比较赞同	46.5%	61.5%	48.3%	52.7%	52.0%
非常赞同	28.0%	23.1%	26.8%	19.8%	20.8%
总计	100.0%	100.0%	100.0%	100.0%	100.0%
列总计	550	13	555	6869	7987

Chi-square test：df = 9，卡方值为 50.824，sig = 0.000 < 0.05，所以不同政治面貌的居民在“人肉搜索侵犯个人隐私，应该杜绝”的回答上存在显著差异。

F16c by K8

您对下列关于网络的说法是否赞同？明知网络谣言仍转发的，应该受到惩罚 * 政治面貌 Crosstabulation

	共产党员	民主党派	共青团员	群众	总计
非常不赞同	4.7%	15.4%	5.0%	4.0%	4.1%
不太赞同	16.5%	7.7%	16.0%	17.6%	17.4%
比较赞同	43.7%	61.5%	44.0%	50.8%	49.9%

续表

	共产党员	民主党派	共青团员	群众	总计
非常赞同	35.0%	15.4%	35.0%	27.7%	28.6%
总计	100.0%	100.0%	100.0%	100.0%	100.0%
列总计	551	13	557	6900	8021

Chi-square test：df = 9，卡方值为36.162，sig = 0.000 < 0.05，所以不同政治面貌的居民在“明知网络谣言仍转发的，应该受到惩罚”的回答上存在显著差异。

F17 by K8

假如您走在街上被陌生人不小心踩到并发出“哎哟”一声后，您认为对方会做何种反应 ＊ 政治面貌 Crosstabulation

	共产党员	民主党派	共青团员	群众	总计
用言语或手势表达歉意	82.4%	69.2%	79.0%	75.2%	75.9%
不会有任何表示	12.0%	30.8%	16.6%	19.3%	18.7%
反而说你大惊小怪	5.5%		4.4%	5.4%	5.4%
总计	100.0%	100.0%	100.0%	100.0%	100.0%
列总计	541	13	543	7124	8221

Chi-square test：df = 6，卡方值为22.808，sig = 0.001 < 0.05，所以不同政治面貌的居民在“假如您走在街上被陌生人不小心踩到并发出‘哎哟’一声后，您认为对方会做何种反应”的回答上存在显著差异。

F18 by K8

您觉得您周围大多数人工作生活的精神状态怎么样 ＊ 政治面貌 Crosstabulation

	共产党员	民主党派	共青团员	群众	总计
精神饱满、积极向上	52.0%	38.5%	45.1%	41.1%	42.1%
安于现状、按部就班	45.5%	38.5%	52.7%	55.2%	54.4%
精神萎靡、无所事事	2.5%	23.1%	2.2%	3.7%	3.6%
总计	100.0%	100.0%	100.0%	100.0%	100.0%
列总计	560	13	556	7399	8528

Chi-square test：df = 6，卡方值为45.113，sig = 0.000 < 0.05，所以不同政治面貌的居民在“周围大多数人工作生活的精神状态”的回答上存在显著差异。

F19a by K8

这些现象在您身边常见吗？占卜算命 ＊ 政治面貌 Crosstabulation

	共产党员	民主党派	共青团员	群众	总计
经常见到	12.2%	23.1%	14.8%	11.4%	11.7%
偶尔见到	50.6%	53.8%	53.8%	48.8%	49.3%
没见到	37.2%	23.1%	31.4%	39.7%	39.0%
总计	100.0%	100.0%	100.0%	100.0%	100.0%
列总计	565	13	560	7500	8638

Chi-square test：df = 6，卡方值为 20.172，sig = 0.003 < 0.05，所以不同政治面貌的居民在“占卜算命现象在身边是否常见”的回答上存在显著差异。

F19b by K8

这些现象在您身边常见吗？操办喜事比富斗阔 ＊ 政治面貌 Crosstabulation

	共产党员	民主党派	共青团员	群众	总计
经常见到	11.5%	38.5%	12.9%	9.9%	10.2%
偶尔见到	43.7%	30.8%	44.1%	43.9%	43.9%
没见到	44.8%	30.8%	43.0%	46.2%	45.9%
总计	100.0%	100.0%	100.0%	100.0%	100.0%
列总计	565	13	558	7492	8628

Chi-square test：df = 6，卡方值为 18.465，sig = 0.005 < 0.05，所以不同政治面貌的居民在“操办喜事比富斗阔现象在身边是否常见”的回答上存在显著差异。

F19c by K8

这些现象在您身边常见吗？在父母生前不尽孝却对父母的丧事大操大办 ＊ 政治面貌 Crosstabulation

	共产党员	民主党派	共青团员	群众	总计
经常见到	9.9%	38.5%	11.3%	8.3%	8.6%
偶尔见到	39.1%	30.8%	37.8%	41.1%	40.8%
没见到	51.0%	30.8%	50.9%	50.6%	50.6%
总计	100.0%	100.0%	100.0%	100.0%	100.0%
列总计	565	13	558	7495	8631

Chi-square test：df = 6，卡方值为 23.383，sig = 0.001 < 0.05，所以不同政治面貌的居民在“在父母生前不尽孝却对父母的丧事大操大办现象在身边是否常见”的回答上存在显著差异。

F19d by K8

这些现象在您身边常见吗？赌博或变相赌博 ＊ 政治面貌 Crosstabulation

	共产党员	民主党派	共青团员	群众	总计
经常见到	13.8%	23.1%	16.5%	12.5%	12.8%
偶尔见到	45.5%	53.8%	43.8%	43.5%	43.7%
没见到	40.7%	23.1%	39.7%	44.0%	43.5%
总计	100.0%	100.0%	100.0%	100.0%	100.0%
列总计	565	13	559	7491	8628

Chi-square test：df = 6，卡方值为 13.227，sig = 0.040 < 0.05，所以不同政治面貌的居民在“赌博或变相赌博现象在身边是否常见”的回答上存在显著差异。

F19e by K8

这些现象在您身边常见吗？封建迷信活动 ＊ 政治面貌 Crosstabulation

	共产党员	民主党派	共青团员	群众	总计
经常见到	7.4%	15.4%	7.7%	4.7%	5.1%
偶尔见到	28.7%	23.1%	29.4%	28.1%	28.2%
没见到	63.9%	61.5%	62.9%	67.1%	66.6%
总计	100.0%	100.0%	100.0%	100.0%	100.0%
列总计	565	13	558	7488	8624

Chi-square test：df = 6，卡方值为 20.554，sig = 0.002 < 0.05，所以不同政治面貌的居民在“封建迷信活动现象在身边是否常见”的回答上存在显著差异。

F19f by K8

这些现象在您身边常见吗？非法宗教活动 ＊ 政治面貌 Crosstabulation

	共产党员	民主党派	共青团员	群众	总计
经常见到	2.7%	15.4%	2.7%	2.0%	2.1%
偶尔见到	16.4%	30.8%	17.4%	13.9%	14.3%
没见到	81.0%	53.8%	79.9%	84.1%	83.6%
总计	100.0%	100.0%	100.0%	100.0%	100.0%
列总计	562	13	558	7484	8617

Chi-square test：df = 6，卡方值为 24.372，sig = 0.000 < 0.05，所以不同政治面貌的居民在“非法宗教活动现象在身边是否常见”的回答上存在显著差异。

F20 by K8

您认为目前我国社会中道德和幸福的现实关系是 * 政治面貌 Crosstabulation

	共产党员	民主党派	共青团员	群众	总计
总体上道德和幸福能够一致，能惩恶扬善	72.4%	63.6%	70.6%	67.3%	67.9%
有道德讲伦理的人大都吃亏，不守道德的人更能占便宜	20.1%	27.3%	24.2%	24.1%	23.8%
道德与幸福没有关系，能挣钱有发展无论怎样行动都行	7.6%	9.1%	5.1%	8.6%	8.3%
总计	100.0%	100.0%	100.0%	100.0%	100.0%
列总计	503	11	487	6114	7115

Chi-square test：df = 6，卡方值为12.470，sig = 0.052 > 0.05，所以不同政治面貌的居民在“目前我国社会中道德和幸福的现实关系”的回答上不存在显著差异。

F21a by K8

您在所在单位，有没有一种亲切和踏实的感觉 * 政治面貌 Crosstabulation

	共产党员	民主党派	共青团员	群众	总计
有	35.2%	30.8%	23.2%	18.1%	19.6%
还可以	59.6%	61.5%	66.8%	68.9%	68.1%
没有	5.2%	7.7%	10.0%	13.0%	12.3%
总计	100.0%	100.0%	100.0%	100.0%	100.0%
列总计	559	13	509	7198	8279

Chi-square test：df = 6，卡方值为117.869，sig = 0.000 < 0.05，所以不同政治面貌的居民在“在所在单位，有没有一种亲切和踏实的感觉”的回答上存在显著差异。

F21b by K8

您在所在社区/村，有没有一种亲切和踏实的感觉 * 政治面貌 Crosstabulation

	共产党员	民主党派	共青团员	群众	总计
有	35.5%	25.0%	27.9%	24.8%	25.7%
还可以	58.9%	66.7%	62.8%	69.7%	68.5%
没有	5.7%	8.3%	9.4%	5.6%	5.8%
总计	100.0%	100.0%	100.0%	100.0%	100.0%
列总计	564	12	556	7435	8567

Chi-square test：df = 6，卡方值为49.039，sig = 0.000 < 0.05，所以不同政治面貌的居民在“您在所在社区/村，有没有一种亲切和踏实的感觉”的回答上存在显著差异。

F21c by K8

您在所在城市，有没有一种亲切和踏实的感觉 ＊ 政治面貌 Crosstabulation

	共产党员	民主党派	共青团员	群众	总计
有	35.4%	7.7%	28.8%	25.3%	26.2%
还可以	56.9%	61.5%	61.1%	65.7%	64.8%
没有	7.7%	30.8%	10.1%	9.0%	9.0%
总计	100.0%	100.0%	100.0%	100.0%	100.0%
列总计	562	13	553	7415	8543

Chi-square test：df = 6，卡方值为 39.623，sig = 0.000 < 0.05，所以不同政治面貌的居民在“您在所在城市，有没有一种亲切和踏实的感觉”的回答上存在显著差异。

F22 by K8

您认为您目前的状况是 ＊ 政治面貌 Crosstabulation

	共产党员	民主党派	共青团员	群众	总计
生活富裕，但不感到幸福和快乐	8.0%	7.7%	6.6%	7.1%	7.1%
生活富裕，幸福也快乐	15.1%	15.4%	13.4%	10.5%	11.0%
生活小康，幸福且快乐	49.8%	38.5%	52.4%	46.5%	47.1%
生活小康，但不感到幸福和快乐	7.4%	7.7%	7.3%	5.4%	5.6%
生活清贫，幸福且快乐	17.6%	30.8%	17.2%	25.0%	24.0%
生活贫困，既不幸福也不快乐	2.1%		3.0%	5.5%	5.1%
总计	100.0%	100.0%	100.0%	100.0%	100.0%
列总计	564	13	559	7471	8607

Chi-square test：df = 15，卡方值为 68.005，sig = 0.000 < 0.05，所以不同政治面貌的居民在“自己目前状况”的回答上存在显著差异。

F23 by K8

最近这些年，您的生活水平对幸福感的影响是怎样的 ＊ 政治面貌 Crosstabulation

	共产党员	民主党派	共青团员	群众	总计
生活水平提高了，但幸福感和快乐感降低了	16.1%	23.1%	12.4%	11.2%	11.6%
生活水平提高了，幸福感和快乐感提高了	57.0%	23.1%	56.0%	50.0%	50.8%
生活水平没变，幸福感和快乐感提高了	18.1%	23.1%	23.9%	28.7%	27.7%
生活水平没变，幸福感和快乐感降低了	5.8%	23.1%	5.7%	5.7%	5.7%
生活水平下降，但幸福感和快乐感提高了	1.6%	7.7%	1.4%	2.0%	1.9%

续表

	共产党员	民主党派	共青团员	群众	总计
生活水平下降，幸福感和快乐感也降低了	1.4%		0.5%	2.4%	2.2%
总计	100.0%	100.0%	100.0%	100.0%	100.0%
列总计	565	13	557	7493	8628

Chi-square test：df = 15，卡方值为 68.015，sig = 0.000 < 0.05，所以不同政治面貌的居民在“自己的生活水平对幸福感的影响是怎样”的回答上存在显著差异。

F24a by K8

近十年以来，您认为下列哪一类人获得的利益最多 ＊ 政治面貌 Crosstabulation

	共产党员	民主党派	共青团员	群众	总计
工人	0.8%		2.0%	1.2%	1.2%
农民	3.7%	7.7%	2.4%	2.8%	2.9%
公务员	7.7%	7.7%	7.3%	10.6%	10.1%
国有企业的经营管理者	11.5%		13.8%	9.2%	9.7%
集体企业的经营管理者	2.9%	7.7%	5.9%	3.9%	4.0%
私营企业家	15.8%	7.7%	14.1%	10.2%	10.8%
外商、境外来大陆的投资者	14.8%		14.5%	8.9%	9.7%
个体户	5.4%	7.7%	4.5%	5.3%	5.3%
私营、外资企业中的管理人员	10.4%	30.8%	10.4%	10.4%	10.4%
专家学者、专业技术人员	4.0%		6.1%	4.7%	4.7%
政府官员	21.9%	23.1%	18.7%	32.5%	30.9%
其他	1.2%	7.7%	0.2%	0.3%	0.4%
总计	100.0%	100.0%	100.0%	100.0%	100.0%
列总计	520	13	491	6495	7519

Chi-square test：df = 33，卡方值为 164.728，sig = 0.000 < 0.05，所以不同政治面貌的居民在“近十年以来，您认为下列哪一类人获得的利益最多”的回答上存在显著差异。

F24b by K8

近十年以来，您认为下列哪一类人获得的利益最少 ＊ 政治面貌 Crosstabulation

	共产党员	民主党派	共青团员	群众	总计
工人	23.3%	30.8%	24.8%	20.7%	21.2%

续表

	共产党员	民主党派	共青团员	群众	总计
农民	61.2%	46.2%	61.5%	70.5%	69.3%
公务员	2.7%		2.6%	1.1%	1.3%
国有企业的经营管理者	1.1%		0.8%	0.6%	0.6%
集体企业的经营管理者	1.1%	7.7%	0.6%	0.6%	0.7%
私营企业家	0.9%		0.6%	0.9%	0.8%
外商、境外来大陆的投资者	0.9%		0.6%	0.3%	0.4%
个体户	2.7%		5.0%	2.9%	3.0%
私营、外资企业中的管理人员	1.1%		1.2%	0.7%	0.8%
专家学者、专业技术人员	2.5%	7.7%	1.8%	0.7%	0.9%
政府官员	1.9%		0.6%	0.5%	0.6%
其他	0.6%	7.7%		0.5%	0.5%
总计	100.0%	100.0%	100.0%	100.0%	100.0%
列总计	528	13	504	6803	7848

Chi-square test：df = 33，卡方值为 127.240，sig = 0.000 < 0.05，所以不同政治面貌的居民在“近十年以来，您认为下列哪一类人获得的利益最少”的回答上存在显著差异。

F25 by K8

您认为弱势群体产生的最主要原因是 ＊ 政治面貌 Crosstabulation

	共产党员	民主党派	共青团员	群众	总计
制度不合理，社会关怀不够	39.9%	69.2%	38.3%	41.8%	41.5%
收入分配不公	38.0%	23.1%	39.1%	41.4%	41.0%
机会不平等	30.1%	15.4%	30.2%	35.0%	34.3%
弱势群体自己不努力	19.6%		18.3%	19.4%	19.3%
缺乏生存技能	32.4%	23.1%	32.4%	26.4%	27.2%
其他			0.2%	0.2%	0.2%
列总计	552	13	540	7136	8241

据上表所示，不同政治面貌的居民在“弱势群体产生的最主要原因”的回答上存在显著差异。

F26 by K8

您认为我们是否应该改造城市的垃圾筒，以为一些老人或流浪者在垃圾筒中找东西时提供方便 ＊ 政治面貌 Crosstabulation

	共产党员	民主党派	共青团员	群众	总计
应该，社会有义务为他们提供一种有尊严的生活	77.5%	84.6%	78.9%	77.3%	77.4%
不应该，这些人本来就与城市不和谐	15.8%	7.7%	15.2%	17.2%	16.9%

续表

	共产党员	民主党派	共青团员	群众	总计
做这样的事不值得，应该将钱花到更重要的地方	6.1%	7.7%	5.4%	5.2%	5.3%
其他	0.5%		0.5%	0.3%	0.3%
总计	100.0%	100.0%	100.0%	100.0%	100.0%
列总计	556	13	554	7435	8558

Chi-square test：df=9，卡方值为 5.560，sig =0.783 >0.05，所以不同政治面貌的居民在“我们是否应该改造城市的垃圾筒，以为一些老人或流浪者在垃圾筒中找东西时提供方便”的回答上不存在显著差异。

F27 by K8

对当今中国社会，您更担忧哪种问题 * 政治面貌 Crosstabulation

	共产党员	民主党派	共青团员	群众	总计
坑蒙拐骗，不守信用	27.6%	23.1%	21.3%	27.5%	27.1%
人与人之间互不信任，相互提防，没有安全感	51.9%	46.2%	58.2%	46.4%	47.5%
可信任的人很少，遇到问题难以找到人倾诉和帮助	20.1%	30.8%	20.4%	24.9%	24.3%
其他	0.4%		0.2%	1.2%	1.1%
总计	100.0%	100.0%	100.0%	100.0%	100.0%
列总计	561	13	560	7454	8588

Chi-square test：df=9，卡方值为 42.712，sig =0.000 <0.05，所以不同政治面貌的居民在“当今中国社会，您更担忧哪种问题”的回答上存在显著差异。

F28 by K8

您觉得大多数人都是可以相信的吗？如果 1 分代表“大多数人都可以相信”，5 分代表“对其他人都应该小心防备”，您会选几分 * 政治面貌 Crosstabulation

	共产党员	民主党派	共青团员	群众	总计
大多数人都可以相信	10.7%	7.7%	9.3%	8.6%	8.8%
2	40.1%	15.4%	39.1%	37.0%	37.4%
3	36.1%	46.2%	37.3%	44.3%	43.3%
4	10.5%	23.1%	12.6%	8.0%	8.5%
对其他人都应小心防备	2.7%	7.7%	1.6%	2.0%	2.0%
总计	100.0%	100.0%	100.0%	100.0%	100.0%
列总计	563	13	557	7461	8594

Chi-square test：df=12，卡方值为 41.420，sig =0.000 <0.05，所以不同政治面貌的居民在“大多数人是否可以相信”的回答上存在显著差异。

F29a by K8

您对下面这些人的信任程度如何？您的家人 ＊ 政治面貌 Crosstabulation

	共产党员	民主党派	共青团员	群众	总计
完全信任	82.3%	50.0%	79.4%	83.5%	83.1%
比较信任	15.2%	41.7%	19.0%	15.0%	15.3%
不太信任	2.1%	8.3%	1.6%	1.3%	1.4%
根本不信任	0.4%			0.2%	0.2%
总计	100.0%	100.0%	100.0%	100.0%	100.0%
列总计	560	12	558	7465	8595

Chi-square test：df = 9，卡方值为 22.768，sig = 0.007 < 0.05，所以不同政治面貌的居民在“对家人的信任程度”的回答上存在显著差异。

F29b by K8

您对下面这些人的信任程度如何？您的邻居 ＊ 政治面貌 Crosstabulation

	共产党员	民主党派	共青团员	群众	总计
完全信任	19.6%	9.1%	17.6%	24.9%	24.1%
比较信任	68.5%	54.5%	67.3%	66.0%	66.2%
不太信任	10.8%	36.4%	14.9%	8.4%	9.0%
根本不信任	1.1%		0.2%	0.7%	0.7%
总计	100.0%	100.0%	100.0%	100.0%	100.0%
列总计	556	11	551	7393	8511

Chi-square test：df = 9，卡方值为 56.874，sig = 0.000 < 0.05，所以不同政治面貌的居民在“对邻居的信任程度”的回答上存在显著差异。

F29c by K8

您对下面这些人的信任程度如何？外地人 ＊ 政治面貌 Crosstabulation

	共产党员	民主党派	共青团员	群众	总计
完全信任	3.0%		2.4%	2.9%	2.9%
比较信任	28.9%	25.0%	25.6%	28.8%	28.6%
不太信任	55.0%	50.0%	57.9%	54.1%	54.4%
根本不信任	13.1%	25.0%	14.1%	14.3%	14.2%
总计	100.0%	100.0%	100.0%	100.0%	100.0%
列总计	533	12	532	7231	8308

Chi-square test：df = 9，卡方值为 5.405，sig = 0.798 > 0.05，所以不同政治面貌的居民在“对外地人的信任程度”的回答上不存在显著差异。

F29d by K8

您对下面这些人的信任程度如何？陌生人 ＊ 政治面貌 Crosstabulation

	共产党员	民主党派	共青团员	群众	总计
完全信任	0.9%		1.2%	1.2%	1.2%
比较信任	17.8%	20.0%	16.7%	19.1%	18.8%
不太信任	59.3%	30.0%	56.8%	53.6%	54.1%
根本不信任	22.0%	50.0%	25.3%	26.1%	25.8%
总计	100.0%	100.0%	100.0%	100.0%	100.0%
列总计	533	10	521	7191	8255

Chi-square test：df = 9，卡方值为 12.727，sig = 0.175 > 0.05，所以不同政治面貌的居民在“对陌生人的信任程度”的回答上不存在显著差异。

F29e by K8

您对下面这些人的信任程度如何？外国人 ＊ 政治面貌 Crosstabulation

	共产党员	民主党派	共青团员	群众	总计
完全信任	1.2%	10.0%	1.9%	1.3%	1.4%
比较信任	19.8%	20.0%	20.3%	15.2%	15.9%
不太信任	55.9%	20.0%	59.4%	54.2%	54.6%
根本不信任	23.0%	50.0%	18.4%	29.2%	28.1%
总计	100.0%	100.0%	100.0%	100.0%	100.0%
列总计	499	10	483	6447	7439

Chi-square test：df = 9，卡方值为 48.859，sig = 0.000 < 0.05，所以不同政治面貌的居民在“对外国人的信任程度”的回答上存在显著差异。

F29f by K8

您对下面这些人的信任程度如何？同事或同学 ＊ 政治面貌 Crosstabulation

	共产党员	民主党派	共青团员	群众	总计
完全信任	8.4%		11.3%	7.1%	7.5%
比较信任	77.7%	54.5%	74.3%	74.3%	74.5%
不太信任	12.0%	45.5%	12.6%	16.4%	15.9%
根本不信任	1.8%		1.9%	2.1%	2.1%
总计	100.0%	100.0%	100.0%	100.0%	100.0%
列总计	548	11	540	6966	8065

Chi-square test：df = 9，卡方值为 31.502，sig = 0.000 < 0.05，所以不同政治面貌的居民在“对同事或同学的信任程度”的回答上存在显著差异。

F29g by K8

您对下面这些人的信任程度如何？您的上司或领导 * 政治面貌 Crosstabulation

	共产党员	民主党派	共青团员	群众	总计
完全信任	8.6%		8.8%	5.6%	6.0%
比较信任	71.1%	36.4%	66.7%	64.7%	65.2%
不太信任	18.2%	45.5%	21.1%	26.3%	25.4%
根本不信任	2.1%	18.2%	3.5%	3.5%	3.4%
总计	100.0%	100.0%	100.0%	100.0%	100.0%
列总计	532	11	489	6498	7530

Chi-square test：df = 9，卡方值为 48.090，sig = 0.000 < 0.05，所以不同政治面貌的居民在“对上司或领导的信任程度”的回答上存在显著差异。

F29h by K8

您对下面这些人的信任程度如何？您的朋友 * 政治面貌 Crosstabulation

	共产党员	民主党派	共青团员	群众	总计
完全信任	19.3%	8.3%	22.8%	15.6%	16.3%
比较信任	72.8%	58.3%	70.1%	76.7%	76.0%
不太信任	5.9%	33.3%	6.2%	6.6%	6.6%
根本不信任	2.0%		0.9%	1.1%	1.2%
总计	100.0%	100.0%	100.0%	100.0%	100.0%
列总计	555	12	548	7355	8470

Chi-square test：df = 9，卡方值为 41.472，sig = 0.000 < 0.05，所以不同政治面貌的居民在“对朋友的信任程度”的回答上存在显著差异。

F30 by K8

您是否同意“在这个社会上，您一不小心别人就会想办法占您的便宜” * 政治面貌 Crosstabulation

	共产党员	民主党派	共青团员	群众	总计
非常不同意	9.4%	7.7%	9.6%	5.6%	6.1%
比较不同意	37.2%	30.8%	40.2%	33.6%	34.2%
说不上同意不同意	30.9%	46.2%	28.9%	32.4%	32.1%
比较同意	19.2%	15.4%	19.3%	24.8%	24.0%

续表

	共产党员	民主党派	共青团员	群众	总计
非常同意	3.3%		2.0%	3.7%	3.6%
总计	100.0%	100.0%	100.0%	100.0%	100.0%
列总计	551	13	540	7086	8190

Chi-square test：df = 12，卡方值为 52.367，sig = 0.000 < 0.05，所以不同政治面貌的居民在“是否同意在这个社会上，您一不小心别人就会想办法占您的便宜”的回答上存在显著差异。

F31 by K8

您对所生活的地方道德建设满意吗 * 政治面貌 Crosstabulation

	共产党员	民主党派	共青团员	群众	总计
满意	15.6%	25.0%	13.3%	11.5%	11.9%
基本满意	73.9%	50.0%	75.0%	75.2%	75.0%
不满意	10.6%	25.0%	11.7%	13.3%	13.1%
总计	100.0%	100.0%	100.0%	100.0%	100.0%
列总计	540	12	528	6779	7859

Chi-square test：df = 6，卡方值为 15.669，sig = 0.016 < 0.05，所以不同政治面貌的居民在“对所生活的地方道德建设满意与否”的回答上存在显著差异。

F32a by K8

您对下面群体的信任程度如何？商人 * 政治面貌 Crosstabulation

	共产党员	民主党派	共青团员	群众	总计
完全信任	5.1%		4.2%	3.5%	3.6%
比较信任	53.2%	25.0%	46.9%	53.8%	53.2%
不太信任	37.1%	66.7%	44.0%	39.5%	39.7%
根本不信任	4.7%	8.3%	4.9%	3.3%	3.5%
总计	100.0%	100.0%	100.0%	100.0%	100.0%
列总计	534	12	527	7021	8094

Chi-square test：df = 9，卡方值为 23.348，sig = 0.005 < 0.05，所以不同政治面貌的居民在“对商人的信任程度”的回答上存在显著差异。

F32b by K8

您对下面群体的信任程度如何？单位领导/社区（村）干部 * 政治面貌 Crosstabulation

	共产党员	民主党派	共青团员	群众	总计
完全信任	7.1%		7.4%	4.8%	5.1%
比较信任	68.7%	45.5%	60.0%	56.4%	57.5%
不太信任	20.3%	27.3%	29.8%	32.4%	31.4%
根本不信任	3.8%	27.3%	2.7%	6.4%	6.0%
总计	100.0%	100.0%	100.0%	100.0%	100.0%
列总计	546	11	513	7125	8195

Chi-square test：df=9，卡方值为72.994，sig =0.000<0.05，所以不同政治面貌的居民在“对单位领导/社区（村）干部的信任程度”的回答上存在显著差异。

F32c by K8

您对下面群体的信任程度如何？公务员 * 政治面貌 Crosstabulation

	共产党员	民主党派	共青团员	群众	总计
完全信任	9.3%		9.1%	6.5%	6.9%
比较信任	68.6%	36.4%	62.1%	63.4%	63.7%
不太信任	18.8%	45.5%	26.0%	27.2%	26.6%
根本不信任	3.3%	18.2%	2.8%	2.8%	2.9%
总计	100.0%	100.0%	100.0%	100.0%	100.0%
列总计	538	11	507	6865	7921

Chi-square test：df=9，卡方值为38.158，sig =0.000<0.05，所以不同政治面貌的居民在“对公务员的信任程度”的回答上存在显著差异。

F32d by K8

您对下面群体的信任程度如何？教师 * 政治面貌 Crosstabulation

	共产党员	民主党派	共青团员	群众	总计
完全信任	17.4%	8.3%	20.2%	14.1%	14.7%
比较信任	68.8%	58.3%	66.7%	70.2%	69.8%
不太信任	11.6%	25.0%	11.1%	14.1%	13.8%
根本不信任	2.2%	8.3%	2.0%	1.7%	1.7%
总计	100.0%	100.0%	100.0%	100.0%	100.0%
列总计	552	12	550	7306	8420

Chi-square test：df=9，卡方值为27.929，sig =0.001<0.05，所以不同政治面貌的居民在“对教师的信任程度”的回答上存在显著差异。

F32e by K8

您对下面群体的信任程度如何？警察 ＊ 政治面貌 Crosstabulation

	共产党员	民主党派	共青团员	群众	总计
完全信任	19.4%	8.3%	24.3%	16.5%	17.2%
比较信任	68.5%	58.3%	61.7%	66.7%	66.5%
不太信任	10.6%	25.0%	12.6%	14.8%	14.4%
根本不信任	1.5%	8.3%	1.5%	2.0%	1.9%
总计	100.0%	100.0%	100.0%	100.0%	100.0%
列总计	540	12	548	7237	8337

Chi-square test：df = 9，卡方值为 34.896，sig = 0.000 < 0.05，所以不同政治面貌的居民在“对警察的信任程度”的回答上存在显著差异。

F32f by K8

您对下面群体的信任程度如何？医生 ＊ 政治面貌 Crosstabulation

	共产党员	民主党派	共青团员	群众	总计
完全信任	13.6%		17.2%	13.1%	13.4%
比较信任	68.0%	75.0%	65.0%	63.3%	63.8%
不太信任	15.3%	16.7%	15.1%	21.1%	20.3%
根本不信任	3.1%	8.3%	2.7%	2.5%	2.6%
总计	100.0%	100.0%	100.0%	100.0%	100.0%
列总计	550	12	548	7296	8406

Chi-square test：df = 9，卡方值为 28.470，sig = 0.001 < 0.05，所以不同政治面貌的居民在“对医生的信任程度”的回答上存在显著差异。

F32g by K8

您对下面群体的信任程度如何？法官 ＊ 政治面貌 Crosstabulatio

	共产党员	民主党派	共青团员	群众	总计
完全信任	17.3%		23.1%	15.4%	16.0%
比较信任	65.5%	60.0%	62.7%	65.5%	65.3%
不太信任	15.0%	30.0%	11.6%	16.7%	16.2%
根本不信任	2.3%	10.0%	2.5%	2.4%	2.4%
总计	100.0%	100.0%	100.0%	100.0%	100.0%
列总计	521	10	510	6403	7444

Chi-square test：df = 9，卡方值为 32.095，sig = 0.000 < 0.05，所以不同政治面貌的居民在“对法官的信任程度”的回答上存在显著差异。

F32h by K8

您对下面群体的信任程度如何？农民 ＊ 政治面貌 Crosstabulation

	共产党员	民主党派	共青团员	群众	总计
完全信任	12.6%	16.7%	13.7%	12.4%	12.5%
比较信任	71.9%	50.0%	70.7%	75.5%	74.9%
不太信任	13.3%	33.3%	13.7%	10.9%	11.3%
根本不信任	2.2%		1.9%	1.2%	1.3%
总计	100.0%	100.0%	100.0%	100.0%	100.0%
列总计	540	12	539	7286	8377

Chi-square test：df = 9，卡方值为 21.064，sig = 0.012 < 0.05，所以不同政治面貌的居民在“对农民的信任程度”的回答上存在显著差异。

F32i by K8

您对下面群体的信任程度如何？工人 ＊ 政治面貌 Crosstabulation

	共产党员	民主党派	共青团员	群众	总计
完全信任	11.7%	16.7%	11.7%	9.7%	9.9%
比较信任	72.1%	75.0%	69.0%	76.2%	75.5%
不太信任	13.6%	8.3%	17.8%	12.5%	13.0%
根本不信任	2.6%		1.5%	1.6%	1.6%
总计	100.0%	100.0%	100.0%	100.0%	100.0%
列总计	538	12	538	7172	8260

Chi-square test：df = 9，卡方值为 23.657，sig = 0.005 < 0.05，所以不同政治面貌的居民在“对工人的信任程度”的回答上存在显著差异。

F32j by K8

您对下面群体的信任程度如何？专家学者 ＊ 政治面貌 Crosstabulation

	共产党员	民主党派	共青团员	群众	总计
完全信任	12.6%	11.1%	15.9%	11.0%	11.5%
比较信任	64.3%	55.6%	58.9%	59.1%	59.5%
不太信任	16.9%	11.1%	21.9%	24.1%	23.4%
根本不信任	6.2%	22.2%	3.3%	5.8%	5.7%
总计	100.0%	100.0%	100.0%	100.0%	100.0%
列总计	515	9	508	6196	7228

Chi-square test：df = 9，卡方值为 34.215，sig = 0.000 < 0.05，所以不同政治面貌的居民在“对专家学者的信任程度”的回答上存在显著差异。

F32k by K8

您对下面群体的信任程度如何？演艺娱乐圈 ＊ 政治面貌 Crosstabulation

	共产党员	民主党派	共青团员	群众	
完全信任	5.2%		4.3%	3.4%	3.6%
比较信任	28.1%	22.2%	30.7%	32.3%	31.8%
不太信任	45.9%	44.4%	46.2%	46.2%	46.1%
根本不信任	20.8%	33.3%	18.8%	18.2%	18.4%
总计	100.0%	100.0%	100.0%	100.0%	100.0%
列总计	477	9	489	5489	6464

Chi-square test：df=9，卡方值为11.007，sig =0.275 >0.05，所以不同政治面貌的居民在“对演艺娱乐圈的信任程度”的回答上不存在显著差异。

F32l by K8

您对下面群体的信任程度如何？公众人物 ＊ 政治面貌 Crosstabulation

	共产党员	民主党派	共青团员	群众	总计
完全信任	5.4%		8.0%	4.2%	4.6%
比较信任	45.6%	14.3%	41.1%	43.7%	43.6%
不太信任	34.7%	42.9%	37.6%	38.5%	38.2%
根本不信任	14.2%	42.9%	13.3%	13.6%	13.7%
总计	100.0%	100.0%	100.0%	100.0%	100.0%
列总计	478	7	487	5525	6497

Chi-square test：df=9，卡方值为23.762，sig =0.005 <0.05，所以不同政治面貌的居民在“对公众人物的信任程度”的回答上存在显著差异。

F33 by K8

您在生活中经常买到假冒伪劣商品吗 ＊ 政治面貌 Crosstabulation

	共产党员	民主党派	共青团员	群众	总计
经常	7.5%	27.3%	7.2%	7.3%	7.4%
偶尔	64.5%	45.5%	61.4%	65.1%	64.7%
没有	28.0%	27.3%	31.4%	27.6%	27.9%
总计	100.0%	100.0%	100.0%	100.0%	100.0%
列总计	510	11	513	6238	7272

Chi-square test：df=6，卡方值为9.981，sig =0.125 >0.05，所以不同政治面貌的居民在“是否在生活中经常买到假冒伪劣商品”的回答上不存在显著差异。

F34 by K8

您在购物、就医、理财等方面经常遇到虚假广告吗 * 政治面貌 Crosstabulation

	共产党员	民主党派	共青团员	群众	总计
经常	13.9%	54.5%	11.4%	10.7%	11.1%
偶尔	56.0%	45.5%	55.6%	55.4%	55.4%
没有	30.1%		33.1%	33.9%	33.5%
总计	100.0%	100.0%	100.0%	100.0%	100.0%
列总计	502	11	493	6088	7094

Chi-square test：df = 6，卡方值为 29.233，sig = 0.000 < 0.05，所以不同政治面貌的居民在“是否在购物、就医、理财等方面经常遇到虚假广告”的回答上存在显著差异。

F35 by K8

如果在路边看到一个老人摔倒，您的反应是 * 政治面貌 Crosstabulation

	共产党员	民主党派	共青团员	群众	总计
立即扶起	49.1%	15.4%	39.8%	43.8%	43.8%
等有证人时再扶	22.1%	38.5%	25.4%	27.4%	26.9%
先拍照，再扶起	10.0%	7.7%	18.5%	6.2%	7.2%
不扶，避免惹是生非	5.2%	7.7%	4.7%	10.7%	9.9%
报警	12.1%	30.8%	9.9%	11.1%	11.2%
其他	1.6%		1.8%	0.8%	0.9%
总计	100.0%	100.0%	100.0%	100.0%	100.0%
列总计	562	13	558	7457	8590

Chi-square test：df = 15，卡方值为 176.174，sig = 0.000 < 0.05，所以不同政治面貌的居民在“如果在路边看到一个老人摔倒，您的反应是”的回答上存在显著差异。

F36 by K8

我们都听说过或见证过好心人救助老人却反被诬陷的事情。假如您是这位好心人，您会 * 政治面貌 Crosstabulation

	共产党员	民主党派	共青团员	群众	总计
我是多管闲事，下次再也不会帮助别人了	14.9%		15.5%	25.0%	23.7%
我正直善良真心待人，对得起良知和良心	40.1%	38.5%	41.4%	38.8%	39.0%

续表

	共产党员	民主党派	共青团员	群众	总计
下次还是会伸出援手，但是会提高警惕，注意保护自己	44.6%	61.5%	42.8%	35.7%	36.8%
其他	0.4%		0.4%	0.5%	0.5%
总计	100.0%	100.0%	100.0%	100.0%	100.0%
列总计	558	13	556	7439	8566

Chi-square test：df = 9，卡方值为 63.958，sig = 0.000 < 0.05，所以不同政治面貌的居民在“我们都听说过或见证过好心人救助老人却反被诬陷的事情。假如您是这位好心人，您会?”的回答上存在显著差异。

F37a by K8

您对下列群体的伦理道德整体状况的满意度? 政府官员 * 政治面貌 Crosstabulation

	共产党员	民主党派	共青团员	群众	总计
非常不满意	7.1%	16.7%	5.8%	6.1%	6.1%
比较不满意	22.8%	33.3%	34.4%	31.2%	30.9%
比较满意	64.9%	41.7%	57.5%	61.0%	61.0%
非常满意	5.2%	8.3%	2.3%	1.7%	2.0%
总计	100.0%	100.0%	100.0%	100.0%	100.0%
列总计	521	12	515	6616	7664

Chi-square test：df = 9，卡方值为 51.309，sig = 0.000 < 0.05，所以不同政治面貌的居民在“政府官员的伦理道德整体状况的满意度”的回答上存在显著差异。

F37b by K8

您对下列群体的伦理道德整体状况的满意度? 一般公务员 * 政治面貌 Crosstabulation

	共产党员	民主党派	共青团员	群众	总计
非常不满意	2.1%	8.3%	2.9%	2.3%	2.3%
比较不满意	20.3%	25.0%	26.5%	26.4%	26.0%
比较满意	70.6%	58.3%	65.8%	67.1%	67.2%
非常满意	7.0%	8.3%	4.7%	4.2%	4.4%
总计	100.0%	100.0%	100.0%	100.0%	100.0%
列总计	531	12	509	6630	7682

Chi-square test：df = 9，卡方值为 20.203，sig = 0.017 < 0.05，所以不同政治面貌的居民在“一般公务员的伦理道德整体状况的满意度”的回答上存在显著差异。

F37c by K8

您对下列群体的伦理道德整体状况的满意度？企业家 * 政治面貌 Crosstabulation

	共产党员	民主党派	共青团员	群众	总计
非常不满意	2.2%	18.2%	2.2%	1.4%	1.6%
比较不满意	19.9%	18.2%	25.1%	24.0%	23.8%
比较满意	70.6%	54.5%	66.1%	68.7%	68.6%
非常满意	7.4%	9.1%	6.6%	5.9%	6.1%
总计	100.0%	100.0%	100.0%	100.0%	100.0%
列总计	503	11	498	6188	7200

Chi-square test：df = 9，卡方值为28.857，sig = 0.000 < 0.05，所以不同政治面貌的居民在“对企业家的伦理道德整体状况的满意度”的回答上存在显著差异。

F37d by K8

您对下列群体的伦理道德整体状况的满意度？演艺娱乐界 * 政治面貌 Crosstabulation

	共产党员	民主党派	共青团员	群众	总计
非常不满意	9.6%	41.7%	7.7%	7.3%	7.5%
比较不满意	40.6%	16.7%	43.0%	44.2%	43.8%
比较满意	43.2%	33.3%	45.1%	42.3%	42.6%
非常满意	6.6%	8.3%	4.2%	6.2%	6.1%
总计	100.0%	100.0%	100.0%	100.0%	100.0%
列总计	458	12	481	5448	6399

Chi-square test：df = 9，卡方值为29.687，sig = 0.000 < 0.05，所以不同政治面貌的居民在“对演艺娱乐界的伦理道德整体状况的满意度”的回答上存在显著差异。

F37e by K8

您对下列群体的伦理道德整体状况的满意度？教师 * 政治面貌 Crosstabulation

	共产党员	民主党派	共青团员	群众	总计
非常不满意	0.9%		2.8%	1.6%	1.6%
比较不满意	14.4%	25.0%	11.9%	15.0%	14.7%
比较满意	71.3%	41.7%	66.5%	69.9%	69.8%

续表

	共产党员	民主党派	共青团员	群众	总计
非常满意	13.3%	33.3%	18.8%	13.6%	13.9%
总计	100.0%	100.0%	100.0%	100.0%	100.0%
列总计	547	12	538	7093	8190

Chi-square test：df = 9，卡方值为 26.275，sig = 0.002 < 0.05，所以不同政治面貌的居民在“对教师的伦理道德整体状况的满意度”的回答上存在显著差异。

F37f by K8

您对下列群体的伦理道德整体状况的满意度？青少年 ＊ 政治面貌 Crosstabulation

	共产党员	民主党派	共青团员	群众	总计
非常不满意	1.1%		1.7%	1.0%	1.1%
比较不满意	18.8%	25.0%	20.5%	16.4%	16.8%
比较满意	68.5%	58.3%	64.4%	70.8%	70.2%
非常满意	11.5%	16.7%	13.5%	11.8%	11.9%
总计	100.0%	100.0%	100.0%	100.0%	100.0%
列总计	531	12	533	7052	8128

Chi-square test：df = 9，卡方值为 13.767，sig = 0.131 > 0.05，所以不同政治面貌的居民在“对青少年的伦理道德整体状况的满意度”的回答上不存在显著差异。

F37g by K8

您对下列群体的伦理道德整体状况的满意度？弱势群体 ＊ 政治面貌 Crosstabulation

	共产党员	民主党派	共青团员	群众	总计
非常不满意	3.0%	18.2%	2.9%	1.9%	2.1%
比较不满意	25.9%	27.3%	31.0%	25.4%	25.8%
比较满意	67.0%	54.5%	62.4%	70.5%	69.7%
非常满意	4.0%		3.7%	2.2%	2.4%
总计	100.0%	100.0%	100.0%	100.0%	100.0%
列总计	494	11	490	6511	7506

Chi-square test：df = 9，卡方值为 38.784，sig = 0.000 < 0.05，所以不同政治面貌的居民在“对弱势群体的伦理道德整体状况的满意度”的回答上存在显著差异。

F37h by K8

您对下列群体的伦理道德整体状况的满意度？自由职业者 ＊ 政治面貌 Crosstabulation

	共产党员	民主党派	共青团员	群众	总计
非常不满意	1.9%		2.5%	1.2%	1.3%
比较不满意	20.9%	18.2%	25.6%	20.7%	21.0%
比较满意	71.5%	72.7%	66.3%	72.9%	72.3%
非常满意	5.6%	9.1%	5.7%	5.3%	5.4%
总计	100.0%	100.0%	100.0%	100.0%	100.0%
列总计	478	11	489	6505	7483

Chi-square test：df = 9，卡方值为 16.055，sig = 0.066 > 0.05，所以不同政治面貌的居民在“对自由职业者的伦理道德整体状况的满意度”的回答上不存在显著差异。

F37i by K8

您对下列群体的伦理道德整体状况的满意度？农民 ＊ 政治面貌 Crosstabulation

	共产党员	民主党派	共青团员	群众	总计
非常不满意	1.1%	8.3%	1.3%	0.8%	0.8%
比较不满意	16.3%	41.7%	16.0%	13.9%	14.2%
比较满意	72.2%	50.0%	73.5%	75.1%	74.8%
非常满意	10.4%		9.2%	10.2%	10.2%
总计	100.0%	100.0%	100.0%	100.0%	100.0%
列总计	529	12	520	7184	8245

Chi-square test：df = 9，卡方值为 23.426，sig = 0.005 < 0.05，所以不同政治面貌的居民在“对农民的伦理道德整体状况的满意度”的回答上存在显著差异。

F37j by K8

您对下列群体的伦理道德整体状况的满意度？商人 ＊ 政治面貌 Crosstabulatio

	共产党员	民主党派	共青团员	群众	总计
非常不满意	2.7%	8.3%	2.3%	2.3%	2.4%
比较不满意	29.5%	41.7%	30.7%	28.5%	28.8%
比较满意	60.5%	33.3%	60.0%	62.3%	62.0%
非常满意	7.3%	16.7%	7.0%	6.8%	6.9%

续表

	共产党员	民主党派	共青团员	群众	总计
总计	100.0%	100.0%	100.0%	100.0%	100.0%
列总计	522	12	515	6971	8020

Chi-square test：df = 9，卡方值为 7.633，sig = 0.571 > 0.05，所以不同政治面貌的居民在“对商人的伦理道德整体状况的满意度”的回答上不存在显著差异。

F37k by K8

您对下列群体的伦理道德整体状况的满意度？工人 ＊ 政治面貌 Crosstabulation

	共产党员	民主党派	共青团员	群众	总计
非常不满意	0.6%		0.4%	0.6%	0.6%
比较不满意	15.4%	58.3%	16.0%	14.8%	15.0%
比较满意	75.4%	33.3%	74.8%	76.1%	75.9%
非常满意	8.6%	8.3%	8.9%	8.6%	8.6%
总计	100.0%	100.0%	100.0%	100.0%	100.0%
列总计	532	12	519	7064	8127

Chi-square test：df = 9，卡方值为 19.270，sig = 0.023 < 0.05，所以不同政治面貌的居民在“对工人的伦理道德整体状况的满意度”的回答上存在显著差异。

F37l by K8

您对下列群体的伦理道德整体状况的满意度？专家学者 ＊ 政治面貌 Crosstabulation

	共产党员	民主党派	共青团员	群众	总计
非常不满意	1.2%	10.0%	1.6%	1.5%	1.5%
比较不满意	17.4%	20.0%	15.7%	19.1%	18.7%
比较满意	69.8%	60.0%	68.8%	68.8%	68.9%
非常满意	11.6%	10.0%	13.9%	10.6%	10.9%
总计	100.0%	100.0%	100.0%	100.0%	100.0%
列总计	517	10	510	6318	7355

Chi-square test：df = 9，卡方值为 14.020，sig = 0.122 > 0.05，所以不同政治面貌的居民在“对专家学者的伦理道德整体状况的满意度”的回答上不存在显著差异。

F37m by K8

您对下列群体的伦理道德整体状况的满意度？医生 ＊ 政治面貌 Crosstabulation

	共产党员	民主党派	共青团员	群众	总计
非常不满意	1.9%	16.7%	2.6%	2.9%	2.8%
比较不满意	15.7%	16.7%	14.7%	22.6%	21.6%
比较满意	71.5%	50.0%	70.2%	65.4%	66.1%
非常满意	10.9%	16.7%	12.5%	9.2%	9.5%
总计	100.0%	100.0%	100.0%	100.0%	100.0%
列总计	540	12	530	7044	8126

Chi-square test：df = 9，卡方值为 45.683，sig = 0.000 < 0.05，所以不同政治面貌的居民在“对医生的伦理道德整体状况的满意度”的回答上存在显著差异。

F38 by K8

下列哪些因素可能影响人际关系紧张？＊ 政治面貌 Crosstabulation

	共产党员	民主党派	共青团员	群众	总计
社会资源缺乏，引发恶性竞争	31.7%	15.4%	31.8%	29.4%	29.7%
过度宣扬竞争意识	25.0%	7.7%	23.1%	25.6%	25.3%
社会财富分配不公，贫富差距过大	36.4%	38.5%	27.4%	33.2%	33.1%
个人主义盛行	20.8%	7.7%	21.7%	18.4%	18.7%
缺乏爱心	18.4%	30.8%	23.8%	22.3%	22.2%
缺乏相互理解与沟通的意识和能力	21.3%	30.8%	21.7%	18.0%	18.5%
制度安排不公正，机会不平等	26.6%		24.0%	22.8%	23.1%
以权谋私，官员腐败	16.2%	23.1%	17.5%	21.8%	21.2%
缺乏道德信用	18.9%	15.4%	22.7%	18.3%	18.6%
人与人、人与社会之间缺乏信任	29.0%	15.4%	33.0%	27.9%	28.3%
传统伦理瓦解，社会缺乏统一的价值观	9.1%	7.7%	10.1%	9.0%	9.1%
一切诉诸利益或法律，人际关系缺乏伦理调节的机制和能力	6.6%	7.7%	4.5%	4.1%	4.3%
列总计	549	13	554	7177	8293

据上表所示，不同政治面貌的居民在“哪些因素可能影响人际关系紧张”的回答上不存在显著差异。

F39 by K8

您认为在现代中国社会实际奉行的道德价值是 * 政治面貌 Crosstabulation

	共产党员	民主党派	共青团员	群众	总计
义利合一，用符合道德的方式谋利	61.3%	41.7%	53.7%	50.7%	51.6%
见利忘义，唯利是图	30.7%	33.3%	33.1%	37.9%	37.1%
不计较利害得失，道德至上	7.8%	25.0%	12.6%	11.1%	11.0%
其他	0.2%		0.6%	0.2%	0.2%
总计	100.0%	100.0%	100.0%	100.0%	100.0%
列总计	524	12	523	6590	7649

Chi-square test：df = 9，卡方值为 31.217，sig = 0000 < 0.05，所以不同政治面貌的居民在“现代中国社会实际奉行的道德价值是什么”的回答上存在显著差异。

F40 by K8

对形成我国当前各种新型伦理关系和道德观念，哪些因素影响最大 * 政治面貌 Crosstabulation

	共产党员	民主党派	共青团员	群众	总计
网络和媒体	58.3%	46.2%	63.0%	45.1%	47.3%
政府	52.9%	38.5%	44.8%	61.1%	59.3%
大学及其文化	26.0%	30.8%	33.1%	21.6%	22.8%
市场	30.2%	15.4%	26.3%	33.2%	32.5%
企业	18.7%	15.4%	15.6%	21.7%	21.1%
社会团体	18.0%	7.7%	21.1%	17.5%	17.7%
知识精英	12.1%	7.7%	10.7%	11.3%	11.3%
国外的思潮与生活方式	17.6%	15.4%	13.7%	12.0%	12.5%
列总计	539	13	525	6543	7620

据上表所示，不同政治面貌的居民在“对形成我国当前各种新型伦理关系和道德观念，哪些因素影响最大”的回答上不存在显著差异。

F41 by K8

对当前我国伦理关系和道德风尚造成最大负面影响的因素是 * 政治面貌 Crosstabulation

	共产党员	民主党派	共青团员	群众	总计
传统文化的崩坏	41.7%	61.5%	36.8%	41.7%	41.4%
外来文化的冲击	38.2%	30.8%	37.2%	38.0%	37.9%

续表

	共产党员	民主党派	共青团员	群众	总计
市场经济导致的个人主义	27.7%	15.4%	26.2%	26.1%	26.2%
网络技术的发展	24.4%	7.7%	28.9%	21.0%	21.7%
分配不公，两极分化	27.7%	7.7%	25.7%	25.6%	25.8%
以权谋私，官员腐败	18.1%	30.8%	18.2%	24.3%	23.5%
列总计	537	13	522	6606	7678

据上表所示，不同政治面貌的居民在“对当前我国伦理关系和道德风尚造成最大负面影响的因素”的回答上存在显著差异。

F42 by K8

造成当今不良道德风尚的最主要原因是 * 政治面貌 Crosstabulation

	共产党员	民主党派	共青团员	群众	总计
以权谋私，官员腐败	44.2%	46.2%	46.1%	56.7%	55.2%
企业不讲诚信和损害社会利益	38.7%	23.1%	39.8%	41.7%	41.3%
学校道德教育功能弱化	24.1%	53.8%	29.1%	23.8%	24.3%
家庭伦理功能弱化	20.1%	7.7%	15.7%	16.4%	16.6%
个人缺乏道德自觉	42.4%	30.8%	44.6%	39.4%	39.9%
分配不公，两极分化	28.9%	23.1%	22.0%	25.2%	25.3%
社会的不良影响	39.2%	30.8%	40.3%	35.0%	35.6%
列总计	543	13	523	6855	7934

据上表所示，不同政治面貌的居民在“造成当今不良道德风尚的最主要原因”的回答上不存在显著差异。

F43a by K8

导致当前医患关系紧张的主要原因是 * 政治面貌 Crosstabulation

	共产党员	民主党派	共青团员	群众	总计
医生缺乏职业道德，对病人不负责任	33.2%	40.0%	32.9%	34.1%	33.9%
医疗制度不合理，看病难看病贵	44.7%	40.0%	43.1%	45.4%	45.2%
医生腐败，不送红包不认真看病	11.3%	20.0%	11.1%	12.9%	12.7%
“医闹”，病人蓄意闹事	10.3%		12.3%	7.3%	7.8%
其他	0.4%		0.6%	0.3%	0.3%
总计	100.0%	100.0%	100.0%	100.0%	100.0%
列总计	503	10	487	6618	7618

Chi-square test：df = 12，卡方值为24.683，sig = 0.016 < 0.05，所以不同政治面貌的居民在“导致当前医患关系紧张的主要原因”的回答上存在显著差异。

F43b by K8

导致当前医患关系紧张的次要原因是 * 政治面貌 Crosstabulation

	共产党员	民主党派	共青团员	群众	总计
医生缺乏职业道德，对病人不负责任	33.8%	60.0%	32.0%	36.4%	36.0%
医疗制度不合理，看病难看病贵	33.1%	40.0%	30.5%	31.7%	31.7%
医生腐败，不送红包不认真看病	13.9%		12.7%	18.5%	17.9%
“医闹”，病人蓄意闹事	18.6%		24.6%	13.2%	14.2%
其他	0.6%		0.2%	0.2%	0.2%
总计	100.0%	100.0%	100.0%	100.0%	100.0%
列总计	474	10	463	6356	7303

Chi-square test：df = 12，卡方值为 71.633，sig = 0.000 < 0.05，所以不同政治面貌的居民在“导致当前医患关系紧张的次要原因”的回答上存在显著差异。

F44 by K8

您是否曾经与医生（医院）发生过矛盾或纠纷 * 政治面貌 Crosstabulation

	共产党员	民主党派	共青团员	群众	总计
是	9.3%	23.1%	6.0%	3.9%	4.5%
否	90.7%	76.9%	94.0%	96.1%	95.5%
总计	100.0%	100.0%	100.0%	100.0%	100.0%
列总计	562	13	554	7450	8579

Chi-square test：df = 3，卡方值为 48.469，sig = 0.000 < 0.05，所以不同政治面貌的居民在“您是否曾经与医生（医院）发生过矛盾或纠纷”的回答上存在显著差异。

F45a by K8

您采取了哪些方式来解决医患纠纷？与医院协商 * 政治面貌 Crosstabulation

	共产党员	民主党派	共青团员	群众	总计
未选中	49.0%	66.7%	55.6%	55.6%	54.8%
选中	51.0%	33.3%	44.4%	44.4%	45.2%
总计	100.0%	100.0%	100.0%	100.0%	100.0%
列总计	49	3	36	304	392

Chi-square test：df = 3，卡方值为 0.926，sig = 0.819 > 0.05，所以不同政治面貌的居民在“是否采取与医院协商来解决医患纠纷”的回答上不存在显著差异。

F45b by K8

您采取了哪些方式来解决医患纠纷？寻求卫生局的调解或介入 ＊ 政治面貌 Crosstabulation

	共产党员	民主党派	共青团员	群众	总计
未选中	83.7%	100.0%	61.1%	78.6%	77.8%
选中	16.3%		38.9%	21.4%	22.2%
总计	100.0%	100.0%	100.0%	100.0%	100.0%
列总计	49	3	36	304	392

Chi-square test：df = 3，卡方值为 7.759，sig = 0.051 > 0.05，所以不同政治面貌的居民在“是否采取寻求卫生局的调解或介入来解决医患纠纷”的回答上不存在显著差异。

F45c by K8

您采取了哪些方式来解决医患纠纷？医学鉴定 ＊ 政治面貌 Crosstabulation

	共产党员	民主党派	共青团员	群众	总计
未选中	87.8%	66.7%	86.1%	87.5%	87.2%
选中	12.2%	33.3%	13.9%	12.5%	12.8%
总计	100.0%	100.0%	100.0%	100.0%	100.0%
列总计	49	3	36	304	392

Chi-square test：df = 3，卡方值为 1.212，sig = 0.750 > 0.05，所以不同政治面貌的居民在“是否采取医学鉴定来解决医患纠纷上”的回答不存在显著差异。

F45d by K8

您采取了哪些方式来解决医患纠纷？司法诉讼 ＊ 政治面貌 Crosstabulation

	共产党员	民主党派	共青团员	群众	总计
未选中	91.8%	100.0%	83.3%	81.6%	83.2%
选中	8.2%		16.7%	18.4%	16.8%
总计	100.0%	100.0%	100.0%	100.0%	100.0%
列总计	49	3	36	304	392

Chi-square test：df = 3，卡方值为 3.786，sig = 0.286 > 0.05，所以不同政治面貌的居民在“是否采取司法诉讼来解决医患纠纷”的回答上不存在显著差异。

F45e by K8

您采取了哪些方式来解决医患纠纷？寻求媒体曝光 ＊ 政治面貌 Crosstabulation

	共产党员	民主党派	共青团员	群众	总计
未选中	91.8%	66.7%	83.3%	90.5%	89.8%

续表

	共产党员	民主党派	共青团员	群众	总计
选中	8.2%	33.3%	16.7%	9.5%	10.2%
总计	100.0%	100.0%	100.0%	100.0%	100.0%
列总计	49	3	36	304	392

Chi-square test：df = 3，卡方值为 3.762，sig = 0.288 > 0.05，所以不同政治面貌的居民在“是否采取寻求媒体曝光来解决医患纠纷”的回答上不存在显著差异。

F45f by K8

您采取了哪些方式来解决医患纠纷？信访 ＊ 政治面貌 Crosstabulation

	共产党员	民主党派	共青团员	群众	总计
未选中	95.9%	100.0%	91.7%	95.4%	95.2%
选中	4.1%		8.3%	4.6%	4.8%
总计	100.0%	100.0%	100.0%	100.0%	100.0%
列总计	49	3	36	304	392

Chi-square test：df = 3，卡方值为 1.202，sig = 0.752 > 0.05，所以不同政治面貌的居民在“是否采取信访来解决医患纠纷”的回答上不存在显著差异。

F45g by K8

您采取了哪些方式来解决医患纠纷？寻求第三方医疗纠纷调解委员会调解 ＊ 政治面貌 Crosstabulation

	共产党员	民主党派	共青团员	群众	总计
未选中	81.6%	100.0%	88.9%	86.8%	86.5%
选中	18.4%		11.1%	13.2%	13.5%
总计	100.0%	100.0%	100.0%	100.0%	100.0%
列总计	49	3	36	304	392

Chi-square test：df = 3，卡方值为 1.666，sig = 0.644 > 0.05，所以不同政治面貌的居民在“是否采取寻求第三方医疗纠纷调解委员会调解来解决医患纠纷”的回答上不存在显著差异。

F45h by K8

您采取了哪些方式来解决医患纠纷？直接找医生或医院算账 ＊ 政治面貌 Crosstabulation

	共产党员	民主党派	共青团员	群众	总计
未选中	83.7%	100.0%	91.7%	78.9%	80.9%

续表

	共产党员	民主党派	共青团员	群众	总计
选中	16.3%		8.3%	21.1%	19.1%
总计	100.0%	100.0%	100.0%	100.0%	100.0%
列总计	49	3	36	304	392

Chi-square test：df=3，卡方值为4.397，sig =0.222>0.05，所以不同政治面貌的居民在“是否采取直接找医生或医院算账来解决医患纠纷”的回答上不存在显著差异。

F46 by K8

某些患者会在手术前给医生红包，您认为送红包的主要理由是 * 政治面貌 Crosstabulation

	共产党员	民主党派	共青团员	群众	总计
不相信医生能平等地对待每个病人，送红包能提高关注度，必须送	26.8%	25.0%	32.5%	23.6%	24.4%
医生很辛苦，送红包是表示尊敬和感谢	14.7%	33.3%	19.7%	13.2%	13.8%
大家都送，我不送会吃亏，不送心里不踏实	19.3%	25.0%	12.6%	17.7%	17.5%
送红包能让医生对我更用心，但我不会这么做	17.3%	8.3%	14.6%	18.3%	18.0%
大家都送红包，事实上无助于提高治疗效果，我不会这么做	18.2%	8.3%	13.3%	18.6%	18.2%
想送，但我没有能力送	3.7%		7.3%	8.6%	8.2%
总计	100.0%	100.0%	100.0%	100.0%	100.0%
列总计	456	12	437	5789	6694

Chi-square test：df=15，卡方值为62.082，sig =0.000<0.05，所以不同政治面貌的居民在“选某些患者会在手术前给医生红包行为的理由”的回答上存在显著差异。

G1 by K8

和前几年相比，您认为目前我国官员腐败现象有什么变化 * 政治面貌 Crosstabulation

	共产党员	民主党派	共青团员	群众	总计
有很大改善	19.6%	8.3%	16.1%	12.0%	12.7%
有较大改善	65.5%	58.3%	67.1%	65.0%	65.2%
没什么变化	13.1%	25.0%	14.3%	20.3%	19.5%
更加恶化	1.7%	8.3%	2.0%	2.3%	2.3%
其他	0.2%		0.6%	0.3%	0.3%

续表

	共产党员	民主党派	共青团员	群众	总计
总计	100.0%	100.0%	100.0%	100.0%	100.0%
列总计	542	12	510	6882	7946

Chi-square test：df=12，卡方值为53.575，sig =0.000<0.05，所以不同政治面貌的居民在“和前几年相比，认为目前我国官员腐败现象有什么变化”的回答上存在显著差异。

G2a by K8

您认为干部当官的目的是？为国家与社会做贡献 ＊ 政治面貌 Crosstabulation

	共产党员	民主党派	共青团员	群众	总计
未选中	65.0%	58.3%	68.7%	73.8%	72.9%
选中	35.0%	41.7%	31.3%	26.2%	27.1%
总计	100.0%	100.0%	100.0%	100.0%	100.0%
列总计	548	12	534	6905	7999

Chi-square test：df=3，卡方值为26.569，sig =0.000<0.05，所以不同政治面貌的居民在“干部当官的目的是为国家与社会做贡献”的回答上存在显著差异。

G2b by K8

您认为干部当官的目的是？为人民服务，为百姓做好事做实事 ＊ 政治面貌 Crosstabulation

	共产党员	民主党派	共青团员	群众	总计
未选中	43.2%	58.3%	42.5%	56.2%	54.4%
选中	56.8%	41.7%	57.5%	43.8%	45.6%
总计	100.0%	100.0%	100.0%	100.0%	100.0%
列总计	548	12	534	6905	7999

Chi-square test：df=3，卡方值为67.209，sig =0.000<0.05，所以不同政治面貌的居民在“干部当官的目的是为人民服务，为百姓做好事做实事”的回答上存在显著差异。

G2c by K8

您认为干部当官的目的是？为家庭增光，光宗耀祖 ＊ 政治面貌 Crosstabulation

	共产党员	民主党派	共青团员	群众	总计
未选中	80.3%	91.7%	74.7%	74.2%	74.7%
选中	19.7%	8.3%	25.3%	25.8%	25.3%

续表

	共产党员	民主党派	共青团员	群众	总计
总计	100.0%	100.0%	100.0%	100.0%	100.0%
列总计	548	12	534	6905	7999

Chi-square test：df=3，卡方值为11.870，sig =0.008<0.05，所以不同政治面貌的居民在“干部当官的目的是为家庭增光，光宗耀祖”的回答上存在显著差异。

G2d by K8

您认为干部当官的目的是？为自己升官发财 * 政治面貌 Crosstabulation

	共产党员	民主党派	共青团员	群众	总计
未选中	79.4%	83.3%	75.1%	64.2%	66.0%
选中	20.6%	16.7%	24.9%	35.8%	34.0%
总计	100.0%	100.0%	100.0%	100.0%	100.0%
列总计	548	12	534	6905	7999

Chi-square test：df=3，卡方值为75.115，sig =0.000<0.05，所以不同政治面貌的居民在“干部当官的目的是为自己升官发财”的回答上存在显著差异。

G2e by K8

您认为干部当官的目的是？没特殊目的，一个稳定而待遇高的政治面貌而已 * 政治面貌 Crosstabulation

	共产党员	民主党派	共青团员	群众	总计
未选中	81.2%	91.7%	78.5%	79.0%	79.1%
选中	18.8%	8.3%	21.5%	21.0%	20.9%
总计	100.0%	100.0%	100.0%	100.0%	100.0%
列总计	548	12	534	6905	7999

Chi-square test：df=3，卡方值为2.783，sig =0.426>0.05，所以不同政治面貌的居民在“干部当官的目的是没特殊目的，一个稳定而待遇高的政治面貌而已”的回答上不存在显著差异。

G2f by K8

您认为干部当官的目的是？其他 * 政治面貌 Crosstabulation

	共产党员	民主党派	共青团员	群众	总计
未选中	99.1%	100.0%	99.6%	99.9%	99.8%
选中	0.9%		0.4%	0.1%	0.2%

续表

	共产党员	民主党派	共青团员	群众	总计
总计	100.0%	100.0%	100.0%	100.0%	100.0%
列总计	548	12	534	6905	7999

Chi-square test：df = 3，卡方值为 18.299，sig = 0.000 < 0.05，所以不同政治面貌的居民在“干部当官的目的是‘其他’”的回答上存在显著差异。

G3 by K8

与前几年相比，您对政府官员的信任度有什么变化 ＊ 政治面貌 Crosstabulation

	共产党员	民主党派	共青团员	群众	总计
信任度提高了	54.5%	46.2%	42.9%	37.3%	38.8%
更加不信任	11.7%	7.7%	12.1%	13.9%	13.6%
没什么变化	33.3%	46.2%	44.9%	48.6%	47.3%
其他	0.5%		0.2%	0.2%	0.2%
总计	100.0%	100.0%	100.0%	100.0%	100.0%
列总计	556	13	555	7404	8528

Chi-square test：df = 9，卡方值为 74.050，sig = 0.000 < 0.05，所以不同政治面貌的居民在“与前几年相比，对政府官员的信任度有什么变化”的回答上存在显著差异。

G4 by K8

在生活中或媒体上看到政府官员时，您首先想到的是 ＊ 政治面貌 Crosstabulation

	共产党员	民主党派	共青团员	群众	总计
公仆，为老百姓谋福利	27.7%	23.1%	24.3%	18.4%	19.4%
官僚，根本不了解我们的情况	18.6%	23.1%	19.6%	22.8%	22.3%
有权有势的人	13.6%	15.4%	18.7%	20.4%	19.9%
有本事的人	14.8%		13.2%	14.3%	14.3%
领导，决定我们命运的人	8.2%	7.7%	10.1%	9.6%	9.5%
贪官	3.0%	7.7%	3.3%	6.0%	5.7%
惹不起但躲得起的人	1.6%	7.7%	2.9%	3.2%	3.1%
遇到大事可以信任的人	6.3%		3.3%	2.6%	2.9%
其他	6.1%	15.4%	4.7%	2.6%	3.0%
总计	100.0%	100.0%	100.0%	100.0%	100.0%

续表

	共产党员	民主党派	共青团员	群众	总计
列总计	559	13	552	7415	8539

Chi-square test：df = 24，卡方值为 130.796，sig = 0.000 < 0.05，所以不同政治面貌的居民在“在生活中或媒体上看到政府官员时，其首先想到的形象是什么”的回答上存在显著差异。

G5 by K8

您觉得当前我国政府官员道德问题最严重的是 ＊ 政治面貌 Crosstabulation

	共产党员	民主党派	共青团员	群众	总计
贪污受贿	43.5%	18.2%	49.9%	49.8%	49.4%
以权谋私	53.2%	45.5%	56.9%	56.2%	56.0%
生活作风腐败	28.2%	27.3%	28.6%	32.2%	31.7%
官僚主义	18.7%		17.7%	14.7%	15.2%
平庸，不作为，只保护自己不解决实际问题	39.7%	54.5%	38.8%	35.1%	35.7%
乱作为，搞政绩工程折腾百姓	22.7%	27.3%	21.9%	21.9%	22.0%
铺张浪费	13.2%		13.7%	12.8%	12.9%
拉帮结派	14.1%	18.2%	8.3%	13.8%	13.4%
骄横跋扈，欺压百姓	7.6%	9.1%	6.8%	7.2%	7.2%
列总计	524	11	503	6494	7532

据上表所示，不同政治面貌的居民在“当前我国政府官员道德问题最严重的是”的回答上存在显著差异。

G6 by K8

政府在制定政策和决策时充分考虑到伦理道德方面的要求了吗 ＊ 职 Crosstabulation

	共产党员	民主党派	共青团员	群众	总计
有考虑，能够从日常生活中感受到	41.2%	7.7%	37.4%	36.7%	37.0%
有考虑，能够从政策文件中体会到	29.6%	38.5%	31.5%	22.6%	23.7%
只是口头上说说，没有实质性行动	22.2%	23.1%	23.2%	29.1%	28.2%
没有考虑，政策制度都是从自己的政绩和富人的利益着想	6.5%	30.8%	7.4%	11.0%	10.5%
其他	0.5%		0.6%	0.7%	0.7%
总计	100.0%	100.0%	100.0%	100.0%	100.0%

续表

	共产党员	民主党派	共青团员	群众	总计
列总计	554	13	543	7262	8372

Chi-square test：df = 12，卡方值为 67.150，sig = 0.012 < 0.05，所以不同政治面貌的居民在“政府在制定政策和决策时是否充分考虑到伦理道德方面的要求”的回答上存在显著差异。

G7a by K8

残疾人、留守儿童、孤寡老人等弱势群体需要来自全社会的关爱与帮助，您认为本地区做得怎么样？社区提供的服务 ＊ 政治面貌 Crosstabulation

	共产党员	民主党派	共青团员	群众	总计
很好	15.5%	30.0%	12.8%	7.1%	8.2%
比较好	67.0%	30.0%	62.8%	67.6%	67.2%
不太好	16.1%	40.0%	21.7%	23.4%	22.8%
很差	1.4%		2.7%	1.9%	1.9%
总计	100.0%	100.0%	100.0%	100.0%	100.0%
列总计	509	10	484	6169	7172

Chi-square test：df = 9，卡方值为 78.827，sig = 0.000 < 0.05，所以不同政治面貌的居民在“本地区社区提供的服务做得怎么样”的回答上存在显著差异。

G7b by K8

残疾人、留守儿童、孤寡老人等弱势群体需要来自全社会的关爱与帮助，您认为本地区做得怎么样？周围人的尊重和关爱 ＊ 政治面貌 Crosstabulation

	共产党员	民主党派	共青团员	群众	总计
很好	14.3%		14.8%	9.0%	9.7%
比较好	68.0%	50.0%	64.8%	69.8%	69.4%
不太好	16.2%	30.0%	17.4%	20.0%	19.6%
很差	1.5%	20.0%	3.0%	1.2%	1.3%
总计	100.0%	100.0%	100.0%	100.0%	100.0%
列总计	525	10	500	6703	7738

Chi-square test：df = 9，卡方值为 75.851，sig = 0.000 < 0.05，所以不同政治面貌的居民在“本地区周围人的尊重和关爱做得怎么样”的回答上存在显著差异。

G7c by K8

残疾人、留守儿童、孤寡老人等弱势群体需要来自全社会的关爱与帮助，您认为本地区做得怎么样？社会服务机构提供专业化服务 ＊ 政治面貌 Crosstabulation

	共产党员	民主党派	共青团员	群众	总计
很好	12.8%	10.0%	11.7%	9.7%	10.1%
比较好	60.9%	70.0%	59.1%	53.8%	54.7%
不太好	24.1%	10.0%	24.5%	33.6%	32.2%
很差	2.2%	10.0%	4.7%	2.9%	3.0%
总计	100.0%	100.0%	100.0%	100.0%	100.0%
列总计	493	10	470	5812	6785

Chi-square test：df = 9，卡方值为 42.758，sig = 0.000 < 0.05，所以不同政治面貌的居民在“本地区社会服务机构提供专业化服务做得怎么样”的回答上存在显著差异。

G7d by K8

残疾人、留守儿童、孤寡老人等弱势群体需要来自全社会的关爱与帮助，您认为本地区做得怎么样？政府实施的社会援助 ＊ 政治面貌 Crosstabulation

	共产党员	民主党派	共青团员	群众	总计
很好	12.6%	22.2%	11.3%	10.4%	10.7%
比较好	59.7%	33.3%	57.9%	51.9%	52.9%
不太好	23.9%	44.4%	26.3%	33.0%	31.8%
很差	3.8%		4.5%	4.7%	4.6%
总计	100.0%	100.0%	100.0%	100.0%	100.0%
列总计	494	9	468	5790	6761

Chi-square test：df = ，卡方值为 29.726，sig = 0.000 < 0.05，所以不同政治面貌的居民在“本地区政府实施的社会援助做得怎么样”的回答上存在显著差异。

G7e by K8

残疾人、留守儿童、孤寡老人等弱势群体需要来自全社会的关爱与帮助，您认为本地区做得怎么样？公益与慈善事业 ＊ 政治面貌 Crosstabulation

	共产党员	民主党派	共青团员	群众	总计
很好	11.6%	12.5%	9.8%	8.7%	9.0%
比较好	56.3%	50.0%	56.5%	51.3%	52.1%
不太好	26.7%	25.0%	27.8%	33.7%	32.7%
很差	5.4%	12.5%	5.9%	6.2%	6.1%
总计	100.0%	100.0%	100.0%	100.0%	100.0%

续表

	共产党员	民主党派	共青团员	群众	总计
列总计	464	8	439	5011	5922

Chi-square test：df = 9，卡方值为 19.201，sig = 0.024 < 0.05，所以不同政治面貌的居民在“本地区公益与慈善事业做得怎么样”的回答上存在显著差异。

G7f by K8

残疾人、留守儿童、孤寡老人等弱势群体需要来自全社会的关爱与帮助，您认为本地区做得怎么样？志愿者帮助 ＊ 政治面貌 Crosstabulation

	共产党员	民主党派	共青团员	群众	总计
很好	12.7%	30.0%	12.2%	9.1%	9.6%
比较好	57.8%	50.0%	57.3%	55.0%	55.4%
不太好	25.3%	10.0%	24.6%	30.3%	29.4%
很差	4.2%	10.0%	5.9%	5.7%	5.6%
总计	100.0%	100.0%	100.0%	100.0%	100.0%
列总计	455	10	443	4984	5892

Chi-square test：df = 9，卡方值为 25.212，sig = 0.003 < 0.05，所以不同政治面貌的居民在“本地区志愿者帮助做得怎么样”的回答上存在显著差异。

G8 by K8

您认为有必要为好人树碑立传吗 ＊ 政治面貌 Crosstabulation

	共产党员	民主党派	共青团员	群众	总计
很有必要，可以让更多的人知道他们、学习他们	76.2%	50.0%	69.2%	67.5%	68.2%
可有可无	10.5%	8.3%	16.6%	16.2%	15.8%
没有必要	13.3%	41.7%	14.2%	16.3%	16.0%
总计	100.0%	100.0%	100.0%	100.0%	100.0%
列总计	541	12	513	6607	7673

Chi-square test：df = 6，卡方值为 25.830，sig = 0.000 < 0.05，所以不同政治面貌的居民在“是否有必要为好人树碑立传”的回答上存在显著差异。

G9 by K8

党中央出台了一系列治国理政的新举措，给社会生活带来了什么变化 ＊ 政治面貌 Crosstabulation

	共产党员	民主党派	共青团员	群众	总计
社会在向好的方面发展，对未来生活更有信心	65.9%	23.1%	58.3%	49.2%	50.9%

续表

	共产党员	民主党派	共青团员	群众	总计
目前没看出有什么影响	15.0%	23.1%	18.5%	22.2%	21.5%
虽然出台了一些政策，感觉解决不了什么问题	16.1%	53.8%	17.1%	19.3%	19.0%
不关心这些、说不清楚	2.9%		6.1%	9.2%	8.5%
其他	0.2%			0.1%	0.1%
总计	100.0%	100.0%	100.0%	100.0%	100.0%
列总计	560	13	556	7431	8560

Chi-square test：df = 12，卡方值为 94.107，sig = 0.000 < 0.05，所以不同政治面貌的居民在“党中央出台了一系列治国理政的新举措，给社会生活带来了什么变化”的回答上存在显著差异。

G10a by K8

您认为本地政府在以下方面的政策措施对促进社会公平有效果吗？就业政策 * 政治面貌 Crosstabulation

	共产党员	民主党派	共青团员	群众	总计
较大效果	14.3%	10.0%	11.7%	5.3%	6.4%
有点效果	63.0%	50.0%	59.5%	56.6%	57.3%
没有效果	19.2%	40.0%	23.7%	32.7%	31.1%
更不公平	2.9%		3.3%	4.6%	4.4%
大大加剧了不公平	0.6%		1.9%	0.7%	0.8%
总计	100.0%	100.0%	100.0%	100.0%	100.0%
列总计	511	10	486	6133	7140

Chi-square test：df = 12，卡方值为 137.842，sig = 0.000 < 0.05，所以不同政治面貌的居民在“就业政策对促进社会公平有效果吗”的回答上存在显著差异。

G10b by K8

您认为本地政府在以下方面的政策措施对促进社会公平有效果吗？教育政策 * 政治面貌 Crosstabulation

	共产党员	民主党派	共青团员	群众	总计
较大效果	15.6%	20.0%	19.4%	7.5%	8.9%
有点效果	61.1%	60.0%	58.1%	61.6%	61.3%
没有效果	18.0%	20.0%	18.4%	26.0%	24.9%
更不公平	4.5%		3.7%	4.4%	4.4%
大大加剧了不公平	0.8%		0.4%	0.5%	0.5%
总计	100.0%	100.0%	100.0%	100.0%	100.0%

续表

	共产党员	民主党派	共青团员	群众	总计
列总计	532	10	515	6509	7566

Chi-square test：df = 12，卡方值为 131. 121，sig ＝0. 000 <0. 05，所以不同政治面貌的居民在“教育政策对促进社会公平有效果吗”的回答上存在显著差异。

G10c by K8

您认为本地政府在以下方面的政策措施对促进社会公平有效果吗？医疗卫生政策 ＊ 政治面貌 Crosstabulation

	共产党员	民主党派	共青团员	群众	总计
较大效果	16. 0%		19. 6%	8. 8%	10. 0%
有点效果	58. 1%	54. 5%	57. 9%	57. 5%	57. 5%
没有效果	21. 3%	45. 5%	16. 9%	26. 1%	25. 2%
更不公平	3. 9%		5. 0%	6. 9%	6. 5%
大大加剧了不公平	0. 7%		0. 6%	0. 8%	0. 8%
总计	100. 0%	100. 0%	100. 0%	100. 0%	100. 0%
列总计	539	11	516	6751	7817

Chi-square test：df = 12，卡方值为 109. 252，sig ＝0. 000 <0. 05，所以不同政治面貌的居民在“医疗卫生政策对促进社会公平有效果吗”的回答上存在显著差异。

G10d by K8

您认为本地政府在以下方面的政策措施对促进社会公平有效果吗？低保政策 ＊ 政治面貌 Crosstabulation

	共产党员	民主党派	共青团员	群众	总计
较大效果	17. 4%	20. 0%	19. 7%	8. 7%	10. 0%
有点效果	54. 1%	40. 0%	52. 4%	50. 1%	50. 5%
没有效果	19. 3%	30. 0%	20. 1%	28. 0%	26. 9%
更不公平	7. 8%		6. 3%	11. 6%	11. 0%
大大加剧了不公平	1. 4%	10. 0%	1. 5%	1. 6%	1. 6%
总计	100. 0%	100. 0%	100. 0%	100. 0%	100. 0%
列总计	512	10	462	6449	7433

Chi-square test：df = 12，卡方值为 127. 664，sig ＝0. 000 <0. 05，所以不同政治面貌的居民在“低保政策对促进社会公平有效果吗”的回答上存在显著差异。

G10e by K8

您认为本地政府在以下方面的政策措施对促进社会公平有效果吗？房地产政策 ＊ 政治面貌 Crosstabulation

	共产党员	民主党派	共青团员	群众	总计
较大效果	9.9%		10.0%	5.3%	5.9%
有点效果	40.5%	27.3%	41.7%	34.1%	35.1%
没有效果	36.0%	45.5%	34.8%	39.6%	39.0%
更不公平	9.7%	18.2%	10.5%	15.8%	15.0%
大大加剧了不公平	3.9%	9.1%	2.9%	5.3%	5.0%
总计	100.0%	100.0%	100.0%	100.0%	100.0%
列总计	484	11	408	5256	6159

Chi-square test：df = 12，卡方值为 66.436，sig = 0.000 < 0.05，所以不同政治面貌的居民在“房地产政策对促进社会公平有效果吗”的回答上存在显著差异。

G10f by K8

您认为本地政府在以下方面的政策措施对促进社会公平有效果吗？拆迁安置政策 ＊ 政治面貌 Crosstabulation

	共产党员	民主党派	共青团员	群众	总计
较大效果	9.7%		11.6%	5.0%	5.8%
有点效果	41.7%	33.3%	42.6%	32.6%	34.0%
没有效果	32.4%	33.3%	30.9%	39.2%	38.1%
更不公平	11.2%	11.1%	11.9%	16.9%	16.1%
大大加剧了不公平	5.0%	22.2%	3.0%	6.3%	6.0%
总计	100.0%	100.0%	100.0%	100.0%	100.0%
列总计	463	9	404	5033	5909

Chi-square test：df = 12，卡方值为 97.434，sig = 0.000 < 0.05，所以不同政治面貌的居民在“拆迁安置政策对促进社会公平有效果吗”的回答上存在显著差异。

G11 by K8

如果遭遇重大公共事件，您相信政府公布的信息和采取的措施吗 ＊ 政治面貌 Crosstabulation

	共产党员	民主党派	共青团员	群众	总计
相信，大都是可靠的，比网络流传的可靠	68.8%	61.5%	63.4%	62.2%	62.7%
不相信，都是安抚百姓的策略措施	13.7%	23.1%	14.7%	16.7%	16.4%

续表

	共产党员	民主党派	共青团员	群众	总计
将信将疑，走一步看一步	17.1%	15.4%	21.7%	21.1%	20.8%
其他	0.4%		0.2%	0.1%	0.1%
总计	100.0%	100.0%	100.0%	100.0%	100.0%
列总计	561	13	558	7434	8566

Chi-square test：df = 3，卡方值为 17.299，sig = 0.044 < 0.05，所以不同政治面貌的居民在“如果遭遇重大公共事件，会否相信政府公布的信息和采取的措施”的回答上存在显著差异。

G12a by K8

政府推动或倡导的下列活动效果如何？文明城市创建 ＊ 政治面貌 Crosstabulation

	共产党员	民主党派	共青团员	群众	总计
完全没效果	4.6%	8.3%	2.2%	1.9%	2.1%
效果较差	20.5%		25.3%	22.3%	22.3%
效果较好	62.4%	75.0%	56.4%	66.1%	65.2%
效果很好	12.5%	16.7%	16.1%	9.7%	10.4%
总计	100.0%	100.0%	100.0%	100.0%	100.0%
列总计	526	12	509	6404	7451

Chi-square test：df = 9，卡方值为 53.696，sig = 0.000 < 0.05，所以不同政治面貌的居民在“文明城市创建活动效果如何”的回答上存在显著差异。

G12b by K8

政府推动或倡导的下列活动效果如何？学雷锋活动 ＊ 政治面貌 Crosstabulation

	共产党员	民主党派	共青团员	群众	总计
完全没效果	2.4%	8.3%	4.1%	2.6%	2.7%
效果较差	23.4%	16.7%	26.0%	24.1%	24.2%
效果较好	63.6%	58.3%	59.1%	64.2%	63.8%
效果很好	10.6%	16.7%	10.7%	9.1%	9.3%
总计	100.0%	100.0%	100.0%	100.0%	100.0%
列总计	508	12	484	5798	6802

Chi-square test：df = 9，卡方值为 11.432，sig = 0.247 > 0.05，所以不同政治面貌的居民在“学雷锋活动效果如何”的回答上不存在显著差异。

G12c by K8

政府推动或倡导的下列活动效果如何？典型人物的宣传 ＊ 政治面貌 Crosstabulation

	共产党员	民主党派	共青团员	群众	总计
完全没效果	3.1%	16.7%	4.3%	2.4%	2.6%
效果较差	20.0%		22.2%	22.5%	22.3%
效果较好	65.0%	75.0%	60.5%	64.3%	64.1%
效果很好	11.9%	8.3%	13.0%	10.8%	11.1%
总计	100.0%	100.0%	100.0%	100.0%	100.0%
列总计	511	12	486	5619	6628

Chi-square test：df = 3，卡方值为 23.771，sig = 0.005 < 0.05，所以不同政治面貌的居民在“典型人物的宣传活动效果如何”的回答上存在显著差异。

G12d by K8

政府推动或倡导的下列活动效果如何？志愿服务的倡导和推广 ＊ 政治面貌 Crosstabulation

	共产党员	民主党派	共青团员	群众	总计
完全没效果	2.5%	18.2%	2.6%	2.2%	2.2%
效果较差	22.0%	9.1%	25.2%	23.8%	23.8%
效果较好	60.9%	63.6%	55.8%	60.4%	60.1%
效果很好	14.6%	9.1%	16.4%	13.6%	13.9%
总计	100.0%	100.0%	100.0%	100.0%	100.0%
列总计	478	11	464	5140	6093

Chi-square test：df = 3，卡方值为 19.272，sig = 0.23 < 0.05，所以不同政治面貌的居民在“志愿服务的倡导和推广活动的效果如何”的回答上存在显著差异。

G12e by K8

政府推动或倡导的下列活动效果如何？反腐倡廉的举措 ＊ 政治面貌 Crosstabulation

	共产党员	民主党派	共青团员	群众	总计
完全没效果	3.4%		3.9%	4.8%	4.6%
效果较差	21.9%	30.0%	18.1%	22.9%	22.5%
效果较好	54.7%	40.0%	59.9%	56.3%	56.4%
效果很好	20.0%	30.0%	18.1%	16.0%	16.5%

续表

	共产党员	民主党派	共青团员	群众	总计
总计	100.0%	100.0%	100.0%	100.0%	100.0%
列总计	506	10	459	5313	6288

Chi-square test：df = 9，卡方值为 15.508，sig = 0.078 > 0.05，所以不同政治面貌的居民在“反腐倡廉的举措效果如何”的回答上不存在显著差异。

G12f by K8

政府推动或倡导的下列活动效果如何？《公民道德建设实施纲要》的推进 * 政治面貌 Crosstabulation

	共产党员	民主党派	共青团员	群众	总计
完全没效果	5.7%		3.3%	4.3%	4.3%
效果较差	21.0%	33.3%	26.1%	24.7%	24.5%
效果较好	55.6%	55.6%	54.3%	59.3%	58.6%
效果很好	17.7%	11.1%	16.3%	11.7%	12.6%
总计	100.0%	100.0%	100.0%	100.0%	100.0%
列总计	419	9	368	4170	4966

Chi-square test：df = 3，卡方值为 23.359，sig = 0.005 < 0.05，所以不同政治面貌的居民在“《公民道德建设实施纲要》的推进活动效果如何”的回答上存在显著差异。

G13 by K8

您对于我们正在走的中国特色社会主义道路怎么看 * 政治面貌 Crosstabulation

	共产党员	民主党派	共青团员	群众	总计
充满信心，因为它可以给中国带来繁荣富强	68.3%	30.8%	55.3%	45.0%	47.1%
不太了解，但相信这条路能够让老百姓都过上好日子	23.2%	30.8%	29.6%	38.0%	36.5%
表示怀疑，走这条路究竟怎么样，现在还说不清楚	6.4%	30.8%	11.8%	11.7%	11.4%
走什么样的路，跟我没关系	2.1%		3.1%	5.2%	4.8%
其他		7.7%	0.2%	0.2%	0.2%
总计	100.0%	100.0%	100.0%	100.0%	100.0%
列总计	561	13	557	7451	8582

Chi-square test：df = 12，卡方值为 186.092，sig = 0.000 < 0.05，所以不同政治面貌的居民在“对我们正在走的中国特色社会主义道路怎么看”的回答上存在显著差异。

G14 by K8

党的十八大提出，到2020年全面建成小康社会，到21世纪中叶建成社会主义现代化国家，您认为这样的目标能实现吗 ＊ 政治面貌 Crosstabulation

	共产党员	民主党派	共青团员	群众	总计
相信一定能实现	43.1%	41.7%	36.4%	29.9%	31.2%
有困难，但只要努力还是能实现的	48.7%	50.0%	53.5%	56.8%	56.0%
不可能实现	4.3%	8.3%	5.1%	3.6%	3.8%
说不清楚，跟我没关系	3.6%		4.8%	9.6%	8.8%
其他	0.4%		0.2%	0.2%	0.2%
总计	100.0%	100.0%	100.0%	100.0%	100.0%
列总计	559	12	544	7252	8367

Chi-square test：df = 12，卡方值为 79.882，sig = 0.000 < 0.05，所以不同政治面貌的居民在“到21世纪中叶建成社会主义现代化国家的目标能否实现”的回答上存在显著差异。

G15 by K8

您对您周围的党员干部道德状况怎么评价 ＊ 政治面貌 Crosstabulation

	共产党员	民主党派	共青团员	群众	总计
总体还不错	61.2%	30.0%	53.2%	40.0%	42.2%
普遍比较差	17.1%	30.0%	22.0%	22.1%	21.8%
和普通群众没有太大差别	21.7%	40.0%	24.8%	37.9%	36.0%
总计	100.0%	100.0%	100.0%	100.0%	100.0%
列总计	544	10	472	6700	7726

Chi-square test：df = 6，卡方值为 128.905，sig = 0.000 < 0.05，所以不同政治面貌的居民在“周围的党员干部道德状况怎么样”的回答上存在显著差异。

G16 by K8

您认为当前官员的勤政作为是怎样的 ＊ 政治面貌 Crosstabulation

	共产党员	民主党派	共青团员	群众	总计
努力作为，成绩显著	27.7%	25.0%	21.7%	22.5%	22.8%
努力作为，成绩一般	53.4%	33.3%	53.2%	48.3%	49.0%
行政不作为	14.4%	33.3%	18.8%	19.6%	19.2%
行政乱作为	4.5%	8.3%	6.3%	9.6%	9.0%
总计	100.0%	100.0%	100.0%	100.0%	100.0%

续表

	共产党员	民主党派	共青团员	群众	总计
列总计	494	12	457	5932	6895

Chi-square test：df = 9，卡方值为 35. 872，sig = 0. 000 < 0. 05，所以不同政治面貌的居民在“当前官员的勤政作为是怎样的”的回答上存在显著差异。

G17 by K8

您到政府部门办事，首先选择的方法是 ＊ 政治面貌 Crosstabulation

	共产党员	民主党派	共青团员	群众	总计
找亲朋好友帮忙办理	13. 8%	27. 3%	16. 2%	19. 1%	18. 5%
找政府中的熟人办理	21. 5%	27. 3%	24. 0%	20. 9%	21. 2%
送红包	1. 3%		0. 6%	1. 8%	1. 7%
直接找相关职能部门办理	62. 6%	45. 5%	58. 8%	57. 8%	58. 2%
其他	0. 8%		0. 4%	0. 4%	0. 5%
总计	100. 0%	100. 0%	100. 0%	100. 0%	100. 0%
列总计	530	11	495	6646	7682

Chi-square test：df = 12，卡方值为 193. 897，sig = 0. 069 > 0. 05，所以不同政治面貌的居民在“到政府部门办事，首先选择的方法”的回答上不存在显著差异。

H1 by K8

您认为近五年来，您所在地区政府的环境保护工作做得怎么样 ＊ 政治面貌 Crosstabulation

	共产党员	民主党派	共青团员	群众	总计
片面注重经济发展，忽视了环境保护工作	24. 6%	25. 0%	19. 5%	22. 7%	22. 6%
重视不够，环保投入不足	26. 1%	33. 3%	35. 1%	29. 3%	29. 4%
虽尽了努力，但效果不佳	16. 6%	8. 3%	16. 9%	19. 0%	18. 7%
尽了很大努力，有一定成效	25. 4%	25. 0%	23. 9%	23. 7%	23. 9%
取得了很大的成绩	7. 3%	8. 3%	4. 6%	5. 3%	5. 4%
总计	100. 0%	100. 0%	100. 0%	100. 0%	100. 0%
列总计	524	12	502	6425	7463

Chi-square test：df = 12，卡方值为 18. 487，sig = 0. 102 > 0. 05，所以不同政治面貌的居民在“近五年来，所在地区政府的环境保护工作做得怎么样”的回答上不存在显著差异。

H2a by K8

在最近的一年里，您是否从事过？垃圾分类投放 * 政治面貌 Crosstabulation

	共产党员	民主党派	共青团员	群众	总计
从不	25.0%	15.4%	22.5%	42.9%	40.4%
偶尔	46.1%	53.8%	52.4%	44.5%	45.2%
经常	28.9%	30.8%	25.0%	12.5%	14.4%
总计	100.0%	100.0%	100.0%	100.0%	100.0%
列总计	564	13	559	7493	8629

Chi-square test：df = 6，卡方值为 245.037，sig = 0.000 < 0.05，所以不同政治面貌的居民在“在最近的一年里是否从事过垃圾分类投放”的回答上存在显著差异。

H2b by K8

在最近的一年里，您是否从事过？与自己的亲戚朋友讨论环保问题 * 政治面貌

	共产党员	民主党派	共青团员	群众	总计
从不	23.0%	7.7%	29.0%	40.0%	38.1%
偶尔	55.3%	61.5%	56.9%	49.7%	50.6%
经常	21.6%	30.8%	14.1%	10.3%	11.3%
总计	100.0%	100.0%	100.0%	100.0%	100.0%
列总计	564	13	559	7488	8624

CrosstabulationChi-square test：df = 6，卡方值为 132.767，sig = 0.000 < 0.05，所以不同政治面貌的居民在“在最近的一年里是否从事过与自己的亲戚朋友讨论环保问题”的回答上存在显著差异。

H2c by K8

在最近的一年里，您是否从事过？采购日常用品时自己带购物篮或购物袋 * 政治面貌 Crosstabulation

	共产党员	民主党派	共青团员	群众	总计
从不	17.6%		21.1%	23.4%	22.8%
偶尔	47.3%	50.0%	50.4%	52.4%	52.0%
经常	35.1%	50.0%	28.4%	24.2%	25.2%
总计	100.0%	100.0%	100.0%	100.0%	100.0%
列总计	562	12	559	7487	8620

Chi-square test：df = 6，卡方值为 44.410，sig = 0.000 < 0.05，所以不同政治面貌的居民在“最近的一年里是否从事过采购日常用品时自己带购物篮或购物袋”的回答上存在显著差异。

H2d by K8

在最近的一年里，您是否从事过？优先选择公交、步行等绿色出行方式 ＊ 政治面貌 Crosstabulation

	共产党员	民主党派	共青团员	群众	总计
从不	9.2%	15.4%	9.5%	13.4%	12.9%
偶尔	36.7%	30.8%	38.1%	42.8%	42.1%
经常	54.1%	53.8%	52.4%	43.8%	45.0%
总计	100.0%	100.0%	100.0%	100.0%	100.0%
列总计	564	13	559	7481	8617

Chi-square test：df = 6，卡方值为 39.743，sig = 0.000 < 0.05，所以不同政治面貌的居民在“最近的一年里是否从事过优先选择公交、步行等绿色出行方式”的回答上存在显著差异。

H2e by K8

在最近的一年里，您是否从事过？为环境保护捐款 ＊ 政治面貌 Crosstabulation

	共产党员	民主党派	共青团员	群众	总计
从不	48.8%	50.0%	49.4%	69.8%	67.0%
偶尔	38.4%	41.7%	42.2%	25.5%	27.5%
经常	12.8%	8.3%	8.4%	4.7%	5.5%
总计	100.0%	100.0%	100.0%	100.0%	100.0%
列总计	563	12	559	7463	8597

Chi-square test：df = 6，卡方值为 213.389，sig = 0.000 < 0.05，所以不同政治面貌的居民在“最近的一年里是否从事过为环境保护捐款”的回答上存在显著差异。

H2f by K8

在最近的一年里，您是否从事过？主动关注环境方面的信息报道和宣传教育 ＊ 政治面貌 Crosstabulation

	共产党员	民主党派	共青团员	群众	总计
从不	40.5%	46.2%	42.0%	64.6%	61.5%
偶尔	41.9%	7.7%	44.0%	29.9%	31.6%
经常	17.6%	46.2%	14.0%	5.5%	6.9%
总计	100.0%	100.0%	100.0%	100.0%	100.0%
列总计	563	13	559	7466	8601

Chi-square test：df = 6，卡方值为 325.562，sig = 0.000 < 0.05，所以不同政治面貌的居民在“最近的一年里是否从事过主动关注环境方面的信息报道和宣传教育”的回答上存在显著差异。

H2g by K8

在最近的一年里，您是否从事过？积极参加民间环保团体举办的环保活动 * 政治面貌 Crosstabulation

	共产党员	民主党派	共青团员	群众	总计
从不	54.0%	61.5%	53.1%	75.6%	72.7%
偶尔	34.5%	30.8%	38.8%	21.3%	23.3%
经常	11.5%	7.7%	8.1%	3.2%	4.0%
总计	100.0%	100.0%	100.0%	100.0%	100.0%
列总计	563	13	559	7461	8596

Chi-square test：df = 6，卡方值为 282.096，sig = 0.000 < 0.05，所以不同政治面貌的居民在“最近的一年里是否从事过积极参加民间环保团体举办的环保活动”的回答上存在显著差异。

H2h by K8

在最近的一年里，您是否从事过？积极参加要求解决环境问题的投诉、上诉 * 政治面貌 Crosstabulation

	共产党员	民主党派	共青团员	群众	总计
从不	66.2%	69.2%	68.9%	81.4%	79.6%
偶尔	23.8%	30.8%	25.8%	16.2%	17.3%
经常	10.0%		5.4%	2.4%	3.1%
总计	100.0%	100.0%	100.0%	100.0%	100.0%
列总计	562	13	559	7460	8594

Chi-square test：df = 6，卡方值为 175.969，sig = 0.000 < 0.05，所以不同政治面貌的居民在“最近的一年里是否从事过积极参加要求解决环境问题的投诉、上诉”的回答上存在显著差异。

H3 by K8

如果您的周围有一片森林，政府将成材的树林砍伐下来办木材厂，将极大提高您的收入，但将破坏环境，您会支持这一决定吗 * 政治面貌 Crosstabulation

	共产党员	民主党派	共青团员	群众	总计
支持，对大家有好处	13.8%	16.7%	11.7%	11.8%	11.9%
反对，这是发子孙财，破坏生态	68.6%	75.0%	70.1%	70.1%	70.0%
不支持也不反对，政府决定	17.5%	8.3%	18.0%	18.0%	18.0%
其他	0.2%		0.2%	0.1%	0.1%
总计	100.0%	100.0%	100.0%	100.0%	100.0%

续表

	共产党员	民主党派	共青团员	群众	总计
列总计	560	12	555	7462	8589

Chi-square test：df = 9，卡方值为3.107，sig = 0.960 > 0.05，所以不同政治面貌的居民在“如果您的周围有一片森林，政府将成材的树林砍伐下来办木材厂，将极大提高您的收入，但将破坏环境是否支持这一决定”的回答上不存在显著差异。

H4 by K8

如果要办一个化工厂，但会给下游地区造成污染，您是这个厂的持股职工，您会支持这个决定吗 ＊ 政治面貌 Crosstabulation

	共产党员	民主党派	共青团员	群众	总计
支持，我们不会受污染	12.4%	33.3%	12.6%	13.0%	13.0%
反对，这是嫁祸于人	74.7%	41.7%	71.8%	68.3%	68.9%
不支持也不反对，成了可分红，不成是领导的责任	12.7%	16.7%	15.5%	18.5%	17.9%
其他	0.2%	8.3%		0.2%	0.2%
总计	100.0%	100.0%	100.0%	100.0%	100.0%
列总计	558	12	554	7421	8545

Chi-square test：df = 9，卡方值为59.655，sig = 0.000 < 0.05，所以不同政治面貌的居民在“如果要办一个化工厂，但会给下游地区造成污染，您是这个厂的持股职工，是否支持这个决定”的回答上存在显著差异。

H5 by K8

您认为造成生态环境问题的最主要原因是 ＊ 政治面貌 Crosstabulation

	共产党员	民主党派	共青团员	群众	总计
企业唯利是图，造成环境污染	31.7%	30.8%	28.7%	26.0%	26.5%
政府缺乏生态意识，政策失当	31.5%	38.5%	30.9%	35.4%	34.9%
个人缺乏环保意识	18.6%	7.7%	19.9%	20.7%	20.5%
当代人自私自利，不顾未来和子孙利益	16.5%	23.1%	19.2%	17.1%	17.2%
其他	1.6%		1.3%	0.8%	0.9%
总计	100.0%	100.0%	100.0%	100.0%	100.0%
列总计	558	13	557	7414	8542

Chi-square test：df = 12，卡方值为20.648，sig = 0.056 > 0.05，所以不同政治面貌的居民在“造成生态环境问题的最主要原因”的回答上不存在显著差异。

H6 by K8

如果环境保护主管部门邀请您参加座谈会或听证会，您是否会出席？＊政治面貌 Crosstabulation

	共产党员	民主党派	共青团员	群众	总计
会	83.0%	91.7%	80.2%	69.3%	71.0%
不会	17.0%	8.3%	19.8%	30.7%	29.0%
总计	100.0%	100.0%	100.0%	100.0%	100.0%
列总计	499	12	484	5978	6973

Chi-square test：df = 3，卡方值为65.826，sig = 0.000 < 0.05，所以不同政治面貌的居民在“如果环境保护主管部门邀请您参加座谈会或听证会，是否会出席”的回答上存在显著差异。

H7 by K8

若您所在社区参加“绿色社区”创建活动，您是否会积极参与＊政治面貌 Crosstabulation

	共产党员	民主党派	共青团员	群众	总计
会	88.0%	92.3%	82.9%	75.3%	76.8%
不会	12.0%	7.7%	17.1%	24.7%	23.2%
总计	100.0%	100.0%	100.0%	100.0%	100.0%
列总计	501	13	479	6042	7035

Chi-square test：df = 3，卡方值为54.472，sig = 0.000 < 0.05，所以不同政治面貌的居民在“所在社区参加‘绿色社区’创建活动，是否会积极参与”的回答上存在显著差异。

I1 by K8

如果您周围有很多外国人，您愿意和他们建立什么样的关系＊政治面貌 Crosstabulation

	共产党员	民主党派	共青团员	群众	总计
愿意做朋友	50.8%	15.4%	58.5%	33.1%	35.9%
愿意做兄弟姐妹	11.8%	7.7%	13.8%	10.4%	10.7%
不愿意来往，得提防他们	4.5%		2.7%	4.5%	4.3%
偶尔交往，仅限于礼节性的	19.0%	46.2%	15.2%	12.8%	13.4%
无法和他们来往，存在语言、文化、习俗等障碍	13.2%	30.8%	9.5%	38.8%	35.2%
其他	0.7%		0.4%	0.4%	0.4%
总计	100.0%	100.0%	100.0%	100.0%	100.0%

续表

	共产党员	民主党派	共青团员	群众	总计
列总计	559	13	559	7447	8578

Chi-square test：df = 15，卡方值为 378.465，sig = 0.000 < 0.05，所以不同政治面貌的居民在“如果您周围有很多外国人，愿意和他们建立什么样的关系”的回答上存在显著差异。

I2 by K8

您更愿意过春节还是圣诞节 ＊ 政治面貌 Crosstabulation

	共产党员	民主党派	共青团员	群众	总计
圣诞节	1.1%	7.7%	1.4%	0.6%	0.7%
春节	76.4%	84.6%	63.1%	80.4%	79.0%
两个都愿意过	19.9%	7.7%	32.7%	15.8%	17.2%
两个都不想过	2.7%		2.7%	3.1%	3.1%
总计	100.0%	100.0%	100.0%	100.0%	100.0%
列总计	559	13	559	7497	8628

Chi-square test：df = 9，卡方值为 126.029，sig = 0.000 < 0.05，所以不同政治面貌的居民在“更愿意过春节还是圣诞节”的回答上存在显著差异。

I3 by K8

您同意中国人与外国人通婚吗 ＊ 政治面貌 Crosstabulation

	共产党员	民主党派	共青团员	群众	总计
非常同意	7.6%		16.8%	5.2%	6.1%
比较同意	66.5%	54.5%	67.6%	55.6%	57.1%
不太同意	23.9%	36.4%	14.3%	33.3%	31.4%
强烈反对	2.0%	9.1%	1.4%	5.9%	5.3%
总计	100.0%	100.0%	100.0%	100.0%	100.0%
列总计	498	11	512	6529	7550

Chi-square test：df = 9，卡方值为 220.775，sig = 0.000 < 0.05，所以不同政治面貌的居民在“是否同意中国人与外国人通婚”的回答上存在显著差异。

I4 by K8

对外来的城市农民工如建筑工人、家庭保姆等，您的态度是 ＊ 政治面貌 Crosstabulation

	共产党员	民主党派	共青团员	群众	总计
看不起和排斥	2.3%		2.7%	2.2%	2.2%

续表

	共产党员	民主党派	共青团员	群众	总计
无视和冷漠以对	9.0%	15.4%	6.5%	7.9%	7.9%
尊重和体谅	74.3%	76.9%	77.4%	72.8%	73.2%
同情和友爱	14.0%	7.7%	13.1%	16.9%	16.4%
其他	0.4%		0.4%	0.3%	0.3%
总计	100.0%	100.0%	100.0%	100.0%	100.0%
列总计	556	13	558	7434	8561

Chi-square test：df = 12，卡方值为 13.485，sig = 0.335 > 0.05，所以不同政治面貌的居民在“外来的城市农民工如建筑工人、家庭保姆等，受访者的态度”的回答上不存在显著差异。

I5 by K8

您在日常生活中与同乡人和外乡人的关系是 ＊ 政治面貌 Crosstabulation

	共产党员	民主党派	共青团员	群众	总计
与同乡人交往多	33.3%	30.8%	30.5%	42.6%	41.2%
与外乡人交往多	15.6%	23.1%	17.7%	11.3%	12.0%
一样多	26.1%	23.1%	26.8%	17.9%	19.1%
偶尔与外乡人有交往，主要与同乡人交往	24.7%	23.1%	25.0%	28.0%	27.6%
其他	0.4%			0.1%	0.1%
总计	100.0%	100.0%	100.0%	100.0%	100.0%
列总计	559	13	555	7478	8605

Chi-square test：df = 12，卡方值为 96.210，sig = 0.000 < 0.05，所以不同政治面貌的居民在“日常生活中与同乡人和外乡人的关系处理”的回答上存在显著差异。

I6 by K8

您所在地区的政府对待外来人员的政策取向是 ＊ 政治面貌 Crosstabulation

	共产党员	民主党派	共青团员	群众	总计
不冷不热，顺其自然	37.8%	41.7%	44.0%	44.8%	44.3%
提高门槛，严加限制	20.3%	33.3%	19.9%	15.6%	16.3%
降低门槛，广泛吸收	25.0%	8.3%	21.9%	24.1%	24.0%
对有钱人、高级专家采取特殊政策吸引，对一般人严加限制	15.9%	16.7%	13.1%	14.9%	14.9%
其他	1.0%		1.0%	0.5%	0.6%
总计	100.0%	100.0%	100.0%	100.0%	100.0%

续表

	共产党员	民主党派	共青团员	群众	总计
列总计	516	12	502	6616	7646

Chi-square test：df = 12，卡方值为26.116，sig = 0.010 < 0.05，所以不同政治面貌的居民在“所在地区的政府对待外来人员的政策取向”的回答上存在显著差异。

I7 by K8

您认为在当前的中国，读书还能不能改变命运 ＊ 政治面貌 Crosstabulation

	共产党员	民主党派	共青团员	群众	总计
读书只是改变命运的一个路径	37.6%	38.5%	44.3%	34.8%	35.6%
读书是改变命运的主要路径	44.7%	30.8%	39.1%	42.7%	42.6%
读书是改变命运的唯一路径	8.2%	7.7%	9.5%	13.0%	12.4%
不再是改变命运的路径，没权势的人读了书照样穷	8.6%	23.1%	6.8%	9.4%	9.2%
其他	0.9%		0.4%	0.1%	0.2%
总计	100.0%	100.0%	100.0%	100.0%	100.0%
列总计	561	13	558	7466	8598

Chi-square test：df = 12，卡方值为56.795，sig = 0.000 < 0.05，所以不同政治面貌的居民在“在当前的中国，读书还能不能改变命运”的回答上存在显著差异。

I8 by K8

您如何认识名牌大学里农村学生比例急剧减少的现象 ＊ 政治面貌 Crosstabulation

	共产党员	民主党派	共青团员	群众	总计
是一种社会倒退	11.2%		11.9%	12.6%	12.5%
农村教育的落后	39.9%	33.3%	45.4%	39.4%	39.8%
教育不公平	27.1%	50.0%	24.4%	28.7%	28.3%
有钱人和有权人特权的表现	9.4%	8.3%	10.1%	12.3%	12.0%
代际不公、社会不公的延续和加剧	11.0%	8.3%	7.1%	6.1%	6.5%
其他	1.4%		1.1%	0.8%	0.9%
总计	100.0%	100.0%	100.0%	100.0%	100.0%
列总计	554	12	553	7375	8494

Chi-square test：df = 15，卡方值为40.448，sig = 0.000 < 0.05，所以不同政治面貌的居民在“如何认识名牌大学里农村学生比例急剧减少的现象”的回答上存在显著差异。

I9 by K8

您同学指出您家乡的某一风俗习惯很落后保守，您会做出什么反应 ＊ 政治面貌 Crosstabulation

	共产党员	民主党派	共青团员	群众	总计
坦然面对，承认这一风俗习惯确实落后	57.3%	61.5%	52.2%	52.6%	52.9%
虽然认为说得对，但是感觉他在批评自己的家乡，因此不自在	26.8%	38.5%	27.9%	28.2%	28.1%
虽然认为说得对，但是感到受到羞辱	6.3%		6.8%	8.8%	8.5%
批评家乡就是批评自己，要为家乡的风俗习惯做辩护	9.1%		12.5%	10.2%	10.3%
其他	0.5%		0.5%	0.2%	0.2%
总计	100.0%	100.0%	100.0%	100.0%	100.0%
列总计	560	13	559	7392	8524

Chi-square test：df = 12，卡方值为 19.520，sig = 0.077 > 0.05，所以不同政治面貌的居民在“同学指出您家乡的某一风俗习惯很落后保守，您会做出什么反应”的回答上不存在显著差异。

I10 by K8

如果您有机会出国，初到国外时，您交朋友会有意识地交中国朋友吗 ＊ 政治面貌 Crosstabulation

	共产党员	民主党派	共青团员	群众	总计
会，认为在异国他乡找自己本国人有一种归属感	53.5%	38.5%	54.7%	50.0%	50.6%
不会，看缘分交朋友，不强调国籍	22.2%	15.4%	23.1%	20.4%	20.7%
不会，会有意识地多交外国朋友	5.6%	23.1%	4.1%	3.8%	4.0%
视情况而定	18.7%	23.1%	18.1%	25.7%	24.8%
总计	100.0%	100.0%	100.0%	100.0%	100.0%
列总计	555	13	558	7399	8525

Chi-square test：df = 9，卡方值为 43.244，sig = 0.000 < 0.05，所以不同政治面貌的居民在“如果您有机会出国，初到国外时，交朋友是否会有意识地交中国朋友”的回答上存在显著差异。

I11 by K8

您是否愿意与不同民族的人交往 ＊ 政治面貌 Crosstabulation

	共产党员	民主党派	共青团员	群众	总计
非常不愿意	2.9%		2.8%	2.8%	2.8%

续表

	共产党员	民主党派	共青团员	群众	总计
不太愿意	15.6%	15.4%	14.6%	16.6%	16.4%
比较愿意	67.0%	61.5%	60.0%	72.5%	71.3%
非常愿意	14.5%	23.1%	22.6%	8.2%	9.6%
总计	100.0%	100.0%	100.0%	100.0%	100.0%
列总计	551	13	540	7200	8304

Chi-square test：df=9，卡方值为140.412，sig =0.000<0.05，所以不同政治面貌的居民在“是否愿意与不同民族的人交往”的回答上存在显著差异。

I12 by K8

您是否愿意与不同宗教信仰的人相处 ＊ 政治面貌 Crosstabulation

	共产党员	民主党派	共青团员	群众	总计
非常不愿意	4.5%	7.7%	4.6%	4.6%	4.6%
不太愿意	22.0%		22.1%	23.1%	22.9%
比较愿意	62.9%	76.9%	60.4%	65.9%	65.3%
非常愿意	10.6%	15.4%	13.0%	6.4%	7.1%
总计	100.0%	100.0%	100.0%	100.0%	100.0%
列总计	536	13	525	7070	8144

Chi-square test：df=9，卡方值为47.696，sig =0.000<0.05，所以不同政治面貌的居民在“是否愿意与不同宗教信仰的人相处”的回答上存在显著差异。

I13 by K8

您与您的邻居平时来往多吗 ＊ 政治面貌 Crosstabulation

	共产党员	民主党派	共青团员	群众	总计
非常多	14.4%	7.7%	12.1%	18.4%	17.7%
比较多	43.3%	30.8%	41.3%	49.3%	48.4%
偶尔	36.3%	53.8%	36.4%	27.9%	29.0%
几乎不来往	6.0%	7.7%	10.3%	4.3%	4.8%
总计	100.0%	100.0%	100.0%	100.0%	100.0%
列总计	554	13	555	7425	8547

Chi-square test：df=9，卡方值为92.992，sig =0.000<0.05，所以不同政治面貌的居民在“与您的邻居平时来往程度”的回答上存在显著差异。

I14a by K8

您在多大程度上愿意和下列群体成为邻居？农民工、进城务工人员 ＊ 政治面貌 Crosstabulation

	共产党员	民主党派	共青团员	群众	总计
非常愿意	16.2%	8.3%	15.9%	13.4%	13.7%
比较愿意	65.6%	75.0%	69.2%	78.2%	76.8%
不太愿意	18.0%	16.7%	14.4%	8.0%	9.1%
很不愿意	0.2%		0.6%	0.4%	0.4%
总计	100.0%	100.0%	100.0%	100.0%	100.0%
列总计	538	12	536	7298	8384

Chi-square test：df = 9，卡方值为94.808，sig = 0.000 < 0.05，所以不同政治面貌的居民在“在多大程度上愿意和下列群体成为邻居？农民工、进城务工人员”的回答上存在显著差异。

I14b by K8

您在多大程度上愿意和下列群体成为邻居？商人 ＊ 政治面貌 Crosstabulation

	共产党员	民主党派	共青团员	群众	总计
非常愿意	12.8%	8.3%	13.2%	10.7%	11.0%
比较愿意	66.5%	50.0%	64.0%	71.5%	70.6%
不太愿意	18.1%	41.7%	21.5%	16.8%	17.3%
很不愿意	2.6%		1.3%	1.0%	1.1%
总计	100.0%	100.0%	100.0%	100.0%	100.0%
列总计	541	12	536	7231	8320

Chi-square test：df = 9，卡方值为32.679，sig = 0.000 < 0.05，所以不同政治面貌的居民在“在多大程度上愿意和下列群体成为邻居？商人”的回答上存在显著差异。

I14c by K8

您在多大程度上愿意和下列群体成为邻居？企业家或高级管理人员 ＊ 政治面貌 Crosstabulation

	共产党员	民主党派	共青团员	群众	总计
非常愿意	20.1%	25.0%	19.1%	15.0%	15.7%
比较愿意	65.9%	58.3%	66.0%	71.3%	70.6%
不太愿意	12.2%	16.7%	13.6%	12.7%	12.7%
很不愿意	1.8%		1.3%	1.0%	1.1%
总计	100.0%	100.0%	100.0%	100.0%	100.0%

续表

	共产党员	民主党派	共青团员	群众	总计
列总计	543	12	535	7145	8235

Chi-square test：df = 9，卡方值为 21.872，sig = 0.009 < 0.05，所以不同政治面貌的居民在“在多大程度上愿意和下列群体成为邻居？企业家或高级管理人员”的回答上存在显著差异。

I14d by K8

您在多大程度上愿意和下列群体成为邻居？技术工人 ＊ 政治面貌 Crosstabulation

	共产党员	民主党派	共青团员	群众	总计
非常愿意	21.7%	8.3%	20.3%	19.0%	19.2%
比较愿意	68.3%	83.3%	67.2%	73.1%	72.4%
不太愿意	8.8%	8.3%	10.8%	7.4%	7.7%
很不愿意	1.3%		1.7%	0.6%	0.7%
总计	100.0%	100.0%	100.0%	100.0%	100.0%
列总计	545	12	537	7234	8328

Chi-square test：df = 9，卡方值为 28.086，sig = 0.001 < 0.05，所以不同政治面貌的居民在“多大程度上愿意和下列群体成为邻居？技术工人”的回答上存在显著差异。

I14e by K8

您在多大程度上愿意和下列群体成为邻居？教师 ＊ 政治面貌 Crosstabulation

	共产党员	民主党派	共青团员	群众	总计
非常愿意	32.5%	16.7%	35.5%	27.6%	28.4%
比较愿意	60.9%	66.7%	58.6%	66.5%	65.6%
不太愿意	5.7%	8.3%	4.4%	5.4%	5.3%
很不愿意	0.9%	8.3%	1.5%	0.5%	0.6%
总计	100.0%	100.0%	100.0%	100.0%	100.0%
列总计	548	12	546	7310	8416

Chi-square test：df = 9，卡方值为 41.964，sig = 0.000 < 0.05，所以不同政治面貌的居民在“多大程度上愿意和下列群体成为邻居？教师”的回答上存在显著差异。

I14f by K8

您在多大程度上愿意和下列群体成为邻居？医生 ＊ 政治面貌 Crosstabulation

	共产党员	民主党派	共青团员	群众	总计
非常愿意	31.1%	25.0%	33.0%	25.5%	26.3%

续表

	共产党员	民主党派	共青团员	群众	总计
比较愿意	60.5%	75.0%	57.4%	66.6%	65.6%
不太愿意	7.5%		8.1%	7.2%	7.3%
很不愿意	0.9%		1.5%	0.7%	0.8%
总计	100.0%	100.0%	100.0%	100.0%	100.0%
列总计	547	12	542	7286	8387

Chi-square test：df = 9，卡方值为 29.915，sig = 0.000 < 0.05，所以不同政治面貌的居民在“多大程度上愿意和下列群体成为邻居？医生”的回答上存在显著差异。

I14g by K8

您在多大程度上愿意和下列群体成为邻居？富人 * 政治面貌 Crosstabulation

	共产党员	民主党派	共青团员	群众	总计
非常愿意	14.7%	9.1%	18.0%	12.5%	13.0%
比较愿意	55.6%	45.5%	50.9%	57.1%	56.6%
不太愿意	25.3%	45.5%	25.2%	25.5%	25.5%
很不愿意	4.5%		5.9%	4.9%	4.9%
总计	100.0%	100.0%	100.0%	100.0%	100.0%
列总计	538	11	528	7085	8162

Chi-square test：df = 9，卡方值为 19.725，sig = 0.020 < 0.05，所以不同政治面貌的居民在“多大程度上愿意和下列群体成为邻居？富人”的回答上存在显著差异。

I14h by K8

您在多大程度上愿意和下列群体成为邻居？土豪 * 政治面貌 Crosstabulation

	共产党员	民主党派	共青团员	群众	总计
非常愿意	11.7%	9.1%	14.0%	9.5%	10.0%
比较愿意	44.6%	45.5%	46.7%	51.6%	50.8%
不太愿意	35.1%	45.5%	31.4%	31.0%	31.3%
很不愿意	8.6%		7.9%	7.9%	7.9%
总计	100.0%	100.0%	100.0%	100.0%	100.0%
列总计	538	11	522	6988	8059

Chi-square test：df = 9，卡方值为 22.796，sig = 0.007 < 0.05，所以不同政治面貌的居民在“多大程度上愿意和下列群体成为邻居？土豪”的回答上存在显著差异。

I14i by K8

您在多大程度上愿意和下列群体成为邻居？专家学者 ＊ 政治面貌 Crosstabulation

	共产党员	民主党派	共青团员	群众	总计
非常愿意	26.5%	27.3%	29.1%	16.3%	17.9%
比较愿意	56.3%	36.4%	55.6%	60.9%	60.2%
不太愿意	13.4%	36.4%	12.8%	19.0%	18.2%
很不愿意	3.7%		2.5%	3.8%	3.7%
总计	100.0%	100.0%	100.0%	100.0%	100.0%
列总计	536	11	523	6827	7897

Chi-square test：df = 9，卡方值为 95.178，sig = 0.000 < 0.05，所以不同政治面貌的居民在“多大程度上愿意和下列群体成为邻居？专家学者”的回答上存在显著差异。

I14j by K8

您在多大程度上愿意和下列群体成为邻居？政府官员 ＊ 政治面貌 Crosstabulation

	共产党员	民主党派	共青团员	群众	总计
非常愿意	17.6%	9.1%	18.7%	11.7%	12.6%
比较愿意	54.6%	45.5%	52.9%	54.8%	54.6%
不太愿意	22.2%	45.5%	22.7%	25.6%	25.2%
很不愿意	5.6%		5.8%	7.9%	7.6%
总计	100.0%	100.0%	100.0%	100.0%	100.0%
列总计	535	11	520	6795	7861

Chi-square test：df = 9，卡方值为 42.875，sig = 0.000 < 0.05，所以不同政治面貌的居民在“多大程度上愿意和下列群体成为邻居？政府官员”的回答上存在显著差异。

I14k by K8

您在多大程度上愿意和下列群体成为邻居？公众人物、演艺人士 ＊ 政治面貌 Crosstabulation

	共产党员	民主党派	共青团员	群众	总计
非常愿意	12.2%	20.0%	17.2%	8.5%	9.4%
比较愿意	45.3%	40.0%	46.5%	52.0%	51.1%
不太愿意	28.7%	30.0%	25.2%	29.1%	28.8%
很不愿意	13.8%	10.0%	11.1%	10.4%	10.7%

续表

	共产党员	民主党派	共青团员	群众	总计
总计	100.0%	100.0%	100.0%	100.0%	100.0%
列总计	508	10	512	6437	7467

Chi-square test：df＝9，卡方值为58.588，sig＝0.000＜0.05，所以不同政治面貌的居民在“多大程度上愿意和下列群体成为邻居？公众人物、演艺人士”的回答上存在显著差异。

I15 by K8

您如何看待中国对其他落后国家的广泛援助计划 ＊ 政治面貌 Crosstabulation

	共产党员	民主党派	共青团员	群众	总计
完全支持，认为这有助于提升国家形象和国际地位	53.6%	23.1%	51.7%	44.5%	45.5%
支持，认为我们应该帮助比我们落后的国家	26.2%	38.5%	29.1%	26.3%	26.5%
支持，但国家应该征求纳税人的意见	9.8%	23.1%	10.9%	9.7%	9.8%
不支持，因为我们国家尚存在很多贫困人口	10.4%	15.4%	8.3%	19.6%	18.2%
总计	100.0%	100.0%	100.0%	100.0%	100.0%
列总计	541	13	532	6788	7874

Chi-square test：df＝9，卡方值为75.286，sig＝0.000＜0.05，所以不同政治面貌的居民在“如何看待中国对其他落后国家的广泛援助计划”的回答上存在显著差异。

I16 by K8

您听说过一些道德模范的故事吗？您愿意像他们那样做人做事吗 ＊ 政治面貌 Crosstabulation

	共产党员	民主党派	共青团员	群众	总计
知道一些，他们很了不起，应努力向他们学习	67.3%	53.8%	61.8%	50.3%	52.2%
知道一些，很敬佩他们，但自己学不来	22.1%	23.1%	27.5%	28.6%	28.1%
知道一些，我感到他们那样做有点不值得	4.4%	15.4%	4.5%	4.7%	4.7%
没听说过谁是道德模范和身边好人	6.2%	7.7%	6.3%	16.3%	15.0%
其他				0.1%	0.1%
总计	100.0%	100.0%	100.0%	100.0%	100.0%
列总计	562	13	560	7482	8617

Chi-square test：df＝12，卡方值为118.647，sig＝0.000＜0.05，所以不同政治面貌的居民在“是否听说过一些道德模范的故事，是否愿意像他们那样做人做事”的回答上存在显著差异。

I17 by K8

当有陌生人走进您的单位或社区，或在车厢中与陌生人在一起时，您通常的态度是 ＊ 政治面貌 Crosstabulation

	共产党员	民主党派	共青团员	群众	总计
对他/她微笑	36.6%	30.8%	37.9%	31.4%	32.2%
主动打招呼	18.1%	30.8%	16.1%	15.1%	15.4%
没有任何反应	27.4%	30.8%	31.1%	29.8%	29.7%
保持警惕，防止上当	17.3%		14.7%	23.6%	22.6%
其他	0.5%	7.7%	0.2%	0.1%	0.2%
总计	100.0%	100.0%	100.0%	100.0%	100.0%
列总计	554	13	546	7252	8365

Chi-square test：df = 12，卡方值为 94.495，sig = 0.000 < 0.05，所以不同政治面貌的居民在“当有陌生人走进您的单位或社区，或在车厢中与陌生人在一起时，您通常的态度”的回答上存在显著差异。

I18 by K8

假设您双手抱着东西走进电梯，您觉得电梯里的陌生人可能会怎样做 ＊ 政治面貌 Crosstabulation

	共产党员	民主党派	共青团员	群众	总计
主动问您去几楼并帮您按楼层	49.8%	38.5%	46.0%	35.9%	37.6%
当作没看见	11.2%	23.1%	13.3%	15.7%	15.2%
会在您的请求下给予帮助	39.0%	38.5%	40.7%	48.4%	47.2%
总计	100.0%	100.0%	100.0%	100.0%	100.0%
列总计	518	13	526	6588	7645

Chi-square test：df = 6，卡方值为 57.852，sig = 0.000 < 0.05，所以不同政治面貌的居民在“假设您双手抱着东西走进电梯，您觉得电梯里的陌生人可能会怎样做”的回答上存在显著差异。